普通高等教育电子通信类特色专业系列规划教材

电磁场与电磁兼容

（第二版）

闻映红　周克生
任　杰　陈　嵩　编著

科学出版社
北　京

内 容 简 介

本书系统介绍电磁场与电磁兼容的基本概念、基础理论和相关的工程应用技术，主要内容包括矢量分析、时变电磁场、电磁波、天线、传输线、电磁兼容理论与技术、抗干扰技术、电磁兼容测试等。

本书注重电磁场、天线和传输线等基础理论与电磁兼容实际工程应用技术的结合。对于静电场和恒定磁场以及场的计算方法，本书不作为主要介绍内容。在介绍电磁场理论方面，不以全面、系统为目标，围绕解决实际电磁兼容问题所需的基础理论，本书重点阐述基本概念、定理定律及其物理意义，简化数学推导。本书配套有电子课件并制作了 MOOC 课程，可供任课教师教学和学生自学时参考。

本书的主要读者对象是自动化类、电子信息类本科生，也可供其他专业本科生和工程技术人员参考。

图书在版编目(CIP)数据

电磁场与电磁兼容/闻映红等编著. —2 版. —北京：科学出版社，2019.10
普通高等教育电子通信类特色专业系列规划教材

ISBN 978-7-03-058627-8

Ⅰ.①电… Ⅱ.①闻… Ⅲ.①电磁场-高等学校-教材②电磁兼容性-高等学校-教材 Ⅳ.①O441.4②TN03

中国版本图书馆 CIP 数据核字(2018)第 199382 号

责任编辑：潘斯斯 张丽花 梁晶晶 / 责任校对：王 瑞
责任印制：张 伟 / 封面设计：迷底书装

科学出版社出版
北京东黄城根北街 16 号
邮政编码：100717
http://www.sciencep.com

北京虎彩文化传播有限公司印刷
科学出版社发行 各地新华书店经销
*

2010 年 11 月第 一 版 开本：787×1092 1/16
2019 年 10 月第 二 版 印张：19 1/2
2021 年 1 月第十二次印刷 字数：500 000

定价：69.00 元
(如有印装质量问题，我社负责调换)

第二版前言

本书第一版至今已有八年多，在使用过程中，编者发现还存在一些不完善的地方，或是与本科教学不匹配的内容。因此，编者在总结多年的教学体会和教学经验基础上，结合该领域最新的科研成果，对本书进行了修订再版。

在第二版中突出理解“电磁兼容”概念所需的电磁场、电磁波、天线和传输线理论中的知识点，如在电磁场理论中加大时变电磁场内容的比重，静电场和恒定磁场只是作为时变电磁场的一种特例来讲述。另外，为了能让学生深入理解电磁场的物理意义、掌握麦克斯韦方程组的求解，本书加大矢量分析的篇幅，增加例题的详细求解过程。在矢量分析中着重引入对矢量场和矢量场源之间相互关系的物理意义的讲解。

本书还调整了电磁兼容的基本概念和应用分析的内容占比及知识点的编排，完善了知识点之间的逻辑关系。从最基本的理论出发，理解电磁骚扰源的特性，分析电磁骚扰的传输耦合途径，研究具体的抗干扰技术。结合目前高速铁路等复杂系统的电磁兼容应用需求，第二版新增地环路干扰相关内容，对复杂系统的地环路干扰成因以及地环路干扰的抑制方法进行了详细阐述。

在本书的修订过程中得到众多老师和同学的帮助，在此对他们的辛勤工作和努力付出表示衷心感谢。

编　者

2018 年 12 月

第一版前言

学习本书的前提是已经修完了以下几门本科电类专业的基本课程：高等数学、电路分析、信号与系统、场论、电子测量。本书的理论基础是这几门课程所涵盖的基本概念和基本原理。

电磁兼容是保证电子电气设备和系统正常工作的关键技术之一，也是电子电路设计需要达到的目标之一。通过学习“电磁场与电磁兼容”课程，学生能够掌握麦克斯韦方程组、电磁波传播原理、天线和传输线理论以及有关电磁兼容的基本知识，学会分析和解决电磁干扰问题的方法，解决在电子电气系统设计和应用以及电子电路设计中遇到的电磁干扰问题，实现系统间的电磁兼容。

本书的编写目标是满足知识更新和课程体系改革的需要，为本科通信工程专业、自动化专业、电子科学与技术专业学生提供专业技术基础课程教材。本书将电磁场理论、电磁波理论和电磁兼容合二为一，既包含了经典的理论基础知识，又包含了许多工程应用方面的经验总结。

为了能使学生从枯燥的数学计算和复杂的物理现象中解脱出来，更多地了解理论知识的实际应用，本书根据本科学生的特点以及工程技术人员参考的需求，合理编排教材体系和教材内容，做到两者兼顾。在电磁场经典理论部分，本书改变了以往此类教材的统一编排体系（从静电场到恒定磁场再到时变电磁场，最后引出麦克斯韦方程组的编排顺序）。本书根据专业特点，在介绍矢量分析之后，从电场和磁场两个矢量场的角度出发，直接给出麦克斯韦方程组，继而介绍重要的电磁场定律和定理，静电场作为特例给出。另外，本书在经典理论之外，还引入了大量的最新科研成果与技术，尽力让读者理解如何应用所学的理论知识去分析、解决实际问题，让本科学生和初学者接触到一个全新的领域。

本书的编写得益于许多老师和同学的共同努力。首先，感谢北京交通大学电子信息工程学院对本课程的建设以及本书出版的大力支持；其次，感谢北京交通大学 2008 级自动化专业和电子科学与技术专业全体同学对本书的试用、建议和意见；最后，感谢北京交通大学电磁兼容实验室的张晓燕、单秦、卢怡、霍红艳和冯玉明等同学为本书的图文录入所付出的辛勤劳动。

由于编者水平有限，书中内容难免有不当之处，敬请各位同行指正。

编　者

2010 年 8 月

目　　录

第1章 矢量分析

矢量分析又称为场论，是研究各种类型运动规律的数学工具，可以加深人们对物理现象的理解，它的数学公式与场的物理概念紧密相关。在电磁场理论中，大量用到了矢量运算。因为电磁场是矢量场的一种，利用矢量运算可以为复杂的电磁现象提供精确的数学描述，既便于运算也便于直观想象。虽然本章没有对矢量分析进行完整论述，但是本章所介绍的关于矢量运算的内容在电磁场现象的研究中起到了重要作用。

1.1 标量场和矢量场

纯数加上物理单位，称为物理量。物理量有标量和矢量之分。占有一定空间，并且具有一定空间分布特性的物理量称为场。即假设有一个 n 维空间，如果空间的每一个点都具有某一特性的量，则这种性质的"量"就被称为"场"。场有静态场和动态场之分，也有标量场和矢量场之分。

如果场不随时间而变化，则称为静态场，静态场也称为时不变场。由静止电荷产生的场（静电场）和由恒定电流建立的场（恒定磁场）都属于静态场。随时间变化的场称为时变场。

1.1.1 标量场

一个只用大小就能够完整描述的物理量称为标量或标量场。质量、时间、温度、功和电荷都是标量，它们中的每一个，都可以用大小来进行完整描述。一个动态标量场可用空间位置和时间的函数来描述，如温度 $T(x,y,z,t)$。

1.1.2 矢量场

一个既有大小又有方向的物理量称为矢量或矢量场。力、速度、力矩、电场强度和磁场强度都是矢量，矢量包含了两种信息：大小和方向。

矢量可以用有向线段来表示：线段的长度表示矢量的大小，箭头表示矢量的方向，如图1-1(a)所示。本书用黑体字母来表示矢量。在图1-1(a)中，$\boldsymbol{R}$ 代表一个从 O 点指向 P 点的矢量。图1-1(b)表示几个具有同样大小和方向的平行矢量。两个矢量 $\boldsymbol{A}$ 和 $\boldsymbol{B}$，如果有同样的大小和方向，则二者相等，即 $\boldsymbol{A}=\boldsymbol{B}$。

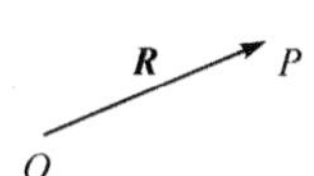

(a) 用有向线段表示的矢量

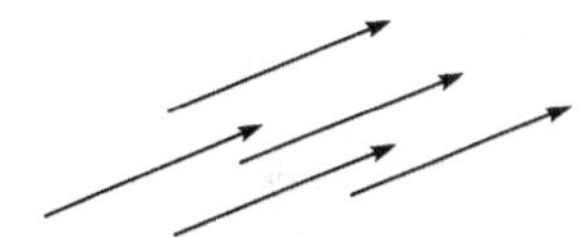

(b) 代表相同矢量的平行箭头（大小相等）

图1-1 矢量表示

一个大小为零的矢量称为零矢量。这是唯一不能用箭头表示的矢量，因为它没有大小。

一个大小为 1 的矢量称为单位矢量。我们常用单位矢量来表示一个矢量的方向。例如,矢量 $\mathbf{A}$ 可以写成

$$\mathbf{A} = A\boldsymbol{a}_A \tag{1-1}$$

式中,A 表示 $\mathbf{A}$ 的大小,$\boldsymbol{a}_A$ 是与 $\mathbf{A}$ 同方向的单位矢量,用来表示矢量 $\mathbf{A}$ 的方向,可写成

$$\boldsymbol{a}_A = \frac{\mathbf{A}}{A}$$

在电磁场中,描述电磁场的场量,如电场强度 $\boldsymbol{E}$、电位移矢量 $\boldsymbol{D}$、磁感应强度 $\boldsymbol{B}$ 和磁场强度 $\boldsymbol{H}$ 均为矢量,而描述场源的电荷 q、电荷密度 ρ、电流 I 为标量,电流密度 $\boldsymbol{J}$ 为矢量。

1.2 常用正交坐标系

为了能对矢量进行量化,进而对矢量进行运算,首先必须建立空间坐标系,将矢量在一定的坐标系中表达出来。最常用的坐标系为正交坐标系。

1.2.1 正交坐标系

设在一个三维坐标系中,P 的位置可以用三个不同面的交点来确定,这三个面分别表示为

$$\begin{cases} f_1(x,y,z)=u_1 \\ f_2(x,y,z)=u_2 \\ f_3(x,y,z)=u_3 \end{cases} \tag{1-2}$$

则 P 点在该坐标系中可以表示为(u_1,u_2,u_3)。这些面中有平面,也有曲面。当这三个面互相正交时,便为正交坐标系。

设 $\boldsymbol{a}_{u_1}$、$\boldsymbol{a}_{u_2}$、$\boldsymbol{a}_{u_3}$ 为三个坐标梯度方向的单位矢量,在一般的右手正交坐标系中,这些基本矢量满足下列关系:

$$\boldsymbol{a}_{u_1} \times \boldsymbol{a}_{u_2} = \boldsymbol{a}_{u_3} \tag{1-3a}$$

$$\boldsymbol{a}_{u_2} \times \boldsymbol{a}_{u_3} = \boldsymbol{a}_{u_1} \tag{1-3b}$$

$$\boldsymbol{a}_{u_3} \times \boldsymbol{a}_{u_1} = \boldsymbol{a}_{u_2} \tag{1-3c}$$

$$\boldsymbol{a}_{u_1} \cdot \boldsymbol{a}_{u_2} = \boldsymbol{a}_{u_2} \cdot \boldsymbol{a}_{u_3} = \boldsymbol{a}_{u_3} \cdot \boldsymbol{a}_{u_1} = 0 \tag{1-4}$$

$$\boldsymbol{a}_{u_1} \cdot \boldsymbol{a}_{u_1} = \boldsymbol{a}_{u_2} \cdot \boldsymbol{a}_{u_2} = \boldsymbol{a}_{u_3} \cdot \boldsymbol{a}_{u_3} = 1 \tag{1-5}$$

空间中任何一个矢量可以写成它在三个正交方向的分量之和,即

$$\mathbf{A} = A_{u_1}\boldsymbol{a}_{u_1} + A_{u_2}\boldsymbol{a}_{u_2} + A_{u_3}\boldsymbol{a}_{u_3} \tag{1-6}$$

其中,A_{u_1}、A_{u_2}、A_{u_3} 三个分量的大小随 $\mathbf{A}$ 变化,即它们可能是 u_1、u_2 和 u_3 的函数。

但是,u_i($i=1,2$ 或 3)可能并不是长度的量纲,这就需要用一个变换因子来将坐标增量 $\mathrm{d}u_i$ 变换成长度增量 $\mathrm{d}l_i$。

$$\mathrm{d}l_i = h_i \mathrm{d}u_i, \quad i=1,2,3$$

其中,h_i 称为度量系数,其本身可能是 u_1、u_2 和 u_3 的函数。

在众多正交坐标系中,最常见和最有用的有直角坐标系、圆柱坐标系和球坐标系。

1.2.2 直角坐标系

直角坐标系由三个两两垂直的平面构成,三个平面两两相交而成的三条直线分别称为

x、y 和 z 轴，三条坐标轴的交点为原点。x、y 和 z 轴的方向用单位矢量 $\boldsymbol{a}_x$、$\boldsymbol{a}_y$ 和 $\boldsymbol{a}_z$ 来表示。空间某一点 $P(X,Y,Z)$ 能唯一地被它在三条轴线上的投影所确定，(X,Y,Z) 称为 P 点的坐标，如图 1-2 所示。

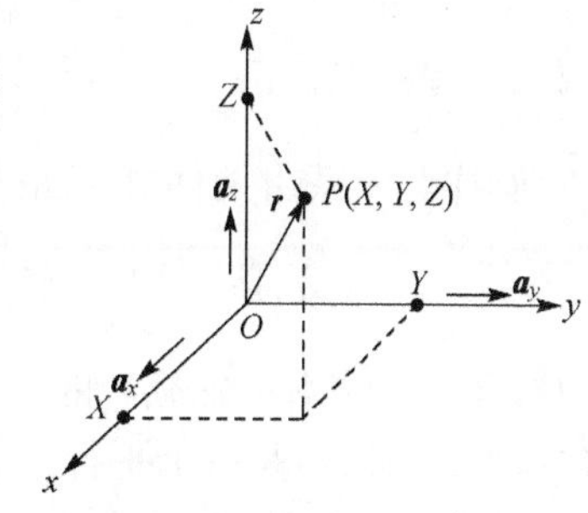

图 1-2　直角坐标系中一点的投影

1. 直角坐标系中的位置矢量

位置矢量(position vector，简称位矢)$\boldsymbol{r}$，是指从原点指向 P 点的矢量，可表示为

$$\boldsymbol{r} = X\boldsymbol{a}_x + Y\boldsymbol{a}_y + Z\boldsymbol{a}_z \tag{1-7}$$

式中，X、Y 和 Z 表示 $\boldsymbol{r}$ 在 x、y 和 z 轴上的投影；$\boldsymbol{a}_x$、$\boldsymbol{a}_y$ 和 $\boldsymbol{a}_z$ 是代表 x、y 和 z 轴方向的单位矢量。例如，设 A_x、A_y 和 A_z 是矢量 $\boldsymbol{A}$ 在直角坐标系三个坐标轴上的投影，那么，矢量 $\boldsymbol{A}$ 可以表示为

$$\boldsymbol{A} = A_x\boldsymbol{a}_x + A_y\boldsymbol{a}_y + A_z\boldsymbol{a}_z \tag{1-8}$$

2. 直角坐标系单位矢量之间的关系

直角坐标系中单位矢量之间的关系如下：

$$\boldsymbol{a}_x \cdot \boldsymbol{a}_x = 1,\quad \boldsymbol{a}_y \cdot \boldsymbol{a}_y = 1,\quad \boldsymbol{a}_z \cdot \boldsymbol{a}_z = 1 \tag{1-9a}$$

$$\boldsymbol{a}_x \cdot \boldsymbol{a}_y = 0,\quad \boldsymbol{a}_y \cdot \boldsymbol{a}_z = 0,\quad \boldsymbol{a}_z \cdot \boldsymbol{a}_x = 0 \tag{1-9b}$$

$$\boldsymbol{a}_x \times \boldsymbol{a}_y = \boldsymbol{a}_z,\quad \boldsymbol{a}_y \times \boldsymbol{a}_z = \boldsymbol{a}_x,\quad \boldsymbol{a}_z \times \boldsymbol{a}_x = \boldsymbol{a}_y \tag{1-9c}$$

3. 直角坐标系中的微分元

在直角坐标系中的线微分元为

$$\mathrm{d}\boldsymbol{l} = \mathrm{d}x\,\boldsymbol{a}_x + \mathrm{d}y\,\boldsymbol{a}_y + \mathrm{d}z\,\boldsymbol{a}_z \tag{1-10}$$

体微分元由六个微分面构成，每个面元的方向由表示其外法线方向的单位矢量来确定(图 1-3(a))，即

$$\begin{aligned} \mathrm{d}\boldsymbol{s}_x &= \mathrm{d}y\mathrm{d}z\,\boldsymbol{a}_x \\ \mathrm{d}\boldsymbol{s}_y &= \mathrm{d}x\mathrm{d}z\,\boldsymbol{a}_y \\ \mathrm{d}\boldsymbol{s}_z &= \mathrm{d}x\mathrm{d}y\,\boldsymbol{a}_z \end{aligned} \tag{1-11}$$

在直角坐标系中，体微分元 $\mathrm{d}v$ 分别由沿单位矢量 $\boldsymbol{a}_x$、$\boldsymbol{a}_y$、$\boldsymbol{a}_z$ 的线微分元 $\mathrm{d}x$、$\mathrm{d}y$ 和 $\mathrm{d}z$ 相乘得到，如图 1-3(b)所示，即

$$\mathrm{d}v = \mathrm{d}x\mathrm{d}y\mathrm{d}z \tag{1-12}$$

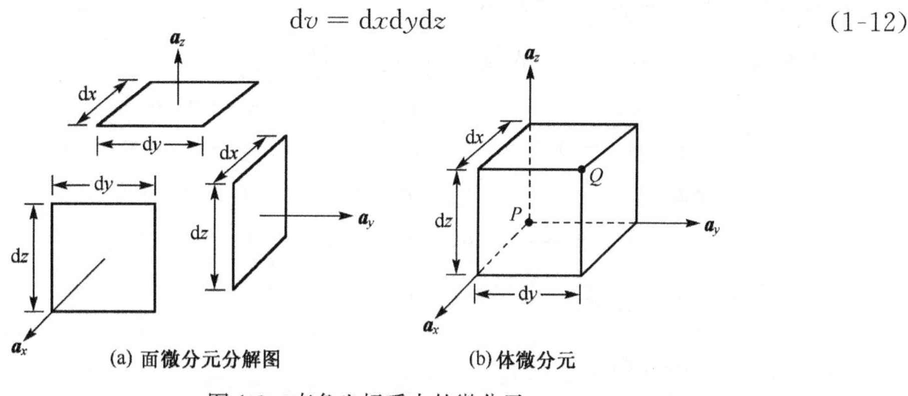

图 1-3　直角坐标系中的微分元

1.2.3　圆柱坐标系

圆柱坐标系由两两相互正交的两个平面、一个半平面和一个圆柱面构成。坐标面 $\rho=\sqrt{x^2+y^2}=$ 常数，是一个以 z 轴为轴线，半径为 ρ 的圆柱面，$0\leqslant\rho\leqslant\infty$。坐标面 $\phi=\arctan\left(\dfrac{y}{x}\right)=$ 常数，是一个绕着 z 轴旋转的半无限大平面，以 x 轴为起点，逆时针方向旋转，$0\leqslant\phi\leqslant 2\pi$。坐标面 $z=$ 常数，是一个平行于 xOy 平面的平面，$-\infty\leqslant z\leqslant\infty$。两个坐标面的交线构成了圆柱坐标系的坐标轴，分别为 ρ、ϕ 和 z 轴，相应的单位矢量为 $\boldsymbol{a}_\rho$、$\boldsymbol{a}_\phi$ 和 $\boldsymbol{a}_z$，$\boldsymbol{a}_\rho$、$\boldsymbol{a}_\phi$ 的模恒为 1，但方向随 ϕ 的变化而变化，因此，$\boldsymbol{a}_\rho$、$\boldsymbol{a}_\phi$ 为变矢量，如图 1-4 所示。

在圆柱坐标系中，空间一点 P 能够用坐标 ρ、ϕ 和 z 来确定，如图 1-5 所示。我们说 ρ、ϕ 和 z 是点 $P(\rho,\phi,z)$ 的圆柱坐标。将直角坐标系和圆柱坐标系画在一起，就可以看到两者之间的关系。以空间同样一点 P 为例，可见，ρ 是位置矢量 OP 在 xOy 平面上的投影，ϕ 是从正 x 轴到平面 $OTPM$ 的夹角，z 是 OP 在 z 轴上的投影。

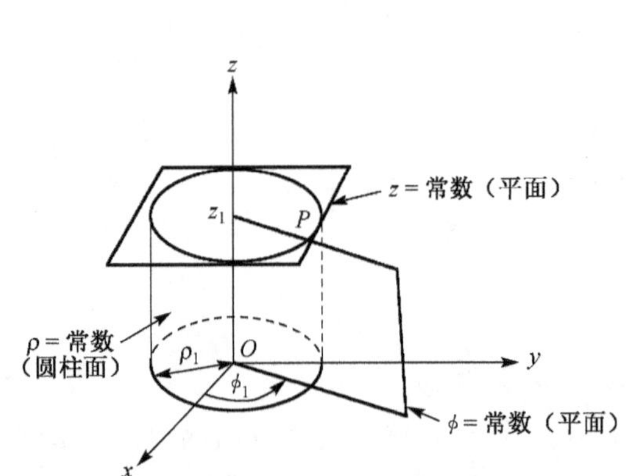

图 1-4　圆柱坐标系三个互相垂直的坐标面

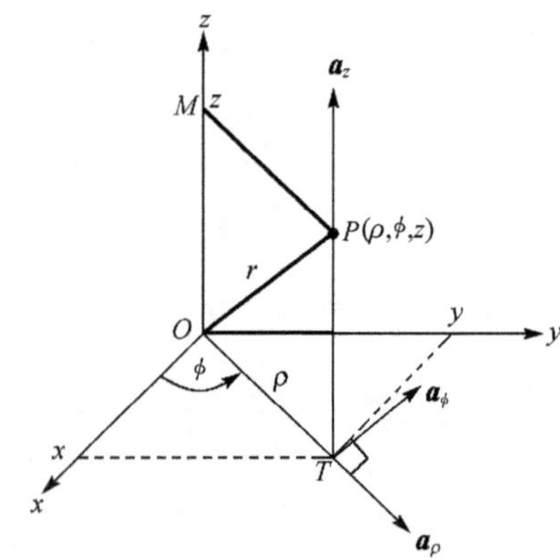

图 1-5　圆柱坐标系中一点的投影

1. 圆柱坐标系中的位置矢量

由图 1-5 可知，在圆柱坐标系中，位置矢量 $\boldsymbol{r}=\rho\boldsymbol{a}_\rho+z_a\boldsymbol{a}_z$。

2. 圆柱坐标系单位矢量之间的关系

圆柱坐标系中单位矢量之间的关系如下：

$$\boldsymbol{a}_\rho\cdot\boldsymbol{a}_\rho=1,\qquad \boldsymbol{a}_\phi\cdot\boldsymbol{a}_\phi=1,\qquad \boldsymbol{a}_z\cdot\boldsymbol{a}_z=1 \tag{1-13a}$$

$$\boldsymbol{a}_\rho\cdot\boldsymbol{a}_\phi=0,\qquad \boldsymbol{a}_\phi\cdot\boldsymbol{a}_z=0,\qquad \boldsymbol{a}_z\cdot\boldsymbol{a}_\rho=0 \tag{1-13b}$$

$$\boldsymbol{a}_\rho\times\boldsymbol{a}_\rho=0,\qquad \boldsymbol{a}_\phi\times\boldsymbol{a}_\phi=0,\qquad \boldsymbol{a}_z\times\boldsymbol{a}_z=0 \tag{1-13c}$$

$$\boldsymbol{a}_\rho\times\boldsymbol{a}_\phi=\boldsymbol{a}_z,\qquad \boldsymbol{a}_\phi\times\boldsymbol{a}_z=\boldsymbol{a}_\rho,\qquad \boldsymbol{a}_z\times\boldsymbol{a}_\rho=\boldsymbol{a}_\phi \tag{1-13d}$$

3. 圆柱坐标系中的微分元

圆柱坐标系中的线微分元为

$$\mathrm{d}\boldsymbol{l}=\mathrm{d}\rho\,\boldsymbol{a}_\rho+\rho\mathrm{d}\phi\,\boldsymbol{a}_\phi+\mathrm{d}z\,\boldsymbol{a}_z \tag{1-14}$$

圆柱坐标系中的面微分元(图 1-6(a))为

$$d\boldsymbol{s}_\rho = \rho d\phi dz\, \boldsymbol{a}_\rho$$
$$d\boldsymbol{s}_\phi = d\rho dz\, \boldsymbol{a}_\phi \tag{1-15}$$
$$d\boldsymbol{s}_z = \rho d\rho d\phi\, \boldsymbol{a}_z$$

由图 1-6(b)可知,圆柱坐标系中的体微分元 dv 为

$$dv = \rho d\rho d\phi dz \tag{1-16}$$

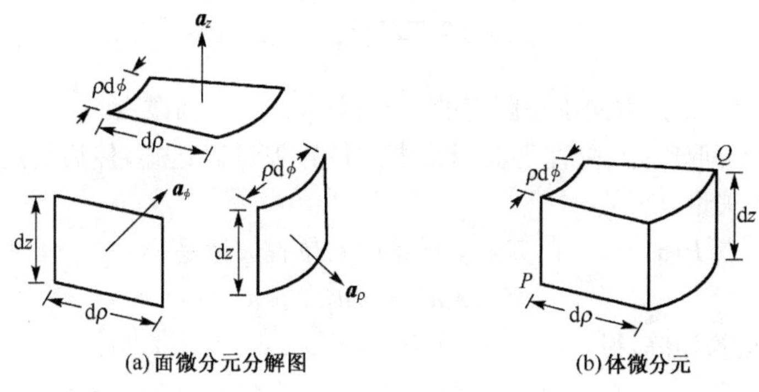

图 1-6　圆柱坐标系中的微分元

4. 圆柱坐标与直角坐标的转换关系

由圆柱坐标系转换成直角坐标系,则单位矢量 $\boldsymbol{a}_\rho$ 和 $\boldsymbol{a}_\phi$ 在直角坐标系 x、y 轴上的投影如图 1-7 所示,则

$$\boldsymbol{a}_\rho = \cos\phi\, \boldsymbol{a}_x + \sin\phi\, \boldsymbol{a}_y \tag{1-17a}$$
$$\boldsymbol{a}_\phi = -\sin\phi\, \boldsymbol{a}_x + \cos\phi\, \boldsymbol{a}_y \tag{1-17b}$$

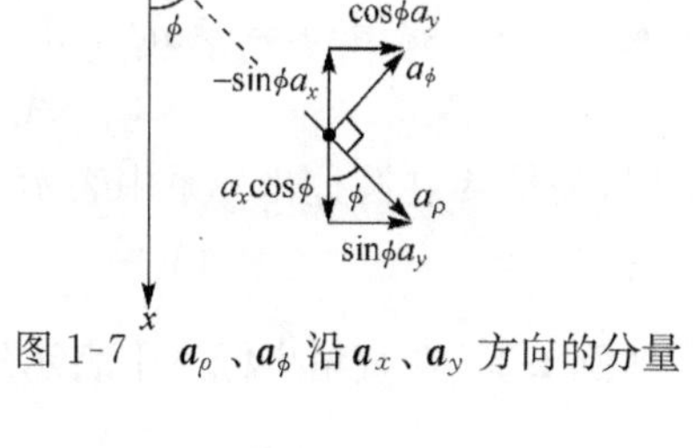

图 1-7　$\boldsymbol{a}_\rho$、$\boldsymbol{a}_\phi$ 沿 $\boldsymbol{a}_x$、$\boldsymbol{a}_y$ 方向的分量

所以,$\boldsymbol{a}_x \cdot \boldsymbol{a}_\rho = \cos\phi$,$\boldsymbol{a}_y \cdot \boldsymbol{a}_\rho = \sin\phi$,$\boldsymbol{a}_x \cdot \boldsymbol{a}_\phi = -\sin\phi$,$\boldsymbol{a}_y \cdot \boldsymbol{a}_\phi = \cos\phi$,写成矩阵形式为

$$\begin{pmatrix} \boldsymbol{a}_\rho \\ \boldsymbol{a}_\phi \\ \boldsymbol{a}_z \end{pmatrix} = \begin{pmatrix} \cos\phi & \sin\phi & 0 \\ -\sin\phi & \cos\phi & 0 \\ 0 & 0 & 1 \end{pmatrix} \begin{pmatrix} \boldsymbol{a}_x \\ \boldsymbol{a}_y \\ \boldsymbol{a}_z \end{pmatrix} \tag{1-18}$$

同样,如果矢量 $\boldsymbol{A}$ 在圆柱坐标系中为 $\boldsymbol{A} = A_\rho \boldsymbol{a}_\rho + A_\phi \boldsymbol{a}_\phi + A_z \boldsymbol{a}_z$,则把它投影到直角坐标系的 x、y 和 z 轴上,便能得到矢量 $\boldsymbol{A}$ 在直角坐标系中的表达式。$\boldsymbol{A}$ 在 x 轴上的投影为

$$A_x = \boldsymbol{A} \cdot \boldsymbol{a}_x = A_\rho \boldsymbol{a}_\rho \cdot \boldsymbol{a}_x + A_\phi \boldsymbol{a}_\phi \cdot \boldsymbol{a}_x + A_z \boldsymbol{a}_z \cdot \boldsymbol{a}_x = A_\rho \cos\phi - A_\phi \sin\phi \tag{1-19a}$$

$\boldsymbol{A}$ 在 y 轴及 z 轴上的投影为

$$A_y = \boldsymbol{A} \cdot \boldsymbol{a}_y = A_\rho \sin\phi + A_\phi \cos\phi \tag{1-19b}$$
$$A_z = \boldsymbol{A} \cdot \boldsymbol{a}_z \tag{1-19c}$$

写成矩阵形式为

$$\begin{pmatrix} A_x \\ A_y \\ A_z \end{pmatrix} = \begin{pmatrix} \cos\phi & -\sin\phi & 0 \\ \sin\phi & \cos\phi & 0 \\ 0 & 0 & 1 \end{pmatrix} \begin{pmatrix} A_\rho \\ A_\phi \\ A_z \end{pmatrix} \tag{1-20a}$$

反过来,一个在直角坐标系中给出的矢量 $\boldsymbol{A}$,用下列变换可以得到在圆柱坐标系中的

表达式：

$$\begin{pmatrix} A_\rho \\ A_\phi \\ A_z \end{pmatrix} = \begin{pmatrix} \cos\phi & \sin\phi & 0 \\ -\sin\phi & \cos\phi & 0 \\ 0 & 0 & 1 \end{pmatrix} \begin{pmatrix} A_x \\ A_y \\ A_z \end{pmatrix} \tag{1-20b}$$

即

$$x = \rho\cos\phi, \quad y = \rho\sin\phi \tag{1-21a}$$

$$\rho = \sqrt{x^2 + y^2}, \quad \tan\phi = \frac{y}{x} \tag{1-21b}$$

注意，单位矢量 $\boldsymbol{a}_\rho$ 和 $\boldsymbol{a}_\phi$ 的方向不是固定的，会随着 ϕ 的改变而改变。

例 1-1 写出空间任一点在直角坐标系中的位置矢量表达式，然后将此矢量变换成在圆柱坐标系中的一个矢量。

解 空间任一点 $P(x,y,z)$ 在直角坐标系中的位置矢量是

$$\boldsymbol{A} = x\boldsymbol{a}_x + y\boldsymbol{a}_y + z\boldsymbol{a}_z$$

用式(1-20b)中的变换矩阵，得

$$\begin{pmatrix} A_\rho \\ A_\phi \\ A_z \end{pmatrix} = \begin{pmatrix} \cos\phi & \sin\phi & 0 \\ -\sin\phi & \cos\phi & 0 \\ 0 & 0 & 1 \end{pmatrix} \begin{pmatrix} x \\ y \\ z \end{pmatrix} = \begin{pmatrix} x\cos\phi + y\sin\phi \\ -x\sin\phi + y\cos\phi \\ z \end{pmatrix}$$

代入 $x = \rho\cos\phi$ 和 $y = \rho\sin\phi$，得

$$A_\rho = \rho, \quad A_\phi = 0, \quad A_z = z$$

所以，矢量 $\boldsymbol{A}$ 在圆柱坐标系中表示为

$$\boldsymbol{A} = \rho\boldsymbol{a}_\rho + z\boldsymbol{a}_z$$

例 1-2 在直角坐标系中表示矢量 $\boldsymbol{A} = \frac{k}{\rho^2}\boldsymbol{a}_\rho + 5\sin 2\phi\,\boldsymbol{a}_z$。

解 根据已知条件

$$A_\rho = \frac{k}{\rho^2}, \quad A_\phi = 0, \quad A_z = 5\sin 2\phi$$

应用式(1-20a)中的变换矩阵变换后得

$$\begin{pmatrix} A_x \\ A_y \\ A_z \end{pmatrix} = \begin{pmatrix} \cos\phi & -\sin\phi & 0 \\ \sin\phi & \cos\phi & 0 \\ 0 & 0 & 1 \end{pmatrix} \begin{pmatrix} k/\rho^2 \\ 0 \\ 5\sin 2\phi \end{pmatrix} = \begin{pmatrix} k\cos\phi/\rho^2 \\ k\sin\phi/\rho^2 \\ 10\cos\phi\sin\phi \end{pmatrix}$$

代入 $\rho = \sqrt{x^2 + y^2}$，$\cos\phi = \frac{x}{\rho}$，$\sin\phi = \frac{y}{\rho}$，最后得到

$$\boldsymbol{A} = \frac{kx}{(x^2 + y^2)^{3/2}}\boldsymbol{a}_x + \frac{ky}{(x^2 + y^2)^{3/2}}\boldsymbol{a}_y + \frac{10xy}{x^2 + y^2}\boldsymbol{a}_z$$

1.2.4 球坐标系

球坐标系由两两相互垂直的一个半平面、一个球面和一个圆锥面构成，如图 1-8 所示。$r =$ 常数，表示通过点 $P(r,\theta,\varphi)$、以 r 为半径的球面；$\theta =$ 常数，表示顶点在原点的圆锥面；$\varphi =$ 常数，表示以 z 轴为旋转中心、与 xOy 平面成 φ 角的半平面。空间一点 P 在球坐标系中可用

(r,θ,φ) 唯一表示，如图 1-9 所示。r 表示位置矢量 OP 的大小，$0 \leqslant r \leqslant \infty$；$\theta$ 表示位置矢量 OP 与正 z 轴的夹角，方向从正 z 轴转向负 z 轴，$0 \leqslant \theta \leqslant \pi$；$\varphi$ 表示正 x 轴与图中所示平面 $OMPN$ 的夹角，其中，$OM = r\sin\theta$ 为 r 在 xOy 平面上的投影；φ 以 x 轴为起点，逆时针方向旋转，$0 \leqslant \varphi \leqslant 2\pi$。球坐标系的三个单位矢量为 $\boldsymbol{a}_r$、$\boldsymbol{a}_\theta$、$\boldsymbol{a}_\varphi$，均为变矢量。

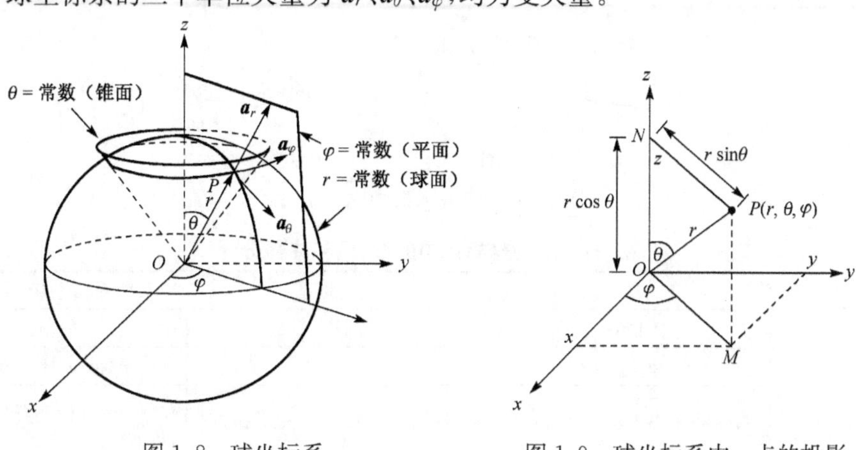

图 1-8 球坐标系　　图 1-9 球坐标系中一点的投影

1. 球坐标系中的位置矢量

球坐标系中的位置矢量为

$$\boldsymbol{r} = r\boldsymbol{a}_r$$

2. 球坐标系单位矢量之间的关系

球坐标系中单位矢量之间的关系如下：

$$\boldsymbol{a}_r \cdot \boldsymbol{a}_r = 1, \quad \boldsymbol{a}_\theta \cdot \boldsymbol{a}_\theta = 1, \quad \boldsymbol{a}_\varphi \cdot \boldsymbol{a}_\varphi = 1 \tag{1-22a}$$

$$\boldsymbol{a}_r \cdot \boldsymbol{a}_\theta = 0, \quad \boldsymbol{a}_\theta \cdot \boldsymbol{a}_\varphi = 0, \quad \boldsymbol{a}_\varphi \cdot \boldsymbol{a}_r = 0 \tag{1-22b}$$

$$\boldsymbol{a}_r \times \boldsymbol{a}_\theta = \boldsymbol{a}_\varphi, \quad \boldsymbol{a}_\theta \times \boldsymbol{a}_\varphi = \boldsymbol{a}_r, \quad \boldsymbol{a}_\varphi \times \boldsymbol{a}_r = \boldsymbol{a}_\theta \tag{1-22c}$$

3. 球坐标系中的微分元

球坐标系中的线微分元为

$$\mathrm{d}\boldsymbol{l} = \mathrm{d}r\,\boldsymbol{a}_r + r\mathrm{d}\theta\,\boldsymbol{a}_\theta + r\sin\theta\mathrm{d}\varphi\,\boldsymbol{a}_\varphi \tag{1-23}$$

如图 1-10(a)所示，球坐标系中的面微分为

$$\begin{aligned} \mathrm{d}\boldsymbol{s}_r &= r^2\sin\theta\mathrm{d}\theta\mathrm{d}\varphi\,\boldsymbol{a}_r \\ \mathrm{d}\boldsymbol{s}_\theta &= r\mathrm{d}r\sin\theta\mathrm{d}\varphi\,\boldsymbol{a}_\theta \\ \mathrm{d}\boldsymbol{s}_\varphi &= r\mathrm{d}r\mathrm{d}\theta\,\boldsymbol{a}_\varphi \end{aligned} \tag{1-24}$$

球坐标系的体微分元由 r、θ 和 φ 分别增加 $\mathrm{d}r$、$\mathrm{d}\theta$ 和 $\mathrm{d}\varphi$ 而得到(图 1-10(b))

$$\mathrm{d}v = r^2\mathrm{d}r\sin\theta\mathrm{d}\theta\mathrm{d}\varphi \tag{1-25}$$

为了便于参考，在三种坐标系中线、面和体微分元汇总于表 1-1。

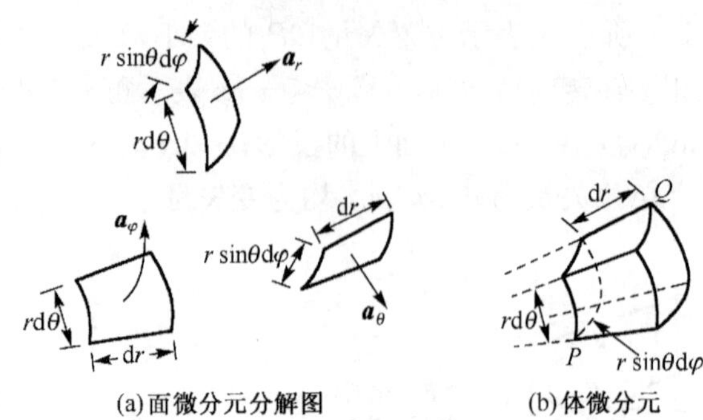

图 1-10　球坐标系中的微分元

表 1-1　三种坐标系中的线、面和体微分元

微分元	坐标系		
	直角	圆柱	球
长度 d$\boldsymbol{l}$	$dx\boldsymbol{a}_x+dy\boldsymbol{a}_y+dz\boldsymbol{a}_z$	$d\rho\boldsymbol{a}_\rho+\rho d\phi\boldsymbol{a}_\phi+dz\boldsymbol{a}_z$	$dr\boldsymbol{a}_r+rd\theta\boldsymbol{a}_\theta+r\sin\theta d\varphi\boldsymbol{a}_\varphi$
面积 ds	$dydz\boldsymbol{a}_x+dxdz\boldsymbol{a}_y+dxdy\boldsymbol{a}_z$	$\rho d\phi dz\boldsymbol{a}_\rho+d\rho dz\boldsymbol{a}_\phi+\rho d\rho d\phi\boldsymbol{a}_z$	$r^2\sin\theta d\theta d\varphi\boldsymbol{a}_r+rdr\sin\theta d\varphi\boldsymbol{a}_\theta+rdrd\theta\boldsymbol{a}_\varphi$
体积 dv	$dxdydz$	$\rho d\rho d\phi dz$	$r^2dr\sin\theta d\theta d\varphi$

4. 球坐标与直角坐标的转换关系

由图 1-9 很明显有

$$x=r\sin\theta\cos\varphi \tag{1-26a}$$

$$y=r\sin\theta\sin\varphi \tag{1-26b}$$

$$z=r\cos\theta \tag{1-26c}$$

从式(1-26)可以导出

$$r=\sqrt{x^2+y^2+z^2} \tag{1-27a}$$

$$\theta=\arccos\left(\frac{z}{r}\right) \tag{1-27b}$$

$$\varphi=\arctan\left(\frac{y}{x}\right) \tag{1-27c}$$

由图 1-11 所示的投影关系，不难得到球坐标系中的单位矢量 $\boldsymbol{a}_r$、$\boldsymbol{a}_\theta$、$\boldsymbol{a}_\varphi$ 与直角坐标系中的单位矢量之间的关系：

$$\begin{aligned}
&\boldsymbol{a}_r\cdot\boldsymbol{a}_x=\sin\theta\cos\varphi, \quad \boldsymbol{a}_r\cdot\boldsymbol{a}_y=\sin\theta\sin\varphi, \quad \boldsymbol{a}_r\cdot\boldsymbol{a}_z=\cos\theta\\
&\boldsymbol{a}_\theta\cdot\boldsymbol{a}_x=\cos\theta\cos\varphi, \quad \boldsymbol{a}_\theta\cdot\boldsymbol{a}_y=\cos\theta\sin\varphi, \quad \boldsymbol{a}_\theta\cdot\boldsymbol{a}_z=-\sin\theta\\
&\boldsymbol{a}_\varphi\cdot\boldsymbol{a}_x=-\sin\varphi, \quad \boldsymbol{a}_\varphi\cdot\boldsymbol{a}_y=\cos\varphi, \quad \boldsymbol{a}_\varphi\cdot\boldsymbol{a}_z=0
\end{aligned} \tag{1-28a}$$

写成矩阵形式为

$$\begin{pmatrix}\boldsymbol{a}_r\\ \boldsymbol{a}_\theta\\ \boldsymbol{a}_\varphi\end{pmatrix}=\begin{pmatrix}\sin\theta\cos\varphi & \sin\theta\sin\varphi & \cos\theta\\ \cos\theta\cos\varphi & \cos\theta\sin\varphi & -\sin\theta\\ -\sin\varphi & \cos\varphi & 0\end{pmatrix}\begin{pmatrix}\boldsymbol{a}_x\\ \boldsymbol{a}_y\\ \boldsymbol{a}_z\end{pmatrix} \tag{1-28b}$$

假设矢量 $\mathbf{A}$ 在球坐标系中为 $\mathbf{A}=A_r\boldsymbol{a}_r+A_\theta\boldsymbol{a}_\theta+A_\varphi\boldsymbol{a}_\varphi$，按式(1-28a)，把它投影到 x 轴上便得到它的 x 分量，即

$$\begin{aligned}
A_x=\mathbf{A}\cdot\boldsymbol{a}_x&=A_r\boldsymbol{a}_r\cdot\boldsymbol{a}_x+A_\theta\boldsymbol{a}_\theta\cdot\boldsymbol{a}_x+A_\varphi\boldsymbol{a}_\varphi\cdot\boldsymbol{a}_x\\
&=A_r\sin\theta\cos\varphi+A_\theta\cos\theta\cos\varphi-A_\varphi\sin\varphi
\end{aligned}$$

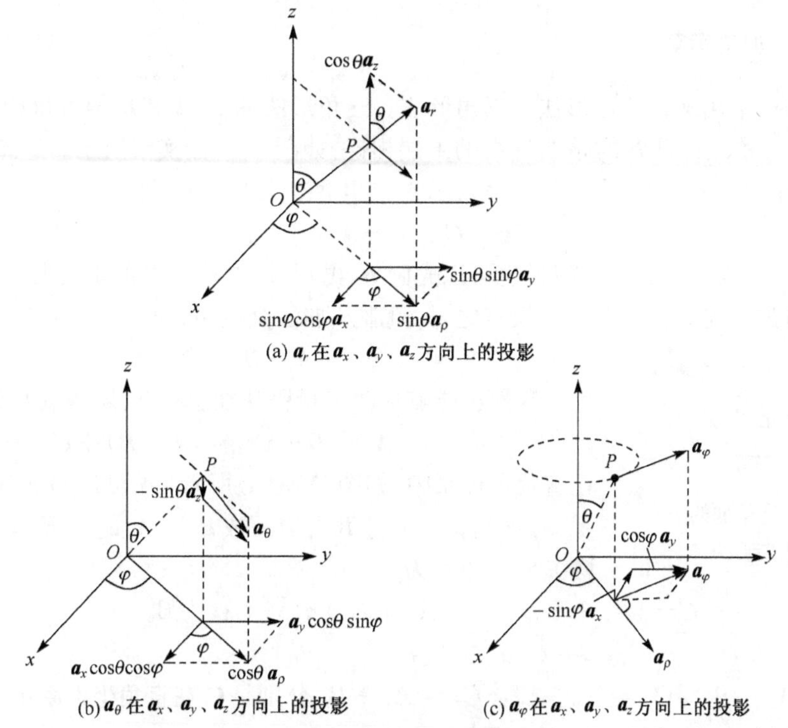

(a) a_r在a_x、a_y、a_z方向上的投影

(b) a_θ在a_x、a_y、a_z方向上的投影　　(c) a_φ在a_x、a_y、a_z方向上的投影

图 1-11　单位矢量的投影关系

用类似方法求出其他分量，总的结果用矩阵表达为

$$\begin{pmatrix} A_x \\ A_y \\ A_z \end{pmatrix} = \begin{pmatrix} \sin\theta\cos\varphi & \cos\theta\cos\varphi & -\sin\varphi \\ \sin\theta\sin\varphi & \cos\theta\sin\varphi & \cos\varphi \\ \cos\theta & -\sin\theta & 0 \end{pmatrix} \begin{pmatrix} A_r \\ A_\theta \\ A_\varphi \end{pmatrix} \tag{1-29}$$

同样，一个在直角坐标系中给定的矢量，能够利用如下矩阵变换，把它表示成球坐标系中的矢量。

$$\begin{pmatrix} A_r \\ A_\theta \\ A_\varphi \end{pmatrix} = \begin{pmatrix} \sin\theta\cos\varphi & \sin\theta\sin\varphi & \cos\theta \\ \cos\theta\cos\varphi & \cos\theta\sin\varphi & -\sin\theta \\ -\sin\varphi & \cos\varphi & 0 \end{pmatrix} \begin{pmatrix} A_x \\ A_y \\ A_z \end{pmatrix} \tag{1-30}$$

例 1-3　矢量 $\boldsymbol{F} = 3x\boldsymbol{a}_x + 0.5y^2\boldsymbol{a}_y + 0.25x^2y^2\boldsymbol{a}_z$，定义在直角坐标系中的点 $P(3,4,12)$，求此矢量在球坐标系中的表达式。

解　矢量 $\boldsymbol{F}$ 在点 $P(3,4,12)$ 处为 $\boldsymbol{F} = 9\boldsymbol{a}_x + 8\boldsymbol{a}_y + 36\boldsymbol{a}_z$，又

$$\theta = \arccos\left(\frac{12}{13}\right) = 22.62°,\quad \varphi = \arctan\left(\frac{4}{3}\right) = 53.13°$$

代入式(1-30)，得

$$F_r = 37.77,\quad F_\theta = -2.95,\quad F_\varphi = -2.40$$

所以，在球坐标系中 $\boldsymbol{F} = 37.77\boldsymbol{a}_r - 2.95\boldsymbol{a}_\theta - 2.40\boldsymbol{a}_\varphi$，定义在球坐标系中的点 $P(13,22.62°,53.13°)$。

1.3　矢量运算

矢量运算包括矢量的加、减、乘法运算和微积分运算，矢量不存在除法运算。

1.3.1 矢量的加法运算

矢量相加可采用平行四边形法或三角形法。三角形法如下：**A** 和 **B** 两矢量相加，先画出表示 **A** 和 **B** 的两条线段，且 **B** 的始端与 **A** 的末端相连，如图 1-12 的实线所示。连接 **A** 的始端与 **B** 的尾端并指向 **B** 的尾端的有向线段就表示 **A** 与 **B** 两矢量之和 **C**，即

$$\boldsymbol{C} = \boldsymbol{A} + \boldsymbol{B} \tag{1-31}$$

所以，两矢量之和为一个矢量。我们也可以先画 **B**，再画 **A**，如图 1-12 的虚线所示。显然，矢量相加的结果与加的先后次序无关。换言之，矢量服从加法交换律，即

$$\boldsymbol{A} + \boldsymbol{B} = \boldsymbol{B} + \boldsymbol{A} \tag{1-32}$$

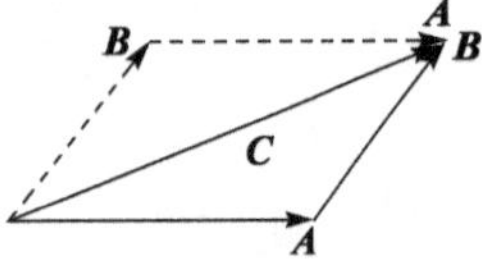

图 1-12　矢量相加的三角形法则 **C**=**A**+**B**

我们还能够证明矢量服从加法结合律，也就是说

$$\boldsymbol{A} + (\boldsymbol{B} + \boldsymbol{C}) = (\boldsymbol{A} + \boldsymbol{B}) + \boldsymbol{C} \tag{1-33}$$

在直角坐标系中，如图 1-13(a)所示，**A** 可以写成 $\boldsymbol{A} = A_x \boldsymbol{a}_x + A_y \boldsymbol{a}_y + A_z \boldsymbol{a}_z$，矢量 **B** 可以写成 $\boldsymbol{B} = B_x \boldsymbol{a}_x + B_y \boldsymbol{a}_y + B_z \boldsymbol{a}_z$，则两矢量之和 **C** 为

$$\begin{aligned}\boldsymbol{C} &= (A_x + B_x)\boldsymbol{a}_x + (A_y + B_y)\boldsymbol{a}_y + (A_z + B_z)\boldsymbol{a}_z \\ &= C_x \boldsymbol{a}_x + C_y \boldsymbol{a}_y + C_z \boldsymbol{a}_z\end{aligned}$$

此处，$C_x = A_x + B_x$，$C_y = A_y + B_y$，$C_z = A_z + B_z$ 分别是 **C** 在直角坐标系 $\boldsymbol{a}_x$、$\boldsymbol{a}_y$ 和 $\boldsymbol{a}_z$ 三个方向上的分量。

例 1-4　若矢量 $\boldsymbol{A} = 3\boldsymbol{a}_\rho + 2\boldsymbol{a}_\phi + 5\boldsymbol{a}_z$ 和 $\boldsymbol{B} = -2\boldsymbol{a}_\rho + 3\boldsymbol{a}_\phi - \boldsymbol{a}_z$ 分别给定在圆柱坐标系的点 $P(3,\pi/6,5)$ 和点 $Q(4,\pi/3,3)$ 处，求在点 $S(2,\pi/4,4)$ 处的 $\boldsymbol{C} = \boldsymbol{A} + \boldsymbol{B}$。

解　因为两矢量不在同一个 ϕ = 常数的平面上，所以在圆柱坐标系中不能直接求和，首先需变换到直角坐标系，然后相加。对点 $P(3,\pi/6,5)$ 处的矢量 **A**，变换后得

$$\begin{pmatrix} A_x \\ A_y \\ A_z \end{pmatrix} = \begin{pmatrix} \cos 30^\circ & -\sin 30^\circ & 0 \\ \sin 30^\circ & \cos 30^\circ & 0 \\ 0 & 0 & 1 \end{pmatrix} \begin{pmatrix} 3 \\ 2 \\ 5 \end{pmatrix}$$

$$\boldsymbol{A} = 1.598\,\boldsymbol{a}_x + 3.232\,\boldsymbol{a}_y + 5\,\boldsymbol{a}_z$$

类似地，对于 $Q(4,\pi/3,3)$ 点处的矢量 **B**，经变换后为

$$\boldsymbol{B} = -3.598\,\boldsymbol{a}_x - 0.232\,\boldsymbol{a}_y - \boldsymbol{a}_z$$

在直角坐标系中计算 $\boldsymbol{C} = \boldsymbol{A} + \boldsymbol{B}$，得

$$\boldsymbol{C} = -2\,\boldsymbol{a}_x + 3\,\boldsymbol{a}_y + 4\,\boldsymbol{a}_z$$

再变换到圆柱坐标系中的点 $S(2,\pi/4,4)$ 处，由式(1-19)，得

$$\begin{pmatrix} C_\rho \\ C_\phi \\ C_z \end{pmatrix} = \begin{pmatrix} \cos 45^\circ & \sin 45^\circ & 0 \\ -\sin 45^\circ & \cos 45^\circ & 0 \\ 0 & 0 & 1 \end{pmatrix} \begin{pmatrix} -2 \\ 3 \\ 4 \end{pmatrix}$$

即

$$\boldsymbol{C} = 0.707\,\boldsymbol{a}_\rho + 3.535\,\boldsymbol{a}_\phi + 4\,\boldsymbol{a}_z$$

注意：一个矢量从一种坐标系变换到另一种坐标系，大小和方向是保持不变的，只是表达形式改变了，这就是矢量与矢量场的不变特性。

如果 **B** 是一个矢量，则 −**B**(负 **B**)也是一个矢量，它和 **B** 大小相等，但方向相反。由此我

们可以定义矢量的减法运算 $\boldsymbol{A}-\boldsymbol{B}$，为

$$\boldsymbol{D}=\boldsymbol{A}+(-\boldsymbol{B}) \tag{1-34}$$

图 1-13(b)表示从 $\boldsymbol{A}$ 减去 $\boldsymbol{B}$。

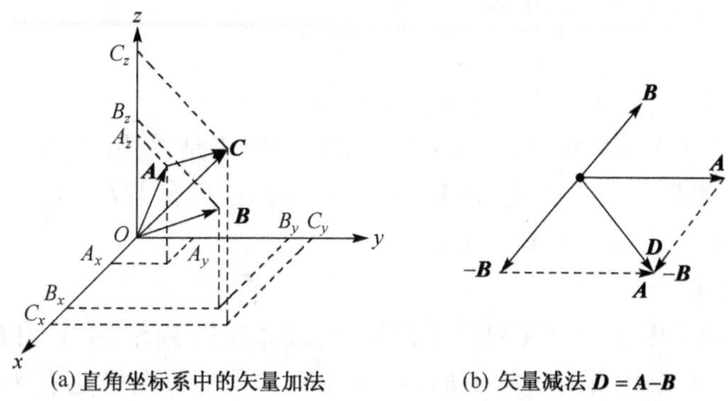

图 1-13 矢量的加、减法运算

1.3.2 矢量的乘法运算

1. 矢量与标量的乘积

如果矢量 $\boldsymbol{A}$ 乘以标量 k，得矢量 $\boldsymbol{B}$，则

$$\boldsymbol{B}=k\boldsymbol{A} \tag{1-35}$$

$\boldsymbol{B}$ 的大小等于 $\boldsymbol{A}$ 的大小的 $|k|$ 倍。若 $k>0$，则 $\boldsymbol{B}$ 与 $\boldsymbol{A}$ 同方向；若 $k<0$，则 $\boldsymbol{B}$ 与 $\boldsymbol{A}$ 反方向。若 $|k|>1$，则 $\boldsymbol{B}$ 比 $\boldsymbol{A}$ 长；若 $|k|<1$，则 $\boldsymbol{B}$ 比 $\boldsymbol{A}$ 短。我们还应记住，$\boldsymbol{B}$ 平行于 $\boldsymbol{A}$，两者的方向相同或相反，$\boldsymbol{B}$ 经常称为相依矢量(dependent vector)。

2. 两矢量的乘积

两矢量的乘积有两种定义：点乘(dot product)和叉乘(cross product)。

1) 两矢量的点乘

$\boldsymbol{A}$ 和 $\boldsymbol{B}$ 两矢量的点乘又称为点积或标量积，写成 $\boldsymbol{A}\cdot\boldsymbol{B}$，读作“$\boldsymbol{A}$ 点乘 $\boldsymbol{B}$”。它定义为两矢量的大小与它们之间夹角的余弦之积，如图 1-14 所示。

$$\boldsymbol{A}\cdot\boldsymbol{B}=AB\cos\theta \tag{1-36}$$

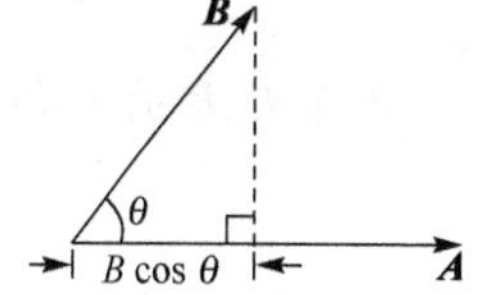

图 1-14 点积的图示

$\boldsymbol{A}$ 和 $\boldsymbol{B}$ 的点积是一个标量，因此，点积也称为标量积(scalar product)。当两矢量同向时，点积最大。如果两非零矢量的点积为零，则说明该两矢量是正交的。

两矢量的点乘服从交换律和分配律：

$$\boldsymbol{A}\cdot\boldsymbol{B}=\boldsymbol{B}\cdot\boldsymbol{A} \tag{1-37a}$$

$$\boldsymbol{A}\cdot(\boldsymbol{B}+\boldsymbol{C})=\boldsymbol{A}\cdot\boldsymbol{B}+\boldsymbol{A}\cdot\boldsymbol{C} \tag{1-37b}$$

$$k(\boldsymbol{A}\cdot\boldsymbol{B})=(k\boldsymbol{A})\cdot\boldsymbol{B}=\boldsymbol{A}\cdot(k\boldsymbol{B}) \tag{1-37c}$$

式(1-36)中的量 $B\cos\theta$ 称为 $\boldsymbol{B}$ 在 $\boldsymbol{A}$ 上的投影，即

$$B\cos\theta=\frac{\boldsymbol{A}\cdot\boldsymbol{B}}{A}=\boldsymbol{B}\cdot\boldsymbol{a}_A \tag{1-38}$$

当 $\boldsymbol{A} \neq \boldsymbol{0}$ 和 $\boldsymbol{B} \neq \boldsymbol{0}$ 时,$\boldsymbol{A}$ 和 $\boldsymbol{B}$ 两矢量之间的夹角为

$$\cos\theta = \frac{\boldsymbol{A} \cdot \boldsymbol{B}}{AB} \tag{1-39}$$

用式(1-36)还能决定矢量 $\boldsymbol{A}$ 的大小,即

$$A = \sqrt{\boldsymbol{A} \cdot \boldsymbol{A}} \tag{1-40}$$

例 1-5 若 $\boldsymbol{A} \cdot \boldsymbol{B} = \boldsymbol{A} \cdot \boldsymbol{C}$,是否意味着 $\boldsymbol{B}$ 总等于 $\boldsymbol{C}$ 呢?

解 因为 $\boldsymbol{A} \cdot \boldsymbol{B} = \boldsymbol{A} \cdot \boldsymbol{C}$ 可以写成 $\boldsymbol{A} \cdot (\boldsymbol{B} - \boldsymbol{C}) = \boldsymbol{0}$,于是,能够给出如下结论:①$\boldsymbol{A}$ 可能垂直于 $\boldsymbol{B} - \boldsymbol{C}$;②$\boldsymbol{A}$ 可能是一个零矢量;③ $\boldsymbol{B} - \boldsymbol{C} = \boldsymbol{0}$。所以,只有当 $\boldsymbol{B} - \boldsymbol{C} = \boldsymbol{0}$ 时,才有 $\boldsymbol{B} = \boldsymbol{C}$。因此,$\boldsymbol{A} \cdot \boldsymbol{B} = \boldsymbol{A} \cdot \boldsymbol{C}$ 并不意味着 $\boldsymbol{B} = \boldsymbol{C}$。

2) 两矢量的叉乘

$\boldsymbol{A}$ 和 $\boldsymbol{B}$ 两矢量的叉乘又称为叉积或矢量积,写成 $\boldsymbol{A} \times \boldsymbol{B}$,读作"$\boldsymbol{A}$ 叉乘 $\boldsymbol{B}$"。叉积是一个矢量,它的方向垂直于 $\boldsymbol{A}$ 和 $\boldsymbol{B}$ 所决定的平面,$\boldsymbol{A}$、$\boldsymbol{B}$ 及其叉积的方向满足右手螺旋定则。叉积的大小等于 $\boldsymbol{A}$、$\boldsymbol{B}$ 两矢量的大小与它们之间夹角的正弦之积,即

$$\boldsymbol{A} \times \boldsymbol{B} = AB\sin\theta\, \boldsymbol{a}_n \tag{1-41}$$

式中,$\boldsymbol{a}_n$ 表示 $\boldsymbol{A} \times \boldsymbol{B}$ 的方向的单位矢量。当右手四指从 $\boldsymbol{A}$ 转向 $\boldsymbol{B}$ 时,拇指的方向即为 $\boldsymbol{a}_n$ 的方向,如图 1-15 所示。

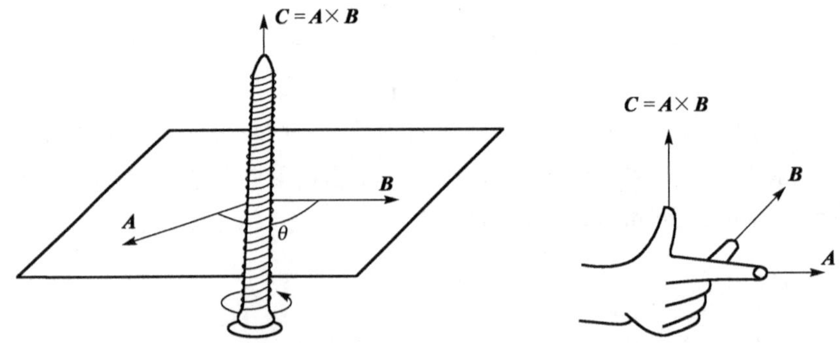

图 1-15 决定叉积 $\boldsymbol{C}=\boldsymbol{A}\times\boldsymbol{B}$ 方向的右手螺旋定则

如果 $\boldsymbol{C}$ 表示 $\boldsymbol{A}$ 和 $\boldsymbol{B}$ 两矢量的矢量积,即

$$\boldsymbol{C} = \boldsymbol{A} \times \boldsymbol{B} \tag{1-42}$$

则

$$C\boldsymbol{a}_n = (A\boldsymbol{a}_A) \times (B\boldsymbol{a}_B) = (\boldsymbol{a}_A \times \boldsymbol{a}_B)AB$$

单位矢量 $\boldsymbol{a}_n$ 为

$$\boldsymbol{a}_n = \frac{\boldsymbol{a}_A \times \boldsymbol{a}_B}{\sin\theta} \tag{1-43}$$

从图 1-15 可知

$$\boldsymbol{A} \times \boldsymbol{B} = -\boldsymbol{B} \times \boldsymbol{A} \tag{1-44}$$

所以矢量积不服从交换律,而服从分配律

$$\boldsymbol{A} \times (\boldsymbol{B} + \boldsymbol{C}) = \boldsymbol{A} \times \boldsymbol{B} + \boldsymbol{A} \times \boldsymbol{C} \tag{1-45a}$$

$$(k\boldsymbol{A}) \times \boldsymbol{B} = k(\boldsymbol{A} \times \boldsymbol{B}) = \boldsymbol{A} \times (k\boldsymbol{B}) \tag{1-45b}$$

我们还能够证明,两矢量平行的必要和充分条件是它们的矢量积为零。

例 1-6 证明拉格朗日恒等式，即如果 $\boldsymbol{A}$ 和 $\boldsymbol{B}$ 是任意二矢量，则

$$|\boldsymbol{A}\times\boldsymbol{B}|^2 = A^2B^2-(\boldsymbol{A}\cdot\boldsymbol{B})^2$$

证明 从两矢量的矢量积定义，有

$$\begin{aligned}|\boldsymbol{A}\times\boldsymbol{B}|^2 &= A^2B^2\sin^2\theta = A^2B^2(1-\cos^2\theta)\\ &= A^2B^2-A^2B^2\cos^2\theta\\ &= A^2B^2-(\boldsymbol{A}\cdot\boldsymbol{B})^2\end{aligned}$$

例 1-7 用矢量推导三角形的正弦定律。

解 从图 1-16，有

$$\boldsymbol{B}=\boldsymbol{C}-\boldsymbol{A}$$

因为 $\boldsymbol{B}\times\boldsymbol{B}=\boldsymbol{0}$，故可写出

$$\boldsymbol{B}\times(\boldsymbol{C}-\boldsymbol{A})=\boldsymbol{0}$$

或

$$\boldsymbol{B}\times\boldsymbol{C}=\boldsymbol{B}\times\boldsymbol{A}$$

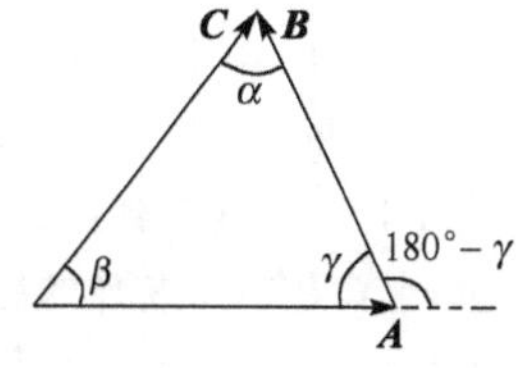

图 1-16 矢量三角形

$$BC\sin\alpha = BA\sin(\pi-\gamma) = BA\sin\gamma$$

所以

$$\frac{A}{\sin\alpha}=\frac{C}{\sin\gamma}$$

同样，可以证明

$$\frac{A}{\sin\alpha}=\frac{B}{\sin\beta}$$

于是，证明三角形的正弦定律为

$$\frac{A}{\sin\alpha}=\frac{B}{\sin\beta}=\frac{C}{\sin\gamma}$$

在直角坐标系中，矢量 $\boldsymbol{A}$ 和 $\boldsymbol{B}$ 的点积可表示为

$$\boldsymbol{A}\cdot\boldsymbol{B}=A_xB_x+A_yB_y+A_zB_z \tag{1-46}$$

利用式(1-46)，能用 $\boldsymbol{A}$ 的分量计算 $\boldsymbol{A}$ 的大小，即

$$A=\sqrt{\boldsymbol{A}\cdot\boldsymbol{A}}=\sqrt{A_x^2+A_y^2+A_z^2} \tag{1-47}$$

例 1-8 设 $\boldsymbol{A}=3\boldsymbol{a}_x+2\boldsymbol{a}_y-\boldsymbol{a}_z$，$\boldsymbol{B}=\boldsymbol{a}_x-3\boldsymbol{a}_y+2\boldsymbol{a}_z$，若 $\boldsymbol{C}=2\boldsymbol{A}-3\boldsymbol{B}$，求 $\boldsymbol{C}$，并求单位矢量 $\boldsymbol{a}_c$ 及其与 z 轴构成的角。

解

$$\begin{aligned}\boldsymbol{C}&=2\boldsymbol{A}-3\boldsymbol{B}\\ &=2(3\boldsymbol{a}_x+2\boldsymbol{a}_y-\boldsymbol{a}_z)-3(\boldsymbol{a}_x-3\boldsymbol{a}_y+2\boldsymbol{a}_z)=3\boldsymbol{a}_x+13\boldsymbol{a}_y-8\boldsymbol{a}_z\end{aligned}$$

由式(1-47)，矢量 $\boldsymbol{C}$ 的大小是

$$C=\sqrt{3^2+13^2+(-8)^2}=15.556$$

C 的单位方向矢量是

$$\boldsymbol{a}_c=\frac{\boldsymbol{C}}{C}=0.193\boldsymbol{a}_x+0.836\boldsymbol{a}_y-0.514\boldsymbol{a}_z$$

单位矢量与 z 轴构成的角为

$$\theta_z=\arccos\left(\frac{C_z}{C}\right)=\arccos\left(\frac{-8}{15.556}\right)=120.95^\circ$$

例 1-9　证明下列矢量是正交的：

$$\boldsymbol{A}=4\,\boldsymbol{a}_x+6\,\boldsymbol{a}_y-2\,\boldsymbol{a}_z,\quad \boldsymbol{B}=-2\,\boldsymbol{a}_x+4\,\boldsymbol{a}_y+8\,\boldsymbol{a}_z$$

证明　两非零矢量正交，它们的点积 $\boldsymbol{A}\cdot\boldsymbol{B}$ 必须为零。经计算，得

$$\boldsymbol{A}\cdot\boldsymbol{B}=(4)\times(-2)+(6)\times(4)+(-2)\times(8)=0$$

所以 $\boldsymbol{A}$、$\boldsymbol{B}$ 两矢量正交。

例 1-10　求从点 $P(x_1,y_1,z_1)$ 到点 $Q(x_2,y_2,z_2)$ 的矢量 $\boldsymbol{R}$。

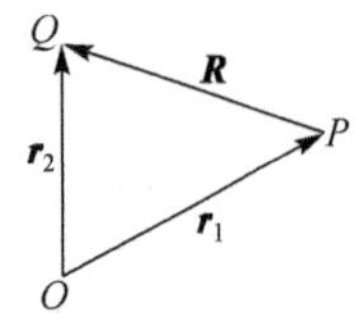

图 1-17　从点 P 到点 Q 的距离矢量(点 Q 相对于点 P 的位置矢量)

解　从一点到另一点的矢量称为距离矢量。令 $\boldsymbol{r}_1$ 和 $\boldsymbol{r}_2$ 分别表示点 P 和点 Q 的位置矢量，如图 1-17 所示，则

$$\boldsymbol{r}_1=x_1\,\boldsymbol{a}_x+y_1\,\boldsymbol{a}_y+z_1\,\boldsymbol{a}_z\quad 及\quad \boldsymbol{r}_2=x_2\,\boldsymbol{a}_x+y_2\,\boldsymbol{a}_y+z_2\,\boldsymbol{a}_z$$

图 1-17 表明，从点 P 到点 Q 的距离矢量(又称点 Q 相对于点 P 的相对位置矢量) $\boldsymbol{R}$ 为

$$\boldsymbol{R}=\boldsymbol{r}_2-\boldsymbol{r}_1=(x_2-x_1)\,\boldsymbol{a}_x+(y_2-y_1)\,\boldsymbol{a}_y+(z_2-z_1)\,\boldsymbol{a}_z$$

在直角坐标系中，$\boldsymbol{A}$ 和 $\boldsymbol{B}$ 两矢量的叉乘也可用它们的分量进行计算。令 $\boldsymbol{C}=\boldsymbol{A}\times\boldsymbol{B}$，则

$$\begin{aligned}\boldsymbol{C}&=(A_x\,\boldsymbol{a}_x+A_y\,\boldsymbol{a}_y+A_z\,\boldsymbol{a}_z)\times(B_x\,\boldsymbol{a}_x+B_y\,\boldsymbol{a}_y+B_z\,\boldsymbol{a}_z)\\&=(A_yB_z-A_zB_y)\boldsymbol{a}_x+(A_zB_x-A_xB_z)\boldsymbol{a}_y+(A_xB_y-A_yB_x)\boldsymbol{a}_z\end{aligned}$$

用行列式表示为

$$\boldsymbol{C}=\boldsymbol{A}\times\boldsymbol{B}=\begin{vmatrix}\boldsymbol{a}_x & \boldsymbol{a}_y & \boldsymbol{a}_z\\ A_x & A_y & A_z\\ B_x & B_y & B_z\end{vmatrix}\tag{1-48}$$

在圆柱坐标系中，如果两矢量 $\boldsymbol{A}$ 和 $\boldsymbol{B}$ 定义在一个公共点 $P(\rho,\phi,z)$ 或在同一个 $\phi=$常数的半平面内，则可以像在直角坐标系中一样，对这两矢量进行加、减和乘法运算。例如，如果在点 $P(\rho,\phi,z)$ 的两矢量是 $\boldsymbol{A}=A_\rho\,\boldsymbol{a}_\rho+A_\phi\,\boldsymbol{a}_\phi+A_z\,\boldsymbol{a}_z$ 和 $\boldsymbol{B}=B_\rho\,\boldsymbol{a}_\rho+B_\phi\,\boldsymbol{a}_\phi+B_z\,\boldsymbol{a}_z$，则

$$\boldsymbol{A}+\boldsymbol{B}=(A_\rho+B_\rho)\,\boldsymbol{a}_\rho+(A_\phi+B_\phi)\,\boldsymbol{a}_\phi+(A_z+B_z)\,\boldsymbol{a}_z\tag{1-49a}$$

$$\boldsymbol{A}\cdot\boldsymbol{B}=A_\rho B_\rho+A_\phi B_\phi+A_zB_z\tag{1-49b}$$

$$\boldsymbol{A}\times\boldsymbol{B}=\begin{vmatrix}\boldsymbol{a}_\rho & \boldsymbol{a}_\phi & \boldsymbol{a}_z\\ A_\rho & A_\phi & A_z\\ B_\rho & B_\phi & B_z\end{vmatrix}\tag{1-49c}$$

例 1-11　$\boldsymbol{A}$ 和 $\boldsymbol{B}$ 两矢量定义在空间某一点 $P(r,\theta,\varphi)$，$\boldsymbol{A}=10\,\boldsymbol{a}_r+30\,\boldsymbol{a}_\theta-10\,\boldsymbol{a}_\varphi$，$\boldsymbol{B}=-3\,\boldsymbol{a}_r-10\,\boldsymbol{a}_\theta+20\,\boldsymbol{a}_\varphi$。求：① $2\boldsymbol{A}-5\boldsymbol{B}$；② $\boldsymbol{A}\cdot\boldsymbol{B}$；③ $\boldsymbol{A}\times\boldsymbol{B}$；④$\boldsymbol{A}$ 在 $\boldsymbol{B}$ 方向上的投影；⑤垂直于 $\boldsymbol{A}$ 和 $\boldsymbol{B}$ 二矢量的单位矢量。

解　因为 $\boldsymbol{A}$ 和 $\boldsymbol{B}$ 两矢量定义在同一点 P，所以矢量运算法则在球坐标系中能直接应用。

① $$\begin{aligned}2\boldsymbol{A}-5\boldsymbol{B}&=(20+15)\,\boldsymbol{a}_r+(60+50)\,\boldsymbol{a}_\theta+(-20-100)\,\boldsymbol{a}_\varphi\\&=35\,\boldsymbol{a}_r+110\,\boldsymbol{a}_\theta-120\,\boldsymbol{a}_\varphi\end{aligned}$$

② $$\boldsymbol{A}\cdot\boldsymbol{B}=10\times(-3)+30\times(-10)+(-10)\times20=-530$$

③ $$\boldsymbol{A}\times\boldsymbol{B}=\begin{vmatrix}\boldsymbol{a}_r & \boldsymbol{a}_\theta & \boldsymbol{a}_\varphi\\ 10 & 30 & -10\\ -3 & -10 & 20\end{vmatrix}=500\,\boldsymbol{a}_r-170\,\boldsymbol{a}_\theta-10\,\boldsymbol{a}_\varphi$$

④$\boldsymbol{B}$ 的大小为 $B=\sqrt{(-3)^2+(-10)^2+(20)^2}=22.561$，所以 $\boldsymbol{A}$ 在 $\boldsymbol{B}$ 上的投影是

$$\mathbf{A}\cdot\boldsymbol{a}_B=\frac{\mathbf{A}\cdot\boldsymbol{B}}{B}=\frac{-530}{22.561}=-23.492$$

⑤有两个单位矢量垂直于 $\mathbf{A}$ 和 $\boldsymbol{B}$，其中一个单位矢量是

$$\boldsymbol{a}_{n_1}=\frac{\mathbf{A}\times\mathbf{B}}{|\mathbf{A}\times\mathbf{B}|}=\frac{500\,\boldsymbol{a}_r-170\,\boldsymbol{a}_\theta-10\,\boldsymbol{a}_\varphi}{\sqrt{500^2+170^2+10^2}}$$
$$=0.947\,\boldsymbol{a}_r-0.322\,\boldsymbol{a}_\theta-0.019\,\boldsymbol{a}_\varphi$$

另一个单位矢量是

$$\boldsymbol{a}_{n_2}=-\boldsymbol{a}_{n_1}=-0.947\,\boldsymbol{a}_r+0.322\,\boldsymbol{a}_\theta+0.019\,\boldsymbol{a}_\varphi$$

1.3.3 矢量的积分运算

当表达电磁场的基本定律时，常常要用到场量在区域中的线积分、面积分和体积分。例如，我们用电场强度的线积分定义位函数；用体电流密度的面积分来决定通过导线的电流。清楚理解这些空间积分对于研究电磁场理论是很重要的。此外，我们经常用积分形式表达最后的结果，以阐明它的物理意义。所以，现在简单讨论矢量的线、面和体三种积分的概念。通常，矢量场的线积分、面积分和体积分随着应用场合的不同，会具有不同的物理意义。

1. 矢量的线积分和矢量场的环流量

一个矢量场 $\boldsymbol{F}$ 沿路径 c 的线积分定义为

$$\int_c \boldsymbol{F}\cdot\mathrm{d}\boldsymbol{l}=\lim_{\substack{n\to\infty\\ \Delta l_i\to 0}}\sum_{i=1}^{n}\boldsymbol{F}_i\cdot\Delta\boldsymbol{l}_i \tag{1-50}$$

在直角坐标系中

$$\int_c \boldsymbol{F}\cdot\mathrm{d}\boldsymbol{l}=\int_c|\boldsymbol{F}|\cos\theta\mathrm{d}l=\int_{c_x}F_x\mathrm{d}x+\int_{c_y}F_y\mathrm{d}y+\int_{c_z}F_z\mathrm{d}z$$

矢量的线积分路径可以是一条开放曲线，也可以是一条闭合曲线。当 c 为闭合曲线时，如图 1-18 所示的 a、b 两点重合。这样在一个闭合路径上的积分通常用积分符号 $\oint_c$ 来表示。矢量场沿闭合路径的线积分为一个标量，称为矢量场的环流量。矢量场的环流量是描绘矢量场性质的一个重要物理量。以流体的速度矢量场 $\boldsymbol{v}$ 为例，$\boldsymbol{v}$ 沿某一闭合路径的积分，即 $\boldsymbol{v}$ 的环流量有两种结果：一是环流量为零，表示该流体的流动是无漩涡的流动；二是环流量不等于零，表示该流体沿闭合回路是漩涡状流动。

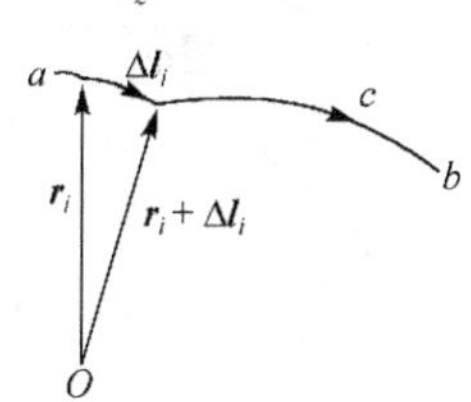

图 1-18 三维空间沿路径 c 的线微分元

例 1-12 当空间有静止电荷 q 存在时，在它周围会产生静电场 $\boldsymbol{E}(\boldsymbol{r})=\frac{q}{4\pi\varepsilon r^2}\boldsymbol{a}_r$。其中，$\boldsymbol{r}$ 为源点指向场点的位置矢量。静电场是一种守恒的矢量场，证明静电场在闭合路径上的环流量为零，即

$$\oint_c \boldsymbol{E}\cdot\mathrm{d}\boldsymbol{l}=0 \tag{1-51}$$

证明 在证明式(1-51)以前，首先介绍立体角的概念。在一个半径为 R 的球面上任取一个面元 $\mathrm{d}\boldsymbol{s}$，则此面元可构成一个以球心为定点的锥体，如图 1-19(a)所示，定义 $\mathrm{d}\boldsymbol{s}$ 与 R^2 的比值

为 ds 对球心所张的立体角，用 dΩ 表示，单位为 sr。实际上，立体角指的是锥体的空间角度，所以整个球面对球心的立体角显然应是 $\frac{4\pi R^2}{R^2}=4\pi$ 。

一个不是球面元的 ds 对 O 点所张的立体角也可以这样计算。以 O 点为球心，O 点到 ds 的距离 R 为半径作一个球面，取 ds 在球面上的投影 d$\boldsymbol{s}\cdot\boldsymbol{a}_r$ 与 R^2 的比值，即面元对 O 点所张的立体角：

$$\mathrm{d}\Omega=\frac{\mathrm{d}\boldsymbol{s}\cdot\boldsymbol{a}_r}{R^2}=\frac{\mathrm{d}s\cos\theta}{R^2} \tag{1-52}$$

一个任意形状的闭合曲面对一点 O 所张的立体角有两种情况：一种情况是 O 点在闭合面内，可以以 O 点为球心、任意半径作一个球面(图 1-19(b))，则闭合面上任一面元 ds 对 O 点所张的立体角就是它对 O 点构成的锥体在球面上割出的球面元所张的立体角。可见，任意闭合面对 O 点所张立体角与球面对 O 点所张的立体角是相等的，即 4π。另一种情况是 O 点位于任意闭合面之外(图 1-19(c))，不难看出，它所张的立体角为零。这是因为闭合面的两个部分表面的立体角等值异号的结果。

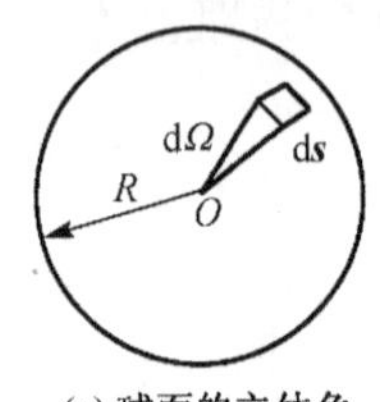

(a) 球面的立体角

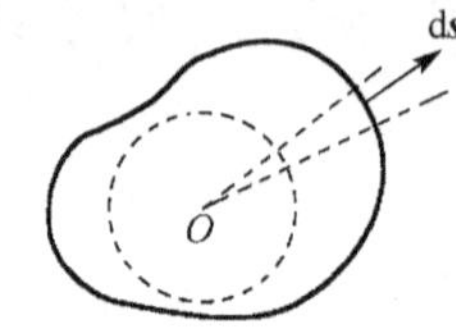

(b) O点在闭合面内所张立体角

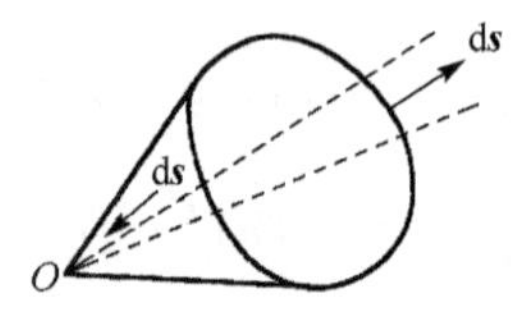

(c) O点在闭合面外所张立体角

图 1-19　立体角的概念

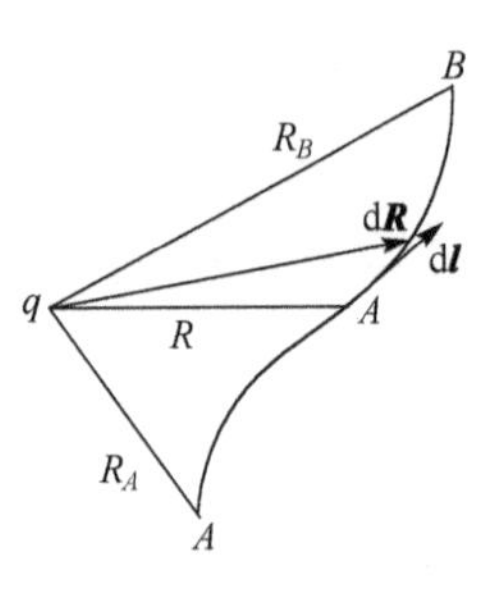

图 1-20　计算静电场的环流量

在点电荷 q 的电场中任取一条曲线 AB，如图 1-20 所示，d$\boldsymbol{l}$ 为线微分元，d$\boldsymbol{l}$ 两端点到源点 q 的距离之差为 d$\boldsymbol{R}$，d$\boldsymbol{R}$ 的大小即 d$\boldsymbol{l}$ 在 $\boldsymbol{R}$ 方向上的投影，则电场强度$\boldsymbol{E}(r)$沿此曲线的线积分为

$$\int_l \boldsymbol{E}\cdot\mathrm{d}\boldsymbol{l}=\frac{q}{4\pi\varepsilon_0}\int_l\frac{\boldsymbol{a}_r\cdot\mathrm{d}\boldsymbol{l}}{R^2}=\frac{q}{4\pi\varepsilon_0}\int_{R_A}^{R_B}\frac{\mathrm{d}R}{R^2}=\frac{q}{4\pi\varepsilon_0}\left(\frac{1}{R_A}-\frac{1}{R_B}\right)$$

当积分路径为闭合曲线时，即 A、B 两点重合时，得到

$$\oint_c \boldsymbol{E}\cdot\mathrm{d}\boldsymbol{l}=0$$

可见，静电场的环流量为零。这说明静电场是守恒场，即当试验电荷 q 在静电场中沿闭合回路移动一周时，电场力所做的功 $\oint_c q\boldsymbol{E}\cdot\mathrm{d}\boldsymbol{l}=q\oint_c\boldsymbol{E}\cdot\mathrm{d}\boldsymbol{l}=0$ ，电场能量既无损失也无增加。

例 1-13　当空间存在恒定电流 I 时，其周围空间会产生恒定磁场。由沿回路 c'流动的电流产生的磁场强度为

$$\boldsymbol{H}=\frac{1}{4\pi}\oint_{c'}\frac{I\mathrm{d}\boldsymbol{l}\times\boldsymbol{r}}{r^3}=\frac{1}{4\pi}\oint_{c'}\frac{I\mathrm{d}\boldsymbol{l}\times\boldsymbol{a}_r}{r^2}$$

求恒定磁场 $\boldsymbol{H}(r)$ 的环流量。

解　在电流回路 c'的恒定磁场中任取一闭合回路 c，如图 1-21 所示。用 d$\boldsymbol{l}$ 和 d$\boldsymbol{l}'$分别表示 c 和 c'上的线元，利用矢量混合积的轮换性可得磁场的环流量为

$$\oint_c \boldsymbol{H} \cdot \mathrm{d}\boldsymbol{l} = \oint_c \frac{I}{4\pi}\oint_{c'} \frac{\mathrm{d}\boldsymbol{l}' \times \boldsymbol{a}_r}{r^2} \cdot \mathrm{d}\boldsymbol{l} = -\frac{I}{4\pi}\oint_c\oint_{c'} \frac{(-\mathrm{d}\boldsymbol{l} \times \mathrm{d}\boldsymbol{l}') \cdot \boldsymbol{a}_r}{r^2}$$
$$= \frac{I}{4\pi}\oint_c\oint_{c'} \frac{-\mathrm{d}\boldsymbol{l} \times \mathrm{d}\boldsymbol{l}'}{r^2} \cdot (-\boldsymbol{a}_r)$$

图 1-21(a)中，点 P 是闭合路径 c 上的一个点，电流回路 c' 所包围的表面对场点 P 构成一个立体角 Ω。P 点沿回路 c 位移 $\mathrm{d}\boldsymbol{l}$ 时，立体角将改变 $\mathrm{d}\Omega$。从相对运动的观点，相当于 P 点保持不动而回路 c' 位移 $-\mathrm{d}\boldsymbol{l}$，则回路包围的表面由 s_1 变为 s_2，增量为 $\mathrm{d}\boldsymbol{s}'$。图 1-21(a)中，阴影部分的面元为 $-\mathrm{d}\boldsymbol{l} \times \mathrm{d}\boldsymbol{l}'$，因此 $\mathrm{d}\boldsymbol{s}'$ 为

$$\mathrm{d}\boldsymbol{s}' = \oint_{c'} (-\mathrm{d}\boldsymbol{l} \times \mathrm{d}\boldsymbol{l}')$$

即图中的环形表面，立体角的相应改变为

$$\mathrm{d}\Omega = \oint_{c'} \frac{(-\mathrm{d}\boldsymbol{l} \times \mathrm{d}\boldsymbol{l}') \cdot (-\boldsymbol{a}_r)}{r^2}$$

这就是 P 点位移 $\mathrm{d}\boldsymbol{l}$ 时立体角的改变量。那么点 P 沿 c 回路移动一周时，立体角的总增量为

$$\Delta\Omega = \oint_c \mathrm{d}\Omega = \oint_c\oint_{c'} \frac{(-\mathrm{d}\boldsymbol{l} \times \mathrm{d}\boldsymbol{l}') \cdot (-\boldsymbol{a}_r)}{r^2}$$

所以

$$\oint_c \boldsymbol{H} \cdot \mathrm{d}\boldsymbol{l} = \frac{I}{4\pi}\Delta\Omega \tag{1-53}$$

可见，环积分的结果取决于 $\Delta\Omega$，一般分为以下两种情况。

(1)积分回路 c 不与电流回路 c' 相交链，如图 1-21(a)所示。可见，当从某点开始沿闭合回路 c 绕行一周并回到起始点时，立体角又恢复到原来的值，即 $\Delta\Omega = 0$，而式(1-53)变为

$$\oint_c \boldsymbol{H} \cdot \mathrm{d}\boldsymbol{l} = 0$$

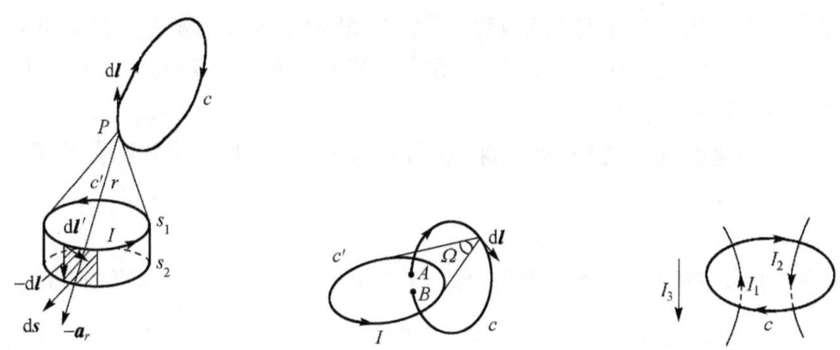

(a)回路 c' 的 B 对回路 c 的线积分 (b)积分回路 c 与电流回路 c' 相交链的情况 (c)积分回路包围的电流 $\sum I = I_2 - I_1$

图 1-21 恒定磁场的环流量求解

(2)积分回路 c 与电流回路 c' 相交链，即 c 穿过 c' 所包围的面 s' 的情况。如图 1-21(b)所示，如果取积分回路的起点为在 s' 面上侧的 A 点，终点为在 s' 面下侧的 B 点。由于面元对它上表面上的点所张的立体角为 -2π，而对下表面上的点所张的立体角为 $+2\pi$，故 s' 对 A 点的立体角为 -2π，对 B 点的立体角为 $+2\pi$，因而 $\Delta\Omega = 2\pi - (-2\pi) = 4\pi$，于是有

$$\oint_c \boldsymbol{H} \cdot \mathrm{d}\boldsymbol{l} = \frac{I}{4\pi}(4\pi) = I$$

因为c与c'相交链，I也就是穿过回路c所包围的面s的电流，而且当电流与回路c存在右手螺旋关系时，I为正；反之，I为负。综合上述两种情况，用一个方程（积分形式）表示为

$$\oint_c \boldsymbol{H} \cdot \mathrm{d}\boldsymbol{l} = \sum I$$

其中，$\sum I$是c所包围电流的代数和。如果电流在一个面上连续分布，电流密度为$\boldsymbol{J}$，则

$$\oint_c \boldsymbol{H} \cdot \mathrm{d}\boldsymbol{l} = \int_s \boldsymbol{J} \cdot \mathrm{d}\boldsymbol{s} \tag{1-54}$$

通过本例可知，恒定磁场与静电场不同，它是具有环流量的场，为有旋场。

2. 矢量的面积分和矢量场的通量

为了求一个矢量场$\boldsymbol{F}$的面积分，将给定的面s划分成n个面微分元$\Delta\boldsymbol{s}_i$，每个面微分元都趋于零。计算$\boldsymbol{F}$的面积分时，由矢量场$\boldsymbol{F}$与每一面元$\Delta\boldsymbol{s}$的点积求和并取极限，即矢量的面积分

$$\int_s \boldsymbol{F} \cdot \mathrm{d}\boldsymbol{s} = \lim_{\substack{n\to\infty \\ \Delta s_i \to 0}} \sum_{i=1}^{n} \boldsymbol{F}_i \cdot \Delta\boldsymbol{s}_i \tag{1-55}$$

在直角坐标系中

$$\int_s \boldsymbol{F} \cdot \mathrm{d}\boldsymbol{s} = \int_s |\boldsymbol{F}| \cos\theta \mathrm{d}s = \iint F_x \mathrm{d}y\mathrm{d}z + \iint F_y \mathrm{d}x\mathrm{d}z + \iint F_z \mathrm{d}x\mathrm{d}y \tag{1-56}$$

积分面可以是开放的，也可以是闭合曲面。在闭合曲面上的积分用带圈的面积分$\oint_s$表示。积分面的方向由它的法线方向确定，闭合曲面的方向为它的外法线方向，开放曲面的方向与曲面边界线的方向满足右手螺旋定则。一个矢量场的面积分称为矢量场通过该曲面的通量，通量是一个标量，它也是用来描述矢量场特性的一个重要物理量。如磁感应强度$\boldsymbol{B}$通过任意曲面的通量就是磁通量Φ。

还是以流体的速度场$\boldsymbol{v}$为例，如果穿过闭合面s的$\boldsymbol{v}$的通量不等于零，则表示闭合面包围的体积内有净流量流出或流入。如$\oint_s \boldsymbol{v} \cdot \mathrm{d}\boldsymbol{s} > 0$，则表示每秒有净流量流出，说明体积内必定存在着流体的“源”，该源称为“涡旋源”；反之，若$\oint_s \boldsymbol{v} \cdot \mathrm{d}\boldsymbol{s} < 0$，则表示每秒有净流量流入闭合面包围的体积，说明体积内存在流体的“沟”（或称负源）。当然，前一情况体积内也可能存在“沟”，但源总是大于沟；后一情况刚好反过来，体积内总是沟大于源。如果$\oint_s \boldsymbol{v} \cdot \mathrm{d}\boldsymbol{s} = 0$，则流入体积内和从体积内流出的流量相等，即体积内“源”和“沟”的总和为零或体积内既无源也无沟。

例 1-14 证明在半径为b的球形封闭面上，$\oint \mathrm{d}\boldsymbol{s} = 0$。

证明 在半径为b的球面上，外向的单位法线在单位矢量$\boldsymbol{a}_r$的方向，如图 1-22 所示，因此

$$\oint_s \mathrm{d}\boldsymbol{s} = \int_{\theta=0}^{\pi} \int_{\varphi=0}^{2\pi} \boldsymbol{a}_r b^2 \sin\theta \mathrm{d}\theta \mathrm{d}\varphi$$

因为单位矢量$\boldsymbol{a}_r$是θ和φ的函数，所以，在积分之前必须将它用直角坐标系的单位矢量来

表示。根据 $\boldsymbol{a}_r = \sin\theta\cos\varphi\boldsymbol{a}_x + \sin\theta\sin\varphi\boldsymbol{a}_y + \cos\theta\boldsymbol{a}_z$,有

$$\oint_s \mathrm{d}\boldsymbol{s} = \boldsymbol{a}_x b^2\int_0^{\pi}\sin^2\theta\mathrm{d}\theta\int_0^{2\pi}\cos\varphi\mathrm{d}\varphi + \boldsymbol{a}_y b^2\int_0^{\pi}\sin^2\theta\mathrm{d}\theta\int_0^{2\pi}\sin\varphi\mathrm{d}\varphi + \boldsymbol{a}_z b^2\int_0^{\pi}\sin\theta\cos\theta\mathrm{d}\theta\int_0^{2\pi}\mathrm{d}\varphi = 0$$

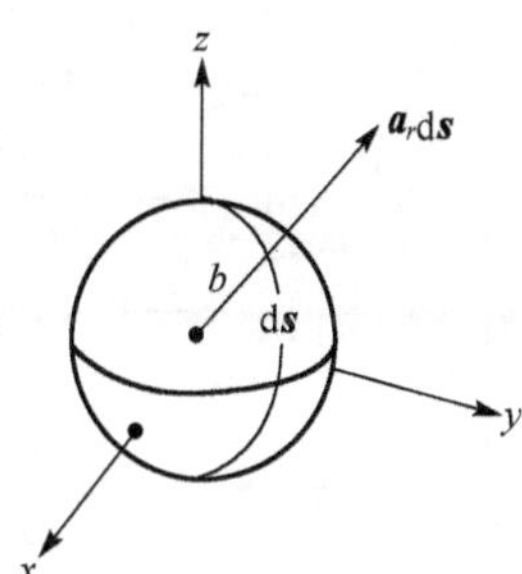

图 1-22 例 1-14 附图

例 1-15 证明 $\boldsymbol{B}(r)$ 通过任意闭合面的磁通量恒为零。

证明 为了简化计算,只分析真空中的磁场。在直流回路 c 的磁场中任取一闭合面 s,则 s 上的磁通量Φ为

$$\oint_s \boldsymbol{B}\cdot\mathrm{d}\boldsymbol{s} = \oint_s\left(\frac{\mu_0}{4\pi}\oint_c\frac{I\mathrm{d}\boldsymbol{l}\times\boldsymbol{a}_r}{r^2}\right)\cdot\mathrm{d}\boldsymbol{s} = \oint_c\frac{\mu_0 I\mathrm{d}\boldsymbol{l}}{4\pi}\cdot\oint_s\frac{\boldsymbol{a}_r\times\mathrm{d}\boldsymbol{s}}{r^2}$$
$$=\oint_c\frac{\mu_0 I\mathrm{d}\boldsymbol{l}}{4\pi}\cdot\oint_s\left(-\nabla\frac{1}{r}\times\mathrm{d}\boldsymbol{s}\right)$$

代入矢量恒等式$\oint_s(\boldsymbol{n}\times\boldsymbol{A})\cdot\mathrm{d}\boldsymbol{s} = \int_v\nabla\times\boldsymbol{A}\mathrm{d}v$,得

$$\oint_s\boldsymbol{B}\cdot\mathrm{d}\boldsymbol{s} = \oint_c\frac{\mu_0 I\mathrm{d}\boldsymbol{l}}{4\pi}\cdot\int_v\nabla\times\nabla\frac{1}{r}\mathrm{d}v$$

因为 $\nabla\times\nabla\frac{1}{r} = 0$,所以

$$\oint_s\boldsymbol{B}\cdot\mathrm{d}\boldsymbol{s} = 0 \tag{1-57}$$

式(1-57)称为磁通量连续性方程,表明磁力线总是一些闭合的曲线,也在客观上表明了自然界不存在孤立的磁荷。

例 1-16 证明静电场的电通量为闭合面 s 所包围的电荷的代数和。

证明 真空中一个点电荷产生的电场的通量为

$$\oint_s\boldsymbol{D}\cdot\mathrm{d}\boldsymbol{s} = \oint_s\frac{q\boldsymbol{a}_r}{4\pi r^2}\cdot\mathrm{d}\boldsymbol{s} = \frac{q}{4\pi}\oint_s\frac{\boldsymbol{a}_r\cdot\mathrm{d}\boldsymbol{s}}{r^2}$$

式中,$\frac{\boldsymbol{a}_r\cdot\mathrm{d}\boldsymbol{s}}{r^2}$ 是面元对点电荷 q 所张的立体角 dΩ ,积分是整个闭合面对点 q 所张的立体角。若点 q 在闭合面内,则该立体角为 4π;若点 q 在闭合面之外,则该立体角为零,因此

$$\oint_s\boldsymbol{D}\cdot\mathrm{d}\boldsymbol{s} = \begin{cases} q, & q\in s \\ 0, & q\notin s \end{cases}$$

若真空中有 n 个点电荷均被 s 面包围,则

$$\begin{aligned}\oint_s\boldsymbol{D}\cdot\mathrm{d}\boldsymbol{s} &= \oint_s(\boldsymbol{D}_1+\boldsymbol{D}_2+\cdots+\boldsymbol{D}_n)\cdot\mathrm{d}\boldsymbol{s} \\ &= \oint_s\boldsymbol{D}_1\cdot\mathrm{d}\boldsymbol{s}+\oint_s\boldsymbol{D}_2\cdot\mathrm{d}\boldsymbol{s}+\cdots+\oint_s\boldsymbol{D}_n\cdot\mathrm{d}\boldsymbol{s} = \sum q_i\end{aligned} \tag{1-58}$$

将式(1-58)推广到电荷连续分布的情况,设电荷以体密度 ρ 分布时,式(1-58)改写为

$$\oint_s\boldsymbol{D}\cdot\mathrm{d}\boldsymbol{s} = \int_v\rho\mathrm{d}v$$

式(1-58)和式(1-51)构成了静电场的基本方程,表明了静电场的通量特性和环流量特性;而式(1-57)和式(1-54)构成了恒定磁场的基本方程,表明了恒定磁场的通量特性和环流量特性。

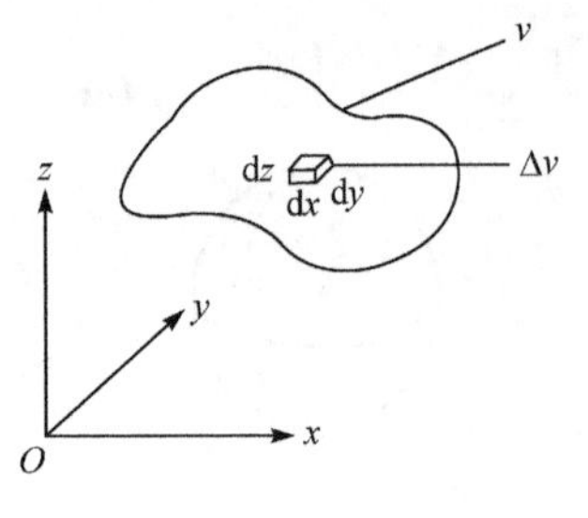

图 1-23　体微分元

3. 体积分

为了定义体积分(volume integral)，将给定体积划分成 n 个小体积元，如图 1-23 所示。当 $n\to\infty$时，每个体元 $\mathrm{d}v\to 0$ 。为确定体积分，每个体微分元乘以矢量场 $\boldsymbol{F}$，求所有体微分元与 $\boldsymbol{F}$ 乘积之和，然后取极限，得

$$\int_v \boldsymbol{F}\mathrm{d}v = \lim_{\substack{n\to\infty \\ \Delta v_i\to 0}} \sum_{i=1}^{n} \boldsymbol{F}_i \Delta v_i \tag{1-59}$$

例 1-17　在一个半径为 2m 的球体内，电子分布密度给定为 $n_e=\dfrac{1000}{r}\cos\dfrac{\varphi}{4}$（电子/$\mathrm{m}^3$）。求球体内的电荷量，每个电子的电荷量是 -1.6×10^{-19} C。

解　令半径为 2m 的球所包围区域内的电子数为 N，则

$$N=\int_v n_e \mathrm{d}v=\int_v \frac{1000}{r}\cos\frac{\varphi}{4}\mathrm{d}v$$

$$=\int_0^2 \frac{1000}{r}r^2\mathrm{d}r\int_0^{\pi}\sin\theta\mathrm{d}\theta\int_0^{2\pi}\cos\frac{\varphi}{4}\mathrm{d}\varphi=16000(\text{电子}/\mathrm{m}^3)$$

因此，包围的总电荷为 $Q=16000\times(-1.6\times10^{-19})=-2.56\times10^{-15}$(C)。

1.3.4　矢量的微分运算

一个矢量场 $\boldsymbol{F}(s)$（标量 s 的函数）对 s 取导数为

$$\frac{\mathrm{d}\boldsymbol{F}}{\mathrm{d}s}=\lim_{\Delta s\to 0}\frac{\boldsymbol{F}(s+\Delta s)-\boldsymbol{F}(s)}{\Delta s} \tag{1-60}$$

假设 $\boldsymbol{F}$ 是位置坐标 x、y 和 z 的函数。于是，用偏微分的定义，可以写 $\partial\boldsymbol{F}/\partial x$ 为

$$\frac{\mathrm{d}\boldsymbol{F}}{\mathrm{d}x}=\lim_{\Delta x\to 0}\frac{\boldsymbol{F}(x+\Delta x,y,z)-\boldsymbol{F}(x,y,z)}{\Delta x} \tag{1-61}$$

对 $\partial\boldsymbol{F}/\partial y$ 和 $\partial\boldsymbol{F}/\partial z$ 可写出类似的表达式。求矢量场的一阶偏微分可用矢量微分算子∇来表达，∇也称为哈密顿算符。一阶矢量微分算子与矢量场的点乘和叉乘可引出矢量场的求散度和求旋度运算。

在直角坐标系中

$$\nabla=\frac{\partial}{\partial x}\boldsymbol{a}_x+\frac{\partial}{\partial y}\boldsymbol{a}_y+\frac{\partial}{\partial z}\boldsymbol{a}_z$$

在圆柱坐标系中

$$\nabla=\frac{\partial}{\partial\rho}\boldsymbol{a}_\rho+\frac{1}{\rho}\frac{\partial}{\partial\phi}\boldsymbol{a}_\phi+\frac{\partial}{\partial z}\boldsymbol{a}_z$$

在球坐标系中

$$\nabla=\frac{\partial}{\partial r}\boldsymbol{a}_r+\frac{1}{r}\frac{\partial}{\partial\theta}\boldsymbol{a}_\theta+\frac{1}{r\sin\theta}\frac{\partial}{\partial\varphi}\boldsymbol{a}_\varphi$$

求二阶偏导数的算子 $\nabla^2=\nabla\cdot\nabla$，就是拉普拉斯算子(Laplacian operator)，拉普拉斯算子是标量算子。在直角坐标系中

$$\nabla^2=\nabla\cdot\nabla=\left(\frac{\partial}{\partial x}\boldsymbol{a}_x+\frac{\partial}{\partial y}\boldsymbol{a}_y+\frac{\partial}{\partial z}\boldsymbol{a}_z\right)\cdot\left(\frac{\partial}{\partial x}\boldsymbol{a}_x+\frac{\partial}{\partial y}\boldsymbol{a}_y+\frac{\partial}{\partial z}\boldsymbol{a}_z\right)=\frac{\partial^2}{\partial x^2}+\frac{\partial^2}{\partial y^2}+\frac{\partial^2}{\partial z^2}$$

在圆柱坐标系中

$$\nabla^2=\frac{1}{\rho}\frac{\partial}{\partial\rho}\left(\rho\frac{\partial}{\partial\rho}\right)+\frac{1}{\rho^2}\frac{\partial^2}{\partial\phi^2}+\frac{\partial^2}{\partial z^2}$$

在球坐标系中

$$\nabla^2=\frac{1}{r^2}\frac{\partial}{\partial r}\left(r^2\frac{\partial}{\partial r}\right)+\frac{1}{r^2\sin\theta}\frac{\partial}{\partial\theta}\left(\sin\theta\frac{\partial}{\partial\theta}\right)+\frac{1}{r^2\sin^2\theta}\frac{\partial^2}{\partial\varphi^2}$$

例如,在直角坐标系中求一个矢量场的二阶偏微分为

$$\nabla^2\boldsymbol{F}=\nabla^2F_x\boldsymbol{a}_x+\nabla^2F_y\boldsymbol{a}_y+\nabla^2F_z\boldsymbol{a}_z$$

1. 矢量场的散度

矢量场的通量指的是一个大范围面积上的积分量,它并不能说明矢量场在积分面所包围的体积内的每一点的性质。为了研究矢量场 $\boldsymbol{F}$ 在一个点附近的通量特性,我们把如图1-24所示的闭合面收缩,使包含这个点 P 在内的体积 $\Delta v\to0$,即取 $\boldsymbol{F}$ 的面积分的极限,并记作 div$\boldsymbol{F}$:

$$\mathrm{div}\boldsymbol{F}=\lim_{\Delta v\to0}\frac{1}{\Delta v}\oint_s\boldsymbol{F}\cdot\mathrm{d}\boldsymbol{s}\tag{1-62}$$

上述极限值称为矢量场 $\boldsymbol{F}$ 在 P 点的散度,它表示从该点单位体积内发散出来的 $\boldsymbol{F}$ 的通量。显然,散度 div$\boldsymbol{F}$ 与 $\boldsymbol{F}$ 沿空间位置的变化有关。

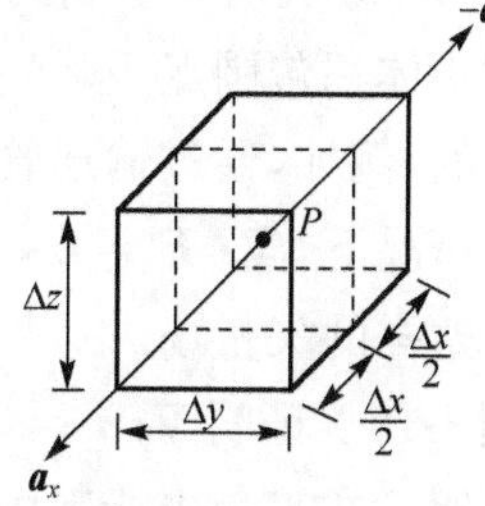

图1-24　直角坐标中的体微分元

由散度的定义可知,Δv 可以是任意形状。为方便计算,设 Δv 为长方体,边长分别为 Δx、Δy 和 Δz。注意,当 d$\boldsymbol{s}$ 的法线指向封闭体积外时,$\boldsymbol{F}\cdot\mathrm{d}\boldsymbol{s}$ 表示矢量场 $\boldsymbol{F}$ 经过表面 d$\boldsymbol{s}$ 向外的流量。于是,$\oint\boldsymbol{F}\cdot\mathrm{d}\boldsymbol{s}$ 表示矢量场 $\boldsymbol{F}$ 从体积 Δv 向外的净通量。矢量场 $\boldsymbol{F}$ 在正 x 方向经过面 $\Delta y\Delta z$ 向外的通量,用泰勒级数展开并忽略高阶项后,为

$$\left(F_x+\frac{\partial F_x}{\partial x}\frac{\Delta x}{2}\right)\Delta y\Delta z\tag{1-63}$$

同理,可得沿负 x 方向向外的通量为

$$-\left(F_x-\frac{\partial F_x}{\partial x}\frac{\Delta x}{2}\right)\Delta y\Delta z\tag{1-64}$$

所以,矢量场 $\boldsymbol{F}$ 在 x 方向经过两个表面向外的净通量为

$$\frac{\partial F_x}{\partial x}\Delta x\Delta y\Delta z=\frac{\partial F_x}{\partial x}\Delta v\tag{1-65}$$

类似地,可以得到 $\boldsymbol{F}$ 在 y 和 z 方向穿过相应表面向外的净通量,然后求得矢量场 $\boldsymbol{F}$ 穿过包围体积 Δv 的所有表面向外的净通量为

$$\oint_s\boldsymbol{F}\cdot\mathrm{d}\boldsymbol{s}=\left(\frac{\partial F_x}{\partial x}+\frac{\partial F_y}{\partial y}+\frac{\partial F_z}{\partial z}\right)\Delta v\tag{1-66}$$

比较式(1-62)和式(1-66),得

$$\mathrm{div}\boldsymbol{F}=\frac{\partial F_x}{\partial x}+\frac{\partial F_y}{\partial y}+\frac{\partial F_z}{\partial z}\tag{1-67}$$

将式(1-67)用算子 $\nabla=\frac{\partial}{\partial x}\boldsymbol{a}_x+\frac{\partial}{\partial y}\boldsymbol{a}_y+\frac{\partial}{\partial z}\boldsymbol{a}_z$ 表示为

$$\text{div}\boldsymbol{F}=\left(\frac{\partial}{\partial x}\boldsymbol{a}_x+\frac{\partial}{\partial y}\boldsymbol{a}_y+\frac{\partial}{\partial z}\boldsymbol{a}_z\right)\cdot(F_x\boldsymbol{a}_x+F_y\boldsymbol{a}_y+F_z\boldsymbol{a}_z)=\nabla\cdot\boldsymbol{F} \tag{1-68}$$

可见,矢量场 $\boldsymbol{F}$ 的散度可用 $\nabla\cdot\boldsymbol{F}$ 来计算,它是一个标量。式(1-62)给出矢量场散度的定义,而式(1-67)则提供计算公式。因此,矢量场 $\boldsymbol{F}$ 的散度在直角坐标系中可表示为

$$\nabla\cdot\boldsymbol{F}=\frac{\partial F_x}{\partial x}+\frac{\partial F_y}{\partial y}+\frac{\partial F_z}{\partial z}$$

在圆柱坐标系和球坐标系中,矢量场的散度表达式分别为

$$\nabla\cdot\boldsymbol{F}=\frac{1}{\rho}\frac{\partial}{\partial\rho}(\rho F_\rho)+\frac{1}{\rho}\frac{\partial F_\phi}{\partial\phi}+\frac{\partial F_z}{\partial z}$$

和

$$\nabla\cdot\boldsymbol{F}=\frac{1}{r^2}\frac{\partial}{\partial r}(r^2F_r)+\frac{1}{r\sin\theta}\frac{\partial}{\partial\theta}(\sin\theta F_\theta)+\frac{1}{r\sin\theta}\frac{\partial F_\varphi}{\partial\varphi}$$

式(1-68)表明矢量场的散度的物理意义是空间某一体积内的点 P 向外的净通量。我们可用任意小体积包围点 P,然后用计算矢量场在该点的散度求得它向外的净通量。如果矢量场是连续的,例如,通过输送管道的不可压缩的流体或围绕磁铁的磁力线,就没有向外的净通量。在这种情况下,$\nabla\cdot\boldsymbol{F}=0$,称 $\boldsymbol{F}$ 是连续的或无散的(螺线管式)矢量场,即矢量场 $\boldsymbol{F}$ 无散度源。磁场即这样的矢量场。

例 1-18　证明 $\nabla\cdot\boldsymbol{r}=3$,$\boldsymbol{r}$ 是在空间任意点 P 的位置矢量。

证明　在直角坐标系中,任一点 P 的位置矢量是

$$\boldsymbol{r}=x\boldsymbol{a}_x+y\boldsymbol{a}_y+z\boldsymbol{a}_z$$

因此,矢量 $\boldsymbol{r}$ 的散度为

$$\nabla\cdot\boldsymbol{r}=\frac{\partial x}{\partial x}+\frac{\partial y}{\partial y}+\frac{\partial z}{\partial z}=1+1+1=3$$

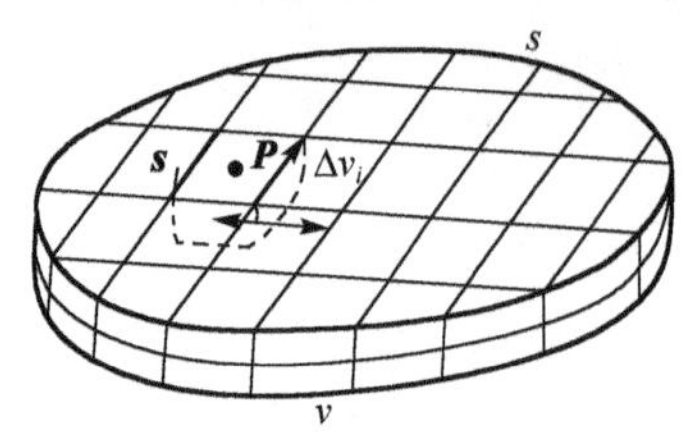

图 1-25　散度定理的说明

矢量场的散度是指某一点的净通量,该点应为一个包围在无穷小体积 Δv 之内的点。如果矢量场 $\boldsymbol{F}$ 在表面 $\boldsymbol{s}$ 所包围体积 $\boldsymbol{v}$ 的区域内是连续可微的(图 1-25),则散度的定义可以扩展到整个体积。这样做是把体积 v 细分成 n 个单元,每个单元的体积都趋于零。不难得出,以表面 s_i 为界的单元体积 Δv_i 内含点 P_i,$\boldsymbol{F}$ 在点 P_i 的散度为

$$\nabla\cdot\boldsymbol{F}_i=\lim_{\Delta v_i\to 0}\frac{1}{\Delta v_i}\oint_{s_i}\boldsymbol{F}\cdot\mathrm{d}\boldsymbol{s}$$

式中,$\boldsymbol{F}_i$ 是 $\boldsymbol{F}$ 在点 P_i 的值。此式可以重写为

$$\oint_{s_i}\boldsymbol{F}\cdot\mathrm{d}\boldsymbol{s}=\nabla\cdot\boldsymbol{F}_i\Delta v_i+\varepsilon_i\Delta v_i$$

因点 P_i 包围在 Δv_i 之中,对所有单元体积求和,得

$$\lim_{n\to\infty}\sum_{i=1}^{n}\oint_{s_i}\boldsymbol{F}\cdot\mathrm{d}\boldsymbol{s}=\lim_{n\to\infty}\sum_{i=1}^{n}\nabla\cdot\boldsymbol{F}_i\Delta v_i+\lim_{n\to\infty}\sum_{i=1}^{n}\varepsilon_i\Delta v_i \tag{1-69}$$

上式等号左边包含许多个小的面积分。因相邻两单元体积分界面上来自两边的净通量互相抵消,因而,总和中只剩下属于外表面 s 对应于最外一层面积分的项。于是,可写成

$$\lim_{n\to\infty}\sum_{i=1}^{n}\oint_{s_i}\boldsymbol{F}\cdot\mathrm{d}\boldsymbol{s}=\oint_{s}\boldsymbol{F}\cdot\mathrm{d}\boldsymbol{s}$$

当$n\to\infty$时，式(1-69)右边第一项取极限为体积分，且因$\Delta v_i\to 0$，$\varepsilon_i\to 0$，式(1-69)右边第二项的总和为零。于是，上式可以写成

$$\oint_{s}\boldsymbol{F}\cdot\mathrm{d}\boldsymbol{s}=\int_{v}\nabla\cdot\boldsymbol{F}\mathrm{d}v \tag{1-70}$$

式(1-70)为散度定理的数学定义，它建立了矢量场的散度的体积分与矢量的面积分之间的关系。它说明一个连续可微的矢量场通过一个封闭曲面的净通量等于矢量场的散度在该曲面所包围区域内的体积分。

散度定理广泛地应用于电磁场理论，它可将面积分转换为体积分，也可进行反向变换。例如，利用散度定理，由式(1-57)可得$\nabla\cdot\boldsymbol{B}=0$，称为微分形式的磁场高斯定理，表明磁场的散度等于零，为无散场。由式(1-58)可得$\nabla\cdot\boldsymbol{D}=\rho$，称为微分形式的电场高斯定理，表明电场的散度不为零。

例 1-19 在圆柱面$x^2+y^2=9$和平面$x=0, y=0, z=0$及$z=2$所包围的区域中，对矢量场$\boldsymbol{D}=3x^2\boldsymbol{a}_x+(3y+z)\boldsymbol{a}_y+(3z-x)\boldsymbol{a}_z$验证散度定理。

解 图1-26显示五个不同的面包围体积v。首先计算

$$\nabla\cdot\boldsymbol{D}=\frac{\partial}{\partial x}(3x^2)+\frac{\partial}{\partial y}(3y+z)+\frac{\partial}{\partial z}(3z-x)=6x+6$$

在圆柱坐标系中计算体积分，得

$$\begin{aligned}\int_{v}\nabla\cdot\boldsymbol{D}\mathrm{d}v&=\int_{v}(6x+6)\mathrm{d}v\\&=\int_{0}^{3}6\rho^2\mathrm{d}\rho\int_{0}^{\pi/2}\cos\phi\mathrm{d}\phi\int_{0}^{2}\mathrm{d}z+\int_{0}^{3}6\rho\mathrm{d}\rho\int_{0}^{\pi/2}\mathrm{d}\phi\int_{0}^{2}\mathrm{d}z\\&=192.82\end{aligned}$$

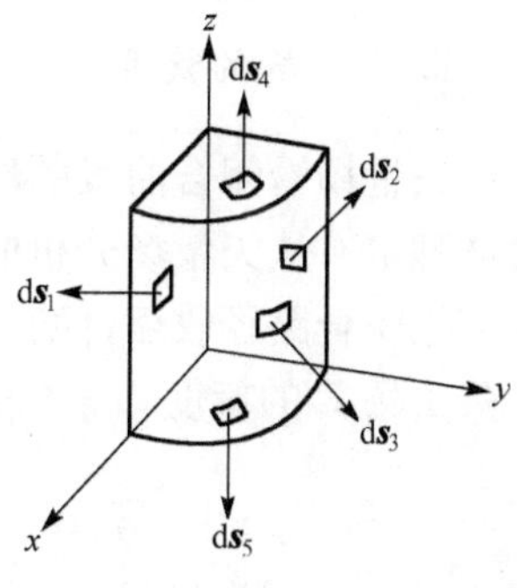

图1-26 例1-19附图

再利用式(1-70)对五个不同的面进行计算。

平面$y=0$：$\mathrm{d}s_1=-\mathrm{d}x\mathrm{d}z\,\boldsymbol{a}_y$，有

$$\int_{s_1}\boldsymbol{D}\cdot\mathrm{d}\boldsymbol{s}_1=-\int_{x=0}^{3}\int_{z=0}^{2}(3y+z)\mathrm{d}x\mathrm{d}z=-6$$

平面$x=0$：$\mathrm{d}s_2=-\mathrm{d}y\mathrm{d}z\,\boldsymbol{a}_x$，有

$$\int_{s_2}\boldsymbol{D}\cdot\mathrm{d}\boldsymbol{s}_2=-\int_{y=0}^{3}\int_{z=0}^{2}3x^2\mathrm{d}y\mathrm{d}z=0$$

在半径$\rho=3$的柱面上：$\mathrm{d}s_3=3\mathrm{d}\phi\mathrm{d}z\,\boldsymbol{a}_\rho$，有

$$\int_{s_3}\boldsymbol{D}\cdot\mathrm{d}\boldsymbol{s}_3=\int_{\phi=0}^{\pi/2}\int_{z=0}^{2}3D_\rho\mathrm{d}\phi\mathrm{d}z$$

然而

$$D_\rho=D_x\cos\phi+D_y\sin\phi=3x^2\cos\phi+(3y+z)\sin\phi$$

因此

$$\int_{s_3}\boldsymbol{D}\cdot\mathrm{d}\boldsymbol{s}_3=\int_{\phi=0}^{\pi/2}\int_{z=0}^{2}[3x^2\cos\phi+(3y+z)\sin\phi]3\mathrm{d}\phi\mathrm{d}z$$

将 $x=3\cos\phi$ 和 $y=3\sin\phi$ 代入上述方程并完成积分，得

$$\int_{s_3}\boldsymbol{D}\cdot \mathrm{d}\boldsymbol{s}_3=156.41$$

平面 $z=2$：$\mathrm{d}\boldsymbol{s}_4=\rho\mathrm{d}\rho\mathrm{d}\phi\,\boldsymbol{a}_z$，有

$$\int_{s_4}\boldsymbol{D}\cdot \mathrm{d}\boldsymbol{s}_4=\int_{\rho=0}^{3}\int_{\phi=0}^{\pi/2}(6-x)\rho\mathrm{d}\rho\mathrm{d}\phi$$

代入 $x=\rho\cos\phi$，由此积分得

$$\int_{s_4}\boldsymbol{D}\cdot \mathrm{d}\boldsymbol{s}_4=33.41$$

最后，在平面 $z=0$：$\mathrm{d}\boldsymbol{s}_5=-\rho\mathrm{d}\rho\mathrm{d}\phi\,\boldsymbol{a}_z$，有

$$\int_{s_5}\boldsymbol{D}\cdot \mathrm{d}\boldsymbol{s}_5=\int_{\rho=0}^{3}\int_{\phi=0}^{\pi/2}x\rho\mathrm{d}\rho\mathrm{d}\phi=9$$

于是

$$\oint_{s}\boldsymbol{D}\cdot \mathrm{d}\boldsymbol{s}=-6+0+156.41+33.41+9=192.82$$

这样，就验证了散度定理。

2. 矢量场的旋度

矢量场沿闭合曲线的环流量和矢量场穿过闭合面的通量一样，都是描绘矢量场性质的重要物理量。从矢量场分析的要求来看，我们希望知道每个点附近的矢量场的环流状态。因此，我们把闭合路径收缩，使它包围的面积 $\Delta\boldsymbol{s}$ 趋近于零（$\Delta\boldsymbol{s}\to 0$），并求其极限值，记作 curl$\boldsymbol{F}$，称为矢量场 $\boldsymbol{F}$ 的旋度。一个矢量场的旋度是一个矢量，其方向为积分面的法线方向 $\boldsymbol{a}_\mathrm{n}$：

$$(\mathrm{curl}\boldsymbol{F})\cdot\boldsymbol{a}_\mathrm{n}=\lim_{\Delta s\to 0}\frac{1}{\Delta s}\oint_{\Delta c}\boldsymbol{F}\cdot\mathrm{d}\boldsymbol{l} \tag{1-71}$$

式中，路径 Δc 为包围 Δs 的边界线，Δc 的方向由右手螺旋定则决定。式(1-71)提供了矢量场旋度的完整定义，利用它可以确定在任意正交坐标系中 curl$\boldsymbol{F}$ 的三个分量。

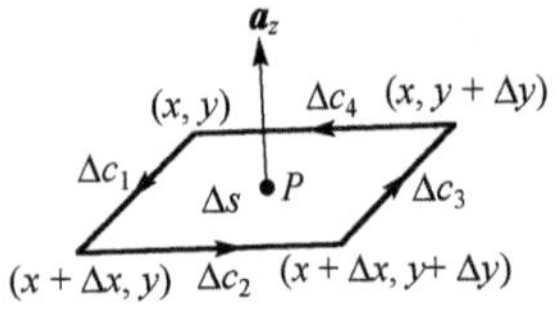

图 1-27 定义矢量场旋度的小面元

首先开始计算在直角坐标系中 curl$\boldsymbol{F}$ 的 z 分量，设矢量场为

$$\boldsymbol{F}=F_x\boldsymbol{a}_x+F_y\boldsymbol{a}_y+F_z\boldsymbol{a}_z$$

在路径 Δc 围成的小面元 Δs 中的点 P，如图 1-27 所示。沿闭合路径 Δc 的线积分由四个分段路径组成：

$$\oint_{\Delta c}\boldsymbol{F}\cdot\mathrm{d}\boldsymbol{l}=\oint_{\Delta c_1}\boldsymbol{F}\cdot\mathrm{d}\boldsymbol{l}+\oint_{\Delta c_2}\boldsymbol{F}\cdot\mathrm{d}\boldsymbol{l}+\oint_{\Delta c_3}\boldsymbol{F}\cdot\mathrm{d}\boldsymbol{l}+\oint_{\Delta c_4}\boldsymbol{F}\cdot\mathrm{d}\boldsymbol{l} \tag{1-72}$$

现在分别计算式(1-71)中的四个积分。沿路径 Δc_1 是在 y 上计算，并假设 F_x 从 x 到 $x+\Delta x$ 近似为常数，这个假设是符合中值定理的。因而有线积分

$$\int_{\Delta c_1}\boldsymbol{F}\cdot\mathrm{d}\boldsymbol{l}=\int_{x}^{x+\Delta x}(F_x\boldsymbol{a}_x+F_y\boldsymbol{a}_y+F_z\boldsymbol{a}_z)\big|_{\text{在}y\text{上}}\cdot(\mathrm{d}x\boldsymbol{a}_x)=(F_x\Delta x)\big|_{\text{在}y\text{上}}$$

其他三个线积分分别为

$$\int_{\Delta c_2}\boldsymbol{F}\cdot\mathrm{d}\boldsymbol{l}=\int_{y}^{y+\Delta y}(F_x\boldsymbol{a}_x+F_y\boldsymbol{a}_y+F_z\boldsymbol{a}_z)\big|_{\text{在}x+\Delta x\text{上}}\cdot(\mathrm{d}y\boldsymbol{a}_y)=(F_y\Delta y)\big|_{\text{在}x+\Delta x\text{上}}$$

$$\int_{\Delta c_3} \boldsymbol{F} \cdot \mathrm{d}\boldsymbol{l} = \int_{x+\Delta x}^{x} (F_x \boldsymbol{a}_x + F_y \boldsymbol{a}_y + F_z \boldsymbol{a}_z) \big|_{\text{在}y+\Delta y\text{上}} \cdot (\mathrm{d}x \boldsymbol{a}_x) = -(F_x \Delta x) \big|_{\text{在}y+\Delta y\text{上}}$$

$$\int_{\Delta c_4} \boldsymbol{F} \cdot \mathrm{d}\boldsymbol{l} = \int_{y+\Delta y}^{y} (F_x \boldsymbol{a}_x + F_y \boldsymbol{a}_y + F_z \boldsymbol{a}_z) \big|_{\text{在}x\text{上}} \cdot (\mathrm{d}y \boldsymbol{a}_y) = -(F_y \Delta y) \big|_{\text{在}x\text{上}}$$

于是

$$\oint_{\Delta c} \boldsymbol{F} \cdot \mathrm{d}\boldsymbol{l} = (F_x \Delta x) \big|_{\text{在}y\text{上}} - (F_x \Delta x) \big|_{\text{在}y+\Delta y\text{上}} + (F_y \Delta y) \big|_{\text{在}x+\Delta x\text{上}} - (F_y \Delta y) \big|_{\text{在}x\text{上}}$$

取极限 $\Delta x \to 0$ 和 $\Delta y \to 0$，用泰勒级数展开并忽略高阶项，得

$$-(F_x \Delta x) \big|_{\text{在}y+\Delta y\text{上}} + (F_x \Delta x) \big|_{\text{在}y\text{上}} = -\frac{\partial F_x}{\partial y} \Delta x \Delta y$$

和

$$(F_y \Delta y) \big|_{\text{在}x+\Delta x\text{上}} - (F_y \Delta y) \big|_{\text{在}x\text{上}} = \frac{\partial F_y}{\partial x} \Delta x \Delta y$$

代回式(1-72)，得

$$\oint_{\Delta c} \boldsymbol{F} \cdot \mathrm{d}\boldsymbol{l} = \left(\frac{\partial F_y}{\partial x} - \frac{\partial F_x}{\partial y}\right) \Delta x \Delta y$$

上式两边同除以 $\Delta s = \Delta x \Delta y$ 并取极限 $\Delta s \to 0$，得

$$\lim_{\Delta s \to 0} \frac{1}{\Delta s} \oint_{\Delta c \to 0} \boldsymbol{F} \cdot \mathrm{d}\boldsymbol{l} = \frac{\partial F_y}{\partial x} - \frac{\partial F_x}{\partial y} \tag{1-73}$$

因为单位矢量 $\boldsymbol{a}_\mathrm{n} = \boldsymbol{a}_z$（图 1-27），故可改写 $(\mathrm{curl}\boldsymbol{F}) \cdot \boldsymbol{a}_\mathrm{n}$ 为 $(\mathrm{curl}\boldsymbol{F})_z$，这里 $(\mathrm{curl}\boldsymbol{F})_z$ 表示 $\mathrm{curl}\boldsymbol{F}$ 在 z 方向的分量。于是从式(1-71)和式(1-73)得

$$(\mathrm{curl}\boldsymbol{F})_z = \frac{\partial F_y}{\partial x} - \frac{\partial F_x}{\partial y} \tag{1-74a}$$

$\mathrm{curl}\boldsymbol{F}$ 的其他两个分量可用类似方法得到，分别为

$$(\mathrm{curl}\boldsymbol{F})_x = \frac{\partial F_z}{\partial y} - \frac{\partial F_y}{\partial z} \tag{1-74b}$$

$$(\mathrm{curl}\boldsymbol{F})_y = \frac{\partial F_x}{\partial z} - \frac{\partial F_z}{\partial x} \tag{1-74c}$$

于是，矢量场 $\boldsymbol{F}$ 的旋度，在直角坐标系中为

$$\mathrm{curl}\boldsymbol{F} = \left(\frac{\partial F_z}{\partial y} - \frac{\partial F_y}{\partial z}\right)\boldsymbol{a}_x + \left(\frac{\partial F_x}{\partial z} - \frac{\partial F_z}{\partial x}\right)\boldsymbol{a}_y + \left(\frac{\partial F_y}{\partial x} - \frac{\partial F_x}{\partial y}\right)\boldsymbol{a}_z \tag{1-75}$$

用叉积表示，式(1-75)可写成

$$\begin{aligned} \mathrm{curl}\boldsymbol{F} &= \left(\frac{\partial}{\partial x}\boldsymbol{a}_x + \frac{\partial}{\partial y}\boldsymbol{a}_y + \frac{\partial}{\partial z}\boldsymbol{a}_z\right) \times (F_x \boldsymbol{a}_x + F_y \boldsymbol{a}_y + F_z \boldsymbol{a}_z) \\ &= \nabla \times \boldsymbol{F} \end{aligned} \tag{1-76}$$

$\nabla \times \boldsymbol{F}$ 为矢量场的计算公式，也是通常的表达式，在直角坐标系中，其行列式表达形式为

$$\nabla \times \boldsymbol{F} = \begin{vmatrix} \boldsymbol{a}_x & \boldsymbol{a}_y & \boldsymbol{a}_z \\ \dfrac{\partial}{\partial x} & \dfrac{\partial}{\partial y} & \dfrac{\partial}{\partial z} \\ F_x & F_y & F_z \end{vmatrix} \tag{1-77}$$

在圆柱坐标系和球坐标系中分别是

$$\nabla\times \boldsymbol{F}=\frac{1}{\rho}\begin{vmatrix}\boldsymbol{a}_\rho & \rho\boldsymbol{a}_\phi & \boldsymbol{a}_z\\ \dfrac{\partial}{\partial\rho} & \dfrac{\partial}{\partial\phi} & \dfrac{\partial}{\partial z}\\ F_\rho & \rho F_\phi & F_z\end{vmatrix} \tag{1-78}$$

和

$$\nabla\times \boldsymbol{F}=\frac{1}{r^2\sin\theta}\begin{vmatrix}\boldsymbol{a}_r & r\boldsymbol{a}_\theta & r\sin\theta\boldsymbol{a}_\varphi\\ \dfrac{\partial}{\partial r} & \dfrac{\partial}{\partial\theta} & \dfrac{\partial}{\partial \varphi}\\ F_r & rF_\theta & r\sin\theta F_\varphi\end{vmatrix} \tag{1-79}$$

一个矢量场的旋度的物理意义是表达了该矢量场每单位面积的环流量。若矢量场的旋度不为零,则称该矢量场是有旋的。如果一个矢量场的旋度为零,则称此矢量场是无旋的或保守的。

从 $\nabla\times\boldsymbol{F}$ 的定义式(1-70),可以导出一个很重要的关系,即著名的斯托克斯定理。以闭合曲线 c 为边界的有限但开放的表面 s 如图 1-28 所示。将表面积 s 划分成 n 个单元面积 Δs_i(第 i 个),具有单位法向矢量 $\boldsymbol{a}_{\mathrm{n}_i}$,由闭合路径包围点 P_i 。

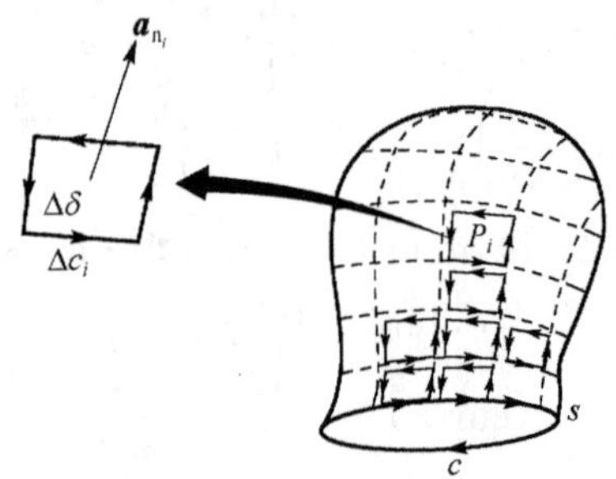

图 1-28　用于说明斯托克斯定理的闭合线 c 包围的开曲面 s

由式(1-70),可以写出

$$\int_{\Delta s_i}(\nabla\times\boldsymbol{F})\cdot \mathrm{d}\boldsymbol{s}_i=\oint_{\Delta c_i}\boldsymbol{F}\cdot \mathrm{d}\boldsymbol{l}+\varepsilon_i\Delta s_i$$

此处要加上 $\varepsilon_i\Delta\boldsymbol{s}_i$ 一项,因为严格说来,式(1-70)仅对于一点即在 $n\to\infty,\varepsilon_i=0$ 才是准确的。覆盖整个面积求和,得

$$\sum_{i=1}^{n}\int_{\Delta s_i}(\nabla\times\boldsymbol{F})\cdot \mathrm{d}\boldsymbol{s}_i=\sum_{i=1}^{n}\oint_{\Delta c_i}\boldsymbol{F}\cdot \mathrm{d}\boldsymbol{l}+\sum_{i=1}^{n}\varepsilon_i\Delta\boldsymbol{s}_i \tag{1-80}$$

当 $n\to\infty$时,式(1-79)左边为

$$\lim_{n\to\infty}\sum_{i=1}^{n}\int_{\Delta s_i}(\nabla\times F)\cdot \mathrm{d}\boldsymbol{s}_i=\int_s(\nabla\times\boldsymbol{F})\cdot \mathrm{d}\boldsymbol{s}$$

上式是在以 c 为边界的开曲面 s 上求面积分。式(1-79)右边第二项当 $n\to\infty$时为零。另外,沿相邻两单元面边界的线积分,在公共边上的积分方向相反而互相抵消。只有在路径 c 上的积分是有贡献的。所以

$$\lim_{n\to\infty}\sum_{i=1}^{n}\oint_{\Delta c_i}\boldsymbol{F}\cdot \mathrm{d}\boldsymbol{l}=\oint_c\boldsymbol{F}\cdot \mathrm{d}\boldsymbol{l}$$

从而，式(1-79)变成

$$\int_s (\nabla\times\boldsymbol{F})\cdot \mathrm{d}\boldsymbol{s} = \oint_c \boldsymbol{F}\cdot \mathrm{d}\boldsymbol{l} \tag{1-81}$$

式(1-80)表示的就是斯托克斯定理。它说明矢量场 $\boldsymbol{F}$ 的旋度的面积分等于该矢量沿围绕此面积边界曲线的线积分。斯托克斯定理给出了面积分和线积分之间的转换。

例如，由式(1-51)可得 $\nabla\times\boldsymbol{E}=0$，表明静电场为无旋场或保守场。而由式(1-54)可得 $\nabla\times\boldsymbol{H}=\boldsymbol{J}$，表明恒定磁场为有旋场或非保守场。

例 1-20 若 $\boldsymbol{F}=(2z+5)\boldsymbol{a}_x+(3x-2)\boldsymbol{a}_y+(4x-1)\boldsymbol{a}_z$，试在半球 $x^2+y^2+z^2=4$ 和 $z\geqslant 0$ 上验证斯托克斯定理。

解

$$\nabla\times\boldsymbol{F}=\begin{vmatrix} \boldsymbol{a}_x & \boldsymbol{a}_y & \boldsymbol{a}_z \\ \dfrac{\partial}{\partial x} & \dfrac{\partial}{\partial y} & \dfrac{\partial}{\partial z} \\ 2z+5 & 3x-2 & 4x-1 \end{vmatrix} = -2\boldsymbol{a}_y+3\boldsymbol{a}_z$$

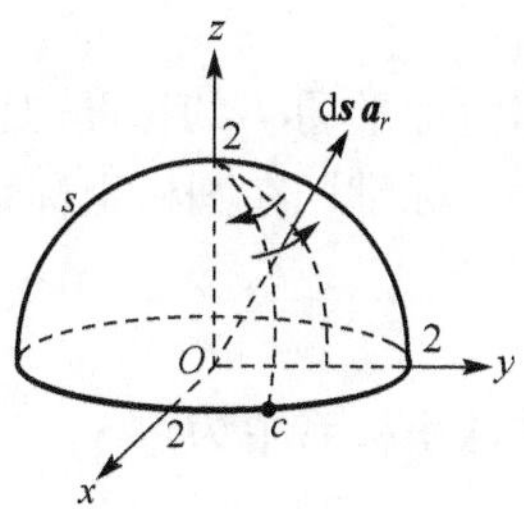

图 1-29 例 1-20 图

半径为 2 的半球表面单位法向矢量为 $\boldsymbol{a}_r$，如图 1-29 所示。因此，微分面积为

$$\mathrm{d}\boldsymbol{s}=4\sin\theta\mathrm{d}\theta\mathrm{d}\varphi\,\boldsymbol{a}_r$$

利用直角到球坐标的变换，得旋度 $\nabla\times\boldsymbol{F}$ 的 $\boldsymbol{a}_r$ 分量为

$$(\nabla\times\boldsymbol{F})_r=-2\sin\theta\sin\varphi+3\cos\theta$$

于是，可以计算斯托克斯定理的左边为

$$\int_s(\nabla\times\boldsymbol{F})\cdot\mathrm{d}\boldsymbol{s}=-8\int_0^{\pi/2}\sin^2\theta\mathrm{d}\theta\int_0^{2\pi}\sin\varphi\mathrm{d}\varphi+12\int_0^{\pi/2}\sin\theta\cos\theta\mathrm{d}\theta\int_0^{2\pi}\mathrm{d}\varphi=12\pi$$

斯托克斯定理右边包含沿半径为 2 的圆周 c 上的线积分。因为 c 是 xOy 面上的圆，所以可以用圆柱坐标系计算 $\boldsymbol{F}\cdot\mathrm{d}\boldsymbol{l}$，其线微分元变成 $\mathrm{d}\boldsymbol{l}=2\mathrm{d}\varphi\boldsymbol{a}_\varphi$。$\boldsymbol{F}$ 的 $\boldsymbol{a}_\varphi$ 分量从直角坐标变换到圆柱坐标，为

$$F_\varphi=-(2z+5)\sin\varphi+(3x-2)\cos\varphi$$

代入 $z=0$ 和 $x=2\cos\varphi$，得

$$F_\varphi=-5\sin\varphi+6\cos^2\varphi-2\cos\varphi$$

于是

$$\oint_c\boldsymbol{F}\cdot\mathrm{d}\boldsymbol{l}=-10\int_0^{2\pi}\sin\varphi\mathrm{d}\varphi+12\int_0^{2\pi}\cos^2\varphi\mathrm{d}\varphi-4\int_0^{2\pi}\cos\varphi\mathrm{d}\varphi=12\pi$$

$\boldsymbol{F}$ 的线积分等于 $\nabla\times\boldsymbol{F}$ 的面积分，定理得证。

1.4 标量场的梯度

设有一个标量场 $f(x,y,z)$，如图 1-30 所示，从场中某点位移 $\mathrm{d}\boldsymbol{l}$ 到邻近的另一点，此标量值从 f 变化为 $f+\mathrm{d}f$，在直角坐标系内，增量 $\mathrm{d}f$ 为

$$\mathrm{d}f=\frac{\partial f}{\partial x}\mathrm{d}x+\frac{\partial f}{\partial y}\mathrm{d}y+\frac{\partial f}{\partial z}\mathrm{d}z$$

因为位移矢量 $\mathrm{d}\boldsymbol{l}=\mathrm{d}x\boldsymbol{a}_x+\mathrm{d}y\boldsymbol{a}_y+\mathrm{d}z\boldsymbol{a}_z$，显然，$\mathrm{d}f$ 可以表示为

$$df = \left(\frac{\partial f}{\partial x}\boldsymbol{a}_x + \frac{\partial f}{\partial y}\boldsymbol{a}_y + \frac{\partial f}{\partial z}\boldsymbol{a}_z\right) \cdot d\boldsymbol{l}$$

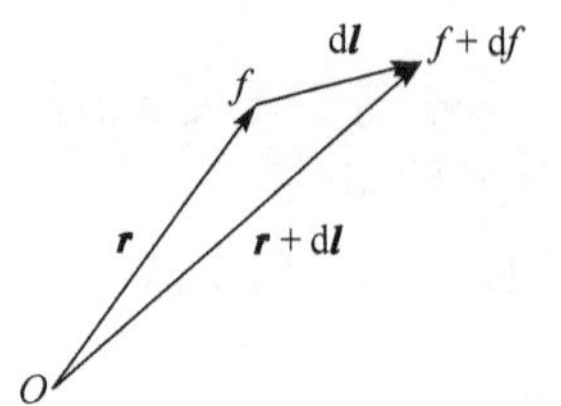

图 1-30　标量场 $f(x,y,z)$ 的位移变化

因为在直角坐标系中，一阶矢量微分算子为 $\nabla = \frac{\partial}{\partial x}\boldsymbol{a}_x + \frac{\partial}{\partial y}\boldsymbol{a}_y + \frac{\partial}{\partial z}\boldsymbol{a}_z$，显然

$$\frac{\partial f}{\partial x}\boldsymbol{a}_x + \frac{\partial f}{\partial y}\boldsymbol{a}_y + \frac{\partial f}{\partial z}\boldsymbol{a}_z = \nabla f$$

所以，$df = \nabla f \cdot d\boldsymbol{l}$。其中

$$\nabla f = \frac{\partial f}{\partial x}\boldsymbol{a}_x + \frac{\partial f}{\partial y}\boldsymbol{a}_y + \frac{\partial f}{\partial z}\boldsymbol{a}_z \tag{1-82}$$

称为标量场 f 的梯度，是个矢量。

标量场在圆柱坐标系中的梯度的表达式为

$$\nabla f = \frac{\partial f}{\partial \rho}\boldsymbol{a}_\rho + \frac{1}{\rho}\frac{\partial f}{\partial \phi}\boldsymbol{a}_\phi + \frac{\partial f}{\partial z}\boldsymbol{a}_z \tag{1-83}$$

在球坐标系中为

$$\nabla f = \frac{\partial f}{\partial r}\boldsymbol{a}_r + \frac{1}{r}\frac{\partial f}{\partial \theta}\boldsymbol{a}_\theta + \frac{1}{r\sin\theta}\frac{\partial f}{\partial \varphi}\boldsymbol{a}_\varphi \tag{1-84}$$

为了理解梯度的意义，见图 1-31，存在一个经过 P 点的面，在它上面 f 是常数；同样，还存在一个经过 Q 点的面，在它上面 $f + df$ 是常数，这两个面均称为等值面。假设我们在等值面上沿等值面切向取一段位移矢量 $d\boldsymbol{l}_1$，则因等值面上 f 值没有变化，所以 $df = \nabla f \cdot d\boldsymbol{l}_1 = 0$，可见 ∇f 和 $d\boldsymbol{l}_1$ 垂直。换言之，梯度是与等值面相垂直的一个矢量。若我们用沿 f 增加方向的单位法向矢量 $\boldsymbol{a}_l$ 表示等值面上面元的方向，则 ∇f 与 $\boldsymbol{a}_l$ 平行，即可用 $\boldsymbol{a}_l$ 来表示 ∇f 的方向。

如图 1-31 所示，从包含 P 点的等值面上的一个点沿不同方向上的路径到达包含 Q 点的等值面上，显然引起的 df 相同，但位移矢量的大小(路径长度)不同，这说明沿不同方向上的路径 f 的增加率 $\frac{df}{dl}$ 是不同的。其中，沿法向 $d\boldsymbol{l}$ 的位移最短，f 的增加率 $\frac{df}{dl_n}$ 为最大值，即 f 的梯度 ∇f。所以，梯度的模是 f 的最大增加率，梯度的方向是等值面的法线方向，即 f 增加率最大的方向。

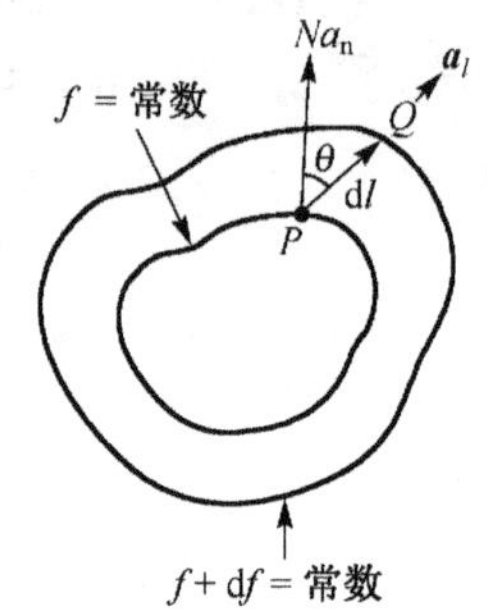

图 1-31　标量场的梯度的物理意义图示

$$df = \nabla f \cdot d\boldsymbol{l}$$

还可以写成

$$df/dl = \nabla f \cdot \boldsymbol{a}_l \tag{1-85}$$

式(1-85)给出了标量场 f 在单位矢量 $\boldsymbol{a}_l$ 方向的变化率，称为 f 沿 $\boldsymbol{a}_l$ 的方向导数。标量场的梯度性质如下：①垂直于给定标量函数的等值面；②指向给定标量变化最快的方向；③它的大小等于给定标量函数每单位距离的最大变化率；④一个标量函数在某点任意方向上的方向导数等于此函数的梯度与该方向单位矢量的点积。

标量场的梯度矢量还有一个重要的性质，即它的旋度恒等于零。若有一个矢量场 $\boldsymbol{A}(r)$，它的旋度处处为零，$\nabla\times\boldsymbol{A}(r)=0$，则这一矢量场可以表示为某一标量函数 $u(r)$ 的梯度，即 $\boldsymbol{A}(r)=\nabla u(r)$。

例 1-21 求标量场 $f(x,y,z)=6x^2y^3+\mathrm{e}^z$ 在点 $P(2,1,0)$ 的梯度。

解 因为 $f(x,y,z)$ 给定在直角坐标系中，可用式(1-82)求梯度，即

$$\begin{aligned}\nabla f&=\frac{\partial}{\partial x}(6x^2y^3+\mathrm{e}^z)\boldsymbol{a}_x+\frac{\partial}{\partial y}(6x^2y^3+\mathrm{e}^z)\boldsymbol{a}_y+\frac{\partial}{\partial z}(6x^2y^3+\mathrm{e}^z)\boldsymbol{a}_z\\&=12xy^3\,\boldsymbol{a}_x+18x^2y^2\,\boldsymbol{a}_y+\mathrm{e}^z\,\boldsymbol{a}_z\end{aligned}$$

在给定点 $P(2,1,0)$，$f(x,y,z)$ 的梯度是

$$\nabla f=24\,\boldsymbol{a}_x+72\,\boldsymbol{a}_y+\boldsymbol{a}_z$$

例 1-22 求 r 在圆柱坐标系的梯度，此处 r 是位矢 $\boldsymbol{r}=\rho\boldsymbol{a}_\rho+z\boldsymbol{a}_z$ 的大小。

解 由于位矢给定在圆柱坐标系中，所以可用式(1-83)求梯度。位矢 r 的大小是 $r=\sqrt{\rho^2+z^2}$。r 相对于各个坐标的偏导数是

$$\frac{\partial r}{\partial\rho}=\frac{\rho}{r},\quad\frac{\partial r}{\partial\phi}=0,\quad\frac{\partial r}{\partial z}=\frac{z}{r}$$

因而，由式(1-83)，得 r 的梯度为

$$\nabla r=\frac{\rho}{r}\boldsymbol{a}_\rho+\frac{z}{r}\boldsymbol{a}_z=\frac{\boldsymbol{r}}{r}=\boldsymbol{a}_r$$

$\nabla r=\boldsymbol{a}_r$ 是另一个重要结论，在以后各章中，我们将使用它去简化某些方程。

例 1-23 如果 $f(x,y,z)$ 是一个连续可微标量函数，证明 $\nabla\times(\nabla f)=0$。

证明 标量函数 $f(x,y,z)$ 的梯度是

$$\nabla f=\frac{\partial f}{\partial x}\boldsymbol{a}_x+\frac{\partial f}{\partial y}\boldsymbol{a}_y+\frac{\partial f}{\partial z}\boldsymbol{a}_z$$

∇f 的旋度是

$$\begin{aligned}\nabla\times\nabla f&=\begin{vmatrix}\boldsymbol{a}_x&\boldsymbol{a}_y&\boldsymbol{a}_z\\\frac{\partial}{\partial x}&\frac{\partial}{\partial y}&\frac{\partial}{\partial z}\\\frac{\partial f}{\partial x}&\frac{\partial f}{\partial y}&\frac{\partial f}{\partial z}\end{vmatrix}\\&=\left(\frac{\partial^2 f}{\partial y\partial z}-\frac{\partial^2 f}{\partial z\partial y}\right)\boldsymbol{a}_x+\left(\frac{\partial^2 f}{\partial z\partial x}-\frac{\partial^2 f}{\partial x\partial z}\right)\boldsymbol{a}_y+\left(\frac{\partial^2 f}{\partial x\partial y}-\frac{\partial^2 f}{\partial y\partial x}\right)\boldsymbol{a}_z\end{aligned}$$

因为 f 连续可微

$$\frac{\partial^2 f}{\partial y\partial z}=\frac{\partial^2 f}{\partial z\partial y},\quad\frac{\partial^2 f}{\partial z\partial x}=\frac{\partial^2 f}{\partial x\partial z},\quad\frac{\partial^2 f}{\partial x\partial y}=\frac{\partial^2 f}{\partial y\partial x}$$

所以

$$\nabla\times(\nabla f)=0$$

由于标量函数的梯度的旋度恒为零，所以 ∇f 是一个无旋或保守场。反之，如果一矢量场的旋度为零，则此矢量场是标量函数的梯度。即如果 $\nabla\times\boldsymbol{F}=0$，则 $\boldsymbol{F}=\pm\nabla f$，式中正(+)或负(−)的选择取决于 f 的物理含义。

1.5 亥姆霍兹定理

1.1~1.4 节介绍了矢量分析中的一些基本概念和运算方法。其中，矢量场的散度、旋度

和标量场的梯度都是场性质的重要量度。换言之，一个矢量场所具有的性质，可完全由它的散度和旋度来表明；一个标量场的性质则完全可由它的梯度来表明。

下面先讨论标量场 $f(r)$ 。因为标量场的梯度是一个矢量场 $\nabla f(r) = \boldsymbol{F}(r)$ 。当已知 $\boldsymbol{F}(r)$ 求解标量场 $f(r)$ 时，首先必须注意，由于 $\nabla\times\nabla f = \nabla\times\boldsymbol{F} = 0$ ，所以 $\boldsymbol{F}$ 一定是个无漩涡的矢量场（即无任何环流量的矢量场），这一性质称为保守性，相应的标量场称为位场或势场。众所周知，静电场是无旋的矢量场，所以它可以用一个标量函数的梯度表示。此标量函数称为电位。静电场中，电位定义为

$$\boldsymbol{E} = -\nabla\phi \tag{1-86}$$

在直角坐标系中

$$\boldsymbol{E} = -\frac{\partial\phi}{\partial x}\boldsymbol{a}_x - \frac{\partial\phi}{\partial y}\boldsymbol{a}_y - \frac{\partial\phi}{\partial z}\boldsymbol{a}_z$$

式中，$\frac{\partial\phi}{\partial x}$、$\frac{\partial\phi}{\partial y}$ 和 $\frac{\partial\phi}{\partial z}$ 分别表示 $\boldsymbol{E}$ 在 x、y、z 轴上的分量。而 $\boldsymbol{E}$ 在任意方向上的分量为 $E_l = -\frac{\partial\phi}{\partial l}$，由此可得电位的微分量为

$$\mathrm{d}\phi = -E_l\mathrm{d}l = -\boldsymbol{E}\cdot\mathrm{d}\boldsymbol{l}$$

空间 A、B 两点间的电位差，即电压为

$$\phi_A - \phi_B = \int_A^B \boldsymbol{E}\cdot\mathrm{d}\boldsymbol{l}$$

取 $B(x_p, y_p, z_p)$ 点为电位参考点，则 $A(x, y, z)$ 点的电位为

$$\phi(x,y,z) = \int_{(x,y,z)}^{(x_p,y_p,z_p)} \boldsymbol{E}\cdot\mathrm{d}\boldsymbol{l} \tag{1-87}$$

对于点电荷

$$\phi = \int_r^{r_p} \frac{q}{4\pi\varepsilon}\boldsymbol{a}_r\cdot\mathrm{d}\boldsymbol{l} = \frac{q}{4\pi\varepsilon}\int_r^{r_p}\frac{\mathrm{d}r}{r} = \frac{q}{4\pi\varepsilon}\left(\frac{1}{r} - \frac{1}{r_p}\right) = \frac{q}{4\pi\varepsilon} + C$$

若取无穷远处为电位的参考点，即 $r_p \to \infty$，则 $C = 0$ ，所以

$$\phi = \frac{q}{4\pi\varepsilon}$$

下面讨论有关矢量场的问题。一种情况是矢量场如果在任意闭合路径上的环流量为零，则它是一个无旋度的场，称为无旋场；另一种情况是矢量场的散度处处为零，称为无散场。但是，就矢量场的整体而言，无旋场的散度不能处处为零；而无散场的旋度也不能处处为零。因为任何一个物理矢量场都必须有“源”，场是同“源”一起出现在某一空间内的物理现象。假如我们把“源”看作场的起因，矢量场的散度便对应于一种源，称为发散源；矢量场的旋度则对应着另一种源，称为漩涡源。一个无旋场，即一个不存在任何漩涡源的矢量场，那么其散度就不能再处处为零了。否则，这个场便不能存在。同样，一个无散场，其旋度也一定不会处处为零。

一般的矢量场 $\boldsymbol{F}(r)$ 可能既有散度，又有旋度，而这个矢量场可以表示为一个无旋场分量和一个无散场分量之和，即

$$\boldsymbol{F}(r) = \boldsymbol{F}_i(r) + \boldsymbol{F}_s(r) \tag{1-88}$$

其中，$\boldsymbol{F}_i(r)$ 为无旋度分量，其散度不为零，设为 $\rho(r)$ ；$\boldsymbol{F}_s(r)$ 为无散度分量，而它的旋度不为零，设为 $\boldsymbol{J}(r)$ ，因此有

$$\nabla\cdot\boldsymbol{F}(r) = \nabla\cdot(\boldsymbol{F}_i + \boldsymbol{F}_s) = \rho \tag{1-89}$$

和

$$\nabla\times\boldsymbol{F}(r)=\nabla\times(\boldsymbol{F}_i+\boldsymbol{F}_s)=\boldsymbol{J} \tag{1-90}$$

可见，$\boldsymbol{F}(r)$ 的散度代表着形成矢量场 $\boldsymbol{F}(r)$ 的一种“源”ρ，而 $\boldsymbol{F}(r)$ 的旋度则代表着形成 $\boldsymbol{F}(r)$ 的另一种“源” $\boldsymbol{J}(r)$ 。一般当这两类“源”在空间的分布已确定时，矢量场本身也就唯一地确定了。这一规律称为亥姆霍兹定理。

必须指出，只有在矢量函数 $\boldsymbol{F}(r)$ 是连续的区域内，$\nabla\cdot\boldsymbol{F}(r)$ 和 $\nabla\times\boldsymbol{F}(r)$ 才有意义，因为它们都包含 $\boldsymbol{F}(r)$ 对空间位置的导数。在区域内，如果存在 $\boldsymbol{F}(r)$ 不连续的表面，则在这些面上就不存在 $\boldsymbol{F}(r)$ 的导数，因而也就不能使用散度和旋度来分析表面邻近的场的特性。

亥姆霍兹定理告诉我们，研究一个矢量场时，需要从矢量的散度和旋度两个方面去研究，得到像式(1-88)和式(1-89)那样的方程，称为矢量场基本方程的微分形式；或者从矢量场在闭合面上的通量和沿闭合回路的环流量两个方面去研究，得到积分形式的方程，称为矢量场基本方程的积分形式。

1.6 矢量恒等式

有许多矢量恒等式在电磁场理论的学习中是很重要的。现在列出如下，希望大家用直角坐标系验证它们。

两个恒等于零：

$$\nabla\times(\nabla f)=\boldsymbol{0}$$
$$\nabla\cdot(\nabla\times\boldsymbol{A})=0$$

二阶符号：

$$\nabla^2 f=\nabla\cdot(\nabla f)$$
$$\nabla^2\boldsymbol{A}=\nabla(\nabla\cdot\boldsymbol{A})-\nabla\times\nabla\times\boldsymbol{A}$$

和

$$\nabla(f+g)=\nabla f+\nabla g$$
$$\nabla\cdot(\boldsymbol{A}+\boldsymbol{B})=\nabla\cdot\boldsymbol{A}+\nabla\cdot\boldsymbol{B}$$
$$\nabla\times(\boldsymbol{A}+\boldsymbol{B})=\nabla\times\boldsymbol{A}+\nabla\times\boldsymbol{B}$$

含标量的乘积：

$$\nabla(fg)=f\nabla g+g\nabla f$$
$$\nabla\cdot(f\boldsymbol{A})=f\nabla\cdot\boldsymbol{A}+\boldsymbol{A}\cdot\nabla f$$
$$\nabla\times(f\boldsymbol{A})=f\nabla\times\boldsymbol{A}+\nabla f\times\boldsymbol{A}$$

矢积：

$$\boldsymbol{A}\cdot(\boldsymbol{B}\times\boldsymbol{C})=\boldsymbol{B}\cdot(\boldsymbol{C}\times\boldsymbol{A})=\boldsymbol{C}\cdot(\boldsymbol{A}\times\boldsymbol{B})$$
$$\boldsymbol{A}\times(\boldsymbol{B}\times\boldsymbol{C})=\boldsymbol{B}(\boldsymbol{A}\cdot\boldsymbol{C})-\boldsymbol{C}(\boldsymbol{A}\cdot\boldsymbol{B})$$
$$\nabla\cdot(\boldsymbol{B}\times\boldsymbol{C})=\boldsymbol{C}\cdot(\nabla\times\boldsymbol{B})-\boldsymbol{B}\cdot(\nabla\times\boldsymbol{C})$$
$$\nabla\times(\boldsymbol{B}\times\boldsymbol{C})=\boldsymbol{B}\nabla\cdot\boldsymbol{C}-\boldsymbol{C}\nabla\cdot\boldsymbol{B}+(\boldsymbol{C}\cdot\nabla)\boldsymbol{B}-(\boldsymbol{B}\cdot\nabla)\boldsymbol{C}$$

注意，f 和 g 是标量场；$\boldsymbol{A}$、$\boldsymbol{B}$ 和 $\boldsymbol{C}$ 是矢量场。所有场在区域内和它的边界面上处处都是单值和连续可微的。

习　题

1-1　什么是场、矢量场、标量场、静态场和时变场？

1-2　(x,y,z)表示直角坐标系中的点，$\boldsymbol{A}$ 是从点(0,2,−4)指向点(3,−4,5)的矢量。求：①矢量 $\boldsymbol{A}$ 的表达式；②两点之间的距离；③矢量 $\boldsymbol{A}$ 方向上的单位矢量。

1-3　在圆柱坐标系中，一点的位置由$\left(3,\frac{\pi}{3},-4\right)$定出，求该点在：①直角坐标系中的坐标；②球坐标系中的坐标。

1-4　证明圆柱坐标系中$\frac{\partial \boldsymbol{a}_\rho}{\partial \phi}=\boldsymbol{a}_\phi$。

1-5　用球坐标表示的场$\boldsymbol{F}=\boldsymbol{a}_r\frac{29}{r^3}$，求在直角坐标中点(2,3,−3)处场的强度和 $\boldsymbol{E}_x$。

1-6　给出在直角坐标系中的三个矢量 $\boldsymbol{A}$、$\boldsymbol{B}$ 和 $\boldsymbol{C}$ 如下：

$$\boldsymbol{A}=2\boldsymbol{a}_x+3\boldsymbol{a}_y-\boldsymbol{a}_z$$

$$\boldsymbol{B}=\boldsymbol{a}_x+\boldsymbol{a}_y-2\boldsymbol{a}_z$$

$$\boldsymbol{C}=3\boldsymbol{a}_x-\boldsymbol{a}_y+\boldsymbol{a}_z$$

求 $\boldsymbol{A}+\boldsymbol{B}$、$\boldsymbol{B}-\boldsymbol{C}$、$\boldsymbol{A}+3\boldsymbol{B}-2\boldsymbol{C}$、$|\boldsymbol{A}|$、$\boldsymbol{A}\cdot\boldsymbol{B}$、$\boldsymbol{B}\cdot\boldsymbol{A}$、$\boldsymbol{B}\times\boldsymbol{C}$、$\boldsymbol{C}\times\boldsymbol{B}$ 和 $\boldsymbol{A}\cdot\boldsymbol{B}\times\boldsymbol{C}$。

1-7　(ρ,ϕ,z)表示圆柱坐标系中的点，$\boldsymbol{A}$ 是从点(0,0,0)指向点$\left(2,\frac{\pi}{4},0\right)$的矢量，$\boldsymbol{B}$ 是从点(0,0,0)指向点$\left(2,\frac{3\pi}{4},0\right)$的位置矢量，$\boldsymbol{C}$ 是从点$\left(2,\frac{\pi}{4},0\right)$指向点$\left(2,\frac{3\pi}{4},0\right)$的矢量。求：①矢量 $\boldsymbol{A}$、$\boldsymbol{B}$ 和 $\boldsymbol{C}$ 在圆柱和直角坐标系的表达式；②$\boldsymbol{A}\cdot\boldsymbol{B}$、$\boldsymbol{A}\cdot\boldsymbol{C}$ 和 $\boldsymbol{A}\times\boldsymbol{B}$。

1-8　如果 $\boldsymbol{A}=\boldsymbol{a}_x+2\boldsymbol{a}_y-3\boldsymbol{a}_z$ 和 $\boldsymbol{B}=2\boldsymbol{a}_x-\boldsymbol{a}_y+\boldsymbol{a}_z$，求：①$\boldsymbol{B}$ 在 $\boldsymbol{A}$ 上的投影或分量的大小；②$\boldsymbol{A}$ 和 $\boldsymbol{B}$ 之间的夹角(最小)；③$\boldsymbol{A}$ 投影在 $\boldsymbol{B}$ 上的矢量；④与包含 $\boldsymbol{A}$ 和 $\boldsymbol{B}$ 的平面相垂直的单位矢量。

1-9　直角坐标系的原点和点 $P_1(1,2,-1)$、$P_2(\alpha,1,3)$构成的三角形，求：①α 为何值时能构成直角三角形？②三角形的面积。

1-10　已知两矢量 $\boldsymbol{A}=\boldsymbol{a}_x+x\boldsymbol{a}_y-3\boldsymbol{a}_z$ 和 $\boldsymbol{B}=\alpha\boldsymbol{a}_x+\beta\boldsymbol{a}_y-6\boldsymbol{a}_z$，求使两个矢量相互平行的 α 和 β。

1-11　证明：如果 $\boldsymbol{A}\cdot\boldsymbol{B}=\boldsymbol{A}\cdot\boldsymbol{C}$ 和 $\boldsymbol{A}\times\boldsymbol{B}=\boldsymbol{A}\times\boldsymbol{C}$，则 $\boldsymbol{B}=\boldsymbol{C}$。

1-12　如果作用于一个物体的力 $\boldsymbol{F}=2x\boldsymbol{a}_x+3z\boldsymbol{a}_y+4\boldsymbol{a}_z$，求在直角坐标系中将物体沿一直线从点 $P_1(0,0,0)$移动到 $P_2(1,1,2)$时所做的功。

1-13　一个球面 s 的半径为 6，球心在原点上，计算$\oint_s(\boldsymbol{a}_r3\sin\varphi)\cdot \mathrm{d}\boldsymbol{s}$ 的值。

1-14　求矢量场 $\boldsymbol{F}=x\boldsymbol{a}_x+y\boldsymbol{a}_y+z\boldsymbol{a}_z$ 离开包围边长为 2 的立方体的闭合曲面的通量，该立方体的中心位于直角坐标系的原点。

1-15　在由 $\rho=5$、$z=0$ 和 $z=4$ 围成的圆柱形区域中，对矢量 $\boldsymbol{F}=\boldsymbol{a}_\rho\rho^2+\boldsymbol{a}_z2z$ 验证散度定理。

1-16　求圆柱坐标系矢量场 $\boldsymbol{F}=a\boldsymbol{a}_\rho+b\boldsymbol{a}_\theta+c\boldsymbol{a}_z$ 的散度和旋度。

1-17　求球坐标系矢量场 $\boldsymbol{F}=a\boldsymbol{a}_r+b\boldsymbol{a}_\varphi+c\boldsymbol{a}_\theta$ 的散度和旋度。

1-18 用斯托克斯定理计算$\oint_c y^2\mathrm{d}x + xy\mathrm{d}y + xz\mathrm{d}z$,其中,$c$ 是 $x^2 + y^2 = 2y$ 和 $y = z$ 的相交的曲线。

1-19 圆柱坐标系中矢量场 $\boldsymbol{F}=\boldsymbol{a}_\rho f(\rho)$,如果$\nabla \cdot \boldsymbol{F}=0$,求 $f(\rho)$。

1-20 球坐标系中矢量场 $\boldsymbol{F}=\boldsymbol{a}_r f(r)$,如果$\nabla \cdot \boldsymbol{F}=0$,求 $f(r)$。

1-21 求两曲面 $x^2+y^2+z^2=6$ 和 $x^2+y^2=z+5$ 在点$(2,-1,2)$处相交的锐角。

1-22 已知 $\boldsymbol{F}=(ax^2+y)\boldsymbol{a}_x+(by^2+z)\boldsymbol{a}_y+(cz^2+x)$,求 $\boldsymbol{a}_z$ 取何值时 $\boldsymbol{F}$ 为无源场?

1-23 证明:如果仅仅已知一个矢量场 $\boldsymbol{F}$ 的旋度,不可能唯一地确定这个矢量场。

1-24 证明:如果仅仅已知一个矢量场 $\boldsymbol{F}$ 的散度,不可能唯一地确定这个矢量场。

1-25 已知矢量场 $\boldsymbol{F}$ 的散度$\nabla \cdot \boldsymbol{F}=\boldsymbol{a}_\rho f(\rho)$,旋度$\nabla \times \boldsymbol{F}=0$,试求该矢量场。

1-26 证明亥姆霍兹定理,即矢量场由其散度、旋度和边界条件唯一确定。

第 2 章　时变电磁场

静电场和恒定磁场是各自独立存在的，因而可以分开考虑。当电流、电荷随时间变化时，产生的电场和磁场也随时间变化，这时的电场和磁场就不再相互无关。随时间变化的电场要在空间产生磁场，同样，随时间变化的磁场也要在空间产生电场。电场和磁场构成了统一电磁场的两个不可分割的部分。

1831 年，法拉第发现电磁感应定律，揭示了电与磁之间存在的一种深刻的联系，即变化的磁场会产生电场。1864 年，麦克斯韦提出了变化的电场产生磁场的假设，并全面总结了电磁现象的基本规律，即麦克斯韦方程。以麦克斯韦方程为核心的经典电磁理论已成为研究宏观电磁现象和工程电磁问题的理论基础。

2.1　电磁场中的基本物理量

2.1.1　电场强度 $\boldsymbol{E}$

将一个点电荷 $\mathrm{d}q$ 放置于电场中(注意，该电荷应足够小，以至于对原来电场的影响可以忽略不计)，若受到的电场力为 $\mathrm{d}\boldsymbol{F}$，则定义 $\mathrm{d}q$ 所在位置的电场强度为

$$\boldsymbol{E}=\frac{\mathrm{d}\boldsymbol{F}}{\mathrm{d}q}$$

即电场强度 $\boldsymbol{E}$ 为单位正电荷所受的电场力，单位为 V/m。

2.1.2　电位移矢量 $\boldsymbol{D}$

将物质置于电场 $\boldsymbol{E}$ 中，物质将被极化，极化的程度可用极化强度矢量 $\boldsymbol{P}$ 来描述。一般有，$\boldsymbol{P}=\varepsilon_0\chi_e\boldsymbol{E}$，单位为 $\mathrm{C/m^2}$。χ_e 为物质的极化率，无量纲；$\varepsilon_0=8.85\times10^{-12}$ (F/m)为真空介电常数。

物质中某点的电位移矢量为

$$\boldsymbol{D}=\varepsilon_0\boldsymbol{E}+\boldsymbol{P}=\varepsilon_0(1+\chi_e)\boldsymbol{E}=\varepsilon_0\varepsilon_r\boldsymbol{E}=\varepsilon\boldsymbol{E}$$

式中，ε 为物质的介电常数，由物质的微观结构所决定，可为常量、变量或张量；$\varepsilon_r=1+\chi_e$ 为物质的相对介电常数。电位移矢量的单位为 $\mathrm{C/m^2}$。

2.1.3　磁感应强度 $\boldsymbol{B}$

若点电荷 $\mathrm{d}q$ 以速度 $\boldsymbol{v}$ 在磁场 $\boldsymbol{B}$ 中运动，受到的磁场力为 $\mathrm{d}\boldsymbol{F}$，则该位置的磁感应强度定义为

$$\mathrm{d}\boldsymbol{F}=\mathrm{d}q\boldsymbol{v}\times\boldsymbol{B}$$

单位为 $\mathrm{Wb/m^2}$ 或 T。工程中常用的较小单位为 Gs，$1\mathrm{Gs}=10^{-4}\mathrm{T}$。

2.1.4　磁场强度 $\boldsymbol{H}$

将物质置于磁场 $\boldsymbol{B}$ 中，物质将被磁化，磁化的程度可用磁化强度矢量 $\boldsymbol{M}$ 来描述，一般有，

$\boldsymbol{M}=\dfrac{\chi_{\mathrm{m}}}{\mu_0(1+\chi_{\mathrm{m}})}\boldsymbol{B}$，$\chi_{\mathrm{m}}$ 为物质的磁化率，无量纲；$\mu_0=4\pi\times10^{-7}$ (H/m)称为真空中的磁导率；$\boldsymbol{M}$ 的单位为 A/m。

物质中某点的磁场强度为

$$\boldsymbol{H}=\frac{1}{\mu_0}\boldsymbol{B}-\boldsymbol{M}$$

即

$$\boldsymbol{B}=\mu_0(\boldsymbol{H}+\boldsymbol{M})=\mu_0(1+\chi_{\mathrm{m}})\boldsymbol{H}=\mu_0\mu_{\mathrm{r}}\boldsymbol{H}=\mu\boldsymbol{H}$$

式中，$\mu=\mu_0\mu_{\mathrm{r}}$ 为物质的磁导率，由物质的微观结构所决定，可为常量、变量或张量；$\mu_{\mathrm{r}}=1+\chi_{\mathrm{m}}$ 为物质的相对磁导率。磁场强度的单位为 A/m。

2.1.5　电荷 q 和电荷密度 ρ

大量实验表明，自然界中仅存在两种电荷：正电荷和负电荷。所有电荷都是基本电荷的整数倍。基本电荷为一个电子所带的电荷量 $e_0=1.6\times10^{-19}$C。所有实际电荷均可表示为

$$q=\pm ne_0,\quad n=1,2,3,\cdots$$

从微观来看，所有电荷都是离散分布的。若宏观的体微分元 $\mathrm{d}v$ 中包含电荷 $\mathrm{d}q$，则定义电荷体密度为 $\rho_v=\dfrac{\mathrm{d}q}{\mathrm{d}v}$ (C/m^3)。电荷密度是标量。

2.1.6　电流 I 和电流密度 $\boldsymbol{J}$

若在 $\mathrm{d}t$ 时间内穿过面积 s 的正电荷为 $\mathrm{d}q$，则流过 s 的电流定义为

$$I=\left.\frac{\mathrm{d}q}{\mathrm{d}t}\right|_s$$

可见，电流是一个总体量，为标量。从微观角度看，电流也应该是呈离散分布的。

若流过与电流方向相垂直的面元 $\mathrm{d}s$ 的电流为 $\mathrm{d}I$，则电流密度 $\boldsymbol{J}$ 定义为

$$\boldsymbol{J}=\frac{I}{\mathrm{d}s}\boldsymbol{a}_{\mathrm{n}}$$

电流密度是矢量，方向为正电荷移动的方向，单位为 A/m^2。

2.1.7　本构关系

电位移矢量 $\boldsymbol{D}$ 和电场强度 $\boldsymbol{E}$，磁感应强度 $\boldsymbol{B}$ 和磁场强度 $\boldsymbol{H}$ 之间的关系与介质的特性有关，它们之间的关系称为本构关系，也可称为物质方程。

在线性、均匀、各向同性的介质中，本构关系式为

$$\boldsymbol{D}=\varepsilon\boldsymbol{E}=\varepsilon_{\mathrm{r}}\varepsilon_0\boldsymbol{E}\tag{2-1}$$

$$\boldsymbol{J}=\sigma\boldsymbol{E}\tag{2-2}$$

$$\boldsymbol{B}=\mu\boldsymbol{H}=\mu_{\mathrm{r}}\mu_0\boldsymbol{H}\tag{2-3}$$

式中，σ 为电导率，单位为 S/m。式(2-2)表达的是欧姆定律，它说明在电场作用下，电荷在导体内移动时产生的电流。

2.2　麦克斯韦方程

电磁理论经 2000 多年的漫长发展而逐步完善,纵观其发展史,可分为 3 个阶段。

1. 初级阶段

起初,人类对电现象和磁现象的认识一直是独立发展的。公元前 200 多年人类就发现了电现象,接着,证明了电荷的存在;电荷的定向运动形成电流,进而发现了以电流为源的磁现象。

电荷和电流之间满足电荷守恒定律

$$\oint_s \boldsymbol{J} \cdot \mathrm{d}\boldsymbol{s} = -\int_v \frac{\partial \rho}{\partial t}\mathrm{d}v$$

表示流出闭合曲面 **s** 的总电流等于单位时间内 **s** 所包围的体积 v 中电荷的减少量。

电荷的存在促使一些科学家去专门研究它的作用(静电场)。18 世纪末,库仑提出了库仑定律,即两点电荷 q_1 和 q_2 相距为 r 时,q_2 受到 q_1 的作用力为

$$\boldsymbol{F}_{12} = \frac{q_1 q_2}{4\pi\varepsilon_0 r^2}\boldsymbol{a}_r = \frac{q_1 q_2}{4\pi\varepsilon_0 r^3}\boldsymbol{r}$$

接着,高斯提出了电场的高斯定理:

$$\oint_s \boldsymbol{D} \cdot \mathrm{d}\boldsymbol{s} = \int_v \rho \mathrm{d}v$$

该式的物理意义是穿出闭合曲面 **s** 的电通量等于 **s** 所包围的体积 v 中的总电荷。至此,形成了比较完整的静电学。

电流的存在促使一些科学家专门研究恒定磁场。19 世纪初,毕奥、萨伐尔两人提出了毕奥-萨伐尔定律,电流元 $I_1 \mathrm{d}\boldsymbol{l}$ 在任意其他电流元产生的磁场中所受的安培力为

$$\mathrm{d}\boldsymbol{F} = I_1 \mathrm{d}\boldsymbol{l}_1 \times \mathrm{d}\boldsymbol{B} = I_1 \mathrm{d}\boldsymbol{l}_1 \times \frac{\mu_0}{4\pi}\left(\frac{I\mathrm{d}\boldsymbol{l} \times \boldsymbol{r}}{r^3}\right)$$

式中,r 为两电流元之间的距离。

然后,安培又提出了安培环路定理。安培环路定理说明磁场强度沿闭合路径 **l** 的环流量等于 **l** 所包围的总电流。磁场的高斯定理说明穿出闭合曲面的磁通量恒为零。至此,形成了比较完整的静磁学。洛伦兹给出了电场及磁场对电荷 q 的作用力是 $\boldsymbol{F} = q(\boldsymbol{E} + \boldsymbol{v} \times \boldsymbol{B})$。其中,矢量 **v** 表示电荷的运动速度。

该阶段的特点是:电场和磁场的研究相互独立地进行及发展。

2. 过渡阶段

在电与磁一直分离的前提条件下,法拉第以他超群的实验能力和想象力提出了电磁感应定律:

$$\oint_l \boldsymbol{E} \cdot \mathrm{d}\boldsymbol{l} = -\int_s \frac{\partial \boldsymbol{B}}{\partial t} \cdot \mathrm{d}\boldsymbol{s}$$

该式说明,导电回路 **l** 中的感应电动势等于该回路所包围面积的磁通量的时间变化率的负值。

法拉第首次把电与磁联系起来,为电磁理论的发展做出贡献。但他的理论具有一定的局限性:其一是只提出了时变磁场可以产生电场,其二是仅限于导电回路。因此,法拉第未能更深刻地揭示出电磁的本质。电磁学在此阶段徘徊了十几年。

3. 完善阶段

1864 年，具有“数学天才”之称的麦克斯韦开创了电磁领域的新纪元。他的两大功绩是：

第一，深化补充了法拉第电磁感应定律，提出了涡旋电场的假说，即无论有无导电回路，法拉第定律都成立。

第二，提出了位移电流的假说，给出了改进的安培环路定理：

$$\oint_l \boldsymbol{H} \cdot \mathrm{d}\boldsymbol{l} = \int_s \left(\boldsymbol{J} + \frac{\partial \boldsymbol{D}}{\partial t}\right) \cdot \mathrm{d}\boldsymbol{s}$$

该式表明，磁场强度沿闭合路径 $\boldsymbol{l}$ 的环流量等于 $\boldsymbol{l}$ 所包围的传导电流与位移电流之和（称为全电流）。

麦克斯韦的两个假说全面地揭示了电场与磁场之间的内在关系。一年后（1865 年），他又以电磁场的基本方程组（麦克斯韦方程组）为理论依据，用数学的方法论证了电磁波的存在。

1888 年，赫兹通过实验第一次发现了电磁波，证实了麦克斯韦方程组的正确性。发现电磁波是人类文明的一个飞跃，它为现代通信奠定了坚实的基础。

2.2.1　麦克斯韦方程组的积分形式

麦克斯韦方程组概括了宏观电磁现象的基本性质，适用于宏观分析（微观分析应采用量子理论），它指出了场量与源之间的关系，其积分形式包括如下四个方程：

$$\oint_l \boldsymbol{E} \cdot \mathrm{d}\boldsymbol{l} = -\int_s \frac{\partial \boldsymbol{B}}{\partial t} \cdot \mathrm{d}\boldsymbol{s} \tag{2-4}$$

$$\oint_l \boldsymbol{H} \cdot \mathrm{d}\boldsymbol{l} = \int_s \left(\boldsymbol{J} + \frac{\partial \boldsymbol{D}}{\partial t}\right) \cdot \mathrm{d}\boldsymbol{s} \tag{2-5}$$

$$\oint_s \boldsymbol{D} \cdot \mathrm{d}\boldsymbol{s} = \int_v \rho \mathrm{d}V \tag{2-6}$$

$$\oint_s \boldsymbol{B} \cdot \mathrm{d}\boldsymbol{s} = 0 \tag{2-7}$$

传导电流密度 $\boldsymbol{J}$ 与体电荷密度 ρ_v 也可以写成

$$\int_s \boldsymbol{J} \cdot \mathrm{d}\boldsymbol{s} = I \tag{2-8}$$

$$\int_v \rho_v \mathrm{d}v = q \tag{2-9}$$

式中，I 为通过面积 $\boldsymbol{s}$ 的电流，单位为 A；q 为体积 v 所包围的自由电荷，单位为 C。

式(2-4)说明时变磁场产生时变电场。这是变压器和感应电动机的工作原理。

式(2-5)表示时变磁场不但可由传导电流产生，也可由位移电流产生。位移电流代表电位移矢量的变化率，因此也可以说，时变电场产生时变磁场。

式(2-6)断言在任意时间通过闭合曲面的总的电通量等于该曲面所包围体积内的总电荷。若体积内的电荷为零，则表示电通量的电力线是连续的。

式(2-7)证实磁通永远是连续的，在任意时间穿过任意闭合面的净磁通量恒为零。

对麦克斯韦方程组进行进一步推导，可得电流连续性方程（积分形式）为

$$\oint_s \boldsymbol{J} \cdot \mathrm{d}\boldsymbol{s} = -\int_v \frac{\partial \rho}{\partial t} \mathrm{d}v \tag{2-10}$$

麦克斯韦方程连同电流连续性方程完整地描述了电荷、电流、电场和磁场之间的相互作用。正确应用这些方程，可以得出在任何介质中的电磁场特性。麦克斯韦方程组描述了宏观电磁场现象的总规律，静电场和恒定电场的基本方程都是麦克斯韦方程组的特例。

2.2.2 麦克斯韦方程组的微分形式

如果场、源各量在所考虑的区域一阶连续可微，那么，可采用以下麦克斯韦方程组的微分形式：

$$\nabla\times \boldsymbol{E} = -\frac{\partial \boldsymbol{B}}{\partial t} \tag{2-11}$$

$$\nabla\times \boldsymbol{H} = \boldsymbol{J} + \frac{\partial \boldsymbol{D}}{\partial t} \tag{2-12}$$

$$\nabla\cdot \boldsymbol{D} = \rho_v \tag{2-13}$$

$$\nabla\cdot \boldsymbol{B} = 0 \tag{2-14}$$

相应地，电流连续性方程的微分形式为

$$\nabla\cdot \boldsymbol{J} = -\frac{\partial \rho_v}{\partial t} \tag{2-15}$$

2.2.3 麦克斯韦方程组的正弦稳态形式

1. 时间简谐场

时变电磁场一种最重要的类型是时间简谐（正弦）场。这是因为，首先，任何时变周期函数都可用以正弦函数表示的傅里叶级数来描述；其次，正弦源在日常应用中最为常见。在时谐场中，激励源为单一频率的正弦源。因此，我们可以采用相量分析法来获得单频（单色）稳态场。

在电路理论中，已经用相量（phasor）符号来表示随时间做正弦变化的电压和电流。本节我们将其应用来表示正弦矢量。任何矢量都能用其在坐标系中分解的三个相互垂直的标量分量来表示。例如，在直角坐标系中，电场的瞬时值可表示为

$$\boldsymbol{E}(x,y,z,t) = E_x(x,y,z,t)\,\boldsymbol{a}_x + E_y(x,y,z,t)\,\boldsymbol{a}_y + E_z(x,y,z,t)\,\boldsymbol{a}_z \tag{2-16}$$

其中，$E_x(x,y,z,t)$、$E_y(x,y,z,t)$、$E_z(x,y,z,t)$ 分别为 $\boldsymbol{E}$ 在 $\boldsymbol{a}_x$、$\boldsymbol{a}_y$、$\boldsymbol{a}_z$ 方向的分量。这些分量的瞬时表达式为

$$E_x(x,y,z,t) = E_x(r,t) = E_{xm}(r)\cos\left[\omega t + \alpha(r)\right] \tag{2-17a}$$

$$E_y(x,y,z,t) = E_y(r,t) = E_{ym}(r)\cos\left[\omega t + \beta(r)\right] \tag{2-17b}$$

$$E_z(x,y,z,t) = E_z(r,t) = E_{zm}(r)\cos\left[\omega t + \gamma(r)\right] \tag{2-17c}$$

式中，$E_{xm}(r)$、$E_{ym}(r)$、$E_{zm}(r)$ 分别为 $\boldsymbol{E}$ 在 $\boldsymbol{a}_x$、$\boldsymbol{a}_y$、$\boldsymbol{a}_z$ 方向上分量的幅值，其仅为空间位置的函数。r 为 x、y、z 的简略表示，表示位置自变量。此外，$\alpha(r)$、$\beta(r)$ 和 $\gamma(r)$ 分别表示 $\boldsymbol{E}$ 在空间某点(x,y,z)处沿 $\boldsymbol{a}_x$、$\boldsymbol{a}_y$ 和 $\boldsymbol{a}_z$ 方向的初始相位。我们也可以将每一分量写成

$$E_x(r,t) = \mathrm{Re}\left[E_{xm}(r)\mathrm{e}^{\mathrm{j}\alpha(r)}\,\mathrm{e}^{\mathrm{j}\omega t}\right] \tag{2-18a}$$

$$E_y(r,t) = \mathrm{Re}\left[E_{ym}(r)\mathrm{e}^{\mathrm{j}\beta(r)}\,\mathrm{e}^{\mathrm{j}\omega t}\right] \tag{2-18b}$$

$$E_z(r,t) = \mathrm{Re}\left[E_{zm}(r)\mathrm{e}^{\mathrm{j}\gamma(r)}\,\mathrm{e}^{\mathrm{j}\omega t}\right] \tag{2-18c}$$

式中，$\mathrm{Re}\left[\cdot\right]$ 表示取括号内复数函数的实部。如果定义

$$\dot{E}_x(r) = E_{xm}(r)\mathrm{e}^{\mathrm{j}\alpha(r)} \tag{2-19a}$$

$$\dot{E}_y(r) = E_{ym}(r)e^{j\beta(r)} \tag{2-19b}$$

$$\dot{E}_z(r) = E_{zm}(r)e^{j\gamma(r)} \tag{2-19c}$$

则式(2-18)可以写成

$$E_x(r,t) = \text{Re}\left[\dot{E}_x(r)e^{j\omega t}\right] \tag{2-20a}$$

$$E_y(r,t) = \text{Re}\left[\dot{E}_y(r)e^{j\omega t}\right] \tag{2-20b}$$

$$E_z(r,t) = \text{Re}\left[\dot{E}_z(r)e^{j\omega t}\right] \tag{2-20c}$$

式中，$\dot{E}_x(r)$、$\dot{E}_y(r)$ 和 $\dot{E}_z(r)$ 分别称为 $E_x(r,t)$、$E_y(r,t)$ 和 $E_z(r,t)$ 的振幅相量，仅为空间位置的函数，它们与时间的依赖关系完全体现在 $e^{j\omega t}$ 项上。我们在变量上方打点(·)来表示变量的相量形式。

现在时谐电场可以表示为

$$\begin{aligned}\boldsymbol{E}(r,t) &= \text{Re}\left[(\dot{E}_x(r)\,\boldsymbol{a}_x + \dot{E}_y(r)\,\boldsymbol{a}_y + \dot{E}_z(r)\,\boldsymbol{a}_z)e^{j\omega t}\right] \\ &= \text{Re}\left[\dot{\boldsymbol{E}}(r)e^{j\omega t}\right]\end{aligned} \tag{2-21}$$

式中

$$\dot{\boldsymbol{E}}(r) = \dot{E}_x(r)\,\boldsymbol{a}_x + \dot{E}_y(r)\,\boldsymbol{a}_y + \dot{E}_z(r)\,\boldsymbol{a}_z \tag{2-22}$$

为空间任意点的时谐场 $\boldsymbol{E}$ 的相量表达式。再一次指出，$\dot{\boldsymbol{E}}(r)$ 是空间位置的函数，与时间无关。$\boldsymbol{E}$ 场的时域表示形式与相量之间的关系为

$$\frac{\partial \boldsymbol{E}(r,t)}{\partial t} = \text{Re}\left[j\omega\,\dot{\boldsymbol{E}}(r)e^{j\omega t}\right]$$

上式说明，在时域中对时间微分，得到在相量域中的因子 $j\omega$ 。同样可以证明，对时间积分，则得到相量域中的因子 $1/(j\omega)$ 。

2. 相量形式的麦克斯韦方程组

将时谐场的场量 $\boldsymbol{E}$ 与 $\boldsymbol{D}$、$\boldsymbol{B}$ 和 $\boldsymbol{H}$ 转换成相量形式后代入麦克斯韦方程组，就可以得到相量形式的麦克斯韦方程组：

$$\nabla\times\dot{\boldsymbol{E}} = -j\omega\dot{\boldsymbol{B}} \tag{2-23a}$$

$$\nabla\times\dot{\boldsymbol{H}} = \dot{\boldsymbol{J}} + j\omega\dot{\boldsymbol{D}} \tag{2-23b}$$

$$\nabla\cdot\dot{\boldsymbol{D}} = \dot{\rho}_v \tag{2-23c}$$

$$\nabla\cdot\dot{\boldsymbol{B}} = 0 \tag{2-23d}$$

$$\nabla\cdot\dot{\boldsymbol{J}} = -j\omega\dot{\rho}_v \tag{2-23e}$$

$$\oint_l \dot{\boldsymbol{E}}\cdot d\boldsymbol{l} = -j\omega\int_s \dot{\boldsymbol{B}}\cdot d\boldsymbol{s} \tag{2-24a}$$

$$\oint_l \dot{\boldsymbol{H}}\cdot d\boldsymbol{l} = \int_s \dot{\boldsymbol{J}}\cdot d\boldsymbol{s} + j\omega\int_s \dot{\boldsymbol{D}}\cdot d\boldsymbol{s} \tag{2-24b}$$

$$\int_s \dot{\boldsymbol{D}}\cdot d\boldsymbol{s} = \int_v \dot{\rho}_v dv \tag{2-24c}$$

$$\int_s \dot{\boldsymbol{B}}\cdot d\boldsymbol{s} = 0 \tag{2-24d}$$

$$\oint_s \dot{\boldsymbol{J}} \cdot \mathrm{d}s = -\mathrm{j}\omega\int_v \dot{\rho}_v \mathrm{d}v \tag{2-24e}$$

相量形式的本构关系式为

$$\dot{\boldsymbol{D}} = \varepsilon \dot{\boldsymbol{E}} \tag{2-25}$$

$$\dot{\boldsymbol{B}} = \mu \dot{\boldsymbol{H}} \tag{2-26}$$

2.3 电磁场定理

2.3.1 静电场的库仑定律

电磁现象是由电荷相互作用引起的。空间位置固定、电量不随时间变化的电荷产生的电场，称为静电场。法国科学家库仑通过著名的“扭秤实验”给出了点电荷之间的作用力的定量描述——库仑定律。

真空中距离为 r 的两个理想无限小点电荷 q_1 和 q_2，它们之间的相互作用力称为库仑力，同性电荷间表现为斥力，异性电荷间表现为引力，大小为

$$|F| = \left|\frac{q_1 q_2}{4\pi\varepsilon_0 r^2}\right| \tag{2-27}$$

若真空中有多个点电荷，那么其中一个点电荷受到的力，等于其余每个点电荷对其作用力的叠加。

假设一个实验电荷 q_0，它受到的作用力为 $\boldsymbol{F}$，这个力的大小和方向取决于其周围电荷的电量和分布的位置，这两个因素决定了它们在该实验电荷所在位置产生的电场 $\boldsymbol{E}$ 的大小和方向，库仑定律揭示

$$\boldsymbol{E} = \frac{\boldsymbol{F}}{q_0} \tag{2-28}$$

这表明，库仑力的产生是因为电荷在自己周围空间产生了电场，而电场对处于其中的其他电荷就会产生力的作用，空间静止的点电荷就是静电场的源，它所在的位置就是源点。

2.3.2 电场的高斯定理

把一个测试电荷放入电场中，让它自由移动，作用在此电荷上的力将使它按一定的路线移动，这个路线称为电力线。电力线的疏密可用来表征电位移矢量 $\boldsymbol{D}$(电通量密度)的大小，即电场场强的大小。虽然电力线实际上并不存在，但是在电场的形象化描述中是一个很有用的概念。

对于一个孤立的正点电荷，电力线是径向发射的，如图 2-1(a)所示。一对等值异性点电荷以及两个正电荷之间的电力线如图 2-1(b)和(c)所示。两个带异性电荷的平行平面之间的电力线则如图 2-2 所示。电力线方向代表了电场强度的方向。

麦克斯韦方程组中的第三个方程式(2-6)，称为电场的高斯定理。该定理说明电场通过一个闭合曲面的净通量等于该曲面所包围的总电荷，电荷在曲面内的分布可以是连续的，也可以是不连续的，即

$$\oint_s \boldsymbol{D} \cdot \mathrm{d}s = \sum_i q_i \tag{2-29}$$

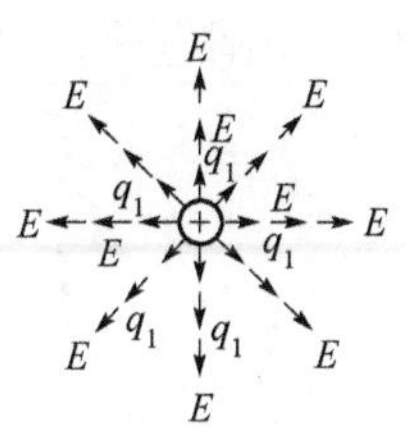

(a)孤立电荷

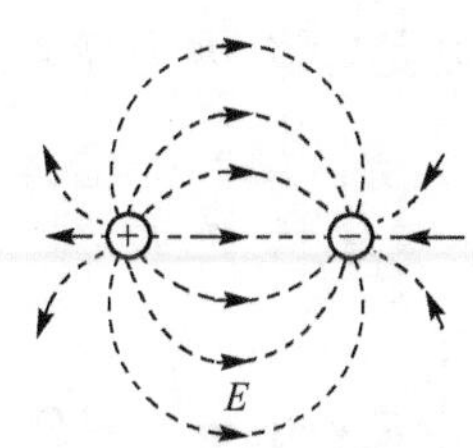

(b)一对等值异性电荷

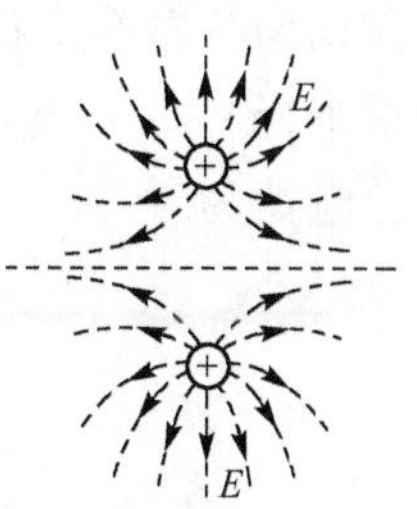

(c)一对正电荷

图 2-1　电力线举例

公式中的积分面称为高斯面。如果已知闭合面上所有点的电场强度或电位移矢量，那么通过高斯定理便可求出闭合面内的总电荷。

应用散度定理，式(2-6)也可以写成

$$\int_v \nabla \cdot \boldsymbol{D} \mathrm{d}v = \int_v \rho_v \mathrm{d}v$$

这个式子对任意由 s 面所包围的体积都是成立的，因此等式两边的被积函数一定相等。于是，在空间任意一点，有

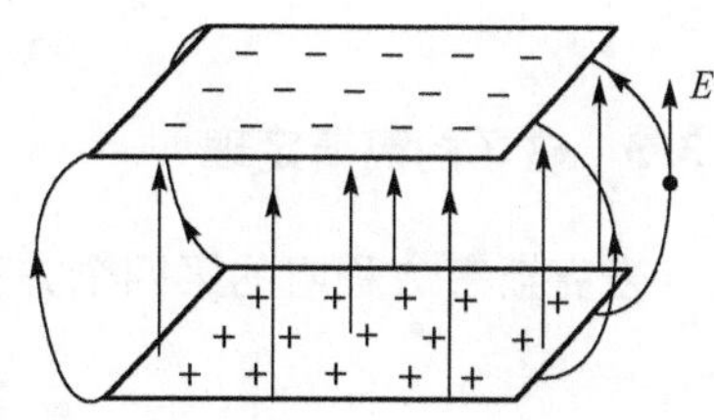

图 2-2　具有边缘现象的两带异性电荷的平行平面之间的电力线

$$\nabla \cdot \boldsymbol{D} = \rho_v \tag{2-30}$$

式(2-30)称为高斯定理的微分形式，表明在空间任意一点，电力线都始于正电荷，止于负电荷。电荷是电场的一种源。

例 2-1　用高斯定理求孤立点电荷 q 在任意点 P 产生的电场强度 $\boldsymbol{E}$ 。

解　如图 2-3 所示，以电荷为球心，构造一个经过 P 点且半径为 R 的球形高斯面。电力线从正电荷出发沿径向分布，电场强度与球面垂直(唯一的方向)，所以

$$\boldsymbol{E} = E_r \boldsymbol{a}_r$$

因为球面上每一个点与 q 所在的球心都是等距的，所以在 $r = R$ 球面上的任一点，E_r 应该具有相同的值，因而

$$\oint_s \boldsymbol{E} \cdot \mathrm{d}\boldsymbol{s} = E_r \int_0^{\pi} R^2 \sin\theta \mathrm{d}\theta \int_0^{2\pi} \mathrm{d}\varphi = 4\pi R^2 E_r$$

被球面包围的总电荷为 q，所以 P 点的电场强度为

$$E_r = \frac{q}{4\pi\varepsilon R^2}$$

这与库仑定律求得的结果完全相同。

例 2-2　如图 2-4 所示，电荷均匀分布在半径为 a 的球面上，求空间各处的电场强度。

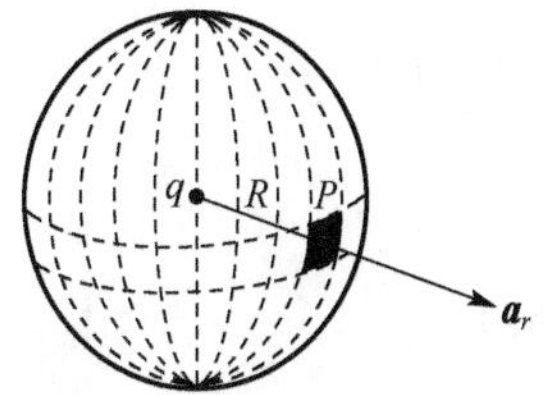

图 2-3　半径为 R 的球面包围点电荷 q

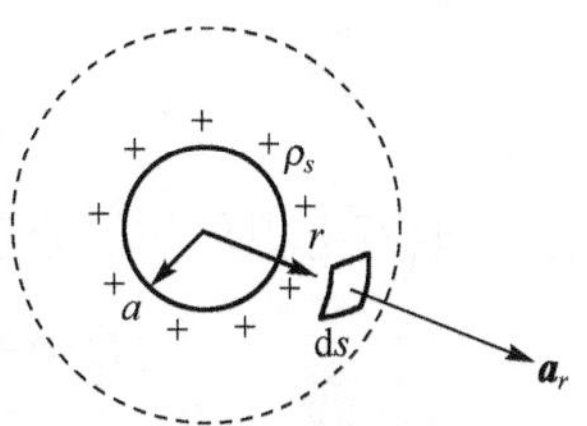

图 2-4　半径为 r 的球面包围面电荷密度为 ρ_s 、半径为 a 的球形带电体

解 因为电荷均匀分布在半径为 a 的球形表面上，所以半径为 r 的球形高斯面上的电场强度是常数。如果半径 $r < a$，电场强度为零，因为高斯面没有包围电荷；如果半径 $r > a$，那么高斯面包围的总电荷为

$$Q = 4\pi a^2 \rho_s$$

又由于

$$\oint_s \boldsymbol{E} \cdot \mathrm{d}\boldsymbol{s} = 4\pi r^2 E_r$$

故由高斯定理得

$$E_r = \frac{Q}{4\pi\varepsilon r^2} = \frac{\rho_s a^2}{\varepsilon r^2}, \quad r \geqslant a$$

2.3.3 磁场的高斯定理

麦克斯韦方程组的第四个方程式(2-7)，称为磁场的高斯定理，即

$$\oint_s \boldsymbol{B} \cdot \mathrm{d}\boldsymbol{s} = 0 \tag{2-31}$$

直接应用散度定理，可将面积分转换成体积分，如下：

$$\int_v \nabla \cdot \boldsymbol{B} \mathrm{d}v = 0$$

式中，v 为闭合面 $\boldsymbol{s}$ 所包围的体积。因为体积通常不等于零，所以

$$\nabla \cdot \boldsymbol{B} = 0 \tag{2-32}$$

式(2-32)为磁场的高斯定理的微分形式。式(2-31)和式(2-32)适用于任何电流产生的磁场情况，包括恒定磁场和时变磁场。

例 2-3 在直角坐标系中，已知磁场 $H_x=0, H_y=H_0\sin k'y\sin(\omega t-kz)$，式中 k'、k 为常数，求磁场的 H_z 分量。

解 由磁场的高斯定理可得

$$\nabla \cdot \boldsymbol{B}=\frac{\partial B_x}{\partial x}+\frac{\partial B_y}{\partial y}+\frac{\partial B_z}{\partial z}=\frac{\partial B_y}{\partial y}+\frac{\partial B_z}{\partial z}=0$$

即

$$\frac{\partial H_z}{\partial z}=-\frac{\partial H_y}{\partial y}=-H_0 k'\cos k'y\sin(\omega t-kz)$$

则

$$\begin{aligned} H_z &= -H_0 k'\cos k'y\int \sin(\omega t-kz)\mathrm{d}z \\ &= -\frac{H_0 k'}{k}\cos k'y\cos(\omega t-kz)+C \end{aligned}$$

在时变电磁场中，取不定积分的积分常数 C 为零，于是得

$$H_z=-\frac{k'}{k}H_0\cos k'y\cos(\omega t-kz)$$

例 2-4 设 $\boldsymbol{B}=B\boldsymbol{a}_z$，计算该磁场通过位于 $z=0$ 面上半径为 R、中心在原点的半球面的磁通。

解　半球面和半径为 R 的圆盘所形成的闭合面如图 2-5 所示。通过半球面的磁通应等于穿过圆盘的磁通。穿过圆盘的磁通为

$$\Phi = \int_s \boldsymbol{B} \cdot \mathrm{d}\boldsymbol{s} = \int_0^R \int_0^{2\pi} B\rho \,\mathrm{d}\rho \mathrm{d}\phi = \pi R^2 B$$

2.3.4　安培环路定理

原始的安培环路定理写为

$$\oint_c \boldsymbol{H} \cdot \mathrm{d}\boldsymbol{l} = I \tag{2-33}$$

其微分形式为

$$\nabla \times \boldsymbol{H} = \boldsymbol{J} \tag{2-34}$$

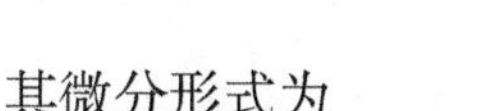

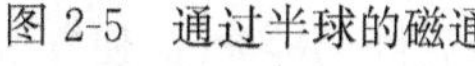

图 2-5　通过半球的磁通

将式(2-34)两边同时取散度，因为 $\nabla \cdot (\nabla \times \boldsymbol{H}) = 0$，得

$$\nabla \cdot \boldsymbol{J} = 0 \tag{2-35}$$

但对于时变场而言，$\nabla \cdot \boldsymbol{J}$ 不一定为零。事实上，由电流连续性方程，可知

$$\nabla \cdot \boldsymbol{J} = -\frac{\partial \rho_v}{\partial t} \tag{2-36}$$

式中，ρ_v 为电荷体密度。由此可见，只要存在时变电荷，式(2-36)就不为零。这样，当磁场为时变场时，式(2-34)就会产生矛盾。

例如，将一个电容器与时变电压源相连，如图 2-6 所示。外加电压随时间上升或下降，表征由电源输送至每一板极的电荷量在增加或减少。换句话说，电容器各板极上电荷的积累是时间的函数。由于电荷的变化形成电流，在电路中必有时变电流 $i(t)$ 存在，而该电流也必然在此区域内建立时变磁场。这样，如果选一个由闭合路径 c 所包围的开放面 s，由安培环路定理有

$$\oint_c \boldsymbol{H} \cdot \mathrm{d}\boldsymbol{l} = i \tag{2-37}$$

式中，$\boldsymbol{H}$ 为随时间变化的磁场强度。

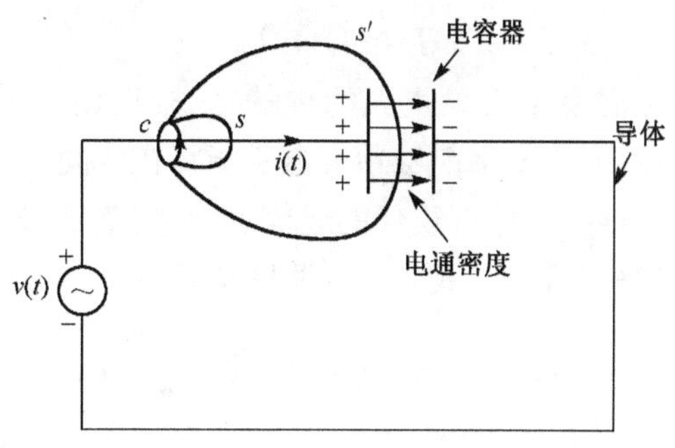

图 2-6　电容器中的位移电流维持导体内的传导电流的连续性

但若选取由同一路径 c 所包围的另一个开放面 s' 为积分面，如图 2-7 所示，则通过此积分面的传导电流为零。换言之，利用原始的安培环路定理将得到

$$\oint_c \boldsymbol{H} \cdot \mathrm{d}\boldsymbol{l} = 0 \tag{2-38}$$

显然,式(2-38)和式(2-37)相矛盾。

上述矛盾导致麦克斯韦断言,电容器中必有除传导电流以外的其他电流存在,该电流称为位移电流(displacement current),它不依赖于导体而存在。为了考虑位移电流,麦克斯韦在原始的安培环路定理中加入一项,以保证它对时变情况也是正确的。所加的项实际上是电荷守恒的结果,可由高斯定理和电流连续性方程得出此项,即

$$\nabla\cdot\boldsymbol{D}=\rho_v \tag{2-39}$$

将式(2-39)的 ρ_v 代入式(2-36),得

$$\nabla\cdot\boldsymbol{J}=-\frac{\partial}{\partial t}(\nabla\cdot\boldsymbol{D})$$

由于时间与空间是独立变量,因而可将上述方程的微分次序改变,得

$$\nabla\cdot\boldsymbol{J}=-\nabla\cdot\left(\frac{\partial\boldsymbol{D}}{\partial t}\right)$$

或

$$\nabla\cdot\left(\boldsymbol{J}+\frac{\partial\boldsymbol{D}}{\partial t}\right)=0$$

此方程表明 $\boldsymbol{J}+\frac{\partial\boldsymbol{D}}{\partial t}$ 是连续的。当用 $\boldsymbol{J}+\frac{\partial\boldsymbol{D}}{\partial t}$ 来代替式(2-34)中的 $\boldsymbol{J}$ 时,即得安培环路定理的修正形式为

$$\nabla\times\boldsymbol{H}=\boldsymbol{J}+\frac{\partial\boldsymbol{D}}{\partial t} \tag{2-40}$$

此即微分形式的麦克斯韦方程组中的第二个方程式(2-12),定义位移电流密度(单位为 $\mathrm{A/m^2}$)为

$$\boldsymbol{J}_d=\frac{\partial\boldsymbol{D}}{\partial t} \tag{2-41}$$

式(2-40)说明,在介质中的任一点存在一个总电流密度,它是传导电流密度与位移电流密度之和,即

$$\boldsymbol{J}=\boldsymbol{J}_c+\boldsymbol{J}_d \tag{2-42}$$

安培环路定理的修正是麦克斯韦最重大的贡献之一,它促进了统一电磁场理论的发展。也正是由于位移电流的存在,麦克斯韦能够预言电磁场将在空间以波的形式传播。稍后数年,赫兹用实验证明了电磁波的存在。所有现代的通信手段,都基于安培环路定理的这项修正。

修正的安培环路定理的积分形式(式(2-5))重写如下

$$\oint_c\boldsymbol{H}\cdot\mathrm{d}\boldsymbol{l}=\int_s\boldsymbol{J}\cdot\mathrm{d}\boldsymbol{s}+\int_s\frac{\partial\boldsymbol{D}}{\partial t}\cdot\mathrm{d}\boldsymbol{s} \tag{2-43}$$

式中,等号右边第一项表示传导电流,第二项则表示位移电流。对于上面讨论过的电容器,现在可以断定,是通过电容器的位移电流产生了时变磁场。另外,由于电路中的电流是连续的,通过电容器的位移电流必然等于导线中的传导电流。

由上述讨论,我们可以得出下列重要结论:

(1)位移电流密度仅仅是电位移矢量(电通密度)$\boldsymbol{D}$ 随时间变化的速率。

(2)由于 $\frac{\partial \boldsymbol{D}}{\partial t}$ 为磁场源,所以时变电场可产生时变磁场。

(3)加入 $\frac{\partial \boldsymbol{D}}{\partial t}$ 项,并不改变磁场 $\boldsymbol{H}$ 和 $\boldsymbol{B}$ 无散度源这一事实。

(4)时变电场和时变磁场是相互依存的。

当电流或电流分布对称时,我们可以用安培环路定理求解磁场,而无须使用毕奥-萨伐尔定律的繁复积分过程。下面的例子说明,在满足电流为对称分布的条件下,可以用安培环路定理求解磁场。

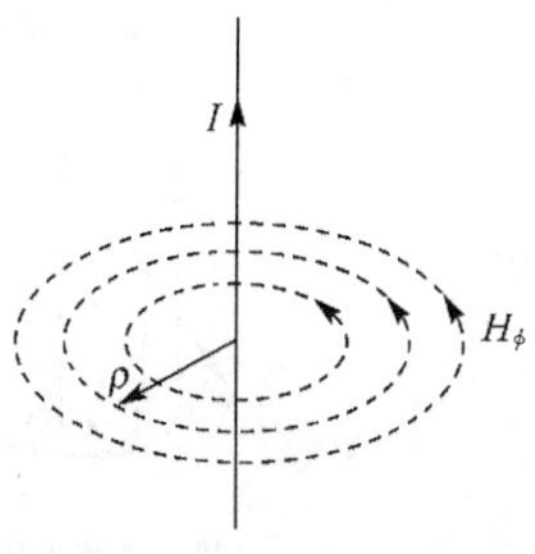

图 2-7　载流长导线的磁场

例 2-5　一根细而长的导线沿 z 轴放置,流有直流电流 I。试用安培环路定理求出自由空间任一点的磁场强度。

解　由于对称性,带电导线产生的磁力线必然是以导线为中心的同心圆,如图 2-7 所示。并且由于恒定电流产生恒定磁场,所以沿每个圆的磁场强度是恒定值,因此对于任意半径 ρ,我们有

$$\oint_c \boldsymbol{H} \cdot \mathrm{d}\boldsymbol{l} = \int_0^{2\pi} H_\phi \rho \mathrm{d}\phi = 2\pi\rho H_\phi$$

由于闭合路径所包围的电流为 I,所以,根据安培环路定理,得

$$\boldsymbol{H} = \frac{I}{2\pi\rho}\boldsymbol{a}_\phi$$

例 2-6　一根极长的沿 z 轴放置的空心导体,其外径为 b,内径为 a,载有沿 z 轴方向的恒定电流 I,如图 2-8(a)所示。若电流是均匀分布的,试求在空间任一点的磁场强度。

解　由于电流是均匀分布的,因此可用体电流密度表示为

$$\boldsymbol{J}_v = \frac{I}{\pi(b^2 - a^2)}\boldsymbol{a}_z$$

根据对称性,磁力线应是以导体为中心的同心圆,磁场强度在 ϕ 方向,沿每一圆环为常数。我们分三个区域求磁场强度。

(1)区域 1,$\rho \leqslant a$:此区域内的任何闭合环路所包围的电流为零,所以 $\boldsymbol{H} = 0$。

(2)区域 2,$a \leqslant \rho \leqslant b$:如图 2-8(b)所示,为导体的截面图。半径为 ρ 的圆环所包围的净电流为

$$\begin{aligned} I_{\text{enc}} &= \int_s \boldsymbol{J}_v \cdot \mathrm{d}\boldsymbol{s} \\ &= \frac{I}{\pi(b^2 - a^2)}\int_a^\rho \rho \mathrm{d}\rho \int_0^{2\pi} \mathrm{d}\phi \\ &= \frac{I(\rho^2 - a^2)}{b^2 - a^2} \end{aligned}$$

而

$$\oint_c \boldsymbol{H} \cdot \mathrm{d}\boldsymbol{l} = 2\pi\rho H_\phi$$

所以

$$\boldsymbol{H} = \frac{I}{2\pi\rho}\left(\frac{\rho^2 - a^2}{b^2 - a^2}\right)\boldsymbol{a}_\phi, \quad a \leqslant \rho \leqslant b$$

(3)区域 3,观测点在导体之外,如图 2-8(c)所示,积分环路包围的净电流为 I ,所以,此区域内的磁场强度为

$$\boldsymbol{H}=\frac{I}{2\pi\rho}\boldsymbol{a}_{\phi},\quad \rho\geqslant b$$

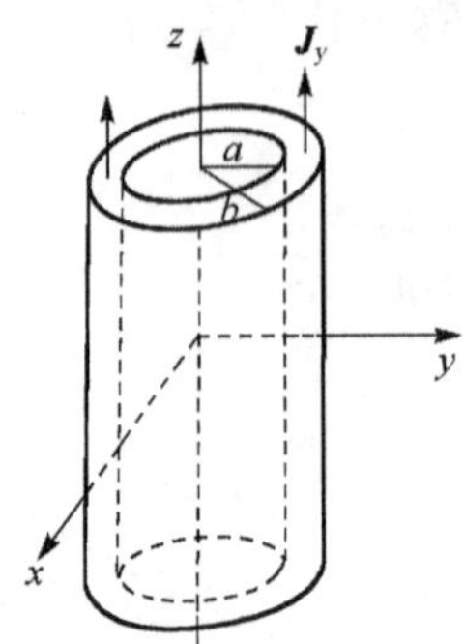

(a)载有电流的空心导体

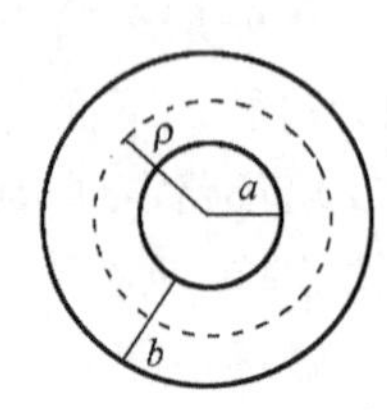

(b)截面显导 $a\leqslant\rho\leqslant b$ 的闭合路径

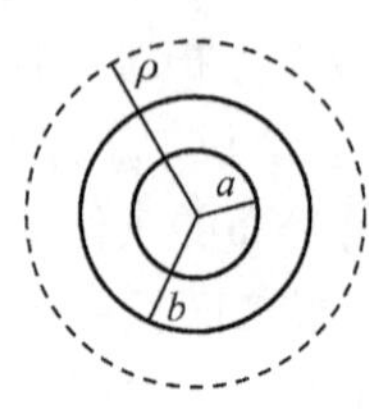

(c)$\rho>b$ 闭合路径

图 2-8 空心带电导体

例 2-7 一个 N 匝螺旋管形线圈如图 2-9(a)所示,圆环的内外半径分别为 a 和 b ,环的高度为 h 。若线圈通过的恒定电流为 I ,试求:①圆环内的磁场强度;②磁感应强度;③圆环内的总磁通。

解 如图 2-9(b)所示,为圆环和线圈的截面图。应用安培环路定理可知,磁场仅存在于圆环内部,在环内任意半径 ρ 的圆环上的磁场均为 ϕ 方向,且大小相等。由于圆环所包围的总电流为 NI ,所以,根据安培环路定理,圆环内部的磁场强度为

$$\boldsymbol{H}=\frac{NI}{2\pi\rho}\boldsymbol{a}_{\phi},\quad a\leqslant\rho\leqslant b$$

在圆环内部任意半径为 ρ 处的磁感应强度为

$$\boldsymbol{B}=\mu_0\boldsymbol{H}=\frac{\mu_0 NI}{2\pi\rho}\boldsymbol{a}_{\phi},\quad a\leqslant\rho\leqslant b$$

圆环内部的总磁通为

$$\Phi=\int\boldsymbol{B}\cdot\mathrm{d}\boldsymbol{s}=\frac{\mu_0 NI}{2\pi}\int_a^b\frac{\mathrm{d}\rho}{\rho}\int_0^h\mathrm{d}z=\frac{\mu_0 NI}{2\pi}\ln(b/a)$$

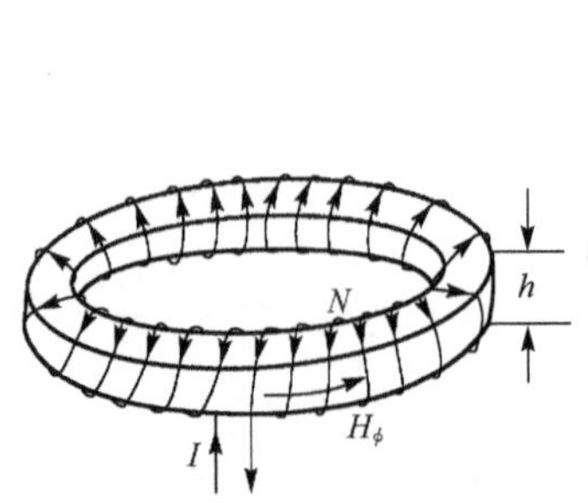

(a)螺旋管形线圈

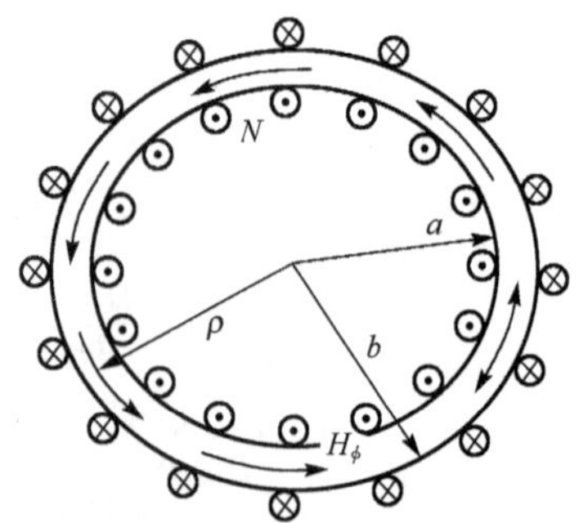

(b)半径为 $a\leqslant\rho\leqslant b$ 的圆环所包围的总电流

图 2-9 例 2-7 附图

例 2-8 自由空间的磁场强度为 $\boldsymbol{H}=H_0\sin\theta\boldsymbol{a}_y$(A/m)。其中,$\theta=\omega t-\beta z$,$\beta$ 为常数。试求:①位移电流密度;②电场强度。

解 自由空间的传导电流密度为零。这样,由式(2-38)可知,位移电流密度等于 $\nabla\times\boldsymbol{H}$,即

$$\frac{\partial\boldsymbol{D}}{\partial t}=\begin{vmatrix}\boldsymbol{a}_x & \boldsymbol{a}_y & \boldsymbol{a}_z\\ \frac{\partial}{\partial x} & \frac{\partial}{\partial y} & \frac{\partial}{\partial z}\\ 0 & H_0\sin\theta & 0\end{vmatrix}=-\frac{\partial}{\partial z}(H_0\sin\theta)\boldsymbol{a}_x+\frac{\partial}{\partial x}(H_0\sin\theta)\boldsymbol{a}_z$$

$$=\beta H_0\cos\theta\boldsymbol{a}_x\quad(\text{A/m}^2)$$

可见,位移电流密度的幅值为 βH_0(A/m^2)。将位移电流密度对时间积分,即得电位移矢量为

$$\boldsymbol{D}=\frac{\beta}{\omega}H_0\sin\theta\boldsymbol{a}_x\quad(\text{C/m})$$

最后,自由空间的电场强度为

$$\boldsymbol{E}=\frac{\boldsymbol{D}}{\varepsilon_0}=\frac{\beta}{\omega\varepsilon_0}H_0\sin\theta\boldsymbol{a}_x\quad(\text{V/m})$$

2.3.5 法拉第电磁感应定律

麦克斯韦方程组的第一个方程为用电磁场量来表示的法拉第电磁感应定律。法拉第在用静止的线圈做了一系列实验后发现,当随时间变化的磁通穿过由线圈包围的面积时,线圈中将产生感应电动势。感应电动势在闭合回路中产生感应电流。时变磁通可以在线圈附近移动磁铁来产生,如图 2-10 所示,或者由打开或接通另一个线圈的电路来建立,如图 2-11 所示。

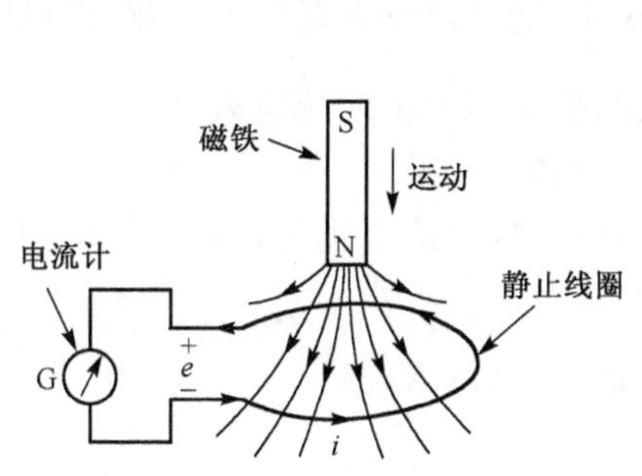

图 2-10 由磁通量增加产生的感应电动势与电流

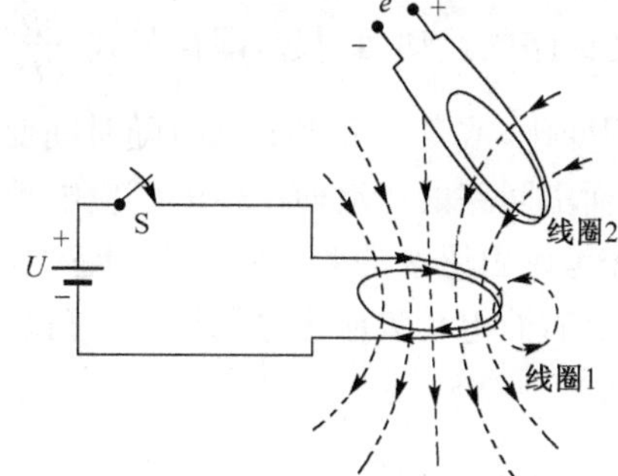

图 2-11 接通线圈 1 的开关 S 时,在线圈 2 中产生的感应电动势

感应电动势的大小等于磁通的时间变化率,其方向由下面的方法确定。任取一绕行回路的方向为感应电动势的正方向,并按右手螺旋法则规定磁力线的正方向,这样,感应电动势为

$$e_{\text{in}}=-\frac{\mathrm{d}\Phi}{\mathrm{d}t}\tag{2-44}$$

此即法拉第电磁感应定律。感应电动势的实际方向由 $-\frac{\mathrm{d}\Phi}{\mathrm{d}t}$ 的符号(正或负)再与规定的电动势正方向比较而定。式(2-44)中的负号是有明确物理意义的。当 $\frac{\mathrm{d}\Phi}{\mathrm{d}t}>0$,即穿过回路的磁通增加时,$e_{\text{in}}<0$,这时感应电动势的实际方向与设定正方向相反,表明感应电流产生的磁场要

阻止原磁场增加；当 $\frac{d\Phi}{dt}<0$ ，即穿过回路的磁通减小时，$e_{in}>0$ ，这时感应电动势的实际方向与设定的正方向相同，表明感应电流产生的磁场要阻止原磁场减小。这是楞次定律的内涵。

例 2-9 半径为 40cm 的圆形导电环位于 xOy 面内，其电阻为 20Ω。若该区域的磁感应强度为 $\boldsymbol{B}=0.2\cos500t\,\boldsymbol{a}_x+0.75\sin400t\,\boldsymbol{a}_y+1.2\cos314t\,\boldsymbol{a}_z$（T），求环内感应电流的有效值。

解 由于导电环位于 xOy 面内，导电环的法线方向在 z 方向，这样，导电环的面微分元为

$$d\boldsymbol{s}=\rho d\rho d\phi\,\boldsymbol{a}_z$$

穿过此面积的磁通为

$$d\Phi=\boldsymbol{B}\cdot d\boldsymbol{s}=1.2\rho d\rho d\phi\cos314t$$

在任意时间穿过导电环的总磁通为

$$\Phi=1.2\cos314t\int_0^{0.4}\rho d\rho\int_0^{2\pi}d\phi=0.603\cos314t\quad(\text{Wb})$$

感应电动势为

$$e=-\frac{d\Phi}{dt}=189.342\sin314t\quad(\text{V})$$

感应电动势的最大值为 $e_m=189.342(\text{V})$。

所以，导电环内的感应电流的有效值为 $I=\frac{1}{\sqrt{2}}\frac{e_m}{20}=6.694(\text{A})$。

感应电流的存在，必须有闭合导电回路的存在。但对感应电动势而言，闭合导电回路的存在不是必需的。无论闭合回路是否存在，回路是否闭合，只要某一区域内的磁通发生变化，就会有感应电动势产生。而磁通的变化可以是由磁场随时间的变化而引起，也可以是包围观察区域的回路的运动而引起，即在公式 $\frac{d\Phi}{dt}=\frac{d}{dt}\int_s\boldsymbol{B}\cdot d\boldsymbol{s}$ 中，既可以是 $\boldsymbol{B}$ 随时间变化，也可以是 $\boldsymbol{s}$ 随时间变化，或者是 $\boldsymbol{B}$ 和 $\boldsymbol{s}$ 同时随时间变化。由磁场的变化而产生的感应电动势称为感生电动势；而由回路的运动而产生的感应电动势称为动生电动势。

先考虑由磁场的变化所产生的感生电动势。回路中出现感应电动势，表明导体内出现了感应电场，而电动势应为电场沿闭合路径的积分，所以

$$e_{in}=\oint_c\boldsymbol{E}_{in}\cdot d\boldsymbol{l}\tag{2-45}$$

式(2-44)可表示为

$$\oint_c\boldsymbol{E}_{in}\cdot d\boldsymbol{l}=-\frac{d\Phi}{dt}$$

如果空间还存在静电场 $\boldsymbol{E}_c$，则总电场为 $\boldsymbol{E}=\boldsymbol{E}_{in}+\boldsymbol{E}_c$ ，所以上式变为

$$\oint_c\boldsymbol{E}\cdot d\boldsymbol{l}=\oint_c\boldsymbol{E}_{in}\cdot d\boldsymbol{l}+\oint_c\boldsymbol{E}_c\cdot d\boldsymbol{l}=-\frac{d\Phi}{dt}$$

而静电场为无旋场，即 $\oint_c\boldsymbol{E}_c\cdot d\boldsymbol{l}=0$ ，所以

$$\oint_c\boldsymbol{E}\cdot d\boldsymbol{l}=\oint_c\boldsymbol{E}_{in}\cdot d\boldsymbol{l}+\oint_c\boldsymbol{E}_c\cdot d\boldsymbol{l}=\oint_c\boldsymbol{E}_{in}\cdot d\boldsymbol{l}=-\frac{d\Phi}{dt}\tag{2-46}$$

若闭合路径 c 所包围的总磁通为

$$\Phi=\int_s\boldsymbol{B}\cdot d\boldsymbol{s}$$

则式(2-46)可表示为

$$\oint_c \boldsymbol{E} \cdot \mathrm{d}\boldsymbol{l} = -\frac{\mathrm{d}}{\mathrm{d}t}\int_s \boldsymbol{B} \cdot \mathrm{d}\boldsymbol{s} \tag{2-47}$$

d$\boldsymbol{s}$ 的方向由路径 c 和右手螺旋法则来确定。当我们将右手四指沿路径 c 的方向弯曲时，大拇指所指的方向即 d$\boldsymbol{s}$ 的法线方向。

当回路静止，而磁场随时间变化时，可将式(2-47)表示为

$$\oint_c \boldsymbol{E} \cdot \mathrm{d}\boldsymbol{l} = -\int_s \frac{\partial \boldsymbol{B}}{\partial t} \cdot \mathrm{d}\boldsymbol{s} \tag{2-48}$$

式(2-48)是用场量表示的法拉第电磁感应定律的积分形式，可以用它来计算静止闭合路径中的感生电动势。由于沿闭合路径的感应电场的线积分等于感应电动势，不为零，因而感应电场是非保守场。

利用斯托克斯定理，可将沿闭合路径 c 的线积分变换成由 c 所包围的面 s 的面积分：

$$\int_s (\nabla \times \boldsymbol{E}) \cdot \mathrm{d}\boldsymbol{s} = -\int_s \frac{\partial \boldsymbol{B}}{\partial t} \cdot \mathrm{d}\boldsymbol{s}$$

由于方程两边是对同一个由任意闭合路径 c 所包围的面 s 的积分，因此当且仅当两边的被积函数相等时方程才能成立，即

$$\nabla \times \boldsymbol{E} = -\frac{\partial \boldsymbol{B}}{\partial t} \tag{2-49}$$

式(2-49)是用场量表示的法拉第电磁感应定律的微分形式。由此式可求出，当磁场是时间的函数时，空间某点的电场强度。对于静态场，$\nabla \times \boldsymbol{E} = 0$ 。

当闭合回路在磁场中运动时，也将在回路内产生动生电动势。若用下标 m 表示动生电动势，则对于闭合回路，导体在磁场中运动时所产生的动生电动势可写成

$$e_{\mathrm{m}} = \oint_c (\boldsymbol{v} \times \boldsymbol{B}) \cdot \mathrm{d}\boldsymbol{l} \tag{2-50}$$

式中，$\boldsymbol{v}$ 为回路运动速度。

如图 2-12 所示，为一运动导体在一对固定导体上滑动的情况。在两个固定导体的远端连接一个电阻，这样，运动导体、固定导体和电阻就形成了一个闭合回路。将此回路放入一均匀分布的恒定磁场中，当运动导体沿 x 方向滑动时，由运动导体、固定导体和电阻所形成的闭合回路所包围的面积的变化量为

$$\mathrm{d}\boldsymbol{s} = L\mathrm{d}x\,\boldsymbol{a}_z$$

式中，L 为运动导体的长度；dx 是它在 dt 时间内滑动的距离。穿过这一闭合回路的磁通的变化为

$$\mathrm{d}\Phi = \boldsymbol{B} \cdot \mathrm{d}\boldsymbol{s} = -BL\mathrm{d}x$$

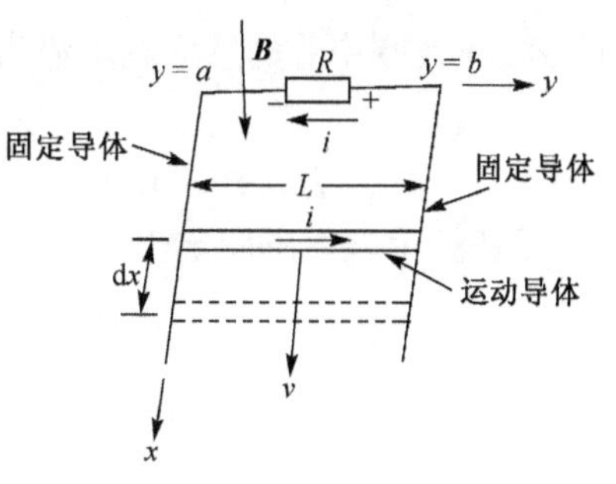

图 2-12　运动的导体

磁通的变化率为

$$\frac{\mathrm{d}\Phi}{\mathrm{d}t} = -BL\frac{\mathrm{d}x}{\mathrm{d}t} = -BLv$$

所以，感应电动势为

$$e = -\frac{\mathrm{d}\Phi}{\mathrm{d}t} = BLv$$

式中，v 是运动导体沿 x 轴滑动的速度。直接利用式(2-50)得到相同的结果。

当闭合回路在时变磁场中运动时，总的感应电动势为

$$e = e_i + e_m = -\int_s \frac{\partial \boldsymbol{B}}{\partial t} \cdot \mathrm{d}\boldsymbol{s} + \oint_c (\boldsymbol{v} \times \boldsymbol{B}) \cdot \mathrm{d}\boldsymbol{l} \tag{2-51}$$

根据右手螺旋定则，式中闭合路径 c 的方向确定了面 $\mathrm{d}\boldsymbol{s}$ 的法线方向。此式为法拉第电磁感应定律的另一种形式。用感应电场来表示，式(2-51)也可写成

$$\oint_c \boldsymbol{E} \cdot \mathrm{d}\boldsymbol{l} = -\int_s \frac{\partial \boldsymbol{B}}{\partial t} \cdot \mathrm{d}\boldsymbol{s} + \oint_c (\boldsymbol{v} \times \boldsymbol{B}) \cdot \mathrm{d}\boldsymbol{l}$$

应用斯托克斯定理可得

$$\int_s (\nabla \times \boldsymbol{E}) \cdot \mathrm{d}\boldsymbol{s} = -\int_s \frac{\partial \boldsymbol{B}}{\partial t} \cdot \mathrm{d}\boldsymbol{s} + \int_s [\nabla \times (\boldsymbol{v} \times \boldsymbol{B})] \cdot \mathrm{d}\boldsymbol{s}$$

由于方程两边是对同一个由任意闭合路径 c 所包围的面 s 的积分，所以，为了使此方程在一般情况下成立，两边的被积函数必须相等，即

$$\nabla \times \boldsymbol{E} = -\frac{\partial \boldsymbol{B}}{\partial t} + \nabla \times (\boldsymbol{v} \times \boldsymbol{B}) \tag{2-52}$$

式(2-52)是法拉第电磁感应定律的最一般化形式，用它可确定当观察点以速度 $\boldsymbol{v}$ 在磁场 $\boldsymbol{B}$ 中运动时产生的电场。

例 2-10　一个 N 匝矩形线圈在均匀场中旋转，如图 2-13 所示。试求线圈中的感应电动势，采用：①动生电动势的概念；②法拉第电磁感应定律。

解　①动生电动势：由于磁感应强度是均匀的，因而感应电动势仅是由于线圈的运动产生的，在 C 处 N 匝线圈的感应电动势应与 D 处 N 匝线圈的感应电动势大小相等，相位相差 180°。基于这种理解来计算 C 处 N 匝线圈的感应电动势。线圈的运动速度为

$$\boldsymbol{v} = \omega R\, \boldsymbol{a}_\phi$$

由于 $\phi = \omega t$ ，$\boldsymbol{B} = B\boldsymbol{a}_y$ ，$\boldsymbol{v} \times \boldsymbol{B} = \omega RB\sin\omega t\, \boldsymbol{a}_\phi \times \boldsymbol{a}_y = -\omega RB\sin\omega t\, \boldsymbol{a}_z$ ，因而 C 处 N 匝线圈的动生电动势为

$$e_m = \int_c N(\boldsymbol{v} \times \boldsymbol{B}) \cdot \mathrm{d}\boldsymbol{l} = -NBR\omega \sin \omega t \int_L^{-L} \mathrm{d}z = 2NLRB\omega \sin \omega t$$

所以 N 匝线圈中总的感应电动势为

$$e = 2e_m = 4LRNB\omega \sin \omega t = NBA\omega \sin \omega t$$

式中，$A = 4LR$ 为线圈的面积。

②法拉第电磁感应定律：对于图 2-13 所示的面微分元方向，有

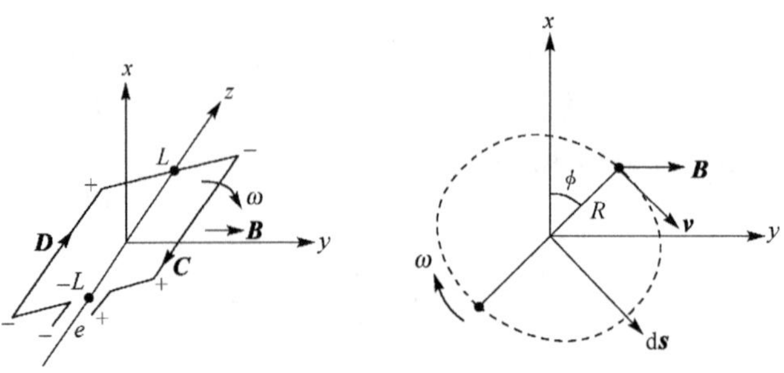

图 2-13　线圈在磁场中旋转示意图

$$\Phi = \int_s \boldsymbol{B} \cdot \mathrm{d}s = \int_s (\boldsymbol{a}_y \cdot \boldsymbol{a}_\phi) B\mathrm{d}s = B\cos \omega t \int_s \mathrm{d}s = BA\cos \omega t$$

N 匝线圈中的感应电动势为

$$e = -N\frac{\mathrm{d}\Phi}{\mathrm{d}t} = BAN\omega \sin \omega t$$

2.4　边界条件

本节我们将研究电磁场在两种介质分界面上变化的规律。分界面可以是电介质与导体之间的分界面，也可以是两种不同的电介质之间的分界面。决定分界面两侧电磁场变化关系的方程称为边界条件。麦克斯韦方程组要定解，必须已知边界条件。

2.4.1　电场的边界条件

1. D 的法向分量

用高斯定理推导分界面上关于电位移矢量法向分量的边界条件，如图 2-14(a)所示。为此，可以构造一个扁圆柱形的高斯面，一半在介质 1 中，另一半在介质 2 中。因扁圆柱形高斯面的截面足够小，故穿过界面的电位移矢量可视为常数。此外，假设扁圆柱形高斯面的高度 Δh 趋于零，则其侧面面积可以忽略不计，设分界面上存在的电荷密度为 ρ_s 。

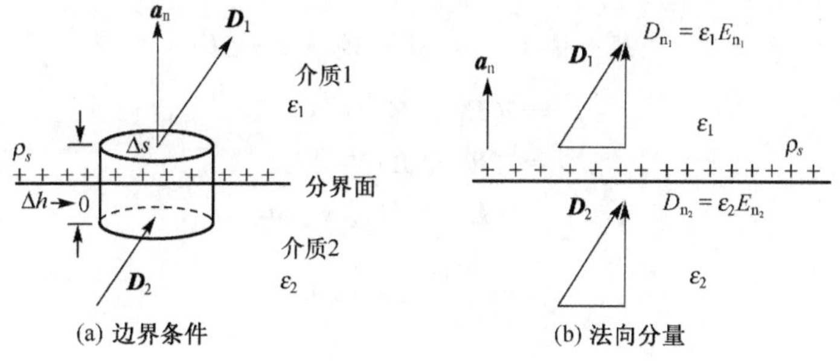

图 2-14　D 和 E 的法向分量满足的边界条件

记高斯面横截面面积为 Δs ，则扁圆柱形高斯面所包含的总电荷量为 $\rho_s \Delta s$ 。于是，根据高斯定理可得

$$\boldsymbol{D}_1 \cdot \boldsymbol{a}_\mathrm{n} \Delta s - \boldsymbol{D}_2 \cdot \boldsymbol{a}_\mathrm{n} \Delta s = \rho_s \Delta s$$

或

$$\boldsymbol{a}_\mathrm{n} \cdot (\boldsymbol{D}_1 - \boldsymbol{D}_2) = \rho_s \tag{2-53a}$$

或

$$D_{\mathrm{n}_1} - D_{\mathrm{n}_2} = \rho_s \tag{2-53b}$$

其中，$\boldsymbol{a}_\mathrm{n}$ 是垂直于分界面从介质 2 指向介质 1 的单位法向矢量。D_{n_1} 和 D_{n_2} 分别是介质 1 和介质 2 中电位移矢量的法向分量，如图 2-14(b)所示。式(2-53)表明，如果分界面上存在自由面电荷密度，则电位移矢量的法向分量不连续。

因为 $\boldsymbol{D} = \varepsilon \boldsymbol{E}$ ，所以也可以把式(2-53a)用 $\boldsymbol{E}$ 的法向分量来表示，即

$$\boldsymbol{a}_\mathrm{n} \cdot (\varepsilon_1 \boldsymbol{E}_1 - \varepsilon_2 \boldsymbol{E}_2) = \rho_s \tag{2-53c}$$

或

$$\varepsilon_1 \boldsymbol{E}_{\mathrm{n}_1} - \varepsilon_2 \boldsymbol{E}_{\mathrm{n}_2} = \rho_s \tag{2-53d}$$

当分界面在两种不同介质之间时，若非特意放置，一般并不存在任何自由面电荷密度。因此，排除放置的可能性，穿过介质分界面的电位移矢量的法向分量是连续的，即

$$D_{n_1} = D_{n_2} \tag{2-54}$$

或

$$\varepsilon_1 \boldsymbol{E}_{n_1} = \varepsilon_2 \boldsymbol{E}_{n_2} \tag{2-55}$$

当介质 2 为理想导体时，由于其 $\sigma \to \infty$，所以介质 2 中的电场 $\boldsymbol{E}_2 = 0$。如果介质 1 中存在着 $\boldsymbol{D}_1$ 的法向分量，则导体表面必然存在自由面电荷密度，以与式(2-53)相符，即

$$\boldsymbol{a}_n \cdot \boldsymbol{D}_1 = D_{n_1} = \rho_s \tag{2-56a}$$

或

$$\varepsilon_1 \boldsymbol{E}_{n_1} = \rho_s \tag{2-56b}$$

也就是说，理想导体表面上的电位移矢量的法向分量等于导体表面的面电荷密度。

2. E 的切向分量

下面求电场 $\boldsymbol{E}$ 沿着穿越分界面的闭合路径 $abcda$ 的环流量，如图 2-15 所示。闭合路径由两条长度为 Δl，平行并位于分界面两侧的线段 ab、cd 以及两条较短的长度为 Δh 的线段 bc、da 构成。按照图 2-15(a)所标方向，$\Delta \boldsymbol{l} = \Delta l \boldsymbol{a}_t$。当 $\Delta h \to 0$ 时，线段 bc、da 对线积分 $\oint \boldsymbol{E} \cdot d\boldsymbol{l}$ 的贡献可忽略不计，因此

$$\begin{aligned}
\oint \boldsymbol{E} \cdot d\boldsymbol{l} &= \boldsymbol{E}_1 \cdot \Delta \boldsymbol{l} + \boldsymbol{E}_2 \cdot (-\Delta \boldsymbol{l}) \\
&= (\boldsymbol{E}_1 - \boldsymbol{E}_2) \cdot \Delta \boldsymbol{l} \\
&= (\boldsymbol{E}_1 - \boldsymbol{E}_2) \cdot \Delta l \boldsymbol{a}_t \\
&= (\boldsymbol{E}_{t_1} - \boldsymbol{E}_{t_2}) \cdot \Delta l \boldsymbol{a}_t \\
&= -\frac{\partial B}{\partial t} \cdot \Delta l \cdot \Delta h
\end{aligned}$$

所以

$$E_{t_1} - E_{t_2} = -\frac{\partial B}{\partial t} \cdot \Delta h$$

因为 $\Delta h \to 0$，所以 $\boldsymbol{E}_{t_1} = \boldsymbol{E}_{t_2}$，或

$$\boldsymbol{a}_t \cdot (\boldsymbol{E}_1 - \boldsymbol{E}_2) = 0 \tag{2-57}$$

式中，$\boldsymbol{E}_{t_1}$ 和 $\boldsymbol{E}_{t_2}$ 分别是介质 1 和介质 2 中 $\boldsymbol{E}$ 的切向分量，如图 2-15(b)所示。上述等式表明，分界面上电场强度的切向分量总是连续的。

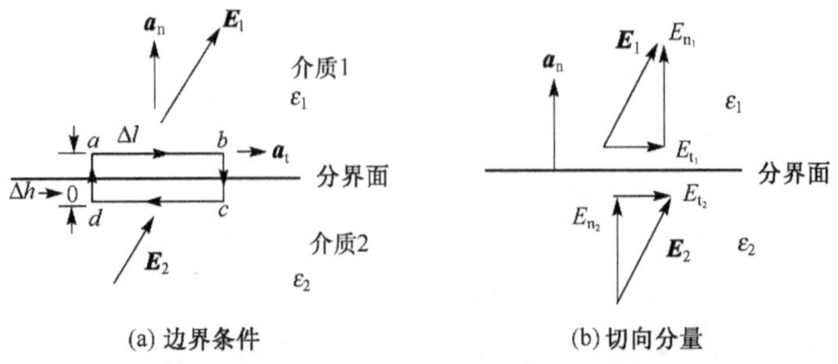

图 2-15 E 的切向分量满足的边界条件

式(2-57)亦可写成矢量形式：

$$\boldsymbol{a}_{\mathrm{n}} \times (\boldsymbol{E}_1 - \boldsymbol{E}_2) = 0 \tag{2-58}$$

如果介质2是理想导体，则由于导体内部不存在电场，故分界面上的电场强度的切向分量必然为零。因此，理想导体表面的电场总是垂直于导体表面。

例 2-11　电荷 Q 均匀分布在半径为 R 的金属球表面，试确定球体表面上的电场强度 $\boldsymbol{E}$。

解　面电荷密度为

$$\rho_s = \frac{Q}{4\pi R^2}$$

在导体表面只有 $\boldsymbol{D}$ 的法向分量存在，所以 $\boldsymbol{D} = D_{\mathrm{r}}\,\boldsymbol{a}_{\mathrm{r}}$，由式(2-53a)可得

$$D_{\mathrm{r}} = \frac{Q}{4\pi R^2}$$

若 ε 是球体所在介质的介电常数，则

$$E_{\mathrm{r}} = \frac{D_{\mathrm{r}}}{\varepsilon} = \frac{Q}{4\pi\varepsilon R^2}$$

例 2-12　平面 $z=0$ 是介于自由空间与相对介电常数为 40 的电介质之间的边界。分界面上自由空间一侧的电场强度为 $\boldsymbol{E} = 13\,\boldsymbol{a}_x + 40\,\boldsymbol{a}_y + 50\,\boldsymbol{a}_z$ (V/m)，试确定分界面另一侧的电场强度 $\boldsymbol{E}$。

解　令 $z>0$ 区域为介质 1，$z<0$ 区域为自由空间 2，则有

$$\boldsymbol{E}_2 = 13\,\boldsymbol{a}_x + 40\,\boldsymbol{a}_y + 50\,\boldsymbol{a}_z$$

由于垂直于分界面的单位矢量 $\boldsymbol{a}_{\mathrm{n}} = \boldsymbol{a}_z$，而电场强度 $\boldsymbol{E}$ 的切向分量是连续的，故

$$\begin{cases} E_{x_1} = E_{x_2} = 13 \\ E_{y_1} = E_{y_2} = 40 \end{cases}$$

又由于两种介质分界面上，$\boldsymbol{D}$ 的法向分量也是连续的，即

$$\varepsilon_1 E_{z_1} = \varepsilon_2 E_{z_2}$$

而 $\varepsilon_2 = \varepsilon_0$，$\varepsilon_1 = 40\varepsilon_0$，则

$$E_{z_1} = E_{z_2}/40 = 50/40 = 1.25$$

因此，介质 1 中的电场强度 $\boldsymbol{E}$ 为

$$\boldsymbol{E} = (13\,\boldsymbol{a}_x + 40\,\boldsymbol{a}_y + 1.25\,\boldsymbol{a}_z) \quad (\mathrm{V/m})$$

2.4.2　磁场的边界条件

1. **B** 的法向分量

为确定在两种介质分界面处磁感应强度法向分量的边界条件，我们可以构成一个厚度极小的扁圆柱形高斯面，如图 2-16 所示。由于磁力线是连续的，于是

$$\oint_s \boldsymbol{B} \cdot \mathrm{d}\boldsymbol{s} = 0$$

此处 $\boldsymbol{s}$ 为扁圆柱形高斯面的总面积。忽略穿过扁圆柱形高斯面厚度极小的侧面的磁通量，上式变为

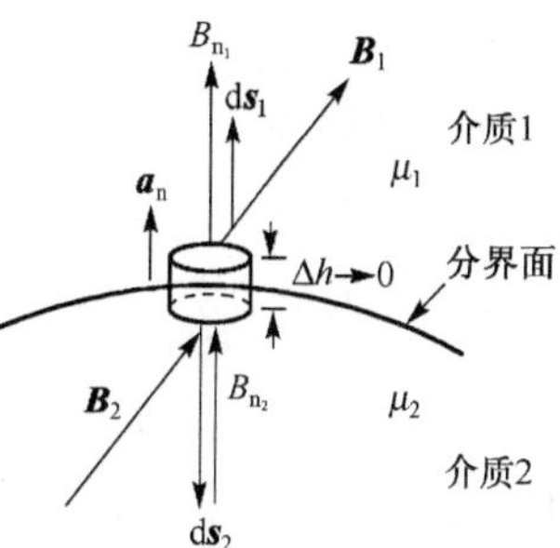

图 2-16　**B** 的法向分量满足的边界条件

$$\int_{s_1} \boldsymbol{B} \cdot \mathrm{d}\boldsymbol{s} + \int_{s_2} \boldsymbol{B} \cdot \mathrm{d}\boldsymbol{s} = 0$$

若$\boldsymbol{a}_\mathrm{n}$ 是分界面处指向区域 1 的单位法向矢量，则 $B_{\mathrm{n}_1} = \boldsymbol{a}_\mathrm{n}\boldsymbol{B}_1$ 与 $B_{\mathrm{n}_2} = \boldsymbol{a}_\mathrm{n}\boldsymbol{B}_{\mathrm{n}_2}$ 为两个区域分界面处 $\boldsymbol{B}$ 的法向分量，$\mathrm{d}\boldsymbol{s}_1 = \boldsymbol{a}_\mathrm{n}\mathrm{d}s_1$ 与 $\mathrm{d}\boldsymbol{s}_2 = \boldsymbol{a}_\mathrm{n}\mathrm{d}s_2$ 为面微分元，于是上式可以写成

$$\int_{s_1} B_{\mathrm{n}_1} \mathrm{d}\boldsymbol{s}_1 - \int_{s_2} B_{\mathrm{n}_2} \mathrm{d}\boldsymbol{s}_2 = 0$$

或

$$\int_{s_1} B_{\mathrm{n}_1} \mathrm{d}\boldsymbol{s}_1 = \int_{s_2} B_{\mathrm{n}_2} \mathrm{d}\boldsymbol{s}_2 \tag{2-59}$$

式(2-59)说明，离开分界面的总磁通等于进入这个分界面的总磁通。

对于扁圆柱形高斯面上下两个相等的表面，有

$$\int_{s} (B_{\mathrm{n}_1} - B_{\mathrm{n}_2}) \mathrm{d}\boldsymbol{s} = 0$$

由于所考虑的表面是任意的，因而可用标量形式表示如下：

$$B_{\mathrm{n}_1} = B_{\mathrm{n}_2} \tag{2-60a}$$

式(2-60a)说明，在分界面处磁感应强度的法向分量是相等的。式(2-60a)也可用矢量形式表示为

$$\boldsymbol{a}_\mathrm{n} \cdot (\boldsymbol{B}_{\mathrm{n}_1} - \boldsymbol{B}_{\mathrm{n}_2}) = 0 \tag{2-60b}$$

2. $\boldsymbol{H}$ 的切向分量

为了得到磁场强度切向分量的边界条件，考虑图 2-17 所示的闭合回路。对这条闭合路径应用安培环路定理可得

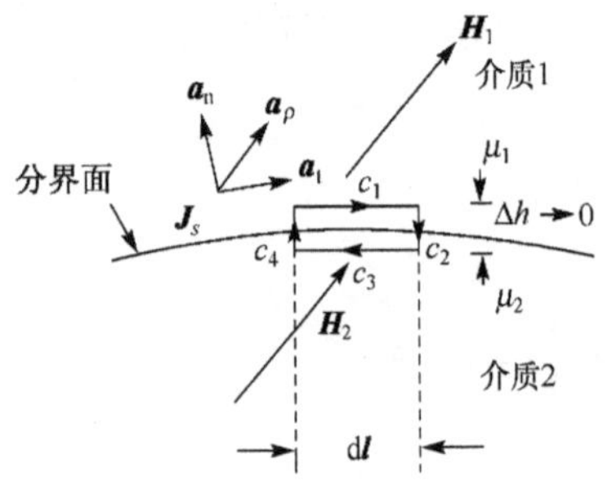

图 2-17　H 的切向分量满足的边界条件

$$\oint_c \boldsymbol{H} \cdot \mathrm{d}\boldsymbol{l} = \int_{c_1} \boldsymbol{H} \cdot \mathrm{d}\boldsymbol{l} + \int_{c_2} \boldsymbol{H} \cdot \mathrm{d}\boldsymbol{l} + \int_{c_3} \boldsymbol{H} \cdot \mathrm{d}\boldsymbol{l} + \int_{c_4} \boldsymbol{H} \cdot \mathrm{d}\boldsymbol{l} = I$$

式中，I 为闭合路径 c 所包围的电流。

当闭合回路的厚度 $\Delta h \to 0$ 时，可知 c_2 和 c_4 很小。略去在 c_2 和 c_4 上的积分，可得

$$\int_{c_1} \boldsymbol{H} \cdot \mathrm{d}\boldsymbol{l} + \int_{c_2} \boldsymbol{H} \cdot \mathrm{d}\boldsymbol{l} = I$$

若 $\boldsymbol{a}_\mathrm{n}$、$\boldsymbol{a}_\mathrm{t}$ 和 $\boldsymbol{a}_\rho$ 为三个相互垂直的单位矢量，如图 2-18 所示，I 可以用体电流密度来表示，则上式可写成

$$\int_{c_1} (\boldsymbol{H}_1 - \boldsymbol{H}_2) \cdot \boldsymbol{a}_\mathrm{t} \mathrm{d}l = \int_{s} \boldsymbol{J}_v \cdot \boldsymbol{a}_\rho \mathrm{d}l \Delta h \tag{2-61}$$

当 $\Delta h \to 0$ 时

$$\lim_{\Delta h \to 0} \boldsymbol{J}_v \Delta h = \boldsymbol{J}_s$$

式中，$\boldsymbol{J}_s$ 为面电流密度(A/m^2)。另外，依据右手螺旋定则，$\boldsymbol{a}_\mathrm{t} = \boldsymbol{a}_\rho \times \boldsymbol{a}_\mathrm{n}$ ，因而式(2-61)可以表示成

$$\int_{c_1} (\boldsymbol{H}_1 - \boldsymbol{H}_2) \cdot (\boldsymbol{a}_\rho \times \boldsymbol{a}_\mathrm{n}) \mathrm{d}l = \int_{c_1} \boldsymbol{J}_s \cdot \boldsymbol{a}_\rho \mathrm{d}l$$

利用矢量恒等式 $\boldsymbol{A} \cdot (\boldsymbol{B} \times \boldsymbol{C}) = \boldsymbol{B} \cdot (\boldsymbol{C} \times \boldsymbol{A}) = \boldsymbol{C} \cdot (\boldsymbol{A} \times \boldsymbol{B})$ ，上式可变为

$$\int_{c_1} [\boldsymbol{a}_\mathrm{n} \times (\boldsymbol{H}_1 - \boldsymbol{H}_2)] \cdot \boldsymbol{a}_\rho \mathrm{d}l = \int_{c_1} \boldsymbol{J}_s \cdot \boldsymbol{a}_\rho \mathrm{d}l$$

由此可得

$$\boldsymbol{a}_\mathrm{n} \times (\boldsymbol{H}_1 - \boldsymbol{H}_2) = \boldsymbol{J}_s \tag{2-62a}$$

式(2-62a)说明，$\boldsymbol{H}$ 在分界面处的切向分量不连续。式(2-62a)可以用标量形式表示为

$$H_{t_1} - H_{t_2} = J_s \tag{2-62b}$$

在应用式(2-62b)时应记住，当面电流密度沿 $\boldsymbol{a}_\rho$ 方向时，H_{t_1} 将大于 H_{t_2}。同时应注意，$\boldsymbol{a}_\rho$ 是包含 $\boldsymbol{H}$ 切向分量的分界面的单位法向矢量。此处我们想说明，电导率有限的两种磁介质的表面电流密度 $\boldsymbol{J}_s$ 为零。如果在任意介质中有电流通过，则它应该用体电流密度 $\boldsymbol{J}_v$ 来表示。若介质之一为理想导体，则 $\boldsymbol{J}_s$ 存在于理想导体的表面上，因为理想导体内没有磁场。

例 2-13　证明在电导率有限的两种磁介质的分界面处 $\dfrac{\tan\phi_1}{\tan\phi_2} = \dfrac{\mu_1}{\mu_2}$。此处 ϕ_1 和 ϕ_2 为区域 1 与区域 2 的磁场方向与法线之间的夹角，如图 2-18 所示。

证明　根据 $\boldsymbol{B}$ 的法向分量的连续性，由式(2-60a)可得

$$B_1\cos\phi_1 = B_2\cos\phi_2$$

由于每种介质具有有限的电导率，所以 $\boldsymbol{J}_s = 0$。因此，由式(2-62b)，$\boldsymbol{H}$ 的切向分量也是连续的，即

$$H_{t_1} = H_{t_2}$$

或

$$\frac{B_{t_1}}{\mu_1} = \frac{B_{t_2}}{\mu_2}$$

或

$$B_1\sin\phi_1 = \frac{\mu_1}{\mu_2}B_2\sin\phi_2$$

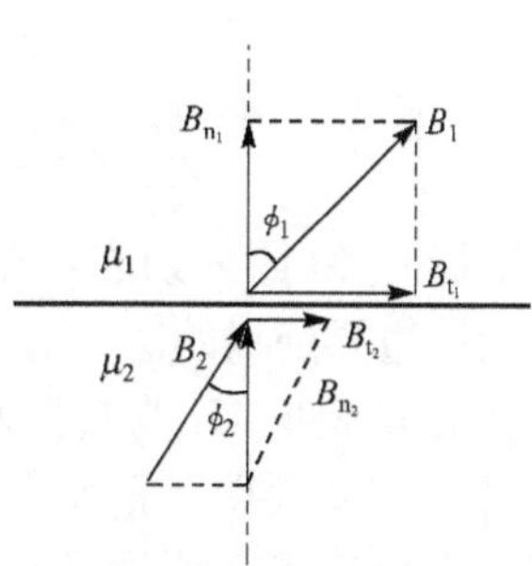

图 2-18　两种磁介质之间的分界面

由上式可得

$$\tan\phi_1/\tan\phi_2 = \mu_1/\mu_2$$

这就是需证明的两种磁介质中磁场方向角与磁导率之间的关系，可见：

(1)如果 $\phi_1 = 0$，则 ϕ_2 也为零。换句话说，磁力线垂直于分界面，且其数量相等。

(2)如果区域 2 的磁导率远大于区域 1 的磁导率，ϕ_2 小于90°，则 ϕ_1 将非常小。换句话说，当磁场进入高磁导率区域时，磁力线垂直于分界面。例如，若区域 1 为自由空间，区域 2 为相对磁导率是 2400 的钢，ϕ_2 =45°，则 ϕ_1 =0.02°。

例 2-14　一个半径为 10cm，相对磁导率为 5、电导率有限的圆柱体，其磁感应强度按 $0.2/\rho\boldsymbol{a}_\phi$(T) 变化。若圆柱外面是自由空间，试求紧贴圆柱体外的磁感应强度。

解　分界面的半径为 10cm，因而紧贴圆柱体表面内的磁感应强度为

$$\boldsymbol{B}_c = \frac{0.2}{0.1}\boldsymbol{a}_\phi = 2\,\boldsymbol{a}_\phi \quad (\mathrm{T})$$

注意，$\boldsymbol{B}$ 与分界面相切。而且，假设电导率有限的圆柱体的 $\boldsymbol{J}_s$ =0，因而 $\boldsymbol{H}$ 的切向分量必然是连续的。在 $\rho = 10\mathrm{cm}$ 处的 $\boldsymbol{H}$ 的切向分量为

$$\boldsymbol{H}_c = \frac{2}{5\times4\pi\times10^{-7}}\boldsymbol{a}_\phi = 318.31\,\boldsymbol{a}_\phi \quad (\mathrm{kA/m})$$

因此，圆柱体靠近表面外部自由空间中的磁场强度为

$$\boldsymbol{H}_a = \boldsymbol{H}_c = 318.31\boldsymbol{a}_\phi \quad (\mathrm{kA/m})$$

圆柱体靠近表面外部自由空间中的磁感应强度为

$$\boldsymbol{B}_a = \mu_0\boldsymbol{H}_a = 4\pi\times10^{-7}\times318.31\times10^3\,\boldsymbol{a}_\phi = 0.4\,\boldsymbol{a}_\phi \quad (\mathrm{T})$$

2.4.3 边界条件总结

时变电磁场的边界条件与静态场的边界条件完全相同。一般介质分界面处的边界条件总结如下。

标量形式:	矢量形式:	
$E_{t_1}=E_{t_2}$	$\boldsymbol{a}_n\times(\boldsymbol{E}_1-\boldsymbol{E}_2)=0$	(2-63)
$H_{t_1}-H_{t_2}=J_s$	$\boldsymbol{a}_n\times(\boldsymbol{H}_1-\boldsymbol{H}_2)=\boldsymbol{J}_s$	(2-64)
$B_{n_1}=B_{n_2}$	$\boldsymbol{a}_n\cdot(\boldsymbol{B}_1-\boldsymbol{B}_2)=0$	(2-65)
$D_{n_1}-D_{n_2}=\rho_s$	$\boldsymbol{a}_n\cdot(\boldsymbol{D}_1-\boldsymbol{D}_2)=\rho_s$	(2-66)
$J_{n_1}=J_{n_2}$	$\boldsymbol{a}_n\cdot(\boldsymbol{J}_1-\boldsymbol{J}_2)=0$	(2-67)
$\dfrac{J_{t_1}}{\sigma_1}=\dfrac{J_{t_2}}{\sigma_2}$	$\boldsymbol{a}_n\times\left(\dfrac{\boldsymbol{J}_1}{\sigma_1}-\dfrac{\boldsymbol{J}_2}{\sigma_2}\right)=0$	(2-68)

下标 t_1 和 t_2 分别表示在介质 1 和介质 2 的边界处场的切向分量。同样的,下标 n_1 和 n_2 则表示在边界处场的法向分量。注意,在分界面处的单位矢量 $\boldsymbol{a}_n$ 由介质 2 指向介质 1,ρ_s 为自由面电荷密度,$\boldsymbol{J}_s$ 为自由面电流密度。

式(2-63)说明,任何分界面两侧的电场强度 $\boldsymbol{E}_1$ 与 $\boldsymbol{E}_2$ 的切向分量总是连续的。但式(2-64)表明,在分界面任意点处,磁场强度 $\boldsymbol{H}_1$ 和 $\boldsymbol{H}_2$ 的切向分量是不连续的,其差等于该点的面电流密度。

式(2-65)说明,任何分界面两侧的磁感应强度 $\boldsymbol{B}_1$ 和 $\boldsymbol{B}_2$ 的法向分量总是连续的。但式(2-66)表明,在分界面任意点处的电位移矢量 $\boldsymbol{D}_1$ 与 $\boldsymbol{D}_2$ 的法向分量是不连续的,其差值等于该点的自由电荷面密度。

式(2-67)说明,在分界面处的电流密度 $\boldsymbol{J}_1$ 与 $\boldsymbol{J}_2$ 的法向分量是相等的。式(2-68)则说明,分界面两侧电流密度切向分量之比等于电导率之比。

对于时变电磁场,只要电场强度的切向分量满足边界条件,那么磁感应强度的法向分量的也必然满足边界条件;若磁场强度的切向分量满足边界条件,则电位移矢量的法向分量也必然满足边界条件。所以求解电磁场时,只需应用电场强度和磁场强度的切向分量边界条件即可。

对于完纯介质,$\sigma=0,\rho_s=0,\boldsymbol{J}_s=0$,所以

$$\boldsymbol{n}\times(\boldsymbol{H}_1-\boldsymbol{H}_2)=0,\quad H_{t_1}=H_{t_2}$$

$$\boldsymbol{n}\times(\boldsymbol{E}_1-\boldsymbol{E}_2)=0,\quad E_{t_1}=E_{t_2}$$

$$\boldsymbol{n}\cdot(\boldsymbol{B}_1-\boldsymbol{B}_2)=0,\quad B_{n_1}=B_{n_2}$$

$$\boldsymbol{n}\cdot(\boldsymbol{D}_1-\boldsymbol{D}_2)=0,\quad D_{n_1}=D_{n_2}$$

对于理想导体,$\sigma=\infty$,所以理想导体内不存在电磁场。

$$\boldsymbol{n}\times\boldsymbol{H}=\boldsymbol{J}_s,\quad H_t=J_s$$

$$\boldsymbol{n}\times\boldsymbol{E}=0,\quad E_t=0$$

$$\boldsymbol{n}\cdot\boldsymbol{B}=0,\quad B_n=0$$

$$\boldsymbol{n}\cdot\boldsymbol{D}=\rho_s,\quad D_n=\rho_s$$

在应用边界条件时,必须牢记下列条件:

(1)在理想导体($\sigma=\infty$)内部的电磁场为零。这样,在理想导体表面 ρ_s 和 $\boldsymbol{J}_s$ 可以存在。

(2)在导体($\sigma<\infty$)内部可以存在时变场,因而 $\boldsymbol{J}_s$ 为零,但 ρ_s 可以在导体和理想介质的分

界面上存在。

(3)在两种理想介质分界面处，$\boldsymbol{J}_s$ 为零。同样，如果电荷不是特意放置于分界面的，则 ρ_s 也为零。

在任何介质中，电磁场的存在必须满足麦克斯韦方程组。当我们在两种或多种介质中求麦克斯韦方程组的解时，必须确定场在边界处是满足边界条件的。

例 2-15　已知：在自由空间中，球面波的电场为 $\boldsymbol{E}=\left(\frac{E_0}{r}\right)\sin\theta\cos(\omega t-kr)\,\boldsymbol{a}_\theta$，求 $\boldsymbol{H}$ 和 k。

解　因为 $\nabla\times\boldsymbol{E}=-\mu_0\frac{\partial\boldsymbol{H}}{\partial t}$，所以

$$\frac{\partial\boldsymbol{H}}{\partial t}=-\frac{1}{\mu_0}\nabla\times\boldsymbol{E}=-\frac{1}{\mu_0 r}\frac{\partial}{\partial r}(rE_\theta)\,\boldsymbol{a}_\phi$$

$$=-\frac{1}{\mu_0 r}\frac{\partial}{\partial r}[E_0\sin\theta\cos(\omega t-kr)]\boldsymbol{a}_\phi=-\frac{k}{\mu_0 r}\sin\theta\sin(\omega t-kr)\,\boldsymbol{a}_\phi$$

因自由空间为无源空间，所以 E_θ 应满足时域波动方程 $\nabla^2\boldsymbol{E}-\mu_0\varepsilon_0\frac{\partial^2\boldsymbol{E}}{\partial t^2}=0$。(注：波动方程是 3.1 节的概念)

$$\nabla^2\boldsymbol{E}=\frac{1}{r^2}\frac{\partial}{\partial r}\left\{r^2\frac{\partial}{\partial r}\left[\frac{E_0}{r}\sin\theta\cos(\omega t-kr)\right]\right\}+\frac{1}{r^2\sin\theta}\frac{\partial}{\partial\theta}\left\{\sin\theta\frac{\partial}{\partial\theta}\left[\frac{E_0}{r}\sin\theta\cos(\omega t-kr)\right]\right\}$$

$$=\frac{2}{r^2}kE_0\sin\theta\sin(\omega t-kr)-\frac{k^2E_0}{r}\sin\theta\cos(\omega t-kr)$$

只考虑远场，略去 $\frac{1}{r^2}$ 项，得 $\nabla^2\boldsymbol{E}=-\frac{k^2E_0}{r}\sin\theta\cos(\omega t-kr)$。又

$$\frac{\partial^2\boldsymbol{E}}{\partial t^2}=\frac{\partial}{\partial t}\left(\frac{\partial\boldsymbol{E}}{\partial t}\right)=\frac{\partial}{\partial t}\left[-\frac{E_0}{r}\sin\theta\omega\sin(\omega t-kr)\right]=-\frac{E_0}{r}\sin\theta\omega^2\cos(\omega t-kr)$$

由波动方程得

$$\frac{k^2E_0}{r}\sin\theta\cos(\omega t-kr)=\mu_0\varepsilon_0\frac{E_0}{r}\sin\theta\omega^2\cos(\omega t-kr)$$

所以，$k^2=\omega^2\mu_0\varepsilon_0$，得 $k=\omega\sqrt{\mu_0\varepsilon_0}$。

例 2-16　在由理想导电壁 $(\sigma=\infty)$ 限定的区域 $0\leqslant x\leqslant a$ 内存在由以下各式表示的电磁场：

$$E_y=H_0\mu\omega\left(\frac{a}{\pi}\right)\sin\left(\frac{\pi x}{a}\right)\sin(kz-\omega t)$$

$$H_x=H_0k\left(\frac{a}{\pi}\right)\sin\left(\frac{\pi x}{a}\right)\sin(kz-\omega t)$$

$$H_z=H_0\cos\left(\frac{\pi x}{a}\right)\cos(kz-\omega t)$$

问该电磁场是否满足理想导体表面的边界条件？求导电壁上的电流密度。

解　建立坐标系，如图 2-19 所示，应用理想导体的边界条件可得：

在 $x=0$ 处，$E_y|_{x=0}=0$，$H_x|_{x=0}=0$，$H_z|_{x=0}=H_0\cos(kz-\omega t)$。

在 $x=a$ 处，$E_y|_{x=a}=0$，$H_x|_{x=a}=0$，$H_z|_{x=a}=-H_0\cos(kz-\omega t)$。

由此可见，导电面上不存在电场的切向分量 E_y 和磁场的法向分量 H_x，满足理想导体表面的边界条件。

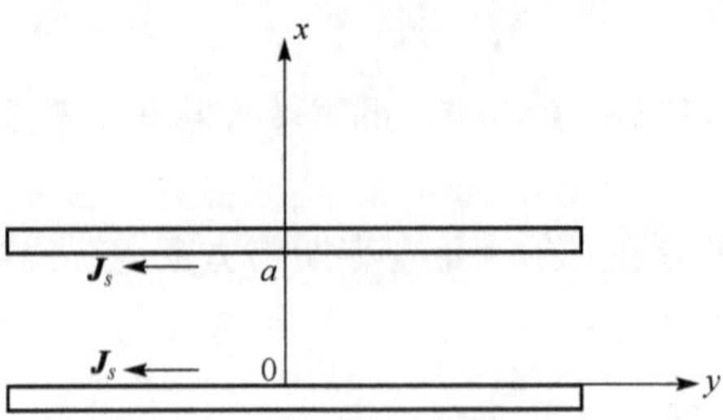

图 2-19 位于直角坐标系的理想导体

当 $x=0$ 时，$\boldsymbol{J}_s=\boldsymbol{n}\times\boldsymbol{H}|_{x=0}=\boldsymbol{a}_x\times(H_x\boldsymbol{a}_x+H_z\boldsymbol{a}_z)|_{x=0}=\boldsymbol{a}_x\times\boldsymbol{a}_zH_z=-H_0\cos(kz-\omega t)\boldsymbol{a}_y$。

当 $x=a$ 时，$\boldsymbol{J}_s=\boldsymbol{n}\times\boldsymbol{H}|_{x=a}=-\boldsymbol{a}_x\times(H_x\boldsymbol{a}_x+H_z\boldsymbol{a}_z)|_{x=a}=-\boldsymbol{a}_x\times\boldsymbol{a}_zH_z|_{x=a}=H_z\boldsymbol{a}_y=-H_0\cos(kz-\omega t)\boldsymbol{a}_y$。

2.5 电磁场能量

本节中，我们以静电场和恒定磁场为例来推导电场能量和磁场能量的表达式，结果同样适用于时变电磁场。

2.5.1 电场能量

电荷在电场中受到电场力的作用而运动时，电场力对电荷做功，说明电场有能量，称为电场能量。首先，将任何电荷都放置到无穷远处，以使区域内不存在电场。然后，设想有 n 个点电荷，每个均距离所考虑区域无限远。现在，将一个点电荷 q_1 从无穷远处移到 a 点，如图 2-20 所示。因为电荷没有受任何力的作用，这样做所需的能量为零，$W_1=0$ 。q_1 的出现，便在区域中建立了电位分布。如果现在再将另一个电荷 q_2 从无穷远处移动到 b 点，这时所需要的能量为

$$W_2=q_2V_{b,a}=\frac{q_1q_2}{4\pi\varepsilon R}$$

式中，$V_{b,a}$ 为 a 点的电荷 q_1 在 b 点建立的电位；R 为两电荷间的距离。考虑这个问题时，我们选择电位的参考点在无穷远处。把两个电荷从无穷远处移到 a、b 两点所需的总能量为

$$W=W_1+W_2=\frac{q_1q_2}{4\pi\varepsilon R}\tag{2-69}$$

式(2-69)给出任何介质中相距为 R 的两个点电荷的位能(potential energy)。如果改变这个过程，将 q_2 先从无穷远处移到无电场区域中的 b 点，这样做所需的能量为零 ($W_2=0$) 。b 点的 q_2 在 a 点建立的电位为

$$V_{a,b}=\frac{q_2}{4\pi\varepsilon R}$$

把电荷 q_1 移到 a 点所需的能量为

$$W_1=q_1V_{a,b}=\frac{q_1q_2}{4\pi\varepsilon R}$$

改变顺序后所需的总能量为

$$W=W_1+W_2=\frac{q_1q_2}{4\pi\varepsilon R}$$

两种情况所需的能量相同，因此先移动哪个电荷无关紧要。

现在，把讨论扩展到三个电荷系统，如图 2-21 所示，把 q_1、q_2 和 q_3 分别(按此顺序)从无穷远处移到 a、b、c 三点所需的能量为

$$\begin{aligned} W &= W_1 + W_2 + W_3 = 0 + q_2 U_{b,a} + q_3 (U_{c,a} + U_{c,b}) \\ &= \frac{1}{4\pi\varepsilon}\left(\frac{q_2 q_1}{R_{21}} + \frac{q_3 q_1}{R_{31}} + \frac{q_3 q_2}{R_{32}}\right) \end{aligned} \tag{2-70}$$

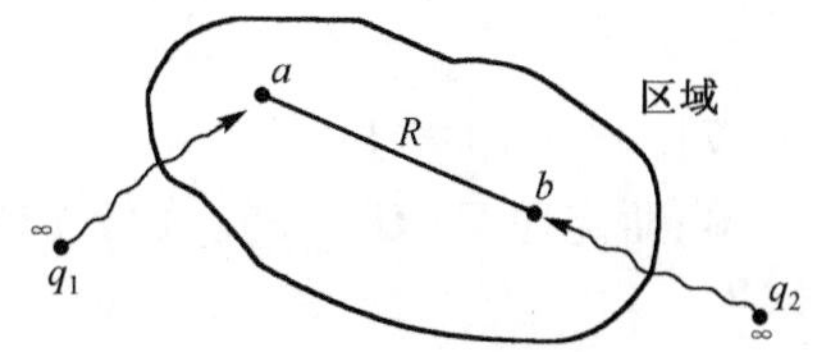

图 2-20　两个点电荷间的位能

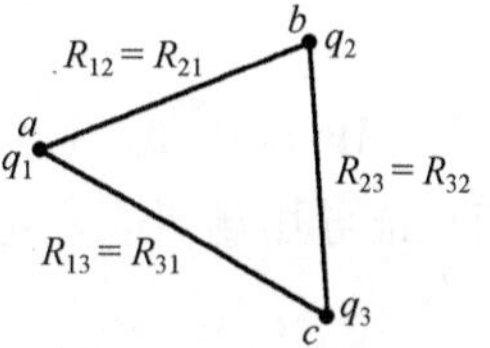

图 2-21　三个点电荷间的位能

如果把三个点电荷的移动次序颠倒，所需总能量依然为

$$\begin{aligned} W &= W_3 + W_2 + W_1 = 0 + q_2 U_{b,c} + q_1 (U_{a,c} + U_{a,b}) \\ &= \frac{1}{4\pi\varepsilon}\left(\frac{q_2 q_3}{R_{23}} + \frac{q_1 q_3}{R_{13}} + \frac{q_1 q_2}{R_{12}}\right) \end{aligned} \tag{2-71}$$

它与式(2-70)一致。每一次移动电荷所做的功增加了电荷系统内同样数量的能量。

把式(2-70)和式(2-71)相加，得

$$W = \frac{1}{2}[q_1(U_{a,c} + U_{a,b}) + q_2(U_{b,a} + U_{b,c}) + q_3(U_{c,a} + U_{c,b})]$$

因为 $U_{a,c} + U_{a,b}$ 是 b、c 两点的电荷在 a 点的总电位，所以可写为

$$U_1 = U_{a,c} + U_{a,b} = \frac{1}{4\pi\varepsilon}\left(\frac{q_3}{R_{13}} + \frac{q_2}{R_{12}}\right)$$

同理，b、c 两点的电位分别为

$$U_2 = U_{b,a} + U_{b,c} \quad 和 \quad U_3 = U_{c,a} + U_{c,b}$$

总能量为

$$W = \frac{1}{2}(q_1 U_1 + q_2 U_2 + q_3 U_3) = \frac{1}{2}\sum_{i=1}^{3} q_i U_i$$

把上式推广到 n 个点电荷的系统，得

$$W = \frac{1}{2}\sum_{i=1}^{n} q_i U_i \tag{2-72}$$

如果电荷是连续分布的，则式(2-72)可写成

$$W = \frac{1}{2}\int_v \rho_v U \mathrm{d}v \tag{2-73}$$

式中，ρ_v 为 v 内的体电荷密度。

式(2-73)是用电荷体密度和电位表示的电场能量的标准表达式。电荷面密度、电荷线密度和点电荷密度都是此公式的特例。

例 2-17　半径为 10cm 的金属球，电荷面密度为 10nC/m^2，求电场中的能量。

解　球面上的电位为

$$U=\int_s \frac{\rho_s \mathrm{d}s}{4\pi\varepsilon_0 R}=9\times10^9\times10\times10^{-9}\times0.1\int_0^{\pi}\sin\theta\mathrm{d}\theta\int_0^{2\pi}\mathrm{d}\phi=113.1(\mathrm{V})$$

由式(2-73)得系统中的储能为

$$W=\frac{1}{2}\int_s \rho_s\varphi \mathrm{d}s=\frac{1}{2}Q_t\varphi$$

式中，Q_t 为球上的总电荷。因为电荷均匀分布，所以总电荷为

$$Q_t=4\pi R^2\rho_s=4\pi\times(0.1)^2\times10\times10^{-9}=1.257(\mathrm{nC})$$

于是

$$W=0.5\times1.257\times10^{-9}\times113.1=71.08\times10^{-9}(\mathrm{J})$$

现在，我们来推导用场量表示电场能量的表达式。由高斯定理 $\nabla\cdot\boldsymbol{D}=\rho_v$，式(2-73)可以写成

$$W_{\mathrm{e}}=\frac{1}{2}\int_v U(\nabla\cdot\boldsymbol{D})\mathrm{d}v$$

利用矢量恒等式，$\nabla\cdot(f\boldsymbol{A})=f\nabla\cdot\boldsymbol{A}+\boldsymbol{A}\cdot\nabla f$，得能量表达式为

$$W_{\mathrm{e}}=\frac{1}{2}\left[\int_v \nabla\cdot(U\boldsymbol{D})\mathrm{d}v-\int_v \boldsymbol{D}\cdot(\nabla U)\mathrm{d}v\right]$$

再利用散度定理把第一个体积分变换成面积分

$$\int_v \nabla\cdot(U\boldsymbol{D})\mathrm{d}v=\oint_s v\boldsymbol{D}\cdot\mathrm{d}\boldsymbol{s}$$

式中，体积 v 的选择是任意的，唯一的约束条件是 s 要包围 v。如果在无穷大的体积上积分，表面上的 U 和 $\boldsymbol{D}$ 都可以忽略不计，则面积分为零。因此，电场的储能为

$$W_{\mathrm{e}}=-\frac{1}{2}\int_v \boldsymbol{D}\cdot(\nabla U)\mathrm{d}v=\frac{1}{2}\int_v \boldsymbol{D}\cdot\boldsymbol{E}\mathrm{d}v \tag{2-74}$$

式(2-74)告诉我们如何用场量来求电场能量，注意式(2-74)中的体积分范围是整个空间($R\rightarrow\infty$)。

如果定义单位体积内的能量为能量密度(energy density)，即

$$w_{\mathrm{e}}=\frac{1}{2}\boldsymbol{D}\cdot\boldsymbol{E}=\frac{1}{2}\varepsilon E^2=\frac{1}{2\varepsilon}D^2 \tag{2-75}$$

则式(2-74)可用能量密度表示为

$$W_{\mathrm{e}}=\int_v w_{\mathrm{e}}\mathrm{d}v \tag{2-76}$$

从式(2-73)还可以得到能量密度的表达式为

$$w_{\mathrm{e}}=\frac{1}{2}\rho_v\varphi \tag{2-77}$$

式(2-75)表明，由于电场的连续性，整个空间的能量密度都有可能为非零。但是式(2-77)却表明，有电荷存在的地方才有能量密度。是不是两者相互矛盾呢？我们认为，它们并没有矛盾，只要认识到能量密度仅仅是一个数量，其对整个空间的积分才为总能量即可。

例 2-18 用式(2-74)解例题 2-17。

解 因为电荷分布在球体表面，故球体内的能量密度为零。由高斯定理，空间任意点的电位移矢量满足

$$\oint_s \boldsymbol{D}\cdot\mathrm{d}s=Q_t$$

所以

$$\boldsymbol{D} = \frac{Q_t}{4\pi r^2} = \frac{0.1 \times 10^{-9}}{r^2}\boldsymbol{a}_r\,(\mathrm{C/m^2})$$

由式(2-75)得电场能量密度为

$$w_{\mathrm{e}} = \frac{1}{2}\boldsymbol{D}\cdot\boldsymbol{E} = \frac{1}{2\varepsilon_0}D^2 = \frac{(0.1)^2 \times 10^{-18}}{2\varepsilon_0 r^4}$$

因而,总能量为

$$W_{\mathrm{e}} = \int_{0.1}^{\infty}\frac{(0.1)^2 \times 10^{-18}}{2\varepsilon_0 r^4}r^2\,\mathrm{d}r\int_0^{\pi}\sin\theta\mathrm{d}\theta\int_0^{2\pi}\mathrm{d}\phi = 71.06\,(\mathrm{nJ})$$

2.5.2　磁场能量

载有电流的导线在磁场中受到磁场力的作用而运动时,磁场力会对导线做功,说明磁场有能量,称为磁场能量。

类似于电场中能量密度与电场能量的表达式,可将磁场中的能量密度表示为

$$w_{\mathrm{m}} = \frac{1}{2}\boldsymbol{B}\cdot\boldsymbol{H} \tag{2-78}$$

由于 $\boldsymbol{B} = \mu\boldsymbol{H}$,式(2-78)也可写成

$$w_{\mathrm{m}} = \frac{1}{2}\mu H^2 = \frac{1}{2\mu}B^2 \tag{2-79}$$

在任意有限体积内的总磁能可由磁能量密度在整个体积内积分求得,即

$$W_{\mathrm{m}} = \int_v w_{\mathrm{m}}\mathrm{d}v \tag{2-80}$$

式中, W_{m} 为总磁能,单位为 J。

2.5.3　坡印亭矢量和坡印亭定理

考虑一个带电粒子 q 以速度 $\boldsymbol{v}$ 在时变电磁场中运动。在任意时刻,带电粒子所受的力为

$$\boldsymbol{F} = q(\boldsymbol{E} + \boldsymbol{v}\times\boldsymbol{B})$$

式中, $\boldsymbol{E}$ 和 $\boldsymbol{B}$ 分别为时变电场强度和磁感应强度。当电荷在力 $\boldsymbol{F}$ 的作用下,于 $\mathrm{d}t$ 时间内移动了 $\mathrm{d}\boldsymbol{l}$ 距离时,力对带电粒子所做的功 $\mathrm{d}W$ 为

$$\mathrm{d}W = q(\boldsymbol{E} + \boldsymbol{v}\times\boldsymbol{B})\cdot\mathrm{d}\boldsymbol{l}$$

因为 $\mathrm{d}\boldsymbol{l} = \boldsymbol{v}\mathrm{d}t$, $\mathrm{d}W = P\mathrm{d}t$,所以

$$P = q(\boldsymbol{E} + \boldsymbol{v}\times\boldsymbol{B})\cdot\boldsymbol{v} = q\boldsymbol{v}\cdot\boldsymbol{E} \tag{2-81}$$

注意,这里 $(\boldsymbol{v}\times\boldsymbol{B})\cdot\boldsymbol{v} = 0$ 。

由式(2-81)可见,时变电磁场对带电粒子不提供任何能量。只有电场强度才对经过此区域的带电粒子提供功率。推广这一结果,考虑体密度为 ρ_v 的分布电荷在体积 $\mathrm{d}v$ 中匀速运动,则微小电荷 $\rho_v\mathrm{d}v$ 获得的功率为

$$\mathrm{d}P = \rho_v\mathrm{d}v\boldsymbol{E}\cdot\boldsymbol{v} = \boldsymbol{E}\cdot\rho_v\boldsymbol{v}\mathrm{d}v \tag{2-82}$$

由于 $\boldsymbol{J} = \rho_v\boldsymbol{v}$,因而得到功率密度 p (单位体积的功率)为

$$p = \frac{\mathrm{d}P}{\mathrm{d}v} = \boldsymbol{J}\cdot\boldsymbol{E} \tag{2-83}$$

它表示电场的能量转变成了其他形式的能量,可视为电磁场能量的损耗。

由麦克斯韦方程组中的安培环路定理表达式，有

$$\boldsymbol{J}=\nabla\times\boldsymbol{H}-\frac{\partial\boldsymbol{D}}{\partial t}$$

代入式(2-83)，得

$$\boldsymbol{J}\cdot\boldsymbol{E}=\boldsymbol{E}\cdot(\nabla\times\boldsymbol{H})-\boldsymbol{E}\cdot\frac{\partial\boldsymbol{D}}{\partial t} \tag{2-84}$$

利用矢量恒等式 $\boldsymbol{E}\cdot(\nabla\times\boldsymbol{H})=\boldsymbol{H}\cdot(\nabla\times\boldsymbol{E})-\nabla\cdot(\boldsymbol{E}\times\boldsymbol{H})$，式(2-84)可写成

$$\boldsymbol{J}\cdot\boldsymbol{E}=\boldsymbol{H}\cdot(\nabla\times\boldsymbol{E})-\nabla\cdot(\boldsymbol{E}\times\boldsymbol{H})-\boldsymbol{E}\cdot\frac{\partial\boldsymbol{D}}{\partial t}$$

将 $\nabla\times\boldsymbol{E}=-\dfrac{\partial\boldsymbol{B}}{\partial t}$ 代入，得

$$\nabla\cdot(\boldsymbol{E}\times\boldsymbol{H})+\boldsymbol{J}\cdot\boldsymbol{E}+\boldsymbol{H}\cdot\frac{\partial\boldsymbol{B}}{\partial t}+\boldsymbol{E}\cdot\frac{\partial\boldsymbol{D}}{\partial t}=0 \tag{2-85}$$

式(2-85)称为坡印亭定理的微分表达式。矢积 $\boldsymbol{E}\times\boldsymbol{H}$ 具有功率密度单位 $\mathrm{W/m^2}$，称为坡印亭矢量(Poynting vector)。因此，坡印亭矢量表示单位面积的瞬时功率流。功率流的方向与包含 $\boldsymbol{E}$ 和 $\boldsymbol{H}$ 的平面垂直。本书用 $\boldsymbol{S}$ 表示坡印亭矢量，即

$$\boldsymbol{S}=\boldsymbol{E}\times\boldsymbol{H} \tag{2-86}$$

线形、均匀、各向同性介质中的时变场，$\boldsymbol{B}=\mu\boldsymbol{H}$ 和 $\boldsymbol{D}=\varepsilon\boldsymbol{E}$ 。此外

$$\boldsymbol{H}\cdot\frac{\partial\boldsymbol{B}}{\partial t}=\frac{1}{2}\frac{\partial}{\partial t}(\boldsymbol{B}\cdot\boldsymbol{H})=\frac{1}{2}\frac{\partial}{\partial t}(\mu H^2)$$

$$\boldsymbol{E}\cdot\frac{\partial\boldsymbol{D}}{\partial t}=\frac{1}{2}\frac{\partial}{\partial t}(\boldsymbol{D}\cdot\boldsymbol{E})=\frac{1}{2}\frac{\partial}{\partial t}(\varepsilon E^2)$$

所以，式(2-86)可表示成

$$\nabla\cdot\boldsymbol{S}+\boldsymbol{J}\cdot\boldsymbol{E}+\frac{1}{2}\frac{\partial}{\partial t}(\mu H^2)+\frac{1}{2}\frac{\partial}{\partial t}(\varepsilon E^2)=0 \tag{2-87}$$

由式(2-75)和式(2-79)可知，式(2-87)中第三项表示磁场能量密度的变化率，第四项表示电场能量密度的变化率。将它写成积分形式如下

$$\int_v\nabla\cdot\boldsymbol{S}(t)\mathrm{d}v+\int_v\boldsymbol{J}\cdot\boldsymbol{E}\mathrm{d}v+\int_v\frac{\partial}{\partial t}w_{\mathrm{m}}\mathrm{d}v+\int_v\frac{\partial}{\partial t}w_{\mathrm{e}}\mathrm{d}v=0$$

或

$$\oint_s\boldsymbol{S}(t)\cdot\mathrm{d}\boldsymbol{s}+\int_v\boldsymbol{J}\cdot\boldsymbol{E}\mathrm{d}v+\frac{\mathrm{d}}{\mathrm{d}t}\int_v w_{\mathrm{m}}\mathrm{d}v+\frac{\mathrm{d}}{\mathrm{d}t}\int_v w_{\mathrm{e}}\mathrm{d}v=0 \tag{2-88}$$

式中，体积 v 由面 s 所包围。

式(2-88)为坡印亭定理的积分表达式。第一项表示穿过包围体积 v 的闭合面 s 的功率。若积分为正，则表示功率流出体积；若积分为负，则表示功率流入体积 v，可表示 $P_{\mathrm{in}}=-\oint_s\boldsymbol{S}\cdot\mathrm{d}\boldsymbol{s}=-\oint_s\boldsymbol{E}\times\boldsymbol{H}\cdot\mathrm{d}\boldsymbol{s}$ 。

第二项表示由场提供给带电粒子的功率。当积分为正时，场对带电粒子做功。当积分为负时，则外力做功，使带电粒子反抗场而运动。在导电介质中 $\boldsymbol{J}=\sigma\boldsymbol{E}$ ，此项表示功率损耗或欧姆损耗，表示为 $P_n=\int_v\boldsymbol{J}\cdot\boldsymbol{E}\mathrm{d}v=\int_v\sigma E^2\mathrm{d}v$ 。

第三项表示磁场能量的变化率。当积分为正时，表明有外源提供能量，磁场增强。当积分为负时，释放磁能，磁场减弱。

第四项表示电场能量的变化率，意义如同第三项说明。式(2-88)可写成

$$P_{\mathrm{in}}=\frac{\partial}{\partial t}(w_{\mathrm{e}}+w_{\mathrm{m}})+P_n \tag{2-89}$$

表示流入体积 v 的净功率，提供区域内的热损耗和电场及磁场增加的能量。对于静态场，式(2-89)可写成

$$P_{\mathrm{in}}=-\oint_s \boldsymbol{S}\cdot \mathrm{d}\boldsymbol{s}=\int_v \boldsymbol{J}\cdot \boldsymbol{E}\mathrm{d}v$$

它说明经过面 s 流入体积 v 的净功率等于体积内的功率损耗。

坡印亭定理实际反映了电磁场中的能量守恒关系，说明外界经闭合曲面 s 流入体积 v 内的全部电磁功率等于 v 内导体的焦耳热与 v 内的电磁场能量的时间增加率之和。

例 2-19 已知在无源电介质中的电场强度为 $\boldsymbol{E}=E\cos(\omega t-kz)\boldsymbol{a}_x$ (V/m)。式中，E 为峰值，k 为传播常数。试求：①此区域内的磁场强度；②功率流的方向；③平均功率密度。

解 ①求磁场强度。首先检验已知电场强度能否在此电介质中存在。$\boldsymbol{E}$ 场的 x 方向分量为

$$E_x=E\cos(\omega t-kz)\ (\mathrm{V/m})$$

若 ε 为电介质的介电常数，则电位移矢量为

$$D_x=\varepsilon E\cos(\omega t-kz)\ (\mathrm{C/m^2})$$

由于 $\boldsymbol{D}$ 仅在 x 方向有一个分量 D_x，且它又不是 x 的函数，因而满足无源介质区内的麦克斯韦方程

$$\rho_v=\nabla\cdot\boldsymbol{D}=0$$

再用麦克斯韦方程 $\nabla\times\boldsymbol{E}=-\dfrac{\partial\boldsymbol{B}}{\partial t}$ 来确定 $\boldsymbol{B}$：

$$\frac{\partial\boldsymbol{B}}{\partial t}=-\nabla\times\boldsymbol{E}=-\frac{\partial E_x}{\partial z}\boldsymbol{a}_y=-Ek\sin(\omega t-kz)\boldsymbol{a}_y$$

对时间积分，得到 $\boldsymbol{B}$ 的 y 分量为

$$B_y=\frac{Ek}{\omega}\cos(\omega t-kz)\quad(\mathrm{T})$$

由于 $\boldsymbol{B}=\mu\boldsymbol{H}$，此处 μ 为电介质的磁导率，即可求得磁场强度为

$$H_y=\frac{Ek}{\omega\mu}\cos(\omega t-kz)\quad(\mathrm{A/m})$$

现在我们来检验 $\boldsymbol{B}$ 或 $\boldsymbol{H}$ 是否存在：

$$\nabla\cdot\boldsymbol{B}=\frac{\partial B_y}{\partial y}=\frac{\partial}{\partial y}\left[\frac{Ek}{\omega}\cos(\omega t-kz)\right]=0$$

由于 $\nabla\cdot\boldsymbol{B}=0$，因而 $\boldsymbol{B}$ 存在。

现在由麦克斯韦方程来计算电流体密度 $\boldsymbol{J}$ 如下：

$$\begin{aligned}\boldsymbol{J}&=\nabla\times\boldsymbol{H}-\frac{\partial\boldsymbol{D}}{\partial t}=-\frac{\partial H_y}{\partial t}\boldsymbol{a}_x-\frac{\partial D_x}{\partial t}\boldsymbol{a}_x\\&=\left(\omega\varepsilon-\frac{1}{\omega\mu}k^2\right)E\sin(\omega t-kz)\boldsymbol{a}_x\end{aligned}$$

由于在无源电介质中，$\boldsymbol{J}$ 必须为零，所以上式仅当

$$\omega\varepsilon-\frac{1}{\omega\mu}k^2=0\quad 或\quad k=\omega\sqrt{\mu\varepsilon}$$

时，方程式才能等于零。这样，k 不是一个任意常数，它与时变场的频率、介质的介电常数和磁导率有关。所以场能存在，因为它满足所有的麦克斯韦方程。

②瞬时功率密度或坡印亭矢量为

$$\boldsymbol{S}=\boldsymbol{E}\times\boldsymbol{H}=\frac{k}{\omega\mu}E^2\cos^2(\omega t-kz)\,\boldsymbol{a}_z\quad(\mathrm{W/m^2})$$

由于 $\boldsymbol{S}$ 仅有一个 z 分量，因而功率沿 z 方向流动。

③现在可以得出 z 方向的平均功率密度为

$$S_{\mathrm{av}}=\frac{1}{T}\int_0^T\frac{k}{\omega\mu}E^2\cos^2(\omega t-kz)\mathrm{d}t$$

此处 T 为时间周期，即 $\omega T=2\pi$。由三角恒等式

$$\cos(2\omega t-2kz)=2\cos^2(\omega t-kz)-1$$

得平均功率密度为

$$S_{\mathrm{av}}=\frac{1}{2T}\int_0^T\frac{k}{\omega\mu}E^2\mathrm{d}t+\frac{1}{2T}\int_0^T\frac{k}{\omega\mu}E^2\cos(2\omega t-2kz)\mathrm{d}t=\frac{k}{2\omega\mu}E^2\quad(\mathrm{W/m^2})$$

如果电场和磁场是正弦形式的场，并用向量形式来表示，则可以证明，坡印亭矢量的平均值也可以用下式来计算：

$$S_{\mathrm{av}}=\frac{1}{2}\mathrm{Re}\left[\boldsymbol{E}\times\boldsymbol{H}^*\right]$$

式中，$\boldsymbol{E}$ 为电场相量；$\boldsymbol{H}^*$ 为磁场相量的共轭复数。

例 2-20 用坡印亭矢量分析直流电源沿同轴电缆向负载传送能量的过程。设电缆本身导体的电阻可以忽略。

解 考虑到同轴电缆本身导体的电阻可以忽略，其内外导体表面无电场的切向分量，只有电场的径向分量。已知内外导体间的电压为 U，流过的电流为 I，如图 2-22 所示，先求出在内外导体之间的电场和磁场。

取高度为 1，半径为 ρ 的圆柱面为高斯面，如图 2-23 所示，则高斯面的面积 $s=2\pi\rho\cdot 1$。

电荷分布具有轴对称性，设同轴内外导体单位长度带电量分别为ρ_L 和 $-\rho_L$。由高斯定理，得

$$\int_s\boldsymbol{E}\cdot\mathrm{d}\boldsymbol{s}=E_\rho\cdot 2\pi\rho\cdot 1=\frac{\rho_L}{\varepsilon_0}$$

$$E_\rho=\frac{\rho_L}{2\pi\rho\varepsilon_0}$$

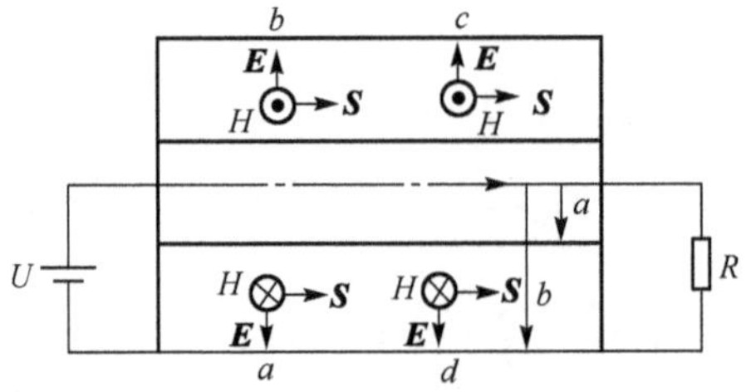

图 2-22 理想导体构成的同轴电缆中的电场、磁场和坡印亭矢量

电场强度为电压的梯度，所以

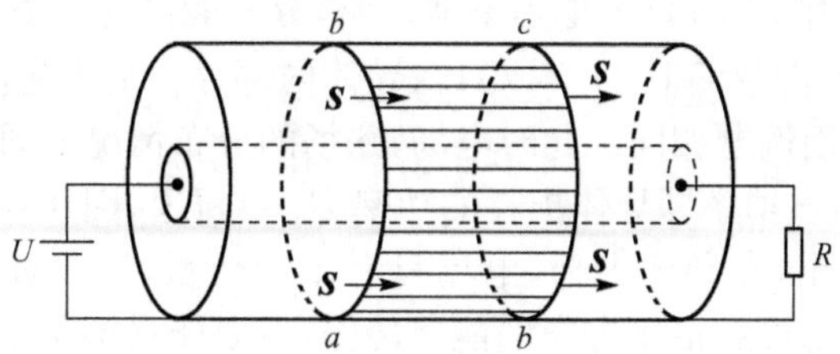

图 2-23　场的求解

$$U=\int_a^b E_\rho \mathrm{d}\rho=\frac{\rho_L}{2\pi\varepsilon_0}\ln\frac{b}{a}$$

$$\rho_L=\frac{2\pi\varepsilon_0 U}{\ln\dfrac{b}{a}}$$

将上式代入 E_ρ 的计算公式，得

$$E_\rho=\frac{U}{\rho\ln\dfrac{b}{a}}$$

$$\boldsymbol{E}=\frac{U}{\rho\ln\dfrac{b}{a}}\boldsymbol{a}_\rho$$

对于磁场，求磁场的环流量：

$$\int_c \boldsymbol{H}\cdot \mathrm{d}\boldsymbol{l}=H_\phi 2\pi\rho=I$$

$$H_\phi=\frac{I}{2\pi\rho}$$

$$\boldsymbol{H}=\frac{I}{2\pi\rho}\boldsymbol{a}_\phi$$

式中，a、b 分别为内外导体的半径。

内外导体间任意截面上的坡印亭矢量为

$$\boldsymbol{S}=\boldsymbol{E}\times\boldsymbol{H}=\frac{UI}{2\pi\rho^2\ln b/a}\boldsymbol{a}_z$$

上式说明，电磁能量在内外导体之间的空间内沿 z 轴由电源流向负载。而在电缆外部空间和内外导体内部均没有电磁场，从而坡印亭矢量为零，无能量流动。

单位时间内通过同轴电缆内外导体间横截面 A 的总功率为

$$P=\int_A \boldsymbol{S}\cdot \mathrm{d}\boldsymbol{A}=\int_a^b \frac{UI}{2\pi\rho^2\ln b/a}2\pi\rho \mathrm{d}\rho=UI$$

式中，$\boldsymbol{A}=2\pi\rho \mathrm{d}\rho\boldsymbol{a}_z$ 。

P 正好等于电源的输出功率，这是在电路分析理论中熟知的结果。有趣的是，在求解过程中，积分在内外导体之间的截面上进行，并不包括导体内部。这说明所传输的电磁能量不是在导体内部进行的，而是由内外导体之间的空间电磁场构成的功率流传递。这样，从能量传递的角度看，电缆的条件似乎并不重要。但是，正因为导体上有电荷和电流分布，才使空间存在电场和磁场，通过场把能量送给负载。当然导体还起着引导能流走向的作用。

例 2-21 在例 2-20 中，若导体的电阻不能忽略，分析能量的传输情况。

解 当导体的电阻不能忽略时（$\sigma \neq \infty$），在导体内部存在沿着电流方向的电场分量 $E_z = J/\sigma$。磁场的分布仍和上面例题相同。此时电场、磁场的分布情况如图 2-24 所示。当电荷沿着电场方向移动时会做功，该功率即导体损耗的功率 $P_n = \sigma E_z^2$，因 $\boldsymbol{J} = \sigma E_z \boldsymbol{a}_z$。

从图 2-25 中可以看出，在导体内部，电场只有 z 向分量，所以坡印廷矢量只有径向分量 S_ρ。也就是说，在导体内部没有沿 z 方向的能量传输，所以能量的传输仍在内外导体间的空间进行。

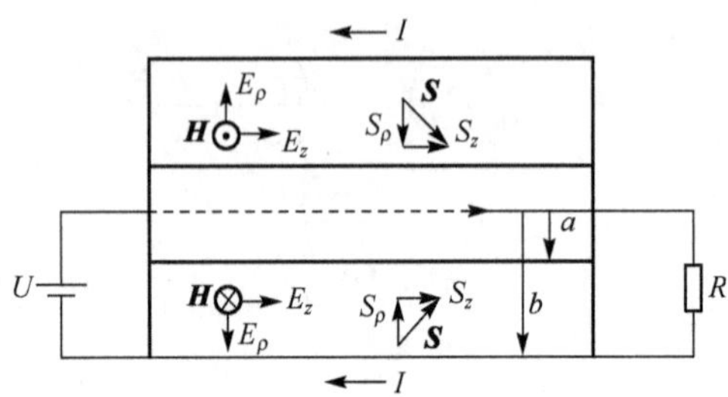

图 2-24 非理想导体构成的同轴电缆中的电场、磁场和坡印亭矢量

在内外导体之间，除了有径向的电场分量外，还存在 z 方向的电场分量，即

$$\boldsymbol{E} = E_\rho \boldsymbol{a}_\rho + E_z \boldsymbol{a}_z$$

而 $\boldsymbol{H}$ 的方向不变，但大小有所改变。所以，坡印亭矢量为

$$\boldsymbol{S} = (E_\rho \boldsymbol{a}_\rho + E_z \boldsymbol{a}_z) \times \boldsymbol{H} = (E_\rho H_\phi)\boldsymbol{a}_z - (E_z H_\phi)\boldsymbol{a}_\rho$$

上式表明，坡印亭矢量 $\boldsymbol{S}$ 除了有上述的沿 z 轴方向传输的分量 S_z 外，还有一个沿径向反方向的分量 S_ρ，即指向导体内部。这部分能流进入导体后，变成导体的焦耳热。能流密度的分布如图 2-24 所示。这表示导体中消耗在电阻上的焦耳热也是通过坡印亭矢量传送的。

现在截取单位长度的内导体，把它的表面作为闭合面 A。由坡印亭定理可知，由闭合面 A 进入的坡印亭矢量的通量应等于这段导体上的热损耗功率 P。因为在闭合面 A 上（在两端面处），S_ρ 与端面的法线垂直，所以不予考虑。

$$E_z = \frac{J}{\sigma} = \frac{I}{\pi a^2 \sigma} = IR, \quad H_\phi = \frac{I}{2\pi a}$$

和

$$S_\rho = -E_z H_\phi = -\frac{I^2 R}{2\pi a}$$

故流进单位长度内导体的功率为

$$P = \int_0^1 \frac{I^2 R}{2\pi a} \mathrm{d}z = I^2 R$$

式中，$R = \dfrac{1}{\pi a^2 \sigma}$ 为该单位长度导体的电阻。$I^2 R$ 这个结果正是从电路理论中得到的这段导体内的消耗功率。

此例再一次说明，电磁能量的储存者和传递者都是电磁场，导体仅起着定向导引电磁能流的作用，故通常称为导波系统。对于有损耗的传输线，能量仍在导体之间的空间传输，只是在传输过程中有部分能量被导体所吸收，变为导体电阻上的热损耗。如果仅凭直觉，往往会认为能量是通过电流在导体中传输的，但理论分析说明，实际情况不是这样，电磁能量是在空间介质中传输的。

2.6　麦克斯韦方程组的求解

从理论上讲，利用麦克斯韦方程组及其边界条件可以解决所有的电磁场问题或与电磁场有关的问题。现在，随着计算机技术和数值计算技术的发展，基本可以实现这一点。换句话说，求解麦克斯韦方程组的解析法和数值计算法中，我们可以用解析法来解决一些简单的、具有规则边界条件的电磁场问题，而复杂的、不规则边界条件下的电磁场问题则要通过数值计算法来解决。数值计算法将在 2.7 节中介绍。本节将介绍在求解麦克斯韦方程组的过程中，为使求解过程简化而引入的矢量位和标量位等辅助位函数。

因为 $\boldsymbol{B}$ 的散度恒为零（$\nabla\cdot\boldsymbol{B}=0$），可以令

$$\boldsymbol{B}=\nabla\times\boldsymbol{A} \tag{2-90}$$

代入式(2-11)，得

$$\nabla\times\boldsymbol{E}=-\frac{\partial}{\partial t}(\nabla\times\boldsymbol{A})$$

$$\nabla\times\left(\boldsymbol{E}+\frac{\partial\boldsymbol{A}}{\partial t}\right)=0 \tag{2-91}$$

因为无旋的矢量可以用一个标量函数的梯度来表示，所以令

$$\boldsymbol{E}+\frac{\partial\boldsymbol{A}}{\partial t}=-\nabla\phi \tag{2-92}$$

则

$$\boldsymbol{E}=-\nabla\phi-\frac{\partial\boldsymbol{A}}{\partial t} \tag{2-93}$$

式中，$\boldsymbol{A}$ 称为动态矢量位，或简称矢量位，单位是 Wb/m。ϕ 称为动态标量位，或简称标量位，单位是 V。

将式(2-90)和式(2-93)代入式(2-13)和式(2-12)，得

$$\nabla\cdot\boldsymbol{E}=\nabla\cdot\left(-\nabla\phi-\frac{\partial\boldsymbol{A}}{\partial t}\right)=\frac{\rho}{\varepsilon}$$

$$\nabla^2\phi+\frac{\partial}{\partial t}(\nabla\cdot\boldsymbol{A})=-\frac{\rho}{\varepsilon} \tag{2-94}$$

和

$$\nabla\times\boldsymbol{H}=\frac{1}{\mu}\nabla\times\nabla\times\boldsymbol{A}=\boldsymbol{J}+\varepsilon\frac{\partial\boldsymbol{E}}{\partial t}=\boldsymbol{J}+\varepsilon\frac{\partial}{\partial t}\left(-\nabla\phi-\frac{\partial\boldsymbol{A}}{\partial t}\right)$$

利用矢量恒等式 $\nabla\times\nabla\times\boldsymbol{A}=\nabla(\nabla\cdot\boldsymbol{A})-\nabla^2\boldsymbol{A}$，得

$$\nabla(\nabla\cdot\boldsymbol{A})-\nabla^2\boldsymbol{A}=\mu\boldsymbol{J}-\mu\varepsilon\nabla\left(\frac{\partial\phi}{\partial t}\right)-\mu\varepsilon\frac{\partial^2\boldsymbol{A}}{\partial t^2}$$

即

$$\nabla^2\boldsymbol{A}-\mu\varepsilon\frac{\partial^2\boldsymbol{A}}{\partial t^2}=-\mu\boldsymbol{J}-\nabla\left(\nabla\cdot\boldsymbol{A}+\mu\varepsilon\frac{\partial\phi}{\partial t}\right) \tag{2-95}$$

根据亥姆霍兹定理，要唯一确定矢量位 $\boldsymbol{A}$，除规定它的旋度外，还必须规定它的散度。故令

$$\nabla\cdot\boldsymbol{A}=-\mu\varepsilon\frac{\partial\phi}{\partial t} \tag{2-96}$$

代入式(2-95)和式(2-94)，得

$$\nabla^2 \boldsymbol{A} - \mu\varepsilon \frac{\partial^2 \boldsymbol{A}}{\partial t^2} = -\mu \boldsymbol{J} \tag{2-97}$$

和

$$\nabla^2 \phi - \mu\varepsilon \frac{\partial^2 \phi}{\partial t^2} = -\frac{\rho}{\varepsilon} \tag{2-98}$$

式(2-96)称为洛伦兹条件。采用洛伦兹条件使 $\boldsymbol{A}$ 和 ϕ 分离在两个方程里，式(2-97)和式(2-98)称为达朗贝尔方程。此方程显示 $\boldsymbol{A}$ 的源是 $\boldsymbol{J}$，而 ϕ 的源是 ρ，这对求解方程是有利的。当然，在时变场中 $\boldsymbol{J}$ 和 ρ 是有相互联系的。洛伦兹条件是人为地规定 $\boldsymbol{A}$ 的散度值，如果不采取洛伦兹条件而采取另外的 $\nabla\cdot\boldsymbol{A}$ 值，得到的 $\boldsymbol{A}$ 和 ϕ 的方程将不同于式(2-97)和式(2-98)，会得到另一组 $\boldsymbol{A}$ 和 ϕ 的解。但最后由 $\boldsymbol{A}$ 和 ϕ 求出的 $\boldsymbol{B}$ 和 $\boldsymbol{E}$ 是不变的。

2.7　麦克斯韦方程组的数值计算方法

20 世纪 60 年代，随着计算机技术的发展，人们开始采用数值计算技术解决不规则边界条件下的电磁场问题：麦克斯韦方程＋不规则边界＝数值法。

解决电磁场问题的主要数值计算方法有有限差分法（FDM）、矩量法（MOM）、有限元法（FEM）、时域有限差分法（FDTD）等。其中频域求解包括差分法、有限元法、矩量法等；时域求解包括时域有限差分法等。差分法、有限元法、时域有限差分法属于微分型；矩量法属于积分型。各种数值方法之间的内在联系如图 2-25 所示。

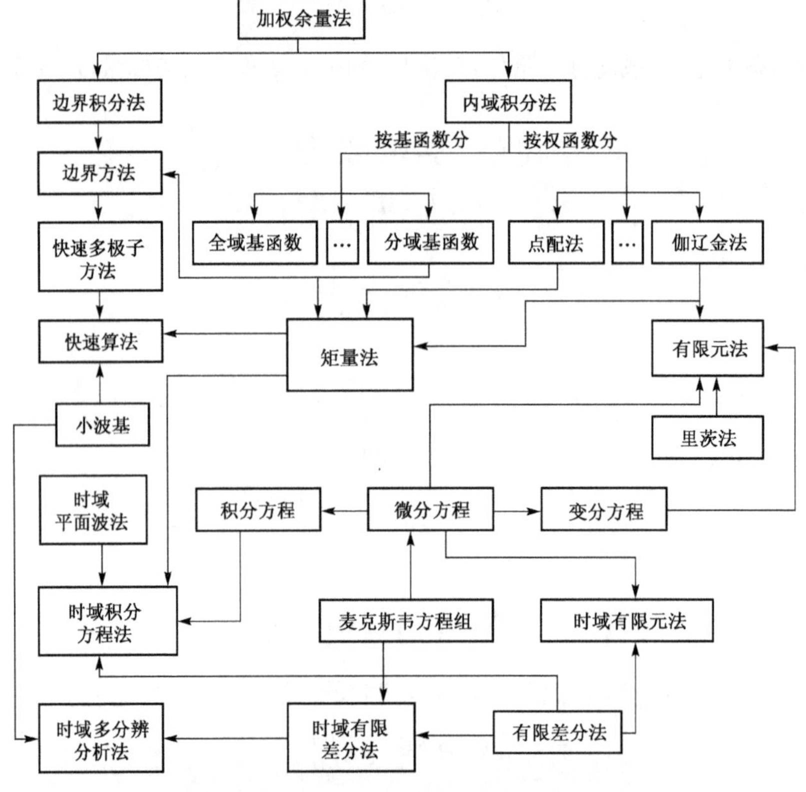

图 2-25　几种主要数值方法之间的联系

2.8 常用电磁仿真软件介绍

没有一种软件能够解决所有的电磁场问题。每一种软件都有自己的优点,也有一定的局限性。应针对不同的电磁场工程问题,选择使用合适的软件,使计算准确、快速。使用仿真软件的最新趋势是仿真软件组合应用。例如,Ansoft HFSS 与 Ansoft Designer 组合,CST Microwave Studio与 CST Design Studio 组合。这样可以发挥软件两两组合的优点,使计算达到快速准确的目的。一般来说,微波工程中的 2D 问题,不提倡使用 3D 软件求解;可以使用解析方法求解的问题,一般不提倡使用数值方法。解析方法的计算结果最准确、计算速度也是最快的。另外,有经验的设计者也会使用一种以上的软件验证计算结果。表 2-1 是对常用电磁仿真软件的介绍。

表 2-1 常用电磁仿真软件介绍

<table>
<tr><th>厂商</th><th colspan="2">软件名称</th><th>主要性能</th><th>计算方法</th></tr>
<tr><td rowspan="2">Agilent</td><td colspan="2">ADS</td><td>线性/非线性电路仿真
数字电路仿真
信号系统分析、仿真</td><td>矩量法</td></tr>
<tr><td colspan="2">Momentum</td><td>2.5D 平面电路高频电磁场仿真</td><td>矩量法</td></tr>
<tr><td rowspan="8">Ansoft</td><td colspan="2">HFSS</td><td>3D 高频电磁场仿真</td><td>有限元法</td></tr>
<tr><td colspan="2">Designer</td><td>线性/非线性电路仿真
2.5D 平面电路高频电磁场仿真
信号系统分析、仿真</td><td>矩量法</td></tr>
<tr><td colspan="2">Ensemble</td><td>2.5D 平面电路高频电磁场仿真</td><td>矩量法</td></tr>
<tr><td rowspan="2">Serenade</td><td>Symphony</td><td>信号系统分析、仿真</td><td>模拟算法</td></tr>
<tr><td>Harmonica</td><td>线性/非线性电路仿真
2.5D 平面电路高频电磁场仿真</td><td>矩量法</td></tr>
<tr><td colspan="2">Spice link</td><td>高级信号与系统仿真</td><td>模拟算法</td></tr>
<tr><td colspan="2">Schematic Capture</td><td>驱动系统仿真
提取等效电路</td><td>模拟算法</td></tr>
<tr><td colspan="2">Optimetrics</td><td>参数分析、优化和灵敏度分析</td><td>有限差分法</td></tr>
<tr><td rowspan="3">CST</td><td colspan="2">Mafia</td><td>低频电场和磁场仿真
3D 高频电磁场仿真
系统热力学仿真
带电粒子运动仿真</td><td>有限积分技术</td></tr>
<tr><td colspan="2">Microwave Studio
EM Studio</td><td>3D 高频电磁场仿真
3D 静电场、横磁场和低频电磁场仿真</td><td>有限积分技术</td></tr>
<tr><td colspan="2">Design Studio</td><td>2.5D 平面电路高频电磁场仿真</td><td>解析算法</td></tr>
<tr><td>AWR</td><td colspan="2">Microwave Office</td><td>线性/非线性电路
2.5D 平面电路高频电磁场仿真</td><td>矩量法</td></tr>
<tr><td>IMST GmbH</td><td colspan="2">EMPIRE</td><td>3D 高频电磁场仿真</td><td>时域有限差分法</td></tr>
<tr><td rowspan="2">Zeland</td><td colspan="2">IE3D</td><td>2.5D 平面电路高频电磁场仿真</td><td>矩量法</td></tr>
<tr><td colspan="2">Fidelity</td><td>3D 高频电磁场仿真</td><td>时域有限差分法</td></tr>
<tr><td>Sonnet</td><td colspan="2">EM</td><td>2.5D 平面电路高频电磁场仿真</td><td>矩量法</td></tr>
</table>

续表

厂商	软件名称	主要性能	计算方法
ANSYS	ANSYS	结构静力分析 结构动力分析 线性及非线性屈曲分析 断裂力学分析 高度非线性瞬态动力分析 热分析，流体动力学分析 3D 高频电磁场分析	有限元法
Remcom Inc	XFDTD	3D 高频电磁场仿真，尤其在手机天线和 SAR 计算方面	时域有限差分法
EM Software & Systems-S. A. (Pty)Ltd.	WinFEKO	3D 高频电磁场仿真 大尺度天线和散射问题分析	矩量法 物理光学法 归一化衍射理论
Poynting Software (Pty)Ltd.	Super NEC	主要用于天线及散射问题仿真	矩量法 归一化衍射理论

1. Ansoft Designer

Ansoft Designer 可以精确、快速地仿真超大电尺寸结构的电磁场问题，它拥有如下特点：SVD 快速求解器；低内存需求；模型结构可以自由创建或直接输入；友好的用户图形界面；直接输入 DXF、IGES 和其他 MCAD 结构设计的几何模型；通过 Ansoft Links 还可读入 Cadence、Zuken、Synopsys、Mentor Graphics 等 EDA 软件所设计的数据信息；全参数化；按需求解(Ansoft Designer 可以由用户来决定，不同单元部分用不同的求解器来求解)；协同仿真；可以无缝集成电路、系统及电磁场仿真；具有多种场分布显示功能。图 2-26 所示为 Ansoft Designer 的界面。

2. CST Design Studio

CST Design Studio 软件可提供：若干分析组件；可用性的电路元件；半导体模型库；支持层次模型(如系统分成几个逻辑单元)；可以与 Microwave Studio 的 3D 电磁场仿真软件很好地集成；可以与 Sonnet 的 EM 高频平面分析很好地集成；可以以 Touchstone 文件格式导入测量或仿真数据；可以控制和扩展元素库。软件具有如下分析能力：全局参数；可以以任意数量的参数进行参数扫描；可以以任意数量的参数或参数的加权组合进行优化；根据仿真任务定义一些特殊器件，如混频器、放大器、天线等；自动(重新)计算综合的仿真结果；对仿真区块插值以加快仿真速度；求解的透明度，允许选择数值分析或评价的单元；通过不同端口可以使用所有类型的电路/EM 进行联合仿真；考虑了高阶模式。图 2-27 为 CST Design Studio 仿真结果显示界面。

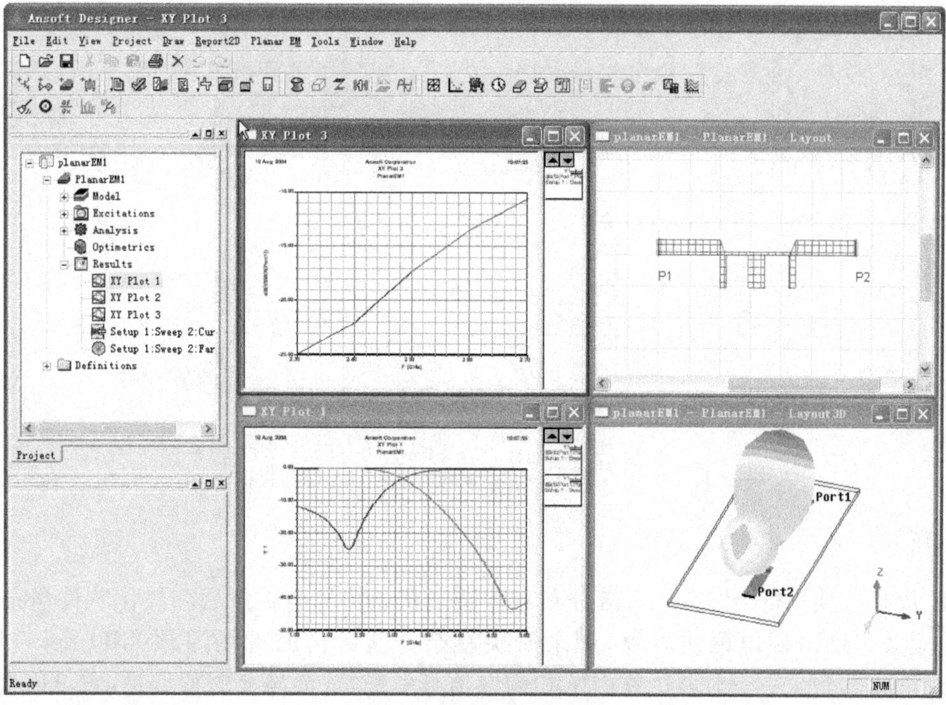

图 2-26　Ansoft Designer 界面

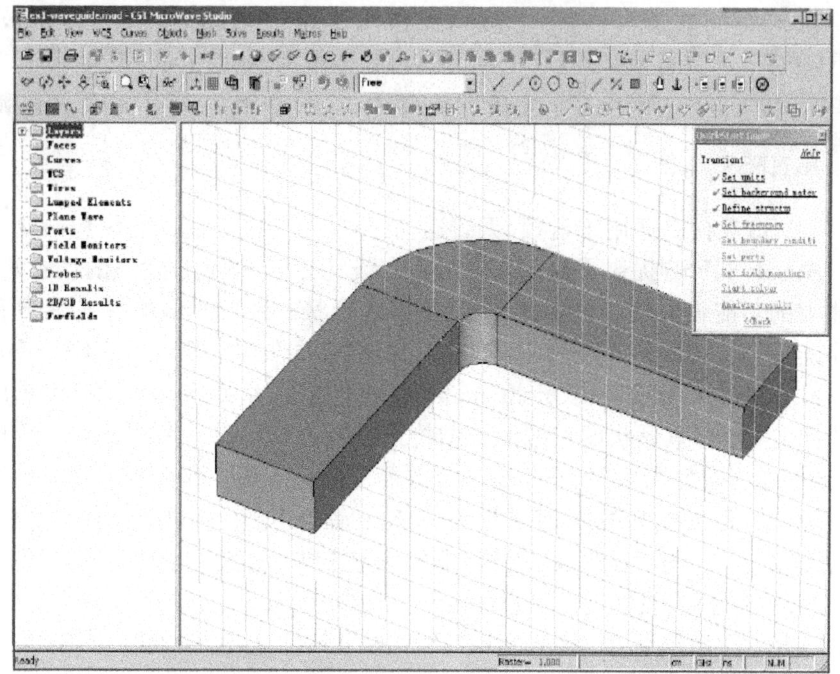

(a)

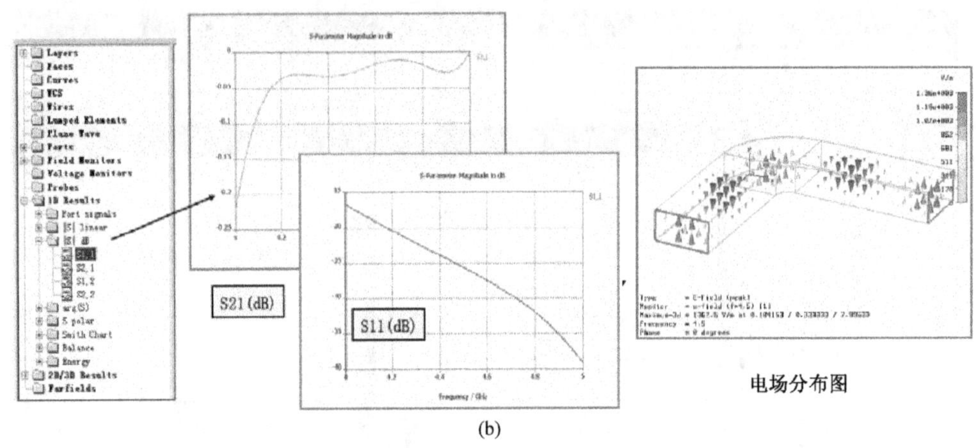

图 2-27　CST Design Studio 仿真结果显示界面

3. IE3D

IE3D 是一款分析全波三维电流分布和多层形状结构的电磁仿真和优化软件包；Fidelity 是一个全波、3D 时域电磁仿真器，用来解决复杂介质结构的近场问题；MD Spice 是频域 SPICE 仿真器，包含一个时域仿真引擎和频域仿真引擎，其最显著的特点是，它可以稳健、准确、高效地执行基于 S 参数频率响应的时域仿真，它还具有提取耦合传输线和连接器的宽带 SPICE 模型的能力；COCAFIL(coupled cavity filter synthesis package)是一个基于综合矩形波导滤波器模式匹配的仿真器：4 个仿真器适用于微波电路、微波和毫米波集成电路(MMIC)、RF 电路、高温超导电路(HTS)和滤波器、微带天线、线天线、波导天线、IC 传输线、IC 封装、EMC/EMI 和医疗科学中的电磁设备的设计。图 2-28 为 IE3D 仿真结果显示界面。

4. Ansoft HFSS

Ansoft HFSS 软件是适用于射频、无线通信、封装及光电子设计的任意形状三维电磁场仿真软件。Ansoft HFSS 提供了简洁直观的用户设计界面、精确自适应的场求解器、拥有电性能分析能力的功能强大的后处理器，能计算任意形状三维无源结构的 S 参数和全波电磁场。该软件充分利用了如自动匹配网格产生及加密、切向矢量有限元、ALPS(adaptive Lanczos pade sweep)和模式-节点转换(mode-node)等先进技术，从而使操作人员可利用有限元法在自己的计算机上对任意形状的三维无源结构进行电磁场仿真。Ansoft HFSS 自动计算多个自适应的解决方案，直到满足用户指定的收敛要求值。其基于麦克斯韦方程的场求解方案能精确预测所有高频性能，如散射、模式转换、材料和辐射引起的损耗等。仿真分析诸如天线、微波转换器、发射设备、波导器件、射频滤波器的任意三维非连续性复杂问题，已简单化成只需画结构图、定义材料性能、设置端口和边界条件。Ansoft HFSS 自动产生场求解方案、端口特性和 S 参数。其 S 参数结果可输出到通用的线性和非线性电路仿真器中使用。Ansoft HFSS 的自适应网格加密技术使有限元方法得以实用化：初始网格(将几何图形分为四面体单元)的产生是以几何结构形状为基础的。利用初始网格可以快速计算分析场的信息，以区分出高场强或大梯度的场分布区域。然后，只在需要的区域将网格加密细化，其迭代求解技术节省了计算资源，并可获得最大精度。必要时，还可方便地使用人工网格划分来加速网格细化匹配。

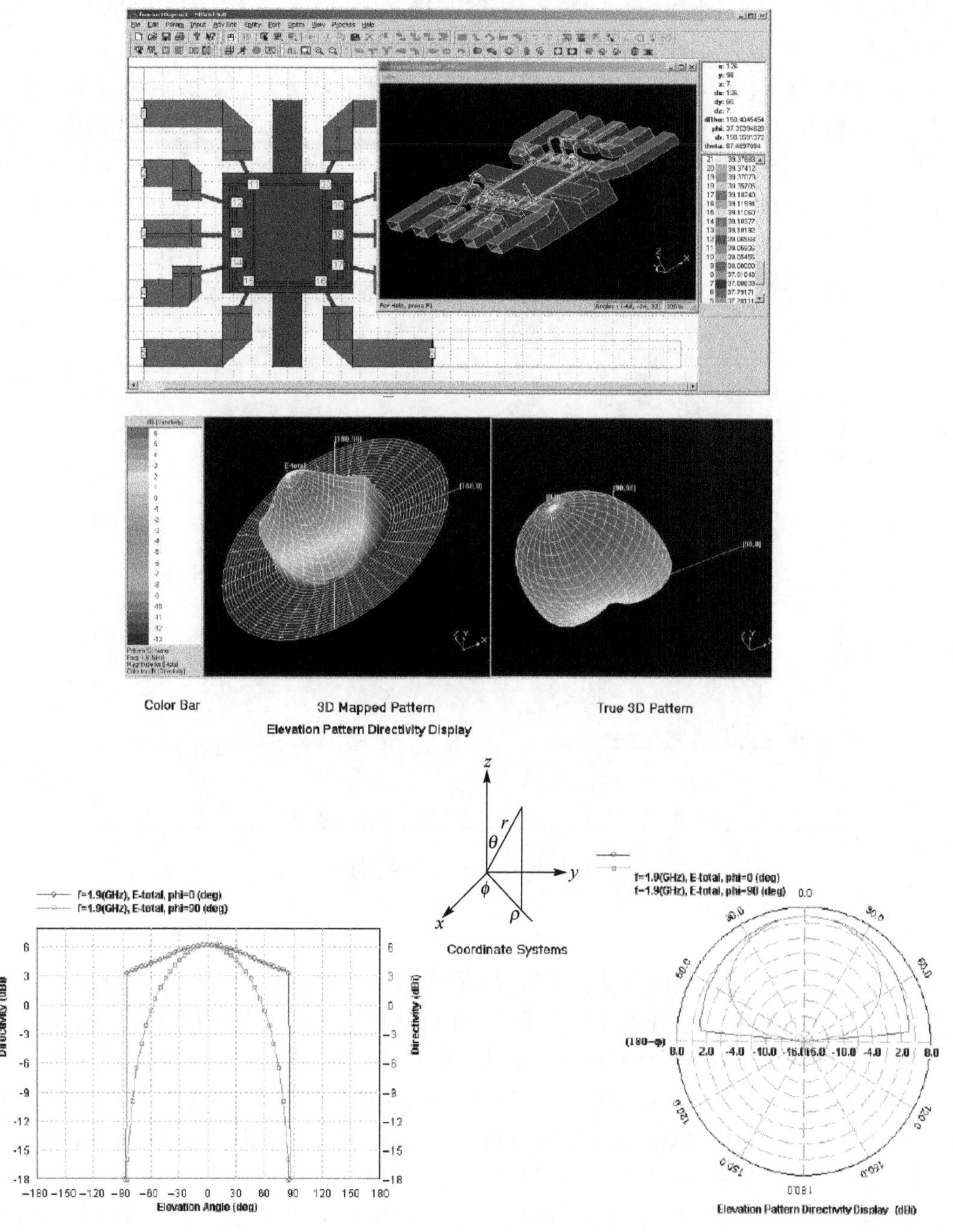

图 2-28　IE3D 界面

Ansoft HFSS 采用高阶基函数、对称性和周期边界等方法，从而节省计算了时间和内存，可进一步扩大求解问题的规模，并加快求解的速度。软件还有强大的绘图功能，可以与 AutoCAD 完全兼容，完全集成 ACIS 固态建模器。拥有先进的材料库，用户在仿真中可分析均匀材料、非均匀材料、各向异性材料、导电材料、阻性材料和半导体材料。Ansoft HFSS 软件还含有一个庞大的库，用该库可参数化定义以下标准形状：微带 T 型结、宽边耦合线、斜接弯和非斜接弯、半圆弯和非对称弯、圆螺旋和方螺旋、混合 T 接头、贴片天线、螺旋几何结构等。Ansoft HFSS 还有强大的天线设计功能，可以计算天线参量，如增益、方向性、远场方向图剖面、远场 3D 图和 3dB 带宽；绘制极化特性，包括球形场分量、圆极化场分量；1/2、1/4、1/8 对称模型并自动计算远场方向图。Ansoft HFSS 拥有强大的后处理器，产生生动逼真的场型动画图，包括矢量图、等高线图、阴影等高线图；任意表面，包括物体表面、任意剖面、3D 物体表面和 3D 等相位面的静态和动态图形；动态矢量场、标量场或任何用场计算器推导出的变量等。图 2-29 所示为 Ansoft HFSS 界面。

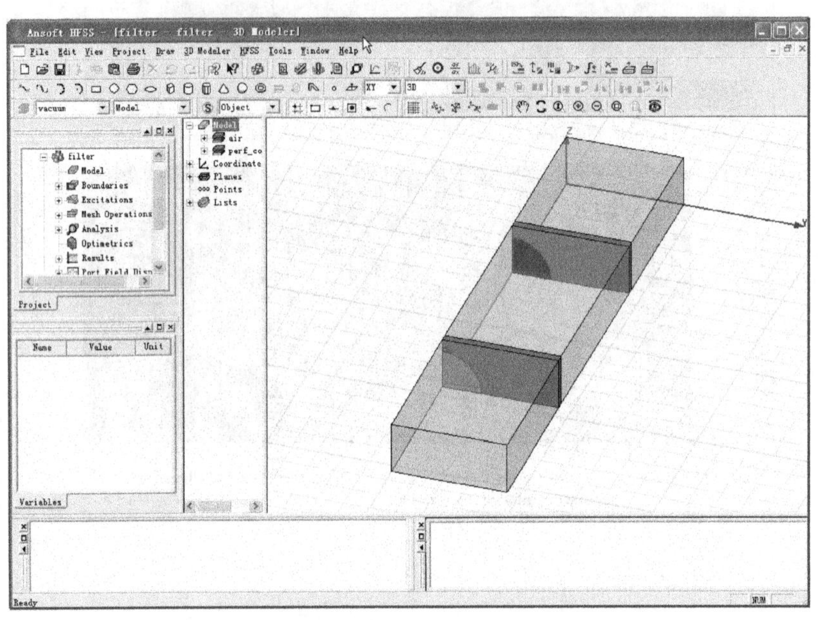

图 2-29　Ansoft HFSS 界面

5. ANSYS

该软件是一种广泛应用的商业套装工程分析软件。主要包括三个模块：前处理模块、分析计算模块和后处理模块。前处理模块提供了一个强大的实体建模及网格划分工具，用户可以方便地构造有限元模型；分析计算模块包括结构分析(可进行线性分析、非线性分析和高度非线性分析)、流体动力学分析、电磁场分析、声场分析、压电分析以及多物理场的耦合分析，可模拟多种物理介质的相互作用，具有灵敏度分析及优化分析能力；后处理模块可将计算结果以彩色等值线显示、梯度显示、矢量显示、粒子流迹显示、立体切片显示、透明及半透明显示(可看到结构内部)等图形方式显示出来，也可将计算结果以图表、曲线形式显示或输出。软件提供了 100 种以上的单元类型，用来模拟工程中的各种结构和材料。图 2-30 所示为 ANSYS 的界面。

该软件的电磁场部分，主要涉及以下几个方面：2D、3D 和轴对称静磁场分析及轴对称时变磁场分析，静电场、AC 电场分析，电路、磁场耦合分析，电磁兼容分析，高频电磁场分析，计算洛伦兹力和焦耳热/力等。主要应用于螺线管、调节器、发电机、变换器、磁体、加速器、天线辐射、等离子体装置、磁悬浮装置、磁成像系统、电解槽及无损检测装置等。

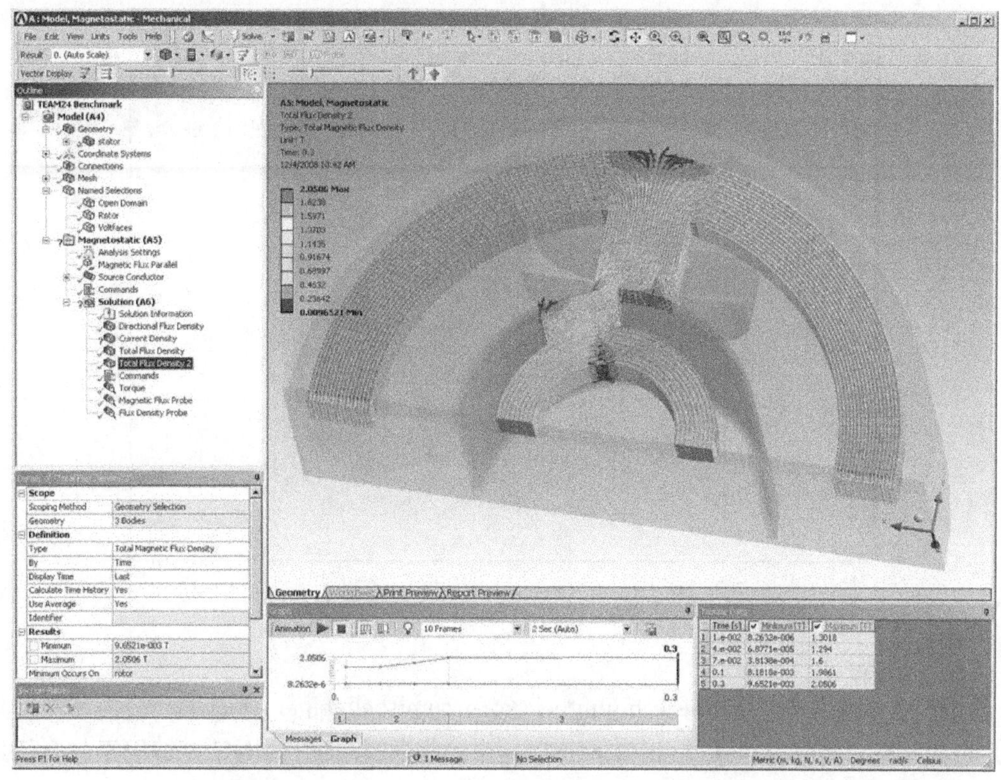

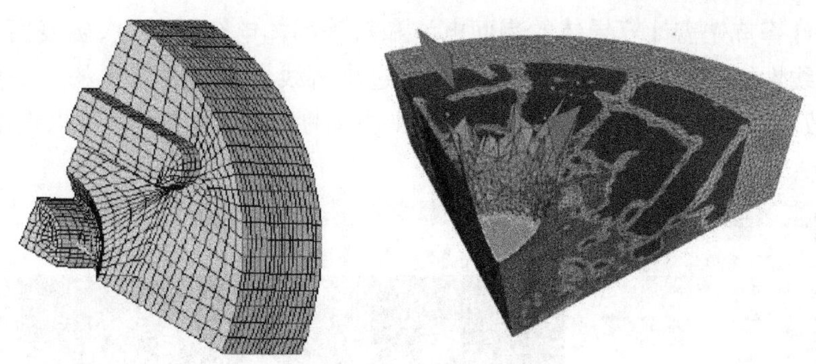

图 2-30　ANSYS 界面

6. CST Microwave Studio

该软件是 CST 公司为快速、精确仿真电磁场高频问题而专门开发的 EDA 工具，是基于 PC Windows 环境下的仿真软件。其主要应用领域有移动通信、无线设计、信号完整性和电磁兼容等。具体应用包括耦合器、滤波器、平面结构电路、连接器、IC 封装、各种类型天线、微波元器件、蓝牙技术和 EMC/EMI 等。软件提供三个解算器——时域解算器、频域解算器、本征模解算器和四种求解方式——传输线问题的频域解、时域解、模式分析解、谐振问题的本征模解，同时提供各种有效的 CAD 输入选项和 SPICE 参数的提取。另外，该软件通过调用 CST Design Studio 而内含一个巨大的设计环境库，CST Design Studio 本身也提供外部仿真器的连接。图 2-31 所示为 CST Microwave Studio 的界面。

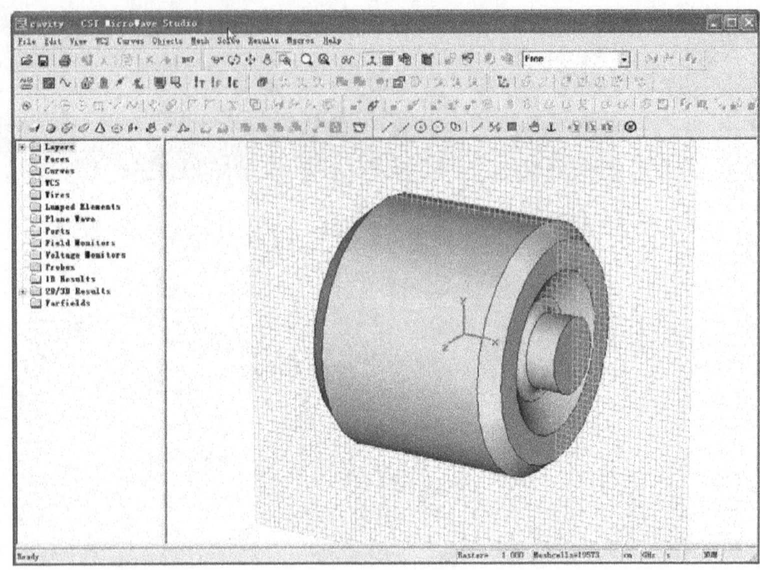

图 2-31　CST Microwave Studio 界面

7. FEKO

FEKO 是德文短语(FEldberechnungbei Körpernmitbeliebiger Oberfläche)的缩写。其含义为“包含任意物体的场计算”。正如 FEKO 这个名字所提示的,FEKO 能够用于包含任意形状物体的各种类型的电磁场分析。

电磁场的计算首先需计算导体的表面电流和对等固体电介质的电、磁表面电流。表面电流是基函数的线性组合,基函数前面的系数是通过求解线性方程组获得的。一旦知道电流分布,其他的参数,如近场、远场、雷达截面或天线的方向性、输入阻抗等就可以求出。图 2-32 为 FEKO 界面。

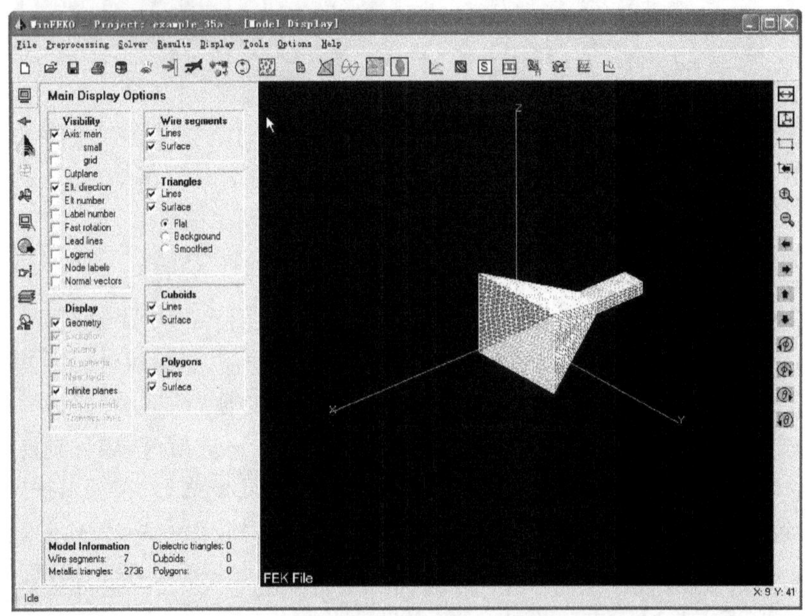

图 2-32　FEKO 界面

电大问题通常由物理光学法(PO)近似及其扩展或归一化衍射理论(UTD)来求解。FEKO 中的公式是 MOM 在互矩阵层的混合。这是解决单有 MOM 算法计算的电特大尺寸电磁问题和单有 UTD 计算的电特小尺寸电磁问题的计算精度的关键。应用混合 MOM/PO 或 MOM/UTD 技术,需要仿真的几何结构中的关键区域用 MOM 算法,其他区域(通常是较大的平面或曲面)用 PO 或 UTD 法。

习 题

2-1 两块无限大的薄板相互垂直,它们的电荷密度为$+\rho$和$-\rho$,求空间各点的电场$\boldsymbol{E}$。

2-2 一半径为R的均匀带电球体总电荷为Q,求空间各点的电场$\boldsymbol{E}$。

2-3 一半径为r_1的实心导体球带有电荷Q,被一个内外半径分别为r_2和r_3的中空导体球壳包围,用高斯定理求:①外球外的电场;②两球之间的电场。

2-4 在均电场$\boldsymbol{E}=E_0\boldsymbol{a}_x$中垂直于电场方向放置一导体圆柱,圆柱半径为$a$。求圆柱外的电位函数和导体表面的感应电荷密度。

2-5 一半径为a的无限长介质圆柱,在距离轴线$r_0(r_0>a)$处有一与圆柱平行的线电荷q_t。计算空间各部分的电位。

2-6 将习题 2-5 中的介质圆柱改为导体圆柱,重新计算。

2-7 在均匀电场$\boldsymbol{E}_0$中放入半径为a的导体球,设:①导体充电至U_0;②导体上充电荷量Q。试分别计算两种情况下球外的电位分布。

2-8 无限大介质中外加均匀电场$\boldsymbol{E}_z=\boldsymbol{E}_0$,在介质中有一半径为$a$的球形空腔,求空腔中的$\boldsymbol{E}$和空腔表面的极化电荷密度(介质的介电常数为$\varepsilon$)。

2-9 已知两个同心金属球壳内半径为r_1、外半径为r_2,中间填充电导率为σ的材料,σ随外电场变化,$\sigma=a\boldsymbol{E}$,其中a为常数,两球壳电压为V,求两壳之间的电流I。

2-10 通过电流密度为$\boldsymbol{J}$的均匀电流的长圆柱导体中有一平行的圆柱形空腔,如图 2-33 所示,计算各部分的磁感应强度$\boldsymbol{B}(r)$,并证明腔内的磁场是均匀的。

2-11 真空中直线长电流I的磁场有一等边三角形回路,如图 2-34 所示,求三角形回路中的磁通。

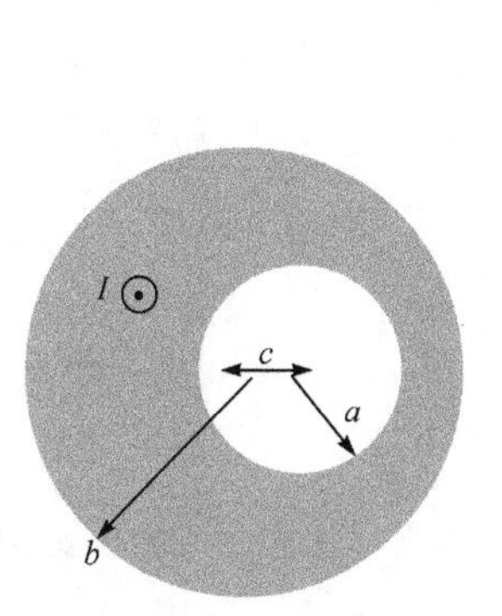

图 2-33 题 2-10 图

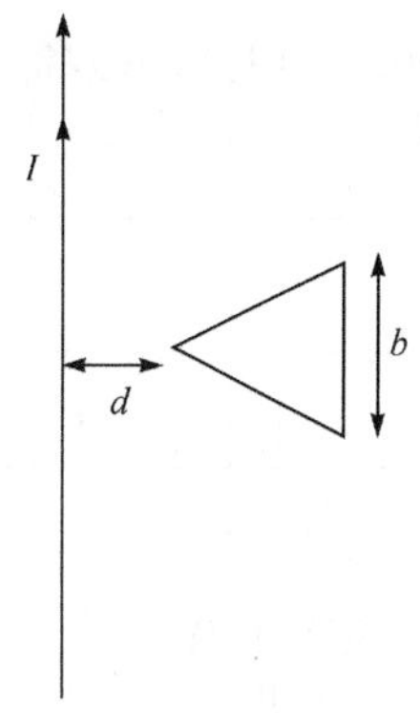

图 2-34 题 2-11 图

2-12 如图 2-35 所示,一厚度为b的无限大非均匀带电板置于真空中,电荷体密度为$\rho=$

kz^2，其中 k 是常数，试用高斯定理求空间各点的电场强度。

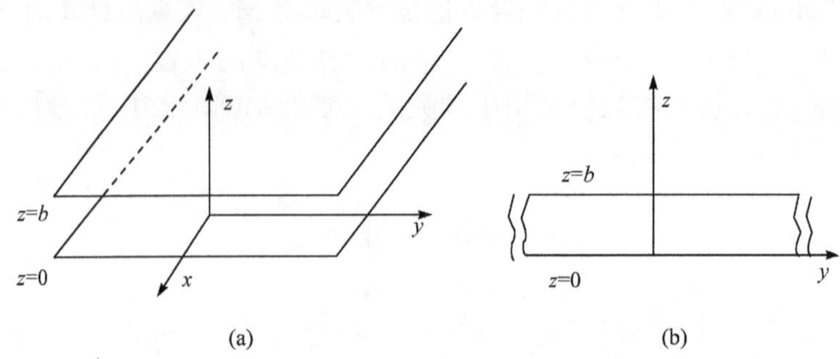

图 2-35　题 2-12 图

2-13　真空中有一直径为 r、长为 $l(l\gg r)$ 的圆柱形均匀带电导体棒，柱顶面和柱底面外侧电场强度大小为 E_0，求圆柱轴线上 $d(d\gg l)$ 处的电场。

2-14　一根同轴电缆，内导体的直径为 0.3cm，外导体直径为 0.9cm，填充介质的介电常数为 ε，当内导体对于接地的外导体有 4000V 的电压时，求距离 $r=1\text{cm}$ 轴线处的电场强度是多少？

2-15　一根长同轴电缆，内导体外半径为 r_1、外导体内半径为 r_2，介质的介电常数为 ε，电导率为 σ，求单位长度的电阻和电容。

2-16　一个由理想导体构成的平行板电容，两极板之间充满两层介质，它们的厚度为 d_1 和 d_2，介电常数和电导率分别为 ε_1、σ_1 与 ε_2、σ_2，电源电压为 V，如图 2-36 所示。忽略边缘效应，求：①两种介质中的电场；②两层介质分界面上的电荷密度；③两层介质分界面上的自由面电荷密度。

2-17　假设半径为 r 电介质球内的电场 E_0 是均匀的，相对介电常数 ε_r，求球面上一点 P 的电场 $\boldsymbol{E}$ 和 P 点的面束缚电荷密度。

2-18　一磁导率为 μ、半径为 r 的圆柱形导体，载有均匀稳恒电流，求导体内外的磁场 $\boldsymbol{B}$。

2-19　一无限长直非磁圆柱导体，内半径为 r_1、外半径为 r_2，通以恒定电流 I，求空间各点的磁场。

2-20　如图 2-37 所示，一无限长导线载有 1A 电流。将其某一段弯成半圆状，半圆半径为 1cm，求半圆中心点 O 处的磁场。

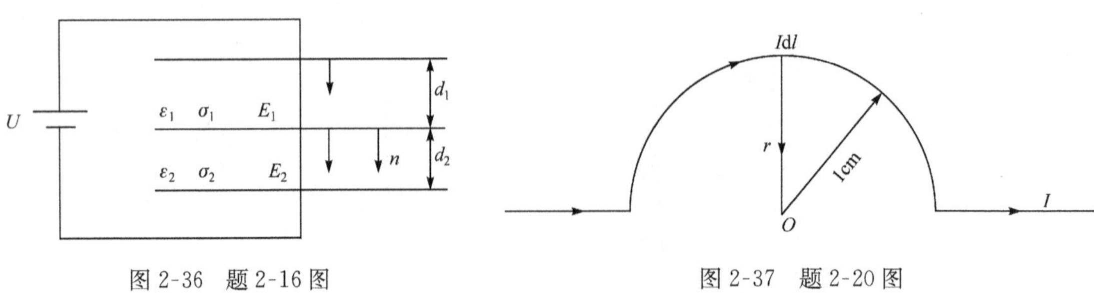

图 2-36　题 2-16 图　　图 2-37　题 2-20 图

2-21　已知一圆柱体内磁场 $B_z=B_0(1+\alpha r^2+\beta z^2)$，$B_\phi=0$，$\rho=0$ 处 $B_\rho=0$，求：①圆柱体内磁场 $\boldsymbol{B}$ 的径向分量 B_ρ；②圆柱体内电流密度。

2-22 真空中长螺线管，半径为 r，每米绕有 n 匝线圈，载有电流 $i=i_0\sin\omega t$。求：①螺线管内部的磁场；②螺线管内部的电场。

2-23 一个长为 l 的薄圆柱形带电壳体，半径为 r，壳表面的电荷密度为 σ，此圆柱体以 $\omega=kt$ 的角速度绕其轴转动，忽略边沿效应，求：①圆柱壳内的磁场；②圆柱壳体内的电场；③圆柱壳内的总能量。

2-24 两个电阻 R_1 和 R_2 与一个电容器组成的电路如图 2-38 所示。电容器由两圆形极板组成，半径为 r，间隔为 d，电源电压为 U_0。电路达到稳定状态时将开关 K 断开。求：①电容器内的位移电流；②电容器内的磁场；③从电容器流出的能流密度。

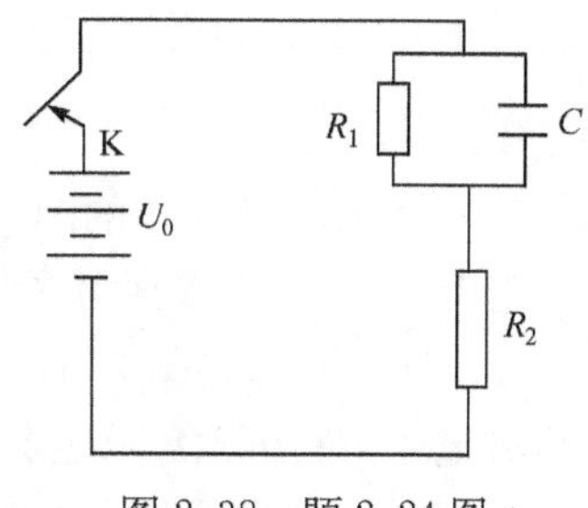

图 2-38 题 2-24 图

2-25 同轴电缆与一电池、电阻连接，如图 2-39 所示，内芯的半径为 r_1，外导体内半径为 r_2，求 $r_1<r<r_2$ 中的：①电场；②磁场；③坡印亭矢量；④$r_1<r<r_2$ 截面通过的功率。

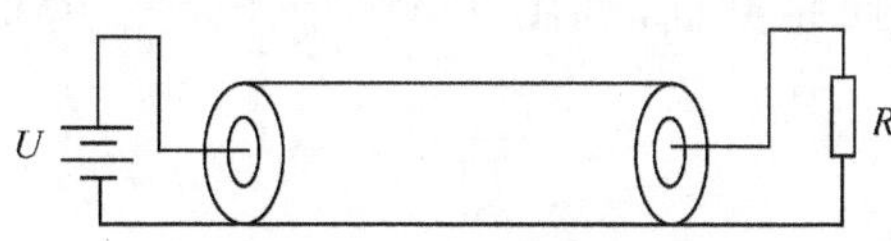

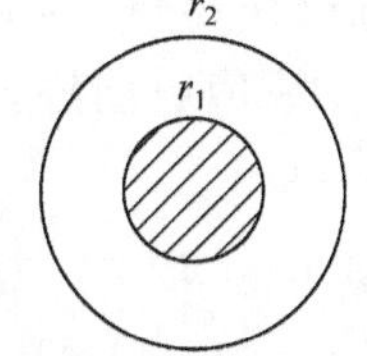

图 2-39 题 2-25 图

2-26 真空中，一个半径为 1m、高为 1m 的圆柱形线圈，匝数为 100，它的中心与其同轴有一个半径为 10cm、高为 10cm 小圆柱形线圈，匝数为 10，计算两个线圈的互感。

2-27 一正三角形线圈的电阻为 R，边长为 a，以常角速度 ω 绕 AD 边旋转，均匀磁场 $\boldsymbol{B}$ 与转轴 AD 垂直，如图 2-40 所示。求线圈产生的感应电流。

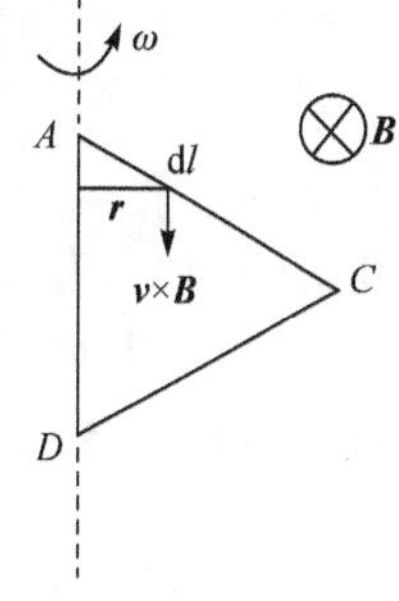

图 2-40 题 2-27 图

2-28 在均匀的非导电介质中($\sigma=0,\mu_r=1$)中，已知时变电磁场为

$$\boldsymbol{E}=300\pi\cos\left(\omega t-\frac{4}{3}y\right)\boldsymbol{a}_z\,(\text{V/m}),\quad \boldsymbol{H}=10\cos\left(\omega t-\frac{4}{3}y\right)\boldsymbol{a}_x\,(\text{A/m})$$

利用麦克斯韦方程组求出 ω 和 ε_r。

2-29 已知无源空间中的电场为 $\boldsymbol{E}=0.1\sin(10\pi x)\cos(6\pi\times10^9 t-\beta z)\boldsymbol{a}_y\,(\text{V/m})$，利用麦克斯韦方程求 $\boldsymbol{H}$ 及常数 β。

2-30 同轴电缆的内导体外半径 $r_1=1\text{mm}$，外导体内半径 $r_2=4\text{mm}$，内外导体之间是空气介质，电场强度为

$$\boldsymbol{E}=\frac{100}{r}\cos(10^8 t-\beta z)\boldsymbol{a}_r\,(\text{V/m})$$

①用麦克斯韦方程求常数 β；②求磁感应强度 B；③求内导体表面的电荷密度 ρ_s。

2-31 真空中电磁波，其电场强度的复数表达式为

$$\boldsymbol{E}=(\boldsymbol{a}_x+\text{j}\boldsymbol{a}_y)10^{-4}\text{e}^{-\text{j}20\pi z}\,(\text{V/m})$$

求：①电磁波的频率；②磁感应强度 $\boldsymbol{B}$；③坡印亭矢量的瞬时值和平均值。

2-32 假设真空中电磁波的电场强度复矢量为

$$\boldsymbol{E}=3(\boldsymbol{a}_x-\sqrt{2}\boldsymbol{a}_y)\text{e}^{-\frac{\text{j}\pi}{6}(2x+\sqrt{2}y-\sqrt{3}z)}\,(\text{V/m})$$

求电场和磁场的瞬时表达式。

2-33 两个相同的均匀线电荷沿 x 轴和 y 轴放置，电荷密度 $\rho_l=20(\text{mC/m})$，求点(3，3，3)处的电位移矢量 $\boldsymbol{D}$。

2-34 $\rho_l=30(\text{mC/m})$的均匀线电荷沿 z 轴放置，以 z 轴为轴心另有一半径为 2m 的无限长圆柱面，其上分布有密度为 $\rho_s=-\dfrac{1.5}{4\pi}(\text{mC/m})$的电荷，利用高斯定理求各区域内的电位移矢量 $\boldsymbol{D}$。

2-35 求半径为 a 的圆形电流回路中心轴上的磁场强度 $\boldsymbol{H}$，并给出回路中心的磁场。

2-36 有一导体滑片在两根平行的轨道上滑动，整个装置位于正弦时变磁场 $\boldsymbol{H}=5\cos\omega t\boldsymbol{a}_x(\text{mT})$中，如图 2-41 所示。滑片的位置由 $x=0.35(1-\cos\omega t)(\text{m})$确定，轨道终端连接负载电阻 $R=0.2\Omega$，求电流 I。

2-37 一根半径为 a 的长圆柱介质棒放入均匀磁场 $\boldsymbol{B}=B_0\boldsymbol{a}_z$ 中，并与 z 轴平行。设棒以角速度 ω 绕轴作等速运动，求：①介质内的极化强度；②体积内和表面上单位长度的极化电荷。

2-38 平行双线传输线与一矩形回路共面，如图 2-42 所示，设 $a=0.2\text{m}$，$b=c=d=0.1\text{m}$，求回路中的感应电动势。

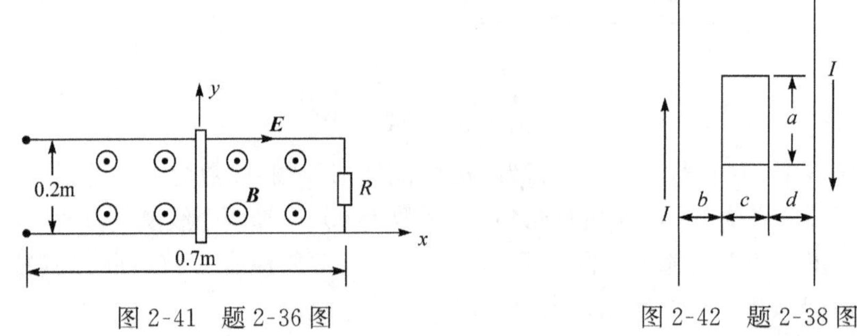

图 2-41 题 2-36 图　　　图 2-42 题 2-38 图

2-39 在两导体平板(分别位于 $z=0$ 和 $z=d$ 处)之间的空气中，已知电场强度为

$$\boldsymbol{E}=E_0\sin\left(\frac{\pi}{d}z\right)\cos(\omega t-k_x x)\boldsymbol{a}_y(\text{V/m})$$

其中，E_0 和 k_x 为常数。求：①磁场强度 $\boldsymbol{H}$；②两导体表面上的电流密度 $\boldsymbol{J}_s$。

2-40 两种完纯介质的分界面位于 yOz 面上 $x=0$ 处。如果已知介质 1 中的电场强度矢量在分界面 $x=0$ 处为

$$\boldsymbol{E}_1|_{x=0}=\alpha\boldsymbol{a}_x+\beta\boldsymbol{a}_y+\gamma\boldsymbol{a}_z$$

求 $\boldsymbol{E}_2|_{x=0}$，即在第二种介质中靠近分界面的电场强度矢量。

2-41 两种完纯介质的分界面位于 yOz 面上 $x=0$ 处。如果已知介质 1 中的磁通密度矢量在分界面 $x=0$ 处为

$$\boldsymbol{B}_1|_{x=0}=\alpha\boldsymbol{a}_x+\beta\boldsymbol{a}_y+\gamma\boldsymbol{a}_z$$

求 $\boldsymbol{B}_2|_{x=0}$，即在第二种介质中靠近分界面的磁通密度矢量。

2-42 两种完纯介质的分界面位于 yOz 面上 $x=0$ 处。如果已知介质 1 中的磁通密度矢量在分界面 $x=0$ 处为

$$\boldsymbol{H}_1|_{x=0}=\alpha\boldsymbol{a}_x+\beta\boldsymbol{a}_y+\gamma\boldsymbol{a}_z$$

求 $\boldsymbol{H}_2|_{x=0}$，即在第二种介质中靠近分界面的磁通密度矢量。

2-43　两种完纯介质的分界面位于 yOz 面上 $x=0$ 处。如果已知介质 1 中的电通密度矢量在分界面 $x=0$ 处为

$$\boldsymbol{D}_1|_{x=0}=\alpha\boldsymbol{a}_x+\beta\boldsymbol{a}_y+\gamma\boldsymbol{a}_z$$

求 $\boldsymbol{D}_2|_{x=0}$，即在第二种介质中靠近分界面的电通密度矢量。

2-44　设电场强度和磁场强度分别为 $\boldsymbol{E}=\boldsymbol{E}_0\cos(\omega t+\phi_e)$ 和 $\boldsymbol{H}=\boldsymbol{H}_0\cos(\omega t+\phi_m)$，证明其坡印亭矢量的平均值为 $\boldsymbol{S}_{av}=0.5\boldsymbol{E}_0\times\boldsymbol{H}_0\cos(\phi_e-\phi_m)$。

2-45　已知在海水中传播的一个电波在直角坐标系中的电场和磁场为

$$\boldsymbol{E}=10e^{-4z}\cos(\omega t-4z)\boldsymbol{a}_x\,(\text{V/m}),\quad \boldsymbol{H}=7.15e^{-4z}\cos\left(\omega t-4z-\frac{\pi}{4}\right)\boldsymbol{a}_y\,(\text{A/m})$$

求存在于一个长为 1m，四角位于(0,0,0)、(1,0,0)、(0,1,0)、(0,0,1)、(0,1,1)、(1,0,1)、(1,1,0)和(1,1,1)的管道表面总功率。

2-46　干燥的土地 $\varepsilon_r\approx4$，电导率 $\sigma\approx10^{-5}$ S/m，求频率大于多少时，位移电流比传导电流更占主导作用？

第3章 电 磁 波

电磁波传播理论主要研究电磁场脱离源后的电磁运动规律，其主要内容就是在不考虑源的情况下，求出电磁场的解。电波传播作为一种电磁现象，有许多不同的表现形式。这是因为，除了激励源之外，电波传播问题一方面和介质的电磁性质有关，另一方面又和空间的几何特性有关。常见的电磁波传播例子有自由空间平面波的传播、表面波的传播和导行波的传播。

3.1 波动方程

3.1.1 电磁场的时域波动方程

在时变情况下，电场和磁场相互激励，在空间循环往复、周而复始而形成电磁波。时变电磁场的能量以电磁波的形式进行传播。电磁场的波动方程描述了电磁场的波动性。由麦克斯韦方程组可以建立电磁场的波动方程，它揭示了时变电磁场的运动规律，即电磁场的波动性。下面建立无源空间中电磁场的波动方程。

在无源的均匀介质中，麦克斯韦方程组的微分形式为

$$\nabla\times\boldsymbol{E}=-\frac{\partial\boldsymbol{B}}{\partial t}=-\mu\frac{\partial\boldsymbol{H}}{\partial t} \tag{3-1}$$

$$\nabla\times\boldsymbol{H}=\frac{\partial\boldsymbol{D}}{\partial t}=\varepsilon\frac{\partial\boldsymbol{E}}{\partial t} \tag{3-2}$$

$$\nabla\cdot\boldsymbol{D}=0 \tag{3-3}$$

$$\nabla\cdot\boldsymbol{B}=0 \tag{3-4}$$

对式(3-1)两边取旋度，再利用矢量恒等式

$$\nabla\times(\nabla\times\boldsymbol{E})=\nabla\cdot(\nabla\cdot\boldsymbol{E})-\nabla^2\boldsymbol{E}$$

及

$$\nabla\times(\nabla\times\boldsymbol{E})=-\mu\nabla\times\frac{\partial\boldsymbol{H}}{\partial t}$$

得

$$\nabla\cdot(\nabla\cdot\boldsymbol{E})-\nabla^2\boldsymbol{E}=-\mu\nabla\times\frac{\partial\boldsymbol{H}}{\partial t}=-\mu\frac{\partial}{\partial t}(\nabla\times\boldsymbol{H}) \tag{3-5}$$

将式(3-2)代入式(3-5)，得

$$\nabla\cdot(\nabla\cdot\boldsymbol{E})-\nabla^2\boldsymbol{E}=-\mu\frac{\partial}{\partial t}\left(\varepsilon\frac{\partial\boldsymbol{E}}{\partial t}\right)=-\mu\varepsilon\frac{\partial^2\boldsymbol{E}}{\partial t^2} \tag{3-6}$$

由式(3-3)可知，$\nabla\cdot(\nabla\cdot\boldsymbol{E})=0$，所以

$$\nabla^2\boldsymbol{E}-\mu\varepsilon\frac{\partial^2\boldsymbol{E}}{\partial t^2}=0 \tag{3-7}$$

同理可得

$$\nabla^2\boldsymbol{H}-\mu\varepsilon\frac{\partial^2\boldsymbol{H}}{\partial t^2}=0 \tag{3-8}$$

式(3-7)和式(3-8)称为电场和磁场的波动方程,其解称为波动解。在直角坐标系中,波动方程可展开为三个标量方程:

$$\begin{cases}\nabla^2 E_x - \mu\varepsilon \dfrac{\partial^2 E_x}{\partial t^2} = 0 \\ \nabla^2 E_y - \mu\varepsilon \dfrac{\partial^2 E_y}{\partial t^2} = 0 \\ \nabla^2 E_z - \mu\varepsilon \dfrac{\partial^2 E_z}{\partial t^2} = 0\end{cases}$$

因为 $\boldsymbol{E}$ 和 $\boldsymbol{H}$ 有相似的表达式,所以 $\boldsymbol{E}$ 和 $\boldsymbol{H}$ 的各分量均为以下标量波动方程的解。

$$\nabla^2 \phi - \mu\varepsilon \frac{\partial^2 \phi}{\partial t^2} = 0$$

3.1.2 时谐场的相量域波动方程

对于时谐场,无源区相量形式的麦克斯韦方程为

$$\boldsymbol{\nabla}\times\dot{\boldsymbol{E}} = -\mathrm{j}\omega\dot{\boldsymbol{B}} \tag{3-9}$$

$$\boldsymbol{\nabla}\times\dot{\boldsymbol{H}} = \mathrm{j}\omega\dot{\boldsymbol{D}} \tag{3-10}$$

$$\boldsymbol{\nabla}\cdot\dot{\boldsymbol{D}} = 0 \tag{3-11}$$

$$\boldsymbol{\nabla}\cdot\dot{\boldsymbol{B}} = 0 \tag{3-12}$$

根据两个相量形式的旋度方程可以导出相量形式的波动方程,称为亥姆霍兹方程(也称简谐振动方程)。

$$\nabla^2\dot{\boldsymbol{E}} + k^2\dot{\boldsymbol{E}} = 0 \tag{3-13a}$$

$$\nabla^2\dot{\boldsymbol{H}} + k^2\dot{\boldsymbol{H}} = 0 \tag{3-13b}$$

式中,$k^2 = \omega^2\mu\varepsilon$,称为电磁波的传播常数。在一般性介质中

$$k^2 = \omega^2\varepsilon\mu - \mathrm{j}\omega\sigma\mu = \omega^2\varepsilon\mu(1+\sigma/(\mathrm{j}\omega\varepsilon))$$

下面为方便起见,将省略相量形式的场量表达式中字母上方的“·”,如 $\dot{\boldsymbol{H}}$ 就写为 $\boldsymbol{H}$。即上述方程改写为

$$\begin{cases}\nabla^2\boldsymbol{E} + k^2\boldsymbol{E} = 0 \\ \nabla^2\boldsymbol{H} + k^2\boldsymbol{H} = 0\end{cases}$$

因为 $\boldsymbol{\nabla}^2\boldsymbol{E}$ 在直角坐标系中可展开为

$$\nabla^2\boldsymbol{E} = \nabla^2 E_x\,\boldsymbol{a}_x + \nabla^2 E_y\,\boldsymbol{a}_y + \nabla^2 E_z\,\boldsymbol{a}_z$$

在圆柱坐标系中可展开为

$$\nabla^2\boldsymbol{E} = \left(\nabla^2 E_r - \frac{1}{r^2}E_r - \frac{2}{r^2}\frac{\partial}{\partial\phi}E_\phi\right)\boldsymbol{a}_r + \left(\nabla^2 E_\phi - \frac{1}{r^2}E_\phi + \frac{2}{r^2}\frac{\partial}{\partial\phi}E_r\right)\boldsymbol{a}_\phi + (\nabla^2 E_z)\,\boldsymbol{a}_z$$

在球坐标系中可展开为

$$\begin{aligned}\nabla^2\boldsymbol{E} = &\left(\nabla^2 E_r - \frac{2}{r^2}E_r - \frac{2}{r^2\sin\theta}\frac{\partial}{\partial\theta}(\sin\theta E_\theta) - \frac{2}{r^2\sin\theta}\frac{\partial}{\partial\phi}E_\phi\right)\boldsymbol{a}_r \\ &+ \left(\nabla^2 E_\theta - \frac{1}{r^2\sin^2\theta}E_\theta + \frac{2}{r^2}\frac{\partial}{\partial\theta}E_r - \frac{2\cos\theta}{r^2\sin^2\theta}\frac{\partial}{\partial\phi}E_\phi\right)\boldsymbol{a}_\theta \\ &+ \left(\nabla^2 E_\phi - \frac{1}{r^2\sin^2\theta}E_\phi + \frac{2}{r^2\sin\theta}\frac{\partial}{\partial\phi}E_r + \frac{2\cos\theta}{r^2\sin^2\theta}\frac{\partial}{\partial\phi}E_\theta\right)\boldsymbol{a}_\phi\end{aligned}$$

所以,亥姆霍兹方程在直角坐标系中的展开式为

$$\begin{cases}\nabla^2 E_x + k^2 E_x = 0 \\ \nabla^2 E_y + k^2 E_y = 0 \\ \nabla^2 E_z + k^2 E_z = 0\end{cases} \tag{3-14a}$$

在圆柱坐标系中的展开式为

$$\begin{cases}\nabla^2 E_r - \dfrac{1}{r^2}E_r - \dfrac{2}{r^2}\dfrac{\partial}{\partial \phi}E_\phi + k^2 E_r = 0 \\ \nabla^2 E_\phi - \dfrac{1}{r^2}E_\phi + \dfrac{2}{r^2}\dfrac{\partial}{\partial \phi}E_r + k^2 E_\phi = 0 \\ \nabla^2 E_z + k^2 E_z = 0\end{cases} \tag{3-14b}$$

在球坐标系中的展开式为

$$\begin{cases}\nabla^2 E_r - \dfrac{2}{r^2}E_r - \dfrac{2}{r^2 \sin\theta}\dfrac{\partial}{\partial \theta}(\sin\theta E_\theta) - \dfrac{2}{r^2\sin\theta}\dfrac{\partial}{\partial\phi}E_\phi + k^2 E_r = 0 \\ \nabla^2 E_\theta - \dfrac{1}{r^2\sin^2\theta}E_\theta + \dfrac{2}{r^2}\dfrac{\partial}{\partial\theta}E_r - \dfrac{2\cos\theta}{r^2\sin^2\theta}\dfrac{\partial}{\partial\phi}E_\phi + k^2 E_\theta = 0 \\ \nabla^2 E_\phi - \dfrac{1}{r^2\sin^2\theta}E_\phi + \dfrac{2}{r^2\sin\theta}\dfrac{\partial}{\partial\phi}E_r + \dfrac{2\cos\theta}{r^2\sin^2\theta}\dfrac{\partial}{\partial\phi}E_\theta + k^2 E_\phi = 0\end{cases} \tag{3-14c}$$

由式(3-14)可见,只有在直角坐标系中,场的三个分量才各自满足标量波动方程;在柱坐标系中,仅有纵向分量独自满足标量波动方程,而其他两个分量以及球坐标中场的三个分量均不能独立满足标量波动方程。

3.2　波动方程的解

波动方程的解是在空间中沿着一个特定方向传播的电磁波。研究电磁波的传播问题都可以归结为,在给定的边界条件和初始条件下求波动方程的解。当然,除了最简单的情况外,求解波动方程常常是很复杂的。

设电波沿 z 轴方向传播,而电场在 x 方向,则

$$\boldsymbol{E} = E_x(z,t)\boldsymbol{a}_x \tag{3-15}$$

$\boldsymbol{E}$ 所满足的波动方程为

$$\nabla^2 E_x - \mu\varepsilon \frac{\partial^2 E_x}{\partial t^2} = 0 \tag{3-16}$$

因为电波沿 z 方向传播,且仅为变量 z 的函数,其对 x、y 的偏导数均为零,所以

$$\frac{\partial^2 E_x}{\partial z^2} - \mu\varepsilon \frac{\partial^2 E_x}{\partial t^2} = 0 \tag{3-17}$$

求解该方程,得

$$E_x(z,t) = f_1\left(t - \frac{z}{v}\right) + f_2\left(t + \frac{z}{v}\right) \tag{3-18}$$

式中,$v = \dfrac{1}{\sqrt{\mu\varepsilon}}$ (m/s),f_1 和 f_2 的函数形式取决于激励源。

如果该电波为正弦波,则其时域表达式为

$$E_x(z,t)=E_{m_1}\cos(\omega t-kz)+E_{m_2}\cos(\omega t+kz)=E_{m_1}\cos\omega\left(t-\frac{z}{v}\right)+E_{m_2}\cos\omega\left(t+\frac{z}{v}\right)$$

电波的相量形式为

$$\boldsymbol{E}(z)=\boldsymbol{E}_{m_1}e^{-jkz}+\boldsymbol{E}_{m_2}e^{jkz}$$

式中，$\boldsymbol{E}(z)$ 为电场强度的复矢量(相量形式)，省略了 $\boldsymbol{E}$ 上面的“·”；本例中，$\boldsymbol{E}_{m_1}$ 和$\boldsymbol{E}_{m_2}$ 为振幅常矢量，在等相位面内及传播方向上都不变化。

在 $f_1\left(t-\frac{z}{v}\right)$ 中，令 $\phi=t-\frac{z}{v}$，则 $z=v(t-\phi)$。设 $t=t_1$ 时，$z=z_1$；$t=t_2$ 时，$z=z_2$。如果 $t_2>t_1$，则 $z_2>z_1$，即在 t_2 时刻，波形在 t_1 时刻的右边。显然，f_1 所表示的波沿 $+z$ 轴方向传播。同理，对于 f_2 而言，令 $\phi=t+\frac{z}{v}$，则 $z=v(\phi-t)$。当 $t_2>t_1$ 时，$z_2<z_1$，显然，f_2 所表示的波沿 $-z$ 轴方向传播。这样，我们就可以认为，电磁波就是电磁扰动的传播，这正如拿住绳子的一端上下抖动时，这一扰动就会由近及远地向另一端传播。一般情况下，我们取沿其中一个方向传播的波即可，即

$$\boldsymbol{E}(z)=\boldsymbol{E}_m e^{-jkz}$$

或

$$\boldsymbol{E}(z)=\boldsymbol{E}_m e^{jkz}$$

容易验证，任意二阶可微的时间函数 f_1、f_2 都满足波动方程(3-17)。它可能是窄脉冲，也可能是数字波形或连续波。波的形态千变万化，但它们都必须满足麦克斯韦方程组，因而也就必须满足波动方程。换言之，所有能够存在的电磁波都是波动方程的解。

3.3 均匀平面电磁波

3.3.1 均匀平面电磁波的概念

本节开始讨论电磁波的最简单形式，即均匀平面电磁波，简称均匀平面波。讨论均匀平面波是因为均匀平面波是电磁波的一种理想情况，其分析方法简单，但又表征了电磁波的重要特性。同时，因为沿传输线和波导传输的波以及由天线发射的波与均匀平面波有惊人的相似。

在引出均匀平面波的概念之前，我们先熟悉几个简单的定义。在电磁波传播过程中，对应任意时刻 t，空间电磁场中具有相同相位的点所构成的面称为等相位面(波阵面)或波前，如果波阵面是球面，就称为球面波，如果波阵面是平面，就称为平面波。均匀的含义是，在波阵面上，电场和磁场都均匀分布，即电场和磁场的振幅都相等。电场和磁场均匀分布的平面波称为均匀平面波(UPW)，场量随时间为正弦变化的均匀平面波，称为正弦均匀平面波(SUPW)。

球面波和均匀平面波都是理想存在的。球面波的源是理想点源，如点光源在真空中形成的辐射场、简谐收缩小球振动形成的声场，都是以球面波形式存在的。当场的位置和源的距离足够远，有限尺寸的源总可以近似成理想点源。例如，辐射到地球的太阳光就可以看成理想点源形成的均匀球面波，因为其球面半径很大，每一处又可以看成一个平面，同时场可以认为是均匀分布的，因此局部就可以看成均匀平面波。

3.3.2 均匀平面波的传播特性

在平面波传播空间的任意一点，电场随时间变化的周期是

$$T=\frac{2\pi}{\omega} \tag{3-19}$$

振荡的频率是

$$f=\frac{1}{T}=\frac{\omega}{2\pi} \tag{3-20}$$

频率是由激励源决定的。在任何介质中,在空间的任一点,f 都相同。

对于无耗介质,磁导率 μ 和介电常数 ε 都是实数,定义

$$\beta=k=\omega\sqrt{\mu\varepsilon}=\frac{\omega}{v} \tag{3-21}$$

由于 βz 代表相位,故 β 代表电磁波沿 z 方向传播时每单位距离改变的相位,单位为 rad/m,称为相移常数或波数。由式(3-21)可见,平面波的相移常数与电磁波的频率及其所在空间中介质的 μ、ε 有关。由于正弦波一个周期的距离,即相位差为 2π 的两点之间的距离称为一个波长,以 λ 表示(图 3-1),因此

$$\beta=\frac{2\pi}{\lambda} \tag{3-22}$$

由此,无耗介质中的均匀平面波(垂直于等相面的)相速为

$$v=\frac{\omega}{k}=\frac{\omega}{\beta}=\frac{1}{\sqrt{\mu\varepsilon}}\quad(\mathrm{m/s}) \tag{3-23}$$

真空中的相速为 $v_0=c=\dfrac{1}{\sqrt{\mu_0\varepsilon_0}}=3\times10^8\ (\mathrm{m/s})$。式(3-23)表明,在完纯介质中,相速只取决于介质的参数 μ、ε,与波的频率无关。

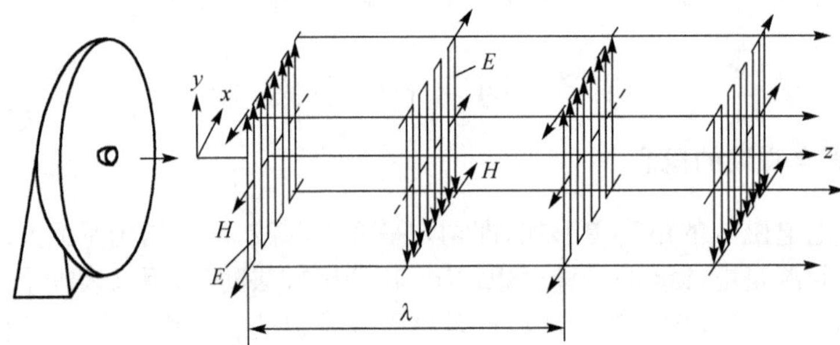

图 3-1 平面波的波阵面上电力线和磁力线的分布示意图

根据前面的讨论,平面波的相速还可以表达为波长与频率的乘积

$$v=\lambda f \tag{3-24}$$

根据平面波的电场表达式以及电磁场满足的旋度方程

$$\nabla\times\boldsymbol{E}=-\mathrm{j}\omega\mu\boldsymbol{H}$$

可以得到磁场的复振幅表达式为

$$H_y=\frac{\beta}{\omega\mu}E_{\mathrm{m}}\mathrm{e}^{-\mathrm{j}\beta z} \tag{3-25}$$

式(3-25)在时域可以写成

$$H_y=\frac{\beta}{\omega\mu}E_{\mathrm{m}}\cos(\omega t-\beta z)=\frac{E_{\mathrm{m}}\cos(\omega t-\beta z)}{\eta}=\frac{E_x}{\eta} \tag{3-26}$$

磁场的复振幅表达式也可写为

$$H_y=\frac{E_{\mathrm{m}}}{\eta}\mathrm{e}^{-\mathrm{j}\beta z} \tag{3-27}$$

式中

$$\eta=\frac{E_x}{H_y}=\frac{\omega\mu}{\beta}=\sqrt{\frac{\mu}{\varepsilon}} \tag{3-28}$$

η 是具有阻抗的量纲。对于完纯介质,仅与介质的参数有关,而与 ω 无关,因此被称为介质的本征阻抗或本质阻抗。在真空中

$$\eta_0=\sqrt{\frac{\mu_0}{\varepsilon_0}}=120\pi\approx 377(\Omega)$$

由式(3-26)可以看出,均匀平面波的电场与磁场是同相的,在空间上相互垂直,振幅间的比值为 η。可以画出在某一时刻 t,电场和磁场沿 z 轴的分布,如图 3-2 所示(其中虚线所示为有耗介质中的情形),图中的平面波随着时间 t 沿 z 轴正向以速度 $v=\frac{1}{\sqrt{\mu\varepsilon}}$(m/s) 传播。

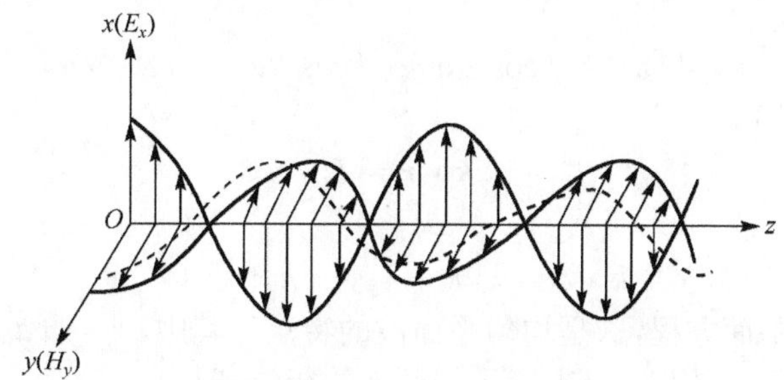

图 3-2 理想介质中均匀平面电磁波的电场和磁场

均匀平面波的瞬时坡印亭矢量为

$$\boldsymbol{S}=\boldsymbol{E}\times\boldsymbol{H}$$

将电场和磁场的表达式代入上述公式得到

$$\boldsymbol{S}(z,t)=\frac{E_x^2}{\eta}\boldsymbol{a}_z=\eta H_y^2\boldsymbol{a}_z=\eta H_0^2\cos^2(\omega t-\beta z)\boldsymbol{a}_z \tag{3-29}$$

这表明平面波能量传输的方向垂直于电场和磁场所构成的平面,其大小和电场或磁场振幅的平方成正比。坡印亭矢量、电场矢量和磁场矢量的方向满足右手螺旋定则:即右手四指从 $\boldsymbol{E}$ 的方向指向 $\boldsymbol{H}$ 的方向,则大拇指的指向就是均匀平面电磁波的传播方向。显然,这一关系与坐标系如何设置无关。习惯上,我们把这种电场 $\boldsymbol{E}$ 和磁场 $\boldsymbol{H}$ 均垂直于电磁波传播方向的平面波称为横电磁波,简称 TEM 波。可以看出,尽管能流是变化的,但它总是正值,表示 $\boldsymbol{S}$ 总是顺着电磁波传播的方向 $\boldsymbol{k}=\beta\boldsymbol{a}_z$ 流动的,不会逆 $\boldsymbol{k}$ 的方向流动。$\boldsymbol{S}(z,t)$ 随时间 $\omega t-\beta z_0$ 和空间 $\omega t_0-\beta z$ 的变化曲线也是很容易描绘的。

容易算出均匀平面波的平均坡印亭矢量为

$$\boldsymbol{S}_{\mathrm{av}}=\frac{1}{2}\mathrm{Re}\left[\boldsymbol{E}\times\boldsymbol{H}^*\right]$$

将电场和磁场的复振幅表达式代入上述公式得到

$$\boldsymbol{S}_{\mathrm{av}}=\frac{|E_x|^2}{2\eta}\boldsymbol{a}_z=\frac{1}{2}\eta|H_y|^2\boldsymbol{a}_z \tag{3-30}$$

由于 E_{m}、H_{m} 在整个空间为常数,因而完纯介质中均匀平面波的平均能流是一个与时、空变量都无关的常矢量。它与波矢量的方向一致,表示相位和能量的传播方向。

根据电场和磁场单位体积的储能公式

$$w_{\mathrm{e}} = \frac{1}{2}\varepsilon E_{\mathrm{m}}^{2}$$

和

$$w_{\mathrm{m}} = \frac{1}{2}\mu H_{\mathrm{m}}^{2}$$

以及电场、磁场的表达式，可得

$$w_{\mathrm{e}} = w_{\mathrm{m}} \tag{3-31}$$

这表明均匀平面波在任意时刻，在空间任意一点单位体积内的电场能量和磁场能量都是相等的。

3.3.3 正弦均匀平面波的表达

不失一般性，考虑沿任意方向传播的正弦均匀平面波的表达式。假设某一均匀平面波沿任意方向 $\boldsymbol{a}_k = \cos\alpha\,\boldsymbol{a}_x + \cos\beta\,\boldsymbol{a}_y + \cos\gamma\,\boldsymbol{a}_z$ 传播。可以定义一个波矢量 $\boldsymbol{k}$，其方向为 $\boldsymbol{a}_k$，模为传播常数 $|\boldsymbol{k}| = k$，有

$$\boldsymbol{k} = k\boldsymbol{a}_k = k\cos\alpha\,\boldsymbol{a}_x + k\cos\beta\,\boldsymbol{a}_y + k\cos\gamma\,\boldsymbol{a}_z \tag{3-32}$$

则

$$\boldsymbol{k}\cdot\boldsymbol{r} = C \tag{3-33a}$$

或

$$\boldsymbol{k}\cdot\boldsymbol{r} = k_x x + k_y y + k_z z = C \tag{3-33b}$$

就表示与 $\boldsymbol{k}$ 相垂直的平面方程，这是均匀平面波的特点。其中，$\boldsymbol{r} = x\boldsymbol{a}_x + y\boldsymbol{a}_y + z\boldsymbol{a}_z$ 为任一场点的位置矢量。因此，可用 $\boldsymbol{k}\cdot\boldsymbol{r}$ 来表示平面波的相位，即

$$\boldsymbol{E}(r) = \boldsymbol{E}_0\mathrm{e}^{-\mathrm{j}\boldsymbol{k}\cdot\boldsymbol{r}} \tag{3-34a}$$

式中，$\boldsymbol{E}_0$ 为常矢量。

其瞬时表达式为

$$\boldsymbol{E}(r,t) = \boldsymbol{E}_0\cos(\omega t - \boldsymbol{k}\cdot\boldsymbol{r}) = \boldsymbol{E}_0\cos[\omega t - (k_x x + k_y y + k_z z)] \tag{3-34b}$$

平面方程[式(3-33)]表示平面波[式(3-34)]的等相位面，而波矢量 $\boldsymbol{k} = -\nabla(-\boldsymbol{k}\cdot\boldsymbol{r})$ 则为等相位面的负梯度矢量，因而它指向相位滞后得最快的方向。容易验证式(3-34)满足波动方程。与此同时，无源区电场的解还必须满足

$$\nabla\cdot\boldsymbol{E} = 0$$

所以有

$$\nabla\cdot(\boldsymbol{E}_0\mathrm{e}^{-\mathrm{j}\boldsymbol{k}\cdot\boldsymbol{r}}) = \boldsymbol{E}_0\,\nabla\mathrm{e}^{-\mathrm{j}\boldsymbol{k}\cdot\boldsymbol{r}} = -\mathrm{j}\boldsymbol{k}\cdot\boldsymbol{E}_0\mathrm{e}^{-\mathrm{j}\boldsymbol{k}\cdot\boldsymbol{r}} = 0$$

于是得到

$$\boldsymbol{k}\cdot\boldsymbol{E}_0 = 0 \tag{3-35}$$

式(3-34)就是均匀平面波的一般表达式，$\boldsymbol{k}$ 的大小就是传播常数，其方向 $\boldsymbol{a}_k$ 就是平面电磁波传播的方向。均匀平面波的一般表达式必须满足式(3-35)的条件，即电场的方向与平面波前进的方向垂直，所以，均匀平面电磁波的电场是横波。

特别地，$\boldsymbol{k} = \boldsymbol{a}_z k_z$，即沿 z 轴方向传播的平面电磁波，此时 $\boldsymbol{k}\cdot\boldsymbol{r} = k_z z$，式(3-34a)就成为

$$\boldsymbol{E} = \boldsymbol{E}_0\mathrm{e}^{-\mathrm{j}k_z z}$$

平面电磁波的磁场可由麦克斯韦方程 $\nabla\times\boldsymbol{E} = -\mathrm{j}\omega\mu\boldsymbol{H}$ 导出。由式(3-34)容易计算

$$\nabla\times\boldsymbol{E} = -\mathrm{j}\boldsymbol{k}\times\boldsymbol{E}_0\mathrm{e}^{-\mathrm{j}\boldsymbol{k}\cdot\boldsymbol{r}}$$

从而可以得到

$$\boldsymbol{H} = \frac{1}{\eta}\boldsymbol{a}_k\times\boldsymbol{E} \quad 或 \quad \boldsymbol{E} = \eta\boldsymbol{H}\times\boldsymbol{a}_k \tag{3-36}$$

式(3-36)表明磁场与平面波的传播方向 $\boldsymbol{a}_k$ 垂直,可见磁场也是横波。

下面讨论平面波沿不同方向传播的相速度、波长和群速。为方便起见,以二维的情形(如在 xOz 面上)来说明问题。从图 3-3 可以看到

$$PA = \lambda_z = \frac{\lambda}{\cos\gamma} = \frac{2\pi}{k\cos\gamma} = \frac{2\pi}{k_z} \quad (3\text{-}37\text{a})$$

$$PB = \lambda_x = \frac{\lambda}{\cos\alpha} = \frac{2\pi}{k\cos\alpha} = \frac{2\pi}{k_x} \quad (3\text{-}37\text{b})$$

相应地,沿 z、x 方向的相速度分别为

$$v_{pz} = \frac{v}{\cos\gamma} = \frac{\omega}{k\cos\gamma} = \frac{\omega}{k_z} > c \quad (3\text{-}38\text{a})$$

$$v_{px} = \frac{v}{\cos\alpha} = \frac{\omega}{k\cos\alpha} = \frac{\omega}{k_x} > c \quad (3\text{-}38\text{b})$$

事实上,只要我们所考虑的方向 $\boldsymbol{v}_p$ 与 $\boldsymbol{k}$ 不同(设两者的夹角为 θ,$0<\theta<\pi/2$),就会有

$$v_p = \frac{\omega}{k\cos\theta} > c \quad 或 \quad \boldsymbol{v}_p \cdot \boldsymbol{k} = \omega \quad (3\text{-}39)$$

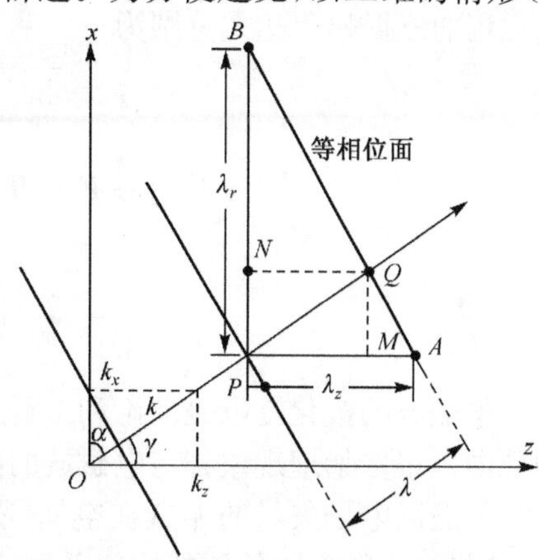

图 3-3 平面波沿不同方向的波长、相速和群速

但这并不表示电磁波的传播速度大于光速。因为朝某个方向的相速(如 v_{pz})只是代表两个等相位面的斜距离,而斜距离总是大于垂直距离的(如 $PA>PQ$),这是一个简单的几何道理。

此外,如果把真空中等相位面沿 $\boldsymbol{k}$、z、x 方向推进的速度分别用 c、v_{ez}、v_{ex} 表示(易知 v_{ez}、v_{ex} 分别是 c 在 z、x 方向的分速度),则有

$$v_{ez} \leqslant c, \quad PM \leqslant PQ \quad (3\text{-}40\text{a})$$

$$v_{ex} \leqslant c, \quad PN \leqslant PQ \quad (3\text{-}40\text{b})$$

并且容易证明

$$v_{ez}v_{pz} = c^2, \quad PM \cdot PA = PQ^2 \quad (3\text{-}41\text{a})$$

$$v_{ex}v_{px} = c^2, \quad PN \cdot PB = PQ^2 \quad (3\text{-}41\text{b})$$

这表明,电磁波沿某一方向的群速与相速的乘积总是等于电磁波在这种介质中沿 $\boldsymbol{k}$ 方向的传播速度的平方。

例 3-1 已知真空中的电磁波其电场为 $E_y = 37.7\cos(6\pi\times10^8 t + kz)$,问此波是否为均匀平面波?求波的振荡频率 f、传播速度 v、波数 k、波的传播方向、磁场 $\boldsymbol{H}$ 及 $\boldsymbol{S}_{av}$。

解 此波是均匀平面波,由电场的表达式可知 $\omega = 6\pi\times10^8$ (rad/m)。

$$f = \omega/2\pi = 6\pi\times10^8/2\pi = 3\times10^8\,(\text{Hz})$$

真空中,均匀平面波的传播速度是

$$v = \frac{1}{\sqrt{\mu_0\varepsilon_0}} = 3\times10^8\,(\text{m/s})$$

$$k = \omega\sqrt{\mu\varepsilon} = \omega\sqrt{\mu_0\varepsilon_0} = 2\pi(\text{rad/m})$$

波的传播方向是 $-z$ 轴方向。

磁场:

$$\boldsymbol{H} = \frac{1}{\eta}\boldsymbol{a}_k \times \boldsymbol{E} = \frac{1}{120\pi}(-\boldsymbol{a}_z)\times\boldsymbol{a}_y 37.7\cos(6\pi\times10^8 t + 2\pi z)$$

$$= \frac{1}{10}\cos\,(6\pi \times 10^8 t + 2\pi z)\,\boldsymbol{a}_x\,(\mathrm{A/m})$$

电磁场的复振幅表达式分别为

$$\boldsymbol{E} = 37.7\mathrm{e}^{\mathrm{j}2\pi z}\,\boldsymbol{a}_y,\quad \boldsymbol{H} = \frac{1}{10}\mathrm{e}^{\mathrm{j}2\pi z}\,\boldsymbol{a}_x$$

$$\boldsymbol{S}_{\mathrm{av}} = \mathrm{Re}\left[\frac{1}{2}\boldsymbol{E} \times \boldsymbol{H}^*\right] = -\,\eta_0 \boldsymbol{H}^2\,\boldsymbol{a}_z = -\,1.885\,\boldsymbol{a}_z\,(\mathrm{W/m^2})$$

3.4 电磁波的极化

电磁波的极化是电磁理论和工程应用中的一个基本概念，它指电磁波的电场矢量在空间的取向。很多物理现象都与电磁波的极化有关。

一般以电场矢量的端点在空间(随时间变化)所画的轨迹来划分极化的类型。为方便起见，选择沿 z 轴方向传播的均匀平面波为研究对象。均匀平面波没有 z 方向的分量，一般可用 E_x 和 E_y 分量来表示。如果 $E_y = 0$，只有 E_x 分量，则为沿 x 轴方向极化的平面波；如果 $E_x = 0$，只有 E_y 分量，则为沿 y 轴方向极化的平面波。

在一般情况下，E_x 和 E_y 分量都存在，这两个分量的振幅和相位不一定相同，因此波的极化方向也是复杂的。可分为三种情况来讨论。

1. 直线极化

电磁波的电场矢量 $\boldsymbol{E}$ 在空间随时间的变化轨迹为一直线的波称为直线极化波或线极化波。对于直线极化波，电场矢量的两个分量 E_x 和 E_y 的相位相同或相差 180°。为此可以假定

$$E_x = E_{x\mathrm{m}}\cos\,(\omega t - kz + \phi)$$

则

$$E_y = E_{y\mathrm{m}}\cos\,(\omega t - kz + \phi)$$

其中，$E_{x\mathrm{m}}$ 和 $E_{y\mathrm{m}}$ 为振幅；ϕ 为初始相位。

合成电场的大小是

$$E = \sqrt{E_{x\mathrm{m}}^2 + E_{y\mathrm{m}}^2}\cos\,(\omega t - kz + \phi)$$

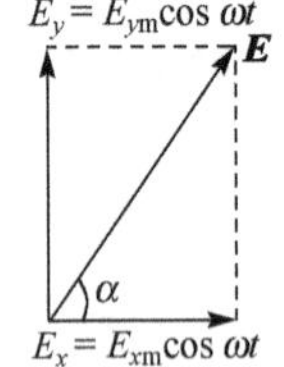

图 3-4 直线极化波

合成电场的取向与 x 轴的夹角 α 为

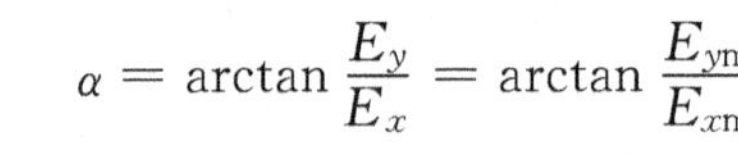

$$\alpha = \arctan\frac{E_y}{E_x} = \arctan\frac{E_{y\mathrm{m}}}{E_{x\mathrm{m}}}$$

式中，由于 $E_{x\mathrm{m}}$ 和 $E_{y\mathrm{m}}$ 是不随时间变化的常数，因此 α 也不随时间变化。故合成电场端点的轨迹始终位于与 x 轴成 α 角的直线上，所以称为直线极化波。在传播方向上振动方向相同的点构成的平面，称为线极化面，如图 3-4 所示。

2. 圆极化

电磁波的电场矢量 $\boldsymbol{E}$ 的端点在空间随时间运动的轨迹为一个圆的波称为圆极化波。对于圆极化波，电场矢量的两个分量 E_x 和 E_y 的振幅相同，而相位相差 90°或 270°。以相位相差 90°为例，可以假定

$$E_x = E_{\mathrm{m}}\cos\,(\omega t - kz + \phi)$$

则

$$E_y = E_m\cos(\omega t - kz + \phi - 90°) = E_m\sin(\omega t - kz + \phi)$$

合成电场的振幅是

$$E = \sqrt{E_x^2 + E_y^2} = E_m$$

故电场的大小是不变的。

合成电场的取向与 x 轴的夹角 α 为

$$\tan\alpha = \frac{E_y}{E_x} = \tan(\omega t - kz + \phi)$$

$$\alpha = \omega t - kz + \phi$$

上式表明，合成电场的矢端在一圆周上以角速度 ω 旋转。当 E_y 较 E_x 滞后 90°时，沿逆时针方向旋转；反之，当 E_y 较 E_x 超前 90°时，沿顺时针方向旋转，如图 3-5 所示。

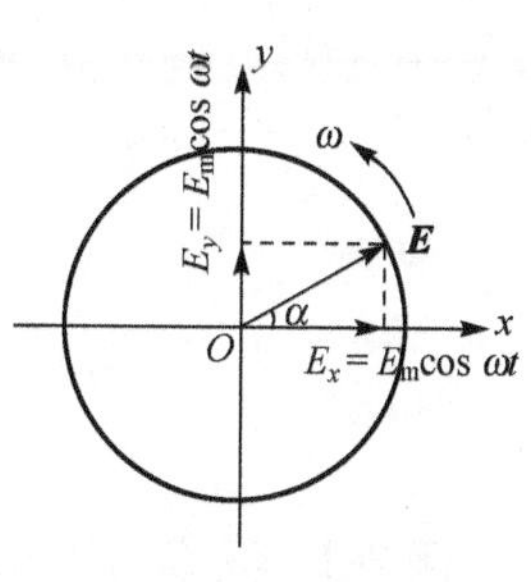

图 3-5 圆极化波

圆极化波与线极化波不同之处在于，电场矢量是沿着传播方向 $\boldsymbol{a}_k$ 旋转的。在某一时刻 t，顺着 $\boldsymbol{a}_k$ 的方向看过去，如果空间各点 $\boldsymbol{E}$ 的矢端顺时针方向旋转，则为右旋圆极化波，反之，为左旋圆极化波。

3. 椭圆极化

电磁波的电场矢量 $\boldsymbol{E}$ 的端点在空间随时间变化的轨迹为一个椭圆的波称为椭圆极化波。一般情况下，电场的两个分量 E_x 和 E_y 之间有一任意相位差 ϕ，振幅也不相同。可以假定

$$E_x = E_{xm}\cos(\omega t - kz)$$

则

$$E_y = E_{ym}\cos(\omega t - kz + \phi)$$

为讨论方便而又不失一般性，可在以上二式中取 $z = 0$，由此 E_x 和 E_y 写作

$$E_x = E_{xm}\cos\omega t$$

$$E_y = E_{ym}\cos(\omega t + \phi)$$

在此二式中消去 t，可得

$$\frac{E_x^2}{E_{xm}^2} + \frac{E_y^2}{E_{ym}^2} - \frac{2E_xE_y}{E_{xm}E_{ym}}\cos\phi = \sin^2\phi$$

这是一个椭圆方程，说明合成电场矢量端点的运动轨迹为椭圆，如图 3-6 所示。当 $\phi > 0$ 时，它沿逆时针方向旋转；当 $\phi < 0$ 时，它沿顺时针方向旋转。可以证明，椭圆的长轴与 x 轴的夹角 θ 由下式决定：

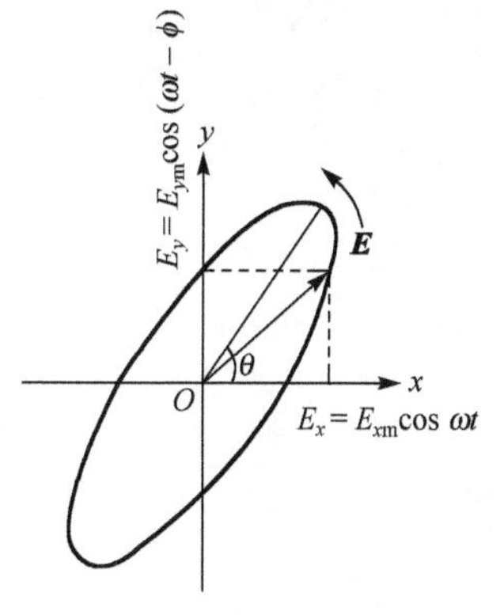

图 3-6 椭圆极化波

$$\tan 2\theta = \frac{2E_{xm}E_{ym}}{E_{xm} - E_{ym}}\cos\phi$$

直线极化波和圆极化波都可以看成椭圆极化波的特殊情况。当椭圆的长短轴相等时，椭圆极化波退化成圆极化波，当椭圆的短轴缩为零时，椭圆极化波则退化成直线极化波。

例如，一个无衰减的均匀平面波可用 $\boldsymbol{E}_0 e^{-j\boldsymbol{k}\cdot\boldsymbol{r}}$ 来表示，其中，$\boldsymbol{E}_0$ 是垂直于 $\boldsymbol{k}$ 的复矢量。如果取 $\boldsymbol{k}$ 平行于 z 轴，则 $\boldsymbol{E}_0$ 就是位于 xOy 平面内的复矢量，即

$$\boldsymbol{E}_0 = E_x\boldsymbol{a}_x + E_y\boldsymbol{a}_y$$

式中，E_x 和 E_y 均为复数，$E_x = E_{xm}e^{j\phi_x}$，$E_y = E_{ym}e^{j\phi_y}$。E_x 与 E_y 不可能全为零，不妨设$E_y \neq 0$，于是

$$\frac{E_x}{E_y} = Ae^{j\phi}$$

其中，$A = \frac{E_{xm}}{E_{ym}}$，$\phi = \phi_x - \phi_y$。根据 A 的大小和 ϕ 的大小，可将 $\boldsymbol{E}_0$ 分为三种极化类型：

$\phi = 0,\pi$　　直线极化

$\phi = \pm\frac{\pi}{2},\quad A = 1$　　圆极化

$\phi =$ 其他　　椭圆极化

例 3-2　频率为 100MHz 的正弦均匀平面波在各向同性的均匀理想介质中沿 $+z$ 方向传播，介质的特性参数为 $\varepsilon_r = 4, \mu_r = 1, \sigma = 0$。设电场沿 x 方向，即 $\boldsymbol{E}=E_x\boldsymbol{a}_x$。当 $t = 0$，$z = \frac{1}{8}$m 时，电场等于其振幅值 10^{-4}V/m。试求：① $\boldsymbol{E}(z,t)$ 和 $\boldsymbol{H}(z,t)$；②波的传播速度；③平均坡印亭矢量。

解　①以余弦形式写出电场强度表达式：

$$\boldsymbol{E}(z,t) = E_x(x,t)\boldsymbol{a}_x = E_m\cos(\omega t - kz + \psi_{xE})\boldsymbol{a}_x$$

式中，$E_m = 10^{-4}$(V/m)，ψ_{xE}为初始相位。

$$k = \omega\sqrt{\mu\varepsilon} = 2\pi f\sqrt{4\mu_0\varepsilon_0} = 2\pi\times 100\times 10^6\times 2\sqrt{\mu_0\varepsilon_0} = \frac{4\pi}{3}(\text{rad/m})$$

又由 $t = 0$，$z = \frac{1}{8}$m 时，$E_x\left(\frac{1}{8},0\right) = E_m = 10^{-4}$，得

$$\omega t - kz + \psi_{xE} = 0$$

故

$$\psi_{xE} = kz = \frac{4\pi}{3}\times\frac{1}{8} = \frac{\pi}{6}$$

则

$$\boldsymbol{E}(z,t) = 10^{-4}\cos\left(2\pi\times 10^8 t - \frac{4\pi}{3}z + \frac{\pi}{6}\right)\boldsymbol{a}_x \quad (\text{V/m})$$

$$\boldsymbol{H}(z,t) = \boldsymbol{a}_y H_y = \boldsymbol{a}_y\frac{E_x}{\eta} = \boldsymbol{a}_y\frac{1}{\sqrt{\frac{\mu}{\varepsilon}}}10^{-4}\cos\left(2\pi\times 10^8 t - \frac{4\pi}{3}z + \frac{\pi}{6}\right)$$

$$= \frac{1}{60\pi}10^{-4}\cos\left(2\pi\times 10^8 t - \frac{4\pi}{3}z + \frac{\pi}{6}\right)\boldsymbol{a}_y \quad (\text{A/m})$$

②波的传播速度为

$$v = \frac{1}{\sqrt{\mu\varepsilon}} = \frac{1}{\sqrt{4\mu_0\varepsilon_0}} = 1.5\times 10^8 \quad (\text{m/s})$$

③平均坡印亭矢量为

$$\boldsymbol{S}_{av} = \frac{1}{2}\text{Re}\left[\boldsymbol{E}\times\boldsymbol{H}^*\right]$$

式中，$\boldsymbol{E} = 10^{-4}e^{-j\left(\frac{4\pi}{3}z - \frac{\pi}{6}\right)}\boldsymbol{a}_x$，$\boldsymbol{H}^* = \frac{10^{-4}}{60\pi}e^{j\left(\frac{4\pi}{3}z - \frac{\pi}{6}\right)}\boldsymbol{a}_y$。

故

$$\boldsymbol{S}_{\mathrm{av}}=\frac{1}{2}\mathrm{Re}\left[10^{-4}\mathrm{e}^{-\mathrm{j}\left(\frac{4\pi}{3}z-\frac{\pi}{6}\right)}\boldsymbol{a}_x\times\frac{10^{-4}}{60\pi}\mathrm{e}^{\mathrm{j}\left(\frac{4\pi}{3}z-\frac{\pi}{6}\right)}\boldsymbol{a}_y\right]$$

$$=\frac{1}{120\pi}\times10^{-8}\boldsymbol{a}_z\quad(\mathrm{W/m^2})$$

例 3-3 均匀平面波在均匀理想介质中沿相对于 z 轴为 θ 角的方向传播，如图 3-7 所示。设电场与 y 轴平行，试确定磁场的方向。

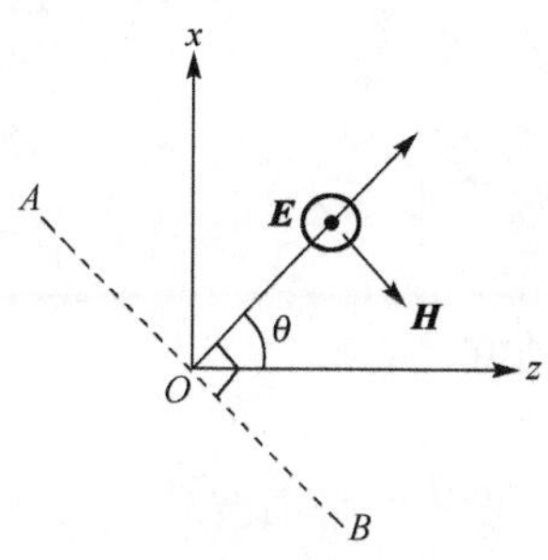

图 3-7 均匀平面波的传播方向

解 由于是均匀平面波，所以电场方向、磁场方向及传播方向三者相互垂直且满足右手螺旋定则，因此，磁场方向应平行于图 3-7 中的 AOB 线，沿 OB 方向，用单位矢量表示为 $\boldsymbol{a}_H=-\cos\theta\boldsymbol{a}_x+\sin\theta\boldsymbol{a}_z$ 。

3.5 有耗介质中的平面波

有耗介质指的是导体和非理想介质。当电磁波在导体中传播时会产生欧姆损耗；在非理想介质中传播时，会产生介电损耗。本节讨论电磁波在均匀无源的导电介质中的传播特性。导电介质的本构关系由 $\boldsymbol{J}_{\mathrm{c}}=\sigma\boldsymbol{E}$ 表示，此时，无源导电介质中麦克斯韦第一方程的复数形式可表示为

$$\nabla\times\boldsymbol{H}=\sigma\boldsymbol{E}+\mathrm{j}\omega\varepsilon\boldsymbol{E}=\mathrm{j}\omega\left(\varepsilon-\mathrm{j}\frac{\sigma}{\omega}\right)\boldsymbol{E}=\mathrm{j}\omega\varepsilon_{\mathrm{c}}\boldsymbol{E}\tag{3-42}$$

式中

$$\varepsilon_{\mathrm{c}}=\varepsilon-\mathrm{j}\frac{\sigma}{\omega}\tag{3-43}$$

称为导电介质的等效介电常数，为一个复数。这样，无源导电介质中的麦克斯韦方程为

$$\nabla\times\boldsymbol{H}=\mathrm{j}\omega\varepsilon_{\mathrm{c}}\boldsymbol{E}\tag{3-44}$$

$$\nabla\times\boldsymbol{E}=-\mathrm{j}\omega\mu\boldsymbol{H}\tag{3-45}$$

$$\nabla\cdot\boldsymbol{H}=0\tag{3-46}$$

$$\nabla\cdot\boldsymbol{E}=0\tag{3-47}$$

用与完纯介质中相同的方法，可导出导电介质中的齐次亥姆霍兹方程：

$$\nabla^2\boldsymbol{E}+k_{\mathrm{c}}^2\boldsymbol{E}=0\tag{3-48}$$

$$\nabla^2\boldsymbol{H}+k_{\mathrm{c}}^2\boldsymbol{H}=0\tag{3-49}$$

式中，$k_{\mathrm{c}}^2=\omega^2\mu\varepsilon_{\mathrm{c}}$ 。

定义复波矢量

$$\boldsymbol{k}_{\mathrm{c}}=k_{\mathrm{c}}\boldsymbol{a}_k\tag{3-50}$$

其中，$\boldsymbol{a}_k$ 表示电波传播方向的单位矢量，$k_{\mathrm{c}}=\omega\sqrt{\mu\varepsilon_{\mathrm{c}}}=\beta-\mathrm{j}\alpha$ 表示波矢量的大小。

在式(3-50)中代入 $\varepsilon_{\mathrm{c}}=\varepsilon-\mathrm{j}\dfrac{\sigma}{\omega}$，得

$$k_{\mathrm{c}}^2=\omega^2\mu\varepsilon_{\mathrm{c}}=\omega^2\mu\left(\varepsilon-\mathrm{j}\frac{\sigma}{\omega}\right)=\beta^2-\alpha^2-\mathrm{j}2\alpha\beta$$

所以

$$\alpha = \omega\sqrt{\frac{\mu\varepsilon}{2}\left[\sqrt{1+\left(\frac{\sigma}{\omega\varepsilon}\right)^2}-1\right]} \quad (\text{Np/m}) \tag{3-51}$$

$$\beta = \omega\sqrt{\frac{\mu\varepsilon}{2}\left[\sqrt{1+\left(\frac{\sigma}{\omega\varepsilon}\right)^2}+1\right]} \quad (\text{rad/m}) \tag{3-52}$$

波动方程的解为

$$\boldsymbol{E} = \boldsymbol{E}_{\mathrm{m}}\mathrm{e}^{-\mathrm{j}\boldsymbol{k}_{\mathrm{c}}\cdot\boldsymbol{r}}$$

设均匀平面波沿 z 轴方向传播，且只有 E_x 分量，则

$$E_x(z) = E_{\mathrm{m}}\mathrm{e}^{-k_{\mathrm{c}}z} = E_{\mathrm{m}}\mathrm{e}^{-\alpha z}\mathrm{e}^{-\mathrm{j}\beta z} \tag{3-53}$$

即

$$\boldsymbol{E} = E_x\boldsymbol{a}_x = E_{\mathrm{m}}\mathrm{e}^{-\alpha z}\mathrm{e}^{-\mathrm{j}\beta z}\boldsymbol{a}_x \tag{3-54}$$

将式(3-54)代入式(3-45)，可求得与电场 $\boldsymbol{E}$ 相伴的磁场 $\boldsymbol{H}$ 为

$$\boldsymbol{H} = \frac{E_{\mathrm{m}}}{\eta_{\mathrm{c}}}\mathrm{e}^{-k_{\mathrm{c}}z}\boldsymbol{a}_y = \frac{E_{\mathrm{m}}}{|\eta_{\mathrm{c}}|}\mathrm{e}^{-\alpha z}\mathrm{e}^{-\mathrm{j}\beta z}\mathrm{e}^{-\mathrm{j}\psi}\boldsymbol{a}_y \tag{3-55}$$

式中

$$\eta_{\mathrm{c}} = \sqrt{\frac{\mu}{\varepsilon_{\mathrm{c}}}} = \frac{\sqrt{\frac{\mu}{\varepsilon}}}{\sqrt{1-\mathrm{j}\frac{\sigma}{\omega\varepsilon}}} = |\eta_{\mathrm{c}}|\mathrm{e}^{\mathrm{j}\psi} \tag{3-56}$$

称为导电介质的本征阻抗。由于 η_{c} 为复数，所以 $\boldsymbol{E}$ 和 $\boldsymbol{H}$ 在时间上不再同相。

由式(3-54)和式(3-55)写出相应的瞬时值表达式：

$$\boldsymbol{E}(z,t) = \mathrm{Re}[E_x\mathrm{e}^{\mathrm{j}\omega t}\boldsymbol{a}_x] = E_{\mathrm{m}}\mathrm{e}^{-\alpha z}\cos(\omega t-\beta z)\boldsymbol{a}_x \tag{3-57}$$

$$\boldsymbol{H}(z,t) = \mathrm{Re}[H_y\mathrm{e}^{\mathrm{j}\omega t}\boldsymbol{a}_y] = \frac{E_{\mathrm{m}}}{|\eta_{\mathrm{c}}|}\mathrm{e}^{-\alpha z}\cos(\omega t-\beta z-\psi)\boldsymbol{a}_y \tag{3-58}$$

可见，电场和磁场的振幅均以因子 $\mathrm{e}^{-\alpha z}$ 随 z 的增大而减小。因此，α 表示电磁波传播每单位距离振幅的衰减，称为电磁波的衰减系数，单位是 Np/m；β 表示电磁波每传播单位距离落后的相位，称为电磁波的相移系数，单位是 rad/m。

由式(3-52)看到波的相速 $v=\frac{\omega}{\beta}$ 与频率有关。在导电介质中，电磁波的相速随频率改变的现象，称为色散效应。

另外，从式(3-57)和式(3-58)可以看出，在导电介质中，均匀平面波的电场和磁场在空间中仍然相互垂直且均垂直于传播方向，但在时间上存在相位差。图 3-8 给出了一个特定时刻的波形图。

下面讨论两种常见的情况。

1)弱导电介质

弱导电介质的参数满足 $\frac{\sigma}{\omega\varepsilon}\ll 1$，$\boldsymbol{J}_{\mathrm{c}}\ll\boldsymbol{J}_{\mathrm{d}}$，此时

$$k_{\mathrm{c}} = \omega\sqrt{\mu\varepsilon_{\mathrm{c}}} = \omega\sqrt{\mu\varepsilon\left(1-\mathrm{j}\frac{\sigma}{\omega\varepsilon}\right)} \approx \omega\sqrt{\mu\varepsilon}\left(1-\mathrm{j}\frac{\sigma}{2\omega\varepsilon}\right) \tag{3-59}$$

故此时的衰减系数为

$$\alpha \approx \frac{\sigma}{2}\sqrt{\frac{\mu}{\varepsilon}} \tag{3-60}$$

相移系数为

$$\beta \approx \omega \sqrt{\mu \varepsilon} \tag{3-61}$$

本征阻抗为

$$\eta_c = \sqrt{\frac{\mu}{\varepsilon}} \left(1 - j\frac{\sigma}{\omega\varepsilon}\right)^{-1/2} \approx \sqrt{\frac{\mu}{\varepsilon}} = \eta \tag{3-62}$$

由此可见，电磁波在弱导体中传输时存在衰减，但很小。相移常数和本征阻抗与完纯介质近似相等。

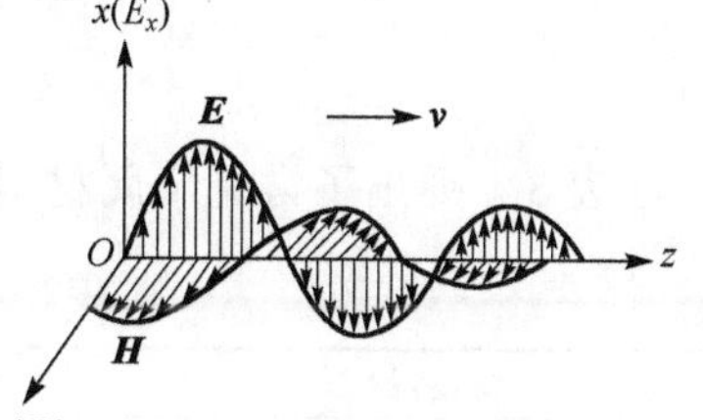

图 3-8 导电介质中均匀平面波的电场和磁场

2)强导电介质

强导电介质也称为良导体，其参数满足 $\frac{\sigma}{\omega\varepsilon} \gg 1$ ，$\boldsymbol{J}_c \gg \boldsymbol{J}_d$ ，此时

$$k_c = \omega\sqrt{\mu\varepsilon_c} = \omega\sqrt{\mu\varepsilon\left(1 - j\frac{\sigma}{\omega\varepsilon}\right)} \approx \omega\sqrt{\mu\varepsilon}\left(\frac{\sigma}{j\omega\varepsilon}\right)^{1/2} = \sqrt{\frac{\omega\mu\sigma}{2}}(1-j) \tag{3-63}$$

故此时的衰减系数和相移系数的量值相等

$$\alpha = \beta \approx \sqrt{\frac{\omega\mu\sigma}{2}} = \sqrt{\pi f\mu\sigma} \tag{3-64}$$

本征阻抗为

$$\eta_c = \sqrt{\frac{\mu}{\varepsilon}}\left(1 - j\frac{\sigma}{\omega\varepsilon}\right)^{-1/2} \approx \sqrt{\frac{j\omega\mu}{\sigma}} = \sqrt{\frac{\pi f\mu}{\sigma}}(1+j) \tag{3-65}$$

这表明，在良导体中，磁场的相位滞后于电场 45°。在良导体中，波的相速为

$$v = \frac{\omega}{\beta} \approx 2\sqrt{\frac{\pi f}{\mu\sigma}} \tag{3-66}$$

波长为

$$\lambda = \frac{2\pi}{\beta} = 2\sqrt{\frac{\pi}{f\mu\sigma}} \tag{3-67}$$

在强导电介质中，正弦均匀平面波的解为

$$E_x(z) = E_m e^{-\alpha z} e^{-j\beta z}$$

$$H_y(z) = \frac{E_m}{\eta_c} e^{-\alpha z} e^{-j\beta z} \approx (1-j)\sqrt{\frac{\sigma}{2\omega\mu}} e^{-\alpha z} e^{-j\beta z} = \sqrt{\frac{\sigma}{\omega\mu}} e^{-\alpha z} e^{-j\left(\beta z + \frac{\pi}{4}\right)}$$

式中，$\alpha = \beta \approx \sqrt{\pi f\mu\sigma}$ 。

可见，随着频率 f 的提高，衰减系数 α 增大，场强的衰减加速，这意味着电磁波进入良导体后会很快衰减。定义电磁波进入良导体后，场强振幅衰减为其表面值的 1/e 时，所传播的距离为良导体的趋肤深度 δ。令

$$e^{-\alpha\delta} = e^{-1}$$

得趋肤深度为

$$\delta = \frac{1}{\alpha} = \sqrt{\frac{2}{\omega\mu}} = \frac{1}{\sqrt{\pi f\mu\sigma}} \quad (\mathrm{m}) \tag{3-68}$$

由此可见，当高频电磁波在良导体中传播时，只能集中在导体表面很薄的一层内，这种现象称为良导体的趋肤效应，而 $\frac{1}{\sigma\delta}$ 定义为良导体的表面电阻 R_s，即

$$R_s = \frac{1}{\sigma\delta} = \frac{1}{\sigma}\sqrt{\frac{\omega\mu}{2}} \quad (\Omega) \tag{3-69}$$

表 3-1 列出了常见金属材料的趋肤深度和表面电阻。

表 3-1　常见金属材料的趋肤深度和表面电阻

材料名称	$\gamma/(\mathrm{S/m})$	δ/m	R_s/Ω
银	6.17×10^7	$0.064/\sqrt{f}$	$2.52\times10^{-7}\sqrt{f}$
紫铜	5.8×10^7	$0.066/\sqrt{f}$	$2.61\times10^{-7}\sqrt{f}$
铝	3.72×10^7	$0.083/\sqrt{f}$	$3.26\times10^{-7}\sqrt{f}$
钠	2.1×10^7	$0.11/\sqrt{f}$	
黄铜	1.6×10^7	$0.13/\sqrt{f}$	$5.01\times10^{-7}\sqrt{f}$
锡	0.87×10^7	$0.17/\sqrt{f}$	
石墨	0.01×10^7	$1.6/\sqrt{f}$	

例 3-4　海水的特性参数为 $\mu=\mu_0$ ，$\varepsilon=81\varepsilon_0$ 和 $\sigma=4\mathrm{S/m}$ 。已知频率为 $f=100\mathrm{Hz}$ 的均匀平面波在海水中沿 z 轴方向传播，设 $\boldsymbol{E}=E_x\boldsymbol{a}_x$ ，其振幅为 1V/m。求：①衰减系数、相移系数、本征阻抗、相速和波长；②写出电场和磁场的瞬时表达式 $\boldsymbol{E}(z,t)$ 和 $\boldsymbol{H}(z,t)$ 。

解　当 $f=100\mathrm{Hz}$ 时

$$\frac{\sigma}{\omega\varepsilon}=\frac{4}{2\pi\times100\times81\varepsilon_0}=\frac{4\times36\pi\times10^9}{200\pi\times81}=8.89\times10^6\gg1$$

可见，海水在频率为 100Hz 时可视为良导体。

$$① \alpha\approx\sqrt{\pi f\mu\sigma}=\sqrt{\pi\times100\times4\pi\times10^{-7}\times4}=3.97\times10^{-2}(\mathrm{Np/m})$$

$$\beta\approx\sqrt{\pi f\mu\sigma}=3.97\times10^{-2}(\mathrm{rad/m})$$

$$\eta_c\approx\sqrt{\frac{\pi f\mu}{\sigma}}(1+\mathrm{j})=\sqrt{\frac{\pi\times100\times4\pi\times10^{-7}}{4}}(1+\mathrm{j})=9.93\times10^{-3}(1+\mathrm{j})$$

$$=14.04\times10^{-3}\mathrm{e}^{\mathrm{j}45^\circ}(\Omega)$$

$$v=\frac{\omega}{\beta}=\frac{2\pi\times100}{3.97\times10^{-2}}=1.58\times10^4(\mathrm{m/s})$$

$$\lambda=\frac{2\pi}{\beta}=\frac{2\pi}{3.97\times10^{-2}}=1.58\times10^2(\mathrm{cm})$$

②设电场的初相位为 0，故

$$E(z,t)=E_\mathrm{m}\mathrm{e}^{-\alpha z}\cos(\omega t-\beta z)\boldsymbol{a}_x(\mathrm{V/m})$$

$$\boldsymbol{H}(z,t)=\frac{E_\mathrm{m}}{|\eta_c|}\mathrm{e}^{-\alpha z}\cos(\omega t-\beta z-\psi)\boldsymbol{a}_y$$

$$=\frac{10^3}{14.04}\times\mathrm{e}^{-3.97\times10^{-2}z}\cos(2\pi\times100t-3.97\times10^{-2}z-45^\circ)\boldsymbol{a}_y(\mathrm{A/m})$$

例 3-5　海水中频率为 $f=1\mathrm{MHz}$ 的均匀平面波，海水的 $\sigma=4\mathrm{S/m}$，$\varepsilon_r=81$ ，求 α、β、η、λ、δ 及该均匀平面波振幅衰减一半所传播的距离。

解　因为 $\frac{\sigma}{\omega\varepsilon}=\frac{\sigma}{2\pi f\varepsilon_0\varepsilon_r}\approx888\gg1$ ，所以 $\beta=\alpha\approx\sqrt{\pi f\mu_0\sigma}\approx4$ ；

$$\eta_c=R_s(1+\mathrm{j})=(1+\mathrm{j})\frac{\alpha}{\sigma}\approx1+\mathrm{j}(\Omega)$$

$$\lambda = \frac{2\pi}{\beta} = \frac{2\pi}{4} \approx 1.57(\mathrm{m})$$

$$\delta = \frac{1}{\alpha} = \frac{1}{4} = 0.25(\mathrm{m})$$

因为 $e^{-\alpha l} = \frac{1}{2}$，所以 $l = \frac{\ln 2}{\alpha} \approx \frac{0.693}{4} \approx 0.17(\mathrm{m})$ 。

下面讨论非理想介质中的正弦均匀平面波。在非理想介质中，$\sigma = 0$，而介电常数为复数，$\varepsilon_e = \varepsilon' - j\varepsilon''$。用上述类似的方法可导出非理想介质的衰减系数为

$$\alpha = \omega\sqrt{\frac{\mu\varepsilon'}{2}\left[\sqrt{1+\left(\frac{\varepsilon''}{\varepsilon'}\right)^2}-1\right]} \quad (\mathrm{Np/m}) \tag{3-70}$$

相移常数为

$$\beta = \omega\sqrt{\frac{\mu\varepsilon'}{2}\left[\sqrt{1+\left(\frac{\varepsilon''}{\varepsilon'}\right)^2}+1\right]} \quad (\mathrm{rad/m}) \tag{3-71}$$

本征阻抗为

$$\eta_e = \sqrt{\frac{\mu}{\varepsilon_e}} = \frac{\sqrt{\frac{\mu}{\varepsilon'}}}{\sqrt{1-j\frac{\varepsilon''}{\varepsilon'}}} = |\eta_e| e^{j\psi} \quad (\Omega) \tag{3-72}$$

3.6 电磁波在不同介质分界面上的传播

前面讨论了均匀平面电磁波在均匀无界空间传播的问题，本节和 3.6 节将讨论均匀平面波入射到两种不同介质分界面的问题。

3.6.1 不同介质分界面的垂直入射

当入射波到达介质分界面时，会在分界面上感应出随时间变化的电荷，形成新的波源。新波源产生向分界面两侧传播的波，其中，与入射波在同一侧的波称为反射波，进入分界面另一侧的波则称为透射波或折射波。在分界面两侧，入射波、反射波和透射波应满足电磁场的边界条件。

如图 3-9 所示，设沿 x 轴方向极化的均匀平面波向 z 轴方向传播。$z = 0$ 处为介质的分界面。在 $z < 0$ 的一侧，设介质的参数为 ε_1 和 μ_1，在 $z > 0$ 的一侧，介质的参数为 ε_2 和 μ_2。则入射波电场可表示成

$$E_{i_x} = E_{im} e^{-jk_1 z} \tag{3-73}$$

式中，k_1 为入射波的波数

$$k_1 = \omega\sqrt{\mu_1\varepsilon_1} \tag{3-74}$$

入射波的磁场可根据均匀平面波中电场与磁场的关系得到

$$\boldsymbol{H}_i = \frac{1}{\eta_1}\boldsymbol{a}_z \times \boldsymbol{E}_i \tag{3-75}$$

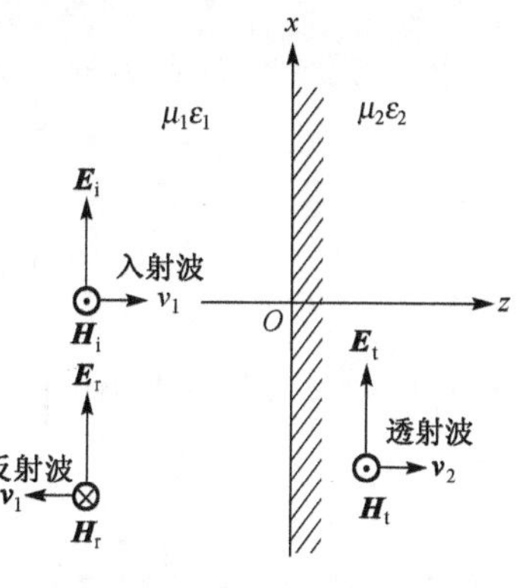

图 3-9 均匀平面波的垂直入射

所以

$$H_{iy} = \frac{E_{i_x}}{\eta_1} = \frac{E_{im}}{\eta_1} e^{-jk_1 z} \tag{3-76}$$

式中，η_1 为 1 区(入射波区)的本征阻抗。

当入射波到达介质的分界面 $z=0$ 处时,形成反射波和透射波(也称折射波)。反射波在 1 区沿 $-z$ 轴方向传播,其电场与 x 轴平行,可表示为

$$E_{r_x} = E_{rm} e^{+jk_1 z} \tag{3-77}$$

反射波的磁场为

$$\boldsymbol{H}_r = -\boldsymbol{a}_z \times \boldsymbol{E}_r$$

$$H_{r_y} = -\frac{E_{r_x}}{\eta_1} = -\frac{E_{rm}}{\eta_1} e^{jk_1 z} \tag{3-78}$$

透射波在 2 区沿 $+z$ 轴方向传播,其电场与 x 轴平行,为

$$E_{t_x} = E_{tm} e^{-jk_2 z} \tag{3-79}$$

式中，k_2 为透射波的波数,即

$$k_2 = \omega\sqrt{\mu_2 \varepsilon_2} \tag{3-80}$$

透射波的磁场根据式(3-75),得

$$H_{t_x} = \frac{E_{t_x}}{\eta_2} = \frac{E_{tm}}{\eta_2} e^{-jk_2 z} \tag{3-81}$$

式中，η_2 为 2 区(透射波区)的本征阻抗。

反射波和透射波的大小 E_{rm} 和 E_{tm} 可以根据边界条件来确定。在分界面两侧,合成场电场强度矢量的切向分量应该连续,即

$$E_{1切向} = E_{2切向}$$

式中，$\boldsymbol{E}_1$ 表示 1 区内的总电场，$\boldsymbol{E}_1 = \boldsymbol{E}_i + \boldsymbol{E}_r$；$\boldsymbol{E}_2$ 表示 2 区内的电场，$\boldsymbol{E}_2 = \boldsymbol{E}_t$。

1 区和 2 区的电场与分界面平行,即分界面的切向,因此在 $z=0$ 的分界面两侧,有

$$E_{im} + E_{rm} = E_{tm} \tag{3-82}$$

由于在理想介质的分界面上不存在电流,因此磁场强度矢量的切向分量也应该连续,即

$$H_{1切向} = H_{2切向}$$

将分界面 $z=0$ 两侧的磁场代入上式得

$$\frac{E_{im}}{\eta_1} - \frac{E_{rm}}{\eta_1} = \frac{E_{tm}}{\eta_2} \tag{3-83}$$

联立求解方程(3-82)和方程(3-83),得到

$$E_{rm} = \frac{\eta_2 - \eta_1}{\eta_2 + \eta_1} E_{im} \tag{3-84}$$

$$E_{tm} = \frac{2\eta_2}{\eta_2 + \eta_1} E_{im} \tag{3-85}$$

定义反射波与入射波大小之比为反射系数,即

$$\Gamma = \frac{E_{rm}}{E_{im}} = \frac{\eta_2 - \eta_1}{\eta_2 + \eta_1} \tag{3-86}$$

同样,定义透射波与入射波大小之比为透射系数,即

$$T = \frac{E_{tm}}{E_{im}} = \frac{2\eta_2}{\eta_2 + \eta_1} \tag{3-87}$$

一般情况下，Γ 和 T 可为复数,表明在分界面上的反射和透射将引入一个附加相移。若 1、2 两

区均为完纯介质，则 η_1 和 η_2 皆为实数。当 $\eta_2 > \eta_1$ 时，在 $z=0$ 平面上的反射系数 Γ 为正，意味着反射电场与入射电场同相相加，电场为最大值，磁场为最小值。反之，当 $\eta_1 > \eta_2$ 时，Γ 为负，在 $z=0$ 平面上电场为最小值，磁场为最大值。

由 Γ 和 T 的公式容易看出，它们之间有如下关系：

$$1+\Gamma = T \tag{3-88}$$

已知 $E_{\mathrm{rm}} = \Gamma E_{\mathrm{im}}$，可以得到 1 区中的合成电场为

$$E_{1x} = E_{\mathrm{im}}(\mathrm{e}^{-\mathrm{j}k_1 z} + \Gamma \mathrm{e}^{\mathrm{j}k_1 z})$$

即

$$\boldsymbol{E}_1(\boldsymbol{r}) = E_{\mathrm{i}}(\mathrm{e}^{-\mathrm{j}k_1 z} + \Gamma \mathrm{e}^{\mathrm{j}k_1 z})\boldsymbol{a}_x = E_{\mathrm{i}}[(1-\Gamma)\mathrm{e}^{-\mathrm{j}k_1 z} + 2\Gamma\cos(k_1 z)]\boldsymbol{a}_x \tag{3-89}$$

根据式(3-75)、式(3-78)和式(3-86)，求得 1 区中的合成磁场为

$$H_{1y} = \frac{1}{\eta_1}E_{\mathrm{im}}(\mathrm{e}^{-\mathrm{j}k_1 z} - \Gamma \mathrm{e}^{\mathrm{j}k_1 z})$$

即

$$\boldsymbol{H}_1(\boldsymbol{r}) = \frac{1}{\eta_1}E_{\mathrm{i}}(\mathrm{e}^{-\mathrm{j}k_1 z} - \Gamma \mathrm{e}^{\mathrm{j}k_1 z})\boldsymbol{a}_y = \frac{1}{\eta_1}E_{\mathrm{i}}[(1+\Gamma)\mathrm{e}^{-\mathrm{j}k_1 z} - 2\Gamma\cos(k_1 z)]\boldsymbol{a}_y \tag{3-90}$$

可见，由于反射波与入射波干涉叠加，介质 1 中电磁波由两部分组成，第一项表示沿 z 方向传播的波，称为行波项；第二项没有相移因子，是两个振幅相等、传播方向相反的行波叠加而形成的空间分布，且不随时间而传播，称为驻波项。

2 区中的电磁场即透射电磁场。

对于完纯介质：

$$|\boldsymbol{E}_1| = |\boldsymbol{E}_{\mathrm{i}}|\sqrt{1+\Gamma^2+2\Gamma\cos(2k_1 z)}$$

$$|\boldsymbol{H}_1| = \frac{1}{\eta_1}|\boldsymbol{E}_{\mathrm{i}}|\sqrt{1+\Gamma^2-2\Gamma\cos(2k_1 z)}$$

可见，由于反射波与入射波的干涉作用，电场和磁场的振幅不再是常数，而是随空间位置的变化而变化，如图 3-10 所示。当 $z=-\frac{n\lambda_1}{2}(n=0,1,2,\cdots)$ 时，电场振幅达到最大值，$|\boldsymbol{E}_1|_{\max} = |\boldsymbol{E}_{\mathrm{i}}|(1+\Gamma)$；磁场振幅达到最小值，$|\boldsymbol{H}_1|_{\min} = \frac{1}{\eta_1}|\boldsymbol{E}_{\mathrm{i}}|(1-\Gamma)$。

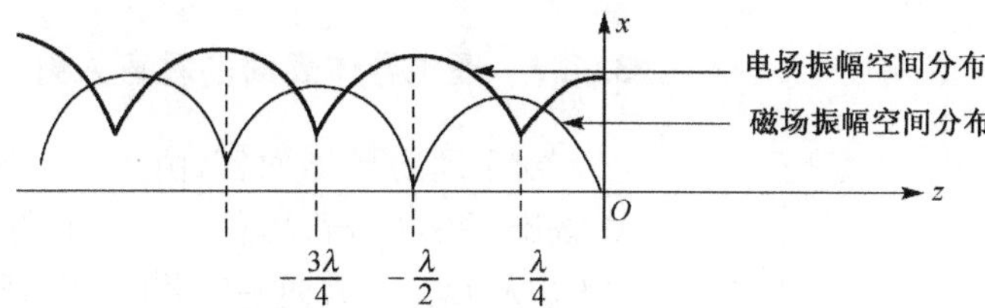

图 3-10　介质 1 中电场幅度和磁场幅度的分布

电磁波在不同介质分界面上垂直入射时，波的传播如图 3-11 所示。

入射波、反射波和透射波的能量关系如下。

在 1 区，坡印亭矢量的平均值可以根据 1 区的合成电场和合成磁场求出为

$$\boldsymbol{S}_{\mathrm{av}} = \frac{1}{2}\mathrm{Re}[\boldsymbol{E}_1 \times \boldsymbol{H}_1^*] = \frac{|E_{\mathrm{im}}|^2}{2\eta_1}(1-\Gamma^2)\boldsymbol{a}_z = (\boldsymbol{S}_{\mathrm{av}})_{\mathrm{i}} - (\boldsymbol{S}_{\mathrm{av}})_{\mathrm{r}},\quad z=0 \tag{3-91}$$

1 区中沿 z 轴传输的功率密度等于入射波的功率密度减去反射波的功率密度。2 区中坡印亭矢量的平均值为

$$\boldsymbol{S}_{\mathrm{av}}=\frac{|E_{\mathrm{im}}|^2}{2\eta_2}T^2\boldsymbol{a}_z,\quad z=0 \tag{3-92}$$

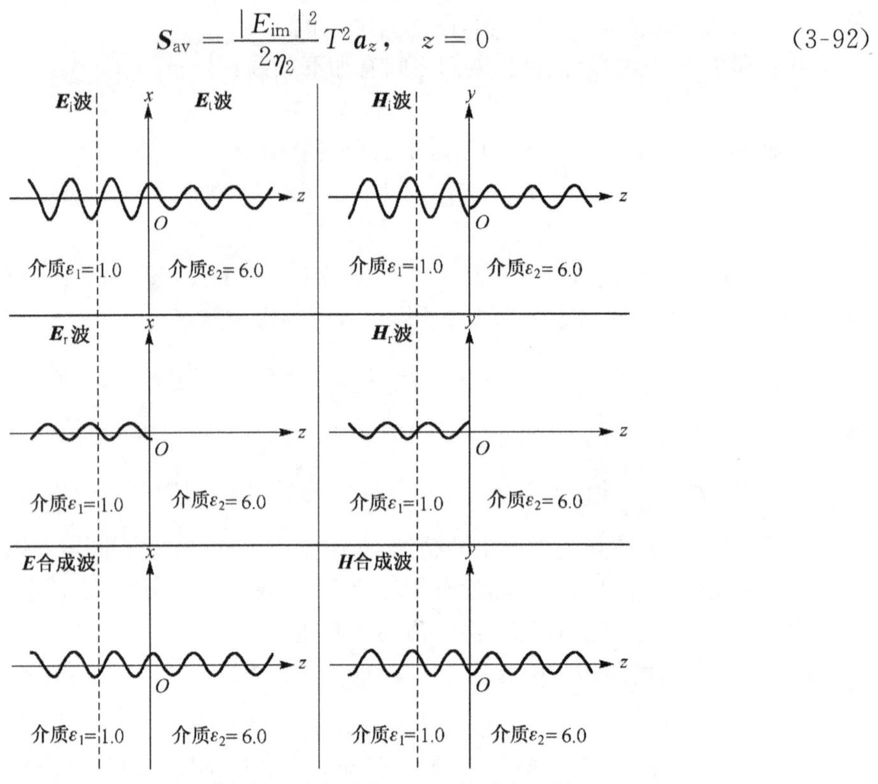

图 3-11　电磁波在不同介质分界面上的垂直入射

根据 Γ 和 T 的公式，容易验证式(3-91)和式(3-92)是相等的，因此有

$$\frac{|E_{\mathrm{im}}|^2}{2\eta_1}=\frac{|E_{\mathrm{im}}|^2}{2\eta_1}\Gamma^2+\frac{|E_{\mathrm{im}}|^2}{2\eta_2}T^2=(\boldsymbol{S}_{\mathrm{av}})_{\mathrm{r}}+(\boldsymbol{S}_{\mathrm{av}})_{\mathrm{t}} \tag{3-93}$$

说明入射波的功率密度等于反射波的功率密度和透射波的功率密度之和。能量守恒定律是成立的。

当分界面的两侧为非理想介质时，可用复介电常数 ε_c 或复磁导率 μ_c 来分析。

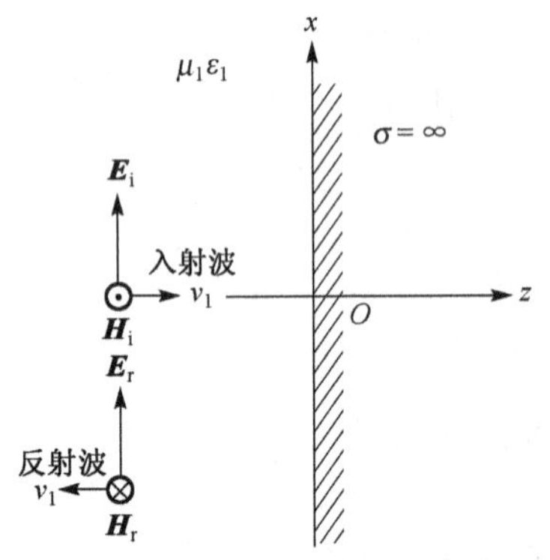

图 3-12　电磁波垂直入射到理想导体表面

3.6.2　理想导体表面的垂直入射

对于理想导体而言，由于 $\sigma=\infty$，所以 $\eta_2=0$，从式(3-86)和式(3-87)可得 $\Gamma=-1$ 和 $T=0$。故 $E_{\mathrm{rm}}=-E_{\mathrm{im}}$ 及 $E_{\mathrm{tm}}=0$，这意味着电磁波垂直入射到理想导体表面时将发生全反射，没有波透射入理想导体。在这种情况下，只在介质 1 中存在电磁波，如图 3-12 所示。

设理想导体表面位于 xOy 面，入射波沿 z 轴传播，电场方向为 x 轴正方向，即 $\boldsymbol{E}_{\mathrm{i}}(z)=E_{\mathrm{i}x}\boldsymbol{a}_x$，则磁场只有 y 方向上的分量，即 $\boldsymbol{H}_{\mathrm{i}}(z)=H_{\mathrm{i}y}\boldsymbol{a}_y$。其中，$E_{\mathrm{i}x}$ 和 $H_{\mathrm{i}y}$ 分别为

$$E_{ix} = E_{im} e^{-jk_1 z} \tag{3-94}$$

$$H_{iy} = \frac{E_{ix}}{\eta} = \frac{E_{im}}{\eta} e^{-jk_1 z} \tag{3-95}$$

反射波的电场为

$$E_{rx} = E_{rm} e^{-jk_1 z} = -E_{im} e^{jk_1 z} \tag{3-96}$$

所以介质 1 中的合成电场为

$$E_x = E_{im}(e^{-jk_1 z} - e^{jk_1 z}) = -j2E_{im}\sin(k_1 z) \tag{3-97}$$

反射波磁场为

$$H_{ry} = -\frac{E_{rx}}{\eta} = \frac{-E_{rm}}{\eta} e^{jk_1 z} = \frac{E_{im}}{\eta} e^{jk_1 z} \tag{3-98}$$

式中,负号是考虑到电场、磁场和波的传播方向三者应符合右手螺旋定则而确定的,所以介质 1 中的磁场为

$$H_y = H_{iy} + H_{ry} = \frac{E_{im}}{\eta}(e^{-jk_1 z} + e^{jk_1 z}) = \frac{2E_{im}}{\eta}\cos k_1 z \tag{3-99}$$

由式(3-97)和式(3-99)可得,介质 1 中合成波的电场和磁场的瞬时表达式为

$$E_x(z,t) = \mathrm{Re}[E_x e^{j\omega t}] = \mathrm{Re}[-j2E_{im}\sin(\beta z)e^{j\omega t}] = 2E_{im}\sin(\beta z)\sin(\omega t) \tag{3-100}$$

$$E_y(z,t) = \mathrm{Re}[H_y e^{j\omega t}] = \mathrm{Re}\left[\frac{2E_{im}}{\eta}\cos(\beta z)e^{j\omega t}\right] = \frac{2E_{im}}{\eta}\cos(\beta z)\cos(\omega t) \tag{3-101}$$

可见,对于任意时刻 t,在 $\beta z = -n\pi (n = 0,1,2,\cdots)$ 或 $z = -n\frac{\lambda}{2}(n = 0,1,2,\cdots)$ 处,电场皆为零值,磁场则为最大值;在 $\beta z = -(2n+1)\frac{\pi}{2}(n = 0,1,2,\cdots)$ 或 $z = -(2n+1)\frac{\lambda}{4}(n = 0,1,2,\cdots)$ 处,电场皆为最大值,磁场则为零值。这说明在介质 1 中,两个传播方向相反的行波合成的结果形成了驻波。在给定的时刻 t,电场 E_x 和磁场 H_y 都随离开分界面的距离作正弦变化。但要注意,电场 E_x 和磁场 H_y 的驻波在时间上有$\pi/2$ 的相移,在空间位置上又相差 $\lambda/4$。图 3-13 给出了不同 ωt 值时,电场 E_x 和磁场 H_y 的驻波波形。

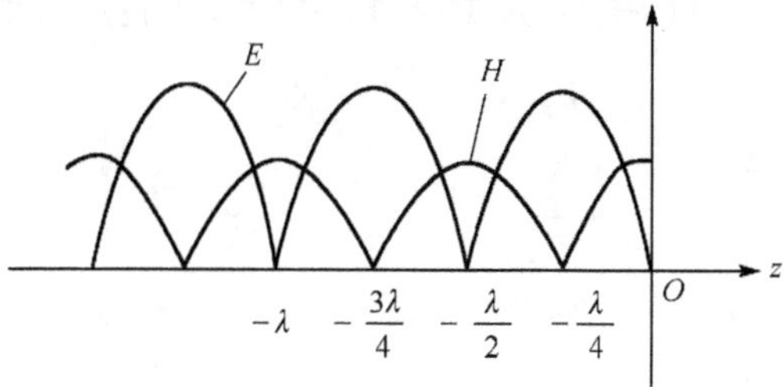

图 3-13 合成场的时、空关系

在理想导体边界上,电场为零,磁场为最大值。为满足边界条件,在理想导体表面应有 x 方向的感应电流,即

$$J_s = n \times H|_{z=0} = -a_x \times a_y H_y|_{z=0} = \frac{2E_{im}}{\eta} a_z$$

在介质 1 中的平均坡印亭矢量为

$$S_{av} = \frac{1}{2}\mathrm{Re}\left[E \times H^*\right] = \frac{1}{2}\mathrm{Re}\left[-\mathrm{j}2E_{im}\sin(\beta z)a_x \times \frac{2E_{im}}{\eta}\cos(\beta z)a_y\right] = 0$$

可见，驻波不能传输电磁能量，而只存在电场能量和磁场能量的相互转换。

3.6.3　不同介质分界面的斜入射

电磁波的垂直入射只是一种特殊情况，当均匀平面波以一定的角度入射到两种介质的分界面时，将会发生反射和折射现象。和垂直入射相比，反射波和折射波的极化方向与入射波的极化方向不再平行，波的传播方向也偏离了入射波的方向。我们将会看到，在满足一定的条件下，斜入射也会产生全反射和全透射现象。

为简单起见，我们分析线极化均匀平面波从一种介质（ε_1, μ_1）斜入射到另一种介质（ε_2, μ_2）分界面上的问题。所研究的介质是均匀、线性和各向同性的理想介质。

设介质的分界面位于 xOy 坐标面，分界面在 $z=0$ 处。我们把入射波的传播方向与分界面的法线所构成的平面成为入射面。一般情况下，由于入射波的电场方向与入射面不一定垂直，但我们总是可以将入射波的电场分解为与入射面平行和垂直这两种情况。当电场的方向与入射面平行时，这样的入射称为平行极化波入射；而当电场的方向与入射面垂直时，这样的入射称为垂直极化波入射。

1. 平行极化波的斜入射

1）入射波、反射波、折射波

如图 3-14(a)所示，平面波平行入射时，其电场矢量与入射面平行，并将入射面选择为 xOz 平面，波的传播方向与 z 轴的夹角称为入射角，用 θ_i 表示。当平面波到达分界面时，就产生反射和折射现象，反射波和折射波都在入射面内沿各自的传播方向前进，如图 3-14(a)所示。设反射波和折射波的传播方向与 z 轴的夹角分别是 θ_r 和 θ_t，θ_r 称为反射角，θ_t 为折射角。这样选择入射面后，根据均匀平面波的一般公式 $E = E_0 e^{-jk \cdot r}$，并假定入射波电场的最大值是 E_{im}，可以求出

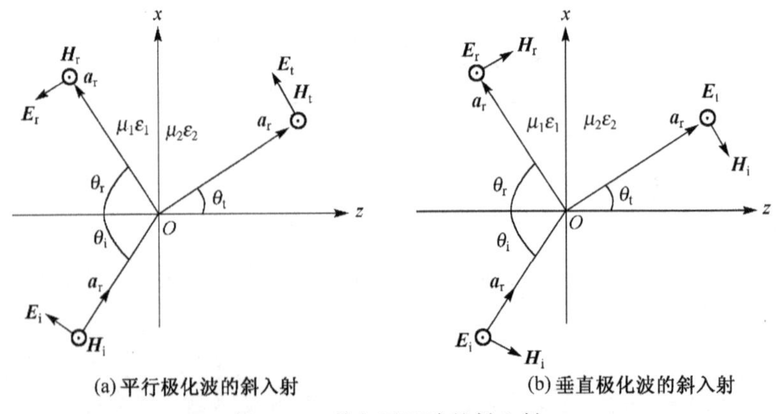

图 3-14　均匀平面波的斜入射

$$\boldsymbol{E}_0 = E_{\text{im}}(\cos\theta\boldsymbol{a}_x - \sin\theta\boldsymbol{a}_z)$$

$$\boldsymbol{k}\cdot\boldsymbol{r} = k_1(\sin\theta\boldsymbol{a}_x + \cos\theta\boldsymbol{a}_z)\cdot(x\boldsymbol{a}_x + y\boldsymbol{a}_y + z\boldsymbol{a}_z) = \boldsymbol{k}_1(x\sin\theta + z\cos\theta)$$

式中，k_1 为入射波的波数，且 $k_1 = \omega\sqrt{\varepsilon_1\mu_1}$。

因此，入射波的电场是

$$\boldsymbol{E}_{\text{i}} = E_{\text{im}}(\cos\theta_{\text{i}}\boldsymbol{a}_x - \sin\theta_{\text{i}}\boldsymbol{a}_z)\mathrm{e}^{-\mathrm{j}k_1(x\sin\theta_{\text{i}}+z\cos\theta_{\text{i}})} \tag{3-102}$$

入射波的磁场矢量与 y 轴平行，根据均匀平面波公式 $\boldsymbol{H} = \dfrac{1}{\eta}\boldsymbol{a}_k \times \boldsymbol{E}$，求出入射波的磁场为

$$\boldsymbol{H}_{\text{i}} = \frac{E_{\text{im}}}{\eta_1}\mathrm{e}^{-\mathrm{j}k_1(x\sin\theta_{\text{i}}+z\cos\theta_{\text{i}})}\boldsymbol{a}_y \tag{3-103}$$

式中，$\eta_1 = \sqrt{\mu_1/\varepsilon_1}$，为入射波空间的本征阻抗。

类似地，可以写出反射波的电场是

$$\boldsymbol{E}_{\text{r}} = E_{\text{rm}}(-\cos\theta_{\text{r}}\boldsymbol{a}_x - \sin\theta_{\text{r}}\boldsymbol{a}_z)\mathrm{e}^{-\mathrm{j}k_1(x\sin\theta_{\text{r}}-z\cos\theta_{\text{r}})} \tag{3-104}$$

式中，E_{rm} 是电场的最大值。

反射波的磁场是

$$\boldsymbol{H}_{\text{r}} = \frac{E_{\text{rm}}}{\eta_1}\mathrm{e}^{-\mathrm{j}k_1(x\sin\theta_{\text{r}}-z\cos\theta_{\text{r}})}\boldsymbol{a}_y \tag{3-105}$$

折射波的电场是

$$\boldsymbol{E}_{\text{t}} = E_{\text{tm}}(\cos\theta_{\text{t}}\boldsymbol{a}_x - \sin\theta_{\text{t}}\boldsymbol{a}_z)\mathrm{e}^{-\mathrm{j}k_2(x\sin\theta_{\text{t}}+z\cos\theta_{\text{t}})} \tag{3-106}$$

其中，E_{tm} 是电场的最大值；k_2 为折射波的波数，且 $k_2 = \omega\sqrt{\varepsilon_2\mu_2}$。

折射波的磁场为

$$\boldsymbol{H}_{\text{t}} = \frac{E_{\text{tm}}}{\eta_2}\mathrm{e}^{-\mathrm{j}k_2(x\sin\theta_{\text{t}}+z\cos\theta_{\text{t}})}\boldsymbol{a}_y \tag{3-107}$$

式中，$\eta_2 = \sqrt{\mu_2/\varepsilon_2}$，为折射波空间的本征阻抗。

2)斯涅耳定律

现在我们来确定反射角和透射角与入射角之间的关系。根据边界条件，在 $z = 0$ 的分界面上，电场的切向分量应该是连续的。由图 3-14(a)可以看出，电场的 E_x 分量是切向分量。

在 $z = 0$ 的分界面上，令入射波和反射波的 E_x 分量之和等于折射波的 E_x 分量，得到

$$E_{\text{im}}\cos\theta\mathrm{e}^{-\mathrm{j}k_1x\sin\theta_{\text{i}}} + E_{\text{rm}}(-\cos\theta_{\text{r}})\mathrm{e}^{-\mathrm{j}k_1x\sin\theta_{\text{r}}} = E_{\text{tm}}\cos\theta_{\text{t}}\mathrm{e}^{-\mathrm{j}k_2x\sin\theta_{\text{t}}} \tag{3-108}$$

式(3-108)对任意 x 值都成立，必然有

$$\mathrm{e}^{-\mathrm{j}k_1x\sin\theta_{\text{i}}} = \mathrm{e}^{-\mathrm{j}k_1x\sin\theta_{\text{r}}} = \mathrm{e}^{-\mathrm{j}k_2x\sin\theta_{\text{t}}} \tag{3-109}$$

即

$$-\mathrm{j}k_1x\sin\theta_{\text{i}} = -\mathrm{j}k_1x\sin\theta_{\text{r}} = -\mathrm{j}k_2x\sin\theta_{\text{t}} \tag{3-110}$$

故

$$\theta_{\text{i}} = \theta_{\text{r}} \tag{3-111}$$

式(3-111)表明反射角等于入射角，该结果称为斯涅耳反射定律。

$$k_1\sin\theta_{\text{i}} = k_2\sin\theta_{\text{t}} \tag{3-112}$$

已知 $k_1 = \omega\sqrt{\varepsilon_1\mu_1}$ 和 $k_2 = \omega\sqrt{\varepsilon_2\mu_2}$，代入式(3-112)得

$$\sqrt{\varepsilon_1\mu_1}\sin\theta_{\text{i}} = \sqrt{\varepsilon_2\mu_2}\sin\theta_{\text{t}} \tag{3-113}$$

或

$$\frac{\sin\theta_t}{\sin\theta_i}=\frac{\sqrt{\varepsilon_1\mu_1}}{\sqrt{\varepsilon_2\mu_2}}=\frac{v_2}{v_1} \tag{3-114}$$

式中，$v_1=\dfrac{1}{\sqrt{\mu_1\varepsilon_1}}$，$v_2=\dfrac{1}{\sqrt{\mu_2\varepsilon_2}}$分别是均匀平面波在介质 1 和介质 2 中的相速。

一般非磁性介质的 $\mu_1\approx\mu_2\approx\mu_0$，式(3-114)可写成

$$\frac{\sin\theta_t}{\sin\theta_i}=\frac{\sqrt{\varepsilon_1}}{\sqrt{\varepsilon_2}}=\frac{n_1}{n_2} \tag{3-115}$$

式(3-115)称为斯涅耳折射定律。n_1 和 n_2 分别代表介质 1 和介质 2 的折射率。

3)斜入射时的反射系数、透射系数、波阻抗

以下我们来确定反射波和折射波的大小与入射波的关系。习惯上我们是用电场的切向分量来讨论问题的。知道了电场的切向分量，根据式(3-102)、式(3-104)和式(3-106)就可以确定入射波、反射波和折射波的电场，波的磁场也能得到。

用电场的切向分量来讨论问题，引进波阻抗的概念是方便的。我们把平行于分界面的切向电场与切向磁场的比值定义为波阻抗。对于我们所讨论的平行极化波，即

$$\eta_{z_1}=\frac{E_{i_x}}{H_{i_y}}=\frac{-E_{r_x}}{H_{r_y}} \tag{3-116}$$

$$\eta_{z_2}=\frac{E_{t_x}}{H_{t_y}} \tag{3-117}$$

根据式(3-102)和式(3-103)，得到

$$\eta_{z_1}=\frac{E_{i_x}}{H_{i_y}}=\eta_1\cos\theta_i \tag{3-118}$$

再根据式(3-106)和式(3-107)，得到

$$\eta_{z_2}=\frac{E_{t_x}}{H_{t_y}}=\eta_2\cos\theta_t \tag{3-119}$$

在理想介质的分界面上，电磁场的切向分量应该满足连续条件，即

$$E_{i_x}+E_{r_x}=E_{t_x} \tag{3-120}$$

$$H_{i_x}+H_{r_x}=H_{t_x} \tag{3-121}$$

利用波阻抗公式(3-116)和式(3-117)，式(3-121)可以写成

$$\frac{E_{i_x}}{\eta_{z_1}}-\frac{E_{r_x}}{\eta_{z_1}}=\frac{E_{t_x}}{\eta_{z_2}} \tag{3-122}$$

联立求解式(3-120)和式(3-122)，得到

$$E_{r_x}=\frac{\eta_{z_2}-\eta_{z_1}}{\eta_{z_2}+\eta_{z_1}}E_{i_x} \tag{3-123}$$

$$E_{t_x}=\frac{2\eta_{z_2}}{\eta_{z_2}+\eta_{z_1}}E_{i_x} \tag{3-124}$$

用切向电场的比值定义的反射系数和传输系数为

$$\Gamma_{/\!/}=\frac{E_{r_x}}{E_{i_x}}=\frac{\eta_{z_2}-\eta_{z_1}}{\eta_{z_2}+\eta_{z_1}} \tag{3-125}$$

$$T_{/\!/}=\frac{E_{t_x}}{E_{i_x}}=\frac{2\eta_{z_2}}{\eta_{z_2}+\eta_{z_1}} \tag{3-126}$$

将 η_{z_1} 的表达式(3-118)和 η_{z_2} 的表达式(3-119)代入,得到

$$\Gamma_{/\!/}=\frac{E_{\mathrm{r}_x}}{E_{\mathrm{i}_x}}=\frac{\eta_2\cos\theta_{\mathrm{t}}-\eta_1\cos\theta_{\mathrm{i}}}{\eta_2\cos\theta_{\mathrm{t}}+\eta_1\cos\theta_{\mathrm{i}}} \tag{3-127}$$

$$T_{/\!/}=\frac{E_{\mathrm{t}_x}}{E_{\mathrm{i}_x}}=\frac{2\eta_2\cos\theta_{\mathrm{t}}}{\eta_2\cos\theta_{\mathrm{t}}+\eta_1\cos\theta_{\mathrm{i}}} \tag{3-128}$$

例 3-6 如图 3-15 所示,均匀平面波由空气入射到理想导体表面($z=0$),已知入射波电场:

$$\boldsymbol{E}_{\mathrm{i}}=5(\boldsymbol{a}_x+\sqrt{3}\boldsymbol{a}_z)\mathrm{e}^{\mathrm{j}6(\sqrt{3}x-z)}\ (\mathrm{V/m})$$

求:①反射波电场和磁场;②理想导体表面的面电荷密度和面电流密度。

解 ①要求反射波场的表达式,首先要求出反射波的传播方向。入射波传播方向单位矢量为

$$\boldsymbol{a}_{\mathrm{i}}=\frac{\boldsymbol{k}_{\mathrm{i}}}{k_{\mathrm{i}}}=-\frac{\sqrt{3}}{2}\boldsymbol{a}_x+\frac{1}{2}\boldsymbol{a}_z=\cos\alpha_{\mathrm{i}}\boldsymbol{a}_x+\cos\gamma_{\mathrm{i}}\boldsymbol{a}_z$$

可以看出,入射面在 xOz 面内。式中,α_{i} 和 γ_{i} 分别是入射线与 x 轴和 z 轴的夹角,显然,$\alpha_{\mathrm{i}}=\frac{5}{6}\pi$,$\gamma_{\mathrm{i}}=\frac{\pi}{3}$。入射角 $\theta_{\mathrm{i}}=\gamma_{\mathrm{i}}=\frac{\pi}{3}$,几何关系如图 3-15 所示。由此可以写出反射波传播方向的单位矢量为

$$\boldsymbol{a}_{\mathrm{r}}=-\sin\theta_{\mathrm{i}}\boldsymbol{a}_x-\cos\theta_{\mathrm{i}}\boldsymbol{a}_z$$

考虑到 $\boldsymbol{E}_{\mathrm{i}}$ 平行于入射面,于是反射波电场可以写成

$$\boldsymbol{E}_{\mathrm{r}}=\boldsymbol{E}_{\mathrm{r}_0}\mathrm{e}^{-\mathrm{j}k\boldsymbol{a}_{\mathrm{r}}\cdot\boldsymbol{r}}=E_{\mathrm{r}_0}(-\cos\theta_{\mathrm{i}}\boldsymbol{a}_x+\sin\theta_{\mathrm{i}}\boldsymbol{a}_z)\mathrm{e}^{-\mathrm{j}k(-\sin\theta_{\mathrm{i}}\boldsymbol{a}_x-\cos\theta_{\mathrm{i}}\boldsymbol{a}_z)\cdot\boldsymbol{r}}$$

将 $\cos\theta_{\mathrm{i}}=\frac{1}{2}$,$\sin\theta_{\mathrm{i}}=\frac{\sqrt{3}}{2}$,$E_{\mathrm{r}_0}=E_{\mathrm{i}_0}$,代入上式并求出 $\boldsymbol{H}$ 得

$$\boldsymbol{E}_{\mathrm{r}}=5(-\boldsymbol{a}_x+\sqrt{3}\boldsymbol{a}_z)\mathrm{e}^{\mathrm{j}6(\sqrt{3}x+z)}\ (\mathrm{V/m})$$

$$\boldsymbol{H}_{\mathrm{r}}=\frac{1}{\eta_0}\boldsymbol{a}_{\mathrm{r}}\times\boldsymbol{E}_{\mathrm{r}}=\frac{10}{\eta_0}\mathrm{e}^{\mathrm{j}6(\sqrt{3}x+z)}\boldsymbol{a}_y\ (\mathrm{A/m})$$

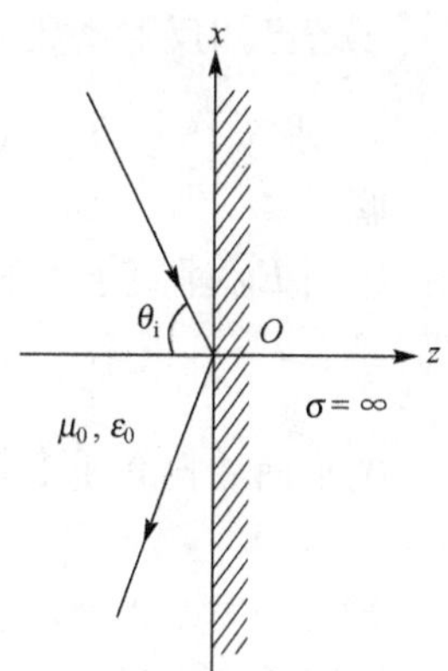

图 3-15 均匀平面波斜入射到理想导体表面

②理想导体表面的 ρ_{s}、$\boldsymbol{J}_{\mathrm{s}}$ 取决于空气中的合成场,其中电场

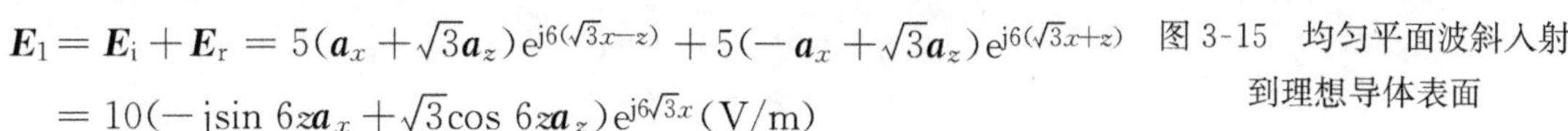

$$\begin{aligned}\boldsymbol{E}_1&=\boldsymbol{E}_{\mathrm{i}}+\boldsymbol{E}_{\mathrm{r}}=5(\boldsymbol{a}_x+\sqrt{3}\boldsymbol{a}_z)\mathrm{e}^{\mathrm{j}6(\sqrt{3}x-z)}+5(-\boldsymbol{a}_x+\sqrt{3}\boldsymbol{a}_z)\mathrm{e}^{\mathrm{j}6(\sqrt{3}x+z)}\\&=10(-\mathrm{j}\sin 6z\boldsymbol{a}_x+\sqrt{3}\cos 6z\boldsymbol{a}_z)\mathrm{e}^{\mathrm{j}6\sqrt{3}x}\ (\mathrm{V/m})\end{aligned}$$

类似可得

$$\boldsymbol{H}_1=\boldsymbol{H}_{\mathrm{i}}+\boldsymbol{H}_{\mathrm{r}}=\frac{1}{6\pi}\cos 6z\mathrm{e}^{\mathrm{j}6\sqrt{3}x}\boldsymbol{a}_y\ (\mathrm{A/m})$$

于是

$$\rho_{\mathrm{s}}=\boldsymbol{n}\cdot\boldsymbol{D}_1\big|_{z=0}=\varepsilon_0(-\boldsymbol{a}_z)\cdot\boldsymbol{E}_1\big|_{z=0}=-10\sqrt{3}\varepsilon_0\mathrm{e}^{\mathrm{j}6\sqrt{3}x}\ (\mathrm{C/m^2})$$

$$\boldsymbol{J}_{\mathrm{s}}=\boldsymbol{n}\times\boldsymbol{H}_1\big|_{z=0}=(-\boldsymbol{a}_z)\times\boldsymbol{a}_y\frac{1}{6\pi}\mathrm{e}^{\mathrm{j}6\sqrt{3}x}=\frac{1}{6\pi}\mathrm{e}^{\mathrm{j}6\sqrt{3}x}\boldsymbol{a}_x\ (\mathrm{A/m})$$

2. 垂直极化波的斜入射

对于垂直极化波入射,入射波和反射波的波阻抗

$$\eta_{z_1\perp}=\frac{E_{\mathrm{i}_y}}{H_{\mathrm{i}_x}}=-\frac{E_{\mathrm{r}_y}}{H_{\mathrm{r}_x}}=\frac{\eta_1}{\cos\theta_{\mathrm{i}}} \tag{3-129}$$

折射波的波阻抗

$$\eta_{z_2\perp}=\frac{E_{t_y}}{H_{t_x}}=\frac{\eta_2}{\cos\theta_t} \tag{3-130}$$

仿照平行极化波的做法，可以得到按切向电场的比值定义的反射系数是

$$\Gamma_{\perp}=\frac{E_{r_y}}{E_{i_y}}=\frac{\eta_{z_2}-\eta_{z_1}}{\eta_{z_2}+\eta_{z_1}} \tag{3-131}$$

或

$$\Gamma_{\perp}=\frac{\eta_2\cos\theta_i-\eta_1\cos\theta_t}{\eta_2\cos\theta_i+\eta_1\cos\theta_t} \tag{3-132}$$

传输系数是

$$T_{\perp}=\frac{E_{t_y}}{E_{i_y}}=\frac{2\eta_{z_2}}{\eta_{z_2}+\eta_{z_1}} \tag{3-133}$$

$$T_{\perp}=\frac{2\eta_2\cos\theta_i}{\eta_2\cos\theta_i+\eta_1\cos\theta_t} \tag{3-134}$$

例 3-7 均匀平面波以入射角 $\theta_i=\theta_1$ 入射到两种无耗介质的分界面，入射波的电场矢量与入射面垂直，折射角 $\theta_t=\theta_2$ 。

①若已知反射系数 $\Gamma_{\perp}=\frac{1}{2}$ ，求透射系数 $T_{\perp}$ ；②若 E_{io} 自介质 2 向介质 1 垂直于入射，$\theta_i'=\theta_2$，求 θ_t'、$R'_{\perp}$、$T'_{\perp}$ ；③在上述两种入射情况下，功率反射系数和功率透射系数是否相等?

解

①当 E_{io} 垂直于入射面时，有

$$T_{\perp}=1+\Gamma_{\perp}=\frac{3}{2}$$

②平面波自介质 1 入射时，由折射定律有

$$k_1\sin\theta_1=k_2\sin\theta_2$$

当自介质 2 入射，且 $\theta_i'=\theta_2$ 时，仍由上式联系入射角和透射角，所以有 $\theta_t'=\theta_1$。

自介质 1 入射时

$$\Gamma_{\perp}=\frac{\eta_2\cos\theta_1-\eta_1\cos\theta_2}{\eta_2\cos\theta_1+\eta_1\cos\theta_2}$$

自介质 2 入射时，入射角、透射角分别为 θ_2、θ_1 ，入射角、透射区的波阻抗分别是 η_2、η_1 ，故

$$\Gamma'_{\perp}=\frac{\eta_1\cos\theta_2-\eta_2\cos\theta_1}{\eta_1\cos\theta_2+\eta_2\cos\theta_1}=-\Gamma_{\perp}=-\frac{1}{2}$$

$$T'_{\perp}=1+\Gamma'_{\perp}=\frac{1}{2}$$

可见，反向入射时，反射系数只改变符号。

③因功率反射系数是场强反射系数的平方，故自介质 1 入射及介质 2 入射的功率反射系数 γ 和 γ' 分别为

$$\gamma=|\Gamma_{\perp}|^2=|\Gamma'_{\perp}|^2=\gamma'$$

而功率透射系数 t、t' 为

$$t=1-\gamma=1-\gamma'=t'$$

即两种情况下，功率反射、透射系数相同。

3. 波的全反射

由斯涅耳折射定律式(3-115)知道,折射波的折射角是随入射角变化的,即

$$\sin\theta_t = \frac{\sqrt{\varepsilon_1}}{\sqrt{\varepsilon_2}}\sin\theta_i$$

可以看出,当 $\varepsilon_1 > \varepsilon_2$ 时,必有 $\theta_t > \theta_i$,即折射角比入射角大。如果入射角为某个角度时,刚好使得 $\sqrt{\varepsilon_1/\varepsilon_2}\sin\theta_i = 1$,此时的折射角刚好是 90° ,表明介质 2 中没有折射波,这种现象称为波的全反射现象。此时所对应的入射角称为临界角 θ_c ,临界角满足

$$\sin\theta_c = \sqrt{\varepsilon_2/\varepsilon_1} \tag{3-135}$$

或

$$\theta_c = \arcsin\sqrt{\varepsilon_2/\varepsilon_1} \tag{3-136}$$

无论什么极化波,只要满足入射角大于或等于临界角的条件,就会发生全反射。由于发生全反射要求 $\varepsilon_1 > \varepsilon_2$,所以波的全反射现象只有在波从光密介质入射到光疏介质的表面时才可能发生。

光纤是应用波的全反射现象的典型例子,它是传到电波的玻璃纤维。例如,由芯子和敷层构成的光纤,芯子的相对介电常数比敷层的要高,这样才能使光不断地被敷层所反射而在光纤内传播。

4. 波的全折射

在电磁波斜入射的情况下,只要满足一定的条件,可能会发生没有反射波的现象,这就是波的全折射现象。由于在发生折射时,没有反射波,所以全折射的条件可以通过令波的反射系数为零来求得。对于平行极化波的斜入射,其反射系数根据式(3-127b)得

$$\Gamma_{/\!/} = \frac{\eta_2\cos\theta_t - \eta_1\cos\theta_i}{\eta_2\cos\theta_t + \eta_1\cos\theta_i}$$

发生全折射时,$\Gamma_{/\!/} = 0$,得到

$$\eta_2\cos\theta_t = \eta_1\cos\theta_i$$

对于一般的非磁性介质,$\mu_1 \approx \mu_2 \approx \mu_0$,代入上式得

$$\cos\theta_i = \sqrt{\frac{\varepsilon_1}{\varepsilon_2}}\cos\theta_t \tag{3-137}$$

根据折射定律,有

$$\sin\theta_t = \sqrt{\frac{\varepsilon_1}{\varepsilon_2}}\sin\theta_i \tag{3-138}$$

利用三角函数关系,从式(3-137)和式(3-138)中消去 θ_t ,得

$$\sin\theta_i = \sqrt{\frac{\varepsilon_2}{\varepsilon_1 + \varepsilon_2}}$$

或

$$\theta = \theta_p = \arcsin\sqrt{\frac{\varepsilon_2}{\varepsilon_1 + \varepsilon_2}} = \arctan\sqrt{\frac{\varepsilon_2}{\varepsilon_1}} \tag{3-139}$$

θ_p 就是全折射角,称为布儒斯特角,也称为极化角或偏振角。这说明对于平行极化波的入射,当入射角是 θ_p 时,电磁波的全部能量将传输到 2 区而没有反射波。

我们再来看垂直极化波的斜入射，其反射系数根据式(3-132)有

$$\Gamma_{\perp}=\frac{\eta_2\cos\theta_{\mathrm{i}}-\eta_1\cos\theta_{\mathrm{t}}}{\eta_2\cos\theta_{\mathrm{i}}+\eta_1\cos\theta_{\mathrm{t}}}$$

令 $\Gamma_{\perp}=0$ ，得

$$\eta_2\cos\theta_{\mathrm{i}}=\eta_1\cos\theta_{\mathrm{t}}$$

一般介质，$\mu_1\approx\mu_2\approx\mu_0$ ，则有

$$\cos\theta_{\mathrm{t}}=\sqrt{\frac{\varepsilon_1}{\varepsilon_2}}\cos\theta_{\mathrm{i}}$$

根据折射定律

$$\sin\theta_{\mathrm{t}}=\sqrt{\frac{\varepsilon_1}{\varepsilon_2}}\sin\theta_{\mathrm{i}}$$

解得

$$\theta_{\mathrm{t}}=\theta_{\mathrm{i}}\tag{3-140}$$

但由于 $\varepsilon_1\neq\varepsilon_2$ ，因此 $\theta_{\mathrm{t}}=\theta_{\mathrm{i}}$ 是不可能的。这说明在垂直极化波的斜入射情况下，波的全折射现象是不可能发生的。

波的全折射现象的一个典型的应用是，当沿不同方向极化的电磁波以布儒斯特角 θ_{p} 入射时，反射波中就只剩下垂直极化波的分量，而没有平行极化波的分量。

5. 向理想导体平面的斜入射

理想导体是介质的一种特殊情况，当平面波向理想导体斜入射时，不会有折射波的存在，电磁波被完全反射，并且反射角 θ_{r} 等于入射角 θ_{i}。

平行极化波的斜入射。由于在理想导体的表面，电场的切向分量应该为零。由入射波和反射波电场的表达式(3-102)和式(3-104)，可以看出，电场的 E_x 分量应该满足

$$E_{\mathrm{im}}\cos\theta_{\mathrm{i}}-E_{\mathrm{rm}}\cos\theta_{\mathrm{r}}=0,\quad \theta_{\mathrm{r}}=\theta_{\mathrm{i}}$$

故

$$E_{\mathrm{im}}=E_{\mathrm{rm}}$$

从而入射波和反射波的合成电场为

$$\boldsymbol{E}=E_{\mathrm{im}}(\cos\theta_{\mathrm{i}}\boldsymbol{a}_x-\sin\theta_{\mathrm{i}}\boldsymbol{a}_z)\mathrm{e}^{-\mathrm{j}k(x\sin\theta_{\mathrm{i}}+z\cos\theta_{\mathrm{i}})}+E_{\mathrm{im}}(-\cos\theta_{\mathrm{i}}\boldsymbol{a}_x-\sin\theta_{\mathrm{i}}\boldsymbol{a}_z)\mathrm{e}^{-\mathrm{j}k(x\sin\theta_{\mathrm{i}}-z\cos\theta_{\mathrm{i}})}\tag{3-141}$$

或

$$\begin{aligned}E_x&=E_{\mathrm{im}}\cos\theta_{\mathrm{i}}\left[\mathrm{e}^{-\mathrm{j}k(x\sin\theta_{\mathrm{i}}+z\cos\theta_{\mathrm{i}})}-\mathrm{e}^{-\mathrm{j}k(x\sin\theta_{\mathrm{i}}-z\cos\theta_{\mathrm{i}})}\right]\\&=-2\mathrm{j}E_{\mathrm{im}}\cos\theta_{\mathrm{i}}\sin(kz\cos\theta_{\mathrm{i}})\mathrm{e}^{-\mathrm{j}kx\sin\theta_i}\end{aligned}\tag{3-142}$$

$$\begin{aligned}E_z&=-E_{\mathrm{im}}\sin\theta_{\mathrm{i}}\left[\mathrm{e}^{-\mathrm{j}k(x\sin\theta_{\mathrm{i}}+z\cos\theta_{\mathrm{i}})}+\mathrm{e}^{-\mathrm{j}k(x\sin\theta_{\mathrm{i}}-z\cos\theta_{\mathrm{i}})}\right]\\&=-2E_{\mathrm{im}}\sin\theta_{\mathrm{i}}\cos(kz\cos\theta_{\mathrm{i}})\mathrm{e}^{-\mathrm{j}kx\sin\theta_{\mathrm{i}}}\end{aligned}\tag{3-143}$$

合成磁场可根据式(3-103)和式(3-105)得到

$$H=\frac{E_{\mathrm{im}}}{\eta}\mathrm{e}^{-\mathrm{j}k(x\sin\theta_{\mathrm{i}}+z\cos\theta_{\mathrm{i}})}\boldsymbol{a}_y+\frac{E_{\mathrm{im}}}{\eta}\mathrm{e}^{-\mathrm{j}k(x\sin\theta_{\mathrm{r}}-z\cos\theta_{\mathrm{r}})}\boldsymbol{a}_y\tag{3-144}$$

或

$$H_y=2\frac{E_{\mathrm{im}}}{\eta}\cos(kz\cos\theta_{\mathrm{i}})\mathrm{e}^{-\mathrm{j}kx\sin\theta_{\mathrm{i}}}\tag{3-145}$$

由于电磁场的表达式都出现了行波因子 $e^{-jkx\sin\theta_i}$，表明合成波是沿 x 轴方向传播的行波，且沿 x 轴方向传播的相速是 $v/\sin\theta_i$，是一种快波。电磁场沿 z 轴方向是按驻波分布的，这和导体表面垂直入射的情形是类似的。

对于垂直极化波的斜入射，我们同样可以得到合成电磁场：

$$E_y=-2jE_{im}\sin(kz\cos\theta_i)e^{-jkx\sin\theta_i} \tag{3-146}$$

$$H_x=-2\frac{E_{im}}{\eta}\cos\theta_i\cos(kz\cos\theta_i)e^{-jkx\sin\theta_i} \tag{3-147}$$

$$H_z=-2\frac{E_{im}}{\eta}\sin\theta_i\sin(kz\cos\theta_i)e^{-jkx\sin\theta_i} \tag{3-148}$$

它们是沿 x 轴方向传播的行波，而沿 z 轴方向是按驻波形式分布的。

习 题

3-1 请结合实例阐述电磁波传播受哪些因素影响。

3-2 推导亥姆霍兹方程在直角坐标系、圆柱坐标系和球坐标系各电场和磁场分量的表达式，是否满足标量波动方程？

3-3 什么是 UPW 波？什么是 SUPW 波？

3-4 如何区分直线极化波、圆极化波和椭圆极化波？如何判定左旋极化和右旋极化？

3-5 波的全反射现象发生的条件是什么？对介质有什么样的要求？

3-6 为什么垂直极化波不会有全折射现象？

3-7 已知在自由空间传播的平面电磁波的电场的振幅 $E_0=600\text{V/m}$，方向为 $\boldsymbol{a}_x$，如果波沿着 z 方向传播，波长为 0.61m，求：①电磁波的频率 f 和周期 T；②磁场的振幅 H_0。

3-8 在自由空间传播的均匀平面波的电场强度复矢量为

$$\boldsymbol{E}=\boldsymbol{a}_x10^{-4}e^{j(\omega t-20\pi z)}+\boldsymbol{a}_y10^{-4}e^{j\left(\omega t-20\pi z+\frac{\pi}{2}\right)}\ (\text{V/m})$$

求：①波的传播方向、频率、极化方式；②磁场强度 $\boldsymbol{H}$；③电磁波流过沿传播方向单位面积的平均功率。

3-9 电磁波磁场振幅为$\frac{1}{3\pi}$A/m，在自由空间沿 $\boldsymbol{a}_z$ 方向传播，当 $t=0$，$z=0$ 时，$\boldsymbol{H}$ 在 $\boldsymbol{a}_z$ 方向，相位常数 $\beta=30\text{rad/m}$。求：①波长和频率；②写出 $\boldsymbol{H}$ 和 $\boldsymbol{E}$ 的表达式。

3-10 空气中某一均匀平面波的波长为 12cm，当该平面波进入某无损耗介质中传播时，其波长减小为 8cm，且已知在介质中的 $\boldsymbol{E}$ 和 $\boldsymbol{H}$ 的振幅分别为 50V/m 和 0.1A/m。求该平面波的频率和无损耗介质的 μ_r 与 ε_r。

3-11 均匀平面波从空气射入海水中，空气中的 $\lambda_0=600\text{m}$，海水的 $\sigma=4.5\text{S/m}$，$\mu_r=1$，$\varepsilon_r=80$。求：①海水中的波长和波速；②已知在海平面下 1m 深处的电场 $E_x=10^{-6}\cos\omega t\,\text{V/m}$，海平面处的电场和磁场。

3-12 已知在自由空间传播的电磁波电场强度为

$$\boldsymbol{E}=10\sin(6\pi\times10^8t+2\pi z)\boldsymbol{a}_y\ (\mu\text{V/m})$$

求：①该电磁波是不是均匀平面波；②该电磁波的频率 f、波长 λ、相速度 v_p；③该电磁波的磁场强度 $\boldsymbol{H}$；④该电磁波的传播方向。

3-13 已知在自由空间传播的均匀平面电磁波,电场强度为

$$\boldsymbol{E}=10^{-4}\mathrm{e}^{-\mathrm{j}20\pi z}\boldsymbol{a}_x+10^{-4}\mathrm{e}^{-\mathrm{j}20\pi z+\mathrm{j}\frac{\pi}{2}}\boldsymbol{a}_y(\mathrm{V/m})$$

求:①该电磁波的传播方向;②该电磁波的频率 f;③该电磁波的极化方式;④该电磁波的磁场强度 $\boldsymbol{H}$;⑤与该波传播方向垂直的单位面积流过的平均功率。

3-14 某理想介质的参数为 $\mu=\mu_0$、$\varepsilon=\varepsilon_r\varepsilon_0$、$\sigma=0$,其中有一均匀平面电磁波沿 x 方向传播,已知其电场瞬时表达式为

$$\boldsymbol{E}=377\cos(10^9t-5x)\boldsymbol{a}_x(\mathrm{V/m})$$

求:①该理想介质的相对介电常数;②该平面电磁波的磁场瞬时表达式;③该平面电磁波的平均功率密度。

3-15 某非磁性有耗介质中频率为 600MHz 的平面电磁波的磁场复振幅矢量为

$$\boldsymbol{H}=(\boldsymbol{a}_x+\mathrm{j}3\boldsymbol{a}_y)\mathrm{e}^{-2z}\mathrm{e}^{-\mathrm{j}8z}(\mathrm{A/m})$$

求电场、磁场矢量的时域表达式。

3-16 指出下列平面波的极化方式:

(1) $\boldsymbol{E}=6(\boldsymbol{a}_x+\mathrm{j}\boldsymbol{a}_y)\mathrm{e}^{-\mathrm{j}\beta z}(\mathrm{V/m})$

(2) $\boldsymbol{E}=(6\boldsymbol{a}_x+4\boldsymbol{a}_y)\mathrm{e}^{-\mathrm{j}\beta z}(\mathrm{V/m})$

(3) $\boldsymbol{E}=(6\boldsymbol{a}_x+8\mathrm{e}^{\mathrm{j}\frac{\pi}{3}}\boldsymbol{a}_y)\mathrm{e}^{-\mathrm{j}\beta z}(\mathrm{V/m})$

(4) $\boldsymbol{E}=(\boldsymbol{a}_x+2\sqrt{3}\boldsymbol{a}_y+\sqrt{3}\boldsymbol{a}_z)\mathrm{e}^{-\mathrm{j}0.02\pi(\sqrt{3}x-2y+3z)}(\mathrm{V/m})$

3-17 已知在理想介质中传播的均匀平面波矢量为

$$\boldsymbol{E}(\boldsymbol{r},t)=3\times10^{-2}\cos[30\pi\times10^8t+4\pi(\sqrt{5}x+2y-4z)+\phi](\boldsymbol{a}_x+E_{y_0}\boldsymbol{a}_y+\sqrt{5}\boldsymbol{a}_z)(\mathrm{V/m})$$

求:①该平面波的传播方向;②该平面波的频率 f、波长 λ、相速 v_p;③若介质的磁导率 $\mu=\mu_0$,求介电常数 ε;④电场振幅中的常数 E_{y_0};⑤磁场强度矢量 $\boldsymbol{H}(\boldsymbol{r},t)$。

3-18 已知真空中传播的平面电磁波的磁场强度矢量为

$$\boldsymbol{H}=10^{-3}\cos(6\pi\times10^8t-2\pi z)\boldsymbol{a}_x+\sqrt{2}\times10^{-3}\cos\left(6\pi\times10^8t-2\pi z-\frac{\pi}{3}\right)\boldsymbol{a}_y(\mathrm{A/m})$$

求:①电场强度矢量;②平均坡印亭矢量 $\boldsymbol{S}_{\mathrm{av}}$。

3-19 已知真空中传播的平面电磁波的电场强度矢量为

$$\boldsymbol{E}(\boldsymbol{r},t)=5\cos[6\pi\times10^7t-0.05\pi(3x-\sqrt{3}y+2z)](\boldsymbol{a}_x+\sqrt{3}\boldsymbol{a}_y)(\mathrm{V/m})$$

求:①电场强度的振幅、波矢量及波长;②磁场强度矢量 $\boldsymbol{H}(\boldsymbol{r},t)$;③平均坡印亭矢量 $\boldsymbol{S}_{\mathrm{av}}$。

3-20 在 $\mu_\mathrm{r}=1,\varepsilon_\mathrm{r}=4,\sigma=0$ 的介质中,有一个均匀平面波,其电场强度为

$$\boldsymbol{E}(z,t)=\boldsymbol{E}_0\sin\left(\omega t-kz+\frac{\pi}{3}\right)$$

若已知 $f=150\mathrm{MHz}$,波在任意点的平均功率流密度为 $0.265\mathrm{W/m^2}$,求:①相位常数 k、波长 λ、相速度 v_p 和波阻抗 η;②$t=0,z=0$ 的电场强度 $\boldsymbol{E}(0,0)$;③时间经过 $0.1\mu\mathrm{s}$ 之后,电场 $\boldsymbol{E}(0,0)$ 的值在什么地方?④时间在 $t=0$ 时刻之前 $0.1\mu\mathrm{s}$,电场 $\boldsymbol{E}(0,0)$ 的值在什么地方?

3-21 已知一个真空中存在的驻波电磁场为

$$\boldsymbol{E}=\mathrm{j}E_0\sin(kz)\boldsymbol{a}_x$$

$$\boldsymbol{H}=\sqrt{\frac{\varepsilon_0}{\mu_0}}E_0\cos(kz)\boldsymbol{a}_y$$

其中，$k=\frac{2\pi}{\lambda}=\frac{\omega}{c}$，$\lambda$ 是波长。求：①z 为任意值时的坡印亭矢量 $\boldsymbol{S}(t)$ 和平均坡印亭矢量 $\boldsymbol{S}_{av}$，并画出 $0\leqslant z\leqslant\frac{\lambda}{4}$ 区间 $\boldsymbol{S}(t)$ 的振幅 z 随变化的曲线；②驻波的能流矢量在 $z=n\frac{\lambda}{4}$，$z=(2n+1)\frac{\lambda}{8}$ 时取值有何特点？③驻波有没有能量沿 z 轴流动？

3-22 已知真空中一个 TM 波的电磁场为

$$\boldsymbol{E}_x=-\mathrm{j}E_0\cos\theta\sin\beta_z z\,\mathrm{e}^{-\mathrm{j}\beta_x x}$$
$$\boldsymbol{E}_z=-E_0\sin\theta\cos\beta_z z\,\mathrm{e}^{-\mathrm{j}\beta_x x}$$
$$\boldsymbol{H}_y=\frac{E_0}{\eta}\cos\beta_z z\,\mathrm{e}^{-\mathrm{j}\beta_x x}$$

其中，η、β_x、β_z、θ 都是常数，试求坡印亭矢量 $\boldsymbol{S}(t)$ 和平均坡印亭矢量 $\boldsymbol{S}_{av}$。

3-23 海水的 $\sigma=4\mathrm{s/m}$，$\varepsilon_r=81$，试求 100kHz、100MHz 和 100GHz 的电磁波在海水中的波长 λ、衰减常数和波阻抗 η。

3-24 设沿 z 方向传播的两个电磁波为

$$\boldsymbol{E}_1=E_1\mathrm{e}^{-\mathrm{j}\omega_1\frac{z}{c}}\boldsymbol{a}_x$$
$$\boldsymbol{E}_2=E_2\mathrm{e}^{-\mathrm{j}\omega_2\frac{z}{c}}\boldsymbol{a}_x$$

式中，$\omega_1\neq\omega_2$，试证明：总的平均能流等于两个波的平均能流之和。

3-25 试证明：圆极化波 $\boldsymbol{E}=\cos(\omega t)\boldsymbol{a}_x+\sin(\omega t)\boldsymbol{a}_y$，$\boldsymbol{H}=-\frac{\sin\omega t}{\eta}\boldsymbol{a}_x+\frac{\cos\omega t}{\eta}\boldsymbol{a}_y$ 的坡印亭矢量是一个与时间 t 无关的常数。

3-26 试证明：任何椭圆极化波可以分解为两个方向相反旋转的圆极化波。

3-27 如果 $z\geqslant0$ 的空间被理想导电体所填满，$z<0$ 区域为空气，空气中有均匀平面电磁波入射到理想导体平面，入射波电场为

$$\boldsymbol{E}_\mathrm{i}=E_x\cos(\omega t-kzt)\boldsymbol{a}_x+E_y\sin(\omega t-kz)\boldsymbol{a}_y\,(\mathrm{V/m})$$

试求：①入射波的磁场强度 $\boldsymbol{H}$；②反射波的电场强度和磁场强度；③$z\leqslant0$ 区域点场的波节点和波腹点位置。

3-28 已知一均匀平面波垂直入射到 $z=0$ 处的理想导电平面上，其电场为

$$\boldsymbol{E}_\mathrm{i}=E_0\mathrm{e}^{-\mathrm{j}kz}(\boldsymbol{a}_x-\mathrm{j}\boldsymbol{a}_y)$$

则：①试确定入射波和反射波的极化方式；②试求导电平面上的面电流密度；③$z\leqslant0$ 区域的合成电场强度的瞬时值。

3-29 有一个圆极化的均匀平面波，其电场为

$$\boldsymbol{E}_\mathrm{i}=E_0\mathrm{e}^{-\mathrm{j}kz}(\boldsymbol{a}_x-\mathrm{j}\boldsymbol{a}_y)$$

从空气垂直入射到 $\varepsilon_r=9$，$\mu_r=1$ 的理想介质表面上，空气与介质的分界面为 $z=0$ 平面。求：①透射波和反射波的电场并说明极化方式；②$z<0$ 区域的合成波坡印亭矢量 $\boldsymbol{S}(t)$。

3-30 均匀平面波 $\boldsymbol{H}$ 的振幅为$\frac{1}{3\pi}$(A/m)，以相移常数 $\beta=30\mathrm{rad/m}$ 在空气中沿 $-\boldsymbol{a}_z$ 方向传播。若 $t=0$，$z=0$ 时，$\boldsymbol{H}$ 取向为 $-\boldsymbol{a}_y$，试求出 $\boldsymbol{H}$、$\boldsymbol{E}$ 的表达式和频率 f 与波长 λ。

3-31 已知在自由空间传播的电磁波为

$$E_x(z,t)=1000\cos(\omega t-\beta z)\,(\mathrm{V/m})$$

$$H_y(z,t)=2.65\cos(\omega t-\beta z)\,(\mathrm{A/m})$$

其中，$f=20\mathrm{MHz}$，$\beta=\omega\sqrt{\mu_0\varepsilon_0}=0.42\mathrm{rad/m}$。求：①坡印亭矢量 $\boldsymbol{S}(t)$；②平均坡印亭矢量 $\boldsymbol{S}_{\mathrm{av}}$。

3-32　已知极化波垂直投射于一个介质板上，入射电场为 $\boldsymbol{E}=E_{\mathrm{m}}\mathrm{e}^{-\mathrm{j}\beta z}(\boldsymbol{a}_x+\mathrm{j}\boldsymbol{a}_y)$，试求反射波与传输波的电场，并说明它们极化如何。

3-33　已知 UPW 的电场振幅为 $E_{\mathrm{m1}}^{+}=100\mathrm{V/m}$，从空气垂直入射到无损耗的介质平面上（$\mu_2=\mu_0$，$\varepsilon_2=4\varepsilon_0$，$\sigma_2=0$），求反射波和传输波电场的振幅。

3-34　已知 UPW 从（μ_0，ε_0）垂直入射到介质平面时，在（μ_0，ε_0）中形成驻波。设驻波比为 3，介质表面为电场驻波最小点，且波在介质中的波长为（μ_0，ε_0）中的 1/6，试求介质的 μ_{r} 和 ε_{r}。

3-35　已知（μ_0，ε_0）中的 UPW 的 $f=1\mathrm{GHz}$，$E_{\mathrm{m}}=1\mathrm{V/m}$，垂直入射于一块大铜板上，试求铜片上每平方米所吸收的平均功率。

3-36　已知 UPW 自波阻抗为 η 的介质垂直入射到电导率为 σ，$\mu_{\mathrm{r}}=1$ 的良导体表面，试证明：透入导体内部的功率密度与入射功率流密度之比近似等于 $4R_{\mathrm{s}}/\eta$。

3-37　已知一个 $E_{\mathrm{m}}=30\pi(\mathrm{V/m})$，$f=10\mathrm{MHz}$ 的 UPW 自空气垂直入射到银板平面，银的 $\sigma=6.1\times10^7\mathrm{S/m}$，$\mu_{\mathrm{r}}=\varepsilon_{\mathrm{r}}=1$。设界面上的磁场强度振幅 $H_0=0.5\mathrm{A/m}$。试求：①银表面处电场强度振幅；②银板每单位面积吸收的平均功率。

3-38　已知空气中一 UPW 垂直入射到一理想导体平面上，试证明：任一点合成波的电场能量密度与磁场能量密度之和的时间平均值等于一常数。

3-39　已知空气中一 UPW 斜入射到一电介质表面上，电介质 $\mu_{\mathrm{r}}=1$，$\varepsilon_{\mathrm{r}}=3$，$\theta=60°$，入射波电场振幅为 1V/m，试分别计算垂直极化和平行极化两种情形下，反射波和折射波电场强度振幅。

3-40　光纤折射率 $n=1.55$，光线束自空气向其端面入射，并要能量沿光纤传输，试计算入射光线与光纤轴线间的最大角度，若：①光纤外面是空气而无包层；②光纤外面有包层，其折射率为 1.53。

第4章　天线基础

在讨论电磁波在无界空间传播和在分界面上反射与折射的问题时，没有对电磁波的发生源进行探讨。本章将讨论电磁波是如何产生的。一般用天线产生电磁波。当振荡源的频率提高到使电磁波的波长与天线的尺寸可相比拟时，天线就会产生较强的辐射。

对于天线，我们重点讨论它辐射电磁波的场强、方向性和它的辐射功率以及如何利用天线测量空间电磁波的场强。求解天线辐射问题的严格方法是找出满足天线边界条件的麦克斯韦方程的解。这种方法往往在计算上会遇到很大的困难，有时甚至无法求解，所以实际上都采用近似解法，并使用电磁场仿真软件进行天线的分析和设计。天线的形式可大致分为线天线和面天线两大类。前者多是在元电流上积分来求解，而后者则多是求解口径绕射的问题。

本章我们仅讨论线天线。

4.1　电偶极子和半波偶极子天线

已知天线表面上的电流分布，通过对该电流分布的积分运算，可以得到天线的辐射电场和磁场。进一步分析可以得出天线的辐射特性。从简单天线着手，考虑观察点距离天线足够远处的情况，即求解天线远场的电磁场分布，是研究天线的基础。

4.1.1　电偶极子

电偶极子又称电流元、赫兹偶极子等，是一种最基本的辐射单元。它是一段长度 $\mathrm{d}l$ 远小于波长的直线电流元，线上电流是均匀的，且相位也相同。设该直线电流元 $I\mathrm{d}l$（电流矩沿 z 轴放置，如图 4-1 所示），我们将用矢量位 $\mathbf{A}$ 来计算它的电磁场。对于电偶极子，已知 $I\mathrm{d}l\boldsymbol{a}_z=\frac{I}{s}\cdot s\mathrm{d}l\boldsymbol{a}_z=\boldsymbol{J}\mathrm{d}\tau$，式中的 s 为电流元的横截面积，利用 $\mathbf{A}$ 矢量的公式

$$\mathbf{A}=\frac{\mu}{4\pi r}I\,\mathrm{d}l\mathrm{e}^{-\mathrm{j}kr}\boldsymbol{a}_z \tag{4-1}$$

$\mathbf{A}$ 在球坐标系中的三个分量为

$$A_r=A_z\cos\theta$$
$$A_\theta=-A_z\sin\theta$$
$$A_\varphi=0$$

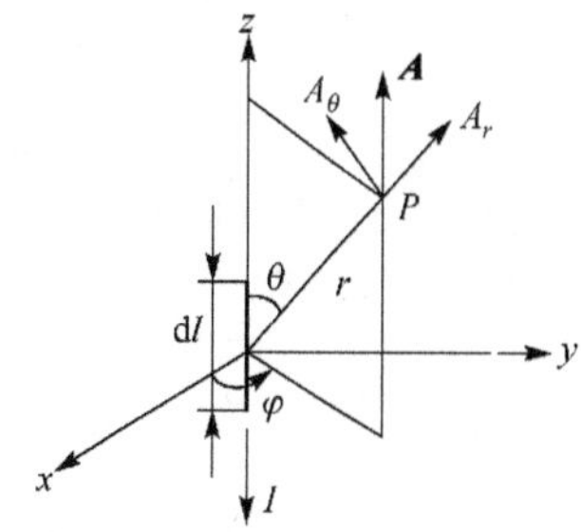

图 4-1　求解电偶极子的辐射场

A_θ 表示式中的负号表明 A_θ 分量的方向沿 θ 减小的方向。有了 A_r、A_θ、A_φ，就可由式(4-2)求出磁场。

$$\boldsymbol{H}=\frac{1}{\mu}(\nabla\times\mathbf{A})=\frac{1}{\mu r^2\sin\theta}z\begin{vmatrix}\boldsymbol{a}_r & r\boldsymbol{a}_\theta & r\sin\theta\boldsymbol{a}_\varphi\\ \frac{\partial}{\partial r} & \frac{\partial}{\partial\theta} & 0\\ A_z\cos\theta & -A_z\sin\theta r & 0\end{vmatrix} \tag{4-2}$$

由此可解得

$$\begin{cases} H_\varphi = \dfrac{I\mathrm{d}l\mathrm{e}^{-\mathrm{j}kr}}{4\pi r}\left(\mathrm{j}k+\dfrac{1}{r}\right)\sin\theta \\ H_r = H_\theta = 0 \end{cases} \tag{4-3}$$

电场可以由

$$\boldsymbol{E} = \frac{1}{\mathrm{j}\omega\varepsilon}(\boldsymbol{\nabla}\times\boldsymbol{H})$$

解得

$$\begin{cases} E_r = -\mathrm{j}\,\dfrac{I\mathrm{d}l}{2\pi\omega\varepsilon}\cdot\dfrac{\mathrm{e}^{-\mathrm{j}kr}}{r^2}\left(\mathrm{j}k+\dfrac{1}{r}\right)\cos\theta \\ E_\theta = -\mathrm{j}\,\dfrac{I\mathrm{d}l}{4\pi\omega\varepsilon}\cdot\dfrac{\mathrm{e}^{-\mathrm{j}kr}}{r}\left(-k^2+\dfrac{\mathrm{j}k}{r}+\dfrac{1}{r^2}\right)\sin\theta \\ E_\varphi = 0 \end{cases} \tag{4-4}$$

式(4-3)和式(4-4)给出了电偶极子的电磁场，整个表示式相当复杂。下面分别讨论靠近和远离电偶极子区域的场的特性。

当场点距离天线非常近时，公式所含$\dfrac{1}{r^3}$和$\dfrac{1}{r^2}$项起支配作用；远离天线时，含$\dfrac{1}{r}$的项开始起支配作用。当含$\dfrac{1}{r^3}$和$\dfrac{1}{r^2}$的项与含$\dfrac{1}{r}$的项相比开始可以忽略不计时的点就是远场和近场的边界，这个边界大致在$1/(k_0r)^2=1/k_0r$或$r=\lambda/2\pi\approx\lambda/6$处。应注意对其他天线而言，远场和近场的分界并不是简单的如通常假设的$\lambda/2\pi$处。一般认为大于3λ或者$2D^2/\lambda$的区域是远场。其中，D为天线的最大尺寸。前者常用于“线”天线，后者常用于“面”天线，如抛物面天线或喇叭天线。

1. 近区场

在靠近电偶极子的区域，$kr=\dfrac{2\pi}{\lambda}r\ll 1$。此时$\mathrm{e}^{-\mathrm{j}kr}\approx 1$，则式(4-3)和式(4-4)可近似为

$$H_\varphi \approx \frac{I\mathrm{d}l}{4\pi r^2}\sin\theta \tag{4-5}$$

$$E_r \approx -\mathrm{j}\,\frac{I\mathrm{d}l}{2\pi\omega\varepsilon r^3}\cos\theta \tag{4-6}$$

$$E_\theta \approx -\mathrm{j}\,\frac{I\mathrm{d}l}{4\pi\omega\varepsilon r^3}\sin\theta \tag{4-7}$$

在式(4-6)和式(4-7)中考虑到$i=\dfrac{\partial q}{\partial t}$，即$I=\mathrm{j}\omega q$，将电流表达式代入，可得

$$E_r = \frac{q\mathrm{d}l}{2\pi\varepsilon r^3}\cos\theta \tag{4-8}$$

$$E_\theta = \frac{q\mathrm{d}l}{4\pi\varepsilon r^3}\sin\theta \tag{4-9}$$

此结果与由正负两电荷q距$\mathrm{d}l$所构成的偶极子的静电场分量完全相同。这就说明，在讨

论近区场时，电流元相当于电偶极子。

由式(4-5)、式(4-6)和式(4-7)可以验证

$$|\boldsymbol{S}_r|=\boldsymbol{a}_r[(|\boldsymbol{E}_r|\boldsymbol{a}_r+|\boldsymbol{E}_0|\boldsymbol{a}_0)\times|\boldsymbol{H}_\varphi|\boldsymbol{a}_\varphi]=0$$

因此能量在电场与磁场之间相互交换而平均坡印亭矢量为零，这种区域的场称为感应场。

2. 远区场

在远离电偶极子的区域，$kr\gg1$。此时在式(4-3)中可略去包含$\dfrac{1}{r^2}$的项，而在式(4-4)中，E_r 与 E_θ 相比较也可略去不计，于是最后可得

$$H_\varphi=\mathrm{j}\,\frac{I\mathrm{d}l}{2\lambda r}\sin\theta\mathrm{e}^{-\mathrm{j}kr} \tag{4-10}$$

$$E_\theta=\mathrm{j}\,\frac{I\mathrm{d}l}{2\lambda r\omega\varepsilon}k\sin\theta\mathrm{e}^{-\mathrm{j}kr} \tag{4-11}$$

由式(4-10)和式(4-11)可看到，电场和磁场都与$\dfrac{\mathrm{e}^{-\mathrm{j}kr}}{r}$成正比并且它们彼此同相，均比电流超前$\dfrac{\pi}{2}-kr$ 相位。此外，它们在空间相互垂直，其比值为

$$\frac{E_\theta}{H_\varphi}=\frac{k}{\omega\varepsilon}=\eta \tag{4-12}$$

等于介质的本征阻抗，对于自由空间是 120πΩ。

在远区，坡印亭矢量为

$$\boldsymbol{S}=|\boldsymbol{S}|\boldsymbol{a}_r=|S|\boldsymbol{a}_r=\eta|H_\varphi|^2\boldsymbol{a}_r=\eta\left(\frac{I\mathrm{d}l}{2\lambda\gamma}\right)^2\sin^2\theta\boldsymbol{a}_r \tag{4-13}$$

此式表示有能量向外辐射。这就说明，一个作时谐振荡的电流元可以辐射电磁波。我们把能辐射电磁波的装置称为天线，上述偶极子又称为元天线。

如果用一个很大的球面把元天线包围起来，将元天线放在球心，则从天线辐射出来的能量必然全部通过这个球面。天线的总辐射功率为

$$P=\int_S\boldsymbol{S}\cdot\mathrm{d}\boldsymbol{A} \tag{4-14}$$

式中，$\boldsymbol{S}$ 为坡印亭矢量。由于在一定 θ 角的球带上各点的坡印亭矢量相同，式中的面积元 d$\boldsymbol{A}$ 可用一条球带来计算，如图 4-2 所示，即

$$\mathrm{d}\boldsymbol{A}=|\mathrm{d}\boldsymbol{A}|\boldsymbol{a}_r=2\pi\alpha\cdot r\mathrm{d}\theta\boldsymbol{a}_r=2\pi r^2\sin\theta\mathrm{d}\theta\boldsymbol{a}_r$$

将它代入式(4-14)并利用式(4-13)，可得

$$P=\int_0^\pi\eta\left(\frac{I\mathrm{d}l}{2\lambda r}\right)^2\sin^2\theta2\pi r^2\sin\theta\mathrm{d}\theta=\frac{2\eta\pi I^2\mathrm{d}l^2}{3\lambda^2} \tag{4-15}$$

以空气中的 $\eta=120\pi$ 代入，可得

$$P=80\pi^2I^2\left(\frac{\mathrm{d}l}{\lambda}\right)^2 \tag{4-16}$$

这就是元天线的总辐射功率。式中，I 的单位为 A，P 的单位为 W。

我们知道，功率等于电流的平方乘上电阻，因此我们可以把

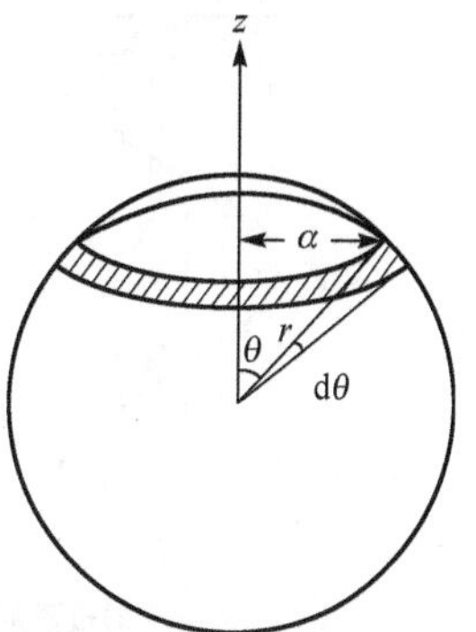

图 4-2 求元天线的辐射功率

式(4-16)写成

$$P=I^2R_{\mathrm{rad}} \tag{4-17}$$

式中

$$R_{\mathrm{rad}}=80\pi^2\left(\frac{\mathrm{d}l}{\lambda}\right)^2 \tag{4-18}$$

称为电偶极子天线的辐射电阻。

4.1.2　半波偶极子天线

电偶极子的辐射电阻很小,因此其辐射效率很低,实际应用价值不大。电偶极子的辐射电阻与其电长度的平方成正比,所以常用线天线的长度都可以与波长相比拟。

长偶极子天线由在长度 l 的细导线中点处插入馈电电压源构成。如由长度 l 为 1/2 波长的细导线所构成的天线称为半波偶极子天线。

1. 辐射电场分布

如果已知天线表面上的电流分布,就能计算出辐射场。实际应用中,常常可以对天线表面的电流分布做合理的估计。长度为 l 的中心馈电、对称的细直天线上的电流分布(近似地)与传输线上的电流分布相同,即 $I(z)$ 正比于 $\sin(\beta_{\mathrm{Ant}}z)$,其中,$\beta_{\mathrm{Ant}}$ 表示电流在天线上的相移常数,$\beta_{\mathrm{Ant}}=\dfrac{2\pi}{\lambda}$。将长偶极子的中点放在坐标系的原点,如图 4-3 所示,长偶极子沿 z 轴放置,由此便得到细直线上电流分布的表达式,即

$$\begin{cases} I(z)=I_{\mathrm{m}}\sin\left[\beta_{\mathrm{Ant}}\left(\dfrac{1}{2}l-z\right)\right], & 0\leqslant z\leqslant l/2 \\ I(z)=I_{\mathrm{m}}\sin\left[\beta_{\mathrm{Ant}}\left(\dfrac{1}{2}l+z\right)\right], & -l/2\leqslant z\leqslant 0 \end{cases} \tag{4-19}$$

线上电流分布满足两个必要条件:①$I(z)$随变量 z 的变化正比于 $\sin(\beta_{\mathrm{Ant}}z)$;②在端点$z=-\dfrac{1}{2}l$ 和 $z=\dfrac{1}{2}l$ 处电流为零。

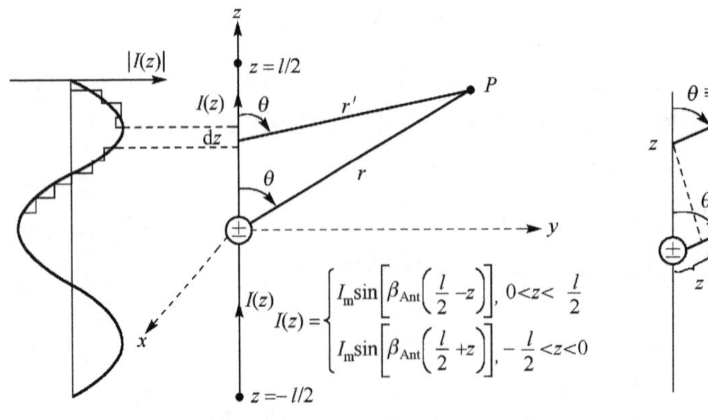

(a) 将长偶极子的电流看成一系列电偶极子然后进行场的叠加　　(b) 远场平面近似

图 4-3　偶极子天线辐射场的计算

在假设了沿偶极子的电流分布后,就能通过许多小的长度为 dz 的电偶极子的场的叠加来计算长偶极子的场。电偶极子上的电流分布为常数并等于偶极子上对应点处的电流值 $I(z)$,如图 4-3(a)所示。同时,假设待求的场点位于这些电偶极子的远场区。因此,仅仅需要由式(4-11)给出的电偶极子的远场表达式,将该式重写在下面。

$$E_\theta = \mathrm{j}\frac{I\mathrm{d}l}{2\lambda r}\frac{k}{\omega\varepsilon}\sin\theta \mathrm{e}^{-\mathrm{j}kr}$$

根据电磁波理论,天线辐射场在无损耗介质中,$k=\beta-\mathrm{j}\alpha \xlongequal{\alpha=0} \beta=\frac{k}{\omega\varepsilon}=\sqrt{\frac{\mu}{\varepsilon}}=\frac{2\pi}{\lambda}$,将 k 用 β 代替,图 4-3(a)中 P 点处 dz 部分所产生的场为

$$\mathrm{d}E_\theta = \mathrm{j}\eta\beta\frac{I(z)\sin\theta'}{4\pi r'}\mathrm{e}^{-\mathrm{j}kr'}\mathrm{d}z \tag{4-20}$$

要得到 P 点处以从偶极子中点出发的径向距离 r 和 θ 为变量的场强,仅考虑远场,从偶极子中点出发的径向距离 r 和电偶极子 z' 到 P 点处的距离 r 近似相等($r'\approx r$),角度 θ 和 θ' 也近似相等($\theta'\approx\theta$),如图 4-3(b)所示,这称为远场平行线近似。

可将 $r'\approx r$ 代入式(4-20)的分母中,但不能将其代入 $\mathrm{e}^{-\mathrm{j}\beta r'}$ 项中。这一项可改写为 $\mathrm{e}^{-\mathrm{j}\beta_0 r'}=\mathrm{e}^{-\mathrm{j}\frac{2\pi}{\lambda}r'}$ 的形式,它的值不取决于物理距离 r,而是取决于电长度 r/λ。因此,即使 r' 和 r 近似相等,这一项的值因与两个电长度的差有关而会相差很大。例如,假设 $r=1000\mathrm{m}$,$r'=1000.5\mathrm{m}$,频率为 $f=300\mathrm{MHz}$,则 1000m 处的场和仅差 0.5m 处场的相位相差 180°。如果两个天线在物理上相距很远,但间距是半波长的奇数倍,则这两个天线所产生的远场相位完全相反,合成场强的结果为零。因此,在式(4-20)中表示相位的项中不能用 r 代替 r'。考虑图 4-3(b),图中表明了两个径向距离 r 和 r' 近似平行,因此,假设场点在物理上距离天线足够远,得

$$r'\approx r - z\cos\theta \tag{4-21}$$

将式(4-21)代入式(4-20)中表示相位的项,将 r 代入分母,得

$$\mathrm{d}E_\theta = \mathrm{j}\eta\beta\frac{I(z)\sin\theta}{4\pi r}\mathrm{e}^{-\mathrm{j}\beta(r-z\cos\theta)}\mathrm{d}z \tag{4-22}$$

总的电场是上述这些项之和

$$E_\theta = \int_{z=-l/2}^{z=l/2}\mathrm{j}\eta\beta\frac{I(z)\sin\theta}{4\pi r}\mathrm{e}^{-\mathrm{j}\beta r}\mathrm{e}^{\mathrm{j}\beta z\cos\theta}\mathrm{d}z \tag{4-23}$$

将式(4-19)中给出的电流 $I(z)$ 的表达式代入式(4-23),其中,数值上 $\beta_{\mathrm{Ant}}=\beta=\frac{2\pi}{\lambda}$,得

$$E_\theta = \mathrm{j}\frac{\eta I_{\mathrm{m}}\mathrm{e}^{-\mathrm{j}\beta r}}{2\pi r}F(\theta) = \mathrm{j}\frac{60 I_{\mathrm{m}}\mathrm{e}^{-\mathrm{j}\beta r}}{r}F(\theta) \tag{4-24}$$

式中,以 θ 为变量表示辐射方向性的函数为

$$F(\theta) = \frac{\cos\left[\beta\left(\frac{1}{2}l\right)\cos\theta\right]-\cos\beta\left(\frac{1}{2}\right)}{\sin\theta} = \frac{\cos\left(\frac{\pi l}{\lambda}\cos\theta\right)-\cos\left(\frac{\pi l}{\lambda}\right)}{\sin\theta} \tag{4-25}$$

电偶极子在远区场中的磁场和电场正交,并通过本征阻抗 η 相联系。如果对磁场进行上述推导,可得

$$H_{\varphi}=\frac{E_{\theta}}{\eta} \tag{4-26}$$

式中，E_{θ} 由式(4-24)给出。

最常见的情况是半波偶极子，偶极子的总长度为 $l=\lambda/2$。代入式(4-25)，得

$$F(\theta)=\frac{\cos\left(\frac{1}{2}\pi\cos\theta\right)}{\sin\theta} \tag{4-27}$$

当 $\theta=90°$时，电场最大(天线两侧)。在这种情况下，$F(90°)=1$。半波偶极子的最大电场强度为

$$E=60\,\frac{I_{\mathrm{m}}}{r} \tag{4-28}$$

电场的方向为 θ 方向，与 φ 无关，z 轴是对称轴。对于半波偶极子，输入电流 I_{m} 通过式(4-19)来计算，$z=0$ 处，有

$$I(0)=I_{\mathrm{m}}\sin(\beta l/2)=I_{\mathrm{m}}\sin(\pi/2)=I_{\mathrm{m}}$$

表示辐射方向性函数的图形称作辐射方向性图。半波偶极子天线的辐射方向性图如图 4-4 所示。

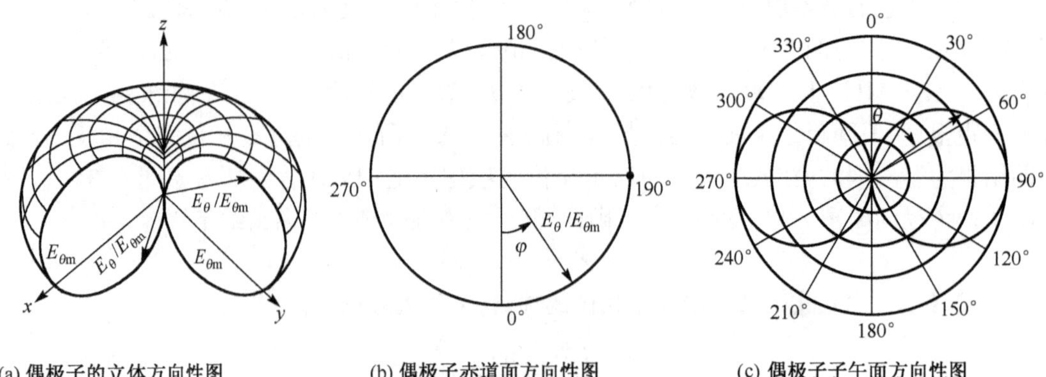

(a) 偶极子的立体方向性图　(b) 偶极子赤道面方向性图　(c) 偶极子子午面方向性图

图 4-4　半波偶极子的辐射电场方向性图

2. 辐射功率与辐射电阻

根据式(4-24)，平均功率密度为

$$S_{\mathrm{av}}=\frac{E^2}{2\eta}=\left(\frac{\eta}{8\pi^2}\right)\frac{I_{\mathrm{m}}^2}{r^2}F^2(\theta) \tag{4-29}$$

将平均功率密度在半径为 r 的球面上积分得到总的辐射功率为

$$P_{\mathrm{av}}=\int_{\varphi=0}^{2\pi}\int_{\theta}^{\pi}S_{\mathrm{av}}r^2\sin\theta\mathrm{d}\theta\mathrm{d}\varphi\approx 73.1I_{\mathrm{m}}^2/2 \tag{4-30}$$

计算偶极子天线的平均辐射功率，将坡印亭矢量在半径为 r 的球面上积分，得到总的辐射功率为

$$P_{\mathrm{rad}}=73.1I_{\mathrm{m}}^2/2=73.1I_{\mathrm{rms}}^2 \tag{4-31}$$

式中，电流的有效值通过 $I_{\mathrm{rms}}=I_{\mathrm{m}}/\sqrt{2}$与峰值相联系。因此，如果已知半波偶极子终端输入电流的有效值，那么就能通过将电流有效值的平方乘以 73Ω 计算出总的平均功率。半波偶极子

的辐射电阻为

$$R_{\mathrm{rad}}=73.1\Omega \tag{4-32}$$

以上关于偶极子天线的辐射电阻是基于对辐射功率积分推导得到的。实际上偶极子天线的输入阻抗是一个复数，如无耗半波偶极子的输入阻抗为 73.1+j42.5Ω。即输入阻抗不仅包含辐射电阻(阻抗实部)，还包含电抗部分(阻抗虚部)，而虚阻抗部分是不参与辐射的。已知天线的输入阻抗，也可以通过计算 R_{rad}所消耗的平均功率来计算由天线辐射的总平均功率。

例 4-1　考虑如图 4-5(a)所示的采用半径 0.4mm(20＃AWG)的实心铜线制作的半波偶极子天线，被峰值 100V、频率 150MHz、内阻 50Ω 的激励源所激励。试计算其损耗功率和平均辐射功率。

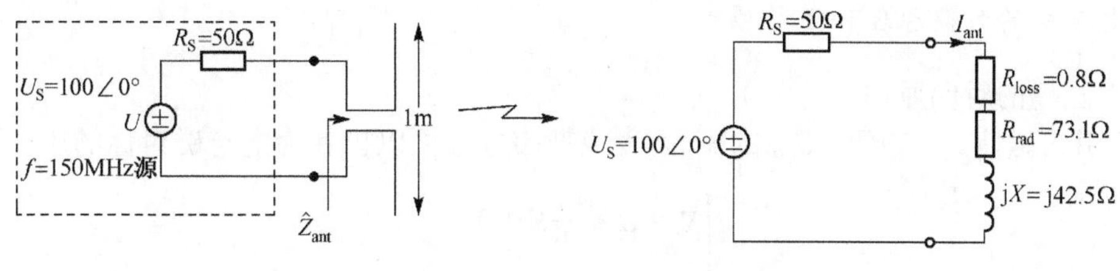

(a) 带激励源的天线的物理结构　　(b) 半波偶极子天线的等效电路

图 4-5　计算偶极子辐射功率

将天线用其输入端的等效电路来代替，如图 4-5(b)所示，则天线的输入电流应为

$$I_{\mathrm{ant}}=\frac{U_{\mathrm{S}}}{R_S+Z_{\mathrm{ant}}}=\frac{U_{\mathrm{S}}}{R_S+R_{\mathrm{loss}}+R_{\mathrm{rad}}+\mathrm{j}X}$$

实心铜线的半径为 0.4mm，远大于工作频率 150MHz 上的趋肤深度，利用计算高频导线电阻的近似公式，可以计算出沿导线的分布电阻为

$$r_{\mathrm{ac}}=\frac{1}{2\pi r_{\mathrm{wire}}\sigma\delta}=\frac{\sqrt{\pi f\mu\sigma}}{2\pi r_{\mathrm{wire}}\sigma}=1.25\Omega/\mathrm{m}$$

对于 150MHz 物理长度为 1m 的半波偶极子，其等效长度(参见 4.4.2 节)为 $\lambda/\pi\approx 0.637\mathrm{m}$，利用这个结果可以得到构成偶极子天线的导线的高频损耗电阻为

$$R_{\mathrm{loss}}=r_{\mathrm{ac}}\cdot 0.637=0.8\Omega$$

无耗半波偶极子的输入阻抗为 73.1+j42.5Ω，因此该偶极子天线的输入阻抗为

$$Z_{\mathrm{ant}}=R_{\mathrm{loss}}+R_{\mathrm{rad}}+\mathrm{j}x_{\mathrm{in}}=(0.8+73.1+\mathrm{j}42.5)\Omega$$

所以天线输入端的电流为

$$I_{\mathrm{ant}}=\frac{100\angle 0^\circ}{50+73.9+\mathrm{j}42.5}=0.763\angle -18.93^\circ\mathrm{A}$$

天线损耗电阻上所消耗的功率为

$$P_{\mathrm{loss}}=\frac{1}{2}|I_{\mathrm{ant}}|^2R_{\mathrm{loss}}=233\mathrm{mW}$$

天线总的平均辐射功率为

$$P_{\mathrm{rad}}=\frac{1}{2}|I_{\mathrm{out}}|^2R_{\mathrm{rad}}=21.28\mathrm{W}$$

由于所计算的天线电流为峰值，所以平均功率表达式中要求有$\frac{1}{2}$这个系数。

4.1.3 缝隙天线

通过在导体面上开槽,并对开槽形成的缝隙进行馈电,缝隙上的射频电磁场激励源能够向空间辐射电磁波。此时,导体面上开槽形成的缝隙,称为缝隙天线或开槽天线。缝隙天线以其重量轻、集成度高、容易组阵和易于与安装物体共形等优点,受到了广泛关注。

缝隙天线辐射场的计算,需要借助于电磁场的对偶原理与互补原理;通过缝隙天线的辐射场,能够进一步计算和分析缝隙天线的诸多特性参数。本节首先给出缝隙天线计算分析需要的基本原理,然后以长度为 l、宽度为 w 的理想缝隙天线($w \ll l$)为例,阐述缝隙天线的辐射场和阻抗计算方法。

1. 电磁场的对偶原理和互补原理

1) 电磁场的对偶原理

通过引入磁荷 ρ_m 与磁流 $\boldsymbol{J}_m$ 的概念,麦克斯韦方程可以扩展为电与磁对称的广义形式

$$\begin{cases}\nabla\times\boldsymbol{H}=\dfrac{\partial}{\partial t}\boldsymbol{E}+\boldsymbol{J}\\ \nabla\times\boldsymbol{E}=-\dfrac{\partial}{\partial t}\boldsymbol{H}-\boldsymbol{J}_m\\ \nabla\cdot\boldsymbol{H}=\dfrac{\rho_m}{\mu}\\ \nabla\cdot\boldsymbol{E}=\dfrac{\rho}{\varepsilon}\end{cases}\tag{4-33}$$

考虑:①当电磁场的激励源只有电流和电荷时;②当电磁场激励源只有磁荷与磁流时,式(4-33)退化为如下两个对偶的方程。

$$\overbrace{\begin{cases}\nabla\times\boldsymbol{E}_e=-\dfrac{\partial}{\partial t}\boldsymbol{H}_e\\ \nabla\times\boldsymbol{H}_e=\dfrac{\partial}{\partial t}\boldsymbol{E}_e+\boldsymbol{J}_e\\ \nabla\cdot\boldsymbol{E}_e=\dfrac{\rho_e}{\varepsilon}\\ \nabla\cdot\boldsymbol{H}_e=0\end{cases}}^{\text{仅有电荷与电流激励的麦克斯韦方程}}\quad \overbrace{\begin{bmatrix}\boldsymbol{E}_e & \leftrightarrow & \boldsymbol{H}_m\\ \boldsymbol{H}_e & \leftrightarrow & -\boldsymbol{E}_m\\ \boldsymbol{J}_e & \leftrightarrow & \boldsymbol{J}_m\\ \rho_e & \leftrightarrow & \rho_m\\ \varepsilon & \leftrightarrow & \mu\end{bmatrix}}^{\text{对偶关系}}\quad \overbrace{\begin{cases}\nabla\times\boldsymbol{H}_m=\dfrac{\partial}{\partial t}\boldsymbol{E}_m\\ \nabla\times\boldsymbol{E}_m=-\dfrac{\partial}{\partial t}\boldsymbol{H}_m-\boldsymbol{J}_m\\ \nabla\cdot\boldsymbol{H}_m=\dfrac{\rho_m}{\mu}\\ \nabla\cdot\boldsymbol{E}_m=0\end{cases}}^{\text{仅有磁荷与磁流激励的麦克斯韦方程}}\tag{4-34}$$

即通过式(4-34)给出的对偶关系,可以由电源激励的麦克斯韦方程直接得到由磁源激励的麦克斯韦方程。

2) 电磁场的巴比涅互补原理

巴比涅原理是光学中的一个原理,Booker 对其加以推广并引入到电磁场理论中,用于论述互补屏(理想导电平面和理想导磁平面)的矢量电磁场问题。

如图 4-6 所示,辐射源 $\boldsymbol{J}$ 和 $\boldsymbol{M}$ 放置于 $z<0$ 的空间区域中,考虑如下情况。

(1)当导电平面不存在时,辐射源 $\boldsymbol{J}$ 和 $\boldsymbol{M}$ 在 $z\geqslant 0$ 的空间区域中产生的辐射场分别为 $\boldsymbol{E}_i$ 和 $\boldsymbol{H}_i$;此时,$\boldsymbol{E}_i$ 和 $\boldsymbol{H}_i$ 根据辐射源 $\boldsymbol{J}$ 和 $\boldsymbol{M}$ 很容易求解。

(2)当存在如图 4-6(a)所示的开孔面积为 A 的无限大导电平面时,辐射源 $\boldsymbol{J}$ 和 $\boldsymbol{M}$ 在 $z\geqslant 0$ 的空间区域中产生的辐射场分别为 $\boldsymbol{E}_i^e$ 和 $\boldsymbol{H}_i^e$。

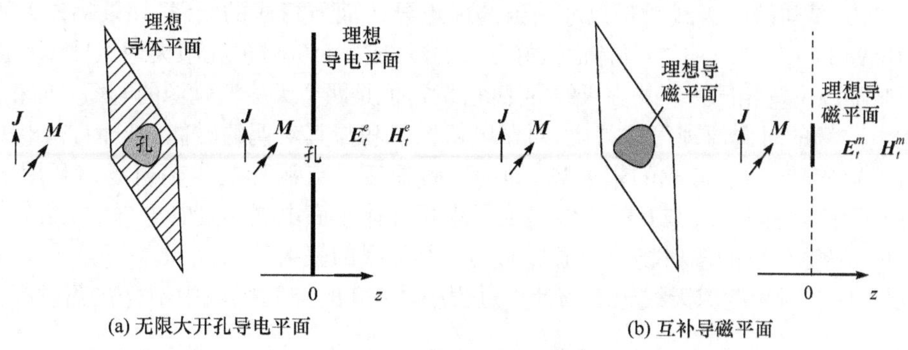

(a) 无限大开孔导电平面 (b) 互补导磁平面

图 4-6 电磁场的巴比涅原理

(3)当使用如图 4-6(b)所示的互补理想磁平面时,即去掉无限大导体平面,面积为 A 的开孔用相等的理想导磁平面代替,辐射源 $\boldsymbol{J}$ 和 $\boldsymbol{M}$ 在 $z\geqslant 0$ 的空间区域中产生的辐射场分别为 $\boldsymbol{E}_t{}^m$ 和 $\boldsymbol{H}_t{}^m$;电磁场巴比涅互补定理指出

$$\begin{cases}\boldsymbol{E}_t^e+\boldsymbol{E}_t^m=\boldsymbol{E}_i\\ \boldsymbol{H}_t^e+\boldsymbol{H}_t^m=\boldsymbol{H}_i\end{cases}\Rightarrow\begin{cases}\boldsymbol{E}_t^e=\boldsymbol{E}_i-\boldsymbol{E}_t^m\\ \boldsymbol{H}_t^e=\boldsymbol{H}_i-\boldsymbol{H}_t^m\end{cases} \tag{4-35}$$

如式(4-35)所示,缝隙天线辐射场求解转化为求解辐射源 $\boldsymbol{J}$ 和 $\boldsymbol{M}$ 在存在面积为 A 的理想磁平面部分遮挡条件下的辐射场问题,即求解 $\boldsymbol{E}_t^m$ 和 $\boldsymbol{H}_t^m$。

(4)辐射源 $\boldsymbol{J}$ 和 $\boldsymbol{M}$ 在存在面积为 A 的理想导磁平面遮挡条件下的辐射场求解问题,其对偶问题为:辐射源 $\boldsymbol{J}$ 和 $\boldsymbol{M}$ 在存在面积为 A 的理想导电平面部分遮挡条件下的辐射场求解问题。即如图 4-6(b)所示,将面积为 A 的理想导磁平面用相等的理想导体平面代替,辐射源 $\boldsymbol{J}$ 和 $\boldsymbol{M}$ 在 $z\geqslant 0$ 的空间区域中产生的辐射场分别为 $\boldsymbol{E}_t{}^d$ 和 $\boldsymbol{H}_t{}^d$。由电磁场对偶原理可以得到

$$\begin{cases}\boldsymbol{E}_t^e=\boldsymbol{E}_i-\eta\boldsymbol{H}_t^d\\ \boldsymbol{H}_t^e=\boldsymbol{H}_i+\boldsymbol{E}_t^d/\eta\\ \eta=\sqrt{\mu/\varepsilon}\end{cases} \tag{4-36}$$

2. 缝隙天线的辐射场

考虑以长度为 l 宽度为 w 的理想缝隙天线($w\ll l$),如图 4-7(a)所示。

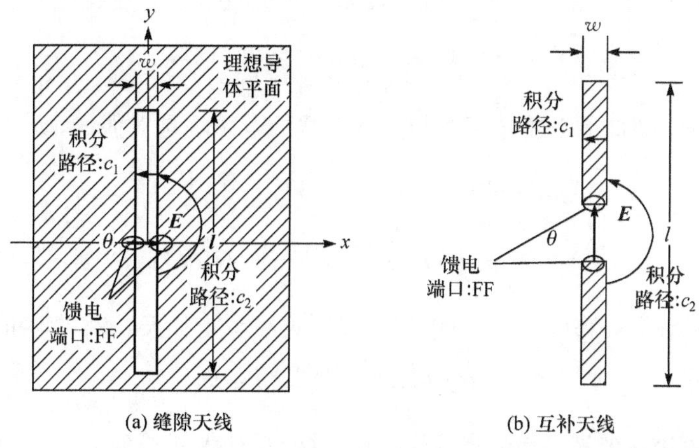

(a) 缝隙天线 (b) 互补天线

图 4-7 缝隙天线与其互补天线

图 4-7(b)是与缝隙天线物理尺寸一致的理想导体面所形成的天线，如果将该天线置于缝隙天线的位置上，该天线与理想导体面恰好互补、并形成一个完整的无限大理想导体平面。这两个天线的激励源位置相同——均在天线的中间部位，但是两个天线激励源的电场方向相互垂直。

利用电磁场的对偶原理可以得出，对于电偶极子和与其对偶的磁偶极子而言，电偶极子点源的放置位置旋转 90°后形成的辐射场，等价于磁偶极子点源形成的辐射场。利用电磁场的巴比涅互补原理，缝隙天线与互补天线构成了理想导体平面电屏与互补电屏的关系。于是，根据式(4-36)，缝隙天线的辐射场可以通过与其互补天线的辐射场来计算。

对比图 4-6，因为缝隙天线辐射场计算过程中，$z<0$ 的空间区域中不存在辐射源 $\boldsymbol{J}$ 和 $\boldsymbol{M}$，所以

$$\begin{cases}\boldsymbol{E}_t^e=\boldsymbol{E}_i-\eta\boldsymbol{H}_t^d\xlongequal{\boldsymbol{E}_i=0}-\eta\boldsymbol{H}_t^d\\ \boldsymbol{H}_t^e=\boldsymbol{H}_i+\boldsymbol{E}_t^d/\eta\xlongequal{\boldsymbol{H}_i=0}\boldsymbol{E}_t^d/\eta\end{cases}\tag{4-37}$$

式(4-37)中，$\boldsymbol{E}_t^d$ 和 $\boldsymbol{H}_t^d$ 分别为缝隙天线的互补天线所产生的电场和磁场。

因为 $w\ll l$，图 4-7(b)所示的互补天线等效为一个长度为 l、中点馈电的偶极子天线，其辐射电场和磁场在 4.1.2 节中给出。

3. 缝隙天线的阻抗

缝隙天线与其互补天线之间，辐射场存在对偶关系，显然，天线阻抗之间也存在相互换算的关系。

首先考虑如图 4-7(a)所示的缝隙天线，从馈电端口 FF 看进去的阻抗即为缝隙天线的输入阻抗。令 $\boldsymbol{E}_s$ 和 $\boldsymbol{H}_s$ 分别表示缝隙天线产生的电场和磁场，FF 之间的电压为

$$\begin{cases}U_s=\lim\limits_{c_1\to 0}\int_{c_1}\boldsymbol{E}_s\mathrm{d}l\\ I_s=2\lim\limits_{c_2\to 0}\int_{c_2}\boldsymbol{H}_s\mathrm{d}l\end{cases}\tag{4-38}$$

再考虑如图 4-7(b)所示的互补天线，从馈电端口 FF 看进去的阻抗即为缝隙天线的输入阻抗。令 $\boldsymbol{E}_d$ 和 $\boldsymbol{H}_d$ 分别表示互补天线产生的电场和磁场，FF 之间的电压为

$$\begin{cases}U_d=\lim\limits_{c_2\to 0}\int_{c_2}\boldsymbol{E}_d\mathrm{d}l\\ I_d=2\lim\limits_{c_1\to 0}\int_{c_1}\boldsymbol{H}_d\mathrm{d}l\end{cases}\tag{4-39}$$

又因为对于馈电端口 FF，缝隙天线与互补天线的电磁场是对偶的，所以

$$\begin{cases}\lim\limits_{c_1\to 0}\int_{c_1}\boldsymbol{E}_s\mathrm{d}l=\eta\lim\limits_{c_1\to 0}\int_{c_1}\boldsymbol{H}_d\mathrm{d}l\\ \lim\limits_{c_2\to 0}\int_{c_2}\boldsymbol{E}_d\mathrm{d}l=\eta\lim\limits_{c_2\to 0}\int_{c_2}\boldsymbol{H}_s\mathrm{d}l\end{cases}\tag{4-40}$$

式(4-40)带入(4-38)和(4-39)，可以得到缝隙天线与互补天线输入阻抗之间的换算关系

$$Z_sZ_d=\frac{U_s}{I_s}\frac{U_d}{I_d}=\frac{U_s}{I_d}\frac{U_d}{I_s}=\frac{\eta^2}{4}\tag{4-41}$$

其中，η 表示电磁场的波阻抗。图 4-7(b)所示的互补天线等效为一个长度为 l、中点馈电的偶极子天线，其输入阻抗在 4.1.2 节中给出。

4.2 磁偶极子和电小环天线

4.2.1 磁偶极子

求解电磁场问题时,如果能将电场与磁场的方程完全对应起来,即电场方程和磁场方程在数学形式上完全一致,那么在相同的边界条件下,其解的数学形式也必然相同。对偶性意味着,若电场的解析式已知,则可很方便地得到磁场的解析式。反之亦然。

与基本的电偶极子相对偶的是磁偶极子。一个通有交变电流的电流环,如果其线度远小于波长,则可视为一个磁偶极子。如图4-8所示,位于 xy 平面上半径为 b 的一个面积非常小的环,带有电流向量 $\boldsymbol{I}$,$I=|\boldsymbol{I}|$。该环的磁偶极矩为

$$\boldsymbol{m}=\boldsymbol{I}A \tag{4-42}$$

式中,$A=\pi b^2$ 为环所包围的面积,$m=|\boldsymbol{m}|$,其电磁场的解为

$$\begin{cases} E_r=E_\theta=0 \\ E_\phi=-\mathrm{j}\,\dfrac{\omega u I A \mathrm{e}^{-\mathrm{j}kr}}{4\pi r}\left(\mathrm{j}k+\dfrac{1}{\gamma}\right)\sin\theta \end{cases} \tag{4-43}$$

和

$$\begin{cases} H_r=\dfrac{IA\mathrm{e}^{-\mathrm{j}kr}}{2\pi r^2}\left(\mathrm{j}k+\dfrac{1}{r}\right)\cos\theta \\ H_\theta=\dfrac{IA\mathrm{e}^{-\mathrm{j}kr}}{4\pi r}\left(-k^2+\mathrm{j}\,\dfrac{k}{r}+\dfrac{1}{r^2}\right)\sin\theta \\ H_\phi=0 \end{cases} \tag{4-44}$$

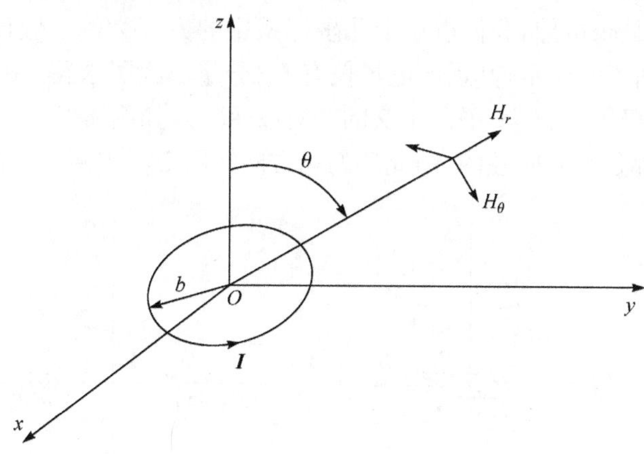

图4-8 磁偶极子

比较式(4-43)、式(4-44)所给出的磁偶极子的场和式(4-3)、式(4-4)所给出电偶极子的场,观察如何将电偶极子的场应用于磁偶极子的场,可以看到:在这两种场结构中,存在着对偶性。

磁偶极子的远场以包含$\dfrac{1}{r}$这一项为特征:

$$E_\phi=\frac{\omega u I A k}{4\pi r}\sin\theta\mathrm{e}^{-\mathrm{j}kr} \tag{4-45}$$

$$H_\theta=-\frac{IAk^2}{4\pi r}\sin\theta e^{-jkr} \tag{4-46}$$

将上述两式整理后与电偶极子的辐射场强表达式作比较，如表 4-1 所示。

表 4-1　电偶极子与磁偶极子的远场

场强	电偶极子	磁偶极子
电场	$E_\theta=\frac{j60\pi I\sin\theta}{r}\frac{L}{\lambda}$	$E_\varphi=\frac{120\pi^2 I\sin\theta}{r}\frac{A}{\lambda^2}$
磁场	$H_\varphi=\frac{jI\sin\theta}{2r}\frac{L}{\lambda}$	$H_\theta=\frac{\pi I\sin\theta}{r}\frac{A}{\lambda^2}$

表 4-1 中，电偶极子的公式包含有虚数因子，而磁偶极子的公式却没有，这说明了偶极子和小环两者在相同电流馈电下所辐射的场在时间-相位上是正交的。这是两种天线的基本差异。

表 4-1 中的公式适用于电流环按图 4.3 的布置取向、而电偶极子平行于 z 轴取向的情况。这些公式只有对尺寸趋于零的小环和短偶极子来说才是精确的。对于尺寸(直径或长度)不及 $\lambda/10$ 的电流环和偶极子，上述公式也能提供良好的近似。

4.2.2　电小环天线

上述关于磁偶极子的辐射场的讨论是利用对偶性原理得到的。前面提到，一个通有交变电流 $\boldsymbol{I}$ 的电流环，如果其线度远小于波长，则可视为一个磁偶极子。这里对环的几何形状并没有限定，只要满足电小尺寸即可。本节我们将通过对分段电流元辐射场合成的形式来证明电小环天线等价于磁偶极子。

为避免数学上的复杂推导，我们以笛卡儿坐标系中的方环为例。假设方环的尺寸远小于波长，若环的取向如图 4-9 所示，其远区电场仅有 $\boldsymbol{E}_\varphi$ 分量。为了求得 yz 平面的远场方向图，只需考虑四小段电偶极子中与 yz 平面正交的一对(2 和 4)，如图 4-9(c)所示。由于这两小段偶极子在 yz 平面内都是无方向性的，因此环的场方向性图等同于两个各向同性点源。

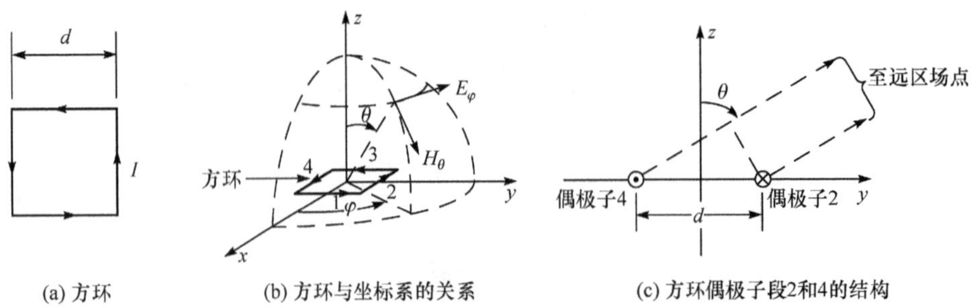

图 4-9　方环

$$E_\varphi=-E_{\varphi 0}e^{j\varphi/2}+E_{\varphi 0}e^{-j\varphi/2} \tag{4-47}$$

式中，$E_{\varphi 0}$ 表示由一个偶极子产生的电场所含的相位因子

$$\varphi=\frac{2\pi d}{\lambda}\sin\theta=d_r\sin\theta \tag{4-48}$$

即

$$E_\varphi = -2\mathrm{j}E_{\varphi0}\sin\left(\frac{d_r}{2}\sin\theta\right) \tag{4-49}$$

式(4-40)中的因子 j 表明,总场 E_φ 与单个偶极子的电场在相位上正交。已知 $d \ll \lambda, d_r = 2\pi d/\lambda \ll 2\pi$,故式(4-40)可简化为

$$E_\varphi = -\mathrm{j}E_{\varphi0}\,d_r\sin\theta \tag{4-50}$$

其中,单个偶极子 2 和 4(或 1 和 3)的远场已在 4.1 节给出,只是其中的 z 方向在环天线情况下改成了 x(或 y)方向(图 4-7);式(4-10)中的 θ 总是取 90°。式(4-41)中的 θ 表示的意义与图 4-1 所示的不同。因此,单个偶极子的远场 $E_{\varphi0}$ 为

$$E_{\varphi0} = \frac{\mathrm{j}60\pi IL}{r\lambda} \tag{4-51}$$

式中,I 是偶极子上的滞后电流;r 是到方环中心的距离。单个偶极子的长度 L 与间距 d 相同,$d_r = 2\pi d/\lambda$。将此连同式(4-42)一起代入式(4-41),即得到该小环的远场 E_φ 为

$$E_\varphi = \frac{60\pi ILd_r\sin\theta}{r\lambda} \tag{4-52}$$

方环的面积为 $A = d^2 = 2\pi a^2$,则式(4-43)变成

$$E_\varphi = \frac{120\pi^2 I\sin\theta A}{r}\frac{A}{\lambda^2} \tag{4-53}$$

这就是面积为 A 的小方环的远场 E_φ 分量的瞬时值。若用环上电流的峰值 I_0 取代 I,则得到场的峰值。小环远场的另一个分量 H_φ 可由式(4-44)与介质(自由空间)的本征阻抗相除而得到,为

$$H_\theta = \frac{E_\varphi}{120\pi} = \frac{\pi I\sin\theta A}{r}\frac{A}{\lambda^2} \tag{4-54}$$

可见,电小方环的辐射场与磁偶极子的辐射场的表达式是完全一致的。同理,我们也可以通过对电流元积分的形式来得到圆小环天线的辐射场表达式,其也具有完全一致的表达形式,只不过需要用到贝塞尔函数等比较复杂的数学推导,本书不再赘述,感兴趣的同学可自行拓展学习相关的内容。

4.3 接收天线的原理

处于交变电磁场中的导体或环路,都会由于电磁感应而耦合到电磁能量,所以可以作为接收天线而使用。以线天线为例,接收电磁能量的物理过程是:天线振子导体在外界电磁场作用下激励起感应电动势,并在导体表面产生感应电流,该电流流进天线负载 Z_L(接收机),使接收机回路中产生电流。所以,接收天线是一个把空间电磁波能量转换为高频电流能量的能量转换装置。其工作过程恰好是发射天线的逆过程。

一般天线都具有可逆性,即同一副天线既可用作发射天线,也可用作接收天线。同一天线用于发射或接收的基本特性参数是相同的,这就是天线的互易性原理。

如图 4-10(a)所示,接收天线(线天线,如对称偶极子)沿 z 轴放置,假设电场为 E_i 的平面波以入射角 θ 入射到接收天线上。E_i 与入射方向垂直。假设负载 Z_L 跨接在天线 a、b 两端。

长度为 dl 的导线放在电场强度是 E_i 的位置,该导线两端感应出的感应电动势是

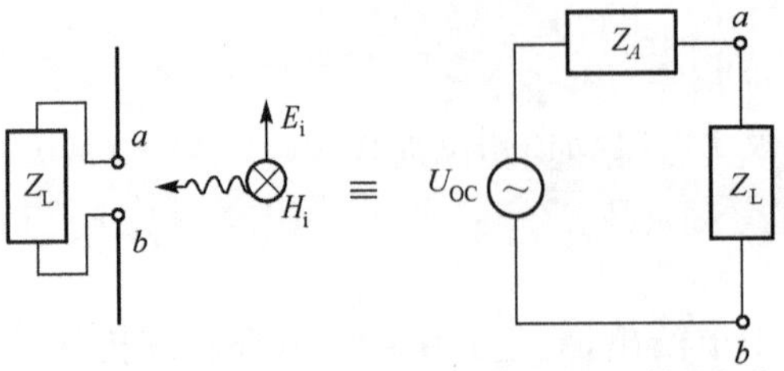

$$dV = d\boldsymbol{l} \cdot \boldsymbol{E}_i$$

(a) 接收天线示意图 (b)接收天线等效电路

图 4-10 接收天线

图 4-10(a)中的天线如果是短偶极子天线，Z_L 开路时的电压 U_{OC} 等于感应电动势。图 4-10(a)中的天线如果是长偶极子，由于导线上的 E_i 不是处处相同，开路电压 U_{OC} 是沿导线 l 进行积分，即

$$U_{OC} = \int_l E_{iz} f(z) dz$$

E_{iz} 表示 E_i 在平行 z 轴放置的导线上的切向分量。$f(z)$是一个将线上 z 处的 dz 导线段产生的感应电动势 $dU_{OC}(z)$换算到端口 $ab(z=0)$处感应电动势 $dU_{OC}(0)$的函数。

接收天线等效电路如图 4-10(b)所示。其中，电压源 U_{OC} 是开路情况下由入射波在终端 ab 感应产生的。开路条件下的 U_{OC} 仅作用在天线上，因此感应电压源 U_{OC} 的内阻等于天线在发射状态下的内部阻抗 Z_A。

假设 U_{OC} 已知，则可以确定负载上消耗的有效功率。回路中的电流表达式为

$$I_L = \frac{U_{OC}}{(R_A + R_L) + j(X_A + X_L)} \tag{4-55}$$

在共轭匹配情况下，$X_A = -X_L$，$R_A = R_L$，天线接收到的有效功率为

$$P_C = \frac{1}{2} U_{OC} \cdot I_2 = \frac{|U_{OC}|^2}{4R_L}$$

负载消耗或接收的功率为

$$P_L = \frac{1}{2} I_L^2 \cdot R_L = \frac{|U_{OC}|^2}{8R_L} \tag{4-56}$$

损失在天线阻抗 Z_A 上的功率为

$$P_A = \frac{1}{2} I_L^2 \cdot R_A = \frac{|U_{OC}|^2}{8R_L} \tag{4-57}$$

天线的电阻包括辐射电阻 R_{rad} 和损耗电阻 R_{loss}，而损耗电阻与天线导体的损耗、平衡与不平衡转换及阻抗匹配电路有关。对大多数天线而言，$R_{loss} \ll R_{rad}$，因此可以将 R_A 写成

$$R_A = R_{rad} + R_{loss} \tag{4-58}$$

根据等效电路可知 $P_A = P_{rad} + P_{loss}$。其中，P_{rad} 是消耗在 R_{rad} 上的功率，P_{loss} 是消耗在 R_{loss} 上的功率。因此

$$P_{rad} = \frac{R_{rad} |U_{OC}|^2}{4R_A^2} \tag{4-59}$$

$$P_{loss} = \frac{R_{loss} |U_{OC}|^2}{4R_A^2} \tag{4-60}$$

式(4-47)～式(4-51)表明，在共轭匹配条件下，天线接收功率的一半给了负载，另一半消耗在天线的电阻 R_A 上。负载 Z_L 与天线阻抗匹配时，其两端的电压 U_{ab} 由天线的感应电动势 U_{OC} 确定，而 U_{OC} 与电场平行于线天线的分量有关。

4.4 天线的特性参数

有关天线的电参数包括辐射方向性、增益、输入阻抗、带宽、驻波比、辐射电阻、辐射效率、有效孔径和天线系数等。方向性和增益、有效孔径或天线系数是学习本书需掌握的基本参数。简单天线如偶极子天线、半波对称振子等的天线参数可以通过理论计算得出。实际应用中是通过测量获得天线方向性和增益、有效孔径或天线系数等天线参数。

4.4.1 方向性和增益

天线的方向性系数 $D(\theta,\varphi)$，是用来衡量天线在远离天线的固定距离 r 处的某特定方向 (θ,φ) 上集中辐射功率的程度。对基本的偶极子、长偶极子和单极天线，辐射功率的最大值在 $\theta=90°$ 处，零值在 $\theta=0°$ 和 $\theta=180°$ 处。为了定量描述天线集中辐射功率的程度，我们定义辐射强度 $U(\theta,\varphi)$。

电偶极子和电小环远场的平均功率密度大小具有以下形式：

$$\boldsymbol{S}_{\mathrm{av}}=\frac{\boldsymbol{E}^2\boldsymbol{a}_s}{2\eta}=\frac{|\boldsymbol{E}_0|^2}{2\eta r^2}\boldsymbol{a}_r \tag{4-61}$$

式中，E_0 依赖于 θ、天线类型和天线电流。注意，由于远场电场、磁场与距离成反比，所以功率密度依赖于距离平方的倒数。为了得到与距离无关的辐射功率关系式，将式(4-61)乘以 r^2 并定义所得到的变量为辐射强度，即

$$U(\theta,\varphi)=r^2\boldsymbol{S}_{\mathrm{av}} \tag{4-62}$$

辐射强度是 θ 和 φ 的函数，但与距天线的距离无关。总的平均辐射功率为

$$P_{\mathrm{rad}}=\oint \boldsymbol{S}_{\mathrm{av}}\cdot \mathrm{d}\boldsymbol{s}=\oint_s U(\theta,\varphi)\mathrm{d}\Omega \tag{4-63}$$

式中，在球坐标系中的微分面积为 $\mathrm{d}\boldsymbol{s}=r^2\sin\theta\mathrm{d}\theta\mathrm{d}\varphi\boldsymbol{a}_r$。变量 $\mathrm{d}\Omega=\sin\theta\mathrm{d}\theta\mathrm{d}\varphi$ 为立体角 Ω 的微元，立体角的单位为 sr，则 U 的单位为 W/sr。注意，当 $U=1$ 时，式(4-62)的积分为 4π。这样，总的辐射功率即辐射强度在大小为 4πsr 的立体角上的积分。同时要注意，平均辐射强度为总的辐射功率除以 4πsr。

$$U_{\mathrm{av}}=\frac{P_{\mathrm{rad}}}{4\pi} \tag{4-64}$$

对于更复杂的天线的辐射强度定义相同。天线在某一个特定方向上的方向性系数，$D(\theta,\varphi)$ 为该方向上的辐射强度与平均辐射强度的比值

$$D(\theta,\varphi)=\frac{U(\theta,\varphi)}{U_{\mathrm{av}}}=\frac{4\pi U(\theta,\varphi)}{P_{\mathrm{rad}}} \tag{4-65}$$

天线的方向性系数常常用天线在其最大辐射方向上的最大值来表示：

$$D_{\max}=\frac{U_{\max}}{U_{\mathrm{av}}} \tag{4-66}$$

天线增益 $G(\theta,\varphi)$ 考虑了天线的损耗。对于无耗天线，方向性系数和增益相等。而对于有耗天线，如果天线输入的总功率为 P_{in}，其中仅有 P_{rad} 被辐射出去，两者之差即天线的损耗。定义天线效率因子 e 为

$$e=\frac{P_{\mathrm{rad}}}{P_{\mathrm{in}}} \tag{4-67}$$

那么，增益与方向性系数的关系为

$$G(\theta,\varphi)=eD(\theta,\varphi) \tag{4-68}$$

式中，我们定义增益为

$$G(\theta,\varphi)=\frac{4\pi U(\theta,\varphi)}{P_{\mathrm{in}}} \tag{4-69}$$

对于大多数天线，效率接近 100%。因此，增益和方向性系数近似相等。如假设效率为 100%，那么增益和方向性系数可以互换。

各向同性的点源是一种假想的无耗天线，它向所有方向辐射的功率都相等。由于这种天线是无耗的，因此，它的方向性系数和增益相等。如果各向同性的点源辐射或发射的总功率为 P_{T}，则距离 d 处的功率密度为总的辐射功率除以半径为 d 的球面面积

$$\boldsymbol{S}_{\mathrm{av}}=\frac{P_{\mathrm{T}}}{4\pi d^2}\boldsymbol{a}_r \tag{4-70}$$

点源辐射的电磁波（局部）类似于均匀平面波，因此

$$\boldsymbol{S}_{\mathrm{av}}=\frac{E^2}{2\eta}\boldsymbol{a}_r \tag{4-71}$$

比较式(4-70)和式(4-71)，有

$$E=\frac{\sqrt{60P_{\mathrm{T}}}}{d} \tag{4-72}$$

式中，$\eta=120\pi$。

虽然各向同性的点源相当理想化，但它作为许多计算中的标准或参考天线还是很有用的。例如，由于各向同性的点源是无耗的，方向性系数和增益相等，因此，两者均可用 G_0 来表示：

$$G_0=1$$

方向性系数也可定义为天线主波瓣上的功率密度与全向点源的功率密度之比，在该方向上的发射总功率 P_{T} 相同，并在相同的距离 r 处测量

$$D=\left|\frac{\boldsymbol{S}_{\mathrm{av}}(\theta_{\max},\Phi_{\max})}{P_{\mathrm{T}}/4\pi r^2}\right| \tag{4-73}$$

该式与式(4-56)相同。

因此，已知天线输入端的输入功率为 P_{in} 或辐射的总功率 P_{T}，我们可以根据增益 G 或方向性系数 D 求出距天线 r 处的平均功率密度。

$$S_{\mathrm{av}}=|\boldsymbol{S}_{\mathrm{av}}|=G\frac{P_{\mathrm{in}}}{4\pi r^2}=D\frac{P_{\mathrm{T}}}{4\pi r^2} \tag{4-74}$$

例 4-2　求电偶极子的增益。

解　电偶极子的功率密度由式(4-13)给出

$$S_{\mathrm{av}}=30\pi I^2\left(\frac{\mathrm{d}l}{\lambda}\right)^2\frac{\sin^2\theta}{r^2}(\mathrm{W/m^2})$$

在天线两侧 $\theta=90°$ 处有最大值，由式(4-16)给出的总的辐射功率为

$$P=80\pi^2 I^2\left(\frac{\mathrm{d}l}{\lambda}\right)^2(\mathrm{W})$$

因此，根据式(4-73)，由于电偶极子为无耗的，所以增益为 $G=1.5$。

天线的增益或方向性系数常以 dB 为单位给出。天线的增益用 dB 来表示为

$$G_{\mathrm{dB}}=10\lg G$$

电偶极子的增益为 $G=10\lg 1.5=1.76(\mathrm{dB})$。

例 4-3 求无耗半波偶极子天线的增益。

解 根据式(4-24)求半波偶极子天线辐射场的平均功率密度为

$$S_{\mathrm{av}}=\frac{E^2}{2\eta}=\left(\frac{\eta}{8\pi^2}\right)\frac{I_{\mathrm{m}}^2}{r^2}F^2(\theta) \tag{4-75}$$

计算可得

$$S_{\mathrm{av}}=4.77\,\frac{I_{\mathrm{m}}^2}{r^2}F^2(\theta)(\mathrm{W/m^2})$$

在方向 $\theta_{\max}=90°$处有最大值，且 $F(\theta_{\max})=1$。总辐射功率为由式(4-50)知

$$P_{\mathrm{rad}}=73.1\,\frac{I_{\mathrm{m}}^2}{2}(\mathrm{W})$$

由此，由式(4-69)求出的增益为

$$G=1.64$$

或增益 $G=2.15\mathrm{dB}$。电偶极子的 $G=1.5$，因此，半波偶极子集中辐射功率的能力仅稍好于电偶极子。

在现实使用中，例如，定向无线通信常常采用高增益天线，以获得更高的辐射指向性；喇叭天线和抛物面天线的增益可以达到 40dB。

天线的增益也可以按照某一参考天线的增益来规定。参考天线用全向点源，点源具有单位增益，$G_0=1$。在这种情况下，天线的增益是相对全向天线的增益：

$$G_{\mathrm{dB}_i}=10\lg\left(\frac{G}{G_0}\right)$$

如天线的增益按照半波偶极子来规定，天线增益为相对于半波偶极子的增益：

$$G_{\mathrm{dB}_d}=10\lg\left(\frac{G}{1.64}\right)$$

4.4.2 有效长度

天线的有效长度定义如下：用一等效的假想天线来代替实际的天线，该假想天线上电流分布为均匀分布，其大小为实际天线馈电点的电流 I_A，且当最大辐射方向上产生与实际天线相同的电场强度时，该假想天线的长度 l_c 即实际天线的有效长度。

以物理长度为 l(每臂长为 $l/2$)的偶极子天线为例，知其电场强度为

$$E_\theta=\mathrm{j}\,\frac{60I_{\mathrm{m}}}{r}\frac{\cos\left(\frac{\beta l}{2}\cos\theta\right)-\cos\left(\frac{\beta l}{2}\right)}{\sin\theta}\mathrm{e}^{-\mathrm{j}\beta r}$$

在其最大辐射方向($\theta=90°$)上的电场强度振幅为

$$E_{\max}=\frac{60I_{\mathrm{m}}}{r}\left[1-\cos\left(\frac{\beta l}{2}\right)\right]$$

偶极子天线振子上电流分布为正弦规律，即中心馈电点处的电流为 $I_A = I_m \sin\left(\frac{\beta l}{2}\right)$，代入上式得到

$$E_{max} = \frac{60 I_A}{r} \frac{1-\cos\left(\frac{\beta l}{2}\right)}{\sin\left(\frac{\beta l}{2}\right)}$$

又等效天线在其最大辐射方向上所产生的电场强度振幅为

$$E_{max} = \frac{60\pi I_A l_c}{\lambda r}$$

根据对天线有效长度的定义，以上两式应相等，即

$$\frac{60\pi I_A l_c}{\lambda r} = \frac{60 I_A}{r} \frac{1-\cos\left(\frac{\beta l}{2}\right)}{\sin\left(\frac{\beta l}{2}\right)}$$

得

$$l_c = \frac{\lambda}{\pi} \frac{1-\cos\left(\frac{\beta l}{2}\right)}{\sin\left(\frac{\beta l}{2}\right)} = \frac{\lambda}{\pi} \tan\frac{\beta l}{4} \tag{4-76}$$

l_c 即该偶极子天线的有效长度。对于 $l \ll \lambda$ 的短偶极子天线，l_c 近似为

$$l_c \approx \frac{\lambda}{\pi} \frac{\beta l}{4} = \frac{l}{2}$$

即短偶极子天线的有效长度约为其物理长度的一半。对于半波偶极子天线，将 $l=\lambda/2$ 代入式(4-76)可得

$$l_c = \frac{\lambda}{\pi} \tan\frac{\pi}{4} = \frac{\lambda}{\pi}$$

即半波偶极子天线的有效长度为其物理长度的 $2/\pi$ 倍。

4.4.3 有效孔径

天线的有效孔径（有效口径）从接收天线引入比较简单。天线的有效孔径与接收电磁波能量有关，与天线的物理口径没有必然联系。天线的有效孔径 A_e 是指（在其负载阻抗上）接收的功率 P_R 与入射波的功率密度 S_{av} 之比：

$$A_e = \frac{P_R}{S_{av}} (\mathrm{m}^2) \tag{4-77}$$

当负载阻抗与天线阻抗共轭匹配时，图 4-10(b)中 $Z_L = Z_A^*$，式(4-77)中的比值是最大有效孔径 A_{em}。为实现最大有效孔径，要求入射波的极化与天线的极化相匹配。对线性极化的入射波和接收天线（如偶极子、单极天线和对数周期天线），入射波的电场矢量要平行于接收天线用于发射时所产生的电场矢量方向。

例 4-4 计算电偶极子天线的最大有效孔径。

解 如果偶极子端接负载阻抗 $Z_L=R_{rad}-jX$，其中偶极子的输入阻抗为 $Z_{in}=R_{rad}+jX$，假设偶极子没有损耗，那么，当入射波的电场矢量平行偶极子时，即 $\theta=90°$ 时，感应电压最大，如图 4-11 所示。在天线终端产生的开路电压(最大值而非有效值)为

$$U_0=E_\theta \mathrm{d}l \tag{4-78}$$

入射波的功率密度为

$$\boldsymbol{S}_{av}=\frac{E_\theta^2}{2\eta}$$

所以接收到的功率为

$$P_R=\frac{U_0^2}{8R_{rad}}=\frac{(E_\theta \mathrm{d}l)^2}{8R_{rad}} \tag{4-79}$$

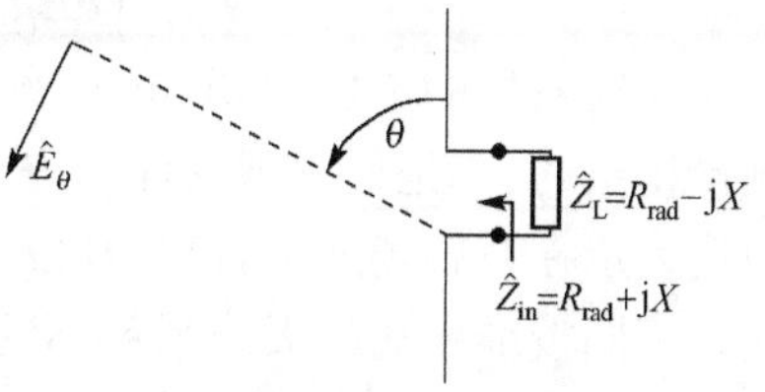

图 4-11 线性天线最大有效孔径 A_{em} 的计算

代入式(4-18)中 R_{rad} 的值

$$P_R=\frac{E_\theta^2\lambda^2}{640\pi^2} \tag{4-80}$$

所以，最大有效孔径为

$$A_{em}=\frac{P_R}{\boldsymbol{S}_{av}}=1.5\frac{\lambda^2}{4\pi}=\frac{\lambda^2}{4\pi}D \tag{4-81}$$

可见，天线的最大有效孔径不是一定非与它的“物理孔径”有关系。

式(4-81)虽然是针对偶极子推导出的，但对一般的天线都有效。也就是说，用于接收的天线的最大有效孔径与当其用于发射时在入射波方向上的增益有关：

$$D(\theta,\varphi)=\frac{4\pi}{\lambda^2}A_e(\theta,\varphi) \tag{4-82}$$

A_e 的方向(与接收天线有关的入射波的方向)就是当天线用于发射时在该方向上的方向性系数。在假定天线是无耗天线的基础上，方向性系数 D 和增益 G 可以互换。

4.4.4 天线系数

天线用于测试领域(如电磁兼容测试)时，描述天线接收特性最常用的是天线系数(天线校正系数)。图 4-12(a)表示用天线和接收机测量线极化均匀平面波入射电场。测量天线的输出端与接收机(如频谱分析仪)通过同轴电缆相连。测量设备所测得的电压用 V_{rec} 表示。接收天线等效电路表明接收到的电压与天线处的电场有关系，天线的天线系数就是表示这一关系的参数。天线系数定义为天线输出端接匹配负载测量天线表面的入射电场与接收到的电压之比：

$$\mathrm{AF}=\frac{|\boldsymbol{E}_{inc}|}{|\boldsymbol{U}_{rec}|}$$

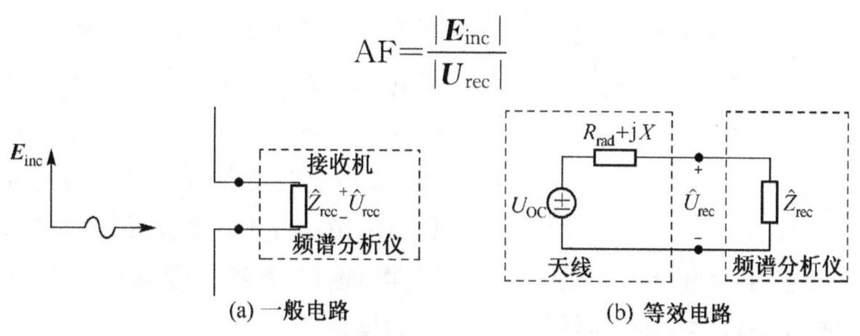

图 4-12 天线和频谱仪测场强

天线系数常以 dB 来表示，则

$$\mathrm{AF(dB/m)} = |\boldsymbol{E}_{\mathrm{inc}}|(\mathrm{dB\mu V/m}) - |\boldsymbol{U}_{\mathrm{rec}}|(\mathrm{dB\mu V}) \tag{4-83}$$

或

$$|\boldsymbol{E}_{\mathrm{inc}}|(\mathrm{dB\mu V/m}) = |\boldsymbol{U}_{\mathrm{rec}}|(\mathrm{dB\mu V}) + \mathrm{AF(dB/m)} \tag{4-84}$$

天线系数的单位为 dB/m。实用中的天线系数是由厂商或计量单位通过标准规定的方法测量得出的，不是通过理论计算得出。图 4-13 是某型号半波偶极子天线校准系数，图中两条曲线表示在开阔场地上，接收和发射天线之间的距离分别是 3m 和 10m 时，校准得到的天线系数。不同校准距离的天线系数不同是由于接收天线处的电场分布不满足自由空间的均匀平面波的条件。

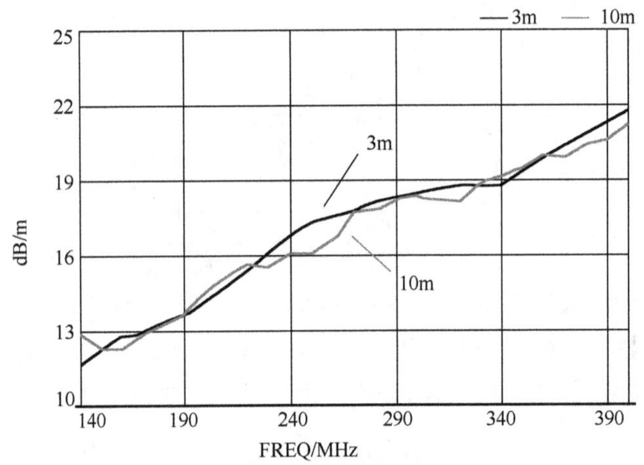

图 4-13　EMC 测量用半波偶极子天线的天线系数

4.5　发射天线和接收天线之间的耦合

已知天线增益和输入功率可以计算出距离天线任意位置的最大电场强度，已知天线系数和接收机端口的输入功率也可以知道天线位置的电场强度。发射天线的发射功率和接收天线的接收功率之间用传输方程联系在一起。利用传输方程，可以进行两天线之间耦合的近似计算。

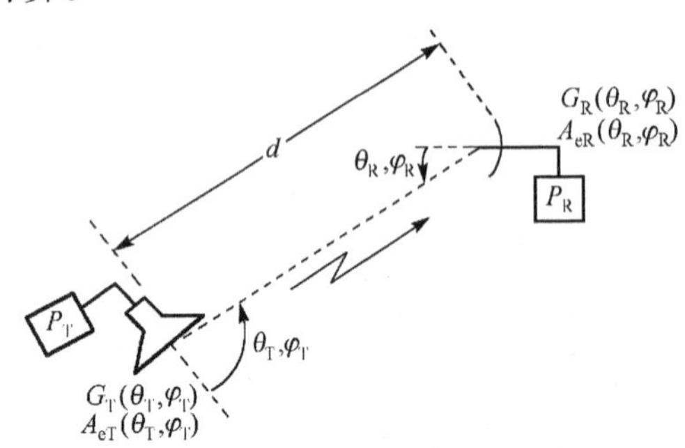

图 4-14　用 FRIIS 传输方程计算以增益表示的两天线之间的耦合举例

考虑图 4-14 所示的自由空间中的两个天线。一个天线发射的总功率为 P_T，另一个天线其终端阻抗上的接收功率为 P_R。发射天线的增益为 $G_T(\theta_T,\varphi_T)$，在发射方向 (θ_T,φ_T) 上的有效孔径为 $A_{eT}(\theta_T,\varphi_T)$。接收天线在该发射方向 (θ_R,φ_R) 上的增益和有效孔径分别为 $G_R(\theta_R,\varphi_R)$ 和 $A_{eR}(\theta_R,\varphi_R)$。接收天线处的功率密度为各向同性点源的功率密度乘以发射天线在发射方向上的增益：

$$S_{av}=\frac{P_T}{4\pi d^2}G_T(\theta_T,\varphi_T) \tag{4-85}$$

接收功率为该功率密度与接收天线在发射方向上的有效孔径的乘积

$$P_R=S_{av}A_{eR}(\theta_R,\varphi_R) \tag{4-86}$$

将式(4-85)代入式(4-86),得

$$\frac{P_R}{P_T}=\frac{G_T(\theta_T,\varphi_T)A_{eR}(\theta_R,\varphi_R)}{4\pi d^2} \tag{4-87}$$

用式(4-82)表示的增益来代替接收天线的有效孔径(假设负载匹配,极化方向匹配,则有效孔径为最大的有效孔径),将得到传输方程最常见的形式

$$\frac{P_R}{P_T}=G_T(\theta_T,\varphi_T)G_R(\theta_R,\varphi_R)\left(\frac{\lambda}{4\pi d}\right)^2 \tag{4-88}$$

距离发射天线 d 处的发射波的电场强度也能计算出来。所发射的电磁波的功率密度是均匀平面波的功率密度(局部):

$$S_{av}=\frac{1}{2}\frac{E^2}{\eta} \tag{4-89}$$

与式(4-85)比较,可得

$$E=\frac{\sqrt{60P_T\,G_T(\theta_T,\varphi_T)}}{d} \tag{4-90}$$

天线增益用 dB 来表示,则传输方程为

$$10\lg\left(\frac{P_R}{P_T}\right)=G_T(\text{dB})+G_R(\text{dB})-20\lg f(\text{Hz})-20\lg d(\text{m})+147.56 \tag{4-91}$$

在传输方程中含有许多假设。为了使式(4-82)表示的增益和有效孔径之间的关系有效,接收天线必须与它的负载阻抗匹配,同时必须和来波极化匹配,否则传输方程将导致耦合的上限(“最差情况”)。也要求两天线互相处于对方的远场区中。远场区常常被认为

$$d_{远场}>\frac{2D^2}{\lambda}\quad(面天线)$$

或

$$d_{远场}>3\lambda\quad(线天线)$$

式中,D 为天线的最大尺寸。有效孔径的概念本身包含了在接收天线附近的来波类似于均匀平面波的假设。在发射天线远场区中的发射类似于点源发出的球面波,其仅仅是局部类似于均匀平面波,就如前面所有公式推导中的假设一样。两天线之间相距$\frac{2D^2}{\lambda}$,保证了球面波入射在天线末端表面的相位与平面波相差至少$\frac{\lambda}{16}$。3λ 准则保证了入射波的“波阻抗”近似等于自由空间的波阻抗。

例 4-5 计算两个无耗半波偶极子天线之间的耦合,并得出天线系数与天线增益的关系。假设天线相距 1000m,工作频率为 150MHz,在最大接收方向上相互平行排列。发射偶极子由 100V(峰值)、50Ω 的源激励,如图 4-5 所示。求接收天线的最大接收功率,并估算半波偶极子工作频率为 150MHz 的天线系数。

解　半波偶极子天线的输入阻抗 73.1+j42.5Ω,由图 4-12(b)所示发射天线等效电路,忽略天线损耗,发射天线的辐射功率为

$$P_{\mathrm{T}}=I_{\mathrm{m}}^{2}R_{\mathrm{A}}/2=\frac{1}{2}\left|\frac{100}{73.1+50+\mathrm{j}42.5}\right|^{2}73.1=21.3(\mathrm{W})$$

已知,半波偶极子天线的增益为 1.64,由式(4-90)接收天线所在位置的电场为

$$E=\frac{\sqrt{60\times 21.3\times 1.64}}{1000}=45.8(\mathrm{mV/m})$$

不考虑损耗,则接收天线匹配负载所接收到的平均功率由式(4-88)得

$$\frac{P_{\mathrm{R}}}{P_{\mathrm{T}}}=1.64\times 1.64\times\left(\frac{2}{4\times\pi\times 1000}\right)^{2}=6.81\times 10^{-8}$$

$$P_{\mathrm{R}}=6.81\times 10^{-8}\times 21.3=1.45(\mu\mathrm{W})$$

天线系数是电场强度与在 50Ω 负载上电压之间的换算系数,故

$$U=\sqrt{50P_{\mathrm{R}}}=\sqrt{1.45\times 10^{-6}\times 50}=8.51\times 10^{-3}(\mathrm{V})$$

$$\mathrm{AF(dB)}=20\lg\frac{E}{U}=20\lg\frac{45.8}{8.51}=14.6(\mathrm{dB/m})$$

从图 4-12 可查出 $f=150\mathrm{MHz}$ 时,天线系数约为 12.9,上述计算值与实际值产生误差的主要原因有:①忽略了天线的损耗,包括平衡与不平衡转换电路的损耗。②没有考虑实际半波偶极子用的是谐振长度,与半波长度有误差。③计算中是自由空间,而天线校准是在开阔场地。

4.6　地面反射的影响

前面讲的天线方向性和阻抗是建立在自由空间基础上的。实际应用中高增益天线离地面较高的情况下,地面对天线的影响比较小。宽波束天线和离地面较近的天线的方向性和阻抗受地面影响较大。将实际地面视为导电率无限大的无限延伸的平面,即理想导电地平面,利用镜像原理可以分析地面对方向性和阻抗的影响。

4.6.1　镜像原理

一个电偶极子靠近并垂直于理想导电地平面放置,如图 4-15(a)所示,需要求出 PP' 平面上方的 E 和 H。满足波动方程和特定边界条件的解具有唯一性。可以引入一个等效的系统,在 PP' 平面上满足相同的边界条件,在 PP' 平面上方具有相同的源和场,而在 PP' 平面的下方可以不相同。该等效系统在 PP' 平面的下方引入一个等距离、相同指向的镜像源,如图 4-15(b)所示的垂直电偶极子。

下面说明等效的系统满足在 PP' 平面上电场的切向分量为零。根据式(4-14)给出的电偶极子的电场分布完整表达式,径向分量按 $\cos\theta$ 变化,θ 分量按 $\sin\theta$ 变化,θ 是射线与电偶极子方向轴线的夹角。令 θ_1 和 θ_2 分别表示原始的电偶极子源和镜像源从电偶极子轴线到 PP' 平面上任意一个观察点的角度,则径向分量为

$$\begin{cases}E_{r1}=C\cos\theta_1\\ E_{r2}=C\cos\theta_2\end{cases}\tag{4-92}$$

由于源的幅度相同,对于每一个场的分量常数 C 是相同的,边界上的点到电偶极子的距

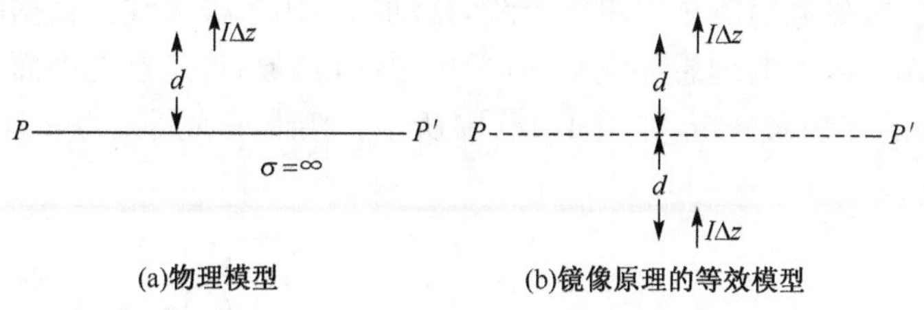

图 4-15　理想导电地面上方的垂直的电偶极子

离也相同，由图 4-16(a)可见 $\theta_1+\theta_2=180°$，因此，$\cos\theta_1=\cos(180°-\theta_2)=-\cos\theta_2$，可见，边界上任意一点 $E_{r1}=-E_{r2}$。因此，在 PP' 平面上切向分量的幅度相等而相位相反。对于 θ 分量，同理可导出：

$$\begin{cases}E_{\theta_1}=D\sin\theta_1=D\sin\theta_2\\E_{\theta_2}=D\sin\theta_2\end{cases}\tag{4-93}$$

式中，D 为常数。因此，在边界上 $E_{\theta_1}=E_{\theta_2}$。图 4-16(b)表明 θ 分量在 PP' 上的投影为零。

综上所述，垂直于镜像面的电偶极子与其镜像共同作用，使沿镜像面 PP' 的电场强度的总切向分量为零。由于面上方的源结构以及边界条件没有改变，图 4-15(b)的系统等效于图 4-15(a)的原系统。这里，等效是指在 PP' 面上方的场相等。

方向平行于理想导电地平面的电偶极子(水平偶极子)也在镜像面下等距离处有一镜像，但此镜像的指向相反，如图 4-17 所示。图 4-17(b)的等效模型在 PP' 面上方给出与图 4-17(a)物理模型中相同的场。

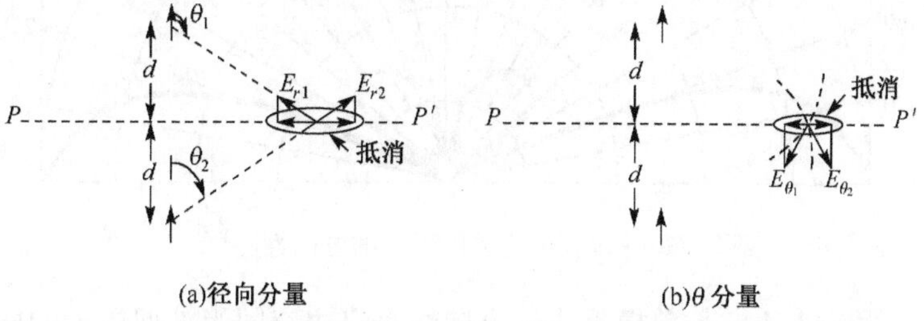

图 4-16　电偶极子和镜像在理想导电地平面位置的电场切向分量为零

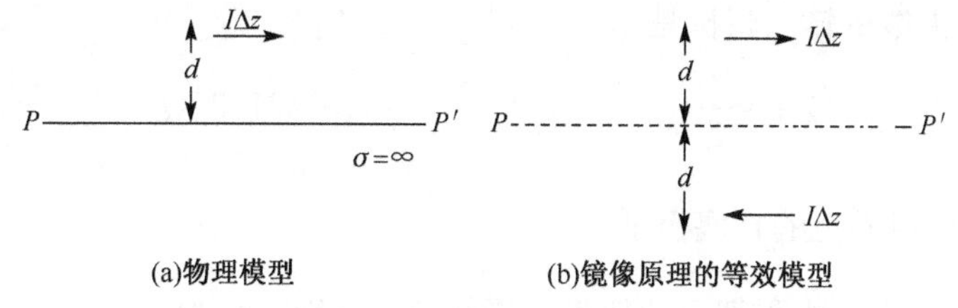

图 4-17　理想导电地平面上方平行的电偶极子

4.6.2　单极天线

单极天线如图 4-18 所示，由一条与导电平面垂直的单臂构成。如果其高度为 $\lambda/4$，则称为 1/4 波长单极天线。单极天线在其底部馈电，馈源另一端与导电平面相连。典型的单极天线有中波广播天线，电磁兼容测试用单极天线，移动通信用单极天线。根据前面所述的镜像原理，将接地平面看作无限大的理想导电平面，单极天线可以通过用接地平面上的电偶极子的镜像来代替接地平面的方法来分析，如图 4-18(b)所示。接地平面用镜像来代替，就简化为偶极子天线的问题。

图 4-18 接地单极天线

单极天线上的电流、电荷与对应的偶极子的上半部分是一样的，其端电压只有偶极子的一半。这是由于单极天线输入端的隙缝宽度只有对应偶极子的一半，相同的电场在一半的距离上给出一半的电压。因此，单极天线的输入阻抗只有对应偶极子的一半。

由于电磁场只在上半球延伸，其辐射功率只有同样电流偶极子辐射功率的一半，因此单极天线的辐射电阻是对应偶极子天线辐射电阻的一半。

单极天线与对应偶极子天线在镜面上方的场是一样的。因此，单极天线的辐射方向性图与自由空间偶极子天线辐射方向性图的上半部分相同。图 4-19 是一个单极天线的方向性图。

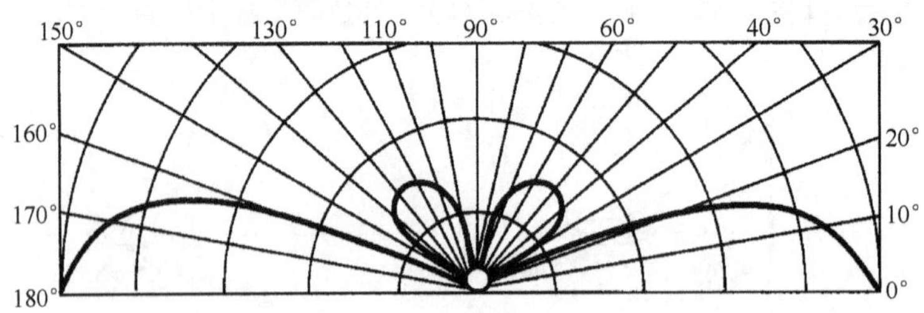

图 4-19 接地单极天线的方向性图

例如，对于常用的 1/4 波长单极天线的方向性是自由空间半波偶极子的两倍：

$$2\times1.64=3.28=5.16(\text{dB})$$

1/4 波长单极天线的输入阻抗是

$$Z_A=\frac{1}{2}(73.1+\text{j}42.5)=36.5+\text{j}21.3(\Omega)$$

4.6.3 理想导电地平面上的长偶极子

如图 4-20 所示，有一水平架设的偶极子天线 A_1，离地高度为 H。在考虑理想导电平面的影响时，用其镜像 A_2 代替地面。此时，地面和上半空间任一点的场应等于实际振子 A_1 与镜像 A_2 所建立的场的和。

现在求垂直面内上半空间任一点的场。垂直面为垂直振子轴，并经过它的中点的平面(图 4-20)。设观察点位于与地面夹角(仰角)为 Δ 的方向。在远区求场，$r\gg H$。因此，可以近似地认为由振子出发的传播路径与由镜像出发的传播路径是相互平行的。

当水平架设振子时，镜像电流与振子电流的振幅相同，但相位差180°。因此振子产生的场E_1和镜像产生的场E_2振幅相等，但符号相反。在垂直振子的平面里，E_1和E_2都在水平方向(观察点在振子和镜像的赤道面内，$\theta=90°$)。因此，合成场为E_1和E_2的代数和。从振子到观察点的距离不等于从镜像到观察点的距离。因此，它们之间的行程差为$r_2-r_1=2H\sin\Delta$。地表面和上半空间任一点的场为

$$E=E_1+E_2=E_1(1-\mathrm{e}^{-2jkH\sin\Delta})$$

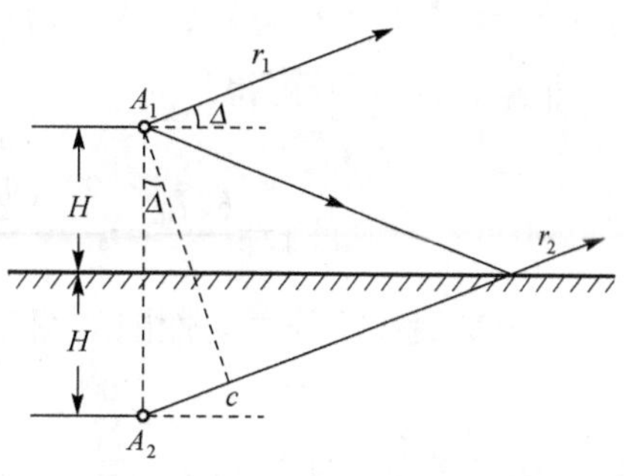

图 4-20 水平架设的长偶极子赤道面内的辐射场

E_1为对称阵子在赤道面($\theta=90°$)内的场强值，由式(4-25)得

$$|E_1|=\frac{60I_\mathrm{m}}{r_1}\left(1-\cos\frac{\beta l}{2}\right)$$

将$|E_1|$代入$|E|$，得

$$|E|=\frac{60I_\mathrm{m}}{r}\left(1-\cos\frac{\beta l}{2}\right)2\sin(\beta H\sin\Delta)\quad(\mathrm{V/m}) \tag{4-94}$$

水平架设振子的零辐射方向为

$$\sin\Delta_0=\frac{m\lambda}{2H},\quad m=1,2,\cdots \tag{4-95}$$

最大辐射方向的仰角为

$$\sin\Delta_{\max}=\frac{(2m+1)\lambda}{4H},\quad m=0,1,\cdots \tag{4-96}$$

由式(4-95)和式(4-96)可以看出，当H/λ不同时，零辐射方向和最大辐射方向出现在不同的仰角上。因此，不同的水平架设高度H有不同的方向性图。图4-21为改变H时的方向性图。

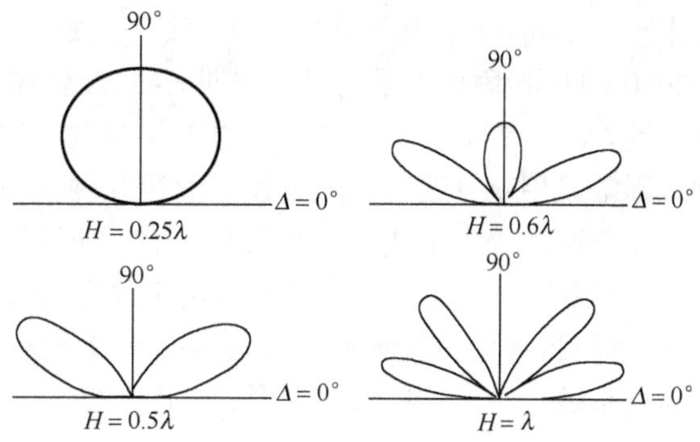

图 4-21 水平架设长偶极子赤道面的方向性图

如图4-22所示，垂直架设对称振子，离地面高度为H，求其在垂直面内上半空间任一点建立的场。此时垂直面为包含振子轴并垂直地面的平面。镜像电流与振子电流的振幅和相位都相同。传播路径的差为$r_2-r_1=2H\sin\Delta$。在远区观察点，振子和镜像产生的电场都在θ方向。因此，地表面上和上半空间任一点的场强值为

$$E=E_1+E_2=E_1(1-e^{-2j\beta H\sin\Delta})$$

根据式(4-77),可得

$$|E|=\frac{60I_m}{r}=\frac{\cos\left(\frac{\beta l}{2}\sin\Delta\right)-\cos\frac{\beta l}{2}}{\cos\Delta}\cdot 2\cos(\beta H\sin\Delta)(\text{V/m}) \tag{4-97}$$

垂直架设振子的方向性图如图 4-23 所示。最大辐射方向第一次出现在 $\Delta=0°$ 的方向。此时,因子 $2\cos(\beta H\sin\Delta)=2$ 最大;如果 $l/\lambda\leqslant 0.7$,方向性函数 $\frac{\cos\left(\frac{\beta l}{2}\sin\Delta\right)-\cos\frac{\beta l}{2}}{\cos\Delta}$ 也最大。随着 H/λ 的增加,边瓣数也增多。

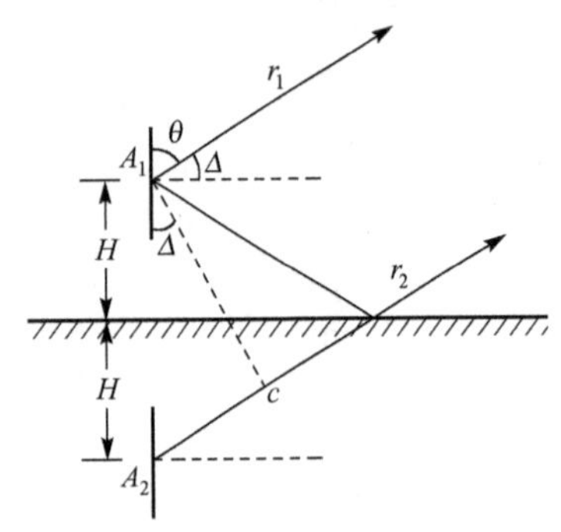

图 4-22　垂直架设的长偶极子子午面的辐射场

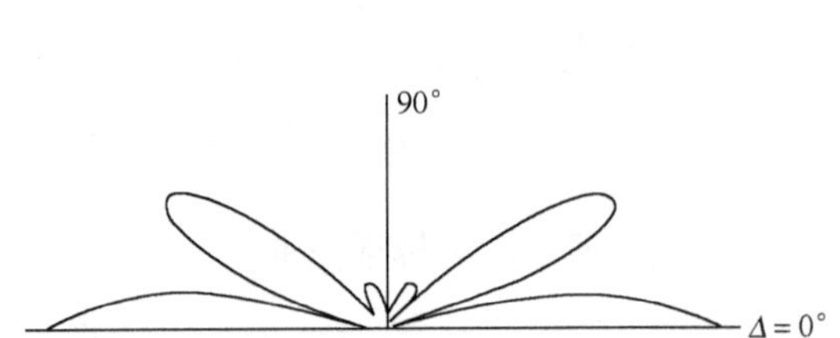

图 4-23　垂直架设长偶极子子午面的方向性图

4.7　常用的电磁兼容测量天线

在电磁兼容测量领域,常常用到多种形式的天线来进行辐射发射测量和辐射抗扰度试验。在辐射发射测量中作为接收天线使用,而在辐射抗扰度试验中作为发射天线使用。

一般根据应用的工作频段不同,会采用不同形式的天线。例如,30～300MHz 频段的测试常采用双锥天线,200～2000MHz 频段可以采用对数周期天线;或者在上述频段采用将两种天线合二为一的对数双锥天线,某些型号对数双锥天线的工作频宽可以达到 30MHz～3GHz。进行 1～18GHz 频段测试则常采用双脊波导喇叭天线。上述几种都属于宽带天线,便于实现自动化扫频测量而不需要在测试过程中更换或调整天线。有时 EMI 测量也使用对称振子天线(即半波偶极子),其长度应该等于被测频率的半波长,由于改变测量频率时需同时改变振子长度,所以这种天线不适合进行自动化扫频测量。故而半波偶极子天线常作为标准天线用来测量或校准其他天线的天线系数。以上这些天线的形状见图 4-24。

4.7.1　双锥天线

无限长的双锥天线由两个半圆锥角为 θ_h 的圆锥体构成,并且在其馈电点处有一小间隙,如图 4-25 所示。电压源就在这个间隙给天线馈电。假设圆锥体的周围空间是自由空间,$\boldsymbol{J}=0$。根据对称性可知 $\boldsymbol{E}$ 只在 θ 方向可见,而 $\boldsymbol{H}$ 只在 φ 方向可见,所以辐射场为球面波。可以用法拉第定律和安培定律求得场的形式如式(4-98)和式(4-99)所示。

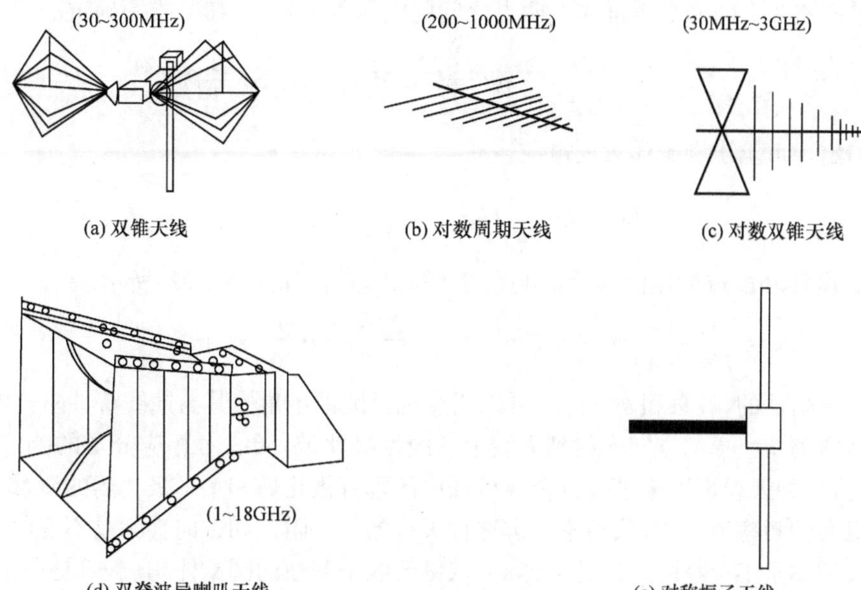

图 4-24 EMI测试的常用天线

$$H_{\varphi}=\frac{H_0}{r\sin\theta}\mathrm{e}^{-\mathrm{j}\beta r} \tag{4-98}$$

$$E_{\theta}=\frac{\beta H_0}{\omega\varepsilon_0 r\sin\theta}\mathrm{e}^{-\mathrm{j}\beta r} \tag{4-99}$$

式中，H_0 为常数。

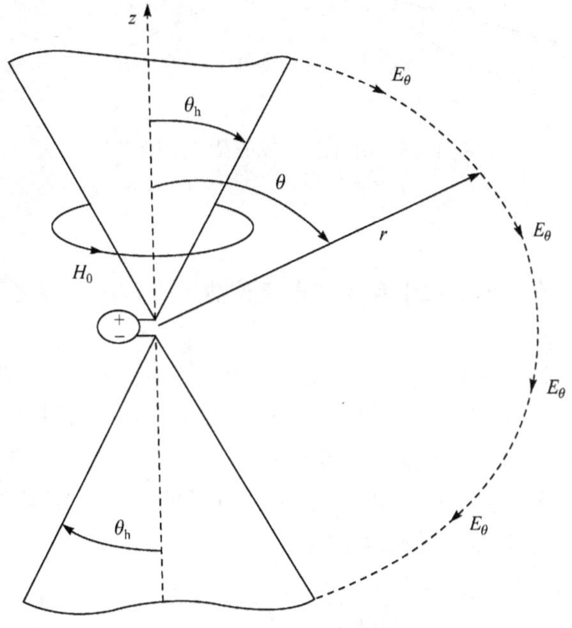

图 4-25 无限长的双锥天线

距离馈电点为 r 的两个圆锥体上两点之间的电压可由式(4-100)唯一确定。

$$U(r)=-\int_{\pi-\theta_h}^{\theta_h}E_\theta \mathrm{d}\theta=2\eta_0 H_0 \mathrm{e}^{-\mathrm{j}\beta r}\ln\left(\cot\frac{1}{2}\theta_h\right) \tag{4-100}$$

用安培定律可求出圆锥体表面电流。

$$I(r)=-\int_0^{2\pi}H_\varphi r\sin\theta \mathrm{d}\varphi=2\pi H_0 \mathrm{e}^{-\mathrm{j}\beta r} \tag{4-101}$$

$r=0$ 处电压和电流的比值即为馈电点处的输入阻抗，如式(4-102)所示。

$$Z_{\mathrm{in}}=\frac{U(r)}{I(r)}\bigg|_{r=0}=\frac{\eta}{\pi}\ln\left(\cot\frac{1}{2}\theta_h\right)\xlongequal{\text{真空中}\ \eta=120\pi}120\ln\left(\cot\frac{1}{2}\theta_h\right) \tag{4-102}$$

因它是纯阻性的，且只和 θ_h 有关，可以通过选择圆锥半角使其与馈线特性阻抗匹配。

对于从两侧 $\theta=90°$ 的方向入射到天线上的线性极化波，天线对相应分量的响应平行于它的轴。因此，这种天线可用来进行符合性认证中的垂直极化场和水平极化场的测量。

在无限大的频率范围内，从理论上讲这种天线的输入阻抗和方向性都是不变的，但现实中无限长的圆锥体是不存在的。因此，实际的双锥天线由截断的圆锥体构成，或是使用导线来近似圆锥体的表面，如图 4-26 所示。有限长度的圆锥体会在终端引起不连续性，导致沿圆锥体向外传播的波的反射，这会在圆锥体上产生驻波，使输入阻抗具有虚部，而不再是与频率无关的纯实部。

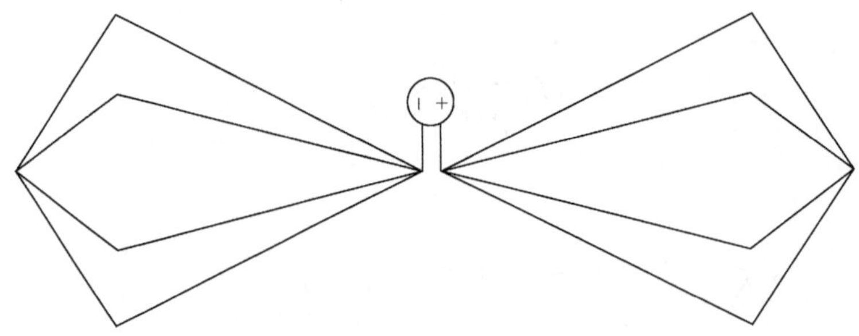

图 4-26　由导线构成的截断双锥天线

4.7.2　对数周期天线

对数周期天线是电磁兼容测试中和无线电定位测量中常用天线之一，是一种结构简单、用途广泛的宽带天线。

图 4-27 为对数周期天线的结构图。对数周期振子阵是一个在双线传输线上串联多个对称振子组成的，振子的长度和相邻振子之间的距离随远离馈电点而增加，振子上臂和下臂的末端各在一直线上，两直线的夹角为 2α。相邻振子的上、下两臂交叉馈电。

如图 4-25 所示，振子所在平面的 2α 角决定了振子的长度。定义对数周期天线的比例因子 τ，由顶角为 α 的直角三角形可得到以下关系：

$$\tau=\frac{R_{n+1}}{R_n}=\frac{L_{n+1}}{L_n}=\frac{D_{n+1}}{D_n}$$

定义间隔因子 $\sigma=\dfrac{D_n}{2L_n}$。

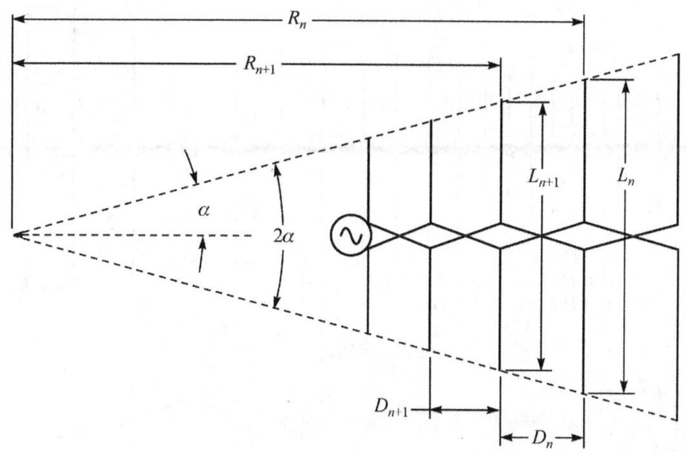

图 4-27　对数周期天线

对于任一工作频率，对数周期天线存在一个有效作用区，该区包括接近该频率半波长的几个振子，在这些振子上的电流远大于其他振子上的电流。对数周期天线的工作原理可以认为与引向天线相似。电流最大的振子（辐射最强）后面的较长的振子的作用类似于反射器，而前面较短的振子的作用类似于引向器。主波束最大值方向指向天线顶点方向。

工作频率变高时，有效工作区向天线的顶端方向移动；工作频率变低时，有效工作区向天线的末端方向移动。工作频率的上、下限近似由最短振子和最长振子所对应的半波波长确定。

$$L_1 \approx \frac{\lambda_L}{2}, \quad L_N \approx \frac{\lambda_U}{2}$$

式中，λ_L 和 λ_U 分别对应于下限工作频率的波长和上限工作频率的波长。有效作用区可能不仅限于一个振子，有时在天线阵的两端增加几个振子，以保证天线在整个频段的性能。

对数周期天线的方向性、增益和阻抗由有效辐射区内的振子数（通常是 3～5 个）和区内振子的电流振幅与相位关系决定，而且所有这些值均与天线的几何参数 τ 和 α 有关。

图 4-28(a)给出一个工作频段为 200～600MHz 对数周期天线的几何结构。该天线由 18 个对称振子单元构成，设计参数 $\tau=0.917$、$\sigma=0.169$。最低工作频率波长 $\lambda_L=1.5$m，第一个单元的长度是 $L_1=0.75$m。最高工作频率波长 $\lambda_U=0.25$m，第 14 个单元的长度 $L_{14}\approx 0.250$m，在天线窄端的四个单元的长度与 600MHz 时的半波长的量级相同，用于改善 600MHz 的有效作用区，起引向器的作用（注意：设计参数不同的对数周期天线，其特性参数增益、方向性和阻抗等与本例不同）。

利用天线仿真软件，可以得到对应不同频率振子上的电流分布情况，例如，200MHz、300MHz 和 600MHz 的各个振子输入端的电流如图 4-28(b)所示。

对数周期天线的天线增益、方向性图和阻抗性能与工作频率有关。由仿真软件给出的 450MHz 的天线参数由图 4-29 给出。

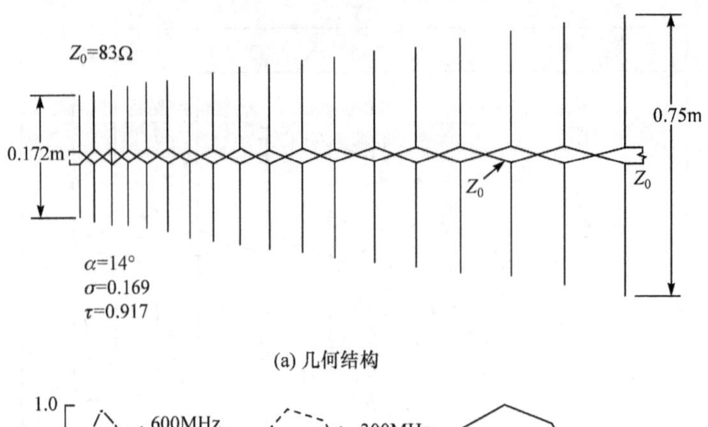

(a) 几何结构

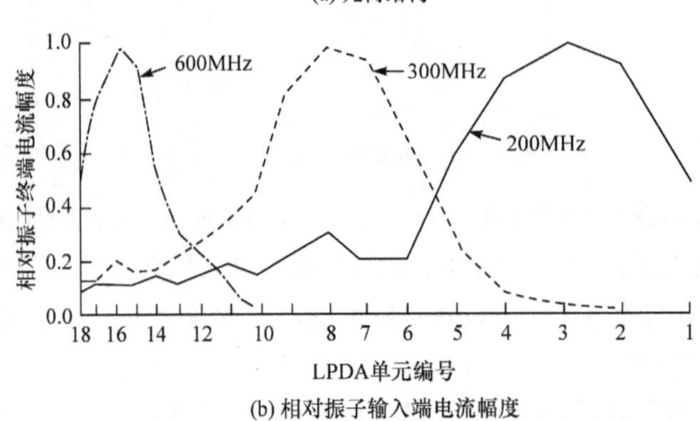

(b) 相对振子输入端电流幅度

图 4-28　工作频段为 200～600MHz 的对数周期天线

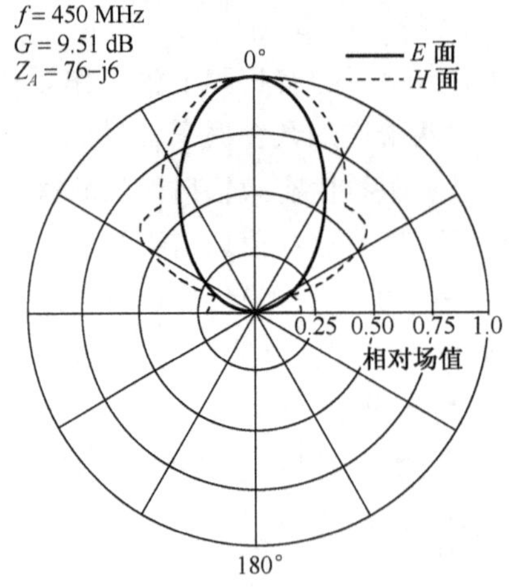

图 4-29　对数周期天线在 450MHz 的辐射方向性图、增益和阻抗

习　　题

4-1　什么是天线？求解天线辐射问题的难点和实用方法是什么？

4-2　如图 4-30 所示的偶极子天线，其矢量磁位 $\boldsymbol{A}=\dfrac{\mu_0 I\mathrm{d}z}{4\pi r}\mathrm{e}^{-\mathrm{j}\beta r}\boldsymbol{a}_z$，试求辐射电磁场 E_θ 和

H_φ，采用近似解法求解远区总的辐射功率和天线辐射电阻的大小。

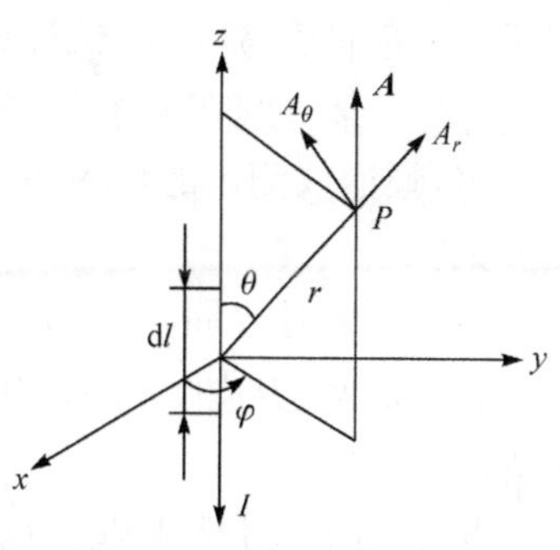

图 4-30 题 4-2 图

4-3 长度为 5cm 的偶极子天线，工作在 100MHz 的频率上，具有馈电端电流 $I_0=120\text{mA}$。在距离 $r=1\text{m}$ 处，采用精确的一般表达式，求：①E_r；②E_θ；③H_φ。并与远场表示式所得的结果相比较。

4-4 设有 1m 长的偶极子天线，工作在 15MHz 频率上，问相距多远处，其场 E_θ 和 H_φ 的幅度和远场值相差在 1% 以内？

4-5 某全向(各向同性)天线具有场波瓣图 $E=10I/r$(V/m)。其中，I 是馈电电流(A)，r 是距离(m)，求辐射电阻。

4-6 设有 10cm 长的偶极子天线工作在 50MHz 频率上，载有平均电流 5mA。求：①辐射功率；②辐射 1W 功率需要多大的平均电流？

4-7 运用对偶性，可以证明电小环的辐射场与环的形状无关，只与环的面积有关，因此可以用方环简化数学运算。试用方环推导环面积为 A 的电小环远区辐射场，并与电偶极子天线比较对偶性。

4-8 求周长为 0.2λ 的细小圆环天线的辐射功率和辐射电阻。

4-9 设有 $\lambda/15$ 长的中馈细偶极子天线，所载电流按线性锥削至末端为零值，损耗电阻为 1Ω。求：①方向性 D；②增益 G；③有效口径 A_e；④辐射电阻 R_τ。

4-10 某天线输入功率 1W，与天线相距 1000m 处最大辐射场强值 30mV/m(有效值)，求天线的增益 G。

4-11 如图 4-31，已知电偶极子在 $\theta=\pi/4$，$r=5\text{km}$ 处电场振幅 2mV/m，求电偶极子的辐射功率。

4-12 一天线工作波长 $\lambda=3\text{cm}$，方向系数 $D=1600$，求此天线的有效孔径。

4-13 已知天线方向性系数 $D=100$，输入功率 $P_{in}=100\text{W}$，天线效率为 0.6，求最大辐射方向处的辐射场强度。

4-14 设有两个天线方向系数为 $D_1=1.5$，$D_2=1.6$。①如果二者辐射功率相等，求在最大辐射方向上等距离处的电场振幅的比值 E_1/E_2；②如果在最大辐射方向上等距离处的电场振幅相等，求辐射功率的比值 P_1/P_2。

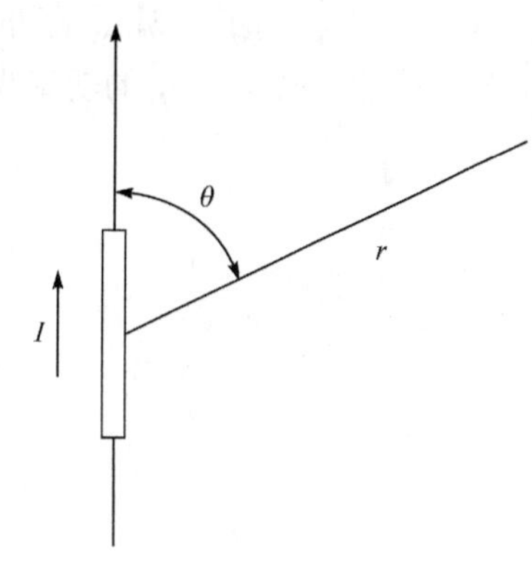

图 4-31 题 4-11 图

4-15 一个无损耗的半波偶极子天线，终端的输入电流为 500mA。计算天线两端 3000m 距离处的功率密度。①利用 E 和 H 的公式直接计算；②利用方向性来计算。

4-16 求工作频率为 300MHz 的半波偶极子天线的最大有效孔径。

4-17 设某天线方向图函数为 $f(\varphi)=\cos^2\varphi$，求此天线的方向系数 D。

4-18 测得距半波振子中心 500m 处最大场强 40mV/m(有效值)，求此振子天线的辐射功率。

4-19 架设在地面上的水平振子天线，工作波长 $\lambda=40\text{m}$，若要在垂直于天线的平面内获

得最大辐射仰角 $\delta=30°$，试计算该天线应架设多高。

4-20 某天线在频率 800MHz 的增益为 10dB，通过 5m 的同轴电缆连接在频谱分析仪输入端口，频谱仪测出的功率是－47dBmW，电缆损耗是 1dB。问空间 800MHz 的电场强度至少是多大？

4-21 用对数周期天线和频谱仪测量空间的电场强度，在 800MHz 频谱仪的读数是 60dBμV，已知 800MHz 的天线系数是 20dB，忽略电缆损耗，问天线所在位置的电场强度是多少？

4-22 所设计的飞机中的发射机要与地面站通信，为了正确接收，地面接收机必须接收到至少 1μW 的功率。设两个天线都是全向天线，飞机起飞后，飞机在地面站上方 1524m 高度飞行，当飞机位于地面站正上方时，地面站接收到的信号功率为 500mW。求飞机的最大通信距离。

4-23 月球到地球的距离为 384403079.808m，位于月球上的遥测发射机要向地球发送数据，发射频率为 100MHz，发射机的功率为 100mW。发射天线在传播方向上的增益为 12dB。求为了接收到 1nW 的信号，接收天线的最小增益。

4-24 设计一个微波中继链路。发射天线和接收天线之间的距离是 48280.32m，两个天线在传播方向的功率增益均为 45dB，频率为 3GHz。如果两天线均是无耗的、匹配的，求接收功率为 1mW 时的最小发射功率。

4-25 一架飞机上的天线被用来阻塞地方的雷达。如果天线在传播方向的增益为 12dB，发射功率为 5kW，求距敌方雷达 3218.688m 附近的电场强度(发射频率为 7GHz)。

4-26 一个无损耗的半波偶极子，由一个 10V(最大值)、50Ω 的馈源激励，计算垂直于天线的面内 10km 距离处的电场强度。

4-27 设在相距 1.5km 的两个站之间进行通信，每个站均为半波振子天线，工作频率为 300MHz。若一个站发射的功率为 100W，则另一个站的匹配负载中收到的功率是多少？

第5章 传 输 线

5.1 传输线的概念

用于传输数字信号或模拟信号的一对平行导体称为传输线。传输线的种类很多，图 5-1 给出了常用的平行双线、单导线和地、同轴电缆的示意图。图 5-2 给出了印制电路板(PCB)表面和介质基板里面的矩形截面导线的微带线和带状线。图 5-2(a)所示的结构为常见的表面式微带线。微带线贴敷在介质表面并直接暴露在空气中。

分析传输线常采用“路”的分析方法，即把传输线作为分布参数电路处理，利用传输线单位长度的电阻、电感、电容和电导组成的等效电路，根据基尔霍夫定律导出传输线方程。从传输线方程的解研究电压波和电流波沿传输线传播的特性。

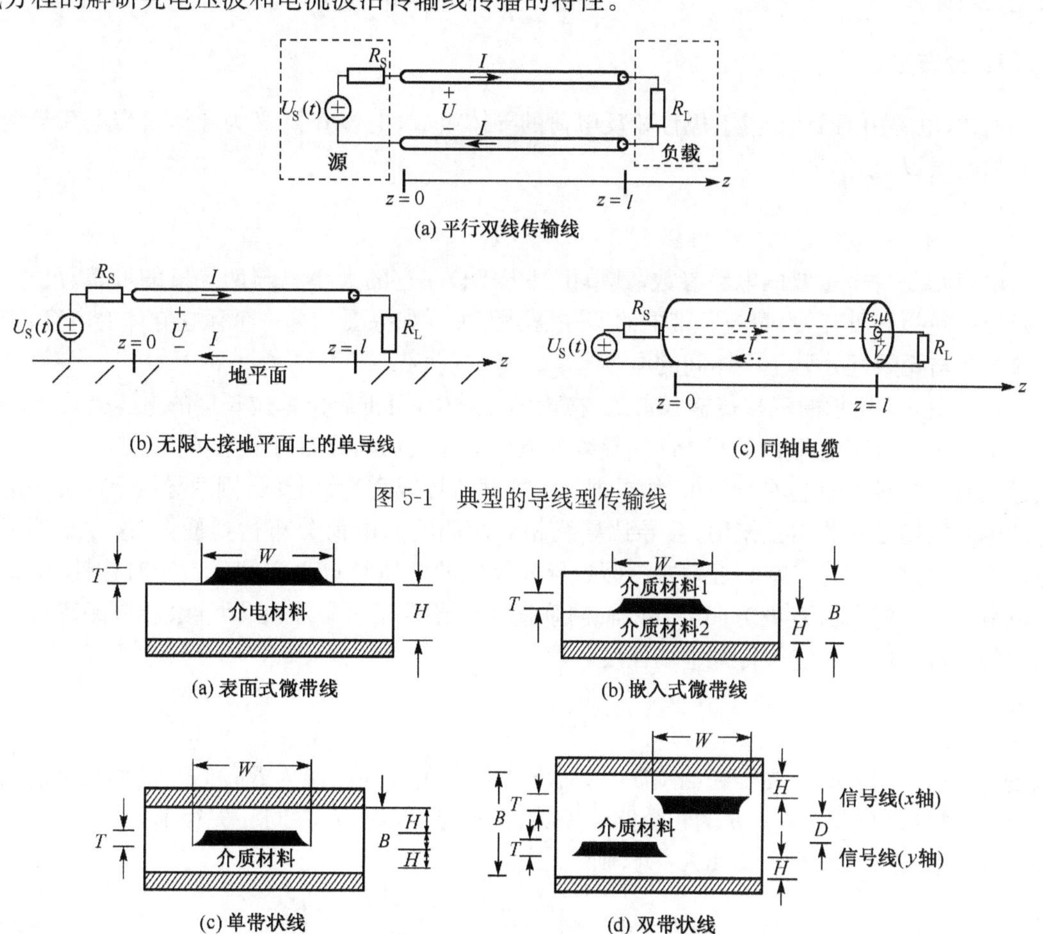

图 5-1 典型的导线型传输线

图 5-2 典型的印刷电路板结构

5.2 传输线的分布参数

传输线传输高频信号时会出现以下分布参数效应：电流流过导线使导线发热，表明导线本身有分布电阻；双导线之间绝缘不完善而出现漏电流，表明导线之间处处有漏电导；导线之间有电压，导线间便有电场，表明导线之间有分布电容效应；导线中电流周围出现磁场，表明导线上有分布电感效应。当传输信号的波长远大于传输线的长度时，有限长的传输线上各点电流（或电压）的大小和相位可近似认为相同，就不会显现分布参数效应，可作为集中参数电路处理。但当传输信号的波长与传输线长度可比拟时，传输线上各点电流（或电压）的大小和相位均不相同，显现出电路参数的分布效应，此时传输线就必须作为分布参数电路处理。

如传输线的电路参数是沿线均匀分布的，这种传输线称为均匀传输线。均匀传输线用以下四个参数来描述，R_1表示单位长度的电阻（Ω/m），L_1表示单位长度的电感（H/m），G_1表示单位长度的电导（S/m），C_1表示单位长度的电容（F/m）。这些电路参数可通过稳态场的方法来定义和计算。

5.2.1 分布电容

通常，电容由两个带等量、极性相反电荷的导体组成，电容C定义为导体所带电荷与两导体间的电压U之比，即

$$C=\frac{Q}{U}$$

电容C是一个重要的电路参数，其单位是F（法）。它的大小只与两导体的形状、尺寸、位置及导体间的介质有关，而与所带电的实际情况无关。如果要计算一个孤立导体的电容，则是指该导体与无限远处另一导体间的电容。

对如图5-1所示的三种传输线形式，在均匀介质中，可推导出单位长度的电容公式。

单位长度分布电荷为q（C/m）的导线上电荷沿导线均匀分布时的电场，如图5-3(a)所示。假设电荷在导线表面上均匀分布，如果把另一根载流导线靠近该导线，则两导线上的分布电荷所产生的电场之间的相互作用，会导致导线相对两侧的面电荷分布达到最大，这称为邻近效应。下面的讨论中将忽略邻近效应。假定导线周围的介质是自由空间。由于对称性，由该分布电荷所产生的电场$\boldsymbol{E}$的方向与导线轴向垂直并沿导线径向向外，在距导线相同距离处的场强相等。可利用高斯定律得到电场强度。

$$\boldsymbol{E}=\frac{q}{2\pi\varepsilon_0 r}\boldsymbol{a}_r \tag{5-1}$$

电场方向沿径向方向。要得到如图5-4所示的距导线的径向距离为R_1和R_2的两点之间的电位差，该电位差与点a到点b的积分路径无关，选择点a和点b在同一矢径上，点a在较大的距离R_2处，点b在较小的距离R_1处，则

$$U=\int_a^b \boldsymbol{E}\cdot \mathrm{d}\boldsymbol{r}=\int_a^b \frac{q}{2\pi\varepsilon_0 r}\mathrm{d}r=\frac{q}{2\pi\varepsilon_0}\ln\left(\frac{R_2}{R_1}\right) \tag{5-2}$$

利用式(5-2)给出的带电导线两点之间的电位差公式，可以得出双线传输线的单位长度分布电容。利用该结果的条件是导线表面的电荷分布必须是均匀的，即可以忽略邻近效应；导线间距

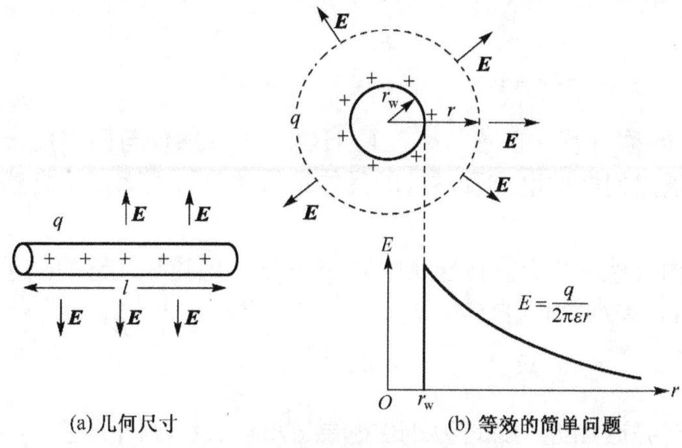

(a) 几何尺寸 (b) 等效的简单问题

图 5-3 带电导线周围的电场

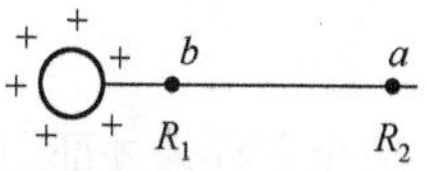

图 5-4 求解两点之间的电压举例

较大时这一点成立。考虑半径分别为 r_{w1} 和 r_{w2}、间距为 s 的两根导线，如图 5-5 所示。积分路径选在通过两导线轴心的连线上，根据式(5-2)，可得两导线之间的电位差为

$$\begin{aligned} U &= \int \boldsymbol{E}_{\mathrm{T}} \cdot \mathrm{d}r = \int (\boldsymbol{E}_{\mathrm{T1}} + \boldsymbol{E}_{\mathrm{T2}}) \cdot \mathrm{d}r \\ &= \frac{q}{2\pi\varepsilon_0} \ln\left(\frac{s - r_{w2}}{r_{w1}}\right) + \frac{q}{2\pi\varepsilon_0} \ln\left(\frac{s - r_{w1}}{r_{w2}}\right) \\ &= \frac{q}{2\pi\varepsilon_0} \ln\left[\frac{(s - r_{w2})(s - r_{w1})}{r_{w1} r_{w2}}\right] \\ &\approx \frac{q}{2\pi\varepsilon_0} \ln\left(\frac{s^2}{r_{w1} r_{w2}}\right) \end{aligned} \tag{5-3}$$

近似条件是两导线之间的间距远大于导线半径。对于相同半径的导线，式(5-3)可进一步简化为

$$U = \frac{q}{\pi\varepsilon_0} \ln\left(\frac{s}{r_w}\right) \tag{5-4}$$

单位长度的分布电容是单位长度电荷与两线间电位差的比值

$$c = \frac{q}{U} = \frac{\pi\varepsilon_0}{\ln(s/r_w)} \tag{5-5}$$

如果导线之间的间距远大于导线半径，式(5-5)的计算结果与用电轴法得到的精确解相差很小。

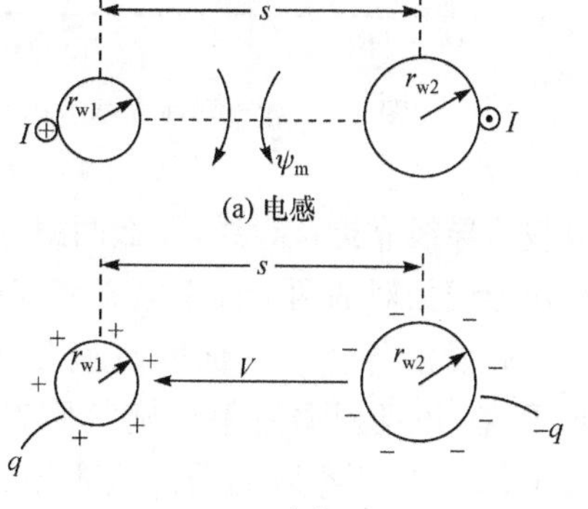

(a) 电感

(b) 电容

图 5-5 双线传输线单位长度参数的求解

5.2.2 分布电感

电感器的电感是电路理论中的基本参数之一。下面通过磁链来定义自感，并介绍它们的计算方法。

在各向同性的线性介质中，若磁场通过某一电流回路，则产生穿过此回路所限定面积的磁通，磁通与回路中的电流有正比关系，也就是与回路相交链的磁链 ψ_L 和电流成正比，即

$$\psi_L = LI$$

或

$$L=\frac{\psi_{\mathrm{L}}}{I}$$

式中，ψ_{L} 为自感磁链；L 为自感系数，简称自感。自感的单位是 H（亨）。自感仅与回路的尺寸、几何形状、介质的分布有关，而与通过回路的电流及磁链的具体量值无关。下面讨论自感 L 的计算问题。

在计算自感时，常用到内磁链和内自感的概念。在导线内部，仅与部分电流相交链的磁通称为内磁通，相应的磁链为内磁链，用 ψ_{i} 表示，则内自感

$$L_{\mathrm{i}}=\frac{\psi_{\mathrm{i}}}{I}$$

同样，完全在导体外部闭合的磁通称为外磁通，相应的磁链为外磁链，磁链用 ψ_{o} 表示，则外自感

$$L_{\mathrm{o}}=\frac{\psi_{\mathrm{o}}}{I}$$

因而自感为内自感和外自感之和，即

$$L=L_{\mathrm{i}}+L_{\mathrm{o}}$$

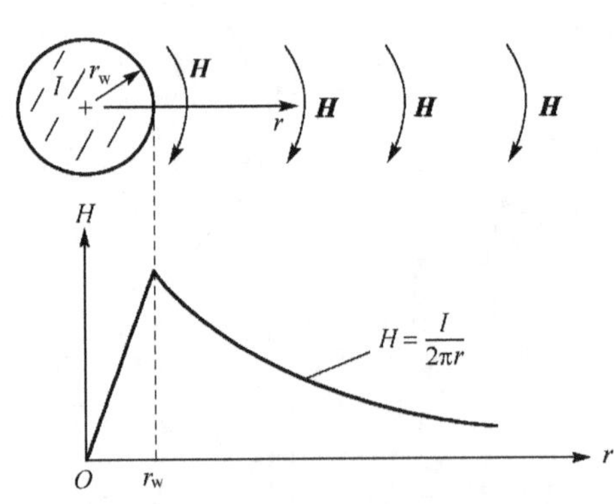

图 5-6　载流导线周围的磁场

考虑如图 5-1(a)所示的双线传输线，横向磁场 $\boldsymbol{H}$ 导致的传输线每单位长度的电感。图 5-6 所示为载流导线内部和外部的磁场强度。导线内部的磁场产生内电感，导线外部的磁场产生外电感。外电感比内电感大得多，因此每单位长度电感 l 近似等于外电感。

对图 5-1 所示的三种传输线形式，在均匀介质中，均可推导出单位长度的外电感公式。与导线（圆柱形导体）有关的电感的推导依赖于以下基本假设，如图 5-6 所示的绝缘载流导线，电流沿导线表面均匀分布。如果用另一根载流导线靠近该导线，那么两根导线的磁场就会相互影响，使得导线上的电流分布不均匀；在两导线相对的两个面上电流密度最大，这称为邻近效应，以下分析中忽略了这种效应。

假设沿导体外表面的电流分布是均匀的，其对称性表明，磁场强度矢量 $\boldsymbol{H}$ 与导线轴向垂直，并且根据右手螺旋定则其在与导线同轴、半径一定的圆柱面内是一常数。由安培定律可以很容易地推得该磁场的方程。由于所讨论的是静态（直流）场的问题，所以可以省略安培定律中的位移电流一项，于是得到式(5-6)给出的静态场情况下的安培定律表达式

$$\oint_{c}\boldsymbol{H}\cdot\mathrm{d}\boldsymbol{l}=I_{\mathrm{in}}\tag{5-6}$$

选择与距离导线的径向距离为 r 的一条积分曲线 c，由于对称性，磁场与积分曲线相切，因此点积可用普通乘积来代替，并可去掉矢量符号。半径一定的积分路径的所有点上的磁场都相等，故可以从积分号中移出来，从而式(5-6)中的安培定律简化为

$$H=\frac{I}{2\pi r}\tag{5-7}$$

式中，H 的方向沿导线的同心圆方向。横向的磁通密度矢量可由 $\boldsymbol{B}=\mu_0\boldsymbol{H}$ 来求得，假定了周围的介质不是铁磁性的介质。先确定导线外部面积 s 的总磁通 ψ_m。s 与导线在同一个平面上，两平行于导线的边距导线的距离为 R_1 和 R_2，且沿导线方向的长度是单位长度，如图 5-7(a)所示。ψ_m 可由磁通密度矢量在 s 面上的积分来得到

$$\psi_m=\int_s \boldsymbol{B}\cdot \mathrm{d}\boldsymbol{s}=\int_{r=R_1}^{R_2}\frac{\mu_0 I}{2\pi r}\mathrm{d}r=\frac{\mu_0 I}{2\pi}\ln\left(\frac{R_2}{R_1}\right) \tag{5-8}$$

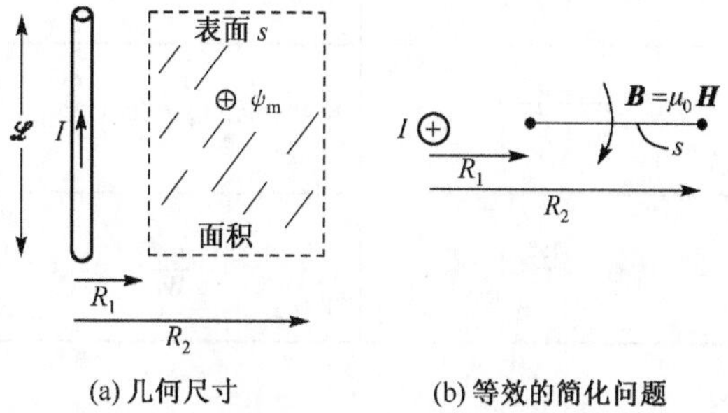

(a) 几何尺寸　　(b) 等效的简化问题

图 5-7 求解表面电流产生的磁通举例

对于 $R_2>R_1$ 的情况，穿过表面的通量方向如图 5-7(a)所示，因此，式(5-9)给出的 ψ_m 是正值。

利用前面的结果能够直接推导出图 5-5 所示双线传输线单位长度的电感。假定一根导线上流有电流 I，指向纸面内，另一根导线上流有相同大小的电流，但方向是指向纸面外。一根导线的半径记为 r_{w1}，另一根导线的半径记为 r_{w2}。如果两根导线之间的间距为 s，两根导线之间的总磁通是每一根导线产生磁通的和，由图 5-5(a)得

$$\psi_m=\frac{\mu_0 I}{2\pi}\ln\left(\frac{s-r_{w2}}{r_{w1}}\right)+\frac{\mu_0 I}{2\pi}\ln\left(\frac{s-r_{w1}}{r_{w2}}\right)=\frac{\mu_0 I}{2\pi}\ln\left[\frac{(s-r_{w2})(s-r_{w1})}{r_{w1}r_{w2}}\right] \tag{5-9}$$

式(5-9)成立的条件是假设每根导线上的电流在导线表面均匀分布。两导线之间的间距较大时，这一假设可以成立。因此，式(5-9)中隐含的要求是 $s\gg r_{w2}$、r_{w1}，所以该结果可简化为

$$\psi_m=\frac{\mu_0 I}{2\pi}\ln\left(\frac{s^2}{r_{w1}r_{w2}}\right) \tag{5-10}$$

通常，如果两根导线之间的间距与导线半径之比大于 5，即 $s/r_{w1}>5$，$s/r_{w2}>5$，则式(5-10)的精确度约在 3%之内，单位长度的外电感定义为穿过导线之间单位面积的磁通，利用式(5-10)得到

$$L_o=\frac{\psi_m}{I}=\frac{\mu_0}{2\pi}\ln\left(\frac{s^2}{r_{w1}r_{w2}}\right) \tag{5-11}$$

一般来说，两根导线的半径相同，对这种情况式(5-11)的结果变为

$$L_o=\frac{\psi_m}{I}=\frac{\mu_0}{\pi}\ln\left(\frac{s}{r_w}\right) \tag{5-12}$$

这一结果给出了对相距较远的导线的合理近似，对于间隔与导线半径之比为 $s/r_w=4$ 的传输线，式(5-12)给出的近似结果比有关参考文献中给出的精确结果大 5%。表 5-1 给出了几种常用传输线单位长度电感和电容的公式，这些公式可以采用上述方法推导出来。

表 5-1 常用传输线的参数

传输线形式	分布电容/(F/m)	分布电感/(L/m)	特性阻抗/Ω
同轴线 r_o—外导体内半径 r_i—内导体外半径	$\dfrac{2\pi\varepsilon}{\ln\left(\dfrac{r_o}{r_i}\right)}$	$\dfrac{\mu_0}{2\pi}\ln\left(\dfrac{r_o}{r_i}\right)$	$\dfrac{1}{2\pi}\sqrt{\dfrac{\mu_0}{\varepsilon}}\ln\left(\dfrac{r_o}{r_i}\right)$
平行双线 s—导线间距 r—导线半径	$\dfrac{\pi\varepsilon}{\ln\left(\dfrac{s}{r}\right)}$	$\dfrac{\mu_0}{\pi}\ln\left(\dfrac{s}{r}\right)$	$\dfrac{1}{\pi}\sqrt{\dfrac{\mu_0}{\varepsilon}}\ln\left(\dfrac{s}{r}\right)$
地平面上圆导线 r—导线半径 h—导线离地高度	$\dfrac{2\pi\varepsilon}{\ln\left(\dfrac{2h}{r}\right)}$	$\dfrac{\mu_0}{2\pi}\ln\left(\dfrac{2h}{r}\right)$	$\dfrac{1}{2\pi}\sqrt{\dfrac{\mu_0}{\varepsilon}}\ln\left(\dfrac{2h}{r}\right)$
平行板传输线 W—平行板的宽度 d—两板之间距离	$\dfrac{\varepsilon W}{d}$	$\dfrac{\mu_0 d}{W}$	$\dfrac{\eta_0}{\sqrt{\varepsilon_r}}\dfrac{d}{W}$

5.3 传输线方程

5.3.1 传输线方程的建立

研究如图 5-8 所示的平行双线传输线，设传输线的始端接信号源 U_S，终端接负载 Z_L。由于传输线是均匀的，故可在线上任一点 z 处取 $\mathrm{d}z$ 来研究。另外，因线元 $\mathrm{d}z$ 远小于波长，可把它看成集中参数电路，用串联阻抗 Z_1（由 R_1 和 L_1 构成）和并联导纳 Y_1（由 G_1 和 C_1 构成）组成的集中参数电路来等效，如图 5-9 所示。

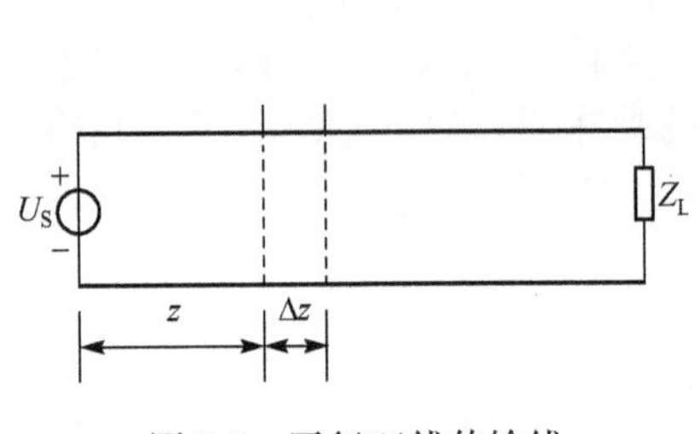

图 5-8 平行双线传输线

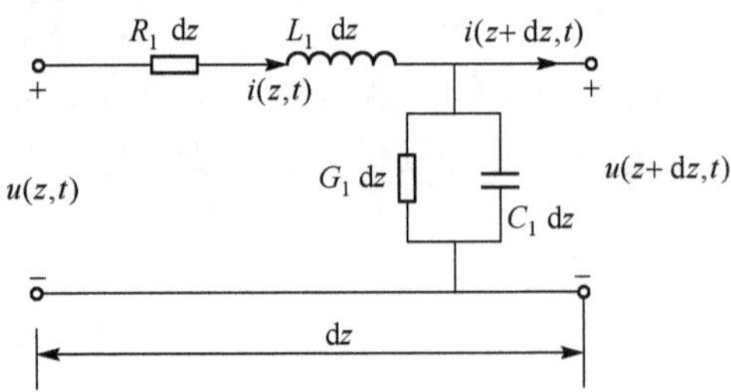

图 5-9 线元 dz 的等效电路

由图 5-9，据基尔霍夫定律得

$$u(z,t)-R_1 i(z,t)\mathrm{d}z-L_1\frac{\partial i(z,t)}{\partial t}\mathrm{d}z-u(z+\mathrm{d}z,t)=0 \tag{5-13}$$

$$i(z,t)-G_1 u(z+\mathrm{d}z,t)\mathrm{d}z-C_1\frac{\partial u(z+\mathrm{d}z,t)}{\partial t}\mathrm{d}z-i(z+\mathrm{d}z,t)=0 \tag{5-14}$$

而 $u(z,t)$ 和 $i(z,t)$ 沿 z 的变化率分别为 $\dfrac{\partial u(z,t)}{\partial z}$ 和 $\dfrac{\partial i(z,t)}{\partial z}$，故有如下关系：

$$\frac{\partial u(z,t)}{\partial z}=\lim_{\mathrm{d}z\to 0}\frac{u(z+\mathrm{d}z,t)-u(z,t)}{\mathrm{d}z} \tag{5-15}$$

$$\frac{\partial i(z,t)}{\partial t}=\lim_{\mathrm{d}z\to 0}\frac{i(z+\mathrm{d}z,t)-i(z,t)}{\mathrm{d}z} \tag{5-16}$$

根据式(5-13)和式(5-14)可导出

$$-\frac{\partial u(z,t)}{\partial z}=R_1(z,t)i(z,t)+L_1\frac{\partial i(z,t)}{\partial t} \tag{5-17}$$

$$-\frac{\partial i(z,t)}{\partial z}=G_1u(z,t)i(z,t)+C_1\frac{\partial u(z,t)}{\partial t} \tag{5-18}$$

这就是均匀传输线方程的一般形式,又称电报方程。

若信号源是角频率为 ω 的正弦波,则式(5-17)和式(5-18)可表示为复数形式。

$$-\frac{\mathrm{d}U(z)}{\mathrm{d}z}=(R_1+\mathrm{j}\omega L_1)I(z) \tag{5-19}$$

$$-\frac{\mathrm{d}I(z)}{\mathrm{d}z}=(G_1+\mathrm{j}\omega C_1)U(z) \tag{5-20}$$

将相互耦合的上面两个方程再对 z 求导,可得

$$-\frac{\mathrm{d}^2U(z)}{\mathrm{d}z^2}=k^2U(z) \tag{5-21}$$

$$-\frac{\mathrm{d}^2I(z)}{\mathrm{d}z^2}=k^2I(z) \tag{5-22}$$

式中

$$k=\sqrt{(R_1+\mathrm{j}\omega L_1)(G_1+\mathrm{j}\omega C_1)}=\alpha+\mathrm{j}\beta \tag{5-23}$$

称为传播系数,是一个复数,其实部为衰减系数(Np/m),虚部为相位系数(rad/m)。式(5-21)和式(5-22)称为均匀传输线的波动方程。式(5-21)的通解为

$$U(z)=U^+\mathrm{e}^{-kz}+U^-\mathrm{e}^{kz} \tag{5-24}$$

将式(5-24)代入式(5-19),得

$$I(z)=\frac{1}{Z_0}(U^+\mathrm{e}^{-kz}-U^-\mathrm{e}^{kz}) \tag{5-25}$$

式中,$Z_0=\sqrt{\dfrac{R_1+\mathrm{j}\omega L_1}{G_1+\mathrm{j}\omega C_1}}$,表示入(反)射电压和入(反)射电流的比,称为传输线的特性阻抗。如果 $R_1=0$,$G_1=0$,即传输线无损耗,则 $Z_0=\sqrt{L_1/C_1}$。

式(5-24)和式(5-25)构成传输线方程,给定边界条件,就可以计算出 U^+ 和 U^-。

5.3.2 传输线方程的解

1. 已知终端电压和电流

如图 5-10 所示,设传输线的终端电压和电流为已知,将其代入式(5-24)和式(5-25)得

$$U_2=U^+\mathrm{e}^{-kl}+U^-\mathrm{e}^{kl}$$

$$I_2=\frac{1}{Z_0}(U^+\mathrm{e}^{-kl}-U^-\mathrm{e}^{kl})$$

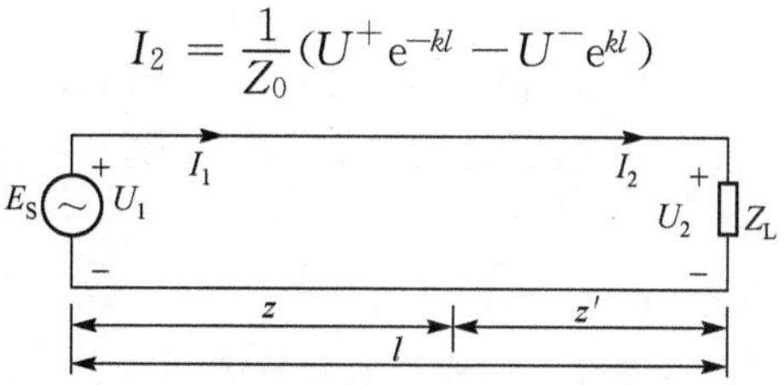

图 5-10 由端电压确定积分常数

联解以上二式得

$$U^{+}=\frac{U_2+I_2Z_0}{2}\mathrm{e}^{kl},\quad U^{-}=\frac{U_2-I_2Z_0}{2}\mathrm{e}^{-kl}$$

将U^{+}、U^{-}代入式(5-24)和式(5-25),得

$$U(z)=\frac{U_2+I_2Z_0}{2}\mathrm{e}^{k(l-z)}+\frac{U_2-I_2Z_0}{2}\mathrm{e}^{-k(l-z)}$$

$$I(z)=\frac{U_2+I_2Z_0}{2Z_0}\mathrm{e}^{k(l-z)}-\frac{U_2-I_2Z_0}{2Z_0}\mathrm{e}^{-k(l-z)}$$

为方便计算,选取以终端为起始点的坐标,即图 5-10 中的$z'=l-z$,则以上两式变为

$$U(z')=\frac{U_2+I_2Z_0}{2}\mathrm{e}^{kz'}+\frac{U_2-I_2Z_0}{2}\mathrm{e}^{-kz'} \tag{5-26}$$

$$I(z')=\frac{U_2+I_2Z_0}{2Z_0}\mathrm{e}^{kz'}-\frac{U_2-I_2Z_0}{2Z_0}\mathrm{e}^{-kz'} \tag{5-27}$$

对于无耗传输线,$k=\mathrm{j}\beta$,电压、电流表达式可写为

$$\begin{aligned}U(z')&=U_2\cdot\cos(\beta z')+\mathrm{j}Z_0I_2\sin(\beta z')\\ I(z')&=I_2\cdot\cos(\beta z')+\mathrm{j}\frac{U_2}{Z_0}\sin(\beta z')\end{aligned} \tag{5-28}$$

注意:$z'=0$对应终端,$z'=l$对应始端。

2. 已知始端电压和电流

设始端电压$U(0)=U_1$,电流$I(0)=I_1$为已知,代入式(5-24)和式(5-25)得

$$U_1=U^{+}+U^{-}$$

$$I_1=\frac{1}{Z_0}(U^{+}-U^{-})$$

联解以上两式得

$$U^{+}=\frac{U_1+I_1Z_0}{2},\qquad U^{-}=\frac{U_1-I_1Z_0}{2}$$

把U^{+}、U^{-}代回式(5-24)和式(5-25),得

$$\begin{aligned}U(z)&=\frac{U_1+I_1Z_0}{2}\mathrm{e}^{-kz}+\frac{U_1-I_1Z_0}{2}\mathrm{e}^{kz}\\ I(z)&=\frac{U_1+I_1Z_0}{2Z_0}\mathrm{e}^{-kz}-\frac{U_1-I_1Z_0}{2Z_0}\mathrm{e}^{kz}\end{aligned} \tag{5-29}$$

对于无耗传输线,$k=\mathrm{j}\beta$,电压、电流表达式可写为

$$\begin{aligned}U(z)&=U_1\cdot\cos(\beta z)-\mathrm{j}Z_0I_1\sin(\beta z)\\ I(z)&=I_1\cdot\cos(\beta z)-\mathrm{j}\frac{U_1}{Z_0}\sin(\beta z)\end{aligned} \tag{5-30}$$

例 5-1　无损耗平行板传输线,板间介质厚度为 0.4mm,相对介电常数为 2.25。若传输线的特性阻抗为 50Ω,求:①板的宽度;②传输线的单位长度分布电感L_1和电容C_1;③电磁波的相位速度。

解　由表 5-1 可知

$$C_1=\frac{\varepsilon W}{d},\quad L_1=\frac{\mu_0 d}{W}$$

其中，W 为极板宽度。

由式(5-25)知

$$Z_0=\sqrt{\frac{L_1}{C_1}}=\sqrt{\frac{\mu_0}{\varepsilon}}\frac{d}{W}$$

(1)极板宽度。

$$W=\sqrt{\frac{\mu_0}{\varepsilon}}\frac{d}{Z_0}=\frac{377\times 0.4\times 10^{-3}}{50\times\sqrt{2.25}}=2.0\times 10^{-3}(\mathrm{m})$$

(2)L_1 和 C_1。

$$L_1=\frac{\mu_0 d}{W}=\frac{4\pi\times 10^{-7}\times 0.4}{2}=2.51\times 10^{-7}(\mathrm{H/m})$$

$$C_1=\frac{\varepsilon W}{d}=\frac{10^{-9}\times 2.25\times 2}{36\pi\times 0.4}=99.5\times 10^{-12}(\mathrm{F/m})$$

(3)相位速度。

由式(5-35b)

$$v=\frac{\omega}{\beta}=\frac{1}{\sqrt{L_1C_1}}=\frac{1}{\sqrt{\mu_0\varepsilon}}=\frac{3\times 10^8}{\sqrt{2.25}}=2\times 10^8(\mathrm{m/s})$$

5.4 传输线的特性参数

由式(5-24)和式(5-25)可看出，传输线上的电压波和电流波都由两项组成。其中，第一项表示沿($+z$)方向传播的行波，称为入射波；第二项表示沿($-z$)方向传播的行波，称为反射波。下面根据这个解来讨论传输线上波的传输特性参数。

5.4.1 特性阻抗

传输线的特性阻抗定义为行波电压与行波电流之比，由式(5-24)和式(5-25)得

$$Z_0=\frac{U^+}{I^+}=\sqrt{\frac{R_1+\mathrm{j}\omega L_1}{G_1+\mathrm{j}\omega C_1}} \tag{5-31}$$

或

$$Z_0=-\frac{U^-}{I^-}$$

可见，Z_0 只取决于传输线的分布参数和频率，而与传输线长度无关。

对于无损耗线，$R_1=0$，$G_1=0$，则

$$Z_0=\sqrt{\frac{L_1}{C_1}} \tag{5-32}$$

几种常用传输线的特性阻抗如表 5-1 所示。

5.4.2 传播系数

式(5-23)已给出传播系数，可求出它的实部 α 和虚部 β 为

$$\alpha=\sqrt{\frac{1}{2}\left[\sqrt{(R_1^2+\omega^2L_1^2)(G_1^2+\omega^2C_1^2)}-(\omega^2L_1C_1-R_1G_1)\right]} \tag{5-33}$$

$$\beta=\sqrt{\frac{1}{2}\left[\sqrt{(R_1^2+\omega^2L_1^2)(G_1^2+\omega^2C_1^2)}+(\omega^2L_1C_1-R_1G_1)\right]} \tag{5-34}$$

衰减系数 α 表示传输线上单位长度行波电压(或电流)振幅的变化,相位系数 β 表示传输线上单位长度行波电压(或电流)相位的变化。

对于无损耗线, $R_1=0$, $G_1=0$,则

$$\alpha=0 \tag{5-35a}$$

$$\beta=\omega\sqrt{L_1C_1} \tag{5-35b}$$

5.4.3 输入阻抗

传输线上任一点的电压和电流的比值定义为该点朝负载端看去的输入阻抗,由式(5-29)得

$$Z_{\text{in}}(z')=\frac{U(z')}{I(z')}=\frac{U_2\cosh(Kz')+I_2Z_0\sinh(Kz')}{I_2\cosh(Kz')+\frac{U_2}{Z_0}\sinh(Kz')}=Z_0\frac{Z_\text{L}+Z_0\tanh(Kz')}{Z_0+Z_\text{L}\tanh(Kz')} \tag{5-36a}$$

式中, $Z_\text{L}=\frac{U_2}{I_2}$ 为终端负载阻抗,tanh 是双曲正切函数,cosh 是双曲余弦函数,sinh 是双曲正弦函数。

对于无损耗线, $K=\text{j}\beta$,双曲正切函数变为正切函数,则式(5-36a)变为

$$Z_{\text{in}}(z')=Z_0\frac{Z_\text{L}+\text{j}Z_0\tan(\beta z')}{Z_0+\text{j}Z_\text{L}\tan(\beta z')} \tag{5-36b}$$

1. 终端接匹配负载的输入阻抗

如果终端接匹配负载 $Z_\text{L}=Z_0$,由式(5-36b)知

$$Z_{\text{in}}=Z_0$$

上式表明,当负载阻抗和特性阻抗相等时,传输线的入端阻抗和特性阻抗相等,且与线的长度无关。

2. 终端短路的输入阻抗

如果传输线终端短路, $Z_\text{L}=0$,则长度为 L 的传输线始端的输入阻抗为

$$Z_{\text{in}}^{\text{S}}=\text{j}Z_0\tan(\beta L) \tag{5-37a}$$

式(5-37a)表明,一段终端短路的无耗均匀传输线的输入端阻抗具有纯电抗性质。电抗的性质和大小随线的长度 L 变化,如图 5-11(a)所示。当 L 小于 $\lambda/4$ 时, Z_{in}^{S} 随 L 增大而增加且呈感性;当 $\lambda/4<L<\lambda/2$ 时, Z_{in}^{S} 随 L 增大而减小且呈容性;当 L 等于 $\lambda/4$ 时,输入端阻抗为无限大,表现为 LC 并联谐振性质;当 L 等于 $\lambda/2$ 时,输入端阻抗为 0,表现为 LC 串联谐振性质。线的长度每增加半个波长,输入端阻抗性质重复一次。

在实际应用中,可用短于 $\lambda/4$ 波长的终端短路线作为超高频电感元件用,用等于 $\lambda/4$ 的短路线作为理想的并联谐振电路。

3. 终端开路的输入阻抗

如果传输线终端开路, $Z_\text{L}=\infty$,则长度为 L 传输线始端的输入阻抗为

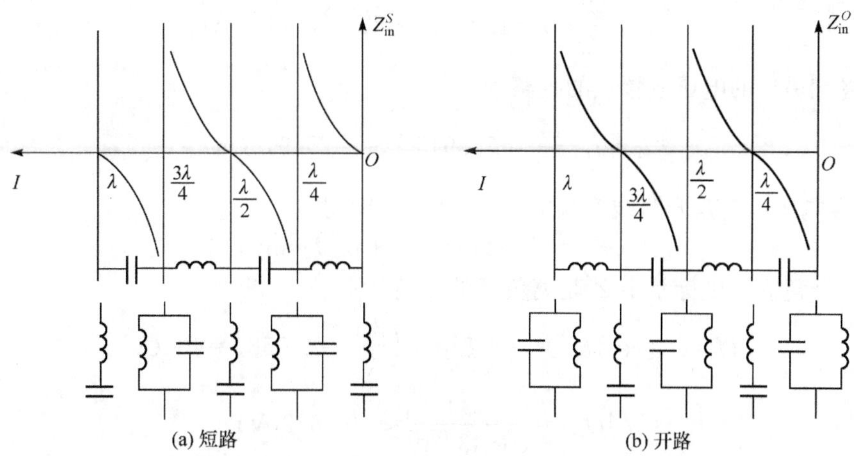

图 5-11 短路和开路传输线输入阻抗

$$Z_{in}^O = -jZ_0\cot(\beta L) \tag{5-37b}$$

可见,同终端短路一样,入端阻抗仍然呈现电抗性质。由 βL 决定是电感性质还是电容性质。图 5-11(b)给出了阻抗随 L 的变化曲线。从图中可见,表现为感性和容性的线长范围恰与短路时相反。比较图 5-11(a)和(b)两图可见,L 长的开路线入端阻抗等于 $L+\lambda/4$ 长的短路线的入端阻抗。

在实际应用中,可用短于 $\lambda/4$ 波长的终端短路线作为超高频的电容元件用,用等于 $\lambda/4$ 的短路线作理想的串联谐振电路。

例 5-2 一特性阻抗为 500Ω 的平行双线传输线,两线间介质是空气。由 $f=1.5\text{MHz}$ 的正弦电源供电,终端负载为 $C=200\text{pF}$ 的电容器,试求:①终端到距离终端最近的电压波腹点及电压波节点的距离;②若电容器上的电压有效值 $U=400\text{V}$,计算波腹电压和波腹电流的有效值。

解 波长

$$\lambda=\frac{v}{f}=\frac{1}{f\sqrt{L_1C_1}}=\frac{1}{150\times10^6\sqrt{\mu_0\varepsilon_0}}=200(\text{m})$$

① 由于 $l<\lambda/4$ 的开路线可等效为电容,所以终端接电容负载的传输线可以看成延长了一段长度 l 后的开路线,沿线电压和电流分布如图 5-12 所示,根据式(5-37b)有

$$-\text{j}\,\frac{1}{\omega C}=-\text{j}Z_0\cot\left(\frac{2\pi}{\lambda}l\right)$$

所以,得

$$\begin{aligned}l&=\frac{\lambda}{2\pi}\text{arccot}\left(\frac{1}{\omega CZ_0}\right)\\&=\frac{200}{2\pi}\text{arccot}\left(\frac{1}{2\pi\times1.5\times10^6\times200\times10^{-12}\times500}\right)\\&=24.085(\text{m})\end{aligned}$$

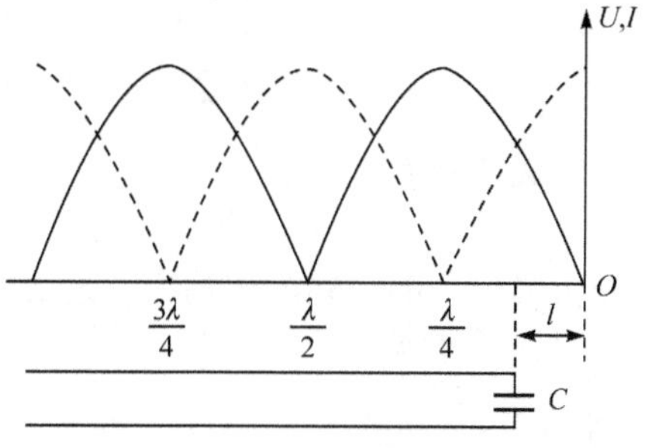

图 5-12 电容负载

终端到离终端最近的电压波节点的距离为

$$l_1=\frac{\lambda}{2}-l=100-24.085=75.915(\text{m})$$

终端到离终端最近的电压波腹点的距离为

$$l_2=l_1-\frac{\lambda}{4}=75.915-50=25.915(\text{m})$$

② 波腹电压也就是开路线终端电压，由式(5-28)得

$$U(z')=U_2\cdot\cos(\beta z')+\text{j}Z_0I_2\sin(\beta z')$$

注意：图 5-10 建立的坐标系中 Z'是离负载的距离。

$$U_C=U_2\cos(\beta z')-0=U_2\cos\left(\frac{2\pi}{\lambda}\times 24.058\right)=400(\text{V})$$

$$|U_2|=\frac{400}{\cos 43.30^\circ}\approx 549.622(\text{V})$$

波腹电流距离终端 $\lambda/4$ 处

$$I=0-\text{j}\frac{U_2}{Z_0}\sin\left(\frac{2\pi}{\lambda}\cdot\frac{\lambda}{4}\right)$$

$$|I|=\frac{|U_2|}{Z_0}=\frac{549.622}{500}\approx 1.099(\text{A})$$

4. 利用短路和开路测量特性阻抗

由开路和短路时输入阻抗的表达式，可知

$$Z_{\text{in}}^{O}\cdot Z_{\text{in}}^{S}=Z_0^2$$

$$Z_0=\sqrt{Z_{\text{in}}^{O}\cdot Z_{\text{in}}^{S}} \tag{5-37c}$$

无耗传输线特性阻抗测量基于式(5-37c)。只要测量出短路和开路的输入阻抗，就可以知道传输线的特性阻抗。

例 5-3 长度为 $L=1.5\text{m}$ 的无损耗传输线(设 $L<\lambda/4$)，当其终端短路时，测得入端阻抗 $Z_{\text{in}}^{S}=\text{j}103\Omega$；当其终端开路时测得入端阻抗 $Z_{\text{in}}^{O}=-\text{j}54.6\Omega$。试求该传输线得特性阻抗 Z_0 和传输常数 k。

解 根据式(5-37b)和式(5-37c)得

$$Z_0=\sqrt{\text{j}103\times(-\text{j}54.6)}=75(\Omega)$$

$$\beta=\frac{1}{1.5}\arctan\left[\sqrt{-\frac{\text{j}103}{-\text{j}54.6}}\right]=0.628(\text{rad/m})$$

$$k=\text{j}\beta=\text{j}0.628(\text{rad/m})$$

5. λ/4 阻抗变换器

由式(5-36)可知当传输线长度 $L=\frac{1}{4}\lambda$ 时，有

$$Z_{\text{in}}\left(\frac{\lambda}{4}\right)=\frac{Z_0^2}{Z_{\text{L}}}$$

$$Z_0=\sqrt{Z_{\text{in}}\left(\frac{\lambda}{4}\right)\cdot Z_{\text{L}}} \tag{5-37d}$$

由式(5-37d)可以知道，选用合适的特性阻抗的传输线，用 $\lambda/4$ 的传输线可以实现两个阻抗(Z_L、$Z(\lambda/4)$)之间的阻抗匹配。

5.4.4 反射系数

传输线上某点的反射波电压与入射波电压之比，定义为该点处的反射系数，即

$$\Gamma(z')=\frac{U^{-}(z')}{U^{+}(z')} \tag{5-38}$$

采用以传输线终端为起始点的坐标，即终端负载位于 $z'=0$，则据式(5-24)和式(5-25)得终端处的入射波电压和反射波电压分别为

$$U_2^{+}=\frac{U_2+I_2Z_0}{2},\quad U_2^{-}=\frac{U_2-I_2Z_0}{2}$$

入射波电流和反射波电流分别为

$$I_2^{+}=\frac{U_2+I_2Z_0}{2Z_0},\quad I_2^{-}=\frac{U_2-I_2Z_0}{2Z_0}$$

故式(5-24)和式(5-25)可表示为

$$U(z')=U_2^{+}\mathrm{e}^{Kz}+U_2^{-}\mathrm{e}^{-Kz'}$$
$$I(z')=I_2^{+}\mathrm{e}^{Kz}-I_2^{-}\mathrm{e}^{-Kz'}$$

按反射系数的定义得

$$\Gamma(z')=\frac{U^{-}(z')}{U^{+}(z')}=\frac{U_2^{-}\mathrm{e}^{-Kz'}}{U_2^{+}\mathrm{e}^{Kz'}}=\Gamma_2\mathrm{e}^{-2Kz'} \tag{5-39}$$

式中

$$\Gamma_2=\frac{U_2^{-}}{U_2^{+}}=\frac{U_2-I_2Z_0}{U_2+I_2Z_0}=\frac{Z_L-Z_0}{Z_L+Z_0}=\left|\frac{Z_L-Z_0}{Z_L+Z_0}\right|\mathrm{e}^{\mathrm{j}\varphi_2}=|\Gamma_2|\mathrm{e}^{\mathrm{j}\varphi_2} \tag{5-40}$$

称为传输线的终端反射系数，则

$$\Gamma(z')=\Gamma_2\mathrm{e}^{-2Kz'}=|\Gamma_2|\mathrm{e}^{-2\alpha z'}\mathrm{e}^{-\mathrm{j}2\beta z'}\mathrm{e}^{\mathrm{j}\varphi_2} \tag{5-41}$$

对无损耗线，$\alpha=0$，则

$$\Gamma(z')=|\Gamma_2|\mathrm{e}^{-\mathrm{j}2\beta z'}\mathrm{e}^{\mathrm{j}\varphi_2}$$

同样可定义电流反射系数为

$$\Gamma(z')=\frac{I^{-}(z')}{I^{+}(z')}=\frac{U_2-I_2Z_0}{U_2+I_2Z_0}\mathrm{e}^{-2Kz'}=-\Gamma_2\mathrm{e}^{-2Kz'} \tag{5-42}$$

可见电流反射系数与用电压定义的反射系数只相差一个负号，通常采用电压来定义反射系数。

反射系数与输入阻抗、负载阻抗、电压等量有关，这些量之间可以相互换算。

(1) 反射系数与驻波比。传输线上一般都有反射波存在，反射波和入射波叠加形成了驻波。传输线上电压振幅值的最大值和最小值之比称为电压驻波比。

$$\mathrm{VSWR}=\frac{U_{\max}}{U_{\min}}=\frac{|U^{+}|+|U^{-}|}{|U^{+}|-|U^{-}|}=\frac{1+|\Gamma(z')|}{1-|\Gamma(z')|}$$

由式(5-40)可知，如果 $Z_L=R_L$，即负载是一个电阻，则反射系数是一个实数。若 $R_L>Z_0$，则 $0<\Gamma_2<1$，为正实数，负载处是电压的波腹；若 $R_L<Z_0$，则 $-1<\Gamma_2<0$，为负实数，负载

处是电压的波节。

(2) 反射系数与电压和电流的关系为

$$U(z)=U^{+}(z)+U^{-}(z)=U^{+}(z)\left[1+\frac{U^{-}(z)}{U^{+}(z)}\right]=U^{+}[1+\Gamma(z)]$$

$$I(z)=I^{+}(z)+I^{-}(z)=I^{+}(z)\left[1+\frac{I^{-}(z)}{I^{+}(z)}\right]=I^{+}[1-\Gamma(z)]$$

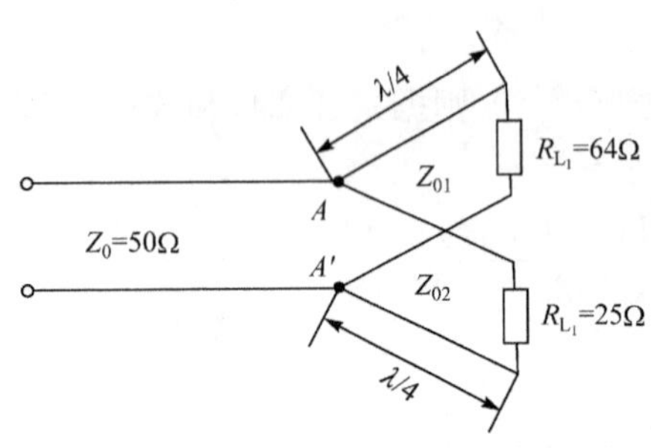

图 5-13　利用λ/4 传输线进行匹配

例 5-4　如图 5-13 所示，一信号发生器用一根特性阻抗 $Z_0=50\Omega$ 的无损耗传输线，同时输出给 $R_{L_1}=64\Omega$ 和 $R_{L_2}=25\Omega$ 的两个电阻负载。每个电阻各接一段 $\lambda/4$ 的阻抗变换器后再接 $Z_0=50\Omega$ 的传输线，可以实现传输线阻抗匹配，且两个电阻得到相同的功率。求：①每一个 $\lambda/4$ 线的特性阻抗；②各 $\lambda/4$ 线上的驻波比。

解　①匹配时，A-A'处的输入阻抗等于 50Ω，由于供给两个电阻相同的功率，所以

$$R_{i_1}=R_{i_2}=100\Omega$$

$$Z_{01}=\sqrt{R_{i_1}R_{L_1}}=\sqrt{100\times 64}=80(\Omega)$$

$$Z_{02}=\sqrt{R_{i_2}R_{L_2}}=\sqrt{100\times 25}=50(\Omega)$$

②在匹配的情况下，主传输线上 $\rho=1$ 无反射波。在两个 $\lambda/4$ 线上的驻波比分别是在特性阻抗为 Z_{01} 的 $\lambda/4$ 线上：

$$\Gamma_1=\frac{R_{L_1}-Z_{01}}{R_{L_1}+Z_{01}}=\frac{64-80}{64+80}=-0.11$$

$$\rho_1=\frac{1+|\Gamma_1|}{1-|\Gamma_1|}=\frac{1+0.11}{1-0.11}=1.25$$

在特性阻抗为 Z_{02} 的 $\lambda/4$ 线上：

$$\Gamma_2=\frac{R_{L_2}-Z_{02}}{R_{L_2}+Z_{02}}=\frac{25-50}{25+50}=-0.333$$

$$\rho_2=\frac{1+|\Gamma_2|}{1-|\Gamma_2|}=\frac{1+0.333}{1-0.333}=2.0$$

例 5-5　一特性阻抗为 50Ω 的无损耗传输线上接一未知负载阻抗，其电压驻波比 VSWR 为 3.0。两相邻电压最小值之间的距离是 20cm，且第一个最小值距离负载端是 5cm，求负载阻抗。

解　两相邻电压最小值之间的距离是半个波长，所以

$$\lambda=2\times 0.2=0.4(\mathrm{m}),\quad \beta=\frac{2\pi}{\lambda}=5\pi(\mathrm{rad/m})$$

由上述可知，电压最小点处的入端阻抗为一个纯电阻，而且有

$$R=\frac{Z_0}{\mathrm{VSWR}}=\frac{50}{3}=16.7(\Omega)$$

传输线长度每增加半个波长，Z_{in} 重复出现一次，可知，负载阻抗可以看成与 R 相距 0.5λ

$-0.05=0.15(\mathrm{m})$处的输入阻抗，根据式(5-37)，有

$$Z_{in}=Z_L=Z_0\frac{R+\mathrm{j}Z_0\tan(\beta l)}{Z_0+\mathrm{j}R\tan(\beta l)}$$

$$=50\frac{\frac{50}{3}+\mathrm{j}50\tan(5\pi\times0.15)}{\frac{50}{3}+\mathrm{j}\frac{50}{3}\tan(5\pi\times0.15)}=(30-\mathrm{j}40)(\Omega)$$

根据输入阻抗的定义，反射系数与输入阻抗的关系的关系如下：

$$Z_{in}(l)=\frac{U(l)}{I(l)}=\frac{U^+[1+\Gamma(l)]}{I^+[1-\Gamma(l)]}=Z_0\frac{1+\Gamma(l)}{1-\Gamma(l)}$$

由此可见，如果终端接反射系数不为0的负载，则不同长度的传输线输入端的阻抗不同。

5.5 传输线的工作状态

传输线的工作状态取决于传输线终端所接的负载，本节以终端负载状况为出发点来进行分析。

5.5.1 行波状态

行波状态即传输线上无反射波出现，只有入射波的工作状态。由式(5-26)和式(5-27)可看出，当传输线终端负载阻抗等于传输线的特性阻抗，即 $Z_L=Z_0$ 时，等式右端第二项(反射波)就为零。线上只有入射波(反射系数为零)。此时

$$U(z')=\frac{U_2+I_2Z_0}{2}\mathrm{e}^{Kz'}=U_2^+\mathrm{e}^{Kz'} \tag{5-43}$$

$$I(z')=\frac{U_2+I_2Z_0}{2Z_0}\mathrm{e}^{Kz'}=I_2^+\mathrm{e}^{Kz'} \tag{5-44}$$

对于无损耗线，$K=\mathrm{j}\beta$，则

$$U(z')=U_2^+\mathrm{e}^{\mathrm{j}\beta z'}=|U_2^+|\mathrm{e}^{\mathrm{j}\theta_2}\mathrm{e}^{\mathrm{j}\beta z'} \tag{5-45}$$

$$I(z')=I_2^+\mathrm{e}^{\mathrm{j}\beta z'}=|I_2^+|\mathrm{e}^{\mathrm{j}\theta_2}\mathrm{e}^{\mathrm{j}\beta z'} \tag{5-46}$$

式中，θ_2 是 U_2^+ 的初相角。因 $Z_L=Z_0$ 是纯电阻，故此处的 $\theta_2=\varphi_2$。将式(5-45)和式(5-46)表示为瞬时值形式：

$$u(z',t)=\mathrm{Re}[U(z')\mathrm{e}^{\mathrm{j}\omega t}]=|U_2^+|\cos(\omega t+\beta z'+\varphi_2) \tag{5-47}$$

$$i(z',t)=\mathrm{Re}[I(z')\mathrm{e}^{\mathrm{j}\omega t}]=|I_2^+|\cos(\omega t+\beta z'+\varphi_2) \tag{5-48}$$

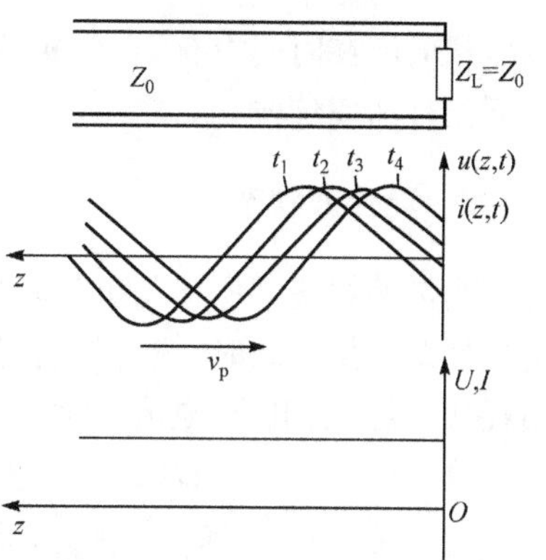

图 5-14 完全匹配状态下沿线的电压、电流分布

图 5-14 表示完全匹配状态下沿传输线的电压、电流分布。可见，沿无损耗传输线电压、电流的振幅不变，而相位则随 z' 的减小(即入射波由源端朝向负载推进)而连续滞后，这是行波前进的必然结果。

由式(5-37)可看出，当 $Z_L=Z_0$ 时，有 $Z_{in}(z')=Z_0$，即

沿线各点的输入阻抗均等于其特性阻抗，与频率无关。

综上所述，行波状态下的无损耗线有如下特点：①沿线电压，电流振幅不变；②电压、电流同相；③沿线各点的输入阻抗均等于其特性阻抗。

5.5.2 驻波状态

由式(5-40)可看出，当 $Z_L=0, Z_L=\infty$ 或 $Z_L=\pm jX_L$ 时，都有 $|\Gamma_2|=1$，即当传输线终端短路，开路或接纯电抗性负载时，都将产生全反射。入射波和反射波叠加形成驻波，传输线工作在全反射状态。下面以 $Z_L=0$ 为例来分析传输线工作在全反射状态时的特性。

由式(5-40)可看出，当 $Z_L=0$ 时，$\Gamma_2=-1$，故 $U_2^-=\Gamma_2 U_2^+=-U_2^+=|U_2^+|e^{j(\varphi_2+\pi)}$ 时，则

$$U(z')=U_2^+e^{j\beta z'}+U_2^-e^{-j\beta z'}=U_2^+(e^{j\beta z'}-e^{-j\beta z'})=j2U_2^+e^{j(\varphi_2+\pi)}\sin(\beta z') \tag{5-49}$$

同样可得

$$I(z')=\frac{2|U_2^+|e^{j(\varphi_2+\pi)}}{Z_0}\cos(\beta z') \tag{5-50}$$

表示为瞬时值形式(Z_0为实数时)：

$$u(z',t)=2|U_2^+|\sin(\beta z')\cos\left(\omega t+\varphi_2+\frac{\pi}{2}\right) \tag{5-51}$$

$$i(z',t)=\frac{2|U_2^+|}{Z_0}\cos(\beta z')\cos(\omega t+\varphi_2) \tag{5-52}$$

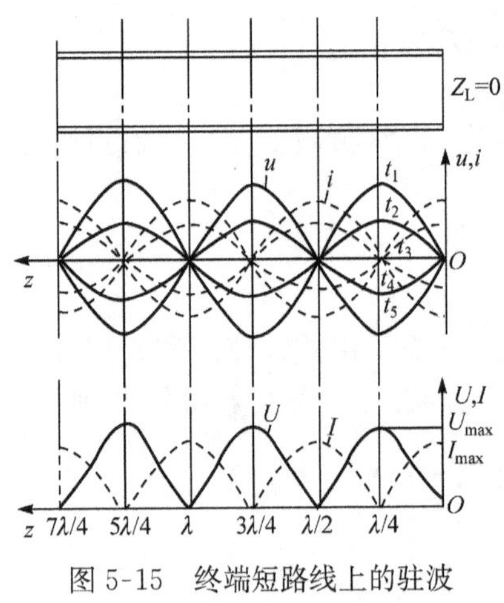

图 5-15 终端短路线上的驻波电压和电流

图 5-15 表示全反射状态下电压、电流沿线的瞬时分布曲线和振幅分布曲线。由式(5-37)可知，当 $Z_L=0$ 时，输入阻抗 $Z_{in}(z')=jZ_0\tan(\beta z')$ 是一个纯电抗，随 z' 值不同，传输线可以等效为一个电容，或一个电感，或一个谐振电路。

综上所述，全驻波状态下的无损耗线有如下特点：①全驻波是在满足全反射条件下，由两个相向传输的行波叠加而形成的。它不再具有行波的传输特性，而是在线上作简谐振荡。表现为相邻两波节点之间的电压(或电流)同相，波节点两侧的电压(或电流)反相；②传输线上电压和电流的振幅是位置 z' 的函数，出现最大值(波腹点)和零值(波节点)；③传输线上各点的电压和电流在时间上有 90°的相位差，在空间位置上也有 90°的相移，因此传输线在全驻波状态下没有功率传输。

5.5.3 混合波状态

当传输线终端所接的负载阻抗不等于特性阻抗，也不是短路、开路或接纯电抗性负载，而是接任意阻抗负载时，线上将同时存在入射波和反射波，两者叠加形成部分反射状态。对于无损耗线，线上的电压、电流表示式为

$$\begin{aligned}U(z')&=U_2^+e^{j\beta z'}+U_2^-e^{-j\beta z'}=U_2^+e^{j\beta z'}+\rho_2U_2^+e^{-j\beta z'}\\&=U_2^+e^{j\beta z'}+2\rho_2U_2^+\frac{e^{j\beta z'}+e^{-j\beta z'}}{2}-\rho_2U_2^+e^{j\beta z'}\\&=U_2^+e^{j\beta z'}(1-\rho_2)+2\rho_2U_2^+\cos(\beta z')\end{aligned} \tag{5-53}$$

$$I(z') = I_2^+ e^{j\beta z'} + I_2^- e^{-j\beta z'} = I_2^+ (1-\rho_2) e^{j\beta z'} + j2\rho_2 I_2^+ \sin(\beta z') \tag{5-54}$$

由式(5-53)和式(5-54)可看出，线上的电压、电流皆由两项构成，前一项为行波分量，后一项为驻波分量。部分反射状态下的电压、电流振幅分布如图 5-16 所示。

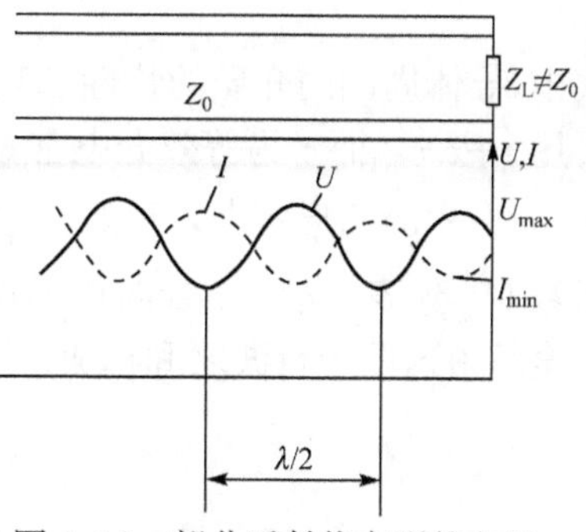

图 5-16 部分反射状态下的电压、电流振幅分布

为了定量描述传输线上的行波分量和驻波分量，引入驻波系数。传输线上最大电压(或电流)振幅值与最小电压(或电流)振幅值的比值，定义为驻波系数或驻波比。电压驻波比 VSWR 表示为

$$\text{VSWR} = \frac{|U_{max}|}{|U_{min}|} \tag{5-55}$$

驻波系数和反射系数的关系可导出如下：

$$U(z') = U^+(z') + U^-(z') = U^+(z')\left[1 + \frac{U^-(z')}{U^+(z')}\right]$$
$$= U^+(z')[1 + \Gamma(z')]$$

故得

$$|U|_{max} = |U_2^+|(1 + |\Gamma_2|), \quad |U|_{min} = |U_2^+|(1 - |\Gamma_2|)$$

则

$$\text{VSWR} = \frac{|U_{max}|}{|U_{min}|} = \frac{1 + |\Gamma_2|}{1 - |\Gamma_2|} \tag{5-56}$$

由此可见，当传输线工作在行波状态时，$|\Gamma_2| = 0$(无反射)，则 VSWR=1；当传输线工作在驻波状态时，$|\Gamma_2| = 1$(全反射)，则 VSWR=∞；当传输线工作在混合波状态时，$|\Gamma_2| < 1$(部分反射)，则 1<VSWR<∞。

5.6 传输线对信号完整性的影响

5.6.1 信号完整性

1. 传输线反射对信号波形的影响

无耗传输线的方程的通解见式(5-24)，由以正向传播的波和反向传播的波两项构成。我们将其改写成在时域的表达式(5-57)。

$$U(z,t) = U^+\left(t - \frac{z}{v}\right) + U^-\left(t + \frac{z}{v}\right) \tag{5-57a}$$

$$I(z,t) = \frac{1}{Z_0} U^+\left(t - \frac{z}{v}\right) - \frac{1}{Z_0} U^-\left(t + \frac{z}{v}\right) \tag{5-57b}$$

式中，Z_0 是传输线的特性阻抗

$$Z_0 = \sqrt{\frac{L}{C}} = vL = \frac{1}{vC} \tag{5-58a}$$

特性阻抗 Z_0 是实数，传输线上波的传播速度为

$$v=\frac{1}{\sqrt{LC}}=\frac{1}{\sqrt{\mu\varepsilon}} \tag{5-58b}$$

式中，导体周围的介质的特性参数为 μ 和 ε。在非均匀介质中的传输线仍可应用这些公式，但要用 $\varepsilon=\varepsilon_0\varepsilon_r'$，而 ε_r' 为等效介电常数。式(5-57)给出的解的一般形式是用函数 $U^+(t-z/v)$ 和 $U^-(t+z/v)$ 的形式来表示的。这些函数的精确形式可以由激励源的时域函数 $V_s(t)$ 来确定。函数 U^+ 代表了沿 $+z$ 方向传播的前向行波。函数 U^- 代表了沿 $-z$ 方向传播的后向行波。完全解由这两个行波之和构成。特性阻抗决定了每一个波的电流与电压的关系：

$$I^+(z,t)=\frac{1}{Z_0}U^+\left(t-\frac{z}{v}\right) \tag{5-59a}$$

$$I^-(z,t)=\frac{1}{Z_0}U^-\left(t-\frac{z}{v}\right) \tag{5-59b}$$

下面将考虑全长为 L 的传输线。在负载端 $z=L$ 处的前向和后向行波由负载的反射系数联系起来：

$$\Gamma_L=\frac{U^-}{U^+}=\frac{R_L-Z_0}{R_L+Z_0} \tag{5-60}$$

因此，负载端的反射波可以利用反射系数从入射波得到：

$$U^-\left(t+\frac{l}{v}\right)=\Gamma_L U^+\left(t-\frac{l}{v}\right) \tag{5-61}$$

式(5-60)给出的反射系数仅适用于电压。电流反射系数可以通过把式(5-60)代入式(5-59)中推导出来，因此

$$I^-\left(t+\frac{l}{v}\right)=-\Gamma_L I^+\left(t-\frac{l}{v}\right) \tag{5-62}$$

负载端反射波的不连续性如图 5-17 所示。反射过程可以看作由镜面所产生的反射波 U^-，即对 U^+ 的复制并翻转。所有在 U^- 波形上的点都是 U^+ 波形上的相应点乘以 Γ_L。注意，负载上的总电压 $U(l,t)$ 是负载端在某一时刻所存在的各个波的总和。

下面讨论传输线的源端部分，如图 5-18 所示。当我们一开始把源接入传输线时，可以断定前向波将沿传输线传播。因为入射波在没有到达负载端时就不会产生反射波，前向行波到达负载端之前，到达所需时间 $T_D=\frac{l}{v}$，传输线上不会出现后向行波。在负载端被反射的入射波部分将需要额外的时间 T_D 才能重新回到源端 $z=0$ 处。因此，当 $0\leqslant t\leqslant 2l/v$ 时，不会在 $z=0$ 处出现反向行波，而在任意小于 $2T_D$ 的时刻，$z=0$ 处的总电压和总电流也仅包含前向行波 U^+ 和 I^+。因此

$$U(0,t)=U^+\left(t-\frac{0}{v}\right) \tag{5-63a}$$

$$I(0,t)=I^+\left(t-\frac{0}{v}\right)=\frac{U^+\left(t-\frac{0}{v}\right)}{Z_0} \tag{5-63b}$$

由于在 $0\leqslant t\leqslant 2l/v$ 的时刻，传输线上输入端总电压和总电流之比是 Z_0，如式(5-63)所示，所以在该时间段内，传输线看上去具有输入电阻 Z_0，如图 5-18(b)所示。因此，初始的前向行波电压和电流与电源电压的关系为

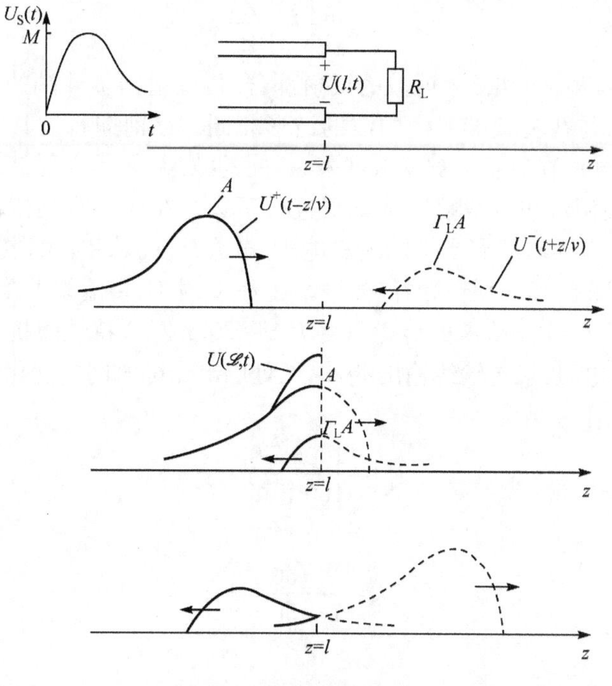

图 5-17　波在终端的反射

$$U(0,t)=\frac{Z_0}{R_S+Z_0}U_S(t) \tag{5-64a}$$

$$I(0,t)=\frac{U_S(t)}{R_S+Z_0} \tag{5-64b}$$

初始波与电源电压的波形相同。

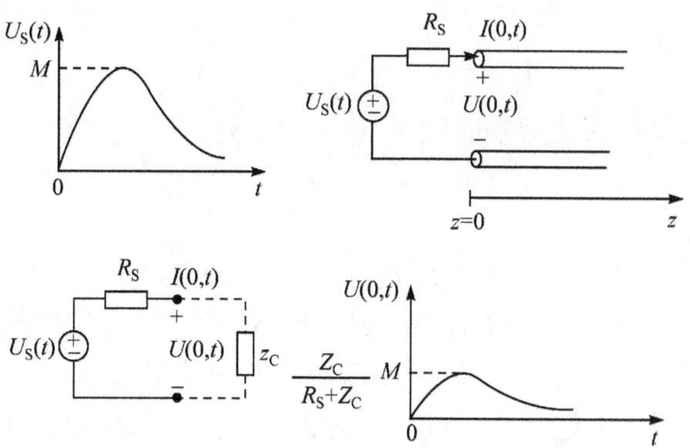

图 5-18　波到达负载端反射以前从传输线输入端看进去的等效电路$\left(t<2\frac{l}{v}\right)$

初始的电波向负载端传播，脉冲前沿到达负载端需要时间 $T_D=\frac{l}{v}$。当脉冲到达负载端时，就会产生反射脉冲，如图 5-17 所示。反射脉冲又需要 $T_D=\frac{l}{v}$ 的额外时间，其脉冲前沿才能到达源端。在源端，我们可以得到电压反射系数为

$$\Gamma_S = \frac{R_S - Z_0}{R_S + Z_0} \tag{5-65}$$

即入射波（负载端的反射波）和该入射波的反射部分（再反射回负载端的波）的比值。因此，在源端产生的前向波形与在负载端产生的波的波形相同。该前向行波具有与入射的后向行波（由源发出的最初的脉冲在负载端被反射回来）相同的波形，但是入射波相应点上的波减小了 Γ_S。这个反射过程在源端和负载端持续重复进行下去。在任一时刻传输线上任意点上的总电压（电流）都是存在于传输线各点上的所有电压（电流）波的总和，如式(5-57)所示。

例 5-6 考虑如图 5-19(a)所示的传输线。在 $t=0$ 时刻，传输线上接入 30V 的源阻抗为 0 的电池。传输线总长 $l=400\text{m}$，波的传播速度为 $v=200\text{m}/\mu\text{s}$，特性阻抗为 $Z_0=50\Omega$。传输线的终端接有 100Ω 的电阻，求传输线输出端，$z=l$ 处的电压随时间的变化关系。

解 负载端的反射系数为

$$\Gamma_L = \frac{100-50}{100+50} = \frac{1}{3}$$

源端的反射系数为

$$\Gamma_S = \frac{0-50}{0+50} = -1$$

单向传输时间为

$$T_D = \frac{l}{v} = 2\mu\text{s}$$

负载第一次反射电压为

$$U_{L_1}^- = \Gamma_L U^+ = 30 \times \frac{1}{3} = 10(\text{V})$$

$U_{L_1}^- = 10\text{V}$ 的电压波到达源端的时间为

$$t = 4\mu\text{s}$$

源端第一次反射电压

$$U_{S_1}^+ = \Gamma_S \Gamma_L \times 30 = -10(\text{V})$$

$U_{S_1}^+ = -10\text{V}$ 的电压波反射回负载端时间为

$$t = 6\mu\text{s}$$

负载第二次反射电压为

$$U_{L_2}^- = \Gamma_L \Gamma_S \Gamma_L \times 30 = -3.33(\text{V})$$

在 $z=l$ 处这些波的总和，如图 5-19(b)中的虚线所示，而总电压用实线表示。注意，在瞬态期间，负载端的电压振荡幅度约为 30V，但是逐渐向所期望的稳态值 30V 收敛。

如图 5-19 所示的图形中包含瞬态过程。为了画出负载端的电流 $I(l,t)$，可以把负载端的电压用 R_L 去除，也可以直接通过电流反射系数 $\Gamma_S=1$ 和 $\Gamma_L=-\frac{1}{3}$ 及初始电流脉冲 $30\text{V}/Z_0=0.6\text{A}$ 来直接得到电流波形。在传输线输入端的电流如图 5-19(c)所示。可观察到该电流在所期望的稳态值 $30\text{V}/R_L=0.3\text{A}$ 左右振荡。

例 5-7 如图 5-20(a)所示的一根长为 0.2m 的传输线，源端电压为 20V、持续时间 1ns 的脉冲。该传输线的特性阻抗为 100Ω，传播速度为 $2\times10^8\text{m/s}$，源端电阻为 300Ω($R_S=300\Omega$)，负载端开路($R_L=\infty$)。画出传输线输入端和负载端的电压。

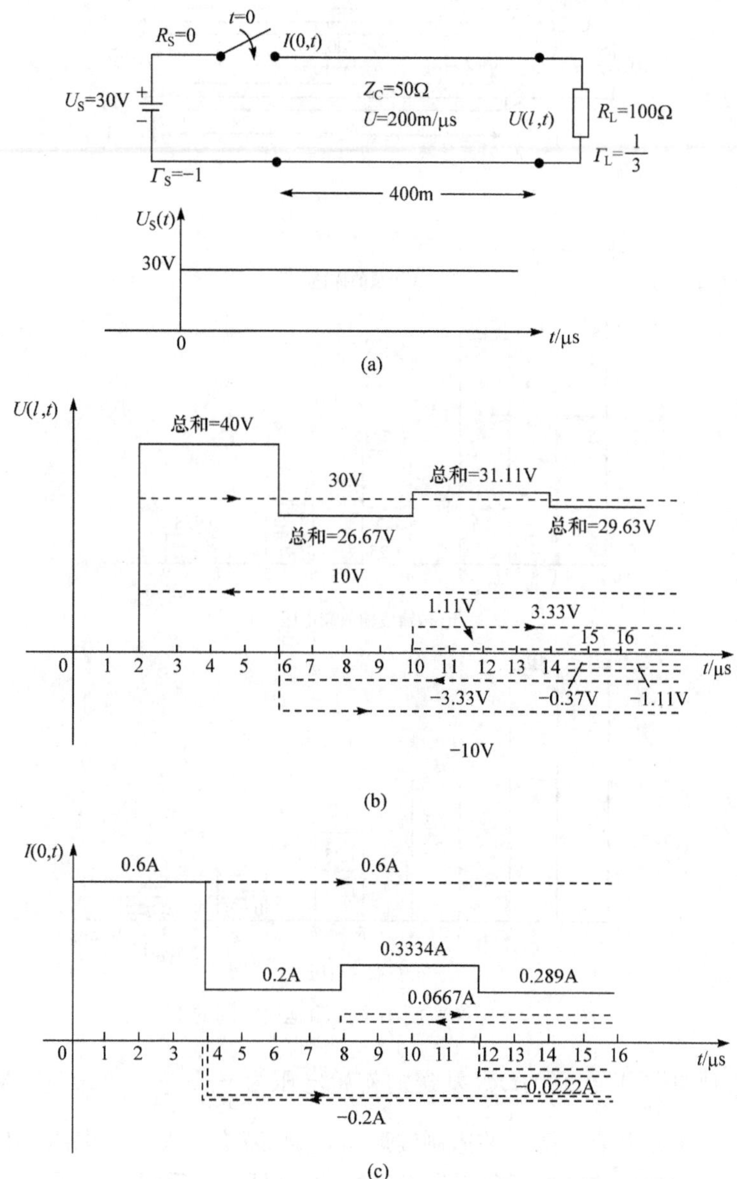

图 5-19 传输线终端作为时间函数的电压和电流波形

解 源端的反射系数为

$$\Gamma_S=\frac{300-100}{300+100}=\frac{1}{2}$$

负载端反射系数为

$$\Gamma_L=\frac{\infty-100}{\infty+100}=-1$$

单向时延为

$$T_D=\frac{l}{v}=1\text{ns}$$

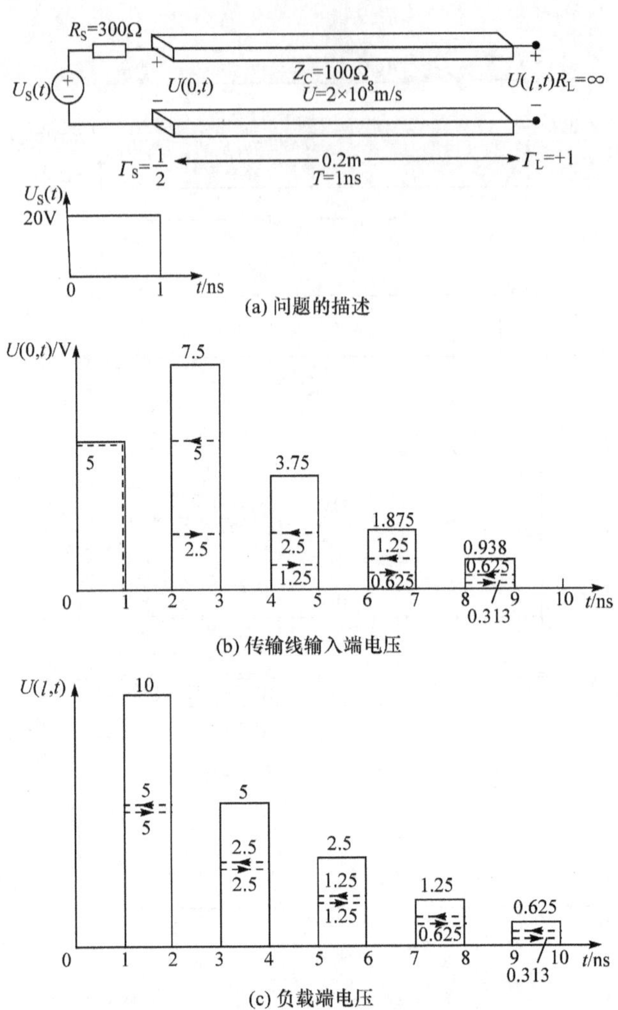

图 5-20　脉冲宽度小于传输延迟时间的电压

首先我们来画源端电压$U(0,t)$。发送的初始电压为$\frac{100}{300+100}\times 20=5(\mathrm{V})$，入射电压和反射电压如图 5-20(b)中带有箭头的短画线所示，这些箭头用来表示电磁波是向前传播的还是向后传播的。入射脉冲被发送至负载端，经过一次时延 1ns 后到达，在负载端又反射回一个 5V 的脉冲，因为负载端的反射系数为$\Gamma_L=1$。在负载端被反射回去的脉冲在经过另一个 1ns 的时延后到达源端。这个反射回来的脉冲又被反射回去而幅度变为$\Gamma_S\times 5\mathrm{V}=2.5\mathrm{V}$，它在 1ns 之后到达负载端，又在负载端被反射回来，幅度仍为 2.5V，再经过 1ns 后又到达源端。这个过程如图 5-20(b)持续下去。将源端所有的入射脉冲和反射脉冲相加就得到了图 5-20(b)中用实线表示的总电压。很明显，总电压将衰减为零，因为它应该处于稳定状态。

下面来画负载端的电压。在一次时延 1ns 之后，初始时刻发送的 5V 电压到达负载端同时 5V 的反射电压被发送回源端。该反射电压在 2ns 之后到达源端，这时 2.5V 的反射电压开始向负载端出发并在 3ns 时到达负载端。当这个在源端反射的脉冲到达负载端时，又有 2.5V 的反射电压被送回源端，在源端又发生反射，幅度变为 1.25V，并在 5ns 时到达负载端。这些入射和反射电压如图 5-20(c)所示。将所有的入射和反射脉冲相加就得到了图 5-20(c)中用实线表示的总电压。很明显,总电压将衰减为零,因为它应该处于稳定状态。

例 5-8 如图 5-21(a)所示的同轴电缆。源端电压为 100V 的、持续时间为 $6\mu s$ 的脉冲。设传输线的单位长度电容和单位长度电感分别为 $C=100pF/m$ 和 $l=0.25\mu H/m$。该传输线的特性阻抗为

$$Z_C=\sqrt{\frac{l}{C}}=50\Omega$$

传播速度为

$$v=\frac{1}{\sqrt{lC}}=200m/\mu s$$

源端电阻为 $150\Omega(R_S=150\Omega)$,负载端短路($R_L=0\Omega$)。画出传输线输入端的电压。

解 源端的反射系数为

$$\Gamma_S=\frac{100-50}{100+50}=\frac{1}{3}$$

负载端的反射系数为

$$\Gamma_l=\frac{0-50}{0+50}=-1$$

单向时延为

$$T_D=\frac{l}{v}=2\mu s$$

初始时刻发送的电压为

$$\frac{50}{150+50}\times 100=25(V)$$

入射电压和反射电压如图 5-21(b)中带有箭头的短画线所示,这些箭头用来表示电磁波是向前传播的还是向后传播的。入射脉冲被发送至负载端,经过一次时延 $2\mu s$ 后到达,在负载端又反射回一个 $-25V$ 的脉冲,该脉冲在经过另一个 $2\mu s$ 的时延后到达源端。这个反射回来的脉冲又被反射回去而幅度变为 $-12.5V$,它在 $2\mu s$ 之后到达负载端,又在负载端被反射回来,幅度仍为 12.5V,再经过 $2\mu s$ 后又到达源端。这个过程如图 5-21(b)所示地持续下去。将源端所有的入射脉冲和反射脉冲相加就得到了图 5-21(b)中用实线表示的总电压。很明显,总电压将衰减为零,因为它应该处于稳定状态。

可以观察到在这个例子中,$6\mu s$ 的脉冲宽度是单向时延的 3 倍。因此初始时刻发送的脉冲和到达的脉冲(即在负载端反射的脉冲)叠加在一起。

可以写出源端 $z=l$ 处的电压表达式

$$U(l,t)=\frac{Z_C}{R_S+Z_C}[(1+\Gamma_L)U_S(t-T_D)+(1+\Gamma_L)\Gamma_S\Gamma_L U_S(t-3T_D)$$
$$+(1+\Gamma_L)(\Gamma_S\Gamma_L)^2U_S(t-5T_D)+(1+\Gamma_L)(\Gamma_S\Gamma_L)^3\Gamma_L U_S(t-7T_D)+\cdots] \quad (5\text{-}66)$$

可见,总电压即源端电压波形和延迟了多个单向时延 T_D 后的电压波形之和。虽然负载端电压可以从式(5-66)得到,但是采用“追踪单个入射波和反射波”,并且在任意时刻将当时所有的波形叠加起来的方法更简单。就像在前面的例子中通过图形来完成一样。可观察到,如果传输线在负载端匹配,$R_L=Z_C$,那么负载端的反射系数为 0,即 $\Gamma_L=0$,式(5-66)也可简化为

$$U(l,t)=\frac{Z_C}{R_S+Z_C}U_S(t-T_D)$$

在这种情况下，传输线唯一的影响就是时延，传输线的输入电压和输出电压相等；该传输线不使信号波形发生畸变。

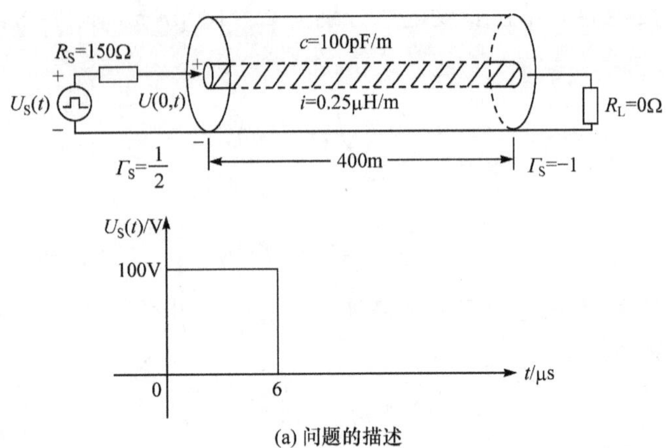

(a) 问题的描述

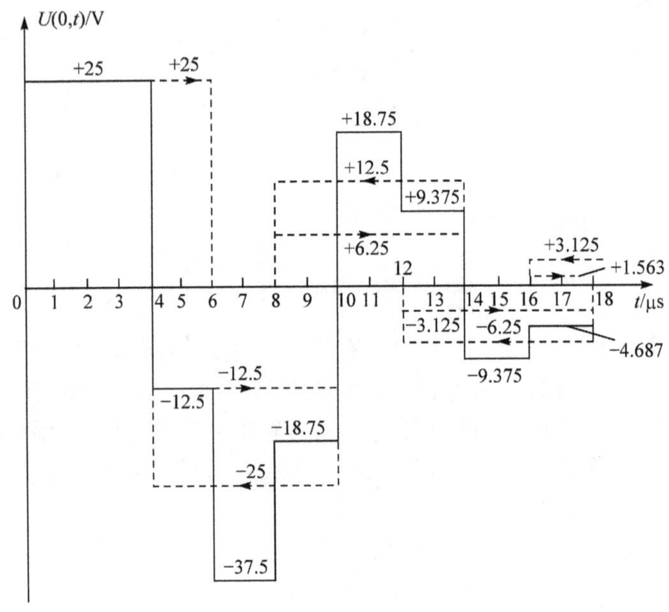

(b) 传输线输入端的电压

图 5-21　脉冲宽度大于延迟时间的终端电压

2. 信号完整性

信号完整性在电子设计方面有两方面的含义——信号的时序和质量。即信号是否在正确的时间到达目的地及信号到达目的地时其状态是否依然良好。信号完整性分析的目标是保证可靠的高速数据传输。在一个数字系统中，信号以逻辑电平 1 或 0 的形式从一个组件传输到另一个组件。它们分别对应一定的参考电压电平。在接收机的输入端电压高于参考值 V_{ih} 时，认为是逻辑高；而电压低于参考值 V_{il} 认为是逻辑低。图 5-22(a)给出了在逻辑电平的理想电压波形，而图 5-22(b)给出系统的实际电压波形。如果图中的信号波形由于过振铃而处于逻辑灰色区域时，逻辑状态不能可靠地检测出来。

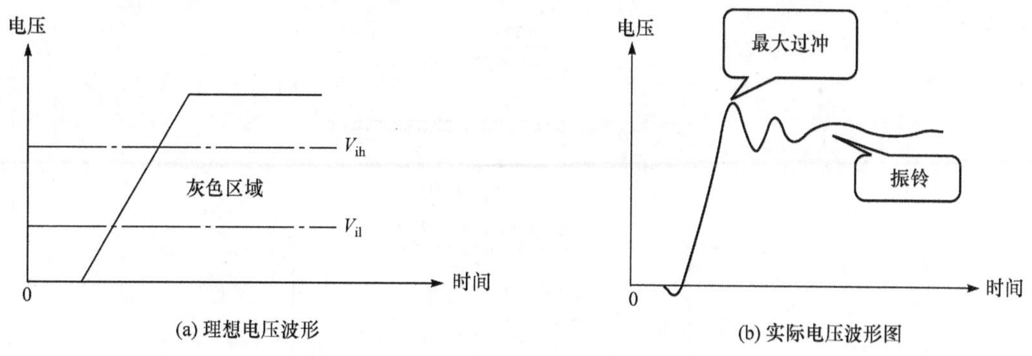

图 5-22　电压波形

由 5.5 节可知，不匹配的传输线之所以会导致波形的畸变是由于在不匹配负载处的反射造成的。如果传输线的横截面尺寸改变了，传输线的特性阻抗就会发生改变，会在传输线的不连续处产生反射。这些带状线往往通过过孔从一层转到另一层。过孔即 PCB 上从一层到另一层之间的连接孔，用于连接相应层上的带状线。显然，通过过孔从一层传输到另一层的信号将会遇到不连续面，因此特性阻抗会发生改变。这一节研究为了达到信号完整性目标，应如何分析和抑制不匹配的影响。

作为一个说明连接线之间相互影响的实例，考虑一个 CMOS 反向器，其通过微带线上的一对带状线与另一个 CMOS 反向器相连，如图 5-23(a)所示。微带线由宽为 100mil、位于厚为 62mil 的 FR-4($\varepsilon_r=4.7$)基板上的带状线组成，如图 5-23(b)所示。利用微带线的公式，计算出每单位长度的电感和电容为 $l=0.335\mu H/m$ 及 $c=117.5pF/m$。其有效相对介电常数为 $\varepsilon_r'=3.54$。计算出其特性。

阻抗为 $Z_C=\sqrt{l/c}=53.4\Omega$。传播速度为 $v=v_0/\sqrt{\varepsilon_r'}=1.59\times10^8 m/s$。传输线的总长度为 20cm，单向时延为 $T_D=l/v=1.25ns$。源(门电路 1 的输出)由一个 2.5V、25MHz 的脉冲串表示，该脉冲串具有 2ns 的上升/下降时间和 50%的占空比。源阻抗为 25Ω，代表 CMOS 反向器典型的输出阻抗。负载由一个 5pF 的电容表示，模拟了 CMOS 的输入。可以利用电路仿真程序 SPICE 模拟这一系统从而求出传输线的输入电压 $U(0,t)$和输出电压 $U(l,t)$。

传输线输出端(第二个门电路的输入端)的电压曲线如图 5-23(c)所示，图 5-23 中显示了由传输线的不匹配而产生的振铃现象。该振铃现象可能导致电平进入逻辑“0”与逻辑“1”之间的“灰色区域”，从而引起逻辑错误。

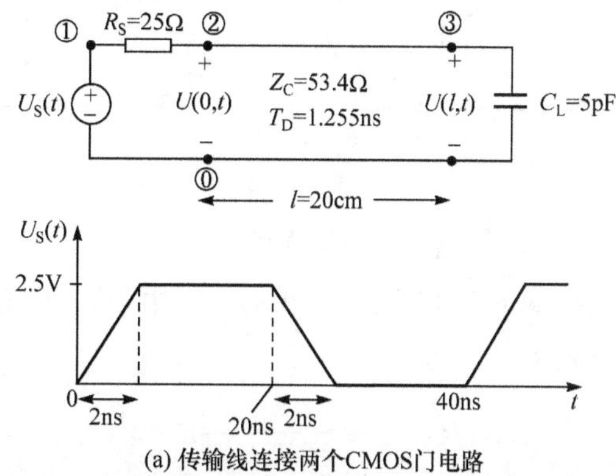

(a) 传输线连接两个CMOS门电路

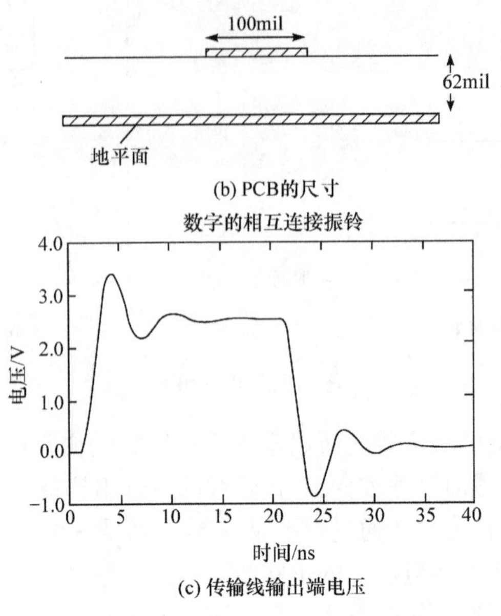

图 5-23　一典型的信号完整性问题

5.6.2　信号完整性的匹配方案

传输线的源和负载如果不匹配会导致接收的电压波形与所发送的波形之间产生很大差异。因此,不匹配会影响信号的完整性。解决这一问题最常用的匹配方案为串联匹配,如图 5-24 所示。对于典型的 CMOS 门电路,它们的源(输出)阻抗都比 PCB 传输线的特性阻抗小。因此,在传输线的输入端(驱动门的输出端)再加上一个电阻 R,如 $R_S+R=Z_0$ 这样,便在源端实现了传输线的匹配。开始发送的电压波形其电平等于源电压电平的 1/2,即 $U_0/2$。典型地,负载的输入阻抗可近似为开路状态,因此,负载的反射系数为 $\Gamma_L=+1$。在这种情况下,入射波在负载上发生全反射,得负载端的总电压为 $U_0/2+U_0/2=U_0$。因此,负载电压上升至 U_0,而源端由于匹配,反射回源端的电压波不会再次产生反射,实现了信号完整性的目标。串联匹配的另一个优点在于,对于开路负载,没有电流流过传输线和电阻 R,因此电阻不消耗功率。

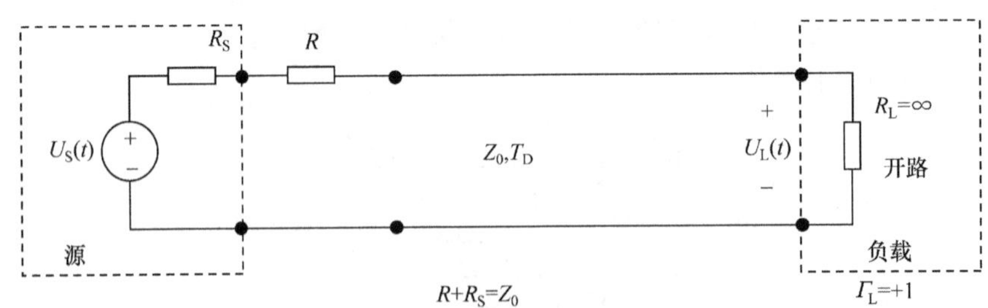

图 5-24　传输线的串联匹配

匹配的第二种方案是并联匹配,如图 5-25 所示。其中,将一电阻 R 与负载并联。通过对 R 的选择来实现传输线的匹配:

$$R /\!/ R_L=\frac{RR_L}{R+R_L}=Z_C$$

传输线输入端的入射电压波为 $U_i=\frac{Z_0}{R_S+Z_0}U_0$

该入射波到达负载时被全部吸收，没有反射波。对于并联匹配存在两个弊端。第一，负载电压总是小于源电压 U_0。例如，假设 $R_S=25\Omega$，$Z_C=50\Omega$ 和 $U_0=5V$。则负载电压为3.33V。在并联匹配的情况下，反射波不会使负载电压上升到源电压电平。并联匹配情况的第二个弊端就是，即使负载开路，当源处于高电平状态时，传输线也将传送电流。因此，匹配电阻 R 将消耗功率。

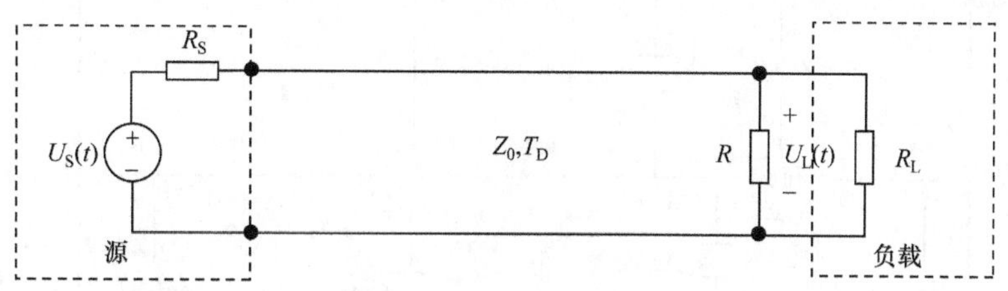

$R//R_L=Z_0$

图5-25 传输线的并联匹配

5.6.3 传输线不需要考虑匹配的条件

为了在传输线的输出端得到想要的电平和波形，并不总是要求传输线匹配。那么什么时候不要求传输线匹配呢？一种典型的情况就是传输线非常"短"。由于梯形脉冲的频谱分量主要集中在一定带宽内：

$$\mathrm{BW}=\frac{1}{\tau_r} \tag{5-67}$$

式中，τ_r 为脉冲的上升时间。可以忽略传输线的分布参数影响的判断准则为传输线在最高频率上是电小尺寸的：

$$\zeta<\frac{1}{10}\frac{v}{f_{\max}}$$

式中，v 是传输线上信号的传播速度。将 $f_{\max}=1/\tau_r$ 代入式(5-67)，得

$$T_D=\frac{\zeta}{v}<\frac{1}{10}\tau_r$$

或

$$\tau_r>10T_D$$

因此，如果脉冲上升时间大于10倍的传输线单向时延，那么传输线的任何失配都不会使输出波形产生严重的降级。

5.7 线 间 串 扰

当两条电缆相距很近时，磁场耦合导致了多导体传输线中一条电缆的电磁能量耦合进一条电缆中。一条导线与另一条导线及其返回路径构成的等效回路中电流产生磁通链，磁场耦合是由该磁通链造成的。这些磁通链产生感应耦合。导线之间的电磁能量耦合还会通过同一电缆铠装内的多条导线之间的电场耦合产生。这种耦合是由导线之间的分布电容造成的。由于发生上述现象，电磁能量从一条传输线传送或耦合进另一条传输线，称为串扰。这是电气、电子线路中最普遍的电磁干扰生成源。

5.7.1 传输线串扰模型

对于一般多导体传输线，可根据已知的终端电流及相应的终端条件对串扰进行估算。出于分析与理解的目的，考虑 $n+1$ 条无耗导线位于均匀介质中的情况。其等效电路如图 5-26 所示。

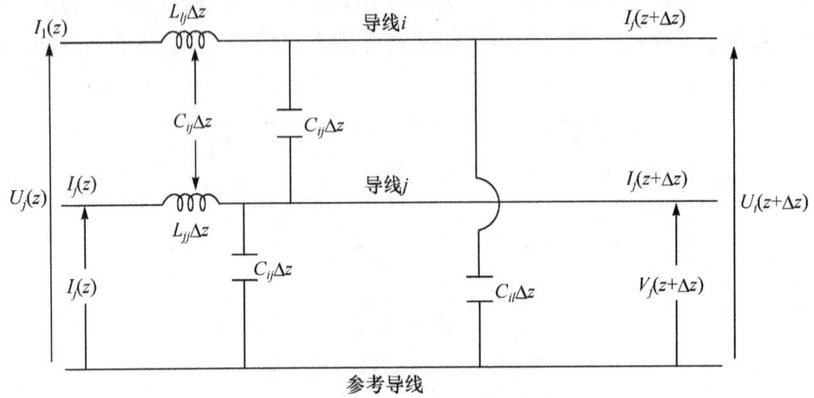

图 5-26　多导体间耦合的等效电路表示

对于一条有 $n+1$ 根导体的传输线，第 0 根导体设为具有零电位的参考地导体，则 n 根导体各具有电压 $U_i(z)$ 与电流 $l_i(z)$，其中，$i=1,2,\cdots,n$。

在稳态(瞬态已经退居次要地位之后)条件下，传输线方程可写成以下形式：

$$\begin{bmatrix} \dot{U}_1(z) \\ \dot{U}_2(z) \\ \vdots \\ \dot{U}_n(z) \end{bmatrix} = -\mathrm{j}\omega \boldsymbol{L} \begin{bmatrix} I_1(z) \\ I_2(z) \\ \vdots \\ I_n(z) \end{bmatrix} \tag{5-68}$$

$$\begin{bmatrix} \dot{I}_1(z) \\ \dot{I}_2(z) \\ \vdots \\ \dot{I}_n(z) \end{bmatrix} = -\mathrm{j}\omega \boldsymbol{C} \begin{bmatrix} U_1(z) \\ U_2(z) \\ \vdots \\ U_n(z) \end{bmatrix} \tag{5-69}$$

式(5-68)和式(5-69)中，$\boldsymbol{L}$ 与 $\boldsymbol{C}$ 是多导体线的感抗与容抗矩阵。由于可逆性，这些矩阵是对称的。它们满足条件：

$$\boldsymbol{LC}=\mu\varepsilon\boldsymbol{U} \tag{5-70}$$

式中，$\boldsymbol{U}$ 是单位矩阵；μ 与 ε 是介质的磁导率与介电常数。式(5-68)与式(5-69)左端 U 和 I 上方的点，代表对 z 的导数。

联解方程式(5-68)与式(5-69)可以得出，长度为 L 的多导体线负载端电压与电流的子矩阵具有如下形式：

$$\begin{bmatrix} U_1(l) \\ U_2(l) \\ \vdots \\ U_n(l) \\ I_1(l) \\ \vdots \\ I_n(l) \end{bmatrix} = \begin{bmatrix} \cos(\beta l)\boldsymbol{U} & -\mathrm{j}\omega\dfrac{\sin(\beta l)}{\beta}\boldsymbol{L} \\ -\mathrm{j}\omega\dfrac{\sin(\beta l)}{\beta}\boldsymbol{C} & \cos(\beta l)\boldsymbol{U} \end{bmatrix} \begin{bmatrix} U_1(0) \\ U_2(0) \\ \vdots \\ U_n(0) \\ I_1(0) \\ \vdots \\ I_n(z_0) \end{bmatrix} \tag{5-71}$$

式中，$\beta=2\pi/\lambda$；$U_i(l)$与 $I_i(l)$ 表示在 $z=l$ 处的电压和电流；$U_i(0)$与 $I_i(0)$ 表示在 $z=0$ 处的电压和电流。

当具有内电压 U_{i0} 与内阻抗 R_{i0} 的源连接在线的 $z=0$ 处时

$$U_i(0)=U_{i0}-R_{i0}I_i(0) \tag{5-72}$$

此外，当线的终端阻抗为 R_L 时，有

$$U_i(l)=R_{L_i}I_i(l) \tag{5-73}$$

由式(5-71)～式(5-73)可得出

$$\left\{\cos(\beta l)\boldsymbol{U}+j\omega\frac{\sin(\beta l)}{\beta l}\boldsymbol{\tau}\right\}\boldsymbol{I}_L=\{\boldsymbol{R}_0+\boldsymbol{R}_L\}^{-1}\boldsymbol{U}_0 \tag{5-74}$$

式中，$n\times n$ 实矩阵 $\boldsymbol{\tau}$ 由式(3-18)给出

$$\boldsymbol{\tau}=l\{\boldsymbol{R}_0+\boldsymbol{R}_L\}^{-1}\{\boldsymbol{R}_0\boldsymbol{C}\boldsymbol{R}_L+\boldsymbol{L}\} \tag{5-75}$$

$\boldsymbol{R}_0$ 与 $\boldsymbol{R}_L$ 是方矩阵：

$$\boldsymbol{R}_0=\begin{bmatrix} R_{01} & & & & \\ & R_{02} & & & \\ & & R_{03} & & \\ & & & \ddots & \\ & & & & R_{0n}\end{bmatrix} \tag{5-76}$$

$$\boldsymbol{R}_L=\begin{bmatrix} R_{L_1} & & & & \\ & R_{L_2} & & & \\ & & R_{L_3} & & \\ & & & \ddots & \\ & & & & R_{L_n}\end{bmatrix} \tag{5-77}$$

矩阵 $\boldsymbol{\tau}$ 中各项的量纲为秒，称为线路的时间常数矩阵。

上述表达式可用来估算任意一对线 i 与 j 之间的串扰，以及在所有其他终端处激励所造成的耦合进一根特定电线的总信号。对于电小电线($l<\lambda$)可得出输出端电流的表达式为

$$I_i(l)=\frac{1}{R_{0i}+R_{L_i}}j\omega L_{ij}l\hat{I}_1+\frac{R_{0i}}{R_{0i}+R_{L_i}}j\omega C_{ij}l\hat{U}_1 \tag{5-78}$$

式中，$\hat{I}_1$ 与 $\hat{U}_1$ 的定义为

$$\hat{I}_1=\frac{U_S}{R_{01}+R_{L_1}}\times\frac{1}{(1+j\omega\tau_1)(1+j\omega\tau_2)\cdots(1+j\omega\tau_n)} \tag{5-79}$$

$$\hat{U}_1=\frac{R_{L_1}U_S}{R_{01}+R_{L_1}}\times\frac{1}{(1+j\omega\tau_1)(1+j\omega\tau_2)\cdots(1+j\omega\tau_n)} \tag{5-80}$$

式中，$\tau_1,\cdots,\tau_n$ 是 $\boldsymbol{\tau}$ 的特征值。

式(5-78)等号右边中第 1 项是两电路间互电感 $L_{ij}=L_{ji}$ 造成的电感耦合对 $I_i(l)$的贡献。第 2 项是由两电路间互电容 $C_{ij}=C_{ji}$ 产生的电容耦合对 $U_i(l)$的贡献。

从上面的分析可以看出，电感耦合与电容耦合的叠加与线长和频率不存在简单的关系，而是几何形状、导体数目以及终端阻抗的函数。所以，对频率范围的分析正确与否取决于传输线导体的数目和截面形状以及终端阻抗 R_{0i} 与 R_{L_i}。

5.7.2　三导体传输线的串扰分析

作为一个例子，将上述结果应用到三导体传输线。由式(5-74)，当U_{01}与U_{02}加在输入端时，终端负载上的电流为

$$\begin{bmatrix} I_1(l) \\ I_2(l) \end{bmatrix}=\left\{\cos(\beta l)\begin{bmatrix} 1 & 0 \\ 0 & 1 \end{bmatrix}+\mathrm{j}\omega\frac{\sin(\beta l)}{\beta l}\begin{bmatrix} \tau_{11} & \tau_{12} \\ \tau_{21} & \tau_{22} \end{bmatrix}\right\}^{-1}\times\left\{\begin{bmatrix} R_{01}+R_{\mathrm{L}_1} & 0 \\ 0 & R_{02}+R_{\mathrm{L}_2} \end{bmatrix}\right\}^{-1}\begin{bmatrix} U_{01} \\ U_{02} \end{bmatrix} \tag{5-81}$$

式中，2×2 矩阵$\begin{bmatrix} \tau_{11} & \tau_{12} \\ \tau_{21} & \tau_{22} \end{bmatrix}$的元素可以从式(5-82)得到

$$\begin{bmatrix} \tau_{11} & \tau_{12} \\ \tau_{21} & \tau_{22} \end{bmatrix}=l\begin{bmatrix} R_{01}+R_{\mathrm{L}_1} & 0 \\ 0 & R_{02}+R_{\mathrm{L}_2} \end{bmatrix}^{-1}\times\left\{\begin{bmatrix} R_{01} & 0 \\ 0 & R_{02} \end{bmatrix}\begin{bmatrix} C_{11} & C_{12} \\ C_{21} & C_{22} \end{bmatrix}\begin{bmatrix} R_{\mathrm{L}_1} & 0 \\ 0 & R_{\mathrm{L}_2} \end{bmatrix}+\begin{bmatrix} L_{11} & L_{12} \\ L_{21} & L_{22} \end{bmatrix}\right\} \tag{5-82}$$

若$U_{02}=0$，$U_{01}=U_{\mathrm{S}}$，且R_{01}、R_{02}、R_{L_1}、R_{L_2}是有限的，并且它们之中至少有一个不为 0，而且不存在开路的情况下，则可得到下列关系式：

$$\begin{bmatrix} R_{01}+R_{\mathrm{L}_1} & 0 \\ 0 & R_{02}+R_{\mathrm{L}_2} \end{bmatrix}^{-1}\begin{bmatrix} U_{01} \\ 0 \end{bmatrix}=\begin{bmatrix} 1 \\ 0 \end{bmatrix}\frac{U_{\mathrm{S}}}{R_{01}+R_{\mathrm{L}_1}} \tag{5-83}$$

根据式(5-78)～式(5-83)，可将$I_1(l)$与$I_2(l)$用U_{S}、线的长度与其他电路参数来表示。进行数学简化后，利用式(5-71)，可得到三导体传输线的近似表达式为

$$I_2(l)=\frac{-\mathrm{j}\omega\frac{\sin(\beta l)}{\beta l}\tau_{21}}{\cos^2(\beta l)+\mathrm{j}\omega\frac{\sin(\beta l)\cos(\beta l)}{\beta l}(\tau_{11}+\tau_{12})-\omega^2\frac{\sin^2(\beta l)}{(\beta l)^2}(\tau_{11}\tau_{22}-\tau_{12}\tau_{21})}\times\frac{U_{\mathrm{S}}}{R_{01}+R_{\mathrm{L}_1}} \tag{5-84}$$

$$I_2(0)=\frac{\mathrm{j}\omega\frac{\sin(\beta l)}{\beta l}\times\cos(\beta l)\{-\tau_{21}-C_{21}lR_{\mathrm{L}_1}\}+\left\{\omega^2\frac{\sin^2(\beta l)}{(\beta l)^2}\right\}\times\{C_{21}lR_{\mathrm{L}_1}\tau_{22}+(C_{22}+C_{21})lR_{\mathrm{L}_2}\tau_{21}\}}{\cos^2(\beta l)+\mathrm{j}\omega\frac{\sin(\beta l)\cos(\beta l)}{\beta l}(\tau_{11}+\tau_{12})-\omega^2\frac{\sin^2(\beta l)}{(\beta l)^2}(\tau_{11}\tau_{22}-\tau_{12}\tau_{21})}\times\frac{U_{\mathrm{S}}}{R_{01}+R_{\mathrm{L}_1}} \tag{5-85}$$

由$I_2(l)$和$I_2(0)$就可得到耦合到两个终端负载上的信号电压的大小。

习　题

5-1　根据基尔霍夫定律的具体内容，简述根据基尔霍夫定律研究传输线的电压波和电流波传播特性的一般步骤。

5-2 传输线传输高频信号时会产生哪些分布参数效应？如何量化这些效应？

5-3 设同轴线外导体半径是 a，内导体半径是 b，推导出同轴线单位长度的分布电容和分布电感。

5-4 推导以下四种均匀传输线的分布电容、分布电感和特性阻抗：①外导体内半径为 r_o，内导体外半径为 r_i 的同轴线；②导线间距为 s，导线半径为 r 的平行双线；③导线半径为 r 的地平面上圆导线，导线离地高度为 h；④线宽为 W，板间距为 d 的平行板传输线。

5-5 平行双线传输线的线间距 $D=8\text{cm}$，导线的直径 $d=1\text{cm}$，周围是空气，试计算：①分布电感和分布电容；② $f=600\text{MHz}$ 时的相位常数和特性阻抗(设 $R_1=0, G_1=0$)。

5-6 在构造均匀传输线时，用聚乙烯($\varepsilon_r=2.25$)作为电介质较为理想。假设忽略损耗。①对于 300Ω 的双线传输线，若导线的半径为 0.6mm，则线间距应选取多少？②对于 75Ω 的同轴线，若内导体半径为 0.6mm，则外导体的内半径应选取多少？

5-7 同轴线的内导体半径 $a=10\text{mm}$，外导体半径 $b=23\text{mm}$，填充介质分别为空气和 $\varepsilon_r=2.25$ 的无损耗介质，试计算其特性阻抗。

5-8 设计一个实验，测量一段无损耗传输线的特性阻抗。

5-9 传输线长度为 L，负载端开路时，测得输入端阻抗为 Z_{in}^{O}，负载端短路时，测得输入端阻抗为 Z_{in}^{S}，求该传输线的特性阻抗 Z_0。

5-10 简述无损耗传输线工作状态和终端负载之间的关系。行波状态和全驻波状态各有怎样的特点？

5-11 一无耗同轴电缆长 10m，内外导体间的电容为 600pF，若终端短路，始端输入脉冲信号并回到始端需 $0.1\mu\text{s}$，求该电缆的特性阻抗。

5-12 一长度为 1.34m 的无损耗传输线，特性阻抗 80Ω，工作频率为 300MHz，终端负载 $Z_L=40+\text{j}30\Omega$，求该传输线的输入阻抗。

5-13 一个无损耗的传输线，特性阻抗为 75Ω，终端接有负载 $Z_L=R_L+\text{j}X_L$。①要使沿线驻波比为 3，求 R_L 和 X_L 关系；②若 $R_L=150\Omega$，求 X_L；③求 $R_L=150\Omega$ 时，离负载最近的电压最小点距负载的距离？

5-14 一个无损耗的传输线，特性阻抗为 75Ω，终端接有负载 $Z_L=(100-\text{j}50)\Omega$。求：①传输线的反射系数 Γ；②传输线的电压电流表达式；③离负载最近的电压波节点和电压波腹点的距离 $Z_{\min 1}$ 和 $Z_{\max 1}$。

5-15 有一特性阻抗 $Z_0=500\Omega$ 的无损耗传输线，当终端短路时，测得始端的阻抗为 250Ω 的感抗，求：①该传输线的最小长度；②如果该传输线的终端为开路，长度为多少？

5-16 考虑一根无损耗传输线，①当负载阻抗 $Z_L=(40-\text{j}30)\Omega$ 时，要使线上电压驻波比最小，则线上的特性阻抗应为多少？②求出最小的电压驻波比及响应的电压反射系数。

5-17 特征阻抗 70Ω 的无损耗传输线，终端负载为 Z_L。求下列情况下负载电阻的阻值。①沿线各处电压的幅值相等；②电压驻波比 VSWR=4，而且在负载端出现电压最大值；③驻波比 VSWR=4，电压最大值出现在离负载端 $\lambda/4$ 的位置。

5-18 一根长度为 $\lambda/4$，特性阻抗 200Ω 的无耗传输线，终端负载为 100Ω，求输入阻抗和输入端的反射系数。

5-19 已知同轴电缆的特性阻抗为 200Ω，终端阻抗负载阻抗 $Z_L=(25-\text{j}50)\Omega$，求终端反射系数。

5-20　一无损耗传输线终端阻抗等于特性阻抗，如图 5-27 所示。已知 $U_{BB'}=90e^{j\frac{\pi}{6}}$，求 $U_{AA'}$ 和 $U_{CC'}$。

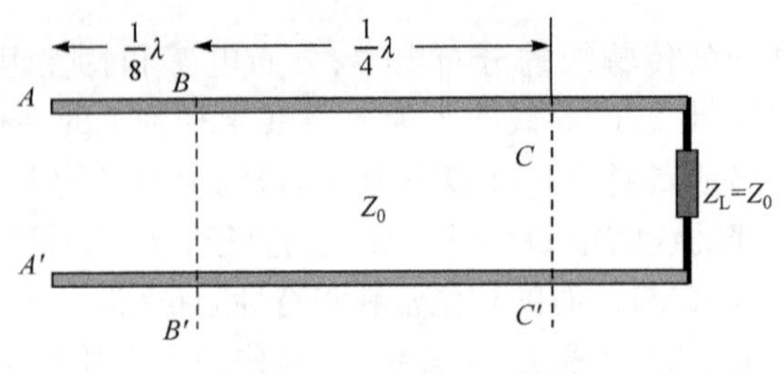

图 5-27　题 5-20 图

5-21　特性阻抗 100Ω 的无损耗传输线，终端负载处为电压波节点，其 $|U|_{min}=3V$，$|U|_{max}=6V$，求负载阻抗和负载的吸收功率。

5-22　用特性阻抗为 200Ω，终端短路的传输线设计 $Z=j100\Omega$ 的负载，求频率为 400MHz 和 800MHz 两种频率下的线长。

5-23　传输线长度为 1m，当信号频率分别为 1GHz 和 10MHz，传输线分别是长线还是短线?

5-24　无损耗传输线特性阻抗 100Ω，负载阻抗 $Z_L=(75-j50)\Omega$，求距离终端为 $\lambda/8$、$\lambda/4$ 和 $\lambda/2$ 处的输入阻抗。

5-25　传输线的特性阻抗为 200Ω，信号频率为 600MHz，求：①用短路传输线方式代替 4×10^{-5}H 电感，求传输线的最短长度；②用开路传输线方式代替 0.8pF 的电容，求传输线的最短长度。

5-26　无损耗传输线特性阻抗为 100Ω，传输线上驻波电压最大值 $|U|_{max}=80mV$，最小值 $|U|_{max}=16mV$，距离终端负载最近的波腹点的距离为 0.25λ，求负载阻抗。

5-27　无损耗传输线特性阻抗为 200Ω，距离终端负载最近的波腹点的距离为 16cm，电压驻波比为 5，信号波长为 80cm，求负载阻抗。

5-28　传输线特性阻抗为 300Ω，负载阻抗为 175Ω，为了使传输线上不出现驻波，在传输线与负载之间接一个 $\lambda/4$ 匹配线。求匹配线的特性阻抗。

5-29　两条平行导线 1 和 2 分别构成骚扰源电路和敏感电路如图 5-28 所示。骚扰电压源的电压为 U_1，C_{12} 为平行线间的分布电容，C_{1G} 为导线 1 和地之间的分布电容，C_{2G} 为导线 2 和地之间的分布电容。画出等效电路图，并推导 U_1 和 U_2 之间的关系式。

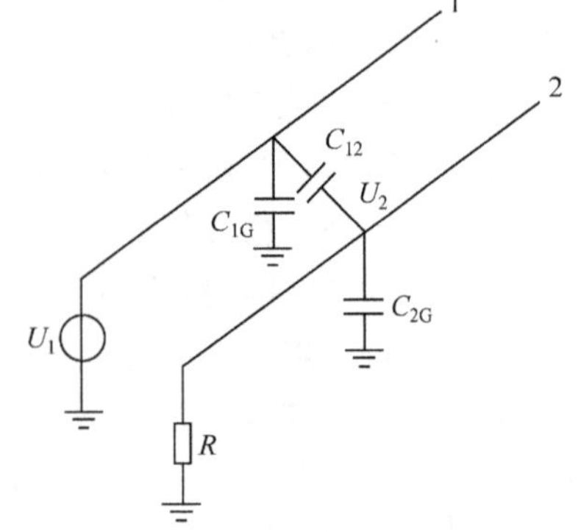

图 5-28　电容耦合示意

5-30　如图 5-30 中两导线间的分布电容为 50pF，导线对地分布电容为 150pF，导线 1 端接 1MHz、10V 的交流信号源。如果导线 2 端接的电阻分别为：①无限大；②1000Ω 电阻；③50Ω 电阻。试求三种情况下导线 2 的感应电压为多少?

第6章 电磁兼容

1864年,英国科学家麦克斯韦在综合法拉第电磁感应定律、安培环路定理、高斯定理,并引入位移电流这个概念的基础上,总结出麦克斯韦方程并预言了电磁波的存在。麦克斯韦的电磁场理论为认识和研究各种电磁现象奠定了理论基础。1888年,德国物理学家赫兹通过火花隙放电实验证实了麦克斯韦电磁场理论。基于赫兹的这个实验,马可尼于1896年用自己发明的工作装置首次实现了无线信息的传输,并在1901年实现了跨大西洋的无线电发射。有关电磁干扰及其抑制的问题可能在那个时候就被提出来了。

大约在1920年,关于无线电干扰技术的文章在各种技术杂志上陆续出现。1934年,国际无线电干扰特别委员会(International Special Committee on Radio Interference,CISPR)在巴黎成立,标志着无线电干扰这一研究领域的诞生。那时的无线电接收机数量较少且相距较远,通过分配发射频率、改变发射机或接收机的位置等手段,通常就可以很容易地解决干扰问题。第二次世界大战期间,电子设备尤其是无线电收发设备、导航设备和雷达的广泛使用,无线电收发设备之间干扰的例子开始增多,但干扰问题主要集中在军事领域。二战以后,随着科学技术的不断进步,电子、电气设备在人类日常生活中的广泛应用,电磁环境日益恶化:一方面不断增加的各种无线通信业务,使得有限的电磁频谱变得越来越拥挤;另一方面电子、电气设备数量及应用领域的增加,也使得空间人为电磁能量的增加。在这种复杂的电磁环境中,如何减少相互间的电磁干扰,使各种设备正常运转,同时保证人们的生理健康,是一个日益突出的问题。正是在这种背景下产生了电磁兼容性的概念,形成了一门新的综合性学科——电磁兼容。

与其他重要的新兴学科一样,电磁兼容的定义也有多种,且多少有些差别。国家标准GB/T 4365—2003《电工术语 电磁兼容》将电磁兼容定义为:设备或系统在其电磁环境中能正常工作且不对该环境中任何事物构成不能承受的电磁骚扰的能力。国家军用标准GJB 72—85《电磁干扰和电磁兼容性名词术语》将其定义为:设备(分系统、系统)在共同的电磁环境中能一起执行各自功能的共存状态。即“该设备不会由于受到处于同一电磁环境中其他设备的电磁发射导致或遭受不允许的降级;它也不会使同一电磁环境中其他设备(分系统、系统)因受其电磁发射而导致或遭受不允许的降级。”由此可见电磁兼容学科主要研究的是如何使在同一电磁环境下工作的各种电气电子系统、分系统、设备和元器件都能正常工作,互不干扰,达到兼容状态。在某种程度上也可以说是研究干扰和抗干扰问题。

电磁兼容学科包含的内容十分广泛,涉及的理论基础包括数学、电磁场理论、天线与电波传播、电路理论、信号分析、通信理论、材料科学、生物医学等。它的实用性很强,几乎所有的现代工业包括电力、通信、交通、航天、军工、计算机、医疗等都必须解决电磁兼容问题。可以说没有人类最近几十年在电磁兼容领域所进行的努力,我们很难享受到高科技给人们带来的各种便利。与此同时,随着在诸多系统中电力(强电)及电子(弱电)设备的广泛结合,以及电力电子设备的日趋复杂,电磁兼容问题也越来越复杂,许多电磁干扰问题仍困扰、制约着人们的生产和生活。因此电磁兼容研究不仅有着广阔的前景,而且意义重大。

造成电磁干扰的形式有多种，如静电放电、直击雷、感应雷、射频辐射等。电磁干扰会破坏或降低电子设备的工作性能。如人体所带静电电压为千伏级，而CMOS电路的耐压值为100～150V。因此人体的静电放电极易损坏CMOS电路。汽车的火花塞放电时会产生高频振荡，连接火花塞的导线起着天线的作用，将振荡以电波形式向空间发射。有资料表明，汽车上的电磁干扰频率范围为0.15～1000MHz，因此行驶中的汽车会对附近的收音机和用天线接收信号的电视机的接收有明显的影响。

在有些情况下，电磁干扰可能会造成灾难性后果。20世纪50年代中期美国进行的民兵I型战略导弹发射试验过程中，有两枚导弹在飞行过程中发生了并非由于飞行姿态失常而引起的自毁爆炸。经专家调查分析，这两枚导弹在结构上存在导电的不连续性：导弹的前部与后部绝缘。导弹在飞行过程中，与周围空气摩擦而产生静电，在相互绝缘的两部分之间产生了静电放电。静电放电产生的电磁干扰，导致了导弹的控制与制导系统失灵，启动了导弹的自毁装置。1967年7月29日，美国Forrestal航空母舰上的一架舰载机发生了所带导弹自动发射的事故，导弹击中了另一架飞机，引起油箱爆炸，并造成134名军人死亡。调查结果显示，很可能是航母上的大功率搜索雷达发出的射频电磁波在屏蔽连接器接触片两端感应的射频电压导致了这场灾难。

处于电磁场内部的非生物和生物都会受到它的影响。近二十年来，电磁场对人体的作用也一直是电磁兼容的一个研究热点。电磁辐射是否会对人体健康造成损害受到电磁场频率、场强、作用时间及人的个体差异等诸多因素的影响，不能一概而论。由于涉及电磁场和生物这两个差别很大的学科，目前的研究主要集中在电磁辐射的热效应，电磁辐射的非热效应的研究还处于起步阶段，而且许多研究都没有定论。例如，尽管近二十年来众多的学者、研究机构都在研究手机辐射对人体的影响，至今还不能确定手机辐射的电磁波是否会对人体尤其是大脑造成危害。虽然不能确定微弱的电磁辐射是否会影响人体健康，而强的电磁辐射则会对人体产生较为显著的影响，至少会产生明显的热效应。任何事物都有两面性，电磁辐射也不例外。强辐射的热效应一方面可能会对人体正常组织造成损害，因此要尽量地避免暴露在强的电磁场下；另一方面，也可以利用电磁辐射的热效应来去除人体的病变组织，例如，医疗上广泛使用的微波治疗仪就是基于这一原理来达到治疗的目的。因此，应该在科学分析及实践结果的基础上客观地评价电磁辐射可能对人体造成的影响，没有必要对电磁辐射谈虎色变，但也不能掉以轻心。

6.1 电磁兼容概念

6.1.1 名词术语

术语的核心是反映由定义界定的概念。理解并掌握某一学科所涉及的名词术语，对于了解学科内容及研究方向、学术交流、新理论的建立、科技成果的推广、文献的存储和检索都十分重要。为了深入介绍电磁兼容相关的理论知识，有必要首先介绍一些重要的或易于出现理解错误的术语及其定义。下列各术语的定义主要引自国家标准GB/T 4365—2003《电工术语 电磁兼容》。

(1)电磁兼容性(electromagnetic compatibility，EMC)：设备或系统在其电磁环境中能正常工作且不对该环境中任何事物构成不能承受的电磁骚扰的能力。

(2)电磁环境(electromagnetic environment):存在于给定场所的所有电磁现象的总和。

(3)电磁骚扰(electromagnetic disturbance):任何可能引起装置、设备或系统性能降低或者对有生命或无生命物质产生不良影响的电磁现象。电磁骚扰可能是电磁噪声、无用信号或传播介质自身的变化。

(4)电磁噪声(electromagnetic noise):一种明显不传送信息的时变电磁现象,它可能与有用信号叠加或组合。

(5)无用信号(unwanted signal, undesired signal):可能损害有用信号接收的信号。

(6)干扰信号(interfering signal):损害有用信号接收的信号。

(7)(电磁)发射((electromagnetic)emission):从源向外发出电磁能的现象。

(8)(电磁)辐射((electromagnetic)radiation):能量以电磁波形式由源发射到空间的现象。能量以电磁波形式在空间传播。"电磁辐射"一词的含义有时也可引申,将电磁感应现象也包括在内。

(9)传导骚扰(conducted disturbance):通过一个或多个导体传递能量的电磁骚扰。

(10)辐射骚扰(radiated disturbance):以电磁波的形式通过空间传播能量的电磁骚扰。

(11)(骚扰源的)发射电平(emission level(of a disturbance source)):由某装置、设备或系统发射所产生的电磁骚扰电平。

(12)电磁干扰(electromagnetic interference,EMI):电磁骚扰引起的设备、传输通道或系统性能的下降。

(13)(性能)降低(degradation(of performance)):装置、设备或系统的工作性能与正常性能的非期望偏离。

(14)(对骚扰的)抗扰度(immunity(to a disturbance)):装置、设备或系统面临电磁骚扰不降低运行性能的能力。

(15)(电磁)敏感度((electromagnetic)susceptibility):在有电磁骚扰的情况下,装置、设备或系统不能避免性能降低的能力。注:敏感度高、抗扰度低。

(16)抗扰度电平(immunity level):将某给定电磁骚扰施加于某一装置、设备或系统而其仍能正常工作并保持所需性能等级时的最大骚扰电平。

(17)骚扰限值(limit of disturbance):对应于规定测量方法的最大许可电磁骚扰电平。

(18)干扰限值(limit of interference):电磁骚扰使装置、设备或系统最大允许的性能降低。

(19)(电磁)兼容电平((electromagnetic)compatibility level):为了在设定发射限值和抗扰度限值时能相互协调,而规定作为参考电平的电磁骚扰电平。

(20)(骚扰源的)发射限值(emission limit(from a disturbance source)):规定的电磁骚扰源的最大允许发射电平。

(21)发射裕量(emission margin):电磁兼容电平与发射限值之比。

(22)抗扰度限值(immunity limit):规定的最小抗扰度电平。

(23)抗扰度裕量(immunity margin):抗扰度限值与电磁兼容电平之比。

(24)(电磁)兼容裕量((electromagnetic)compatibility margin):抗扰度限值与发射限值之比。注:兼容裕量是发射裕量与抗扰度裕量的积。

(25)瞬态(的)(transient(adjective and none)):在两相邻稳定状态之间变化的物理量或物理现象,其变化时间小于所关注的时间尺度。

(26)(时变量的)电平(level(of a time varying quantity)):用规定方式在规定时间间隔内测得的和/或计算求得的量值,如场强和功率。

6.1.2 电磁兼容三要素

讨论处于同一电磁环境中共存事物的电磁兼容性,涉及以下三个基本要素,如图 6-1 所示。

(1)骚扰源,即产生电磁能量的元件、设备、系统或自然现象。

(2)耦合途径,即电磁能量从源传输(耦合)到敏感设备所经过的介质。电磁骚扰的传输途径有两条,通过空间辐射和通过导线传导,即辐射发射和传导发射。

(3)敏感设备,即由于接收了外界的电磁骚扰能量,可能产生性能降级或不正常动作的设备。

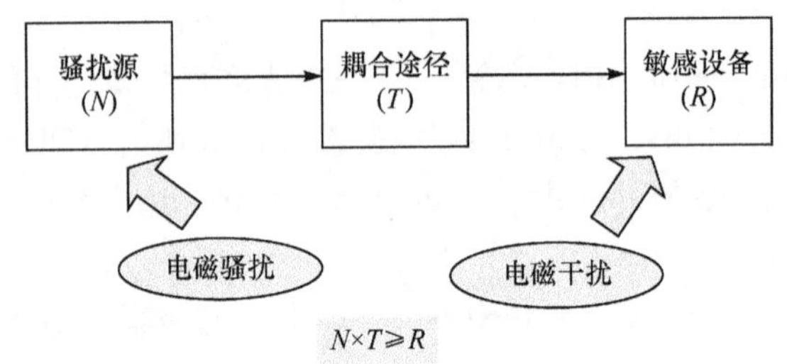

图 6-1　电磁兼容三要素与构成干扰的条件

如果用 N 表示骚扰源的发射电平,R 表示敏感设备的敏感性电平,T 表示电磁能量耦合途径的传输系数。根据前面所述电磁骚扰与电磁干扰的含义可知,当三个要素间的关系满足:从骚扰源发射出来经过耦合途径并被敏感设备接收到的骚扰功率(或能量)电平超出了敏感设备的敏感性电平,即 $N\times T\geqslant R$,就形成了电磁干扰。所以也把这三个因素称为电磁干扰三要素。

需要强调的是电磁能量的无意发射及接收并不一定就是有害的,只有当设备接收电磁骚扰能量后产生了非期望动作才构成了干扰。根据电磁干扰三要素的相互关系,可以采用以下三种方式来防止干扰。

(1)抑制骚扰源的发射。

(2)尽可能使耦合路径无效。

(3)使接收器对发射不敏感。

一个系统如果满足以下三个准则,就认为与其环境电磁兼容:

(1)不对其他系统产生干扰。

(2)对其他系统的发射不敏感。

(3)不对自身产生干扰。

6.1.3 电磁兼容的常用单位

对于电磁骚扰中的传导骚扰,人们通常感兴趣的物理量是传导骚扰的电压 U 或电流 I。测量骚扰电压采用的单位有伏特(V)、毫伏(mV)和微伏(μV),骚扰电流采用的单位有安培(A)、毫安(mA)和微安(μA)。对于辐射骚扰,通常关注的物理量是辐射的电场强度 E、磁场

强度 H 或功率 P。测量电场强度采用的单位有 V/m、mV/m 和 μV/m，磁场强度采用的单位有 A/m、mA/m 和 μA/m，功率采用的单位有 W 和 mW。实际测量过程中，这些量的取值范围相当大，如在 10m 的测试距离，一台计算机的辐射场强通常小于 10μV/m，而电视发射塔的场强则可能高于 100V/m。这意味着被测量物理量的范围达到了 7 个数量级(10^7)。为了表达和计算方便这个原因，在电磁兼容领域，通常将这些量的线性值通过对数运算转化成分贝(dB)的形式来表达，其转换的关系为

$$U(\mathrm{dBV})=20\lg\frac{U(\mathrm{V})}{1(\mathrm{V})} \tag{6-1}$$

$$I(\mathrm{dBA})=20\lg\frac{I(\mathrm{A})}{1(\mathrm{A})} \tag{6-2}$$

$$E(\mathrm{dBV/m})=20\lg\frac{E(\mathrm{V/m})}{1(\mathrm{V/m})} \tag{6-3}$$

$$H(\mathrm{dBA/m})=20\lg\frac{H(\mathrm{A/m})}{1(\mathrm{A/m})} \tag{6-4}$$

$$P(\mathrm{dBW})=10\lg\frac{P(\mathrm{W})}{1(\mathrm{W})} \tag{6-5}$$

等式右边分子为物理量的线性值，分母为基准值，等式左边为换算得到的分贝值，表示测量线性物理量高于基准值的 dB 数。因此在计算过程中，等式右边分子分母的单位应保持一致，并且等式左边的单位与其保持对应。例如，电磁兼容领域辐射场强的常用单位为 dBμV/m(过去工程上惯写作 dBμ)，换算过程中式(6-3)右边分子、分母的单位都应为 μV/m；功率的常用单位为 dBm(即 dBmW)，则换算过程中式(6-5)右边分子、分母的单位为 mW。例如，1V/m 场强的分贝值为 0dBV/m，或是 60dBmV/m，或是 120dBμV/m；1W 功率的分贝值为 0dBW，或 30dBm。

在射频测量和电磁兼容测量领域，由于大多采用 50Ω 的系统阻抗，所以端口上的射频电压和功率存在特定的常数转换关系。工程上描述端口电平时往往会把两种表述(如功率单位 dBm 和电压单位 dBμV)不加区分地混用，其数值上存在下述常数关系：

$$0\mathrm{dBm}\overset{\triangle}{=\!=}107\mathrm{dB\mu V} \tag{6-6}$$

需要注意的是，上述等价关系只有在系统阻抗为 50Ω 的条件下才是成立的。对于其他的系统阻抗，功率分贝值和电压分贝值相差的常数是其他值。感兴趣的读者可自行推导。

6.2 电磁骚扰源

电磁骚扰的分类方法很多，可以从骚扰的来源划分，也可以从发生机理划分，还可以从传输方式、频率范围、时域特性等方面划分。

6.2.1 电磁骚扰源的分类

从来源的角度，电磁骚扰源可分为自然骚扰源和人为骚扰源。

1. 自然骚扰源

由自然界的电磁现象产生的电磁噪声，比较典型的有静电放电(ESD)、大气噪声(如雷

电)、太阳噪声(太阳黑子活动时产生的磁暴)。这里主要介绍雷电和静电放电这两种常见的自然电磁骚扰。

1)雷电

在大气电场、温差起电效应和破碎起电效应的同时作用下,正负电荷分别在云的不同部位积聚,一般云的上部带有正电荷,下部带有负电荷。当电荷积聚到一定程度,雷云本身上下部分之间、两个距离较近的雷云之间或与地面较近的雷云与地之间,就会产生强烈的放电。放电电流很强,通常可达 200～300kA,所以发出耀眼的强光,形成闪电。同时,放电所产生的能量将放电通道上的空气瞬间加热,其温度可达 6000～20000℃。闪道上的高温使空气急剧膨胀,从而产生冲击波,形成雷声。

雷电的危害分为直击雷危害和感应雷危害。当雷云很低时,就在距离其最近的地面突出物上感应出异性电荷,继而造成与地面突出物之间的放电,如图 6-2(a)所示。下雨时,被雨淋湿的物体都变成良导体,此时地面上突出的物体,如电视塔、楼房、树木、架空电力线,甚至雨伞、人体本身等都可能是直击雷的目标。通常采取在高的建筑物顶部安装避雷针的方法来预防雷击。避雷针通过导线接地,其接地电阻应该尽可能的小,从而使放电电流通过避雷针时,其接地部分的地电位不会被显著抬高,保证设备和人员的安全。例如,国际关于计算机房场地的标准规定,防雷接地电阻不大于 1Ω。

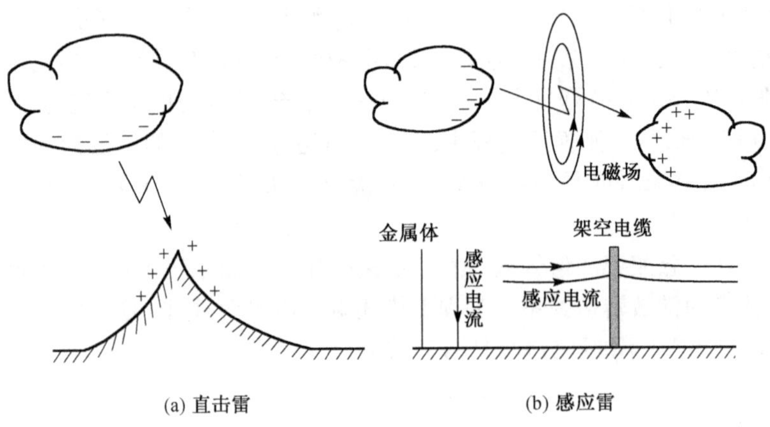

图 6-2 雷电危害的形成

最常见的对电子设备的危害不是直击雷引起的,而是由于雷击发生时在电源和通信线路中感应的浪涌引起的:雷电放电时,瞬态的强电流在周围产生辐射电磁场,继而使周围的金属导体(如电源线、信号线等)感应出很高的脉冲电压,即通常所说的浪涌。感应雷产生浪涌的原理如图 6-2(b)所示。浪涌不仅源于感应雷,电力系统中的短路、电网中并入大负载、强烈的电磁脉冲干扰等情况都会引起浪涌的产生。另外需要注意的是,当建筑物上使用避雷针时,由于避雷针的存在,落雷的机会反而会增加,建筑物内部设备遭感应雷危害的机会也相应地增加了。因此,在避雷针附近的电子设备应该尤其注意浪涌的危害。常用的浪涌抑制器件有气体放电管(gas discharge tube,GDT)、金属氧化物压敏电阻(metal oxide varistor,MOV)、瞬态电压抑制器(transient voltage suppressor,TVS)等。有关浪涌抑制器件的特性及参数可以参阅相关资料。这里不做详细介绍。

2)静电

静电产生的原因是两种不同物质的物体相互摩擦时,由于它们对电子的吸引力不同,使得电子在物体间发生转移,其中的一个物体失去一定数量的电子而带正电荷,而另一个物体得到这些电子而带负电荷。如果摩擦后分离的带电物体与周围绝缘,则电荷无法泄放,停留在物体表面形成静电。常见材料的摩擦起电序列为人体、玻璃、云母、聚酰胺、毛皮、丝绸、铝、纸、棉花、钢铁、木头、硬橡胶、聚酯薄膜、聚乙烯、聚氯乙烯、聚四氟乙烯(PVC)。在该序列中的任何两种物质相互摩擦时,序列前面的物体带正电,序列后面的物体带负电,而且两种物体在序列中相隔越远、摩擦起电越容易。但并不是说摩擦起电越容易,材料表面积累的静电荷就越多。摩擦起电的电荷积累还受到材料的导电性、分离速度、周围空气的湿度等其他条件的限制。如湿润的空气是正负电荷中和的良好途径。在湿度为10%～20%的干燥空气中,在地毯上行走的人体所带静电的电压可达35kV左右,但在湿度为65%～90%的空气中,人体所带静电电压仅为1.5kV左右。通常人体所带静电电压为8～20kV。

静电产生的危害主要是通过静电的放电引起的。通过分析实际中各种可能产生静电放电的静电源,人们已经建立起相应的静电放电模型,主要有人体模型(human body model, HBM)、机器模型(machine model,MM)和带电器件模型(charged device model,CDM)。由于人体的静电放电是引起电子设备故障和引发化工品意外爆炸的最主要因素,因此国内外的防静电研究以防人体静电为主,人体模型也是静电模型中建立最早和最主要的一种。大部分研究人员认为电容器串联一电阻是较为合理的人体放电的电气模型。目前广泛采用的人体模型是美国海军在1980年提出的一个电容值为100pF、电阻值为1.5kΩ的“标准人体模型”,如图6-3所示。以此模型为例,如果人体所带静电电压$U=10\text{kV}$,则静电所含能量为

$$W=\frac{1}{2}CU^2=5\text{mJ}$$

可见,尽管静电电压高达10kV,但能量只有5mJ,不会对人体产生伤害。放电电流的峰值为

$$I_{\mathrm{p}}\approx\frac{U}{R}\approx6.7\text{A}$$

放电时间可近似为

$$t_{\mathrm{d}}\approx RC=150\text{ns}$$

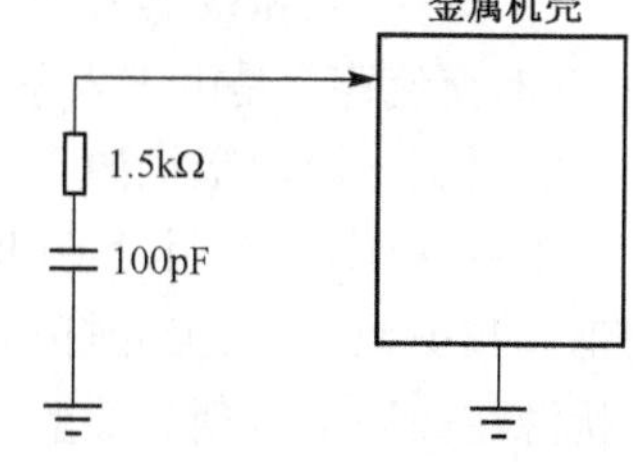

图6-3　人体静电放电模型

人体与被放电体之间的放电方式有两种:接触放电和空气放电。接触放电指的是人体(通常是人手)与设备接触时,静电放电电流直接侵入设备。空气放电是在人体与被放电体之间有一定距离时,空气被电离而产生电弧放电。

静电放电对电子电路的干扰有两种方式:一种是传导方式,即静电电流通过导体(如设备的I/O端子、同轴插座的芯线、印刷电路板上的引线、芯片引脚等)流入设备内部,对设备内的电路造成干扰甚至损害电路上的芯片;另一种是辐射干扰,由于放电过程中电流在很短的时间内发生很大变化,如上例中150ns内电流变化约为6.7A,所以伴随着静电放电会产生很强的辐射电磁场,从而在附近的导体上感应出骚扰电动势或骚扰电流。

抑制静电放电干扰的方法大致有以下几种。

(1)减少摩擦起电。一般通过采用合适的材料来实现减少静电产生的目的。如机房的工作台和地板应铺设防静电材料,操作人员不穿化纤等易产生静电的衣服等。

(2)接地。设备及人体的接地是泄放静电的最重要的措施。接地可以将带电物体上产生的静电通过接地装置导入大地,从而消除静电荷的积累,防止静电放电的发生。

(3)绝缘。采用绝缘能力大于 2kV 的绝缘材料,防止人手和敏感设备之间放电,如在设备表面涂绝缘漆或使用绝缘机壳。

(4)屏蔽。由于放电产生的辐射电磁场也可能通过空间传播来干扰设备,所以有时也需要用屏蔽的方法来抑制放电产生的辐射干扰,如使用屏蔽机箱、屏蔽电缆或对设备内部的敏感电路增加屏蔽壳。

(5)增加空气湿度。在条件允许时,采用提高设备内部和设备周围空气相对湿度的办法,增加空气的导电性能,防止静电的积聚。

2. 人为骚扰源

指在人类活动中的产生电磁骚扰的电气、电子设备和其他人工装置。从骚扰频率上划分,人为骚扰可分为无线电(radio frequency,RF,也称射频,一般指≥9kHz 的电磁现象)骚扰和非无线电骚扰两大类。从骚扰表现出的时域和频域特征来看,表现为连续波骚扰源和瞬态(脉冲)骚扰源。

1)连续波骚扰源

连续波骚扰源产生的电磁骚扰主要是纯的或窄带信号调制的正弦波,以及高重复频率的周期性信号。这种骚扰源常见的有以下几种。

(1)发射机:所产生的电磁骚扰包括有意发射信号、谐波发射信号以及乱真发射信号。

(2)振荡器:振荡器所产生的基波和谐波可经过电源线传导,然后从机壳或天线直接辐射。

(3)交流声:是由进入系统的周期性低频信号所引起的连接波骚扰。

2)瞬态(脉冲)骚扰源

工业、科学和医用设备(ISM),车辆、机动船和火花点火发动机装置、家用电器、便携式电动工具和类似电器、荧光灯和照明装置,以及信息技术设备是主要的瞬态骚扰源。瞬态(脉冲)骚扰源在频域上表现为覆盖很宽的频谱,而在时域波形上则表现为各种不同的电磁脉冲现象。瞬态(脉冲)骚扰主要是由以下的电气操作或装置产生的。

(1)开关转换:带触点的开关设备断开时,在开关两触点之间的距离由零过渡到断开的瞬间,将产生火花放电而形成骚扰。由于电流迅速从一定值减小到零,di/dt 很大,在带有电感线圈的开关设备中会产生幅值很高的瞬时电压脉冲。

(2)点火装置:车辆、船舶等采用的内燃机驱动设备内,装有火花点火装置。当所储存的电荷通过火花塞进行火花放电时,放电电流的峰值约为 200A,放电时间在微秒以内,峰值电压高达 10kV 以上。

(3)电机:含有整流子和电刷的旋转电机所产生的骚扰最大。

(4)高压输电线:输电线所产生的感应场及辐射场骚扰。有两种类型,即间隙击穿和电晕放电。

按照传输途径,电磁骚扰分为辐射骚扰和传导骚扰。

1)辐射骚扰源

辐射骚扰源指骚扰以电磁波形式通过空间向外传播的骚扰源。日常生活中常见的容易产生辐射骚扰的设备、系统如下。

(1)无线电发射设备,如广播、电视、雷达、移动通信系统等。

(2)工业、科学及医疗使用的高频设备,如高频加热器、甚高频或超高频理疗装置、高频手术刀等。

(3)高速数字设备,如计算机及其相关设备。这些设备通常包含一个或多个时钟电路,时钟信号的特征波形是方波,而方波含有大量谐波。因此高速数字设备发出的骚扰主要为时钟信号及其谐波,其覆盖的频谱范围通常为几兆赫兹至几吉赫兹以上。

(4)含有整流子电动机的设备,如电钻、电动搅拌器、电动刮胡刀等。整流子电机转动时,电刷与整流片之间产生火花放电,从而产生辐射电磁噪声,其频谱范围可达几百兆赫兹。广义地讲,任何可以产生火花放电的设备或装置都可以产生辐射电磁噪声,如电气化铁道受电弓在高压接触网下滑动过程中遇到硬点而离线时将产生强烈的火花放电,其产生的辐射电磁噪声可能会干扰到机车上的信号设备。

2)传导骚扰源

传导骚扰源指骚扰以电压或电流的形式通过导体向外传播的骚扰源。骚扰电压或电流一般通过设备的电源线、信号线或地线回路侵入敏感设备。通常情况下,传导骚扰的频率最高为几十兆赫兹。这是因为当频率升高至几十兆赫兹以上时,由于导体损耗及布线电感和分布电容的作用,传导电流的损耗大大增加,此时骚扰主要以空间辐射的形式传播。日常生活中常见的容易产生传导骚扰的设备、系统如下。

(1)有触点电器,如电冰箱、电磁开关、继电器等。当触点断开(或闭合)时,由于电流的突然变化而产生瞬变脉冲噪声,并通过电源线向供电网传导,从而可能对供电网上的其他设备造成干扰。

(2)由电力电子器件构成的变流装置,如可控整流器(AC-DC 变换)、逆变器(DC-AC 变换)、斩波器(DC-DC 变换)、交流调压器(AC-AC 变换)、变频器(AC-AC 变换)等。这些装置是十分强烈的电磁噪声源,工作时会产生并向电网传递大量的高次谐波和高频噪声,同时还会造成供电网电压的瞬时跌落(跌落的幅度有时甚至超过 20%)。

上述各种传导噪声产生的机理比较复杂,这里不做详细讨论。有兴趣的读者可以参阅沙斐编著的《机电一体化系统的电磁兼容技术》。

6.2.2 共模和差模骚扰电流

电压电流的变化通过导线传输时有两种形式,我们将此称作“差模”(differential mode)和“共模”(common mode)。GB/T 4365—2003《电工术语 电磁兼容》中,对相关术语的定义如下。

差模电流:双芯电缆或多芯电缆中的某两根缆芯中的电流相量差的幅值的 1/2。

共模电流:在一根缆芯以上的电缆中(若有,也包括屏蔽电缆),各缆芯中的电流相量和的幅值。

差模电压:一组规定的带电导体中任意两根之间的电压,又称对称电压(symmetrical voltage)。

共模电压:每个导体与规定参考点(通常是地或机壳)之间的相电压的平均值,又称不对称电压(asymmetrical voltage)。

所以,任何通过导体传导的骚扰也都可以分为两种方式:差模方式和共模方式。

1. 差模骚扰

设备的电缆,无论电源线还是通信线,一般由两根导体组成,这两根导线分别作为往返线路输送电力或信号。除这两根导线之外通常还有第三根导体,即地线。举例而言,如图 6-4 所示,导线 1 和导线 2 构成的简单两线电缆,设导线 1 和导线 2 的等效阻抗分别为 Z_1 和 Z_2,其终端所接负载的等效阻抗为 Z,差模电压定义为两个载流导体之间的电位差。相应地,差模骚扰电压则定义为两个载流导体之间的不希望有的电位差。导线 1 和导线 2 间的差模电压为 U_{DM}。在差模电压的作用下,两根导线之间形成大小相等、方向相反的差模电流,即 $I_{DM_1}=-I_{DM_2}$。

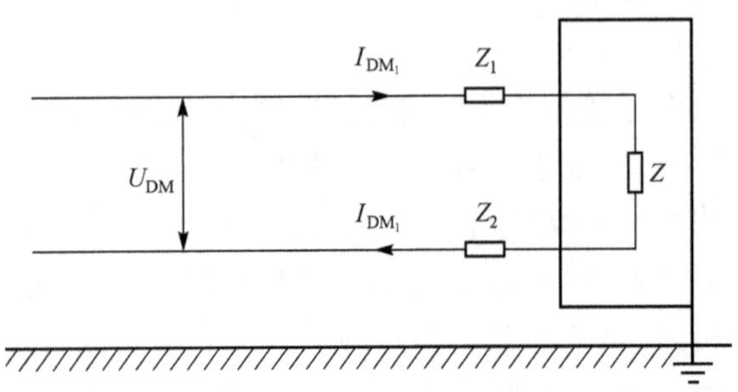

图 6-4 差模电压与差模电流

2. 共模骚扰

共模骚扰电压定义为任一载流导体与参考地之间不希望有的电位差。由于共模骚扰主要是通过感应引起的,设备电缆中各导线的间距通常可以忽略,因此每一导体与地之间的共模骚扰电压大小相等、方向相同。如图 6-5 所示,共模电压在两根导线上所产生的共模电流都通过电缆和地之间的分布电容流向大地,共模电流实质上是位移电流。

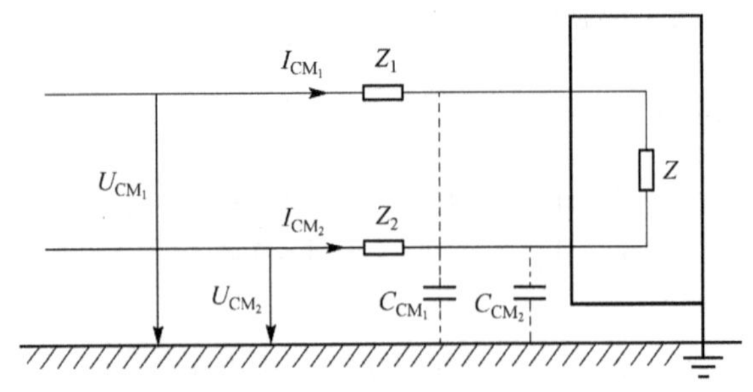

图 6-5 共模电压与共模电流

如图 6-5 所示,多数情况下,$Z_1=Z_2$,则每条导线对地的阻抗都是一样的,即电路的阻抗是平衡的。此时共模电流大小相等，方向相同，即 $I_{CM_1}=I_{CM_2}$。由于在负载两端没有电位差，所以没有电流流过负载，与导线相连的设备不会受到干扰。某些情况下，$Z_1 \neq Z_2$，此时由于两条导线对地的阻抗不同，所以 $I_{CM_1} \neq I_{CM_2}$。同时负载两端产生压降和差模电流，从而可能对设备正常工作产生干扰。可见，对于平衡电路，共模骚扰电压不会对设备造成干扰；而对于不平衡电路，共模骚扰电压会在负载两端产生差模电流，可能对设备造成干扰。

3. 共模/差模电流的测量

利用电流钳可以测量导线上电流的大小。电流钳由两个绕有多匝线圈的半圆磁环组成，如图 6-6 所示。当电流钳卡到被测导线上后，被测导线的电流所产生的磁场在电流钳的线圈上产生感应电压。如果电流钳与频谱仪相连，就可以测得不同频率下电流的幅度。如图 6-6 所示，把电流钳分别卡在每条导线上，可测得相应的电流 I_1 和 I_2。把电流钳卡在导线对上，则可测得导线对的总的电流 I_1+I_2。导线对上的差模电流，由于大小相等，方向相反，在电流钳的磁环上感应的电压大小相等，方向相反，互相抵消。此时测得导线对上的电流为两条导线上的共模电流和，即

$$I_1+I_2=I_{CM_1}+I_{CM_2}$$

对于导线 1，共模电流与差模电流方向相同，所以

$$I_1=I_{CM_1}+I_{DM}$$

对于导线 2，共模电流与差模电流方向相反，所以

$$I_2=I_{CM_2}-I_{DM}$$

对于平衡电路，每条导线上的共模电流相等，则有

$$I_{CM}=\frac{I_1+I_2}{2} \tag{6-7}$$

$$I_{DM}=\frac{I_1-I_2}{2} \tag{6-8}$$

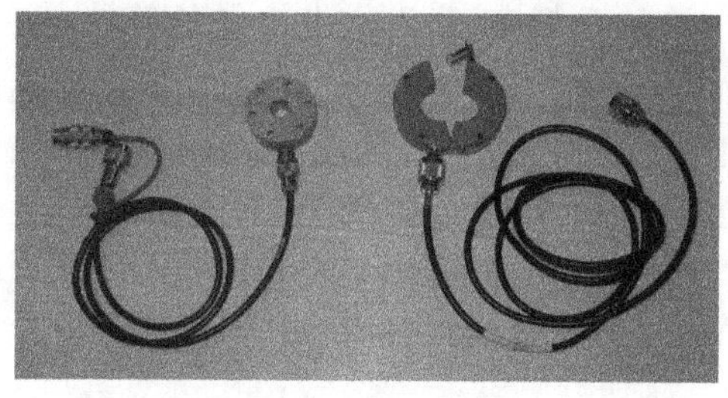

图 6-6 电流钳(左:闭合状态;右:打开状态)

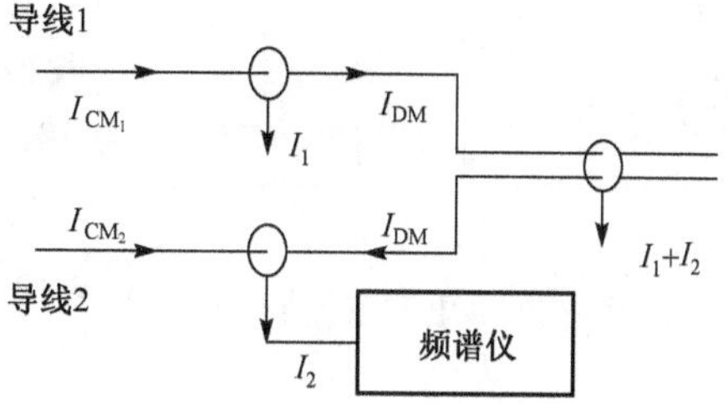

图 6-7 用电流钳区别共模电流和差模电流

虽然导线对上的差模骚扰电流可能会对与之相连的设备造成干扰，但实际使用时由于导线对通常是紧靠在一起的，因此差模骚扰电流通过导线对时，在周围产生的场很小甚至会相互抵消，从而不会对周围的设备造成干扰。导线对上共模骚扰电流在电路平衡的情况下不会对与之相连的设备造成干扰，但可以在周围产生比差模骚扰电流大得多的场强，从而通过近场耦合或辐射的方式将骚扰能量传递至敏感设备。

6.3　电磁骚扰的传输耦合

骚扰源对敏感设备产生电磁干扰，总是通过一定的传输途径将电磁能量作用到敏感设备。在频率比较低的情况下，电磁骚扰可以通过导线传输，即通过设备的信号线、电源线等直接侵入敏感设备，这种方式被称为传导骚扰。如果骚扰的频率较高，骚扰能量主要以辐射的方式向空间传播，从而影响远处的敏感设备，这种方式被称为辐射骚扰。当骚扰源与敏感设备距离很近时，电磁骚扰也可以通过近场耦合（感应）的方式将骚扰能量耦合到与骚扰源邻近的敏感设备上，这种方式被称为近场耦合骚扰。本节将对骚扰不同的传输途径进行阐述。

6.3.1　公共阻抗耦合

电源线在一定的条件下会产生明显的阻抗。通常使用的电源也不是理想电压源，具有一定的内阻抗。当多个设备或元件使用同一电源供电时，电源的内阻抗及它们所共用的电源线的阻抗就成为这些设备或元件的公共阻抗。类似地，如果多个设备或元件使用同一条地线接地，则地线的阻抗也会成为这些设备或元件的公共阻抗。

如果通过公共阻抗的电流发生变化时，公共阻抗的电压降也随之变化，该阻抗上的电压变化可能会对与之相连的其他设备或元件造成干扰，这种干扰就被称为共阻抗干扰。共阻抗干扰是以传导的方式通过公共阻抗耦合到敏感设备的，因此共阻抗干扰属于传导干扰。下面具体介绍常见的共电源阻抗耦合和共地线阻抗耦合。

1. 共电源阻抗耦合

如图 6-8 所示电路Ⅰ和电路Ⅱ共用一个电源，电源的输出电压为 U，工作电流为 I_S，Z 为电路的共电源阻抗，包括电源内阻、供电电缆的电阻以及供电电缆的感抗。设 $Z=R+\mathrm{j}\omega L$，R 为电源内阻和供电电缆的电阻，ω 为电流的角频率，L 为供电电缆的等效电感。R 一般很小，通常可以忽略，所以 $Z\approx \mathrm{j}\omega L$。对于直流或频率为 50Hz 的工作电流 I_S，L 的感抗 ωL 也很小，$Z\approx 0$，I_S 在 Z 上产生压降几乎为 0，所以一般情况下，电路两端的电压 $U_{AB}\approx U$。假设电路Ⅰ工作时在供电电缆上产生骚扰电流 i，i 的 ω 通常很高，因此 L 的感抗很大，i 会在 L 上产生明显的骚扰电压 $\mathrm{j}\omega iL$，此时电路两端的实际电压 U_{AB} 为

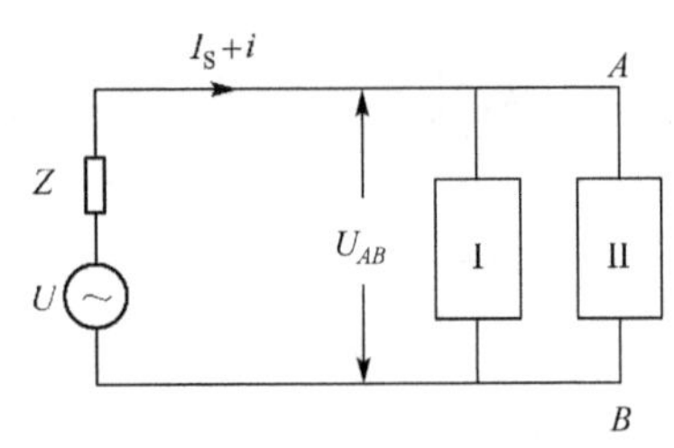

图 6-8　共电源阻抗

$$U_{AB}=U-\mathrm{j}\omega iL \tag{6-9}$$

骚扰电压 $\mathrm{j}\omega iL$ 通过共电源阻抗 Z 耦合至电路Ⅰ和电路Ⅱ，当骚扰电压超过电路Ⅰ或电路Ⅱ的抗扰度电平时，就会对其造成干扰。例如，继电器是工业及家用电器中广泛使用的电子开关器件，在电路中起着自动调节、安全保护、转换电路等作用。最常见的继电器为电磁式继电器，一般由铁心、线圈、衔铁、触点簧片等组成。其工作原理如图 6-9 所示。当在线圈两端加上一定的电压时，线圈中就会流过一定的电流并产生磁场，衔铁在磁力吸引的作用下克服返回弹簧的拉力吸向铁心，使得衔铁上的触点 P 与触点 Q 吸合。当线圈断电后，磁力也随之消失，衔铁就会在弹簧的反作用力下返回原来的位置，使得触点 P 与触点 Q 断开。经过触点 P 和触点

Q的电路通过这样的吸合和释放实现电路的导通和切断。可见电磁式继电器实际上是通过线圈两端控制电压的有无来实现被控制电路的通断。当继电器与其他设备或元件使用同一电源时，根据式(6-9)，继电器线圈两端的实际电压 U_{AB} 可能在共电源阻抗干扰电压的作用下与控制电压 U“相反”，从而使继电器产生误动作。继电器的动作电压一般都较低(常见的有6V、9V、12V、24V、48V、110V等)，因此很容易受到电磁干扰。继电器一般被认为是一种不可靠的电子元件，在整机可靠性设计中与电位器、可调电感器及可变电容器一同列为建议不用或少用的元件。

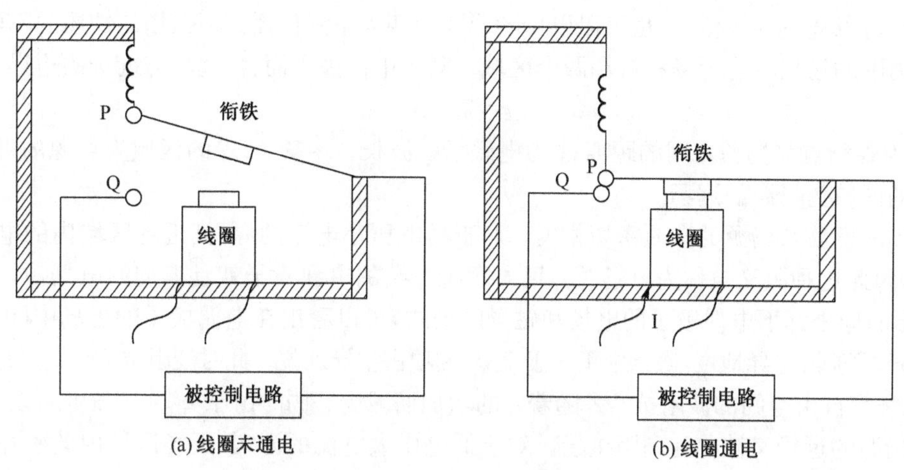

图6-9 继电器工作原理

电源线上的高频噪声是产生共电源阻抗干扰的根本原因。通常采用在设备和器件的供电处加滤波器的方法来抑制电源线上的高频噪声，或是通过在电源线与地之间加去耦电容的方法来给高频噪声提供一个泄放通道，从而达到消除干扰的目的。

2. 共地线阻抗耦合

接地实际上分为设备安全接地和信号接地两个概念。设备安全接地指采用低阻抗的导体将用电设备的金属外壳与大地相接，使设备与大地之间有一条低阻抗的通路。安全接地的目的是在雷击、设备电源线绝缘失效产生漏电等情况下保证操作人员不会因设备外壳带电而发生触电危险。信号接地是指电路的各部分都连接到一个共同的等电位点或等电位面，以便有一个共同的参考电位，使各部分电路均能执行其正常功能。实际电路中信号地线常常兼作信号电流的回流线。通常所说的共地线阻抗干扰主要针对信号地线。

如同前面的分析，信号地线也有一定的电阻和分布电感，高频时信号地线的阻抗(主要为感抗)不能被忽略。图6-10中电路Ⅰ和电路Ⅱ公用地线的阻抗为 Z，U_1 和 U_2 为电路Ⅰ和电路Ⅱ的信号电压，通过电路Ⅰ和电路Ⅱ的信号电流分别为 i_1 和 i_2。如果 i_1 或(和) i_2 的频率较高，则 i_1 或(和) i_2 会在 Z 上产生明显的电压 U_Z，即电路Ⅰ和电路Ⅱ本应该为“0”的地电位被抬升至 U_Z，这样的电位变化可能会影响电路Ⅰ或电路Ⅱ的正常工作。

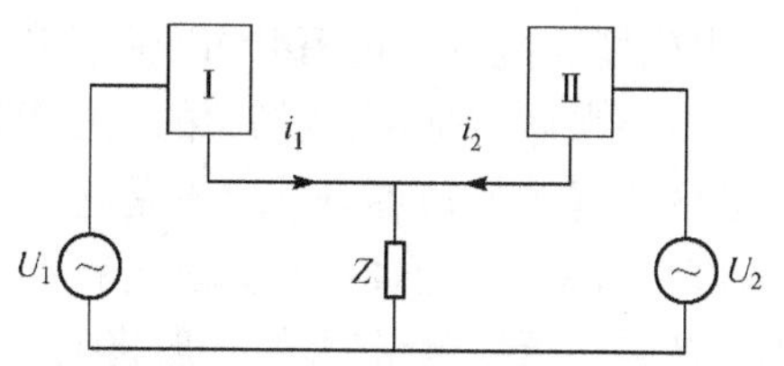

图6-10 共地线阻抗干扰

高频回流在地线阻抗上产生的压降是产生共地阻抗干扰的根本原因。减少共地阻抗干扰的根本途径是尽可能地减小地线的阻抗，尤其是感抗。一般采用缩短地线长度，用矩形截面导体代替圆导体做地线带等手段来减少高频下地线的阻抗。

6.3.2 辐射耦合

1. 近场和远场

骚扰可以通过导线传导，也可以以场的形式向四周空间传播。根据场的性质的不同，可以将场源周围的场划分为近场和远场两个区域。对于电偶极子而言，远场与近场的边界为

$$r=\lambda/(2\pi) \tag{6-10}$$

式中，r 为观测点与场源之间的距离；λ 为电磁场的波长。$r<\lambda/(2\pi)$ 的区域为场源的近场，$r>\lambda/(2\pi)$ 的区域为场源的远场。

近场的性质与场源的性质密切相关。对于高电压小电流的源，其近场区域内的电场远大于磁场，因此这种源又被称为电场源。第 4 章所介绍的电偶极子就是典型的电场源。根据第 4 章给出的球坐标下电偶极子的电场和磁场的公式，可以看出在电偶极子的近场中，电场中正比于 $1/r^3$ 的项占主导地位，磁场中正比于 $1/r^2$ 的项占主导地位。此时波阻抗 $Z=E_\theta/H_\varphi\approx Z_0\lambda/(2\pi r)$（$Z_0$ 为自由空间的波阻抗），Z 随着 r 的增加而减少。同时由于 $r<\lambda/(2\pi)$，所以 $Z>Z_0$，因此电场源的近场又被称为高阻抗场。对于低电压大电流的源，其近场区域内的磁场远大于电场，因此这种源又被称为磁场源。第 4 章所介绍的磁偶极子是典型的磁场源。根据第 4 章给出的球坐标下磁偶极子的电场和磁场的公式，可以看出在磁偶极子的近场中，磁场正比于 $1/r^3$ 的项占主导地位，电场中正比于 $1/r^2$ 的项占主导地位。此时波阻抗 $Z=E_\varphi/H_\theta\approx Z_0 2\pi r/\lambda$，$Z$ 随着 r 的增加而增加，同时由于 $r<\lambda/(2\pi)$，所以 $Z<Z_0$，因此磁场源的近场又被称为低阻抗场。

在电场源的近场，除与电磁场传播方向 r 相垂直的 E_θ 和 H_φ 分量外，还存在着与 r 同方向的 E_r 分量。在磁场源的近场，除与电磁场传播方向 r 相垂直的 H 和 E_φ 分量外，还存在着与 r 同方向的 H_r 分量。因此，无论电场源的近场还是磁场源的近场，其电磁场均为非平面波。电磁场的大部分能量只是在近场来回振荡，只有少部分能量由近场传递至远场。电磁场在近场为感应场。

同样根据第 3 章介绍的相关公式，在远场（$r>\lambda/(2\pi)$）的情况下，无论电场源还是磁场源，其辐射电磁波的电场矢量与磁场矢量相互垂直，且同时垂直于电磁波的传播方向。此外，电场强度与磁场强度均正比于 $1/r$，电磁波的波阻抗 Z_0 为恒值 377Ω。因此，电磁场在远场为平面波，电磁场的能量通过辐射向四周传递。电磁场在远场为辐射场。

需要强调的是，当从场源的近场移动至远场的过程中，场特性的变化是一个渐变过程，划分近场和远场的边界条件也不是绝对的。如工程上通常将 $r>3\lambda$ 或者 $r>10\lambda$ 的区域作为远场。此外，将 $r=\lambda/(2\pi)$ 作为远场和近场的边界，只适用于电偶极子、磁偶极子这类理想的电小物体。在天线测量领域，一般将天线的场区划分为感应近场、辐射近场和辐射远场，其中辐射近场的区域为

$$0.62\sqrt{\frac{D^3}{\lambda}}\leqslant r\leqslant\frac{2D^2}{\lambda} \tag{6-11}$$

$r \leqslant 0.62\sqrt{\frac{D^3}{\lambda}}$ 的区域为感应近场，$r \geqslant \frac{2D^2}{\lambda}$ 的区域为辐射远场。D 为场源(天线)的最大几何尺寸。

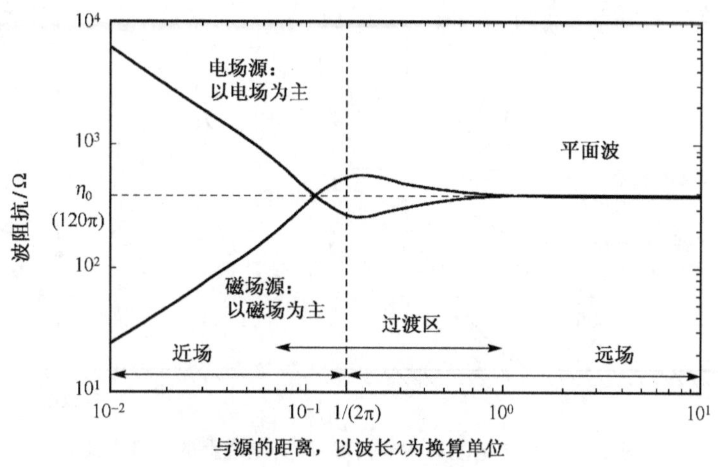

图 6-11 波阻抗与距离的关系

场源的近场以电场或磁场为主，骚扰源的电场通过容性耦合或其磁场通过感性耦合将骚扰能量传递至处于骚扰源近场的敏感设备。而场源的远场为平面波，骚扰源的能量以辐射的方式向四周传播至远场的敏感设备。

在今天规范管理的环境下，电磁兼容对电子产品，尤其是数字电子产品的上市销售有着非常重要的影响。通常能否通过标准要求的 EMC 发射测试，而非产品的功能和性能是影响产品上市时间的主要问题。利用廉价、有效的手段来控制数字电路系统的发射与数字逻辑电路本身的设计一样，都非常复杂。从产品的开发初期阶段开始，就应将发射控制当作一个设计问题来对待。

数字电子系统产生的辐射发射既可能是差模辐射也可能是共模辐射。差模辐射是由电路中传送电流的导线所形成的环路产生的，如果这些环路是电小结构，则相当于可产生磁场辐射的小型环天线，如图 6-12 所示。尽管电流环路是电路正常工作所必需的，但为了限制辐射发射，必须在设计过程中对环路的尺寸与面积进行控制。

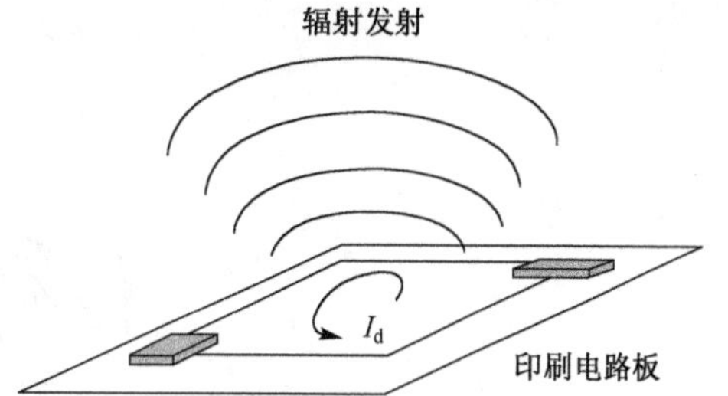

图 6-12 印刷电路板(PCB)上的差模辐射(I_d 为电路中的差模电流)

另外，共模辐射是因电路中不需要的电压降产生的，这种电压降使系统的某些部件与“真正”的地之间形成一个共模电位差。通常共模辐射是数字逻辑电路地系统的电压降导致的结果。如果有外部电缆连接到系统，电缆就会受该共模电势的驱动而成为辐射电场的天线，如图 6-13 所示。由于这些不需要的电压降并不是最初的设计目的，所以共模辐射比差模辐射更加难以进行控制，因此在设计过程中必须采取一定的措施来解决共模发射问题。

本节讲述辐射原理和辐射发射所依赖参数的总体情况。深入理解影响辐射发射的参数，

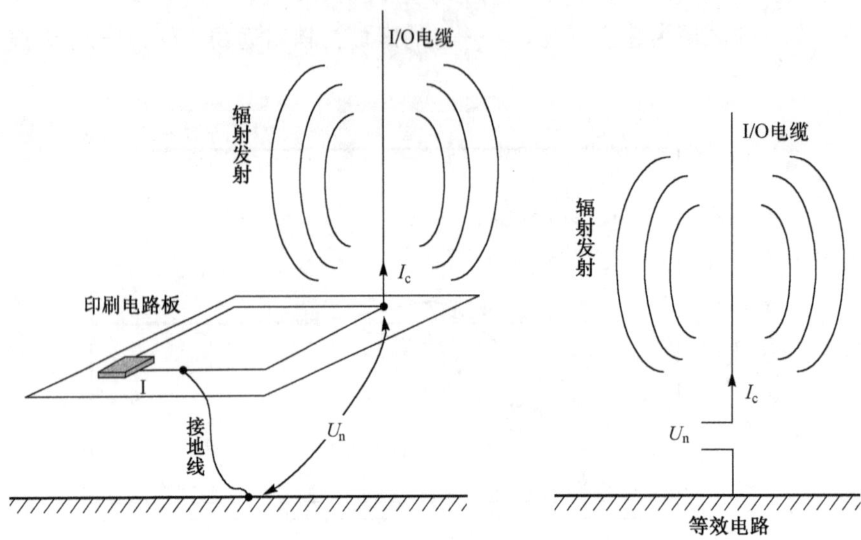

图 6-13　系统电缆的共模辐射（I_c 为电缆上的共模电流）

有助于我们找到解决辐射问题的方法，达到减小辐射发射的目的。

2. 差模辐射

平行导线对（$\lambda \leqslant \lambda/4$）上差模电流的辐射如图 6-14 所示。对于流有差模电流的导线对，如果线路长度 $l \leqslant \lambda/4$，则可以将该导线对构成的环路看作磁偶极子（小环），其在自由空间远场的辐射场强为

$$E_{\varphi}=\frac{131.6\times10^{-16} I_d f^2 A\sin\theta}{r}(\mathrm{V/m}) \tag{6-12}$$

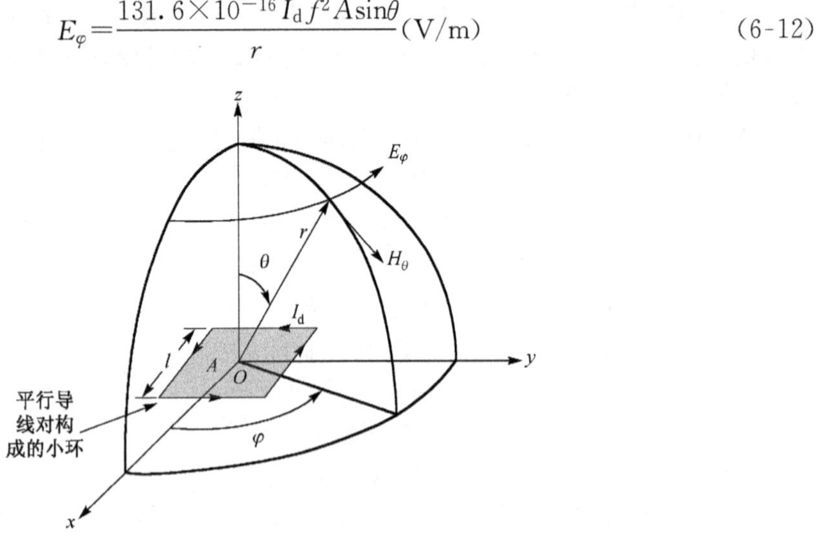

图 6-14　平行导线对（$l \leqslant \lambda/4$）上差模电流的辐射

式(6-12)中 A 为导线对构成的环路面积，I_d 为差模电流的幅度。由式(6-12)看出，可以通过减少环路面积的方法来减少差模电流的辐射。由于 $l \leqslant \lambda/4$，环路上电流的相位近似相等。对于更大的环路，电流就不再同相，所以就可能从总体发射中减去其中一部分电流，而不是增

加。式(6-12) 可以用于预计最大电场强度。对于小的环路,它的计算结果是精确的;而对于较大的环路,其结果只能是近似的。在自由空间中,小型环状天线的最大发射点在环的侧面。辐射为零的位置在环平面的法线方向上。

式(6-12)适用于自由空间的小型环状天线,并且在天线周围邻近没有任何反射物体。但是,大多数电子产品的辐射测量都在地平面上的开阔场地上进行,而不是在自由空间进行的。许多的地面反射可能使辐射发射的测量结果变大,最大可达 6dB。考虑到这个因素的影响,计算时式(6-12)必须乘以修正系数 2。

式(6-12)表明差模辐射发射大小与电流 I_d、信号频率 f 的平方以及环路面积 A 成正比。所以可以用以下方法来控制差模辐射发射:①减小电缆上的电流大小;②减小电流信号的频率或电流的谐波分量;③减小环路面积。

由于信号(或骚扰)电流通常不是单一频率的正弦波,这种情况下,必须首先将该电流进行傅里叶展开,确定不同频率下谐波分量的大小,再代入式(6-12) 计算不同频率下的辐射大小。

在数字电路中最常见的是采用方波信号。理论上,方波是由无穷多不同频率、不同幅度的正弦波(即由频率为方波频率的基波及频率为方波频率整数倍的谐波)叠加而成的。现实中,因为信号的上升沿与下降沿都有一定大小,并非等于零,所以实际上为梯形波。

对于对称的方波(实际上为梯形波),第 n 次谐波电流大小可以用以下公式来表示:

$$I_n=2Id\frac{\sin(n\pi d)}{n\pi d}\frac{\sin(n\pi t_r/T)}{n\pi t_r/T} \tag{6-13}$$

式中,I 是波信号的峰值;d 是信号的占空比;t_r 是信号的上升沿时间;T 是信号周期;n 是谐波次数(即第 n 次谐波)。式(6-13)有一个假设条件:信号波形的上升沿时间等于下降沿时间。如果两者不相当,那么应使用较小的一个所计算出的结果作为最差结果。当信号的占空比等于 50%时(即 $d=0.5$),一次谐波(即基波)的幅度大小为 $I_1=0.64I$,而且只有奇次谐波存在。图 6-15 是一个对称信号波的谐波频谱包络曲线。图中的谐波以 20dB/10 倍频的速率减小,一直到频率为 $1/(\pi t_r)$,超过这个频率之后,谐波减小的速率为 40dB/10 倍频。从图 6-15 中还可以看出,随着上升沿时间的增大,更高次谐波分量中所包含的能量在减小。

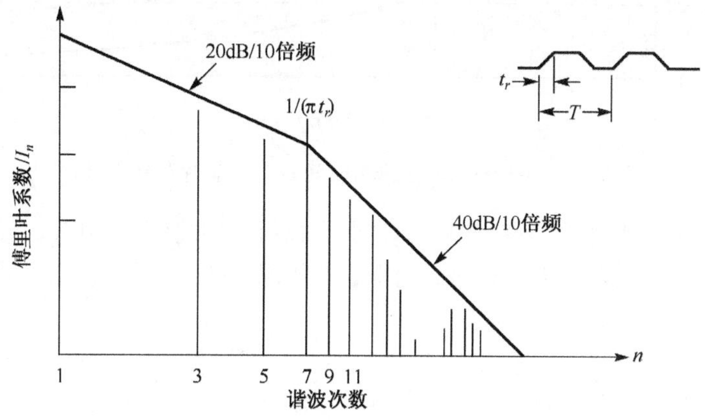

图 6-15 占空比为 50%的梯形波的傅里叶频谱包络

差模辐射可以采用下面的方法来计算。首先,根据式(6-13)确定每次谐波中所包含的电流大小;接着将该电流值和各自的频率代入式(6-12)进行算。依次重复,直到完成对每个谐波频率的计算，最后得到的结果就是差模辐射发射的理论计算值。

如果环路是被恒定不变的电流驱动，式(6-12)中频率的平方项说明，随着频率的增大，辐射发射的增大速度为 40dB/10 倍频。将式(6-12)与式(6-13)合并，可以知道当频率小于 $1/(\pi t_r)$时，辐射发射以 20dB/10 倍频的速率增大；超过这个频率之后，辐射发射保持不变(与前边的结果相同)。

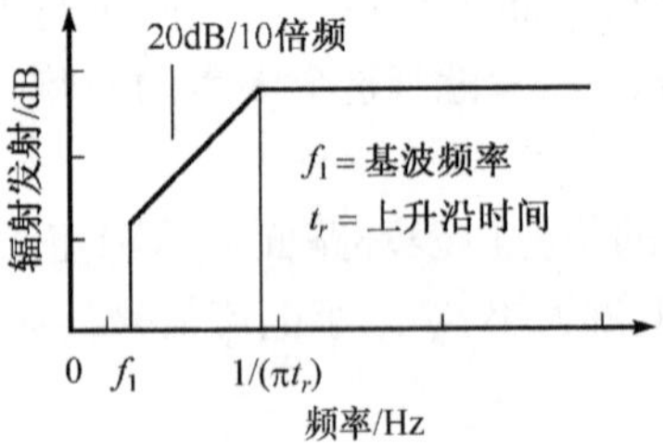

图 6-16　差模辐射发射频谱包络

图 6-16 是差模辐射发射包络对频率的一个示意图，可以看出上升沿时间对辐射发射的影响非常重要。信号的上升沿时间决定了频谱的拐点，过了拐点之后，辐射发射不再随着频率的增大而增大。所以为了减小辐射发射，最重要的是尽量减小信号频率与增大信号的上升沿时间。

例如，在 3m 距离处测量上升沿时间等于 4ns 的一个时钟信号所产生的辐射发射。时钟信号在一个面积等于 $10cm^2$ 的环路上传输，该环路由 TTL 门电路驱动，电流大小假设等于 35mA。如果进行一系列类似的计算，每一次计算都使用不同的频率和上升沿时间，并挑选出最大发射点，就可以得到图 6-17 中的结果。这个结果可以用来快速估计不同频率与不同上升沿时间组合情况下所期望的最大发射。

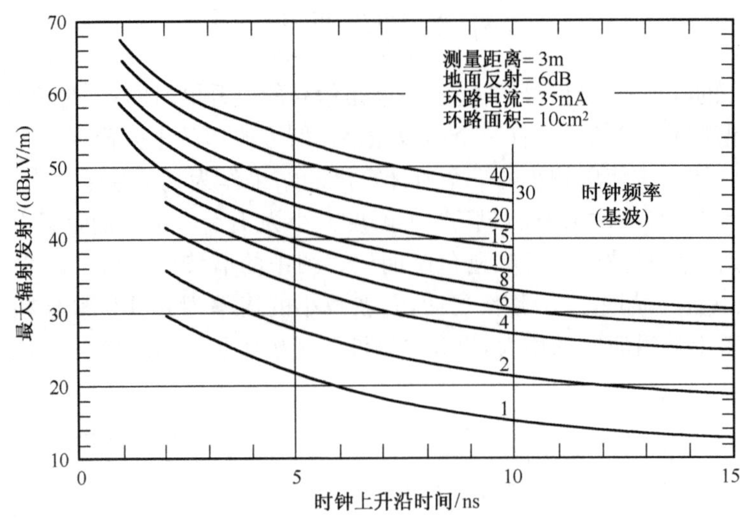

图 6-17　时钟频率与上升沿时间对最大辐射发射的影响

从图 6-17 可以看到，假如频率增大 1 倍，那么辐射发射将增大 6dB；如果时钟的上升沿时间变为原来的 1/2，辐射发射也增大 6dB。因此如果频率增大 1 倍且上升沿时间减小 1/2，那么辐射发射将增大 12dB。

3. 共模辐射

在产品的设计和布局阶段很容易控制差模辐射。相比之下，共模辐射却很难控制。通常恰恰是共模辐射决定着产品的整体发射性能。一般来说，共模辐射来自于系统中的电缆。从图 6-13 可以看出，辐射发射的频率强弱由共模电势(通常是地电压)决定。

对于流有共模电流的导线，如果长度 $l \leqslant \lambda/4$，则该导线可以看作短电偶极子，天线上的电

流在各处近似等幅同相,如图 6-18 所示。其在自由空间远场的辐射场强为

$$E_\theta=\frac{2\pi\times10^{-7}I_\mathrm{c}lf\sin\theta}{r} \tag{6-14}$$

式中,l 为导线长度;I_c 为共模电流的幅度。I_c 可以利用卡在导线上的电流钳测得。由式(6-14)可以看出通过缩短导线长度的方法可以减少共模电流的辐射场强,或采用系统单点接地或浮地的方式来切断共模电流流向大地的途径,从而达到降低或消除共模电流的目的。

式(6-14)中的频率项表明,场强随着频率以 20dB/10 倍频的速度增大。如果电缆被大小恒定的方波电流驱动,那么综合式(6-14)与式(6-13)表示的傅里叶系数的结果,就可以得到天线的共模发射频谱。从零频率到 $1/(\pi t_r)$ 频率,频谱包络很平坦,近似为一条直线;超过 $1/(\pi t_r)$ 频率点之后,频谱以 20dB/10 倍频速率减小。

图 6-19 给出了共模发射的频谱包络。随着频率的增大,共模辐射会逐渐减弱,所以共模发射在频率小于 $1/(\pi t_r)$ 时才是问题。例如,上升沿时间为 4～10ns,共模发射频率一般为 30～80MHz。

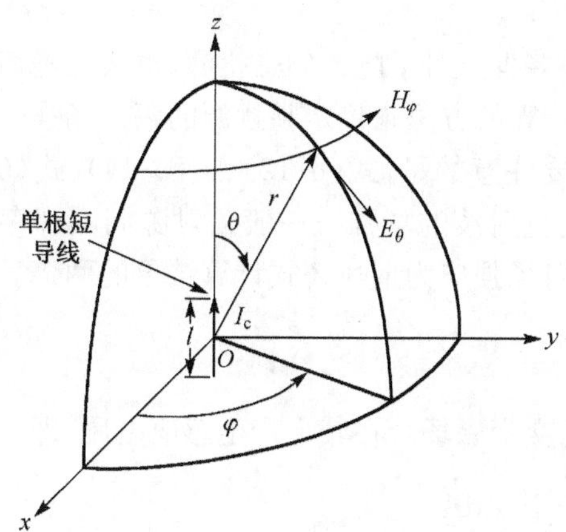

图 6-18 短导线($l\leqslant\lambda/4$)上共模电流的辐射

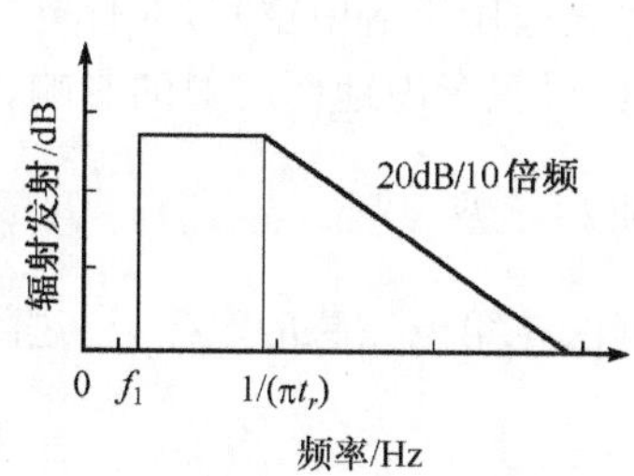

图 6-19 共模辐射发射频谱包络

使式(6-12)与式(6-14)相等,解出差模电流与共模电流的比值,就可计算出产生大小相等的辐射场所需要的差模电流对共模电流之比:

$$\frac{I_\mathrm{d}}{I_\mathrm{c}}=\frac{48\times10^6l}{fA} \tag{6-15}$$

式中,I_d 和 I_c 分别是产生同等大小辐射场所需要的差模电流与共模电流。假如电缆长度 l 等于 1m,环路面积 A 等于 10cm^2,频率 f 等于 50MHz,则

$$\frac{I_\mathrm{d}}{I_\mathrm{c}}=1000$$

这个结果表明,在此条件下,差模电流只有比共模电流大 3 个数量级,它产生的辐射场才能等于共模电流产生的辐射场。

与控制差模辐射的方法类似,通常采用限制信号的上升沿时间与频率的方法达到减小共模发射的目的。电缆的长度取决于互连器件之间的距离,设计者一般很难控制。除此之外,如果电缆的长度达到 $\lambda/4$ 以上,就会因为电缆上存在不同相的电流,发射不再随着电缆长度的增

加而增大。因此，为减小共模发射，设计者唯一可以控制的参数就是共模电流。采取下面的措施就能够达到控制共模电流大小的目的：①使驱动天线的源电压最小，通常是指地电压；②提供足够大的共模阻抗与电缆串联，即使用共模扼流圈；③将共模电流分到地；④对电缆实施屏蔽。

如果骚扰源不是一维结构的电缆，而是具有三维立体结构，且其几何尺寸远小于其辐射电磁波的波长，则可以将该骚扰源近似地看成是点源。点源的辐射特性为各向同性，其辐射场强的公式如下：

$$E_{\mathrm{rms}}=\frac{\sqrt{30P}}{r} \tag{6-16}$$

式中，P 为点源的辐射功率；r 为到观测点到点源的距离。

对于电大尺寸的骚扰源，如果知道骚扰源的辐射功率 P，以及它的最大方向性系数 D，则骚扰源在距离其 r 处的最大辐射场强为

$$E_{\mathrm{rms}}=\frac{\sqrt{30DP}}{r} \tag{6-17}$$

事实上，一般很难知道骚扰源的辐射功率是多少。对于电大的骚扰源，也很难确切地给出其最大方向性系数。因此通常采用测量而不是计算的方法来确定骚扰源的辐射场强。有关辐射场强的测量将会在第 8 章予以详细讨论。需要注意的是，式(6-12)、式(6-14)、式(6-16)和式(6-17)只适用于自由空间，即计算的场强只是直射波的场强。一般辐射源周围都存在反射的情况，如果只考虑地面反射的影响，则最大辐射场强应为上述公式计算结果的两倍。

4. 电磁感应

根据法拉第电磁感应定律，通过闭合环路的交变磁场会在其上产生感应电压，即

$$U=-\frac{\mathrm{d}}{\mathrm{d}t}\int_A B\cdot \mathrm{d}A \tag{6-18}$$

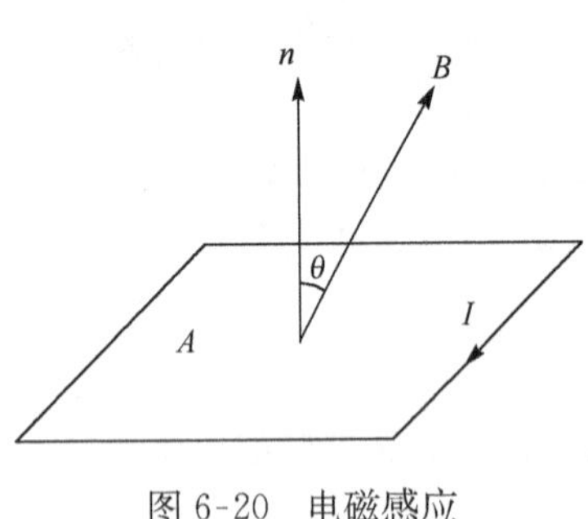

图 6-20 电磁感应

式中，B 为磁感应强度(也被称为磁通密度)，$B=\mu H$。A 为环路面积。如果通过 A 上各点的 B 都相等，并且 B 随时间变化的角频率为 ω，则式(6-18)可写为

$$U=-\omega BA\cos\theta \tag{6-19}$$

式中，θ 为磁感应强度矢量与闭合环路法线方向的夹角。无论远场还是近场，式(6-19)都适用。对于远场，如果给出的是骚扰源的电场强度，可以利用公式 $Z_0=E/H$ 得到磁场强度，进而可以利用式(6-19)计算环路上的感应电压。电磁感应如图 6-20 所示。

6.3.3 串扰耦合

1. 容性耦合

一般同一设备内各电路或元件之间的距离满足近场条件，它们之间的干扰常用近场耦合的方式处理。近场耦合又称为感应耦合，按其耦合方式的不同分为容性耦合和感性耦合。电

路的元件之间、导线之间、导线和元件之间都存在分布电容，如果骚扰源的频率较高，则骚扰就可能通过分布电容耦合至敏感元件或电路，这样的耦合就称为容性耦合。电容耦合的条件是源回路导线中的电压高、电流小，导线间的耦合主要通过电场进行。图 6-21(a)为平行布线电容耦合的示意图。C_{12}为平行线间的分布电容，C_{1G}为导线 1 和地之间的分布电容，C_{2G}为导线 2 和地之间的分布电容。导线 1 上的信号电压或噪声电压可以通过分布电容 C_{12}将部分信号能量或噪声能量注入导线 2，进而可能对其所连接的电路造成干扰。电容耦合的等效电路图如图 6-21(b)所示。

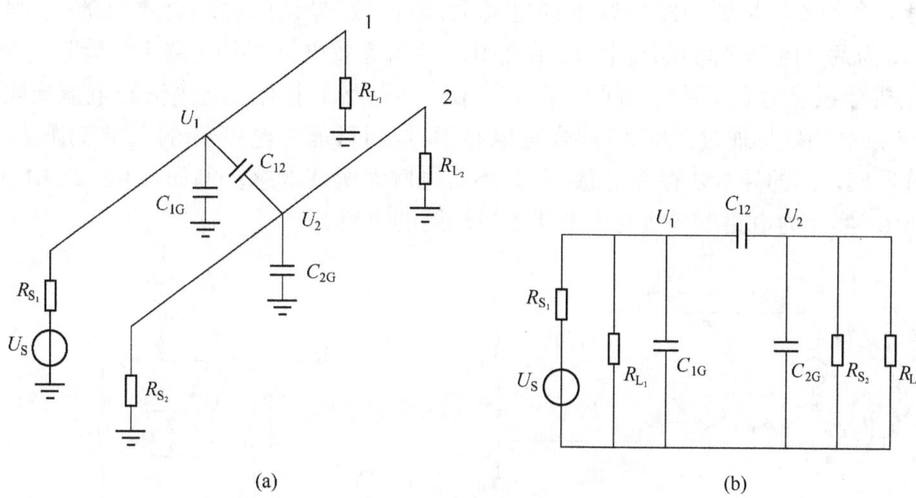

图 6-21 平行线间的电容耦合

由电容耦合在接收电路导线上产生的电压 U_2 与源电路导线上的电压 U_1 关系为

$$U_2=\frac{Z_2}{Z_2+X_{C_{12}}}U_1 \tag{6-20}$$

式中，$X_{C_{12}}$为电容 C_{12}的容抗

$$X_{C_{12}}=\frac{1}{\mathrm{j}\omega C_{12}}$$

Z_2 为C_{2G}、R_{S_2}、R_{L_2}三者并联的阻抗

$$Z_2=\frac{X_{C_{2G}}R_2}{X_{C_{2G}}+R_2}$$

式中

$$X_{C_{2G}}=\frac{1}{\mathrm{j}\omega C_{2G}}$$

$$R_2=\frac{R_{S_2}R_{L_2}}{R_{S_2}+R_{L_2}}$$

频率较低时，$|X_{C_{2G}}|\gg R_2$，则 $Z_2\approx R_2$，同时$|X_{C_{12}}|\gg R_2$，因此式(6-20)可简化为

$$U_2\approx \mathrm{j}\omega C_{12}R_2U_1 \tag{6-21}$$

频率较高时，$|X_{C_{2G}}|\ll R_2$，则 $Z_2\approx X_{C_{2G}}$，式(6-20)可写成

$$U_2=\frac{C_{12}}{C_{12}+C_{2G}}U_1 \tag{6-22}$$

由式(6-21)和式(6-22)可知,电场耦合量$|U_2/U_1|$随频率升高而增加,当频率$\omega>\frac{1}{R_2(C_m+C_2)}$时,其耦合量基本保持不变。

2. 感性耦合

通过交变电流的导体在其周围会产生交变磁场,进而在周围的闭合电路产生感应电势。如果骚扰源的磁场通过互感的方式将骚扰耦合至敏感元件或电路,这样的耦合就称为感性耦合。感性耦合的条件是源回路导线中的电流大、电压低,导线间的耦合主要通过磁场进行。图6-22(a)为两个电路之间互感耦合的示意图,(b)为等效电路图。电路I的等效电感为L_1,电路II的等效电感为L_2,两电路间的互感为M。当电路I中通过高频信号电流或噪声电流时,其产生的高频磁场通过互感M耦合至电路II,进而可能对电路II的正常工作造成影响。注意只有形成环路的导线才存在电感,没有环路也就无所谓电感。例如,图6-22中电路I的等效电感L_1实际为电路中导线与大地所形成环路的电感。

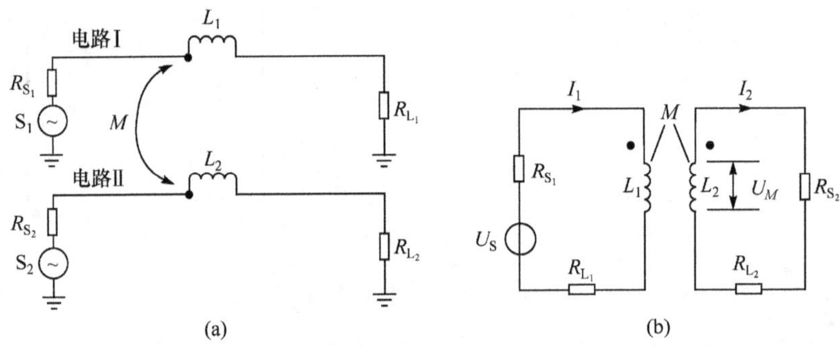

图6-22　临近电路间的电感耦合

源电路在接收电路中产生的电动势为

$$U_M=\mathrm{j}\omega MI_1 \tag{6-23}$$

I_1为源电路中的电流。电动势U_M在接收电路中产生的电流为

$$I_2=\frac{\mathrm{j}\omega MI_1}{R_{S_2}+R_{L_2}+\mathrm{j}\omega L_2} \tag{6-24}$$

频率较低时,$R_{S_2}+R_{L_2}\gg\omega L_2$,因此式(6-24)可简化为

$$I_2\approx\frac{\mathrm{j}\omega M}{R_{S_2}+R_{L_2}}I_1 \tag{6-25}$$

频率较高时,$R_{S_2}+R_{L_2}\ll\omega L_2$,式(6-24)可简化为

$$I_2\approx\frac{M}{L_2}I_1 \tag{6-26}$$

由式(6-25)和式(6-26)可知,磁场耦合量$|I_2/I_1|$随频率升高而增加,当频率$\omega>\frac{R_{S_2}+R_{L_2}}{L_2}$时,其耦合量基本保持不变。

习 题

6-1 什么是电磁兼容?

6-2 试举例说说生活中遇见过的电磁干扰,有哪些危害?

6-3 电磁干扰三要素是什么? 根据电磁干扰三要素,可以采用什么方式来防止干扰?

6-4 电磁骚扰、电磁噪声、电磁干扰这三个名词术语的概念有什么区别?

6-5 避雷针的接地电阻为什么应该尽可能小?

6-6 简述浪涌产生的原因和常用的浪涌抑制器件。

6-7 针对雷电对电气设备的干扰,分析电磁干扰三要素。

6-8 结合静电放电对电子电路的干扰方式,说说有哪些抑制静电放电干扰的方法。

6-9 日常生活中有哪些常见的人为骚扰源,试按照传输途径进行分类。

6-10 换算功率 1W 等于多少 dBm? 电压 1V 等于多少 dBμV? 电场强度 1V/m 等于多少 dBV/m、dBmV/m 以及 dBμV/m?

6-11 电磁骚扰的传输途径有哪些?

6-12 如何用电流钳测量共模电流和差模电流?

6-13 简述共阻抗干扰产生的机理。

6-14 在整机可靠性设计中,继电器被认为是一种不可靠的电子元件,列为建议不用或少用的元件,其原因是什么?

6-15 产生共电源阻抗干扰的根本原因是什么? 如何抑制这种干扰?

6-16 什么是设备安全接地和信号接地?

6-17 产生共地阻抗干扰的根本原因是什么? 如何抑制这种干扰?

6-18 为什么一般都将地线上的噪声当作共模噪声来看待?

6-19 简述场区划分的一般标准和适应范围。

6-20 什么是电场源? 为什么电场源的近场又被称为高阻抗场?

6-21 什么是磁场源? 为什么磁场源的近场又被称为低阻抗场?

6-22 分析波阻抗与源的距离有怎样的关系,试计算辐射远场的波阻抗。

6-23 简述近场耦合的耦合方式和产生条件。

6-24 什么是辐射耦合? 差模辐射和共模辐射的产生机理是什么? 分别有哪些抑制措施?

6-25 综合式(6-12)和式(6-13),分析差模辐射和 t_r 的关系;综合式(6-13)和式(6-14),分析共模辐射和 t_r 的关系;为什么说通常共模辐射决定着产品的整体发射性能?

6-26 如何估算开阔场条件下三维立体结构的骚扰源的辐射场强?

6-27 两条平行导线 1 和 2 分别构成骚扰源电路和敏感电路,如题 6-27 图所示。骚扰电压源的电压为 U_1,C_{12} 为平行线间的分布电容,C_{1G} 为导线 1 和地之间的分布电容,C_{2G} 为导线 2 和地之间的分布电容。画出等效电路图,并推导 U_1 和 U_2 间的关系。

6-28 如果图 6-23 中两导线间的分布电容为 50pF,导线对地分布电容为 150pF,导线 1 端接 1MHz、10V 的交流信号源。如果导线 2 端接的负载 R 分别为①无限大阻抗;②1000Ω 阻抗;③50Ω 阻抗,试求三种情况下导线 2 的感应电压为多少?

6-29　如果图 6-22 中 L_1 和 L_2 的互感 M 为 $1\mu H$，L_2 的自感为 $10\mu H$，R_{S_2}、R_{L_2} 均为 50Ω。通过 L_1 的电流为 10mA，如果电流的频率分别为①100MHz；②1MHz；③10kHz，试求三种情况下 L_2 的感应电流为多少？

6-30　用电流钳和频谱仪测得一段长为 1m 的电缆上频率为 30MHz 的共模电流为 60dBμA。则在自由空间距离该电缆 3m 处的辐射场强的最大值是多少 dBμV/m？如果考虑地面的反射，则最大辐射场强是多大？

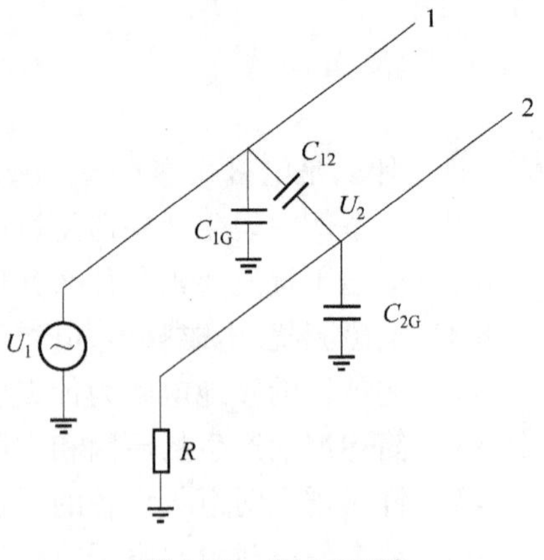

图 6-23　题 6-27 图

6-31　印刷电路板上有一对长度 $l=10\text{cm}$ 的平行导线，导线间的间距 $d=2\text{cm}$。如果该导线对上有频率为 100MHz，幅度为 20mA 的骚扰电流，试计算在自由空间离该印刷板 3m 处的最大骚扰场强。

6-32　利用坡印亭矢量及波阻抗的概念，推导式(6-16)。

6-33　一般在辐射发射测试中，要求测试天线处于被测设备(EUT)的远场。如果 EUT 的最大尺寸为 0.5m，测试距离为 3m，则测试频率在 30MHz 时测试天线是否在 EUT 的远场？1000MHz 时呢？

6-34　一台主机通过其输入输出线与另一台外设连接，主机和外设的印刷电路板零伏地接各自机壳，机壳接地。I/O 线长 10m，高 1m，如图 6-24 所示。1km 外有一电台，频率为 3MHz，在 I/O 线处产生的电场强度为 2V/m，求在 I/O 线和地组成的地环路中产生的最大共模电压。

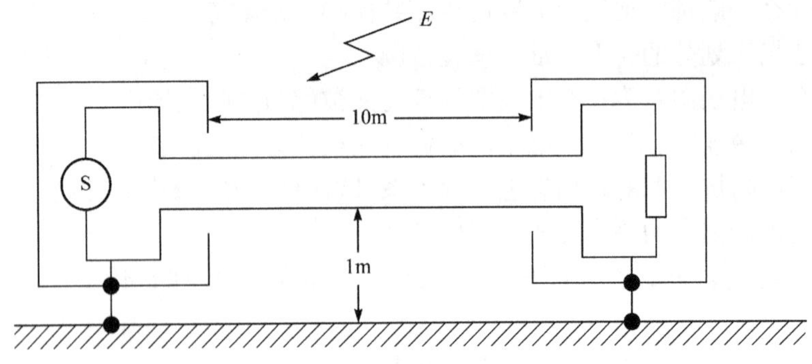

图 6-24　题 6-34 图

第 7 章　抗干扰技术

电磁骚扰的能量经传输途径到达敏感设备，构成产生电磁干扰的潜在风险。如果耦合到的骚扰功率(或能量)高于敏感设备的抗扰度门限(或敏感度门限)，则将会致使敏感设备发生性能降级或故障，构成电磁干扰。

研究如何提高系统的电磁兼容性能，同样应从三要素入手，即面向骚扰源，旨在降低或抑制其对外产生的骚扰发射；面向传输途径，着眼于切断骚扰的传输途径或降低骚扰的耦合程度；面向敏感设备，则旨在提高设备的抗干扰能力。要避免电磁干扰或解决已存在的干扰问题，必须从这三个要素下手，具体问题具体分析，采取相应的抗干扰技术。

电磁兼容抗干扰技术，最常见的手段是接地、滤波和屏蔽，以及采取隔离、平衡传输等手段。本章将就这几种技术的基本原理和方法加以介绍。

7.1　接　　地

在电磁兼容技术中，接地是一项最基本也是非常重要的技术。设计合理的接地，能够最大程度地使系统(或电路)免遭电磁骚扰的危害。另外，接地与其他几种重要的电磁兼容技术，如滤波、屏蔽等技术都密切相关。本节将讲述接地技术的基本概念、实施方法和接地搭接等。

7.1.1　接地的基本概念

在电气工程和电学领域中，我们会频繁地遇到“地”和“接地”的概念。所以，需要澄清几个相关名词的含义。

1.“地”和“接地”

在不同的标准文献中，对“地”(ground，earth)和“接地”(grounding，earthing)给出了类似的定义。例如，我国国标 GB/T17949.1—2000 中对“(接)地”的名词性定义为“一种有意或非有意的导电连接，由于这种连接，可使电路或电气设备接到大地或接到代替大地的、某种较大的导电体。注：使用地的目的是①使连接到地的导体具有等于或近似于大地(或代替大地的导电体)的电位；②引导地电流流入和流出大地(或代替大地的导电体)。”而对“接地”一词的动词性定义是指将有关系统、电路或设备与地连接。

又如 ANSI C63.14—2014 中对“(接)地”的定义为“①导电性的土壤，具有等电位，且任意点的电位可以看成零电位；②电路与地或其他起地的作用的导电体的有意的或偶然的连接；③电路中相对于地具有零电位的位置或部分；④导电体，如大地或钢船的外壳，作为电流的返回通道，并作为零电位参考点；⑤连续的金属与金属间的连接，其存在于或提供于金属物体的外周界或电缆屏蔽体的周围，该电缆屏蔽体终止于或穿过具有接地电位的金属表面。”而 IEEE 100—2000 中对该词条的解释则为“①到大地或水体的直接导电连接或到充当类似大地接地体的功能的结构体(例如飞机、飞船、车辆等不与大地有导电连接的外壳上)的导电连接；②到大地或充当大地的公共导体的连接；③一种有意或非有意的导电连接，使电路或电气设备接到大地或接到代替大地的某种较大的导电体，或高频参考电位；④一种有意或非有意的导电连接，使电路或电气设备接到大地或接到代替大地的某种较大的导电体。”

综上可知，传统意义上的“接地”含义是为电路（或系统）提供一个“零阻抗”的等电位（参考）点或等电位（参考）面。接地可以接实际的大地（导电性的土壤或水体），也可以不接到实际的大地，而是接到一个充当参考的公共导体上，如飞机上的电子电气设备接飞机壳体就是接地。

另一个重要的概念是“接地平面”。在GB/T4365—2003中定义“接地（参考）平面”为“一块导电平面，其电位用作公共参考电位。”理想的接地平面是一个零电位、零阻抗的物理体。它可以作为有关电路中所有电平的参考点，并且任何骚扰通过它都不会产生电压降。

而实际上，零阻抗理想的接地（平面）是不存在的，即便是电阻率接近于零的超导体，其表面两点之间渡越时间的延迟也会使其呈现某种电抗效应。“接地”的传统概念往往是仅从直流性能或低频性能的观点出发来考虑；而论及“接地”在EMC中的应用，则由于所有的导体都有一定的阻抗，因此流经该“地（平面）”的任何电流在该阻抗上的压降都将导致在其表面不同的点之间存在电位差。

从实用的角度出发，接地平面应采用低阻抗的材料（如铜）制成，并且具有足够的长度、宽度和厚度，以保证在所有频率上都呈现出一个可以忽略的阻抗。

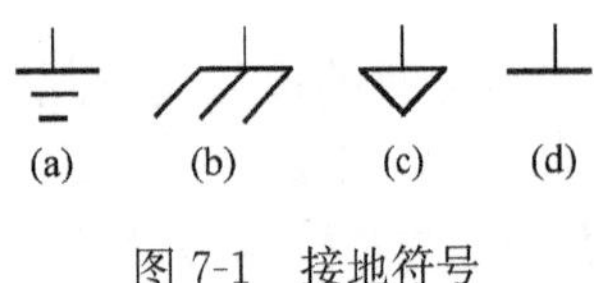

图7-1　接地符号

在电气和电路原理图中，我们会发现接地符号可能以几种不同的形式出现，如图7-1所示。在一张只有单一接地设置的电路图中，采用任意一种符号来表示“地”即可。而在较为复杂的采用分设接地的图中（如安全接地与工作接地分离设计的系统组成图），则需采用不同的符号将执行不同功能的“地”加以区分。

从接地的作用或接地的功能来划分，接地可分为保护性接地与功能性接地，按照这种原则，简单的接地分类列表如表7-1所示。

表7-1　按接地的作用分类

分类原则	子分类	次子分类
按接地作用	保护性接地	防电击接地
		防雷接地
		防静电接地
		防电蚀接地
	功能性接地	工作接地
		信号接地
		逻辑接地
		屏蔽接地

2. 保护性接地

为了保护人身和设备的安全，免遭雷击、漏电、静电等危害而采取的接地措施称作保护性接地。这类地线被称作“保护地”（PE）或者“安全地”，它们应与真正大地相连接（如果可能实施）。由于通常情况下保护性接地是和电气设备的机壳相连接的，所以也常被称为“机壳地”。按照具体的功能划分，保护性接地还可以分作防漏电电击、防雷、防静电、防电蚀等子类。需要说明的是，一般并不需要为实现上述的各个保护性作用而设置多个安全地，实际上一条保护性接地线就可以起到上述的多个作用，如除了防止电击外，还为静电放电(ESD)的电荷和ESD电流提供了远离受害电子设备的泄放通路。

举一个身边的例子，如家庭的民用单相交流供电系统：市电是由外部电网系统提供的，提供给用户时应当配置三条线：相线(L，或称火线)、零线(0或N，或称中线)、保护地线(PE)。在相线与零线之间存在着220V、50Hz的工频电压，为用户负载提供电源。保护地线的电位是由连接到打入建筑物地下土壤的接地体提供的，并且在入口配电盘处与零线相连接。正常工作时，电流从相线流经负载，然后由零线返回，保护地线中无电流流过，并且此时零线上的电位也应当与地电位相等。如果由于某种原因，例如，绝缘击穿或出现故障等，使相线与机壳连通，则保护地线将流过很大的故障电流，使相线上的保险丝熔断或漏电保护器动作，从而切断电源，这样就可以提供电击和火灾事故的防护。如果不接保护地线，故障时机壳电位很高，这时人手触及机壳，故障电流就会流过人体入地，从而产生触电的危险。

通常配电板上为用户提供的单相电源插座有两种形式：三孔插座和两孔插座，其对应的用电产品则分别称为三线供电产品和两线供电产品。三线供电产品的电源线包含三条导线，其中的一条绝缘层为黄绿色间隔的导线，即保护地线，如图7-2(a)所示。黄绿线直接与产品的金属外壳相连，这样就能提供与电源插座内部一样的电击事故的防护。而两线供电产品仅使用了相线和零线，如图7-2(b)所示。为防止电击事故而将产品外壳与假设中的零线相连是不可行的，因为用户可能将插头不正确地插入插座而导致外壳实际被连接到了相线。因此，对于两线供电产品安全的做法是，相线和零线首先要经过电源变压器，并将次级的一根输出线与产品的机壳相连，变压器的引入实际上消除了相对于次级侧的地线用哪一根线作为“火线”的差别。这样在产品外壳上发生的任何故障，都会产生一个大电流，使该电路的保险丝熔断或断路器跳开。

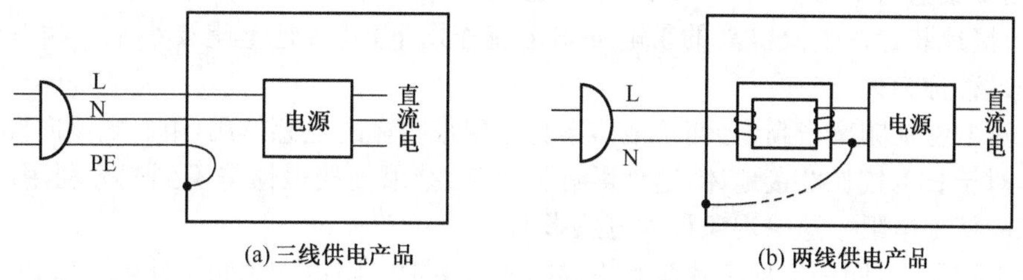

图7-2　交流供电产品的保护性接地

保护地线可以接至自然接地体或专门埋设的人工接地体。自然接地体包括建筑物的金属框架、地基中的钢筋、埋设地下的金属管道等；人工接地体，通常是把金属棒打入地下作电极，对接地要求较高的场合还需设置接地网与多个接地体连接起来。

1)接地电阻

保护接地装置最重要的指标就是接地电阻。接地电阻是指电流由接地装置流入大地再经大地流向另一接地体或向远处扩散所遇到的电阻，它包括接地线和接地体本身的电阻、接地体与土壤之间的接触电阻以及两接地体之间大地的电阻或接地体到无限远处的大地电阻。当电流经过接地体进入大地并向周围扩散时，由于大地具有一定的电阻率，则大地各处就具有不同的电位。电流经接地体注入大地后，它以电流场的形式向四处扩散，离接地点越远，半球形的散流面积越大，地中的电流密度就越小，因此可认为在较远处(15～20m以外)，单位扩散距离的电阻及土壤(或水体)中电流密度已接近零,该处电位已为零电位。

如果不考虑接地引线的电阻,则接地电阻 R_0 定义为接地体的电位 U_0 与通过接地体流入大地中电流 I_d 的比值。用公式表示为

$$R_0=\frac{U_0}{I_d} \tag{7-1}$$

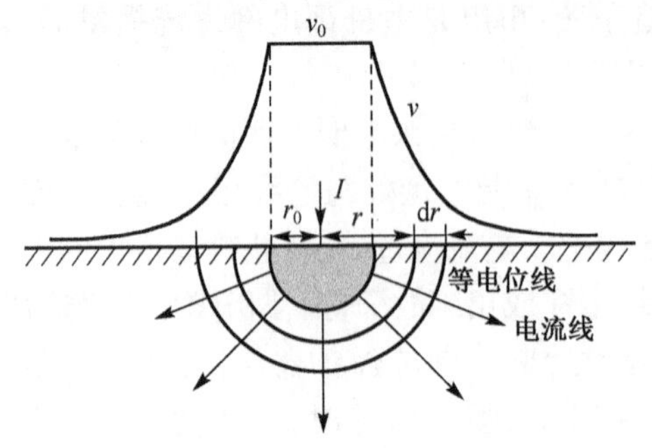

图 7-3　接地体的流散电阻

当接地电流为定值时,接地电阻越小,则电位 U_0 越低,反之则越高。接地电阻主要取决于接地装置的结构、尺寸、埋入地下的深度及当地的土壤电阻率。因金属接地体的电阻率远小于土壤电阻率,故接地体本身的电阻在接地电阻中可以忽略不计。故接地电阻的数值等于电流从接地体向周围大地散流时,土壤所呈现的电阻值。接地体的流散电阻如图 7-3 所示。

2)冲击接地电阻

通常所说的接地电阻指工频接地电阻,即 R_0 表征的是工频电流通过接地体向大地散流时土壤所呈现的电阻值。而当雷电流这一类冲击电流通过接地体向大地散流时,不再用工频接地电阻而是用冲击接地电阻 R_d 来量度冲击接地的作用。同样地,冲击接地电阻 R_d 的定义为接地体对地冲击电压的幅值与冲击电流幅值之比。

从物理过程来看,防雷接地与工频接地有两点区别:一是雷电流的幅值大,二是雷电流的频谱覆盖宽,特征频率高。

雷电流的幅值大,会使土壤中电流密度增大,因而提高土壤中的电场强度,在接地体表面附近尤为显著。地电场强度超过土壤击穿场强时会发生局部火花放电,使土壤电导增大。试验表明,当土壤电阻率为 500Ω · m,预放电时间为 35μs 时,土壤的击穿场强为 6～12kV/cm。因此,同一接地装置在幅值很高的雷电冲击电流作用下,其接地电阻要小于工频电流下的数值。这一过程称为火花效应。

雷电流的特征频率很高,会使接地体本身呈现很明显的电感作用,阻碍电流向接地体的远端流通。对于长度较长的接地体,这种影响更显著,结果使接地体得不到充分利用,接地电阻值大于工频接地电阻。这一现象称为电感影响。

由于上述原因,同一接地装置具有不同的冲击接地电阻值和工频接地电阻值,两者之间的比称为冲击系数 a,即

$$a=\frac{R_d}{R_0} \tag{7-2}$$

式中,R_0 为工频接地电阻;R_d 为冲击接地电阻,是指接地体上的冲击电压幅值与冲击电流幅值之比,实际上应是接地阻抗,但习惯上仍称为冲击接地电阻。冲击系数 a 与接地体的几何尺寸、雷电流的幅值和波形以及土壤电阻率等因素有关,多数靠试验确定。

由此可以得到冲击接地电阻 R_d 与工频接地电阻 R_0 的关系是

$$R_d=aR_0 \tag{7-3}$$

如果不考虑接地体的电感影响,则 a 的大小只与大地电阻率有关,当大地电阻率约为 100Ω · m 时,$a\approx1$;当大地电阻率约为 500Ω · m 时,$a\approx0.667$;当大地电阻率约为 1kΩ · m 时,$a\approx0.5$;当大地电阻率大于 1kΩ · m 时,$a\approx0.333$。

一般情况下由于火花效应大于电感影响，故 $a<1$；但对于电感影响明显的情况，则可能 $a \geqslant 1$。冲击接地电阻(阻抗)值一般要求小于 10Ω。

影响接地电阻的因素很多：接地桩的大小(长度、粗细)、形状、数量、埋设深度、周围地理环境(如平地、沟渠、坡地是不同的)、土壤湿度、质地等。对不同用途的接地装置的接地电阻有着明确的要求，如表 7-2 所示。

表 7-2　部分接地体的接地电阻允许值

类别	允许值/Ω	备注
大容量变压器或发电机工作接地	$R \leqslant 4$	容量>100kV·A，低压
小容量变压器或发电机工作接地	$R \leqslant 10$	容量≤1000kV·A，低压
大接地短路电流系统接地	$R \leqslant 2000/I_d$	接地短路电流 $I_d>4000$A 时，$R \leqslant 0.5\Omega$
小接地短路电流系统接地	$R \leqslant 120/I_d$ 且 $R \leqslant 10$	$I_d<5000$A，高低压共用接地装置
电气设备保护接地	$R \leqslant 4$	对引入线装有 25A 以下熔断器的设备，可取 $R \leqslant 10\Omega$
零线重复接地	$R \leqslant 10$	容量≤100kV·A，重复接地大于 3 处时可取 $R \leqslant 30\Omega$
低压线路杆塔接地	$R \leqslant 30$	
有避雷线电力线路杆塔接地	$R \leqslant 10$	土壤电阻率 $\rho \leqslant 100\Omega \cdot m$
	$R \leqslant 15$	$\rho=100 \sim 500\Omega \cdot m$
	$R \leqslant 20$	$\rho=500 \sim 1000\Omega \cdot m$
	$R \leqslant 25$	$\rho=1000 \sim 2000\Omega \cdot m$
	$R \leqslant 30$	$\rho>2000\Omega \cdot m$
防直击雷接地	$R \leqslant 10$	第一类工业、第二类工业和第三类民用建筑物和构筑物
	$R \leqslant 20 \sim 30$	第三类工业建筑物和构筑物
	$R \leqslant 10 \sim 30$	第二类民用建筑物和构筑物
防雷电感应接地	$R \leqslant 5 \sim 10$	
防雷电侵入波接地	$R \leqslant 5 \sim 30$	阀型避雷器的 $R \leqslant 5 \sim 100\Omega$

3)接地电阻的测量

为了保证设备良好接地，利用仪表对地电阻进行测量是必不可少的。接地电阻要用专门测量仪表才能测量。以下简要介绍使用电位降法测量工频接地电阻的步骤：测量中使用的仪表称作手摇式地阻仪，它主要由手摇发电机 GR、倍率旋钮 S、测量度盘 C 和表头 G 组成，如图 7-4 所示。测量优先采用直线布极方法，按照 20m 间距的要求将两个测量电极(P 和 C)打入土壤中，并将它们和被测的接地体 E 都按图 7-4 连接到地阻仪。测量时先将表头 G 的指针调整至零位，调整旋钮 S 选择适当的倍率，慢摇发电机 GR，同时转动测量度盘 C，使指针至零。此时测量度盘 C 示数乘以倍率调整旋钮倍数之积即接地电阻值。

对于地网，应当选择多个测试点，并改变测试极棒的布放方向进行测量，然后取平均值作为该地网的接地电阻值。当被测接地装置的面积较大而土壤电阻率不均匀时，为了得到较可信的测试结果，应将测试电极与被测接地装置的距离相应地增大。

3. 功能性接地

另一类接地称作功能性接地，具体可分为工作接地、信号接地、屏蔽接地等。例如，低压供

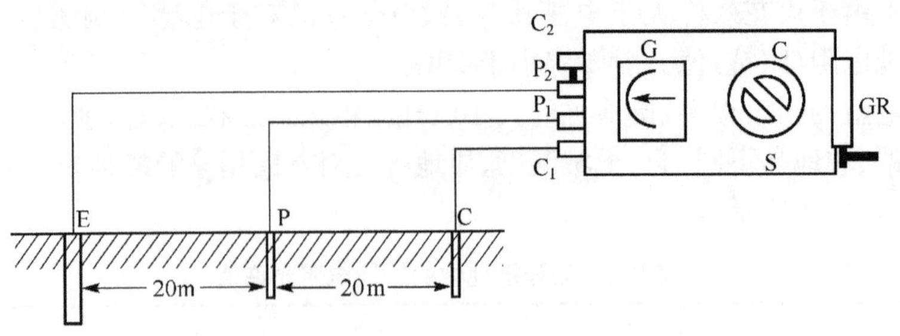

图 7-4　直线布极法测量接地电阻

电线中的零线(中性线)的功能就是典型的工作地,而当我们把市电当做信号(如工频电钟就是以 50Hz 的工频电作为计时信号源)来看待时,这条起回流功能的零线就符合信号地的定义,即它被作为电路中各信号的公共参考点,即电气及电子设备、装置及系统工作时信号的参考点。又如,对设备进行屏蔽时,在很多情况下只有与接地措施相结合,才能达到应有的效果。这类地线称工作地线,在电子设备中一定要注意工作地线的正确接法,否则不但起不到作用还反而可能产生干扰,例如,共地线阻抗干扰、地环路干扰、共模电流辐射等。所以通常习惯上我们并不将这几个名词加以严格区分,而统称为工作地或信号地。

典型的如信号地,它为信号电流提供返回信号源的通道。在论及 EMC 时,我们应把信号地认为是信号电流的返回路径,而不是电路图中的一个等电位点或等电位面,因为实际上这样理想的等电位点和面是不存在的。虽然设计电路时希望信号通过所设计的路径返回信号源,但是实际中并不一定能保证这样。信号的某些频谱分量会通过设计路径返回信号源,而其他的频谱分量则可能通过其他的路径返回信号源。接地平面上的屏蔽电缆就是一个很好的例子。低于屏蔽接地电路截止频率的频谱分量将沿接地面返回,而高于截止频率的那些频谱分量将沿屏蔽层返回而不是沿接地平面返回(图 7-5)。

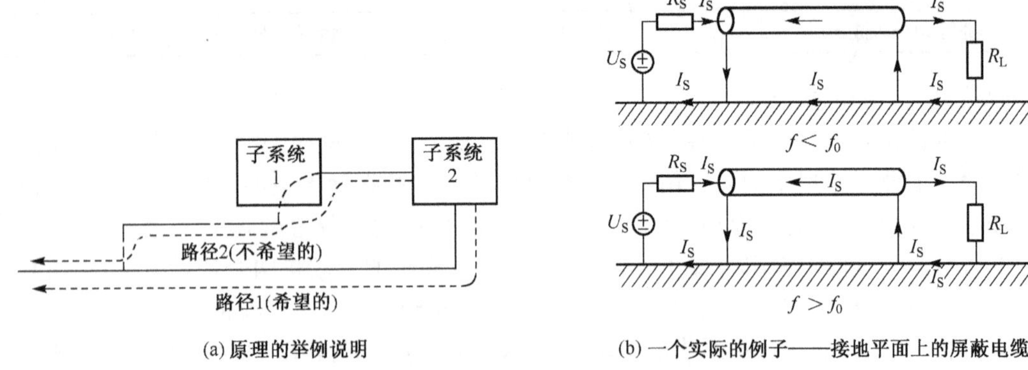

图 7-5　预期以外的信号回流路径

因此,我们必须意识到,电子电路本身是不会“阅读”电路图的。在讨论涉及电路的 EMC 特性时,信号电流往往并不沿着原理图中所设想的路径返回信号源。设计人员常常会犯的一个错误就是:在进行电路设计时常常只将注意力集中在信号传输至负载的路径的设计,而很少去考虑或根本不考虑信号返回源的路径;而实际上考虑电流返回信号源流过的路径(信号地)同等重要。所以,为了有效地进行 EMC 设计,就必须认真或慎重地设计信号的返回路径。

因此,在考虑信号地(回流线)时,不能忽略以下这两个事实:①信号以及骚扰通过信号地返回它们的源端,而整个路径具有一个环面积;②信号返回导线,像“信号输出”导线一样,具有非零阻抗,尤其是高频时导线的分布电感产生相当可观的感抗,因此使沿着它们表面的电压不同。

现实中,由差模电流导致的辐射发射以致使产品不能通过测试或者对其他电子设备产生干扰的最重要因素之一就是电流环路面积。大的环路面积使通过这个环的信号电流产生的辐射发射增加,因此必须要避免大的环路。并且,整个环路面积由“信号输出”路径和回路组成,所以“信号输出”路径和回路我们都要重视。当然我们也应该使每条路径的长度最短以控制这些导体上的共模电流的辐射发射。在许多情况下,如果设计者没有在“信号输出”路径附近提供信号回路(信号地),那么就会使信号电流除了沿着具有大面积的环路返回之外,没有其他选择,结果导致大的环路面积。如果在“信号输出” 路径附近提供一条备选路径,那么这个环路面积就会显著减小,辐射发射也会显著降低。

将信号地看做电流返回信号源的路径的第二个结果是:这些导电路径对于流经它们的高频电流呈现出一定的阻抗,因此导体不再是等位面。这就造成了子系统之间通过共阻抗耦合方式进行的干扰耦合。我们将发现这些回路和“信号输出”路径的阻抗都与环路阻抗有关,在高频时,主要表现出感性,环路电感与路径中各个导体的电感(局部电感)有关。因此无论通过缩短导线之间的距离还是减小“信号输出”和返回路径的长度来降低环路电感都会降低每条路径的电感和电阻。

4. 接地波动

由于现实中的载流导体总会呈现某种阻抗效应,所以信号地线上的任意两点间不会有相同的电位,即它们之间存在着一定的电位差。这个电位差可能从毫伏级到微伏级,看上去似乎不会产生什么影响,然而对于辐射发射测试,这些“小电压”足以产生导致产品不能通过规定限值的辐射发射。与这些“接地”点相连的板外的电缆的作用就像是产生辐射发射的天线。典型的例子如连接计算机和打印机的打印电缆,这个电缆具有完整的编织屏蔽层,且两端“接地”。然而在实际的数字系统中根本找不到一个“安静的接地点”来与屏蔽层相连。当导线载有信号,电流随时间而变化时,会在导线的电感两端产生电压降,激励与这个“地”相连的任何电缆屏蔽层,使这根电缆类似于一根发射天线。

再如,逻辑电路中的导线或PCB上的带状轨线,在高频情况下,它们的阻抗主要表现为分布电感所产生的感抗。尽管存在趋肤效应,轨线的分布电感在这些频率上仍为6~12nH/cm。由于流经这些轨线的逻辑信号电流状态在发生变化,导致轨线上任意两点之间的电压降为$L(\mathrm{d}i/\mathrm{d}t)$V,因此轨线上各点的电压“上下波动”。术语“接地波动”即来源于该观察结果。这不仅会导致辐射发射问题,也会产生功能性问题。例如,电路要正常的工作,则要求两级逻辑电路的接地引脚间的电压近似相等,而“接地波动”使这些电压不同,因此可能导致逻辑错误。随着逻辑信号速率的提高,“接地波动”的幅度也会升高,使之成为越来越突出的问题。例如,假设逻辑信号的驱动电流为10mA,上升时间为1ns,在5cm的轨线上的电压降将达到300~600mV,相当于门电路噪声容限的数量级。现在的逻辑电路上升时间接近500ps,因此“接地波动”电压增加到0.6~1.2V,这显然是一个严重的问题。

7.1.2 接地方式

由前面可知,无论对于保护性接地还是功能性接地,我们所要构造的"地"实质上就是提供一个等电位点或等电位面,并且要求这个等电位点(或面)具有尽可能小的阻抗(理想情况是零阻抗)。而实际上零阻抗的等位面是不存在的,这就要求我们根据电路(或系统)的实际拓扑结构以及电路的各种电特性参数(电流、频率等)来选择恰当的接地方式,以避免或降低由于接地引起的电磁兼容性问题。

1. 单点接地

对于低频电路,常常采用单点接地方式,从连接关系的拓扑来看,可以分为串联式单点接地和并联式单点接地。

1)串联式单点接地

典型的串联式单点接地如图 7-6 所示,也常被称为"级联法接地",即使用一公共接地线接到电位基准点,需要接地的部分就近接到该公共接地线上。

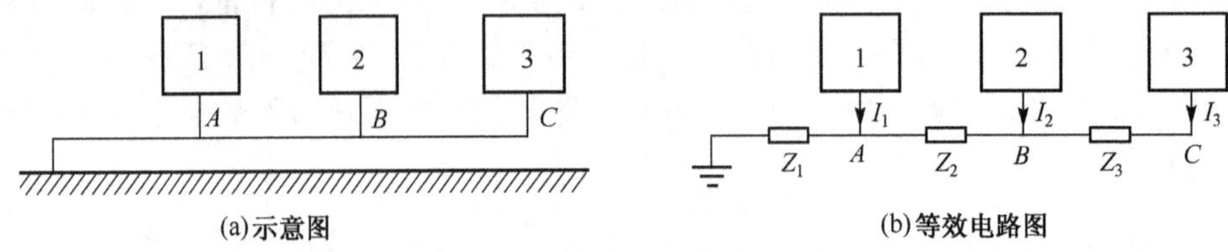

图 7-6 串联式单点接地及其等效电路

串联式单点接地方式实施起来比较简单,但因各单元共用一条接地线,而在考虑 EMC 时接地线的交流阻抗是不能忽略的,故可能会引起共阻抗干扰。电路 1、2、3 的接地点由工作地线串联起来,然后接地。设电路 1、2、3 的地电流分别为 I_1、I_2、I_3,这些电流有可能是电路中电源的回流,如果电路的滤波去耦不充分,回流中将混有未滤除的高频成分。设各段地线的阻抗分别为 Z_1、Z_2、Z_3,其主要成分是地线分布电感的感抗,可以计算出各电路接地点 A、B、C 处的电位,分别为

$$U_A=(I_1+I_2+I_3)\cdot Z_1$$
$$U_B=U_A+(I_2+I_3)\cdot Z_2$$
$$U_C=U_B+I_3\cdot Z_3$$

由此可见 $U_A<U_B<U_C$,地线不再是等电位线,因此很容易产生共阻抗干扰。

2)并联式单点接地

为解决串联式单点接地带来的共地线阻抗干扰,可以采用并联式单点接地。如果将图 7-6 电路的接地布置改成如图 7-7 所示的形式,电路 1、2、3 各自独立地在同一点接地,则各接地点的点位分别为

$$U_A=I_1\cdot Z_1$$
$$U_B=I_2\cdot Z_2$$
$$U_C=I_3\cdot Z_3$$

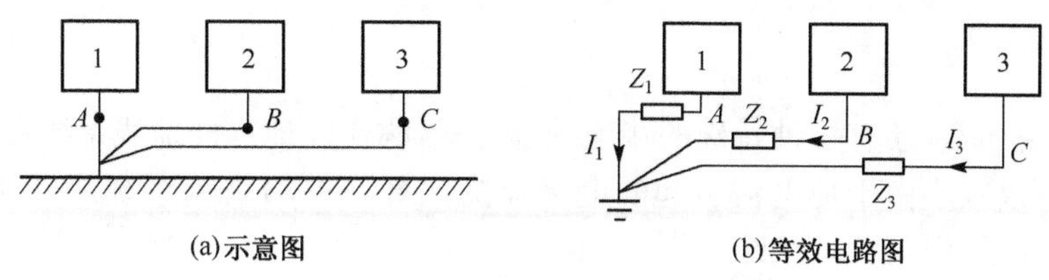

图 7-7　并联式单点接地及其等效电路

由此可知，各电路的地电位只与本电路的地电流及地线阻抗有关，不受其他电路的影响，这是并联式单点接地方式最突出的优点。它特别适合于各单元地线较短，而且工作频率比较低的场合。这种接地方式的缺点也是显见的：由于各设备、电路单元各自分别接地，势必会增加许多根地线，使地线长度加长，阻抗增加。这样不但造成布线繁杂、笨重，而且地线与地线之间、地线与电路各部分之间的感性耦合和容性耦合都会随频率的增高而增强。特别在高频情况下，当地线长度达到 $\lambda/4$ 的奇数倍时，地线阻抗可以变得很高(近似于开路)，地线会转化成天线，而向外辐射。所以，在采用这种接地方式时，每根地线的长度都不允许超过 $\lambda/20$。

单点接地形式的缺点在于地线太长，当频率升高时一方面增加地线阻抗，容易产生共地线阻抗干扰；另一方面频率的升高使地线之间、地线和其他导线之间由于容性耦合、感性耦合产生的相互串扰大大增加。所以单点接地方式只适用于低频电路，地线的长度不应该超过地线中高频电流波长的 1/20。较长的地线应尽量减小其阻抗，特别是减小电感，例如，增加地线的宽度，采用矩形截面导体代替圆导体作地线带等。

2. 多点接地

多点接地是指在电子设备(或系统)中设置接地平面，各个接地点都以最短距离直接接到该接地平面上，如图 7-8 所示。这里所说的接地平面可以是设备的底板、印刷电路板的地线层，也可以是贯通整个系统的接地母线。在比较大的系统中，还可以是设备的结构框架。例如，在印刷电路板上常用大块的金属面而不是用轨线作接地平面，在设备中则常用机壳作为接地母线。

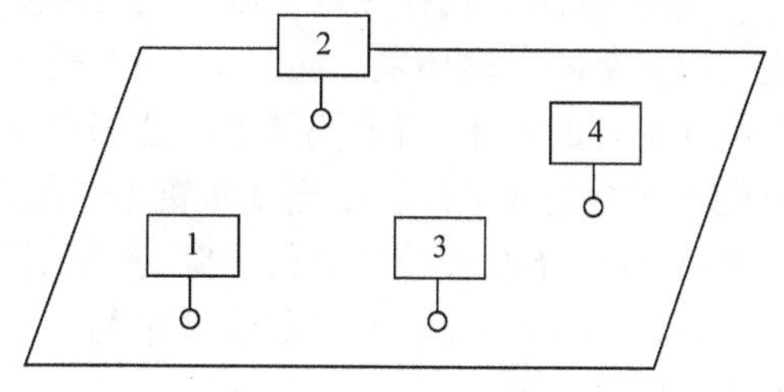

图 7-8　多点接地方式

采用多点接地方式的出发点是为了改善地线的高频特性。接地平面具有较大的面积和良好的导电性，面积大，因而本身阻抗很小，不易产生共阻抗干扰。采用多点接地，能使接地线上可能出现的高频驻波现象显著减小。多点接地的另一个优点是电路结构比单点接地简单。但是采用多点接地以后，设备内部形成了许多地线环路，它们对设备内较低的频率会产生不良影响。

根据以上分析，低频电路($f<10\text{MHz}$)一般采用单点接地方式，高频电路($f>10\text{MHz}$)一般采用多点接地方式。在印刷电路板上，作为地的金属面积一般都比较大，特别是多层印刷电路板专门有一层或多层用作地线层，这种情况下无论高频电路还是低频电路都可以多点就近接地，在布线时最好把各种不同类型的地线区分开，即进行地平面分割。

3. 浮地

就电子设备而言，还有一种特殊的接地处理方式，称作浮地。即地线系统在电气上与大地相绝缘，这样可以减小由于地电流引起的电磁骚扰。图 7-9(a)表示系统地悬浮的情况，各个电路的系统地连通，但与大地绝缘。

若浮地系统对地电阻很大、对地分布电容很小，则由外部共模骚扰引起的流过电路的骚扰电流就很小。图 7-9(b)为共模骚扰作用下的等效电路，来自电源等的外部骚扰电压 U_N 通过代表电磁感应和静电感应的等效阻抗 M_1、C_1 加到电源变压器、电缆屏蔽层或外壳上，在受骚扰部分的阻抗 R_3、L_3 上产生骚扰电压 U_0，此电压经线路间的分布电容 C_d 耦合到电路，经对地电阻 R_E 和对地电容 C_E 流回大地，并使电路对地电位发生波动。若 R_E 很大、C_E 很小(即良好浮地)，则流过电子线路的骚扰电流就很小，其影响可以忽略。此外，这种方式对直接进入的传导骚扰同样有抑制作用，并能避免因接地不当而产生的干扰。

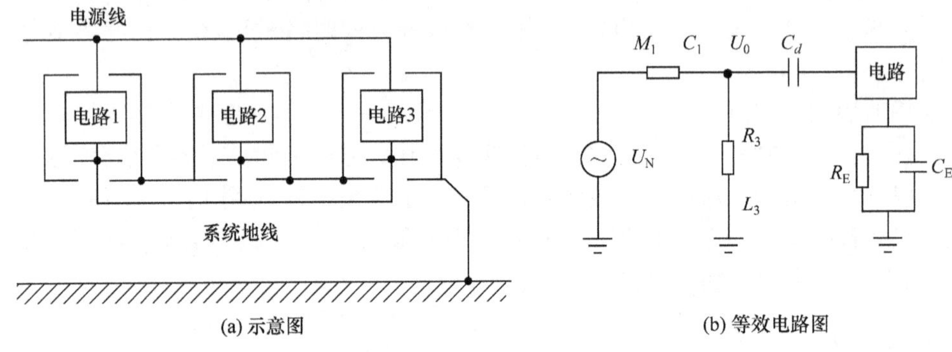

图 7-9　浮地系统及其干扰模式

但是，浮地方式存在以下缺点：①浮地的有效性取决于实际的对地悬浮程度，浮地方式不能适应复杂的电磁环境。实际上，一个较大的电子系统因为存在较大的对地分布电容，因而很难保证真正的悬浮；当系统基准电位因受干扰而不稳定时，通过对地分布电容出现位移电流，使设备不能正常工作。②当发生雷击或静电感应时，在电路与金属箱体之间会产生很高的电位差，可能使绝缘较差的部位击穿，甚至引起电弧放电。低频、小型电子设备容易做到真正的绝缘，所以随着绝缘材料和绝缘技术的发展而较多地采用浮地方式；而大型及高频电子设备则不宜采用浮地方式。

4. 混合接地

在大型复杂电子设备(系统)中，如采用单一的接地方式往往使得接地的复杂程度高(如形成很长迂回的或数量繁多的接地连接线)或者达不到对接地系统性能的要求，此时可采用混合接地的方式在接地的复杂度与性能之间取得折中。

在这类设备(系统)中往往包含有多种电子电路(如信号处理电路、控制电路等)和各种电机、电器等电气单元，此时的接地方案应当分层次地进行设计。对于各设备单元内部的接地，应当根据其电路的元部件特性及工作频率选择接地方式(如低频电路可选择串联或并联单点接地，高频电路单元则应选择多点接地)；而系统级的地线则应分组敷设，一般分为信号地线(信号地线还可以进一步细分为模拟与数字地线、高电平与低电平地线)，噪声地线(用在高功率电路如晶闸管、继电器、电动机等容易产生较高噪声的电路)和金属件地线(指设备机壳、机架和底板等,交流电源中的保护地线也应与金属件地线相连)等。

这种分组敷设地线的方法常被称为“三套接地法”或“四套接地法”,这是解决地线干扰问题行之有效的方法。其具体做法是:首先,把容易产生相互干扰的电路单元各自分组,例如,把模拟电路和数字电路、小功率和大功率电路、低噪声电路和高噪声电路等区分开来。在每个组内采用单点串联方式把小组内各电路的接地点串联起来,选择在电平最低的电路处作为小组接地点。分组后再把各小组的接地点按单点并联的方式分别连接到一个独立的总接地点,如图 7-10 所示。

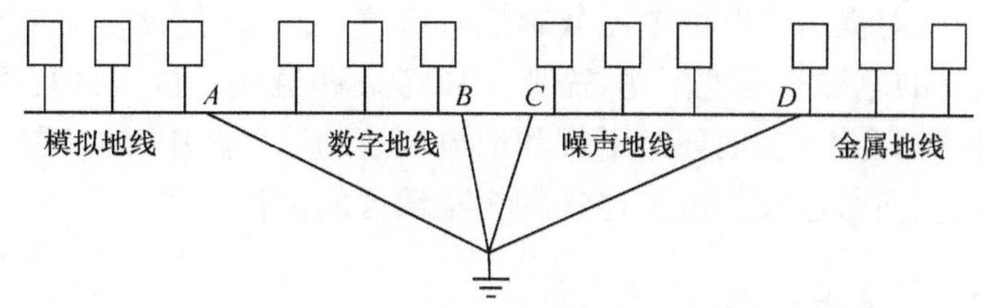

图 7-10　单点串并联混合接地方式

在实施混合接地方案时,有时还采用电感或电容元件来取代某些接地引线,以利用这类元件特殊的频率特性让不同频率的电流按照不同的回流路径流动。例如,两个接地点存在一定的直流电位差时,可将其中的一个接地点通过串联一个电容实现交流接地;或者要求两个接地点保持直流(或低频)等电位。而不希望高频信号流经此地线时,可以考虑在接地引线中串入电感元件来实现。

5. 接地方式小结

以上我们讨论了各种接地方式的特点,现简单总结比较如表 7-3 所示。

表 7-3　接地方式比较

接地方式	优点	缺点	适用场合
串联式单点接地	结构简单,成本最低,不构成地环路	易产生共阻抗干扰	构成简单的低频系统,对 EMC 性能要求不高的场合
并联式单点接地	可以避免共地线阻抗干扰问题	接线数量多,多条接地线间存在电容及电感耦合,易产生串扰	低频设备
多点接地	可实现最小阻抗接地线,抑制共阻抗干扰和地线上的驻波,改善高频性能	会形成复杂的内部地线环路,影响低频性能	高频设备
浮地	合理的设计能有效抑制共模干扰	会引起静电累积,安全性差;存在地电位波动	低频、小型电子设备
混合接地	在复杂度和性能之间取得折中	如果设计不当,会产生共阻抗干扰、地环路干扰和线间串扰	构成复杂的大型系统

规范化的接地方案应当按照下述的步骤进行设计。

(1)分析设备内各类电气部件的干扰特性。

(2)搞清楚设备内包含的各电路单元的工作电平、信号种类(模拟信号、脉冲信号)和抗干扰能力。

(3)按电气部件和电路特性分类划组。

(4)画出总体布置框图。

(5)排出地线系统图。

7.1.3 地环路干扰

从电磁兼容的角度考虑,良好且合理的接地能够为设备提供稳定的参考电位并为电流提供低阻抗的回流路径,对提高电路的电磁兼容性有所裨益。然而,设计不当或考虑不周的接地方案则可能引入额外的电磁兼容性问题,需要加以考虑和避免。接地处理不当可能引起的干扰包括地线的共阻抗耦合干扰、地环路干扰和地电位波动等。其中,地环路干扰是一种较常见的干扰现象,常常发生在通过较长电缆连接的相距较远的设备之间。

1. 地环路干扰的成因与对策

电子设备(或系统)中的地线分布到设备(系统)内部的各级电路单元,难免会与其他线路构成环路;当存在两条以上接地线时,地线本身也可能构成环路。当这种环路存在时,在特定条件下就会产生地环路干扰。

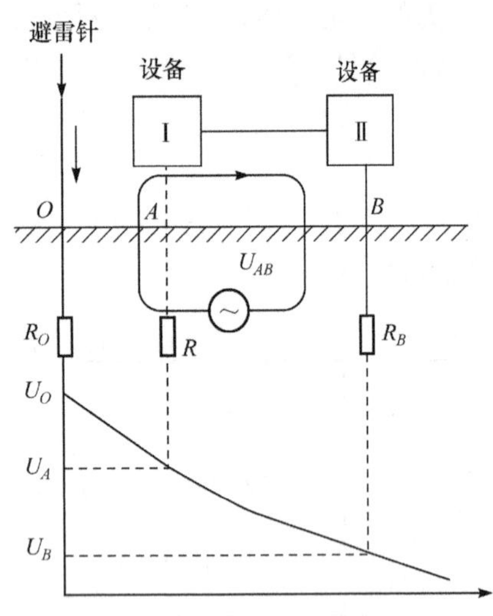

图 7-11　雷电产生的地环路干扰

举一个典型的例子,如图 7-11 所示,设备Ⅰ和设备Ⅱ位于避雷针同侧不同距离的位置,而且分别通过自身的保护性接地接至大地,且两个设备间存在接地连接(可能是信号电缆的屏蔽层)。当雷电流通过防雷接地极(O 点)注入大地后,地电流向周围扩散,从而引起周围地电位大大升高,这将造成设备Ⅰ的地电位(A 点)的升高量大于设备Ⅱ(B 点)的地电位升高量,使得 A、B 两点间存在一定的电位差。由于电流总是选择较低阻抗的路径流动,所以会在两个设备间的连接线上产生可观的电流。如果将 A、B 两点间的电位差看作一个骚扰源,则骚扰电流就是在连接线与大地之间的这个环路内流动,所以将产生这种形式的干扰称作地环路干扰。

由此可见,产生地环路干扰的第一种原因是互联设备的地电位不同引起地线上存在着一定的骚扰电压。一般是由于敏感设备接近其他地电流较大的大功率设备或与之共用一段地线,在土壤或地线中存在较强的电流,而土壤和地线又有较大阻抗产生的地环路干扰。产生地环路干扰的第二种原因是当存在地环路的互联设备处在较强的交变磁场中,且该磁场与环路存在交链时,在环路中产生的感应电势有可能叠加到传输信号上形成干扰。电磁场在“设备Ⅰ—互联电缆—设备Ⅱ—地”形成的环路中感应出环路电流,同样导致电磁干扰。

解决地环路干扰的基本思路有两个:一个是减小地线的阻抗,从而减小干扰电压;另一个是增加地环路的阻抗,从而减小地环路电流。当阻抗无限大时,实际是将地环路切断,即消除了地环路。

例如,将一端的设备浮地或将线路板与机箱断开等是直接的方法。但出于静电防护或安全的考虑,这种直接的方法在实践中往往是不允许的。更实用的方法是下面介绍的隔离变压器、光电耦合器、平衡电路、共模扼流圈等方法。

1)隔离变压器

在电路1和电路2之间插入隔离变压器,如图7-12(a)所示。两者之间的信号传输通过磁场耦合进行,而避免了电气直接连接。这时,地线上的干扰电压出现在变压器的初次级之间,而不是在电路2的输入端。但是变压器初级绕组和次级绕组间的分布电容会导致共模电流从初级流到次级,并进一步流向负载。为此在变压器初、次级间加一匝铜箔绕制屏蔽层,并将其在负载端接地,见图7-12(b)和(c)。需要注意这一匝铜箔在交接处必须垫上绝缘层,否则就会将变压器短路,那样差模电流(有用信号)也被隔离了。该铜箔起到了初级与次级间的电场屏蔽作用,即减小了两者间的分布电容。铜箔应在负载端接地的理由是屏蔽体若接在A端的地上,则共模噪声仍可以通过C_2耦合到负载上去,所以必须在B端接地。经过良好屏蔽的隔离变压器能够工作到1MHz。隔离变压器的缺点是不能传输直流信号,体积大,成本高。

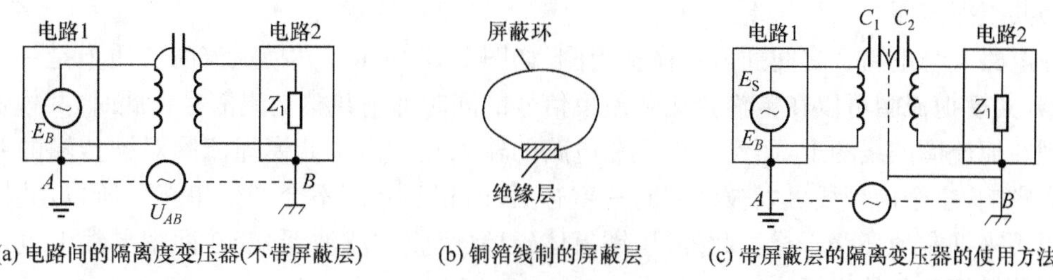

(a) 电路间的隔离度变压器(不带屏蔽层)　(b) 铜箔线制的屏蔽层　(c) 带屏蔽层的隔离变压器的使用方法

图7-12　隔离变压器切断地环路

2)光电耦合器

在电路1与电路2之间插入光电耦合器,如图7-13所示。光电耦合器是把电信号变成光信号,再把光信号还原成电信号的器件。光电耦合器只能传输差模信号,不能传输共模信号,所以完全切断了两个电路之间的地环路。光电耦合器可以传输直流和低频信号,响应速度快,输入、输出端的分布参数小,而且体积小,重量轻,便于安装,目前已广泛应用在数字电路中,频率高达10MHz。数字电路只有两种状态:有信号和无信号,即有光和无光,所以使用很方便。光电耦合器在模拟电路中使用时则应注意解决信号电流和光通量转换时的非线性问题。例如,采用光反馈技术可大大提高转换精度,从而使光电耦合器在模拟电路中的运用得到进一步的推广。

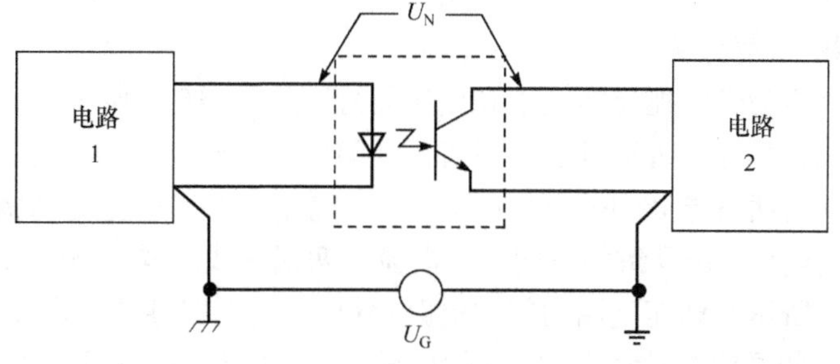

图7-13　光电耦合器切断地环路

3)平衡电路

图 7-14 中所示的平衡电路则提供了隔离共模地噪声电压的另一种方法。在这种情况下，由共模电压产生的电流在平衡电路中被等分。因为平衡的接收电路只对两个输入端之间的电压差有响应，所以能够抑制共模噪声。平衡状况越好，共模抵制的量就大。随着频率的增加，获得高度平衡电路的难度将越来越大。

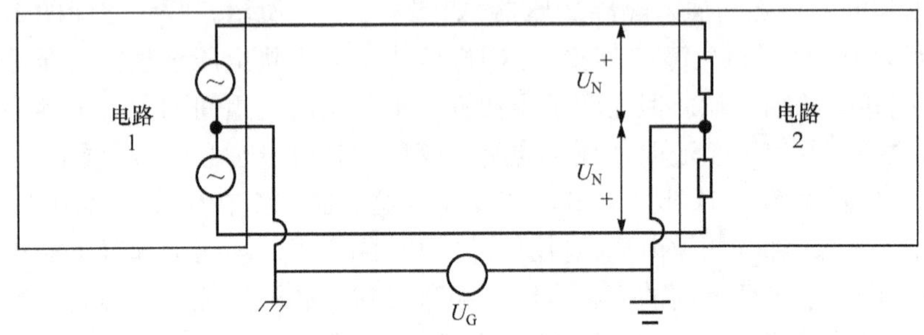

图 7-14　平衡电路抑制地环路影响

4)共模扼流圈

在电路 1 与电路 2 之间插入共模扼流圈，如图 7-15 所示。共模扼流圈实质上是一种平衡变压器，共模扼流圈可以在传输直流和差模信号的同时抑制共模交流信号。此时，共模噪声电压出现在扼流圈的线圈上，而没有出现在电路的输入端。由于共模扼流圈对被传输的差模信号没有影响，多个信号线可以被绕在同一磁芯上，而相互之间不会产生串扰。所以，共模扼流圈可以用来抑制地环路干扰。此外，用铁氧体磁环(吸收式滤波器)套在两根导线上也可以同样起到共模扼流圈的作用。

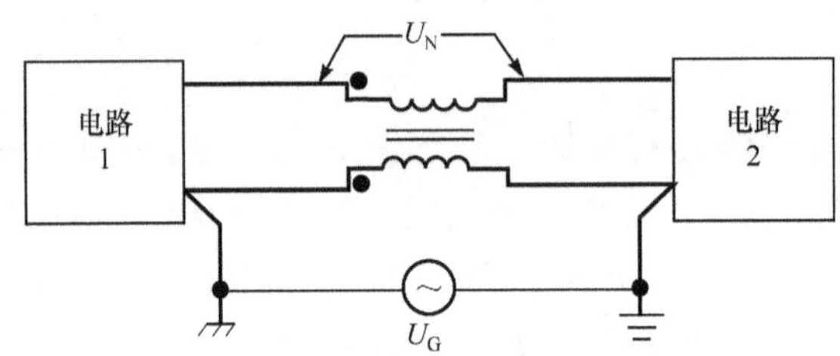

图 7-15　共模扼流圈抑制地环路干扰

2. 共模扼流圈抑制地环路干扰

1)共模扼流圈的低频分析

共模扼流圈(也称为纵向扼流圈或中和变压器)按照图 7-16 中所示的方式进行连接时，对信号电流是低阻抗的，且允许直流耦合。但对于任何共模噪声电流，共模扼流圈则呈高阻抗。

图 7-16 中所示的两根导线中的信号电流大小相等、方向相反，这是所需要的电流，也称为差模电流；由地环路电压 U_G 导致的以同一方向流入两根导线的噪声电流称作共模电流。

参考图 7-16 中所示共模扼流圈的等效电路，分析它的电路性能。电压源 U_S 代表一个用电阻等于 R_{C_1} 和 R_{C_2} 的导线与负载 R_L 相连的信号电压，共模扼流圈用两个电感 L_1 和 L_2 以及互感 M 来表示。如果两个绕组相同且紧密地耦合在同一磁芯上，那么 L_1、L_2 与 M 的大小相

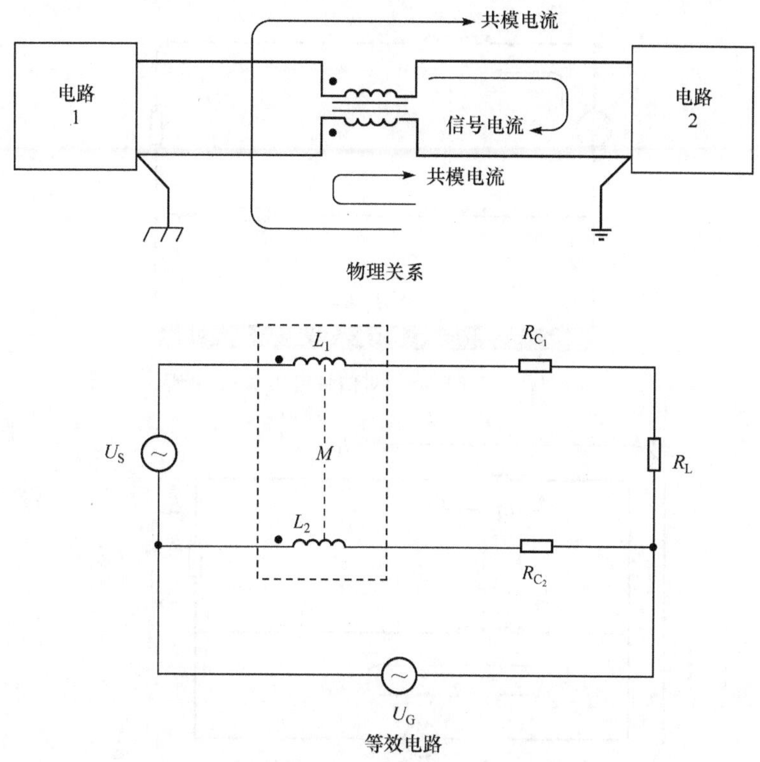

图 7-16　共模扼流圈切断地环路中的应用

等。电压源 U_G 表示由地环路的磁耦合或地电位差所产生的一个共模电压。导线电阻 R_{C_1} 与 R_L 串联且其值远小于 R_L，所以可以忽略不计。

第一步需要确定电路对信号电压 U_S 的响应，此时忽略 U_G 的影响。图 7-16 中的电路可重新画成图 7-17 中所示的电路。当信号的频率大于 $\omega=5R_{C_2}/L_2$ 时，实质上所有的电流 I_S 都会经过第二个导线（而不是地平面）回流到源。如果选取的 L_2 使最低信号频率大于 $\omega=5R_{C_2}/L_2$，那么 $I_G=0$。在这种情况下，图 7-17 中上边环路上的电压可写成如下形式

$$U_S=j\omega(L_1+L_2)I_S-2j\omega MI_S+(R_L+R_{C_2})I_S \tag{7-4}$$

又因为 $L_1=L_2=M$，并且 R_L 远大于 R_{C_2}，所以有

$$I_S=\frac{U_S}{R_L+R_{C_2}}\approx\frac{U_S}{R_L} \tag{7-5}$$

式(7-5)的结果与没有扼流圈时所得的结论相同，所以，若扼流圈的电感足够大，则在信号频率大于 $5R_{C_2}/L_2$ 时，它对信号的传输没有影响。

应用图 7-18 中所示的等效电路可以确定图 7-16 电路对共模电压 U_G 的响应。如果没有扼流圈，噪声电压 U_G 将全部落在负载 R_L 上。

若安装了扼流圈，根据图 7-18 所示的两个环路写出网孔电压方程，就能够确定负载 R_L 上的噪声电压。外侧环路上的电压可以表示如下：

$$U_G=j\omega L_1I_1+j\omega MI_2+I_1R_L \tag{7-6}$$

下面环路上的电压可以表示为

$$U_G=j\omega L_2I_2+j\omega MI_1+I_2R_{C_2} \tag{7-7}$$

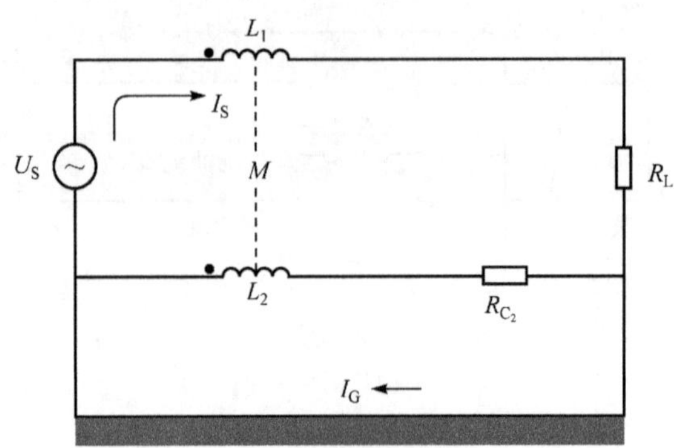

图 7-17　共模扼流圈对信号电压 U_S 的响应

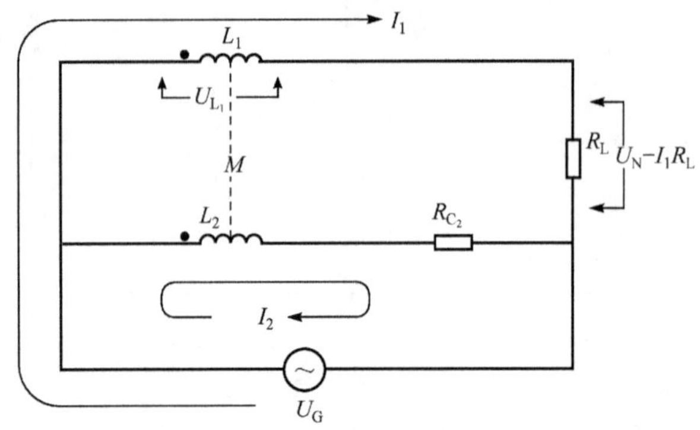

图 7-18　共模扼流圈对共模电压 U_G 的响应

那么根据式(7-7)求 I_2 的解,可得

$$I_2=\frac{U_G-j\omega MI_1}{j\omega L_2+R_{C_2}} \tag{7-8}$$

因为 $L_1=L_2=M=L$,将式(7-8)代入式(7-6)中,可得

$$I_1=\frac{U_G I_{C_2}}{j\omega L(R_{C_2}+R_L)+R_{C_2}R_L} \tag{7-9}$$

而噪声电压 U_S 等于 I_1R_L,又因 R_{C_2} 通常远小于 R_L,可以写出

$$U_N=\frac{U_G R_{C_2}/L}{j\omega+R_{C_2}/L} \tag{7-10}$$

为了尽量减小这一噪声电压,应使 R_{C_2} 尽可能小,而且扼流圈的电感 L 应满足下面的表达式:

$$L\gg R_{C_2}/\omega \tag{7-11}$$

式中,ω 是噪声的频率。扼流圈也必须足够大,以保证在电路中流动的不平衡直流电流不会使其饱和。

共模扼流圈很容易制作,只需简单地将连接两个电路的导线绕到磁芯上即可。同轴电缆也可以用于绕制线圈。来自多个电路的信号导线都可以绕到同一个磁芯上,不用担心会产生信号间的串扰。采用这种方法,一个磁芯可以为多个电路提供共模扼流圈。

2)共模扼流圈的高频分析

前面对共模扼流圈的分析属于低频分析,忽略了寄生电容的影响。如果将共模扼流圈用在高频(10～100MHz)段,则必须考虑绕组间的分布电容。图 7-9 给出了带有共模扼流圈(L_1 和 L_2)的两导线传输线的等效电路;R_{C_1} 和 R_{C_2} 分别表示扼流圈绕组的电阻与电缆导线电阻的和;C_S 是扼流圈绕组间的分布电容;Z_L 是电缆的共模阻抗,U_{cm} 是驱动电缆的共模电压。在分析中,Z_L 并不是差模阻抗。但是,这个电缆阻抗相当于一个天线,而且可能在 50～350Ω 变化。

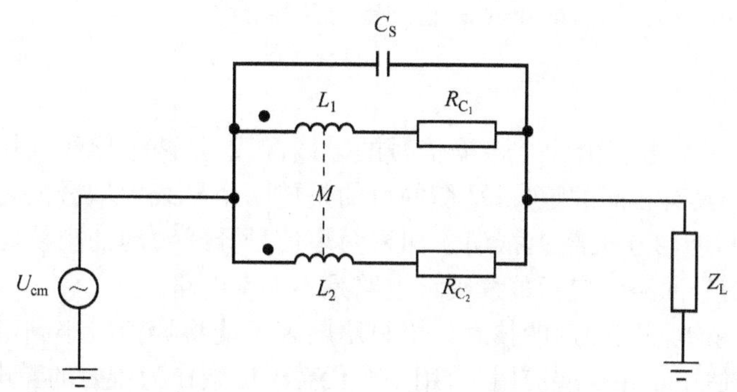

图 7-19　考虑寄生电容 C_S 的共模扼流圈的等效电路

共模扼流圈插入损耗的定义为:无扼流圈时的共模电流与有扼流圈时的共模电流之比。若 $R_{C_1}=R_{C_2}=R$,并且有 $L_1=L_2=L$,则扼流圈的插入损耗(IL)可表示为

$$\mathrm{IL}=Z_L\sqrt{\frac{[2R(1-\omega^2LC_S)]^2+R^4+(\omega C_S)^2}{[R^2+2R(Z_L-\omega^2LC_SZ_L)]^2+(2R\omega L+\omega CR^2Z_L)^2}} \tag{7-12}$$

图 7-20 是在 $R_{C_1}=R_{C_2}=5\Omega$ 和 $Z_L=200\Omega$ 时,根据式(7-12)画出的曲线图。

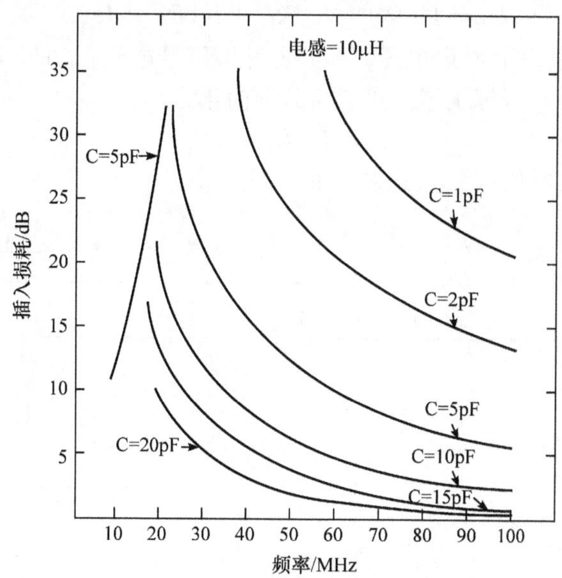

图 7-20　10μH 共模扼流圈在不同寄生电容情况下的插入损耗

图 7-20 给出的是 10μH 的共模扼流圈在不同寄生电容情况下的插入损耗。可以看出,频率在 60MHz 以上时,寄生电容的影响相当大。所以,决定共模扼流圈性能最主要的参数是寄

生电容不是电感。电容不变、电感变化的分析表明插入损耗随扼流圈电感的变化不是很大。在图 7-20 的应用中大部分都超过了扼流圈自谐振频率。在高频时,寄生电容的存在严重限制了扼流圈插入损耗的最大值。在频率大于 30MHz 以上时,采用共模扼流圈已很难获得 6～12dB 的插入损耗。

频率很高时,可以认为扼流圈对共模噪声电流是短路的。因而,电缆上的总共模噪声电流是由扼流圈的寄生电容决定的,而不是由它的电感决定的。

3. 平衡

平衡电路是指一个电路由两个传输信号的导线构成,且两个导线与相对参考面(通常是地)和其他的导体都具有相同的阻抗;平衡的目的是使两个导线中耦合的噪声相等;耦合的噪声是一个共模噪声,能够在负载上抵消。如果两个信号导线对地的阻抗不相等,则系统不平衡。因此,如一个信号回路中包括地线则该电路是不平衡电路。

平衡是一种减小地回路噪声的技术。当只用屏蔽不能将噪声减小到所需的大小时,可以将平衡与屏蔽联合使用。在一些应用中,用平衡代替了屏蔽作为主要的噪声减小技术。

要使平衡电路在减小共模噪声时更有效,不仅终端必须平衡,而且相互连接(电缆)也必须平衡。可以用变压器或差分放大器实现平衡终端。

图 7-21 所示的电路。如果 R_{S_1} 等于 R_{S_2},则源是平衡的;如果R_{L_1} 等于R_{L_2},则负载是平衡的。在这些条件下,电路平衡是因为两个信号导线对地具有相同的阻抗。对于电路平衡,并不要求 U_{S_1} 一定等于 U_{S_2}。信号源中的一个或两个甚至可以等于零,而电路仍然平衡。

图 7-21 中,可看出两个共模噪声电压 U_{N_1} 和 U_{N_2} 与导线串联。两个噪声电压产生噪声电流 I_{N_1} 和 I_{N_2}。源 U_{S_1} 和 U_{S_2} 一起产生信号电流 I_S。负载两端的总电压 U_L 等于

$$U_L = I_{N_1} R_{L_1} - I_{N_2} R_{L_2} + I_S (R_{L_1} + R_{L_2}) \tag{7-13}$$

式(7-13)中前两项表示噪声电压,第三项表示信号电压。如果 I_{N_1} 等于 I_{N_2}, R_{L_1} 等于 R_{L_2},则负载两端的噪声电压等于零。式(7-13)则简化为

$$U_L = I_S (R_{L_1} + R_{L_2}) \tag{7-14}$$

可见在负载两端只有信号电流 I_S 产生的电压。

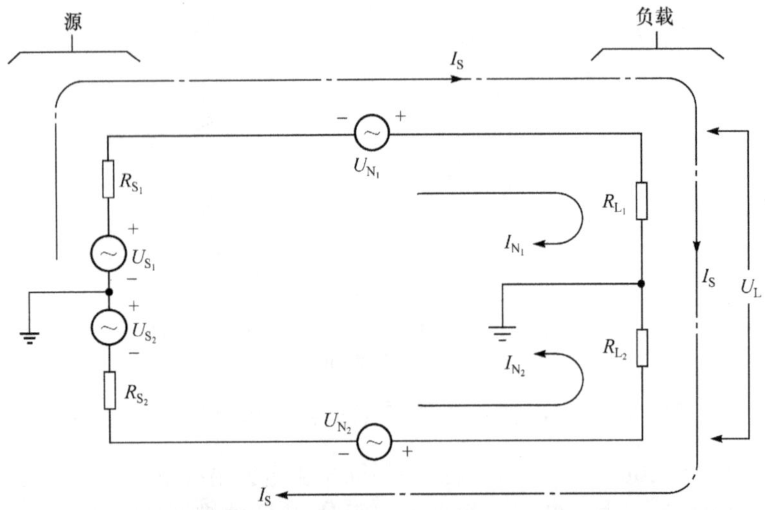

图 7-21 平衡条件 $R_{S_1} = R_{S_2}$, $R_{L_1} = R_{L_2}$, $U_{N_1} = U_{N_2}$, $I_{N_1} = I_{N_2}$

图7-21用了电阻性终端以简化讨论。实际中,电阻和电抗平衡都是重要的。图7-22是一个更一般的例子,给出了电阻性和电容性的终端。

在图7-22所示的平衡电路中,U_1 和 U_2 表示感应电压,电流源 I_1 和 I_2 表示通过电容性耦合到电路的噪声。源和负载之间的地电位差用 U_{cm} 表示。如果两个信号导线1和导线2彼此相邻,或是较好的绞合在一起,则通过电感性耦合到电路的噪声电压 U_1 和 U_2 应相等而且在负载处抵消。

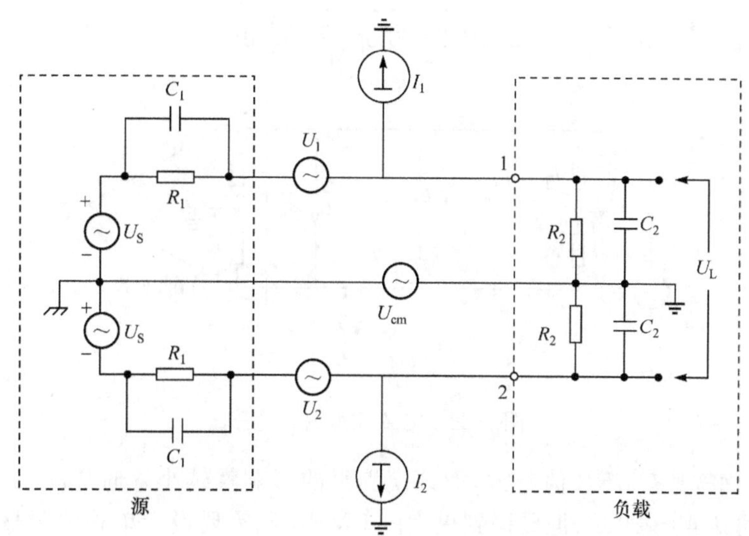

图7-22　有感性和容性耦合的噪声电压及地环路产生的地电位差的平衡电路

由电容性耦合引起的负载终端1和负载终端2之间产生的噪声电压可参考图7-23确定。电容 C_{31} 和 C_{32} 表示导线1和导线2分别与噪声源导线3的耦合电容。阻抗 R_{C_1} 和 R_{C_2} 分别表示导线1和导线2对地的总电阻。

导线3上的电压 V_3 通过电容耦合到导线1的噪声电压 U_{N_1} 是

$$U_{N_1}=j\omega R_{C_1}C_{31}U_3 \tag{7-15}$$

导线3上的电压 U_3 通过电容耦合到导线2的噪声电压 U_{N_2} 是

$$U_{N_2}=j\omega R_{C_2}C_{32}U_3 \tag{7-16}$$

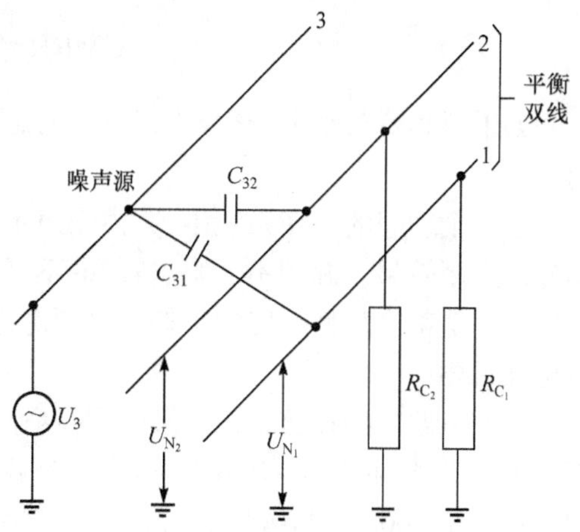

图7-23　平衡导线中的电容性耦合

如果电路平衡,则电阻 R_{C_1} 和 R_{C_2} 相等。如果导线1和导线2彼此相邻,或是较好地绞合在一起,电容 C_{31} 近似等于 C_{32}。在这些条件下,U_{N_1} 近似等于 U_{N_2},而且电容性耦合噪声电压在负载处抵消。如果终端平衡,则可用双绞线防止电容性耦合。因为双绞线也可以屏蔽磁场,且与终端是否平衡无关,所以即使导线上没有屏蔽,使用双绞线的平衡电路将能防护磁场和电场。因为双绞线很难达到理想的平衡,实际应用中常使用屏蔽双绞线。

在图7-22中地电位差 U_{cm} 在负载的终端1和终端2上产生相等的电压。这些电压相抵消在负载两端不会产生噪声电压。

为了定量描述电路平衡的程度或一个平衡电路抑制共模噪声电压的能力，引入共模抑制比(CMRR)。

图 7-24 表示用于抑制共模电压U_{cm}的平衡电路。如果平衡得好，则放大器的输入端不会出现差模电压U_{DM}。如果系统中出现了轻微的不平衡，共模电压U_{cm}在放大器的输入端会产生小的差模噪声电压U_{DM}。CMRR 用 dB 表示为

$$\text{CMRR}=20\log\left(\frac{U_{cm}}{U_{DM}}\right)\text{dB} \tag{7-17}$$

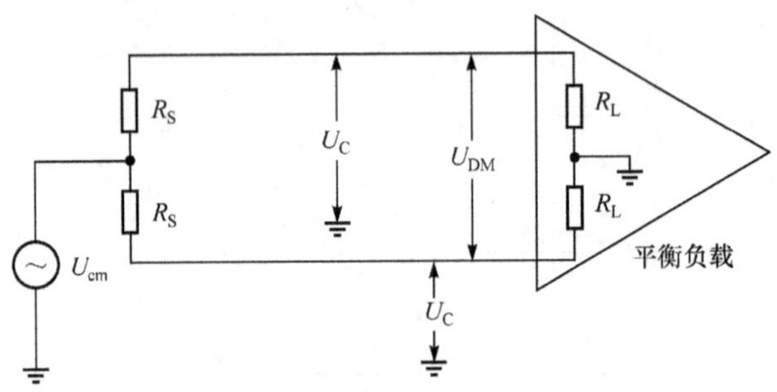

图 7-24　定义 CMRR 的电路

电路平衡越好，其 CMRR 值越大，而共模噪声的影响就越小。通常，一个设计良好的电路，其 CMRR 可达 40～80dB，但要得到更大的 CMRR 则需要设计单独的调整电路和使用特殊的电缆。实际中源电阻 R_S 一般比负载电阻 R_L 小很多。在放大器的输入端、每个导线对地电压 U_C 几乎等于 U_{cm}，式(7-17)可用式(7-18)近似：

$$\text{CMRR}=20\log\left(\frac{U_C}{U_{DM}}\right)\text{dB} \tag{7-18}$$

如果源和负载距离较远，式(7-18)的定义更好，因为 U_C 和 U_{DM}可以在电路的同一端进行测量。

在一个理想的平衡系统中，共模噪声不会耦合进电路。但在实际中，小的不平衡会降低共模噪声抑制效果。源的不平衡、负载的不平衡和电缆的不平衡以及出现的任何杂散或寄生阻抗的不平衡都会降低电路的平衡。需要考虑电阻性和电抗性平衡，频率升高时电抗性平衡变得更加重要。

平衡电路中的连接电缆，要求满足两个导体的电阻性和电抗性平衡。因此，每个导体的电阻和电抗必须相等。许多情况下，源和负载的不平衡远远大于电缆的不平衡。然而，要求共模抑制比大于 100dB 时，或用非常长的电缆时，必须考虑电缆的缺陷。

大多数电缆的电阻性不平衡可以忽略。电容性不平衡通常为 3%～5%。低频时，因为容抗远远大于电路中的其他阻抗，所以这种不平衡通常可以忽略。然而高频时，必须考虑电容性不平衡。

只要编织屏蔽层的电缆两端接地正确，一般不会产生电感性不平衡。电缆屏蔽层端接不正确，即与屏蔽体没有 360°连接，会产生电感性不平衡。辫线通常与两根信号线中的一根距离较近，因此与该信号线有较大的耦合，这会导致通过电感性耦合进信号导线的噪声产生显著的不平衡。

平衡和屏蔽的效果是叠加的。屏蔽用于减小信号导体中外界电磁场耦合的共模噪声量，而平衡可减小被转化为差模电压而耦合进负载的共模电压部分。

假设电路具有60dB的平衡，且电缆没有屏蔽，再假设每个导体由于电场耦合得到了300mV的共模噪声电压。因为平衡，耦合进负载的噪声降低60dB，即300μV。如果在导线周围增加一个屏蔽效能40dB的接地屏蔽层，则每个导体中拾取的共模电压将减小到3mV。耦合进负载的噪声将因为平衡再减小60dB达到3μV。这表示总噪声减小100dB——其中40dB来自屏蔽，60dB来自平衡。

电路平衡依赖于频率。通常，频率越高，越难保持好的平衡，因为杂散电容在高频时对电路平衡有更多的影响。

7.2 滤　　波

滤波(filtering)是抑制传导骚扰的一种重要方法。从字面的含义可以看出，滤波就是对电波进行过滤，即将希望通过的频率的电信号无阻碍的通过，而将不期望通过的频率成分加以滤除。

7.2.1 滤波的基本概念

一般情况下，电磁骚扰源发出的骚扰频谱比敏感电路要接收的有用信号的频谱宽得多，因此当接收器接收有用信号时也会接收到不希望有的骚扰。滤波能限制接收信号的频带以抑制骚扰，而不影响有用信号，即可提高接收器的信噪比。如接收器的频带为无限宽，设骚扰的功率谱密度为$N(f)$，则进入接收器的骚扰功率为

$$N=\int_0^{\infty}N(f)\mathrm{d}f \tag{7-19}$$

若有用信号功率为S，则此时信噪比为

$$S/N=\frac{S}{\int_0^{\infty}N(f)\mathrm{d}f} \tag{7-20}$$

如果采用滤波措施，将接收器之带宽限制在一定的范围内，如$f_1 \sim f_2$，则此时进入接收器的骚扰功率为

$$N'=\int_{f_1}^{f_2}N(f)\mathrm{d}f \tag{7-21}$$

显然$N'<N$，则$S/N'>S/N$，系统的信噪比得到了改善。

另外，在采取屏蔽措施来切断或抑制辐射骚扰时，由于多数的设备外壳不可能是一个完全封闭的屏蔽体，总要有与其他设备或系统连接的端口，如电源端口或信号线端口。任何直接穿透屏蔽体的导体都会造成屏蔽失效，解决这个问题的有效方法之一是在通过机箱的电缆端口处采取滤波措施，以滤除电缆上不必要的频率成分，减小电缆产生的电磁辐射，也防止电缆上感应到的环境噪声传进设备内的电路。

概括地说，滤波的作用是仅允许工作必需的信号频率通过，而对工作不必需的信号频率尽可能地进行衰减，这样就降低了产生干扰的机会。

滤波器(filter)是实现滤波的具体器件。采用滤波器可以达到分离信号、抑制骚扰的目

的。电气设备上所有电源线和信号线都存在引入电磁骚扰的可能性，因此从电磁兼容的角度考虑，电源线与信号线上应该安装滤波器。

滤波器是由电感、电容、电阻或铁氧体器件构成的频率选择性二端口网络，可以插入传输线中，抑制不需要的频率的传输。能够无衰减地通过滤波器的频率段称为滤波器的通带，通过时受到很大衰减的频率段称为滤波器的阻带。

由于各种频率成分通过滤波器时的衰减不同，所以滤波器的插入损耗是滤波器最重要的特性参数。插入损耗定义为

$$\text{Loss}_{\text{ins}}(\text{dB}) = 20\lg(U_1/U_2) \tag{7-22}$$

式中，U_1 为信号源不通过滤波器而直接加在负载上时的电压；U_2 为信号源通过滤波器后加在负载上的电压。插入损耗曲线随频率而变化，所以也称为滤波器的频率特性曲线。

根据插入损耗随频率不同的变化特性，滤波器一般可分为低通滤波器(LPF)、高通滤波器(HPF)、带通滤波器(BPF)和带阻滤波器(BSF，也称陷波器)。LPF 和 HPF 是最基本的滤波器形式，其他都是这两种基本形式的组合。EMI 滤波器多为低通滤波器。图 7-25 为这几种常见滤波器的插入损耗曲线。

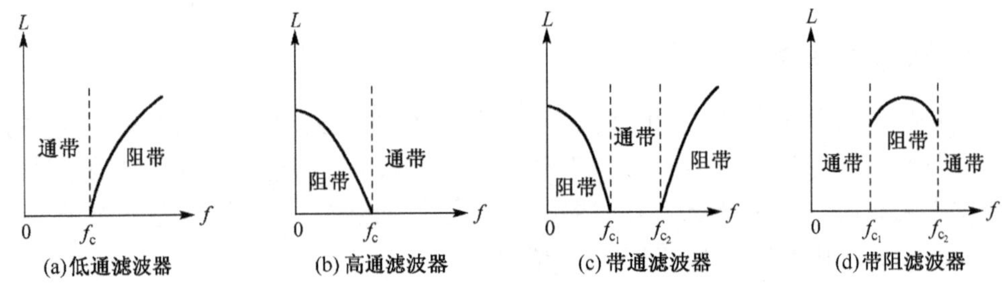

图 7-25 滤波器的插入损耗特性

根据滤波器通带(或阻带)的大小，可以将滤波器分为宽带滤波器和窄带滤波器，以及一些特殊用途的滤波器如梳状滤波器。EMI 滤波器多为宽带滤波器。窄带滤波器及梳状滤波器一般用于信号调理。

根据滤波器的材料及制造工艺，可分为 LC 滤波器、RC 滤波器、铁氧体滤波器、声表面波滤波器、腔体滤波器、晶体滤波器等。EMI 滤波器主要是 LC 滤波器和铁氧体滤波器。

根据滤波器的工作机理来区分，有反射式滤波器和吸收式滤波器两种基本类型。反射式滤波器是由电感、电容等器件组成的，在滤波器阻带内提供了高的串联阻抗和低的并联阻抗，使它与噪声源的阻抗和负载阻抗严重不匹配，从而把不希望的频率反射回噪声源，所以称为反射式滤波器。吸收式滤波器则是由有耗器件构成的，它能够在阻带内吸收骚扰的电磁能量并将之转化为热损耗，从而起到滤波作用。常见的吸收式滤波器如铁氧体滤波器。

7.2.2 基本滤波元件

常采用的滤波元件有电容、电感、频变电阻(铁氧体元件)等。这些元件之所以能够实现滤波的功能，是利用了它们的电参数(如容抗、感抗、电阻)能够随着频率变化的特性。由于在电磁兼容应用中，我们使用的各种形式的 EMI 滤波基本上均为低通滤波，故以下主要讨论这些元件组成低通滤波电路时的特性。

1. 电容元件

电容器是基本的滤波器件，在低通滤波器中作为旁路器件使用。利用它的阻抗随频率升高而降低的特性，起到对高频骚扰旁路的作用。

采用电容进行反射式低通滤波的电路结构如图7-26所示，Z_O为滤波器向负载端视入的阻抗，Z_S为滤波器向源端视入的阻抗，将这两个阻抗考虑在内，其实质上是构成了一个RC低通滤波器。滤波电容本身的阻抗为$Z_C=1/(j\omega C)$，频率越高电容的阻抗越小，即高频时电容器为线路提供了一个并联的低阻抗。如果源电流中同时存在高频成分和低频成分，则高频电流将主要流过电容，而低频电流则流向负载，即电容起了滤除高频成分的作用。电容器的选择应在要滤除的频率范围内满足：

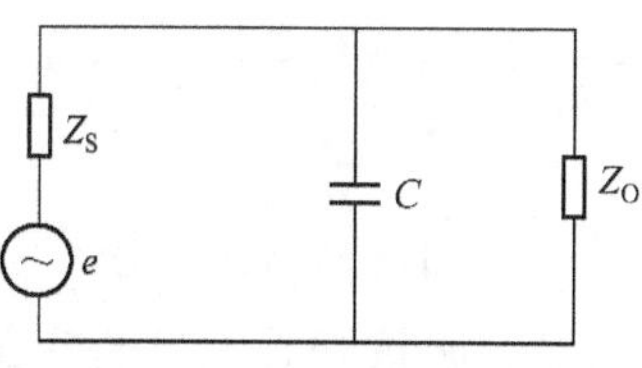

图7-26 电容元件的低通滤波

$$Z_C<Z_S,\qquad Z_C<Z_O$$

电容滤波适用于高频时负载阻抗和源阻抗都较大的情况。如设$Z_S=Z_O=R$，电容滤波器的插入损耗为

$$\text{Loss}_C(\text{dB})=10\lg\left[1+\left(\frac{\omega RC}{2}\right)^2\right] \tag{7-23}$$

电容既可以用来滤除差模噪声，也可以用来滤除共模噪声，只是接法不同而已。电容器若并联接在设备的交流电源进线间则可以滤除电源线上的差模高频噪声；若并接在印刷电路板上数字集成片的正负电源引脚间则起到去耦作用，给高速开关电路提供一个高频通道，以免把高频噪声传导到电源中，这也是抑制差模噪声。如把电容器并接在导线和地之间就构成了共模滤波器，从而避免高频共模噪声流入负载中，经共模-差模转换而影响设备正常工作。

但是，在实际使用中一定要注意电容器的非理想性。实际的电容器除了电容量以外，还有电感和电阻分量。电感分量是由引线和电容结构所决定的，电阻是引线所固有的。电感分量是影响电容频率特性的主要指标，因此，在分析实际电容器的旁路作用时，用LC串联网络来等效，如图7-27所示。

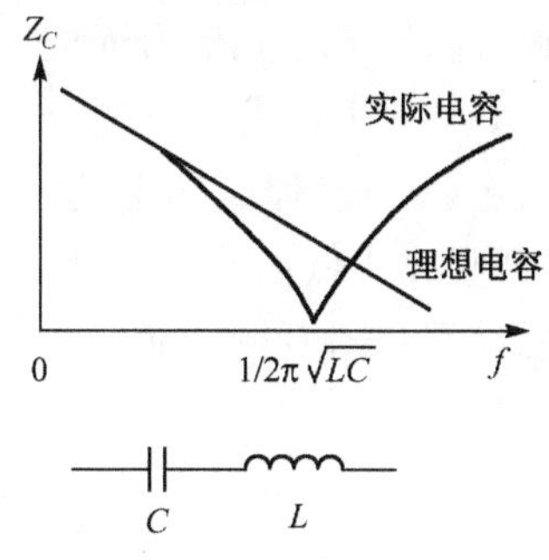

图7-27 电容器的非理想特性

当频率为$1/(2\pi\sqrt{LC})$时，实际电容器会发生串联谐振，这时电容的阻抗最小，旁路效果最好。超过谐振点后，电容器的阻抗特性呈现电感阻抗的特性，即随频率的升高而增加，旁路效果开始变差。这时，作为旁路器件使用的电容器就开始失去旁路作用。电磁兼容设计中使用的电容要求谐振频率尽量高，这样才能够在较宽的频率范围内起到有效的滤波的作用。提高谐振频率的方法有两个：一个是尽量缩短引线的长度，另一个是选用电感较小的种类。从这个角度考虑，陶瓷电容是最理想的一种电容。

2. 电感元件

由电感组成的最简单的反射式低通滤波电路如图7-28所示。若不考虑电感自身的电阻，则电感的阻抗为$Z_L=j\omega L$，频率越高，电感的阻抗越大，即高频时为线路提供了一个串联的高

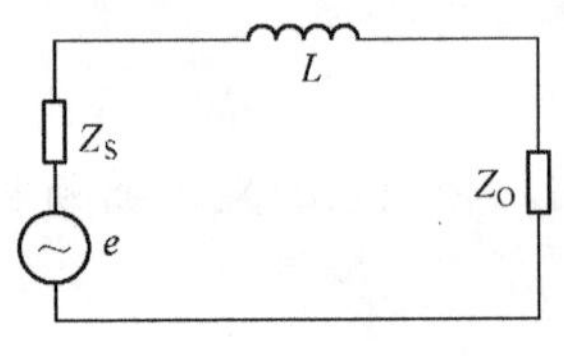

图 7-28　电感元件的低通滤波

阻抗，高频成分主要作用在电感上，而低频成分能衰减很小地通过电感到达负载。电感器的选择应在需要滤除的频率范围内满足 $Z_L > Z_S$ 和 Z_O。所以电感滤波器适用于高频时负载阻抗和源阻抗均较小的场合，如设 $Z_S = Z_O = R$，电感滤波器的插入损耗为

$$\mathrm{Loss}_L(\mathrm{dB}) = 10\lg\left[1+\left(\frac{\omega L}{2R}\right)^2\right] \tag{7-24}$$

实际的电感器除了电感参数以外，还有寄生电阻和电容。其中寄生电容的影响更大。理想电感的阻抗随着频率的升高成正比增加，这正是电感对高频骚扰衰减较大的根本原因。但是，由于匝间寄生电容的存在，实际的电感器等效电路是一个 LC 并联网络，如图 7-29 所示。当频率为 $1/(2\pi\sqrt{LC})$ 时，会发生并联谐振，这时电感的阻抗最大，超过谐振点后，电感器的阻抗特性呈现电容阻抗特性——随频率增加而降低。电感的电感量越大，往往寄生电容也越大，电感的谐振频率越低。

3. 电阻型滤波元件

电阻型滤波元件是一类特殊的元器件，这类元件的电阻不是常数，而是会随着通过其信号的频率发生变化，即可称作一种“频变电阻”$R(f)$。由电阻型滤波元件构成的滤波电路，其工作机理是将阻带内的电信号能量转化为焦耳热而消耗掉，所以是吸收式滤波。

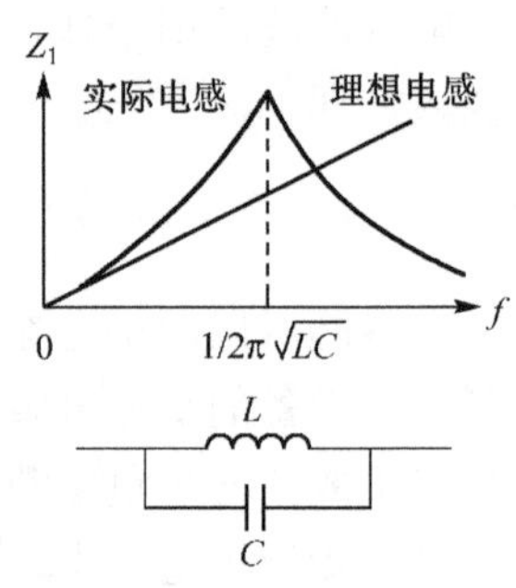

图 7-29　电感器的非理想特性

基于前面我们对电容及电感滤波元件用法的讨论，我们可以得出如下的结论：如果是随频率按正系数变化的频变电阻，应将其串联在骚扰源与负载之间，利用电阻对电磁噪声的分压实现低通滤波；如果是随频率按负系数变化的频变电阻，则应将其并联在骚扰源与负载之间，利用电阻对电磁噪声的分流来实现低通滤波。

铁氧体吸收型滤波元件是一种典型的频变电阻元件，已被广泛应用于各种电路中作为低通滤波器使用。用于电磁噪声抑制的铁氧体是一种磁性材料，由铁、镍、锌氧化物混合而成，具有很高的电阻率和较高的磁导率（相对磁导率为 100～1500）。铁氧体一般做成中空型，导线穿过其中。当导线中的电流穿过铁氧体时低频电流可以几乎无衰减地通过，但高频电流却会受到很大的损耗，转变成热量散发，所以铁氧体和穿过其中的导线即吸收式低通滤波元件。

这个滤波元件可以等效为电阻和电感的串联，但电阻值和电感量都是随着频率而变化的，总的串联阻抗为

$$Z(f) = R(f) + \mathrm{j}\omega L(f) \tag{7-25}$$

式中，$R(f)$ 部分能够以吸收形式提供主要的滤波能力，而 $\mathrm{j}\omega L(f)$ 则以反射形式提供部分滤波性能。图 7-30 是典型的铁氧体的 Z、R、L 随频率变化的曲线。

由图 7-30 可知总的阻抗是随频率升高而增加的。在低频段内，磁芯的磁导率较高，因此电感量较大，$X>R$，这时电感起主导作用，但这时磁芯的损耗较小，整个器件是一个低损耗、高 Q 值特性的电感，这种电感容易造成谐振。因此在低频，有时会有骚扰增强的现象。

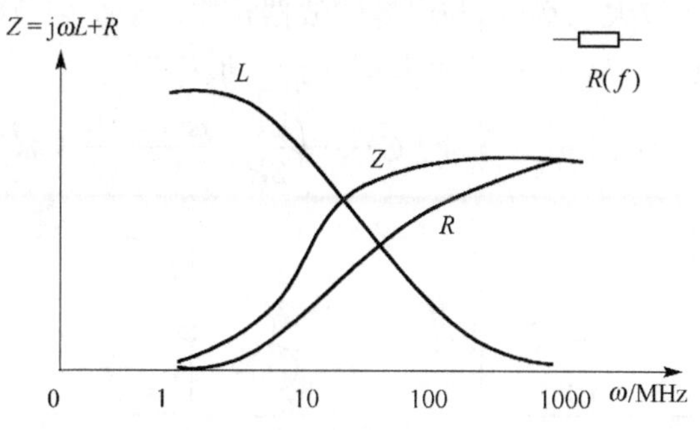

图 7-30　铁氧体低通滤波器的阻抗特性

而在高频段内，阻抗主要由电阻成分构成，即 $X<R$。随着频率升高，磁芯的磁导率降低，导致电感的电感量减小，感抗成分减小。但这时磁芯的损耗增加，电阻成分增加，导致总的阻抗增加。当高频信号通过铁氧体时，电磁能量以热的形式耗散掉。

对于直流和低频信号，铁氧体提供的串联阻抗很低，直流电阻只有零点几欧姆，所以几乎没有衰减，可以顺利通过。但对于几十～几百 MHz 的高频信号滤波器的阻抗则成百倍的增加，因此对高频信号起到较大的衰减作用。铁氧体吸收式滤波器与常规的电感滤波器相比具有更好的高频滤波特性，因为电感器在高频时的分布电容会使电感器的实际阻抗下降，从而降低滤波性能，而铁氧体滤波器在高频时电阻值大于感抗，主要呈现电阻性，相当于一个品质因数很低的电感器，所以能在相当宽的频率范围内保持较高的阻抗，从而提高了高频滤波性能。

综上所述，铁氧体磁珠与电感器的功能是相同的，都是对高频产生高阻抗，只是磁珠是吸收性的，而电感器是反射性的，磁珠的高频滤波性能比电感器好。磁珠可以做得很小，而且使用起来比电感器更方便灵活。

7.2.3　EMI 滤波器

低通滤波器是电磁兼容抑制技术中用得最普遍的一种滤波器，低频信号可以以很小的衰减通过，而高频信号则被滤除。低通滤波器用在交直流电源系统中可以抑制电源中的高频噪声，用在放大器或发射机输出电路中可以滤除有用信号的高次谐波和其他杂散信号。

低通滤波器的结构形式和滤波器两端的阻抗有密切关系。本节将介绍几种常见基本形式的 LC 低通滤波器以及常见的 EMI 滤波器。

1. 常见的 LC 低通滤波器结构

1）Γ 型 LC 滤波器

Γ 型 LC 滤波器的结构如图 7-31 所示。该滤波器适用于高频时负载阻抗较大，而源阻抗较小的场合。当 $Z_O=R$ 时，Γ 型滤波器的插入损耗为

$$L_\Gamma(\mathrm{dB})=10\lg\left[\frac{(2-\omega^2LC)^2+\left(\dfrac{\omega L}{R}+\omega CR\right)^2}{4}\right] \tag{7-26}$$

2）Π 型滤波器

Π 型滤波器由两节 Γ 型滤波器组合而成，其结构如图 7-32 所示。Π 型滤波器适用于高频

时负载阻抗和源阻抗都比较大的场合，与电容滤波器相比由于是多节滤波器串接而成，所以插入损耗更大，滤波效果更好。当 $Z_S=Z_O=R$ 时其插入损耗为

$$L_{\Pi}(\mathrm{dB})=10\lg\left[(1-\omega^2LC)^2+\left(\frac{\omega L}{2R}-\frac{\omega^2LC^2R}{2}+\omega CR\right)^2\right] \tag{7-27}$$

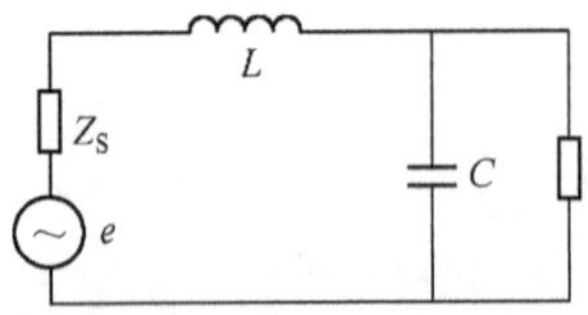

图 7-31　Γ 型 LC 滤波器

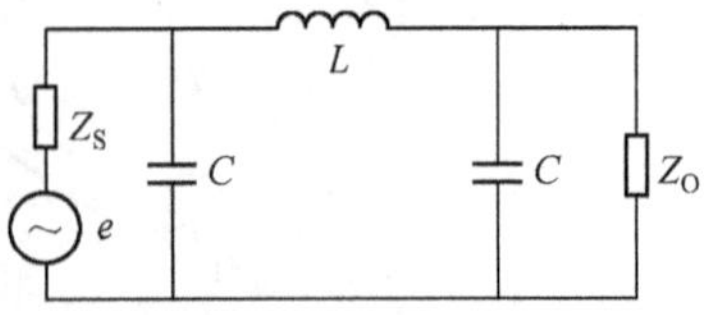

图 7-32　Π 型 LC 滤波器

3) T 型滤波器

T 型滤波器也是由两节 Γ 型滤波器以不同的方式组合而成，适用于高频时负载阻抗和源阻抗都比较小的场合，它比电感滤波器的插入损耗大，其结构如图 7-33 所示。

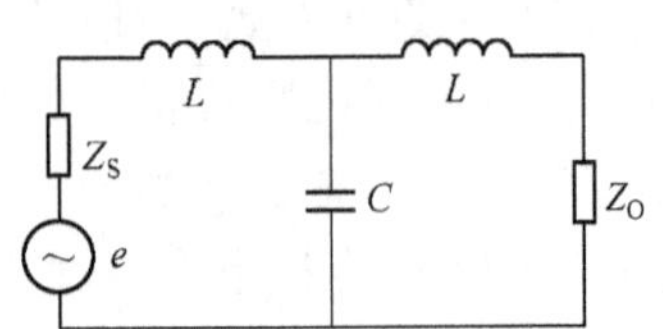

图 7-33　T 型滤波器

当 $Z_S=Z_O=R$ 时，T 型滤波器的插入损耗为

$$L_{T}(\mathrm{dB})=10\lg\left[(1-\omega^2LC)^2+\left(\frac{\omega L}{R}-\frac{\omega^2L^2C}{2R}+\frac{\omega CR}{R}\right)^2\right] \tag{7-28}$$

上面叙述的几种低通滤波器都可以级联运用。阻带范围相同的滤波器级联可以增加阻带内的衰减。阻带范围不同的滤波器级联可以扩展阻带的频率范围。

2. 共模扼流圈

作为滤波器使用的电感线圈有两种：一种是差模扼流圈，用于抑制差模高频噪声；另一种是共模扼流圈，用于抑制共模高频噪声。差模扼流圈一般是单线扼流圈，串联在单根传输线上。单线扼流圈通常是把导线缠绕在磁损较大的铁粉芯上，电感值可达几十毫亨。共模扼流圈可插入传输导线对中，同时抑制每根导线对地的共模高频噪声，而对于传输线中传输的差模电流则没有影响，其结构如图 7-34 所示。通常把两个相同的线圈绕在同一个铁氧体环上，铁氧体磁损较小，绕制的方法使得两线圈在流过共模电流时磁环中的磁通相互叠加，从而具有相当大的电感量，对共模电流起到抑制作用；而当两线圈流过差模电流时，磁环中的磁通相互抵消，几乎没有电感量，所以差模电流可以无衰减地通过。共模扼流圈的优点就在于，即使有较大差模电流通过也不会使磁环饱和，而对于共模电流则有较大的电感（约几毫亨），所以可以用在大电流的电源滤波器中。

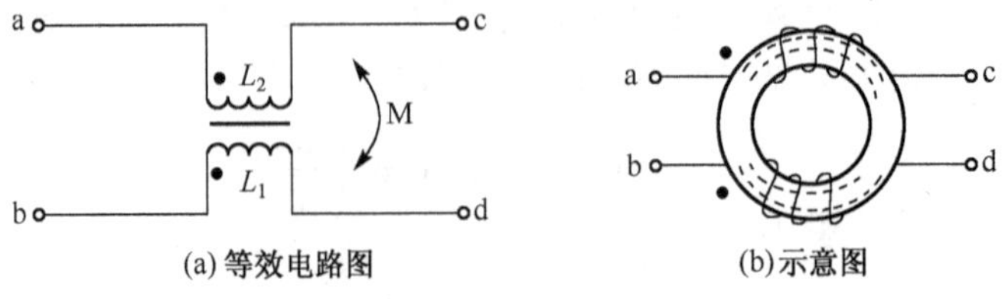

(a) 等效电路图　　(b) 示意图

图 7-34　共模扼流圈

3. EMI 电源滤波器

电源滤波器是一种多级差模和共模低通滤波器级联的一个应用实例，它的优点是可同时抑制差模与共模两种模式的高频骚扰，另外，其滤波性能受两端负载阻抗的影响较小。

电源滤波器的作用往往是双向的，它不仅可以阻止电网中的噪声进入设备，也可以抑制设备产生的噪声污染电网。图 7-35 是电源滤波器的一种典型结构，这种结构对交流和直流电源都适用。

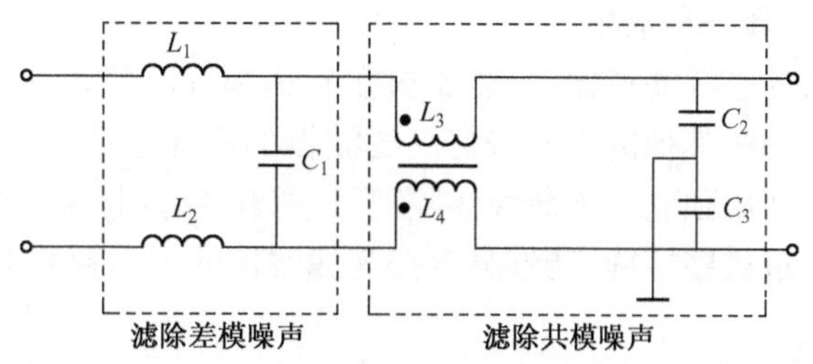

图 7-35　电源滤波器的结构

图 7-35 中 L_1 和 L_2 是两个差模电感扼流圈，电感量一般选为几十至几百微亨，C_1 是差模滤波电容，一般选 0.047～0.22μF，L_3 和 L_4 是共模扼流圈，绕在同一个铁氧体环上，电感量约为几毫亨，C_2 和 C_3 是共模滤波电容，电容量约为几纳法。C_2 和 C_3 的电容量不宜选得过大，否则容易引起滤波器机壳漏电的危险。因为 C_2 和 C_3 的连接点是接“地”的，这里的地指的是滤波器的金属机壳，按规定金属机壳应接大地。当滤波器用于交流电网时虽然 C_2 和 C_3 对低频交流的阻抗很大，但仍存在一定的漏电流，电容越大漏电流也越大。如果机壳接大地不良，人手摸到机壳就会有触电的感觉。国际电工委员会 IEC435(CO)14 规定了漏电流的限值，对于Ⅰ类安全设备漏电流不得大于 3.5mA，对于Ⅱ类安全设备应小于 0.25mA。

在实际运用中电源滤波器并非是一个理想的低通滤波器，滤波器的实际频率特性可由图 7-36 说明。低频时插入损耗很小，可以让电源频率几乎无衰减地通过。对于理想低通滤波器，在截止频率以后随着频率的升高插入损耗应该无限增加，但实际上插入损耗升高到一定值以后就不再增加，在相当一段频率范围内维持在该值附近振荡。然后当频率进一步升高时插入损耗反而随频率下降。产生这种情况的原因是构成滤波器的电感器件和电容器件存在分布参数。

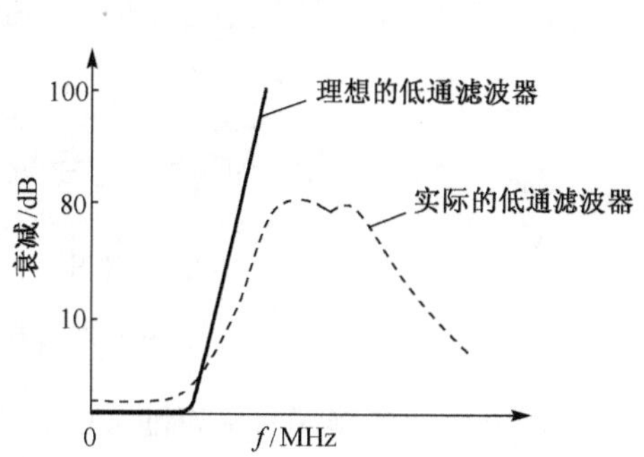

图 7-36　滤波器实际的插入损耗特性

电感器件如扼流圈在高频时的分布电容必须考虑，这些分布电容主要存在于线匝之间，电感器在高频时可看成电感 L 和分布电容 C_L 的并联。当频率大于谐振频率后，电感器就不再是电感而变成电容了，并且随着频率升高阻抗进一步减小，这样就失去了对高频的抑制作用。因此在绕制扼流圈时一定要注意采用适当方法尽量减少匝间的分布电容。单扼流圈是绕在磁性材料上的，当扼流圈中的电流大到一定程度时，磁性材料将产生磁饱和现象，这时磁性材料的磁导率将急剧下降，电感量也随之大大减小，单扼流圈就不能起到滤波作用了，所以应该采用饱和磁感应强度高即磁损大的磁芯,例如,金属粉末磁芯,同时磁芯的截面积也不能过小。共模扼流圈一般不存在磁饱和问题,因为差模电流在流过共模扼流圈时磁通在磁芯中互相抵消,所以磁芯可以用饱和磁感应强度较低即磁损小但磁导率高的铁氧体材料。

高频时电容器不再是单纯的电容,而是电容 C 和分布电感的串联电路,当频率超过谐振点后,感性阻抗起主导,所以当频率大于谐振频率之后电容器就不再是电容而变成电感了,并且随着频率的升高阻抗反而越来越大,就不再具有高频滤波功能了。因此要改善滤波器的高频特性就必须选择高频特性好、等效串联阻抗(ESR)低的陶瓷电容和聚酯电容,并且尽可能地缩短电容的引线,减小高频分布电感。

对于某些特殊要求的电源滤波器,可能要求在高达 1GHz 的频率时仍能提供有效的滤波性能。这时还常常采用一些其他的手段来提高滤波器的高频性能。一般的做法是:将组成滤波器的多个级联环节之间用独立的屏蔽腔体隔离开,采用穿芯电容作为共模滤波电容并用其实现各级间的连接。通过这些措施,能够显著提高滤波器的工作频率上限。

4. EMI 信号滤波器

对于信号线上采取的低通滤波措施,除了可以使用上面介绍的扼流圈、反射式 LC 滤波器等之外,还常常采用以下几种滤波器件。

1)穿芯电容滤波器

在处理穿越屏蔽体的引线端子时可以采用穿芯电容来构成共模电容滤波器,通常也将之称作馈通滤波器。

使用时,穿芯电容用螺栓或焊接方法固定在机箱的金属板上,有用信号可以通过其芯线穿过机箱,而高频噪声则通过芯线与金属板之间的电容接入地,如图 7-37 所示。

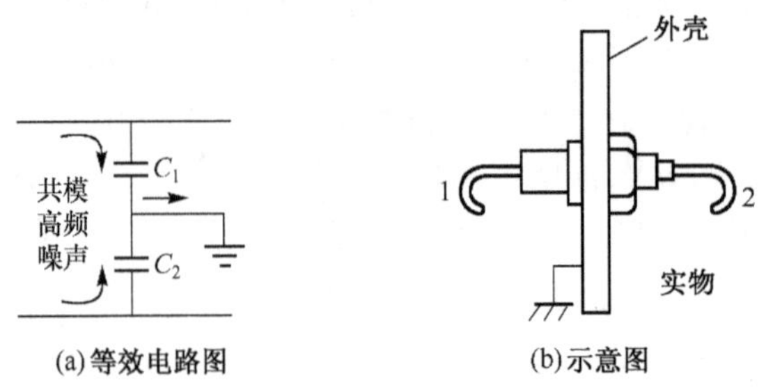

图 7-37 穿芯电容构成的共模滤波器

穿芯电容滤波器还常常以滤波阵列板和滤波连接器的形式出现。当需要滤波的导线数量较多时,逐个焊接或安装馈通滤波器是十分烦琐的事,这时可使用滤波阵列板或滤波连接器。滤波阵列板上的穿芯电容已经由厂家使用特殊工艺焊接好,性能可靠,使用简便。滤波阵列板一般用在机箱内部。而对于机箱外部的电缆进行滤波则使用滤波连接器,以便于电缆的插拔。一般滤波连接器的外形尺寸与普通连接器是完全相同的,可以直接取代普通连接器。不同的是滤波连接器的每个针(孔)上安装了一个穿芯电容滤波器,用以滤除信号线上的高频骚扰。

使用滤波阵列板时,要注意的问题是:一定要在滤波阵列板与安装面板之间安装电磁密封衬垫,否则在缝隙处会有很强的电磁泄漏。

2)铁氧体滤波器

根据不同的使用场合铁氧体滤波器可以做成多种形式，图 7-38 列出了常用的 10 种形式。图 7-38(a)～(c)常做成元件型，可以直接焊接在印刷电路板上。多线磁珠可串接在低速信号轨线对中，如键盘线对、RS-232 接口线对等。图 7-38(d)～(f)是磁环，导线应从中间穿过。圆磁环可套在元件引脚或导线上；柱形磁环用于圆形电缆；矩形磁环用于扁平电缆；图 7-38(g)是多孔磁板，专用于 DIP 型连接器的插座，使用时应把插座上的每个引脚都插入磁板上相应的孔中。为了使用方便，磁环还有做成分裂式的，两个半环套在电缆上，然后用夹子夹紧。图 7-38(h)可用于圆电缆；图 7-38(i)可用于扁平电缆。

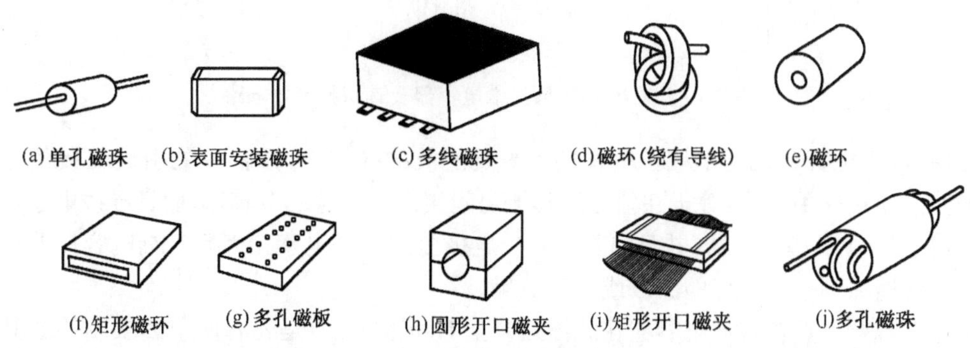

图 7-38　各种铁氧体磁环(磁珠)

磁珠和磁环可以应用在以下场合：磁环可套在交流电源线对、直流电源线对、信号线对上，也可套在电缆线把上用于抑制共模噪声；磁珠可串接在电源的正负导线中用于抑制差模噪声；磁环还可套在高频元件引脚上，防止电路产生高频振荡。使用铁氧体磁珠和磁环时应注意以下问题。

(1)电缆或导线应与环内径密贴，不要留太大的空隙，这样导线上电流产生的磁通可基本上都集中在磁环内，从而增加滤波效果。

(2)磁环越长阻抗越大，例如，2 个截面积相同的磁珠，长度为 6.68mm 的磁珠在 100MHz 时阻抗为 110Ω，长度为 13.97mm 的磁珠阻抗则为 220Ω，如果一个磁环不起作用，可以多穿几个磁环。

(3)有时为增加阻抗可以把导线在磁环上多绕两圈，也可用图 7-38(j)所示的多孔磁珠，增加匝数。理论上阻抗与匝数的平方成正比，但由于匝与匝之间存在分布电容，高频时实际增加的阻抗不可能达到预期效果，所以一般最多绕 2～3 匝。

(4)磁环内的导线如流过较大的直流或低频交变电流则容易使其滤波作用失效，因为铁氧体磁环与其他电感器铁芯相比容易产生磁饱和，这时磁导率急剧下降，阻抗也随之下降。所以在利用磁珠抑制差模电流时要注意产品说明书给出的电流允许值，特别当磁珠用在大电流的电源线滤波时要挑选允许电流值大的磁珠。在用磁环抑制共模噪声电流时最好把正负电源线对或正负信号线对都穿过磁环，这样磁环就不易产生磁饱和。

(5)如果使用铁氧体磁珠或磁环的线路负载阻抗很高，则磁珠很可能不起作用，因为磁珠的阻抗在几百兆赫时也只有几百欧，因此磁珠比较适用于低阻抗电路。如果能在磁珠后面再并接一个电容组成类似 LC 滤波器，增加滤波效果。

3)三端电容

在讨论电容器的非理想特性时我们提到,对于高频,电容的引线电感是不能忽略的。当频率接近或超过实际电容器的自谐振频率时,电容器将失去其滤波的功能。

与普通电容不同的是,三端电容的一个电极上有两根引线,如图 7-39 所示。

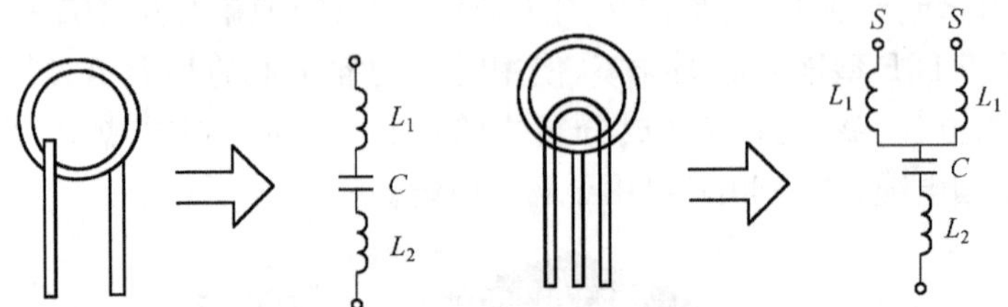

图 7-39　普通电容器、三端电容器及其高频等效电路

使用时,将标有 S 的两个端子串联接入需要滤波的导线中,标有 G 的引出端接信号地或供电回路。通过这种连接,等于在信号线和地之间接入一个穿芯电容器,而且导线电感与电容刚好构成了一个 T 型滤波器,并且消除了一个电极上的串联电感。因此三端电容比普通电容具有更高的谐振频率和更好的滤波或去耦效果。

三端电容器虽然比普通电容器在滤波效果上有所改善,但是还有两个因素制约着其高频效果,一个是两根引线间的寄生电容耦合,另一个是接地线的电感。因此,三端电容的自谐振频率为 20～350MHz,它的自谐振频率主要取决于电容量大小。若能选择它的自谐振频率与要抑制的骚扰频率相重合或接近,会得到最佳抑制效果。实现对骚扰 60～70dB 的衰减。

为了进一步改善三端电容器的滤波性能,还可通过在两个 S 端引线的根部分别接入两只铁氧体磁珠来构成一种新的复合滤波器件。目前市场上有这类产品可供选用。在使用时应根据需要滤波的信号线的信号频率来选择合适参数的器件。

7.2.4　滤波器的安装

1. 一般注意事项

EMI 滤波器的安装和实际布局,对它能否充分发挥抑制 EMI 的作用影响极大,有关的注意事项包括如下几条。

(1)滤波器应当安装在尽量靠近欲抑制噪声的端子处:最好安装在骚扰源出口处,再将骚扰源和滤波器完全屏蔽在一个金属盒子里。若骚扰源内腔空间有限,则应安装在靠近骚扰源被滤波导线出口外侧,滤波器壳体与骚扰源壳体应进行良好的搭接。

(2)滤波器的输入和输出线必须分开,防止出现输入端与输出端线路耦合现象而降低滤波器的衰减特性。通常利用隔板或底盘来固定滤波器。若不能实施隔离方法,则采用的屏蔽引线必须可靠接地。

(3)滤波器中电容器导线应尽可能短,防止感抗与容抗在某个频率上形成谐振,电容器相对于其他电容器和元件成直角安装,避免相互产生影响。

(4)滤波器接地线上有很大的短路电流,能辐射很强的电磁骚扰,因此对滤波器的抑制元件要进行良好的屏蔽。

(5)焊接在同一插座上的每根导线都必须进行滤波,否则会使滤波器的衰减特性完全失去。

(6)穿芯滤波器必须完全同轴安装,使电磁骚扰电流呈辐射状流经电容器。若把穿芯电容器通过法兰盘直接安装到骚扰源上与设备组成一体,接地电流就会呈辐射状流过,抑制频率范围可扩展到几 GHz。如果安装不当,抑制效果就会明显变差。

2. 电源滤波器的安装

1)参数选择

在选择电源滤波器时需要考虑的参数应当包括以下几种。

(1)插入损耗:对于 EMI 电源滤波器而言,这是最重要的指标。由于电源线上既有共模骚扰也有差模骚扰,因此滤波器的插入损耗也分为共模插入损耗和差模插入损耗。在滤波器的阻带,插入损耗越大越好。

(2)高频特性:理想的电源线滤波器应该对交流电频率以外所有频率的信号有较大的衰减,即插入损耗的有效频率范围应覆盖可能存在干扰的整个频率范围。但几乎所有的电源线滤波器手册都仅给出 30MHz 以下频率范围内的衰减特性。这是因为电磁兼容标准中对传导发射的限制仅到 30MHz(军标仅到 10MHz),并且大部分滤波器的性能在超过 30MHz 时开始变差。但实际中,滤波器的高频特性是十分重要的。

(3)额定工作电流:额定工作电流不仅关系到滤波器的发热问题,还影响电感的特性,滤波器中的电感要求在工作电流峰值条件下不能发生饱和。

(4)滤波器的体积:滤波器的体积主要由滤波器中的电感决定,而电感的体积取决于额定电流、滤波器的低频滤波特性。体积小的滤波器一定牺牲了电流容量或低频特性。

在选择电源滤波器过程中所面临的最大的困惑就是:如何确定在阻抗失配的应用条件下滤波器的插入损耗?往往厂家所给出的滤波器参数是在 50Ω 的源和负载阻抗的测试环境下获得的,这种方法获得的滤波器性能参数是最优化的,同时是最具有误导性的。在实际应用中,交流电源的阻抗可能在 2Ω～2kΩ 之间的范围内变化,而设备的负载阻抗更是千差万别,所以一般情况下电源滤波器都是工作在阻抗失配的条件下。为了解决阻抗问题,最好是购买生产厂家同时标明了在"匹配"的 50/50 测试系统中的指标和在"失配"条件下的指标的产品。失配的数据是在源阻抗为 0.1Ω/负载阻抗为 100Ω 以及源阻抗为 100Ω/负载阻抗为 0.1Ω 的条件下测得的。为保险起见,应当用所有这些曲线中的最坏情况形成一条插入损耗曲线图,并将其作为滤波器的技术指标来考虑。

2)正确安装

电源滤波器的理想安装方式如图 7-40(a)所示。这种安装中,滤波器的输入和输出分别在机箱金属面板的两侧,直接安装在金属面板上,使接触阻抗最小,并且利用机箱的金属面板将滤波器的输入端和输出端隔离开,防止高频时的耦合。滤波器与机箱面板之间最好安装电磁密封衬垫(在有些应用中,电磁密封衬垫是必需的,否则接触缝隙会产生泄漏)。

军用设备中经常使用这种安装方式,否则可能不能满足辐射发射的限值要求。对于民用设备,虽然电磁兼容标准的要求较松,但是,有些场合对射频泄漏的限值很严格(例如,与高灵敏度接收机一起工作的设备),也要采用这种安装方式。在采用这种安装方式时,滤波器的滤波效果主要取决于滤波器本身的性能。当滤波器本身的性能较差时(主要指高频性能),即使采用这种安装方式也不能提高滤波器的滤波效果。

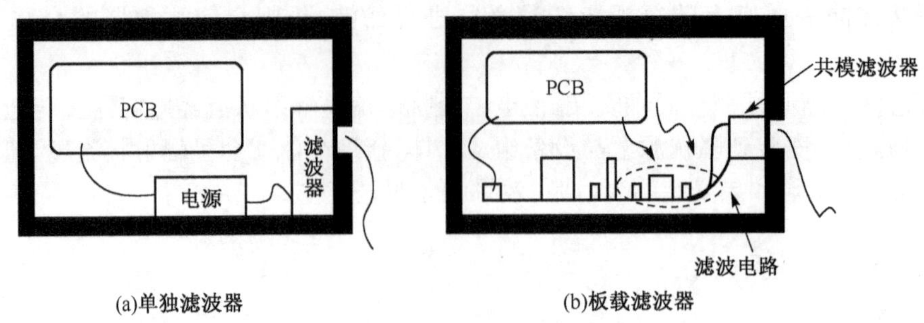

图 7-40 滤波器的正确安装

许多产品为了降低成本,将滤波器直接安装在线路板上,如图 7-40(b)所示。这种方法从直接成本上看有些好处,但实际的性价比并不高。因为高频骚扰会直接感应到滤波电路上的任何一个部位,使滤波器失效。因此,这种方式往往仅适合于干扰频率很低的场合。如果设备使用了这种滤波方式(有些电源上就安装了滤波电路),一种补救措施是:在电源线入口处安装一只共模滤波器,这个滤波器可以仅对共模骚扰有抑制作用。因为,空间感应到导线上的骚扰电压都是共模形式。这个共模滤波器可以由一个共模扼流圈加两只共模滤波电容构成,或者采用穿芯电容也可以获得非常理想的滤波效果。

3. 信号滤波器的安装

1)滤波器的安装方式

信号滤波器的主要作用是滤除信号电缆上的骚扰电流。既防止设备内的噪声电流传导到电缆上,也防止外界骚扰在电缆上感应的骚扰电流传入设备。一般为了满足电磁兼容标准的要求,非屏蔽电缆的端口上必须安装滤波器,否则难以达到要求。信号滤波器的两种安装方式如图 7-41 所示。

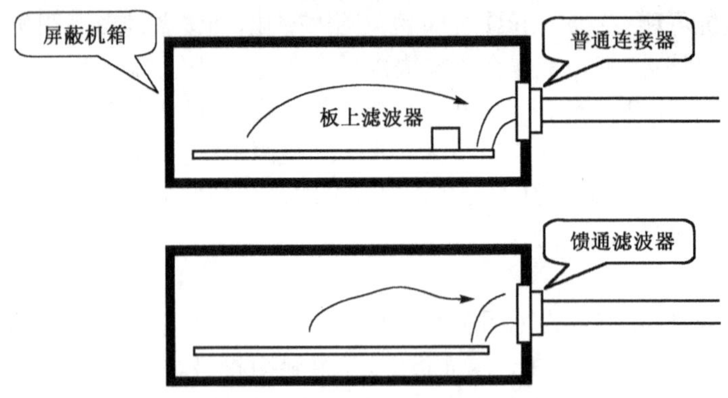

图 7-41 信号滤波器的两种安装方式

(1)板载滤波器:这种滤波器安装在 PCB 上。这种滤波器的优点是经济,缺点是高频滤波效果欠佳。这主要有三个原因。第一是滤波器的输入、输出之间没有隔离,容易发生耦合;第二是滤波器的接地阻抗不是很低,削弱了高频旁路效果;第三是滤波器与机箱之间的一段连线会产生两种不良作用:机箱内部空间的电磁骚扰会直接感应到这段线上,沿着电缆传出机箱,借助电缆辐射,使滤波器失效;外界骚扰在被板载滤波器滤波之前,也会借助这段线产生辐射,或直接与线路板上的电路发生耦合，造成设备抗扰度性能降低。

(2)面板滤波器：这种滤波器直接安装在屏蔽机箱的金属面板上，如馈通滤波器、滤波阵列板、滤波连接器等。由于直接安装在金属面板上，滤波器的输入、输出之间完全隔离，接地良好，电缆上的骚扰在机箱端口上被滤除，因此滤波效果十分理想。缺点是安装需要一定的结构配合，这必须在设计初期进行考虑。

(3)滤波连接器：这是一种使用十分方便、性能十分优越的器件，与普通连接器的外形一样，可以直接替换。它的每根插针或孔上有一个低通滤波器。低通滤波器可以是简单的单电容电路，也可以是较复杂的电路。

2)板载安装的注意事项

虽然板载滤波器在高频的滤波效果不尽如人意，但是如果应用得当，可以满足大部分民用产品电磁兼容的要求。在使用时要注意以下事项，如图 7-42 所示。

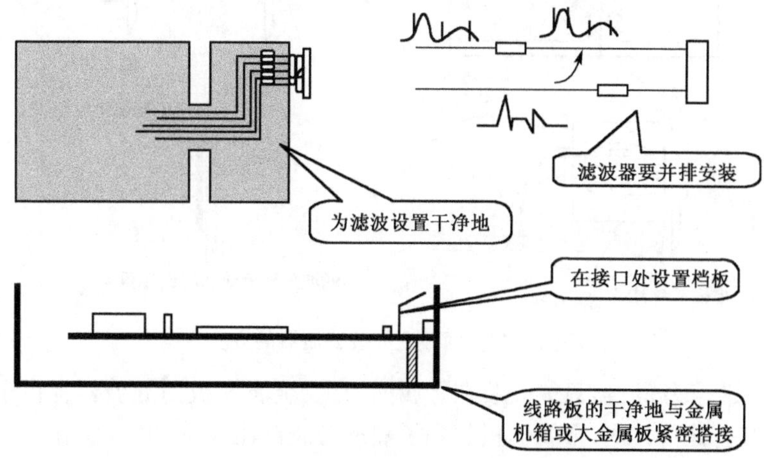

图 7-42　板载滤波器的安装注意事项

(1)干净地：决定在使用板上安装型滤波器后，在布线时要注意在电缆端口处留出一块“干净”的地，滤波器和连接器都安装在干净地上。需要说明的是，信号地线上的骚扰是十分严重的，我们说这种地线是很不干净的。如果直接将电缆的滤波电容连接到这种地线上，不仅起不到较好的滤波作用，还可能造成地线上的骚扰串到电缆线上，造成更严重的共模辐射问题。因此为了取得较好的滤波效果，必须准备一块干净地。干净地与信号地只能在一点连接起来，这个流通点称为“桥”，所有信号线都应该从桥上通过，以减小信号环路面积。

(2)滤波器要并排设置：保证导线组内所有导线的未滤波部分在一起，已滤波部分在一起。不然的话，一根导线的未滤波部分会将另一根导线的已滤波部分重新污染，使电缆整体的滤波失效。

(3)滤波器要尽量靠近电缆的端口：使滤波器与面板之间的导线尽量短，其道理前面已经说过。必要时，使用金属遮板挡一下，其近场的隔离效果较好。

(4)滤波器与机箱的搭接：安装滤波器的干净地要与金属机箱可靠地搭接起来，如果机箱不是金属的，应该在线路板下方设置一块较大的金属板，作为滤波地。干净地与金属机箱之间的搭接要保证很低的射频阻抗。必要时，可以考虑使用电磁密封衬垫搭接，增加搭接面积，减小射频阻抗。

(5)滤波器接地线要短:其重要性前面已讨论,滤波器的局部布线和设计线路板与机箱(金属板)的连接结构要特别注意。

(6)滤波线与未滤波线分组:在端口滤波的电缆和不滤波的电缆尽量远离,防止发生上述耦合问题。

3)面板安装的注意事项

当骚扰的频率较高或对干扰抑制的要求很严格时,要在面板上安装滤波器。面板上安装型的滤波器有单个馈通滤波器、滤波阵列板、滤波连接器等,应当根据实际情况选用。当穿过面板的线较少时,用单个馈通滤波器,当穿过面板的线较多时,用滤波阵列板。面板上安装滤波器的方法如图 7-43 所示。有关使用方面的进一步说明如下。

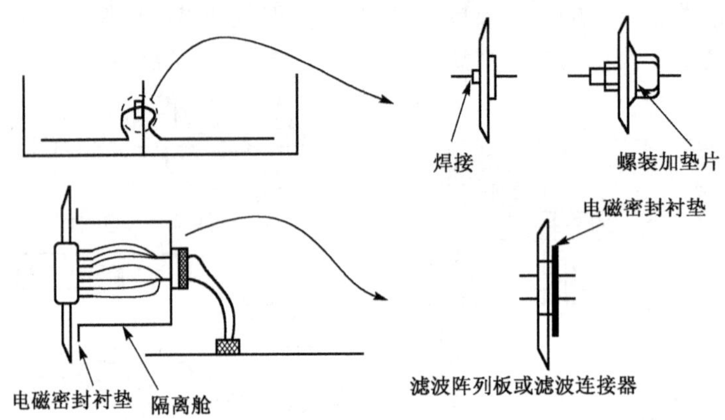

图 7-43 面板上安装滤波器的方法

(1)面板上安装型滤波器只能安装在金属面板上:金属面板为滤波器提供了滤波地(使滤除的骚扰电流有去处),其次,金属面板起到了隔离滤波器输入、输出的作用。

(2)焊接安装:焊接安装方式一般用于单个的馈通滤波器。焊接时,要保证滤波器一周都焊接上。焊接温度要按照厂家的要求严格控制。一般只有当产品的产量很大、焊接工艺保证能力很强时,才用这种安装方式。

(3)螺装:一般单个馈通滤波器采用螺装方式。为了保证滤波器的一周与面板可靠搭接,要使用带齿牙的垫片。安装时,确保接触面清洁、导电。

(4)滤波阵列板和滤波连接器的安装:滤波阵列板或滤波连接器与安装面板之间一定要使用电磁密封衬垫,否则,在搭接点的电磁泄漏是十分严重的。因为滤波器中的重要器件是电容器,它将信号线上的骚扰旁路到机箱上,保证信号线上没有骚扰。这样在滤波器外壳和机箱的接触面上会有较强的骚扰电流流过,如果滤波器和机箱之间的搭接阻抗较大,在这个阻抗上会有噪声电压,这个噪声电压是一个电磁辐射源。

(5)电缆滤波的方法:传输低频信号的电缆上使用低通滤波器是解决电磁干扰问题很理想的方法。虽然使用滤波连接器是很理想的方法,但是滤波连接器的价格往往是许多项目难以承受的。如果空间允许,可以使用小隔离舱的方法。

(6)如果将铁氧体磁环与馈通滤波器结合起来使用,往往能够取得更好的效果。

4. 接地质量对滤波性能的影响

在实际应用中,滤波器的接地质量直接影响到滤波器的共模滤波效果。搭接不良或采用不恰当的搭接方法可能导致滤波器失效。

对于图7-44所示的π型滤波电路，按照设计意图，骚扰应通过两个电容旁路到地；当滤波器与地搭接不良时，滤波器壳体与机箱之间的搭接阻抗较电容之容抗大，则骚扰电流不再通过预期路径流向机箱，而是通过两个电容和滤波器外壳流向了负载端，因而降低了滤波器的工作性能。此例表明，由于搭接阻抗过大，实际效果是将滤波器电感旁路掉了，电感的衰减作用消失了。故而滤波器必须与机箱实现良好的搭接，特别是射频搭接，才能达到其预期的性能。

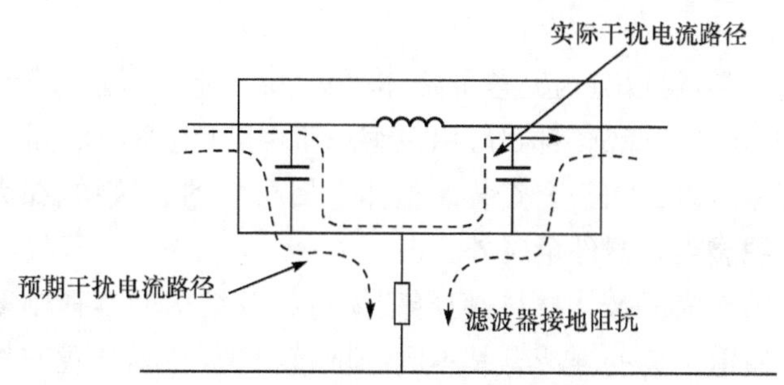

图7-44　接地搭接不良对滤波器性能的影响

一个极端的例子如图7-45所示，安装滤波器的机箱金属底板进行了喷漆处理，导致滤波器外壳没有直接搭接到接地参考面，滤波器外壳与机箱间存在较大的寄生电容；细长的接地搭接线存在可观的寄生电感。寄生电感和寄生电容构成并联，在其谐振频点将等效于开路，共模噪声电流失去泄放到地的途径，所以高频效果很差。

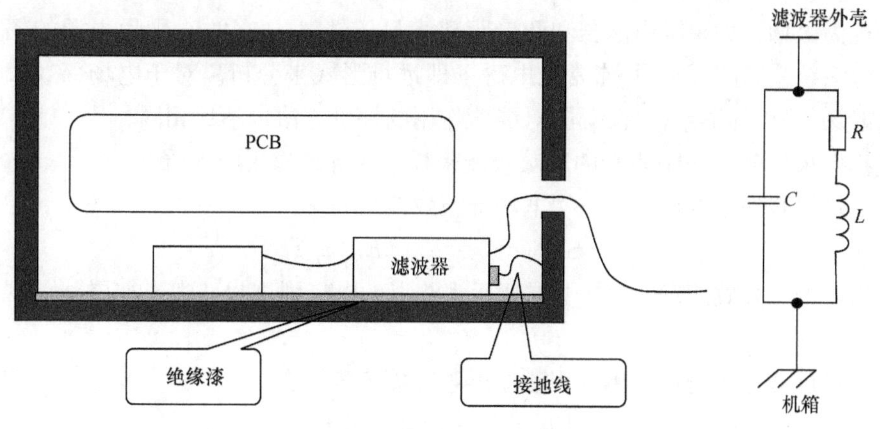

图7-45　错误的滤波器安装

7.3　屏　　蔽

7.3.1　屏蔽的基本概念

屏蔽(shielding)是解决电磁兼容问题最基本的方法之一。屏蔽手段是一种空域的电磁骚扰控制方法，用来抑制电磁噪声在空间的传播，即切断辐射电磁噪声的传输途径。大部分电磁兼容问题都可以通过电磁屏蔽来解决。用电磁屏蔽的方法来解决电磁干扰问题的最大好处是不会影响电路的正常工作，因此不需要对电路做任何修改。

1. 屏蔽体

屏蔽体是一种局部或完整的包围体，利用它对电磁波产生的衰减作用，来降低外部场(电场、磁场或电磁场)在其内部产生的场，或降低其内部场在外部产生的场。其目的有两个方面：一是主动屏蔽，即控制内部辐射区的电磁场，使其不致越出某一区域，目的是防止噪声源向外辐射场；二是被动屏蔽，即防止外来的辐射进入被屏蔽区域，目的是防止敏感设备受噪声辐射场的干扰。

从屏蔽体的结构分类，可以分为完整屏蔽体屏蔽(屏蔽室或屏蔽盒等)、非完整屏蔽体屏蔽(带有孔洞、金属网、波导管及蜂窝结构等)以及编织带屏蔽(电缆等)。常见的屏蔽体如仪器设备的金属外壳。屏蔽体可以大如一个安装有整体金属材料的建筑物(如大型测试屏蔽室)，小到柔软的电缆金属编织袋或元器件金属外壳。

通常采用金属导体作为屏蔽体材料，但屏蔽体材料及结构的选择则取决于要屏蔽的电磁场的性质。对不同性质电磁场的屏蔽有其不同的屏蔽机理，在本章我们将学习各种性质的电磁场(电场、磁场及电磁场)的屏蔽原理，以及选择相应的屏蔽体材料及结构的原则。

2. 屏蔽效能

电磁噪声沿空间的传播是以“场”的方式进行的，场有近场和远场之分，在考虑同一设备内部各部分之间的相互干扰时，大多数都按近场来分析。近场又包含电场和磁场。当噪声源是高电压、小电流时，其辐射场主要表现为电场。当噪声源具有低电压和大电流特性时，其辐射场主要表现为磁场。如果噪声波长和两者距离满足条件 $d>\lambda/(2\pi)$，则噪声源的辐射场为远场。在考虑系统之间的干扰时，常常以电磁场即远场形式来分析。对于电场、磁场、电磁场等不同的辐射场，采用的屏蔽机理不同，对屏蔽作用的评价方法也不尽相同。

一般我们采用分贝(dB)表示的屏蔽效能来描述对屏蔽作用的评价。

对于电场屏蔽作用的评价可以用电场屏蔽效能来表示：

$$\mathrm{SE}_E(\mathrm{dB})=20\lg(E_2/E_1) \tag{7-29}$$

式中，SE 为电场屏蔽效能；E_1 为加上屏蔽后观测点的电场强度；E_2 为未加屏蔽前观测点的电场强度。

对于磁场屏蔽作用的评价可以用磁场屏蔽效能来表示：

$$\mathrm{SE}_H(\mathrm{dB})=20\lg(H_2/H_1) \tag{7-30}$$

式中，SE_H 为磁场屏蔽效能；H_1 为加上屏蔽后观测点的磁场强度；H_2 为未加屏蔽前观测点的磁场强度。

对于远场而言，由于电磁场是统一的，所以 $\mathrm{SE}_E=\mathrm{SE}_H=\mathrm{SE}$，即电场屏蔽效能和磁场屏蔽效能是一致的，统称电磁屏蔽效能。

$$\mathrm{SE}(\mathrm{dB})=20\lg\left(\frac{E_2}{E_1}\right)=20\lg\left(\frac{H_2}{H_1}\right) \tag{7-31}$$

屏蔽效能有时也称为屏蔽损耗。屏蔽效能越大，表示屏蔽效果越好。屏蔽效能 SE 与传输系数 T 的关系为

$$SE(dB)=20\lg\frac{1}{T} \tag{7-32}$$

7.3.2　电屏蔽

电屏蔽是为了防止两个回路(或两个元件、部件)之间电容性耦合引起的干扰。电屏蔽体由良导体制成,并有良好的接地(一般要求屏蔽体的接地电阻小于 2mΩ)。这样,电屏蔽体既可防止屏蔽体内部骚扰源产生的骚扰泄漏到外部,也可防止屏蔽体外部的骚扰侵入内部。

首先,讨论静电场的主动屏蔽。如果空间存在一个带有静电荷$+q$的孤立导体A(图7-46(a)),则其周围有静电场存在,通常我们以从A出发的电力线来表示这一静电场,并用电力线的密度来形象地表示某处的静电场强度。如果单纯用一金属球壳B把导体A包围起来(图7-46(b)),是否就能屏蔽由A产生的静电场呢?答案是不能。因为根据静电感应原理,金属球壳的内壁将感应出等量异种电荷$-q$,球壳外壁则感应出等量同种电荷$+q$,即球壳外壁的电荷总量仍等于球内孤立导体的电荷总量。尽管屏蔽体本身(球壳金属)的内部不出现电力线,但仅此一点与图7-46(a)不同。显然单纯把带电导体用导电材料的外壳包起来,实际上根本起不到屏蔽静电场的作用。但如果把金属球外壳接地(图7-46(c)),则球壳外壁的电荷被引入地中,球壳外壁电位为零,其外部的电力线消失,即带电荷导体A所产生的电力线被封闭在导体B包围的内部区域,金属球的外部就不再存在静电场了。

可以认为静电场被封闭在金属球壳内,金属球壳对孤立导体起到了电场屏蔽作用。这是一个主动屏蔽的例子,静电场屏蔽的条件是金属体和接地。

应该指出,从图7-46(b)转向图7-46(c)的过渡状态中,在金属球壳B的接地线中将有电流通过。如果导体A带的是静电荷,则图7-46(c)就是表示过渡状态结束达到稳定状态时的屏蔽效果。此外,由于金属球壳B和接地线均不是理想导体,在球壳B上将存在少量的残留电荷,使得导体B的外部实际上也残留着较弱的静电场。

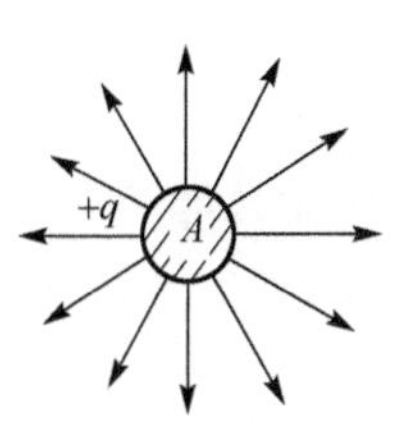

(a) 静电荷的电场分布

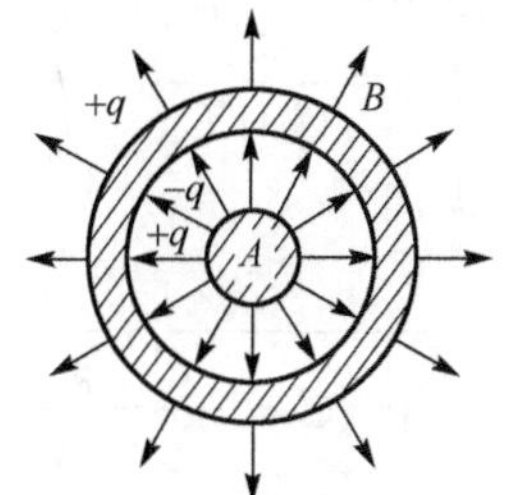

(b) 静电荷外加屏蔽体时电场分布

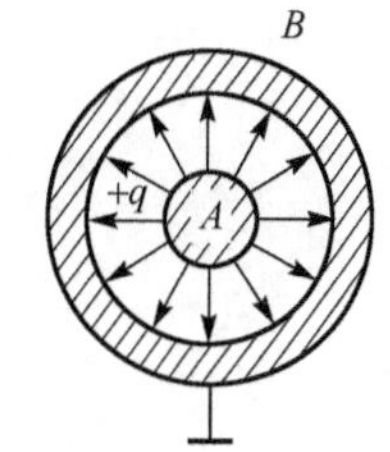

(c) 屏蔽体接地时电场分布

图7-46　主动屏蔽的电屏蔽原理

静电场的被动屏蔽可以将上面的例子反过来。如果空间存在静电场,把一个金属球壳放在该静电场中,如图7-47所示。根据静电感应原理,球壳处于静电平衡状态,导体表面的各处均处于等电位,其内部空间就不会出现电力线,即实现了对外界静电场的屏蔽。从原理上说,被动屏蔽的屏蔽导体可不必接地,但实际应用中的屏蔽导体,它内部空间同外部是不可能完全被屏蔽体隔绝的,多少总会有直接或间接的静电耦合,即屏蔽是不完善的。因此,仍应将屏蔽体接地,使其保持地电位以保证有效的屏蔽。

在此可以得到对静电场采取屏蔽手段的两个必要条件:金属屏蔽体和接地。

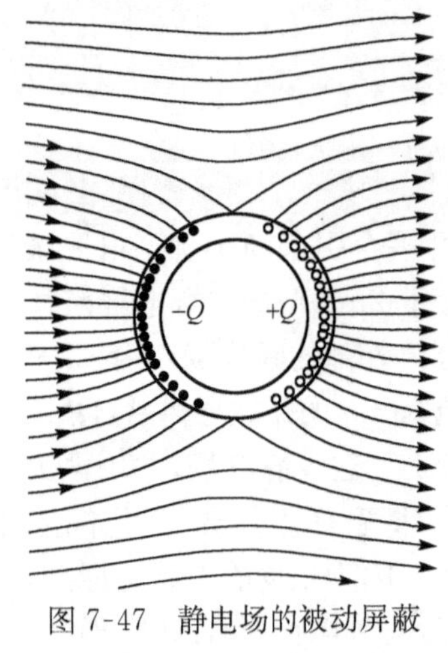

图 7-47　静电场的被动屏蔽

下面讨论对于时变电场的电屏蔽原理。在图 7-46 的例子中我们曾指出，在从图 7-46(b)转向图 7-46(c)的过渡状态中，在金属球壳 B 的接地线中将有电流通过。如果导体 A 带的是时变电荷，则接地线中对应电荷的变化势必也会流过时变电流，且由于金属球壳 B 和接地线均不是理想导体，在球壳 B 上将存在少量的残留感应时变电荷，使得导体 B 的外部实际上也残留着较弱的感应时变电磁场。

对电屏蔽的分析，采用电路理论较为方便，骚扰源和被骚扰对象（接收器）之间的电场耦合可用容性耦合的方法来分析。以下采用一个被动屏蔽的例子来具体说明。

图 7-48(a)表示骚扰源和接收器之间未加屏蔽。此时骚扰源通过两者间的分布电容耦合在接收器端感应的电压为

$$U_{\mathrm{i}}=\frac{C_{\mathrm{SR}}}{C_{\mathrm{SR}}+C_{\mathrm{R}}}\cdot U_{\mathrm{S}} \tag{7-33}$$

式中，U_{i} 为接收器端感应电压；U_{S} 为骚扰源电压；C_{SR} 为耦合电容；C_{R} 为接收器对地分布电容。

从式(7-33)可看出，要使接收器端的感应电压 U_{i} 减小，可把接收器（可能是某敏感元件或导线）尽可能贴近接地平面以增大 C_{R}，也可以尽量拉开骚扰源和接收器间的距离以减小 C_{SR} 的值来达到目的。

图 7-48(b)表示在骚扰源和接收器之间靠近接收器侧置入未接地的金属板 P。如设 C_1 和 C_2 分别为骚扰源和接收器与屏蔽板间的分布电容，C_3 为金属板对地的分布电容，C_{SR} 为加金属板后的剩余耦合电容。因 C_{SR} 很小，可暂不用考虑其影响。不难得出在接收器端的耦合电压为

$$U_{\mathrm{iP}}=\frac{C_2}{C_2+C_{\mathrm{R}}}\cdot U_{\mathrm{P}} \tag{7-34}$$

而

$$U_{\mathrm{P}}=\frac{C_1}{C_1+C_3+\dfrac{C_2C_{\mathrm{R}}}{C_2+C_{\mathrm{R}}}}\cdot U_{\mathrm{S}}$$

所以

$$U_{\mathrm{iP}}=\frac{C_1C_2}{\left(C_1+C_3+\dfrac{C_2C_{\mathrm{R}}}{C_2+C_{\mathrm{R}}}\right)\cdot(C_2+C_{\mathrm{R}})}\cdot U_{\mathrm{S}}$$

从式可看出，如果 $C_1\gg C_3$，且 $C_1\gg\dfrac{C_2C_{\mathrm{R}}}{C_2+C_{\mathrm{R}}}$，则有

$$U_{\mathrm{iP}}\approx\frac{C_2}{C_2+C_{\mathrm{R}}}\cdot U_{\mathrm{S}} \tag{7-35}$$

很显然，$C_2>C_{\mathrm{SR}}$，这是因为金属板比骚扰源更靠近接收器，且金属板的尺寸比骚扰源尺寸大。与前面的式子比较可知 $U_{\mathrm{iP}}>U_{\mathrm{i}}$，即加了不接地的金属板后（原意是作为屏蔽体），非但

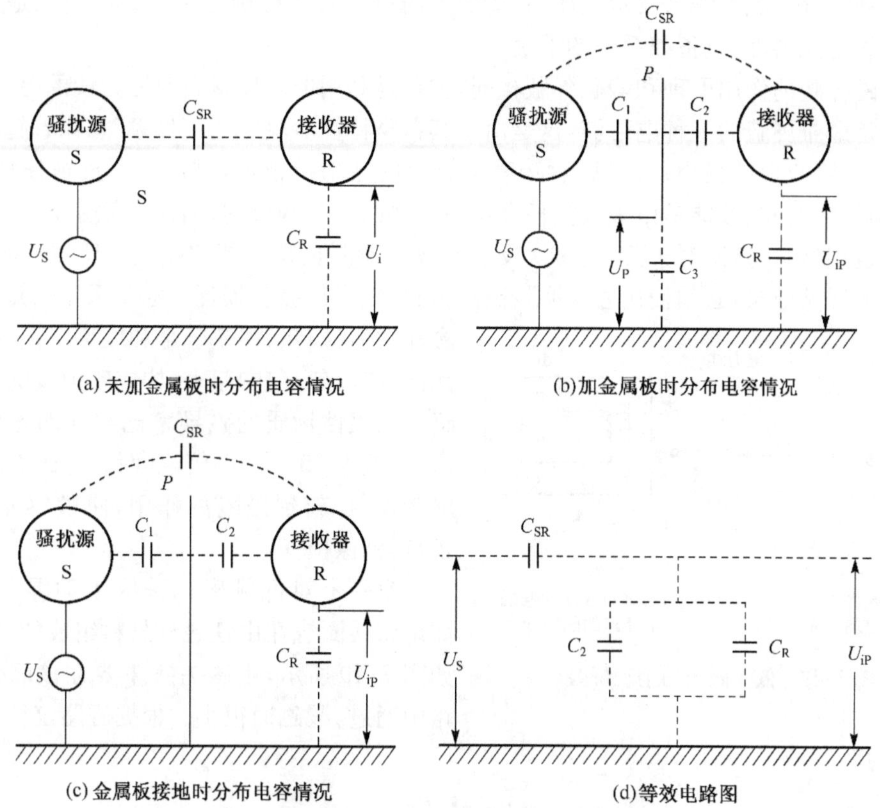

图 7-48 插入金属板对容性耦合的影响

没有起到屏蔽作用,反而增加了骚扰源和接收器间的耦合,使干扰效应加剧。

图 7-48(c)表示将金属板良好接地的情况,此时金属板的电位趋于零,如仍暂不考虑 C_{SR} 的影响,则可知接收器上感应的电压也趋于零,金属板起到良好的屏蔽作用。

上述的讨论中我们均忽略了 C_{SR},而事实上只有当金属板为无穷大时 C_{SR} 才趋于零。而实际上,用作屏蔽的金属板不可能无限大,骚扰源和接收器之间必然存在剩余电容 C_{SR}。图 7-48(d)表示剩余电容 C_{SR} 存在时图 7-48(c)的等效电路,此时有

$$U_{iP}=\frac{C_{SR}}{C_2+C_R+C_{SR}}\cdot U_S\approx\frac{C_{SR}}{C_2+C_R}\cdot U_S \tag{7-36}$$

还需考虑的一个因素是屏蔽体接地时,总是存在一定接地阻抗的。当在时变场作用下接地线中有地电流流过时,接地阻抗上产生的电压降会使屏蔽体的电位不为零,从而导致屏蔽性能降低。

根据以上分析,无论静电场还是交变电场,电场屏蔽的必要条件是金属体和接地。对于电场屏蔽,只要把任何很薄的金属体接地就能达到良好的效果。

7.3.3 磁屏蔽

磁屏蔽是用来隔离磁场耦合的措施,在任何载流导线或线圈的周围都存在磁场,设一导线内通有电流,则导线周围存在磁场;当线圈中通过电流时在线圈中及其周围也存在磁场。我们

常用一系列闭合的磁力线来表示磁场，磁场的方向符合右手螺旋定则。磁屏蔽就是为了防止该磁场对邻近元器件、设备和系统的干扰。

低频磁屏蔽的作用原理和静磁屏蔽相同，主要是利用屏蔽体材料对磁力线的磁集流作用。低频磁场是最难屏蔽的一种电磁波，这是由于其自身特性所决定的："低频"意味着趋肤深度很深，这决定了吸收损耗很小；"磁场"意味着电场波的波阻抗很低，这决定了反射损耗也很小。由于屏蔽材料的屏蔽效能是由吸收损耗和反射损耗两部分构成的，当这两部分都很小时，总的屏蔽效能也很低。另外，对于磁场，多次反射造成的泄漏也是不能忽略的。所以，为了改善对低频磁场的屏蔽效果，必须使用磁导率较高的材料，以增加吸收损耗。通常采用高磁导率的铁磁性材料（如铁、镍铁合金和坡莫合金等）将敏感元件（或设备）包围起来，构成磁力线的低磁阻通路。铁磁性物质的磁导率比空气的磁导率大得多，一般为 $10^3 \sim 10^4$ 倍，从而使得磁力线聚集于屏蔽体内，起到磁隔离作用，使敏感元件（或设备）得到保护。

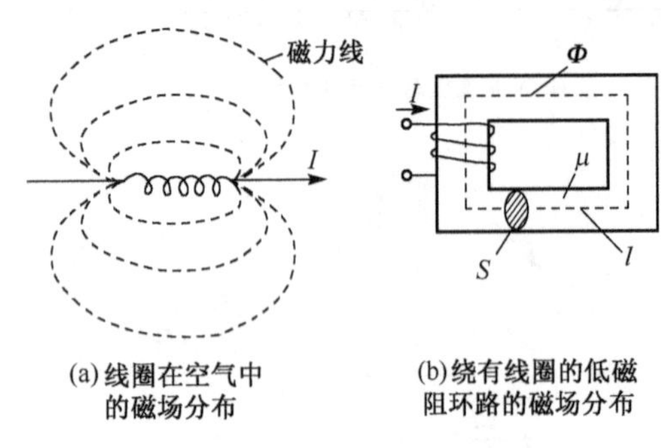

图 7-49　低频磁场的主动屏蔽

举一个对低频磁场采取主动屏蔽的例子。如果将线圈绕在由铁磁性材料组成的闭合环中，如图 7-49 所示，则磁力线主要在该闭合环的磁路中通过，漏磁通很小。根据磁路定律可知主磁路中的磁通

$$\Phi=\frac{F_{\mathrm{m}}}{R_{\mathrm{m}}} \tag{7-37}$$

式中，Φ 为磁通；F_{m} 为磁通势，$F_{\mathrm{m}}=NI$，I 为线圈中的电流，N 为线圈的匝数；R_{m} 为磁阻，$R_{\mathrm{m}}=\frac{l}{\mu S}$，$l$ 为磁路长度，S 为磁路截面积，μ 为磁导率。

铁磁材料的磁导率越高、磁路截面积越大，则磁路的磁阻越小，集中在磁路中的磁通就越大，在空气中的漏磁通就大大减少，因此铁磁材料起到磁场屏蔽作用，其实质是对骚扰源的磁力线进行了集流。

同样铁磁性材料做成的屏蔽壳也能进行被动屏蔽，如图 7-50 所示。把屏蔽壳体放入外磁场中，磁力线将集中在屏蔽体内通过，不至于漏泄到屏蔽壳体包围的内部空间中去，从而保证该空间不受外磁场的影响。其实质是对空间的磁力线进行了旁路。

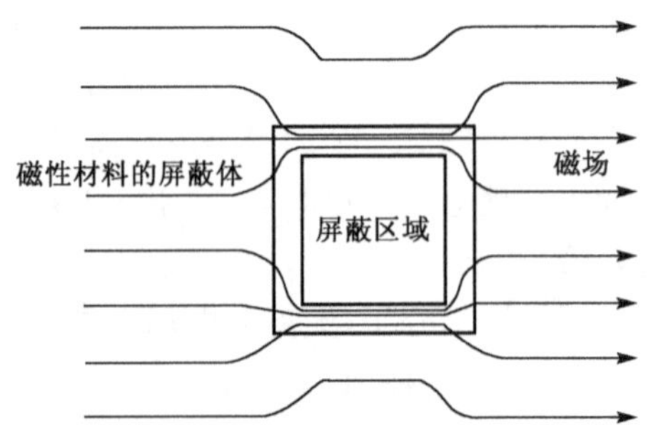

图 7-50　低频磁场的被动屏蔽

低频磁场屏蔽的应用实例如继电器的封装壳、电源变压器的外套盒、滤波器的封装壳等。它们一方面作为结构需要，另一方面也起到磁屏蔽作用。虽然它们内部线圈大多都有铁磁材料做的铁心，但是漏磁通仍需要屏蔽，同时需要隔离外来磁场的骚扰。

但是,用于屏蔽低频磁场的高导磁性材料通常导电性不是很好,这会降低反射损耗;其次,铁磁性材料的磁导率会随频率的升高而下降。磁屏蔽材料手册上给出的磁导率数据大多是直流情况下的,随着频率增加,磁导率下降,一般直流磁导率越高,其随着频率下降越快。几种高导磁性材料的磁导率随频率变化的曲线如图 7-51 所示。在 100kHz 时,μ金属的磁导率还不如冷轧钢高,高磁导率材料通常应用在 10kHz 以下。超过 100kHz 时,冷轧钢的磁导率也开始下降。

另外,铁磁性材料的磁导率还与外加磁场的强弱有关,静磁导率 $\mu=\Delta B/\Delta H$。如图 7-52 所示,在磁场强度适中的部分,磁导率最高;在磁场强度大或小时,磁导率都较低。强磁场强度时,磁导率降低是由于饱和,这与材料的种类和厚度有关。当磁场强度超过饱和点时,磁导率迅速下降。一般磁导率越高的材料,越容易饱和。大多数手册上给出的磁导率是最大磁导率。还有,高导磁性材料进行机械加工,如焊接、折弯、打孔、剪切、敲打等时,都会降低其磁导率;工件受到机械冲击也会降低磁导率。由此可见,高导磁性材料本身具有的这些特性进一步使得低频磁场的屏蔽变得更加困难。

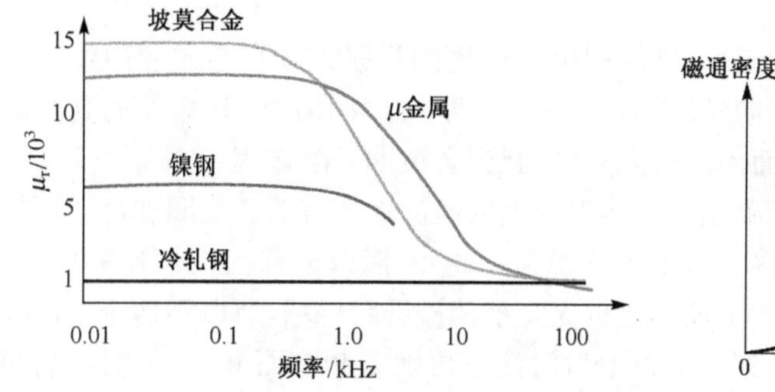

图 7-51　高导磁性材料的磁导率随频率变化的曲线

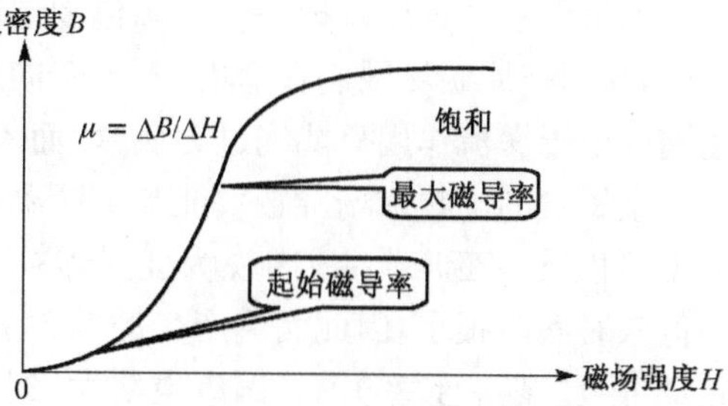

图 7-52　磁导率随磁场强度的变化

为解决高导磁性材料容易饱和这个问题,通常对低频强磁场采取双层屏蔽的方法,如图 7-53 所示。先用不容易发生饱和的磁导率较低的材料将磁场衰减到一定程度,然后用高磁导率材料将磁场衰减到满足要求。

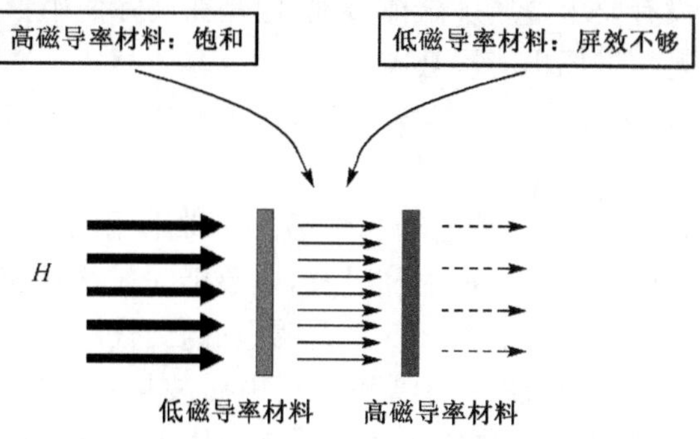

图 7-53　低频强磁场的双层屏蔽

对于高导磁性材料在机械加工后磁导率降低,从而导致屏蔽效能降低的问题,可将加工完成后的磁屏蔽部件进行热处理,以恢复磁性。

由于铁磁性材料的磁导率随频率的升高而下降,使得利用铁磁性材料的高磁导率特性来集流磁力线的方法只适用于100kHz以下的低频磁场的屏蔽。对频率较高的磁场进行屏蔽的主要作用原理是利用屏蔽体上的涡流所产生的反向磁场抵消被屏蔽的磁场，以实现对磁场的屏蔽。在这种情况下所采用的屏蔽材料应为金属良导体，如铜、铝等。当磁场穿过金属板时，在金属板上产生感应电动势，由于金属板的电导率很高，所以产生很大的涡流，如图7-54(a)所示。涡流又产生反向磁场，与穿过金属板的原磁场相互抵消，同时增加了金属板周围的原磁场。总的效果是使磁力线在金属板四周绕行而过，如图7-54(b)所示。

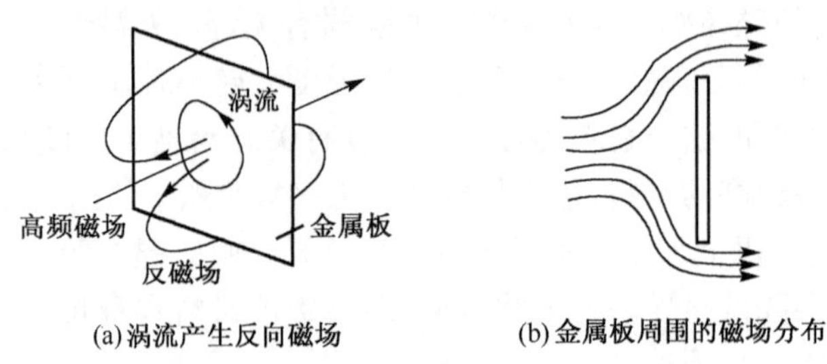

图7-54 金属板对较高频磁场的屏蔽原理

如果做一个金属盒把一个线圈包围起来，则线圈电流产生的高频磁场在金属盒内壁产生涡流，从而把原磁场限制在盒内，不至于向外泄漏，起到了主动屏蔽作用。金属盒外的高频磁场同样由于涡流作用只能绕过金属盒，而不能进入盒内，起到了被动屏蔽作用。

金属盒的高频磁场屏蔽效能与高频磁场在盒体上产生的涡流大小有关。线圈和金属盒的关系可以看成变压器，线圈视为变压器初级，金属盒视为一匝短路线圈，作为变压器的次级。在低频时涡流很小，因此涡流产生的反向磁场不足以完全抵消被屏蔽磁场，所以不适用于低频磁场屏蔽。随着频率升高，涡流也增大，到一定频率后涡流不再随着频率而升高，说明在高频情况下盒上的涡流产生的反向磁场已足以抵消原磁场，从而起到屏蔽作用。另外，屏蔽材料的电阻越小则产生的涡流越大，屏蔽效果越好，所以高频磁场屏蔽材料应该用导电性能强的良导体。此外，由于高频电流具有趋肤效应，涡流只在金属表面的薄层中流过，所以高频磁场屏蔽体只需采用薄薄一层（0.2～0.8mm）金属良导体甚至用金属银镀层就能起到良好的屏蔽作用。

在上述的分析中并没有要求金属屏蔽体接地，但是在实际使用中金属屏蔽体都要求接地，因为这样可以同时屏蔽高频磁场也能屏蔽电场。

7.3.4 电磁屏蔽

对电磁波进行屏蔽，必须同时屏蔽电场和磁场。通常采用电阻率小的良导体材料。空间电磁波在入射到金属体表面时会产生反射和吸收，电磁能量被大大衰减，从而起到屏蔽作用。在描述这一屏蔽原理时，我们可以用图7-55来说明电磁波通过屏蔽体的这一物理过程。图中金属屏蔽体的平面垂直于纸面，屏蔽体的厚度为b，电磁波从左向右传播。R_{am}为电磁场从空气介质至金属面的反射系数，R_{ma}为电磁场从金属屏蔽体至空气介质面的反射系数，$k=\alpha+j\beta$为金属中的传播常数，其中，α为衰减常数，β为相移常数。

第一，在空气中传播的入射电磁波到达屏蔽体A表面时，由于空气和金属交界面的阻抗不连续，在分界面上引起波的反射，一部分电磁能量被反射回空气介质。

第二，未被屏蔽体表面完全反射而透射入屏蔽体的部分电磁能量（折射波），继续在屏蔽体

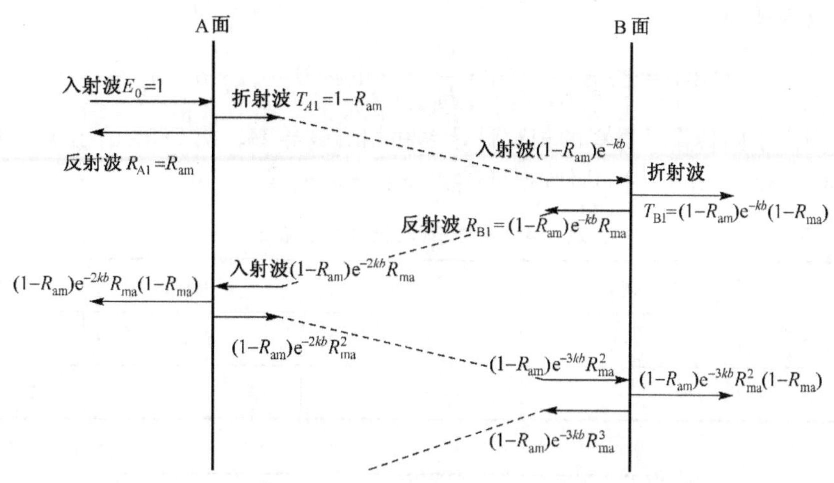

图 7-55　金属板对电磁波的屏蔽

内传播时被屏蔽材料衰减。

第三，在屏蔽体内尚未衰减完的剩余电磁能量，传播到屏蔽体的另一个表面 B 时，又遇到金属和空气阻抗不连续界面而再次产生反射和折射，一部分重新折回屏蔽体内，一部分穿透界面进入空气介质。反射回金属屏蔽体的反射波到达 A 面时又将产生反射及透射，这种反射在屏蔽体内的两个界面之间可能重复多次，就像电磁波在金属内部来回反射那样发生多次。

穿透出金属屏蔽体 B 面的电磁波为透射波，透射波与入射波之场强比即传输系数 T，其倒数取对数即屏蔽体的屏蔽效能。所以，屏蔽体的屏蔽效能有三个部分组成，即吸收损耗 A、反射损耗 R 和多重反射损耗 B。

$$\mathrm{SE}=A\cdot R\cdot B \tag{7-38}$$

或

$$\mathrm{SE(dB)}=A(\mathrm{dB})+R(\mathrm{dB})+B(\mathrm{dB}) \tag{7-39}$$

1. 吸收损耗

当电磁波进入金属屏蔽体以后将产生感应电流(涡流)，该电流又产生欧姆损耗，并变为热能而耗散，所以电磁波在金属体中以指数方式很快地衰减，传输距离很短。电磁波在金属体中的传输衰减规律可用以下两式表示：

$$E_b=E_0\mathrm{e}^{-b/\delta} \tag{7-40}$$

$$H_b=H_0\mathrm{e}^{-b/\delta} \tag{7-41}$$

式中，E_0、H_0 为电磁波入射到金属表面的电场强度和磁场强度；E_b、H_b 为电磁波在金属内部的电场强度和磁场强度；b 为电磁波透射入金属体内的深度；δ 为趋肤深度，$\delta=\sqrt{1/(\pi f\mu\sigma)}$。

趋肤深度是指当电磁波强度衰减到原强度的 1/e，即 0.37 倍时的距离。趋肤深度反映了金属体对电磁波的吸收能力，趋肤深度小说明金属体吸收能力强。趋肤深度 δ 与频率 f、材料的磁导率 μ 及电导率 σ 之平方根均成反比，即在同样的电磁场频率条件下，对于 μ 及 σ 越大的材料，趋肤深度 δ 越小；而对于同样的材料，频率越高，趋肤深度越小。厚度为 b(单位：mm)的

金属体的吸收损耗为

$$A(\mathrm{dB})=20\lg\frac{E_0}{E_b}=20\lg\frac{H_0}{H_b}=20\lg e^{b/\delta}=0.131b\sqrt{f\mu_r\sigma_r} \tag{7-42}$$

表 7-4 列出了四种常见材料的相对磁导率和相对电导率。图 7-56 给出了这四种材料在不同厚度(2mm 和 0.5mm)时的吸收损耗随频率变化的曲线。

表 7-4　四种不同材料的 σ_r 和 μ_r

参数	铜	铁	白铁皮	坡莫合金
σ_r	1	0.17	0.15	0.04
μ_r	1	500	1	10^4

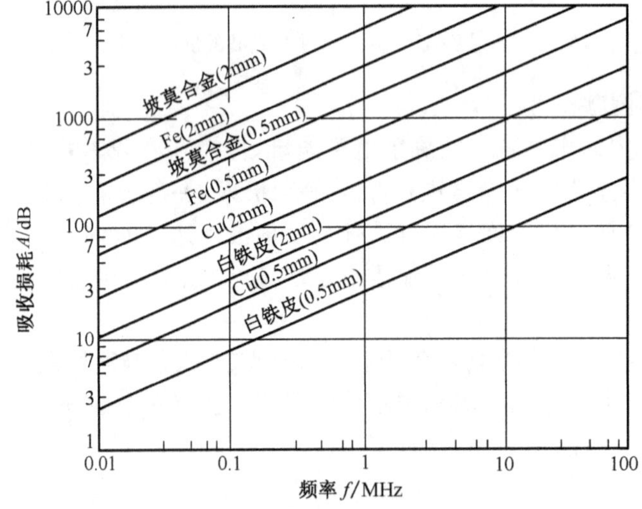

图 7-56　不同材料不同厚度金属体的吸收损耗

由此我们可知吸收损耗 A 与 b/δ 成正比，即屏蔽体之厚度越大，吸收损耗 A 越大。对于高频情况，一般 $b/\delta>10$，则 A 可以达到 80dB 以上。当 $f=1\mathrm{MHz}$ 时，铜的趋肤深度 $\delta=0.067\mathrm{mm}$，则厚度为 $b=0.67\mathrm{mm}$ 的屏蔽体之吸收屏蔽损耗 A 可达 87dB。

因此，对于高频，要达到一定屏蔽效果所需的屏蔽体厚度很小，一般只要能满足工艺结构和机械性能的厚度都能满足屏蔽的要求。

从吸收损耗的公式可以得出以下结论。

(1)屏蔽材料越厚，吸收损耗越大，厚度每增加一个趋肤深度，吸收损耗增加约 9dB。

(2)屏蔽材料的磁导率越高，吸收损耗越大。

(3)屏蔽材料的电导率越高，吸收损耗越大。

2. 反射损耗

电磁波从空气传播到达金属屏蔽体表面时会产生反射，反射损耗是金属屏蔽体对高频电波的另一个重要屏蔽机理。产生反射的原因是因为电磁波在空气介质和在金属体中的波阻抗不一样，所以当电磁波到达两种介质的分界面时，因阻抗不匹配而发生反射，由此而引起的电磁波能量损耗称反射损耗。

对于图 7-55 中的屏蔽机理模型，如果仅考虑其中的反射损耗而不考虑吸收损耗，则该过程可以与传输线相似的方法来比拟，如图 7-57 所示。设入射到界面上电磁波的电场强度为 E_0，磁场强度为 H_0，空气中的波阻抗为 Z_0，金属体中的波阻抗为 Z_1。电磁波从空气入射到金属体，在其左边界处一部分被反射，反射电场强度为 E_r，反射磁场强度为 H_r。其余电磁波进入金属体内，电场强度和磁场强度分别为 E_1、H_1。由于这里仅讨论反射损耗，不讨论吸收损耗，所以可以认为电磁波在金属体内无损耗地从左界面传输到右界面。在右界面上再次因为波阻抗不匹配而产生反射，反射的电场强度和磁场强度分别为 E_r'、H_r'。剩余部分穿过右边界再次进入空气，电场强度为 E_t，磁场强度为 H_t。穿过金属体时电磁波由于左右二个界面产生反射而引起的反射损耗可由下式表达：

$$R_E(\mathrm{dB})=20\lg\frac{E_0}{E_t} \tag{7-43}$$

$$R_H(\mathrm{dB})=20\lg\frac{H_0}{H_t} \tag{7-44}$$

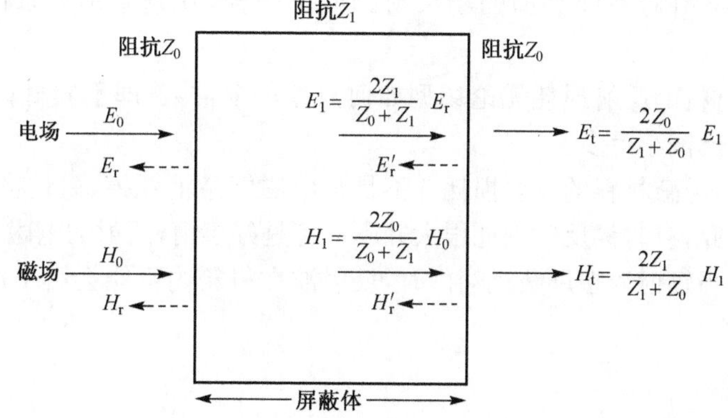

图 7-57　金属体两界面处的反射和传播

运用传输线理论可求得

$$R_E(\mathrm{dB})=R_H(\mathrm{dB})=R(\mathrm{dB})=20\lg\frac{(Z_1+Z_0)^2}{4Z_1Z_0} \tag{7-45}$$

式中，Z_1 为电磁波在金属中的波阻抗：

$$Z_1=\sqrt{2\pi f\mu/\sigma}=3.68\times10^{-7}\sqrt{f\mu_r/\sigma_r} \tag{7-46}$$

电磁波在空气中的波阻抗由场的类型决定。对于远场即电磁波为平面波情况，波阻抗为

$$Z_0=120\pi\approx377(\Omega) \tag{7-47}$$

对于近场中的电场，波阻抗为

$$Z_{0E}=\frac{1.8\times10^{10}}{fd}(\Omega) \tag{7-48}$$

对于近场中的磁场，波阻抗为

$$Z_{0H}=8\times10^{-6}fd(\Omega) \tag{7-49}$$

式中，d 为骚扰源到金属体的距离，单位为 m。

把上述阻抗代入即可得到不同类型场的情况下金属体的反射损耗

平面波

$$R_P(\mathrm{dB})=168+10\lg\left(\frac{\sigma_{\mathrm{r}}}{\mu_{\mathrm{r}}f}\right) \tag{7-50}$$

电场波

$$R_E(\mathrm{dB})=321.7+10\lg\left(\frac{\sigma_{\mathrm{r}}}{\mu_{\mathrm{r}}f^3d^2}\right) \tag{7-51}$$

磁场波

$$R_H(\mathrm{dB})=14.6+10\lg\left(\frac{fd^2\sigma_{\mathrm{r}}}{\mu_{\mathrm{r}}}\right) \tag{7-52}$$

由此可知：

(1)平面波的反射损耗与骚扰源至屏蔽体的距离无关。而电场的反射损耗以 $20\lg d$ 的速率下降，磁场的反射损耗以 $20\lg d$ 的速率上升。

(2)随着频率的升高，平面波的反射损耗以－10dB/10 倍频的速率下降，电场的反射损耗以－30dB/10 倍频的速率下降，而磁场的反射损耗以 10dB/10 倍频的速率上升。

(3)同一屏蔽材料对不同类型的场反射损耗不一样，在频率不变条件下通常有 $R_H<R_P<R_E$。

(4)不同屏蔽材料的反射损耗无论场型如何只差一个常数，即不同材料 $10\lg(\sigma_{\mathrm{r}}/\mu_{\mathrm{r}})$ 的差值。铁的反射损耗比铜小得多。

值得注意的是，屏蔽材料的反射损耗并不是将电磁能量消耗掉，而是将其反射到空间，传播到其他地方。因此，有时候反射损耗很大并不一定是好事情，反射的电磁波可能对其他电路造成影响。特别是当辐射源在屏蔽机箱内时，反射波在机箱内可能会由于机箱的谐振得到加强，对电路造成干扰。

3. 多重反射损耗

电磁波在入射到金属体表面时在左边界一部分被反射，另一部分进入金属体，在金属体中被吸收衰减。如果频率不太高，即趋肤深度较深，而金属体本身又很薄，于是电磁波在到达右边界时仍然具有较大的强度。在右边界处电磁波一部分穿出边界进入空气，另一部分被反射回左边界。在左边界上又重复上述过程，如此不断循环直至电磁波能量消耗殆尽。由于多重反射的存在，使得金属体的实际屏蔽效能要小于上述的理论计算值，因为根据原式计算的反射损耗只考虑电磁波在金属体内传输一个单程，穿过金属体只有一次，而多重反射的存在说明电磁波在金属体内反复多次传输，穿过金属体也有多次。因此在计算金属体屏蔽效能时应加上一个修正因子——B(dB)。为了与吸收损耗、反射损耗在名称上取得一致，我们常称这个修正因子为“多重反射损耗”。但需要注意的是，这个修正因子应该是负值，以及在实际的物理意义上，它是一个“增益”而不是“损耗”。

$$B(\mathrm{dB})=20\lg(1-\mathrm{e}^{-2b/\delta}) \tag{7-53}$$

式中，b 为金属体厚度。由 B 与 b/δ 的关系可以看出，对于高频，b/δ 很大或吸收损耗 A 很大，多次反射项 $B\to 0$，可以不必考虑；但对于低频，则 b/δ 很小或 A 很小，此时多次反射项 B 就必须考虑。图 7-58 为多重反复反射的修正因子与 b/δ 的关系曲线。

对于多重反射损耗，有以下几条结论。

(1)多次反射损耗为负,表明其减小屏蔽效能。

(2)对于电场波,由于大部分能量在金属与空气的第一个界面反射,进入金属的能量已经很小,造成多次反射泄漏时,电磁波在屏蔽材料内已经传输了三个厚度的距离,其幅度往往已经小到可以忽略的程度。

(3)对于磁场波,在第一个界面上,进入屏蔽材料的磁场强度是入射磁场强度的 2 倍,因此多次反射造成的影响是必须考虑的。

(4)当屏蔽材料的厚度较厚时(厚度与趋肤深度相当时),形成多次反射泄漏之前,电磁波在屏蔽材料内传输三个厚度的距离,衰减已经相当大,多次反射泄漏也可以忽略。一般当金属体厚度 $b \geqslant 1.15\delta$ 时,吸收损耗可达 $A \geqslant 10\text{dB}$,即电磁波第一次到达右边界时已经衰减得很小了,所以多重反射可以不予考虑。一般情况下上述条件都符合,例如,铜在 $f=1\text{MHz}$ 时趋肤深度只有 0.067mm。

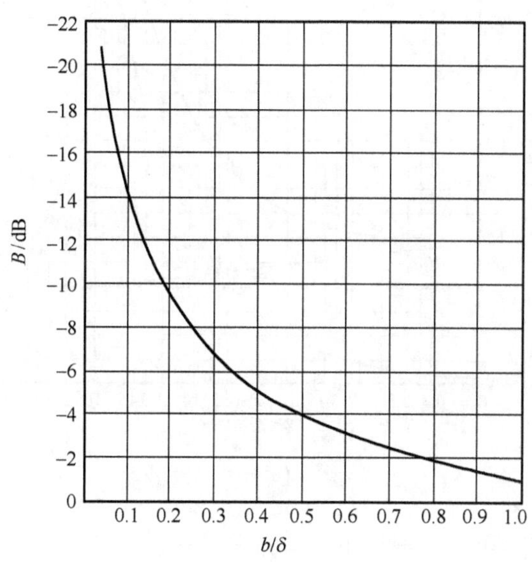

图 7-58　多重反射的修正因子

4. 总屏蔽效能

金属体总的屏蔽效能应该是吸收损耗 A、反射损耗 R 和多重反射损耗 B 之和。完整的屏蔽效能的表示如下:

$$\text{SE(dB)}=A(\text{dB})+R(\text{dB})+B(\text{dB})=20\lg\left[\mathrm{e}^{b/\delta}\cdot\frac{q}{4}\cdot(1-\mathrm{e}^{-2|k|b})\right] \tag{7-54}$$

式中,$\mathrm{e}^{b/\delta}$代表吸收损耗项;$q/4$ 代表反射损耗项($q=Z_0/Z_1$);$(1-\mathrm{e}^{-2|k|b})$代表多次反射项。一般情况下多重反射可以忽略,只有当频率极低,即 $b/\delta \ll 1$ 时,才需要考虑多次反射项。所以,总屏蔽效能近似为

$$\text{SE(dB)}=A(\text{dB})+R(\text{dB}) \tag{7-55}$$

吸收损耗随频率增高而增大,反射损耗对于电场将随频率急剧下降,但对于磁场则随频率增高而增大。

(1)低频:由于趋肤深度很大,吸收损耗很小,屏蔽效能主要决于反射损耗。而反射损耗与

电磁波的波阻抗关系很大，因此，低频时不同类型的电磁波的屏蔽效能相差很大。电场波的屏蔽效能远高于磁场波。

(2)高频：随着频率升高，电场波的反射损耗降低，磁场波的反射损耗增加，另外由于趋肤深度减小，吸收损耗增加，当频率高到一定程度时，吸收损耗已经很大，屏蔽效能主要由吸收损耗决定。由于屏蔽的吸收损耗与电磁波的种类(波阻抗)无关，在高频时，不同种类的电磁波的屏蔽效能几乎相同。

作为实例，图 7-59 给出了 0.1mm 厚的铜板在距离噪声源 1m 处的屏蔽效能与频率的关系。

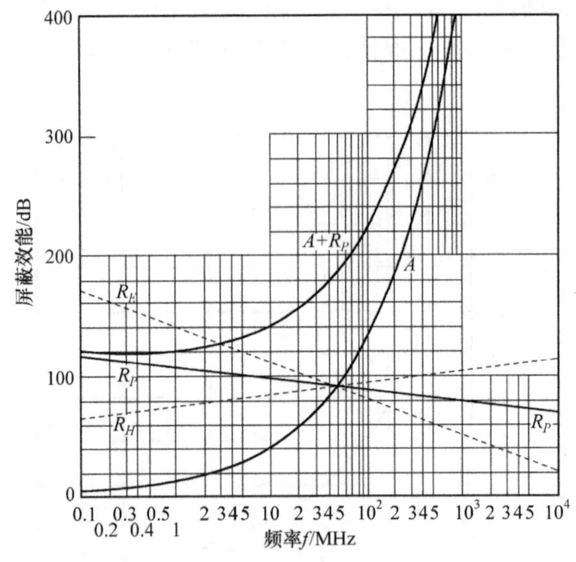

图 7-59 铜板的总屏蔽效能

对于屏蔽效能的讨论，可以得出以下几点重要结论。

(1)上述公式的使用要考虑频率范围。可以根据 $d=\lambda/(2\pi)$ 的条件来确定近场和远场的临界频率。当高于临界频率时应该使用平面波公式；当低于此临界频率时，如果噪声源是电场则使用电场公式，如果是磁场则使用磁场公式。图 7-59 中 R_P、R_E、R_H 三条曲线的交点处的频率即为临界频率。吸收曲线 A 对于平面波、电场、磁场都是相同的。

(2)由图 7-59 可知总的趋势是，频率越高，屏蔽效能越好。在高频时屏蔽效能主要是吸收损耗 A 起作用，而低频时主要是反射损耗 R 起作用。铜等良导体对低频电场的反射损耗较大，但是对低频磁场的反射损耗较小。由此可见高电导率、低磁导率的金属材料只适用于高频电磁场和低频电场的屏蔽，而对于低频磁场只能采用高磁导率的铁磁性材料如铁、坡莫合金等来屏蔽。

7.3.5 屏蔽技术在工程应用中的特殊性

1. 屏蔽电缆

屏蔽电缆是在绝缘导线外面再包覆一层金属导电材料构成的屏蔽层。屏蔽层通常是金属编织网或者是无缝金属箔。屏蔽电缆一般可分为普通屏蔽线、双绞屏蔽线和同轴电缆。

屏蔽电缆的屏蔽层通常是由铜、铝等非磁性金属材料制成,并且厚度很薄,远小于使用频率上的金属材料的趋肤深度,因此屏蔽层所起的屏蔽效果主要不是由于金属体本身对电场、磁场的反射、吸收、分流而产生的,而是由于屏蔽层的接地产生的,接地的形式将直接影响其屏蔽效果。

屏蔽电缆的屏蔽层只有在接地以后才能起到屏蔽作用,对电场和磁场,屏蔽层的接地方式不同,以下分别进行讨论。

1)电场屏蔽

图 7-60 中有两根平行导线,由于分布电容的存在,会产生电场耦合。设其中一根线是单芯屏蔽线。先假定屏蔽线接在敏感电路(接收回路)中,骚扰源电路(源电路)的导线对接收回路中单芯屏蔽线的耦合电容应由两部分组成:一部分是源电路导线对接收电路导线屏蔽层的耦合电容C_{ms},另一部分是屏蔽层对导线的耦合电容C_s。接收电路导线的对地电容也应该由屏蔽层对地电容C_{2s}来代替。如先不考虑C_{12},由等效电路可知,导线 1 上的电压U_1会通过C_{ms}耦合到屏蔽层上,再通过C_s耦合到导线 2 的芯线上。如果把屏蔽层接地,即把C_{2s}短路,则U_1在通过C_{ms}后被屏蔽层短路至地,不能再传输到导线 2 的芯线上,从而起到了电场屏蔽的作用。屏蔽层的接地点通常选在屏蔽电缆的一端,称单端接地。如果屏蔽电缆的芯线伸出屏蔽层太长,或者屏蔽层的编织网孔较大则应该考虑C_{12}的影响,C_{12}包括导线 1 对导线 2 露出屏蔽层的芯线的电容,也包括导线 1 经所有网孔对导线 2 芯线的电容。由等效电路图可知,即使屏蔽层接地,U_1也仍然能通过C_{12}耦合到导线 2 的芯线上,所以接收电路的负载R_{s_2}和R_{L_2}上仍有一定的骚扰电压。因此要提高屏蔽电缆的电场屏蔽效果除了屏蔽层单端接地外,还应尽量减小C_{12},即选用屏蔽编织层比较紧密的电缆,芯线不要露出屏蔽层外。

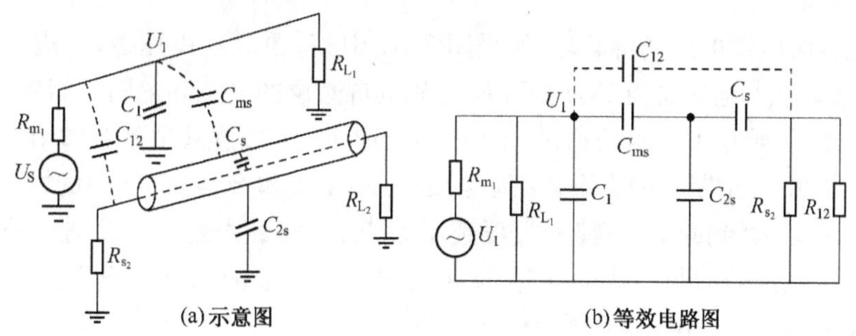

图 7-60 屏蔽电缆的电场屏蔽

如果骚扰源电路用屏蔽电缆,接收电路用一般导线,在屏蔽层单端接地后同样能起到电场屏蔽作用,其原理与上述分析是相同的,所以屏蔽电缆既能对电场起到被动屏蔽作用也能起到主动屏蔽作用,条件是屏蔽层接地。应该指出的是如果屏蔽层不接地则有可能造成比不用屏蔽线时更大的电场耦合,因为屏蔽线的屏蔽层面积比普通导线大,与其他导线的耦合电容大,因此可能产生的耦合量也大。

在上述分析中我们假设了屏蔽层本身的阻抗为零,接地后屏蔽层处处都是零电位,通过耦合电容 C_{ms}耦合到屏蔽层上的噪声电流不会产生任何电压降。这种情况只有在频率较低或电缆长度小于波长的 1/20 时才近似成立,这时的接地方式以屏蔽层单端接地为宜。当频率较高或电缆长度大于 1/20 波长时,屏蔽层的阻抗不能忽略,如只在屏蔽层一端接地将迫使噪声电流流过较长距离后才入地，电流在屏蔽层阻抗上的压降使屏蔽层上各点电位不同，从而影响了电场屏蔽效果。为了使屏蔽层尽可能保持等电位，频率较高或电缆较长时应每隔 1/10 波长的距离接一次地。

2)磁场屏蔽

在讨论屏蔽电缆的磁场屏蔽之前先研究屏蔽层和芯线间的磁耦合情况。

设屏蔽层是一管状导体，流有均匀的轴向电流 I_S，如图 7-61(a)所示，则磁力线都在管外，管内无磁场，屏蔽层的电感为

$$L_S=\Phi/I_S \tag{7-56}$$

式中，Φ 为 I_S 产生的全部磁通。由图 7-61 可知这些磁通 Φ 同样包围着屏蔽层内的芯线，根据互感的定义，屏蔽层和芯线间的互感应该为

$$M=\Phi/I_S \tag{7-57}$$

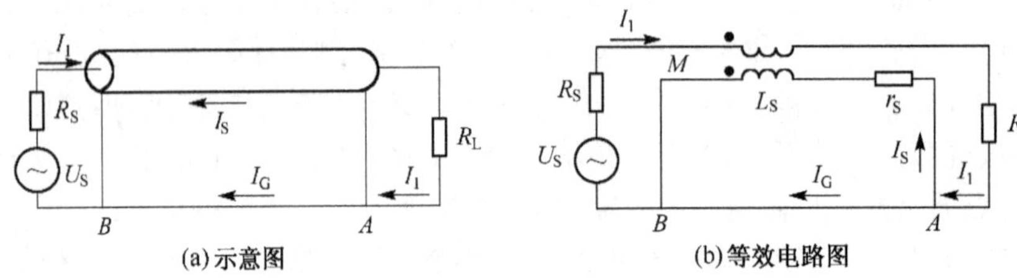

图 7-61　屏蔽电缆的磁场屏蔽

由以上两式可知 $M=L_S$，即屏蔽层与芯线的互感等于屏蔽层的自感。这是一条很重要的结论，条件是屏蔽层必须是圆柱面，屏蔽层上的轴向电流必须是均匀分布的，但芯线位置不一定要求在管子中心。

以下讨论屏蔽电缆的磁场屏蔽，先假设图 7-61 中 U_S 是骚扰电压源，电流 I_1 流过屏蔽线的芯线，M 是屏蔽层与芯线的互感，L_S 和 r_S 分别为屏蔽层的电感和电阻。如果屏蔽层不接地或只有一端接地，屏蔽层上无电流通过，电流经地面返回，所以屏蔽层不起作用，不会减少骚扰源回路的磁场辐射。如果屏蔽层两端接地，接地点为 A 点和 B 点，芯线中的电流I_1在 A 点将分两路流到 B 点，再回到源端，一路经过屏蔽层为 I_S，一路经由地为 I_G。根据等效电路可知 I_1 流过芯线时通过屏蔽层与芯线的互感 M 将在屏蔽层构成的回路中产生感应电动势，大小为 $\mathrm{j}\omega MI_1$，所以屏蔽层中的电流 I_S 应为

$$I_S=\frac{\mathrm{j}\omega MI_1}{\mathrm{j}\omega L_S+r_S}=\frac{\mathrm{j}\omega L_S I_1}{\mathrm{j}\omega L_S+r_S}=\frac{\mathrm{j}\omega I_1}{\mathrm{j}\omega+\omega_0} \tag{7-58}$$

式中，$\omega_0=r_S/L_S$ 称为屏蔽层截止频率。由该式可知 $I_S\leqslant I_1$，且当频率升高时 I_S 将越来越大，当 $\omega>5\omega_0$ 时，$I_S\approx I_1$，由于 $I_1=I_S+I_G$，所以此时流过地面的电流为 $I_G\approx 0$。可见，当芯线电流的频率较高，大于 5 倍的屏蔽层截止频率时，该电流几乎全部经由屏蔽层流回源端。由于回流是在屏蔽层上均匀分布的，而且把去流包围在中间，所以磁场被封闭在屏蔽层内，屏蔽层外由回流和去流产生的磁场大小相等方向相反，因而互相抵消，抑制了噪声磁场的向外辐射。一般同轴电缆的 5 倍屏蔽层截止频率都小于 10kHz。

屏蔽电缆的磁场屏蔽也可以从另一种角度来解释。已知环路电流总是沿着阻抗最小的途径流动，阻抗包括电感和电阻 $Z=R+\mathrm{j}\omega L$，当频率较低时电阻起主导作用，频率较高时电感的

感抗起主导作用，环路的电感大小主要决定环路的面积，环路面积越小，环路电感越小。其结果是：当 $f>10\text{kHz}$ 时，回流几乎全部走屏蔽层，因为这条路径环路面积最小，环路电感也最小。环路面积小向外辐射的噪声磁场也小。

以上分析的是屏蔽电缆对磁场的主动屏蔽作用，同样地，屏蔽电缆也能用于被动屏蔽，即把屏蔽电缆用在接收回路中，减小外界磁场对接收回路的干扰。减小接收回路面积即接收回路电流所包围的面积是减少外界磁场骚扰耦合的最好方法，屏蔽能影响接收回路的面积，现用图 7-62 来加以说明。图 7-62(a)是没有屏蔽的导线构成的接收回路，这时回路面积最大，受外界磁场影响最大。图 7-62(b)虽然加了屏蔽层，但只是单端接地，屏蔽层上无电流，所以屏蔽层并没有改变回路面积；图 7-62(c)屏蔽层两端接地，根据以上分析可知当频率大于 5 倍的屏蔽层截止频率时，回流从屏蔽层流过，这时的回路面积最小，抑制外界磁场的能力最强。如果频率较低，回流大部分流经地面返回，则屏蔽层仍不能起到屏蔽磁场的作用。

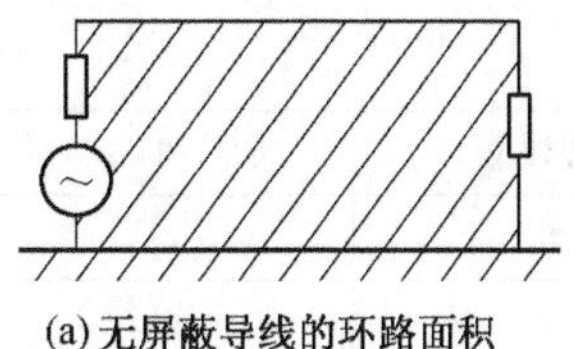
(a) 无屏蔽导线的环路面积

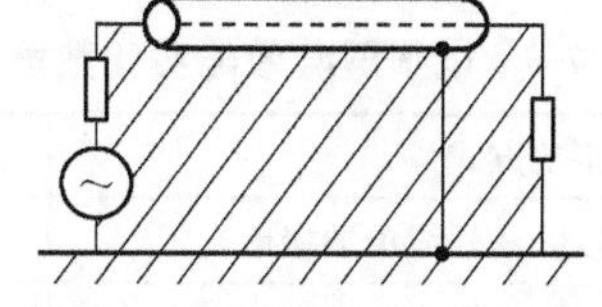
(b) 屏蔽层单端接地时导线的环路面积

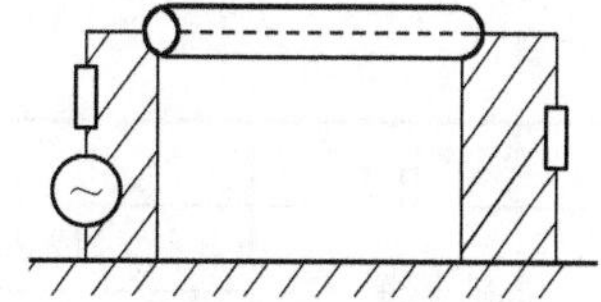
(c) 屏蔽层双端接地时导线的环路面积

图 7-62 接地对电缆屏蔽效果的影响

在使用屏蔽电缆且屏蔽层两端接地的条件下，如果两端接地点的电位不一致，则可能引入地环路干扰，应予以避免。

3)屏蔽层接地的地环路问题

根据前面的分析可知，电缆的屏蔽层一定要接地，屏蔽层应该在什么地方接地，是在一端接地？还是两端都要接地？下面用实验进一步阐述这一问题。

本实验对一条同轴电缆和一条屏蔽双绞线分别采用不同的接地方式，用其磁场屏蔽效能的测试结果来分析电缆屏蔽层接地形成地环路的问题。实验方法见图 7-63，实验中用一个信号发生器产生 50kHz 的正弦信号，经功率放大器放大后输入一个线圈 L_1，该线圈为 10 匝，直径为 23cm。该线圈中的电流为 0.6A。线圈 L_1 产生的磁场耦合到附近的被测电缆回路中，为了增加对电缆回路的磁场耦合量，使测试更易实现，被测电缆也绕成电感形状，共 3 匝，直径为 18cm，命名为 L_2，L_2 和 L_1 在同一轴上。被测电缆一端接 1MΩ 电阻，模拟负载阻抗，另一端接 100Ω 的电阻，模拟源阻抗，所以 L_2 和这两个电阻实际上构成了一个被干扰电路。被测电缆为同轴电缆和屏蔽双绞线，屏蔽层接地方式分单端接地和双端接地。图 7-64 给出了各种接地方式，实验结果见表 7-5。

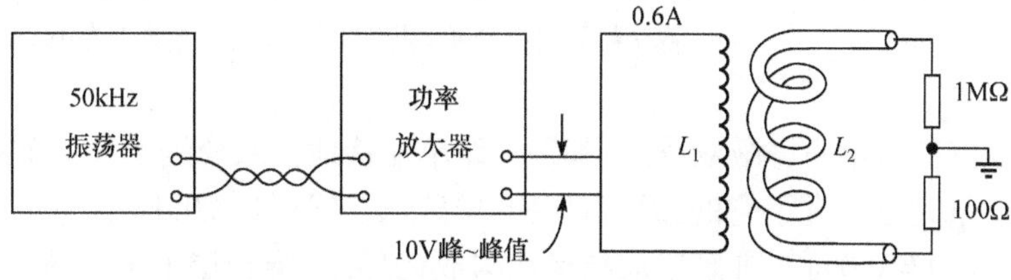

图 7-63 屏蔽电缆地环路测试装置

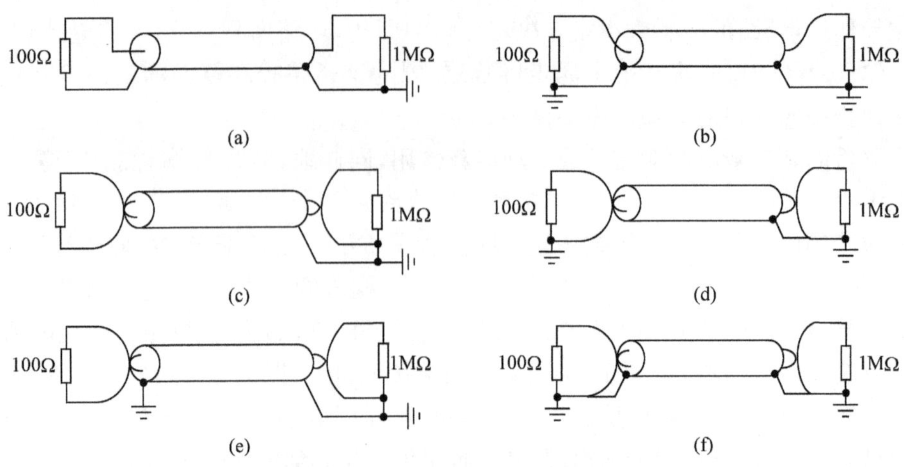

图 7-64　实验中屏蔽电缆屏蔽层接法

表 7-5　电缆屏蔽效能实验数据

线类别	接地方式		屏蔽效能	图 7-64 标示
同轴电缆	屏蔽层单端接地(信号线单端接地)		80	(a)
	屏蔽层双端接地(信号线双端接地)		27	(b)
屏蔽双绞线	屏蔽层单端接地	双绞信号线单端接地	70	(c)
		双绞信号线两端接地	13	(d)
	屏蔽层双端接地	双绞信号线单端接地	63	(e)
		双绞信号线两端接地	28	(f)

同轴电缆屏蔽层不接地时测得 1MΩ 电阻上的电压是 U_0，这时屏蔽层对磁场没有屏蔽作用，用这一电压作为比较的基准。定义屏蔽效能为

$$SE_H = 20\log\left(\frac{U_0}{U_{1M\Omega}}\right) \tag{7-59}$$

$U_{1M\Omega}$是由于 L_2 回路受到 L_1 磁场的感应而产生的，如果被测电缆的防磁能力强则 $U_{1M\Omega}$ 就越小，说明磁场屏蔽效能越高。

虽然实验中的地在同一位置，不存在地电位差。但可以将屏蔽层上磁场感应出的 50kHz 信号等效视为由地电位差产生的。

图 7-64(a)所示为同轴电缆，模拟源端(100Ω)不接地，只有模拟负载端(1MΩ)接地，这时不存在地环路，所以没有地环路影响。外界磁场能穿过的环路面积只有屏蔽层与芯线之间很小的面积，因为屏蔽层可以看作在其中心轴上放置的一根等效导线，而这根等效导线是非常靠近芯线的。这时的磁屏蔽效能可达 80dB，与图 7-64(b)所示的电路两端接地时比较，提高了 53dB。比较图 7-64(a)和(b)可见屏蔽层双端接地形成地环路，屏蔽层上的噪声电流在负载上产生噪声电压。

图 7-64(c)和(e)所示为屏蔽双绞线，都是电路单端接地。双绞线本身具有磁屏蔽性能，在没有地环路影响下充分发挥了它的磁屏蔽作用，屏蔽双绞线可达 70dB。

比较图 7-64(c)与(e)可知屏蔽层双端接地构成地环路，屏蔽层上的电流导致屏蔽效能下降了 7dB，可以理解为地环路噪声在双绞线上产生的共模骚扰电流在 1MΩ 的不平衡负载上产生了差模骚扰电压。

图 7-64(d)和(f)所示为屏蔽双绞线，都是电路双端接地。图 7-64(d)所示为屏蔽层单端接地，起到磁场屏蔽效能达 13dB，这种接法的屏蔽效能比较低是由于电路双端接地构成了地回路。由于地环路的存在和电路的不平衡导致 1MΩ 负载上产生噪声电压增大。图 7-64(f)所示为屏蔽双绞线的屏蔽层两端接地，磁屏蔽效能达到 28dB，比屏蔽层一端接地的屏蔽效能增加了 15dB。由于屏蔽层的阻抗比信号线低，屏蔽层上的地环路噪声电流比双绞线上的大，通过互感作用其在双绞线上产生一个与双绞线上的共模电流方向相反的共模噪声电流，这样就减小了 1MΩ 负载上的电压，从而提高了磁屏蔽效能。由于屏蔽层双端接地形成的地环路的存在和电路不平衡导致 1MΩ 负载上产生噪声电压。

上面的实验结果表明从提高磁场屏蔽效能的角度看，电缆屏蔽层应该双端接地，从抑制地环路干扰的角度看应该单点接地。两者是相互矛盾的，实际中电缆屏蔽层究竟采用单点接地还是多点接地？从原则上讲，如果空间磁场会产生干扰，则电缆屏蔽层必须双端接地，特别是在信号回路中不能再增加新的抑制干扰措施时。如果电缆较长、地点位差大、地点位差的影响可以产生干扰，就采用屏蔽层单端接地方案。

在低频，屏蔽电缆最主要的目的是防止主要来自 50/60Hz 电源导线的电场耦合。正如 7.3 节中所讨论的，在低频屏蔽层导体对磁场的屏蔽作用可以忽略不计，在低频使用屏蔽双绞线电缆的优点是屏蔽层防止电场耦合而双绞线防止磁场耦合。许多低频电路中包含高阻抗设备，很容易受到电场耦合，因此，低频电缆对电场屏蔽很重要。

低频多芯电缆的屏蔽层不是信号返回导体，屏蔽层通常仅在一端接地，以避免地环路干扰。在哪一端接地可以根据信号源端是接地还是浮地决定。一般是在信号源端接地，原因是这端为信号电压的参考点。如果信号源浮地，则在负载端电缆屏蔽层接地较好。对于信号端和负载端都接地的情况，屏蔽层也采用双端接地。

使用同轴电缆时，如果信号只在一端接地，同轴电缆屏蔽层与信号的接地点在同一位置接地。如果信号在两端接地，即信号源端和负载端都接地，则同轴电缆的屏蔽层必须双端接地，因为它也是信号返回的导体，而信号两端接地。在这种情况下，可以通过降低电缆屏蔽层的阻抗来降低噪声耦合，因为这将减少共阻抗耦合。如果需要增加抗扰度，那么须断开接地环路。这可以通过使用变压器、光耦合器或共模扼流圈来实现。

在频率约 100kHz 以上，或电缆的长度超过波长的 1/12 时，考虑到要对磁场屏蔽，无论同轴电缆还是屏蔽双绞线，都需要在屏蔽层两端接地。因此，在高频和数字电路中，通常的做法是电缆屏蔽层两端接地。由地电位产生的小噪声电压会耦合进入电路，但不会干扰数字电路。当噪声与信号之间有比较大的频率差时，通常可以在射频电路滤除噪声。在 1MHz 以上的频率，趋肤效应使噪声电流在屏蔽层的外表面、信号电流在屏蔽层的内表面，这样可以减小信号和噪声的共阻抗耦合。当噪声频率高于屏蔽层截止频率时，多点接地有比较好的磁场屏蔽效能。

2. 屏蔽机箱

机箱的屏蔽材料一般采用铜板、铁板、铝板、镀锌铁板等，这些金属板对电场、高频磁场和电磁场的屏蔽效能都很大，可达 100dB 以上，例如 0.2mm 的铜板在 10Hz～30GHz 频率范围内能提供大于 160dB 的屏蔽效能。对于低频磁场，屏蔽应采用高磁导率的铁磁性材料。由于这些材料厚度大，重量重，价格贵，所以一般不用作机箱，而是直接用在需要进行低频磁屏蔽的元器件上。现代电子设备广泛采用工程塑料做机箱，为了使其具备屏蔽作用，常在塑料中掺入高电导率的金属粉，使之成为导电塑料，或者在其表现喷涂一层薄膜导电层。表 7-6 列出了铜薄膜层的屏蔽效能。

表 7-6 镀铜层的屏蔽效能

层厚度/μm	0.015		1.25		21.96	
频率/MHz	1	1000	1	1000	1	1000
吸收损耗/dB	0.014	0.44	0.16	5.2	2.9	92
反射损耗/dB	109	79	109	79	109	79
多重反射/dB	−47	−17	−26	−0.6	−3.5	0
总屏蔽效能/dB	62	62	83	84	108	171

由于导电层非常薄，所以吸收损耗很小，可以忽略，主要由反射损耗起作用。因为导电层的厚度小于趋肤深度，故必须考虑多重反射的影响。由表可知当薄膜导电层厚度增加时总屏蔽效能也增加，只是与铜板相比屏蔽效能要差一些。有趣的是对于同一厚度的导电层，不同的频率对总屏蔽效能的影响不大。

以上的讨论是在屏蔽体完整的条件下进行的，实际应用的机箱不可能是全密封的，总有各式各样大大小小的孔、洞和缝隙。例如通风孔、进出线孔、面板器件安装孔、机箱各板的连接缝、机箱盖和箱体之间的缝隙等等。这些孔缝都可能造成电磁波的严重泄漏。实际上，电磁场通过孔缝时的损耗要比穿过金属本体时的损耗小得多，所以讨论机箱的屏蔽效能时主要应该考虑孔缝的屏蔽效能。

已经知道金属板的屏蔽作用主要是由吸收损耗和反射损耗产生的。反射损耗是因为空气中的波阻抗和金属中的波阻抗不匹配而引起的。金属中的波阻抗与金属板上是否有孔缝无关，所以孔缝的存在并不会影响反射损耗。但是金属体的吸收损耗是由于电磁波在金属体上引起感应涡流，产生欧姆热损耗，同时涡流产生反向磁场抵消了原来的磁场，因此是否能保证涡流的畅通无阻是保证吸收损耗的重要条件。如果金属体上有缝隙存在，并且与涡流方向垂直，如图 7-65(b)所示，则涡流受到阻挡只能绕过缝隙而行。根据电磁场的互补原理，缝隙相当于一个缝隙天线，向金属板外辐射电磁场，即电磁波穿过了缝隙，使金属板的屏蔽效能显著下降。缝隙天线的辐射场，可以通过与其互补天线的辐射场来计算。4.1.3 节给出，缝隙天线的互补天线是一个电偶极子天线，利用电磁场互补原理，缝隙天线等效为一个与互补天线对偶的磁偶极子天线。此时，当缝隙长度等于半波长的整数倍时(电磁场频率等于互补的电偶极子天线的谐振频率)，缝隙天线的发射能量最大。所以缝隙长度是决定泄漏程度的重要因素。通常情况下，缝隙的宽度一般影响较小，如图 7-65(c)中虽然缝隙变窄了，但长度与图 7-65(b)中一样，这时涡流被阻挡的情况并没有多大改善。如果缝隙方向与涡流方向平行，则对涡流影响较小，如图 7-65(d)所示。在实际应用中并不可能预测涡流的方向，所以唯一的办法是尽量缩短缝隙的长度。对于固定的缝隙长度，频率越高缝隙天线的二次发射越有效，泄漏就越严重，因此一般要求缝隙长度 l 应满足 $l<\frac{\lambda}{10}\sim\frac{\lambda}{100}$。例如在拼接两块金属板时所用的螺丝或铆钉间的距离应符合上式。又如直径大的通风口应该改成很多小孔的组合，每个小孔的直径都要符

合该式。改成小孔后对涡流的阻挡大大减小,各个方向的涡流都能比较顺利地流通,如图 7-65(e)所示。

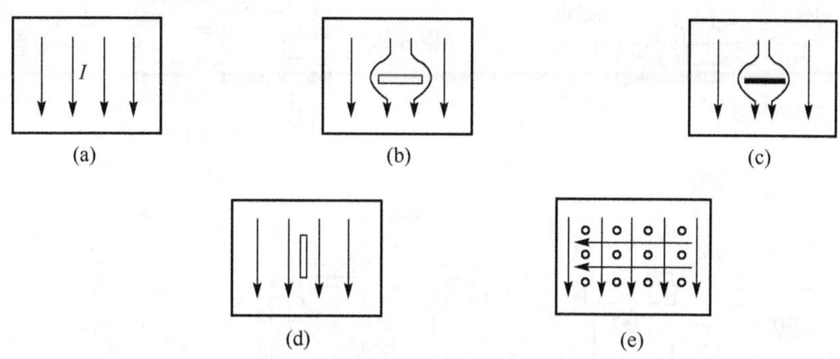

图 7-65　孔缝对屏蔽的影响

改善由于孔缝造成屏蔽效能下降的方法有以下几种。

1)使用导电衬垫

导电衬垫具有良好的导电性和弹性,用于两块金属板的连接处,可以减小缝隙,保持金属板之间的导电连续性,从而增加屏蔽效能。导电衬垫有多种形式,通常有软金属、金属编织丝线、导电橡胶、导电泡绵、导电布、梳形弹簧片等。导电衬垫的使用方法可用图 7-66 说明。图 7-66(a)是在金属面板上安装电位器的实例,为了减小面板上安装孔和电位器外壳间的缝隙使用了射频导电衬垫,并用螺母紧固。图 7-66(b)是在面板上安装按钮开关或电表,由于按钮是非金属的,电表表头的窗口又较大,电磁波极易穿过,所以在开关或表头后面应该加一个屏蔽盒,屏蔽盒边缘通过导电衬垫紧固在金属面板上。开关或电表的引线则通过安装在屏蔽盒上的穿芯电容引出,穿芯电容可滤除由窗口进入并沿引线传导的电磁干扰。图 7-66(c)～(j)是把盖板安装在机箱上的实例。盖板与机箱之间需放置导电衬垫,衬垫位置应该在紧固螺钉的内侧,如图 7-66(j)所示,因为螺孔不严可能引起电磁泄漏。图 7-66(k)是梳形弹簧片,它是用弹性金属薄片弯成手指形状制成,所以又称指状衬垫。梳形簧片利用弹力压接在接触面上,达到良好的电接触。这种衬垫常用在经常启闭的屏蔽门和机箱盖上。

导电衬垫的选择除了要考虑合适的形状、导电性和弹性外还需注意衬垫所用的材料,以避免产生电化腐蚀影响屏蔽的长期性和可靠性。使用导电衬垫时还应注意使用前要清除接触表面上的氧化物、腐蚀物、绝缘膜等,以保证接缝处的电连续性。在接缝处也可以填充导电环氧树脂或采用带有导电胶的铜带或镀锡铜带,前者固化后不能拆卸,后者不需要时可以撕掉。一般这些材料工作频率小于 1GHz,频率再升高时胶中的导电粒随机位移太大,效果下降。

2)使用金属丝网

设备的通风口经常覆盖一层金属丝网,使之既能保持通风又能起到屏蔽作用。金属丝网用于屏蔽要求不太高的场合,100MHz 以上时屏蔽效能下降。由于网孔太多,金属丝网的吸收损耗很小,主要靠反射损耗。在几十兆赫以下,主要是金属网对磁场的反射损耗,屏蔽效能随频率升高而增加;几十兆赫以后主要是金属网对平面波电磁场的反射损耗,屏蔽效能随频率升高而下降。金属丝网的屏蔽效能主要取决于网孔的大小:对于确定的金属线径,目数越高则网孔越小,屏蔽效能就越高;对于确定的目数,线径越细即网孔越大,则屏蔽效能越低。金属网的屏蔽效能还决定于网丝交点处的焊接质量及金属网与周边金属体连接处的电接触性能。

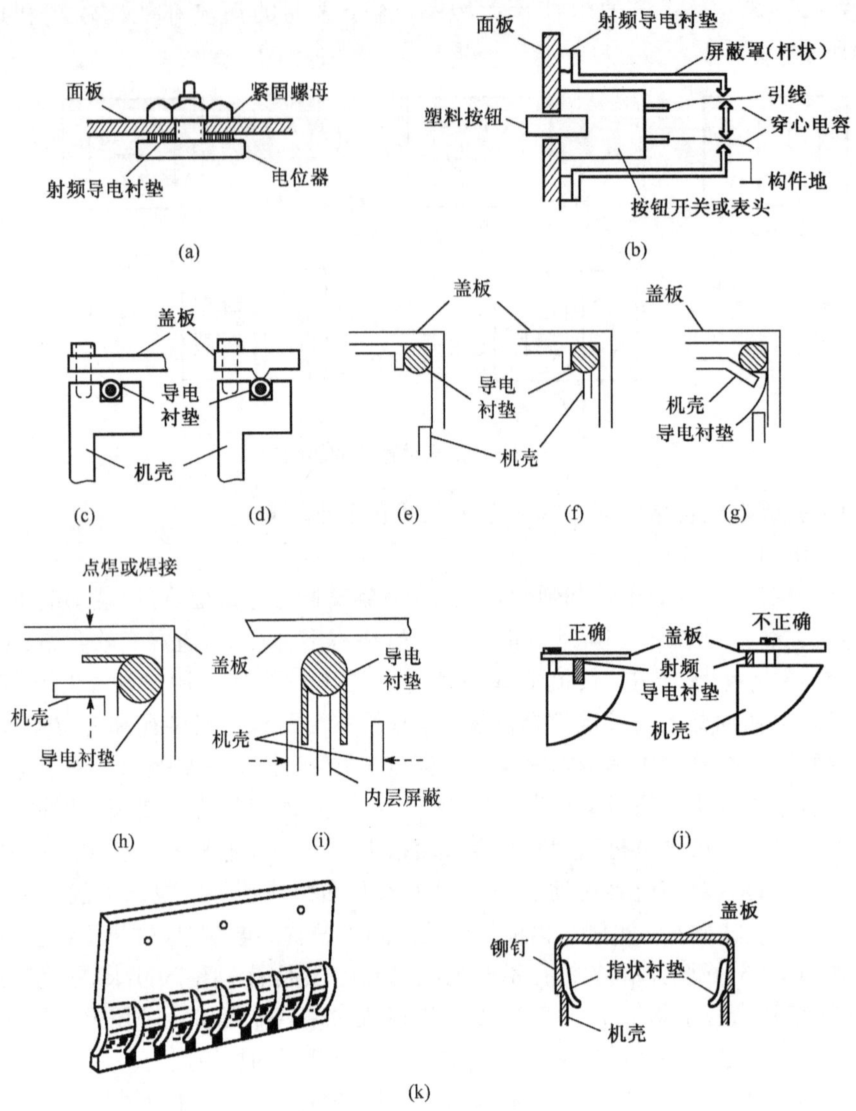

图 7-66　导电衬垫的使用

金属丝网还可用于屏蔽观察窗口。例如,用莫乃尔合金制成的直径很细(约 0.05mm)的金属丝网(8～12 孔/cm^2)做在玻璃夹层中,作为 CRT 的观察窗,可以防止计算机信息以场的方式泄漏。这种金属丝网屏蔽效能在 1MHz 时为 98dB,100MHz 时为 82dB,1GHz 时还能保持 60dB。

3)使用截止波导

截止波导是一种金属管,对电磁波而言它相当于一种高通滤波器。波导管具有确定的截止频率,当电磁波的频率低于该截止频率时,电磁波不能穿过波导管,于是波导管起到了屏蔽作用。波导管的形状常做成圆形、矩形和六角形。

圆形截止波导的长度要求和截止频率分别为

$$l \geqslant 3D$$
$$f_c = \frac{17.6 \times 10^9}{D} \tag{7-60}$$

式中，l 为波导长度，单位 cm；D 为波导内径，单位 cm；f_c 为截止频率，单位 Hz。

六角形及矩形波导的长度要求和截止频率为

$$l \geqslant 3W$$
$$f_c = \frac{15 \times 10^9}{W} \tag{7-61}$$

式中，W 为波导内壁的外接圆直径，单位 cm。

波导管常组合在一起做成波导窗，用作通风窗及观察窗。图 7-67 为六角形波导组成的蜂窝状通风窗。低于截止频率的电磁波在波导中大大衰减，其屏蔽效能为

$$SE = 1.823 \times 10^{-9} \times f_c l \sqrt{1-(f/f_c)^2}\,(\mathrm{dB}) \tag{7-62}$$

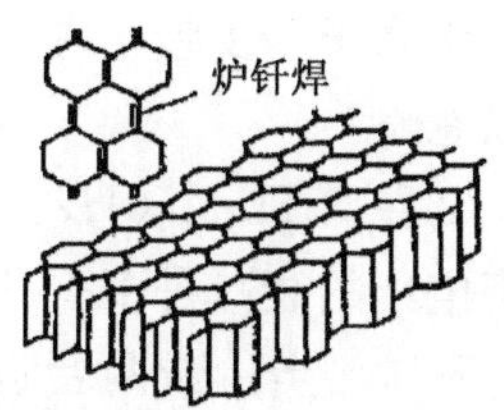

图 7-67　蜂窝形波导窗

波导窗与金属丝网相比具有很好的高频屏蔽特性，在 10GHz 时仍可保持 100dB 以上的屏蔽效能。

截止波导管还可用于在面板上安装可变电容、可变电位器、波段开关等可调器件。应该注意的是穿过波导管的轴杆必须是非金属的，否则波导管将失效，不起屏蔽作用。

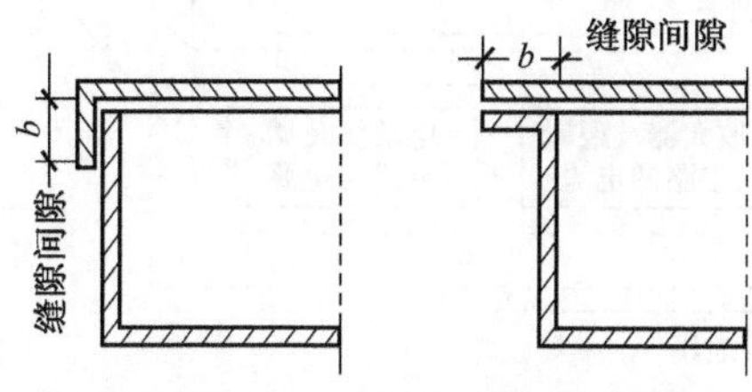

图 7-68　缝隙的截止波导效应

根据电磁场理论，任何具有一定深度的孔缝都具有波导性质，这也可用来改善盖板和机箱间接缝的屏蔽，如图 7-68 所示。b 为缝隙的深度，只要 b 足够长就可以增加电磁波通过接缝时的衰减。

习　题

7-1　理想接地是不存在的，其原因是什么？非理想接地在 EMC 中会产生怎样的问题？

7-2　按作用，接地可以如何分类？

7-3　简述防雷接地和工频接地的区别。

7-4　如何用直线布极法测量接地电阻？

7-5　不正确的工作地或信号地的接地方案可能产生哪些干扰？

7-6　在分析和解决电磁兼容问题时，确定实际的回流路径十分重要。但往往所设计的地线并不是实际的工作地电流路径，这是为什么？

7-7　“接地波动”可能会引起哪些问题？

7-8　接地方式有哪些，分别有哪些优点和缺点？适用怎样的场合？

7-9　规范化的接地方案应该如何设计？

7-10　对于图 7-69 中所示的机电一体化设备，试按照规范化的设计步骤设计其接地方案。

7-11　解决一个有问题的接地环路的两个基本方法是什么？

7-12　写出用于切断接地环路的三种不同器件。

7-13　一个共模扼流圈与一根连接低电平的源到一个 900Ω 负载的传输线串联。传输线的一根导线具有 1Ω 的电阻。共模扼流圈的每个绕组具有 0.044μH 的电感和 4Ω 的电阻。问：

①高于多少频率，扼流圈对信号传输的影响可以忽略？

②在 50Hz、150Hz、250Hz 扼流圈对地差模噪声电压的衰减是多少 dB？

7-14　当诊断两台设备之间存在互相干扰时，如将一端的设备与地线断开，干扰现象消失，往往说明有地环路干扰问题。是否能够得到下面的结论：当存在地环路干扰时，只要将一端电路与地线之间的连线断开，就可以解决问题？为什么？

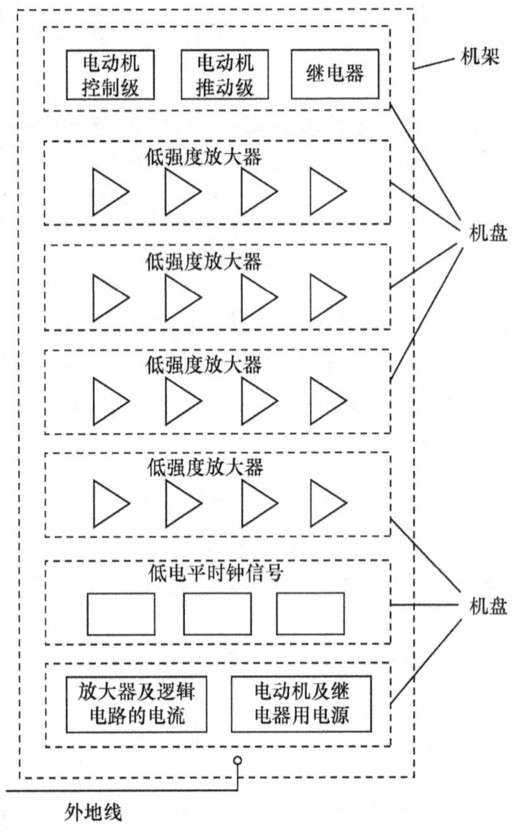

图 7-69　题 7-10 图

7-15　在图 7-70 中，设备 A 与设备 B 分别安装在不同的建筑物内，由架空线连接。架空线高 10m，长 40m，两台设备分别在本地接地，从而形成一个地环路。

①如果有一个直击雷在设备 A 左方 1km 处发生，其电流脉冲波形如图 7-66 所示，上升时间为 2μs，下降时间为 1000μs，最大幅度为 50kA，试问环路中由于磁场所感应的电压是多少？

②如果雷电发生在环路的正前方 1km 处，感应的电压是多少？

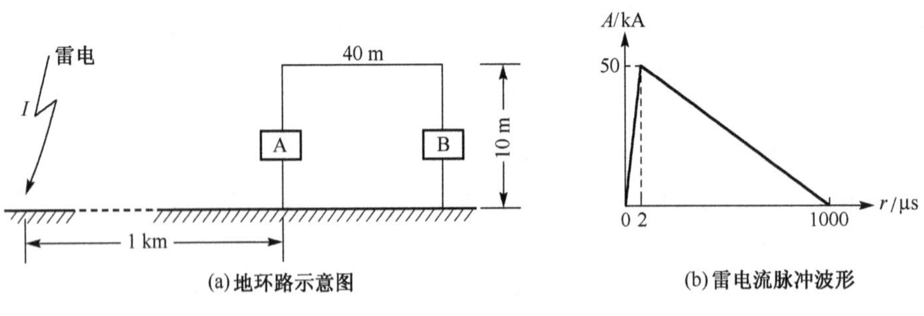

图 7-70　题 7-15 图

7-16　根据滤波器的材料及制造工艺，滤波器有哪些种类？其中用于 EMI 滤波器的主要有哪些？

7-17　反射式滤波器和吸收式滤波器的工作原理是什么？

7-18　电容既可以用来滤除差模噪声，也可以滤除共模噪声，接法有什么不同？

7-19　实际使用的电感器并非是理想电感，存在匝间电容和绕组损耗电阻，其等效电路如

图 7-71 所示。试在同一坐标系中画出理想电感和实际电感器的阻抗-频率曲线，并给出比较结果。

7-20 实际使用的电容器并非是理想电感，存在引线电感和介质损耗电阻，其等效电路如图 7-72 所示。试在同一坐标系中画出理想电感和实际电容器的阻抗-频率曲线，并给出比较结果。

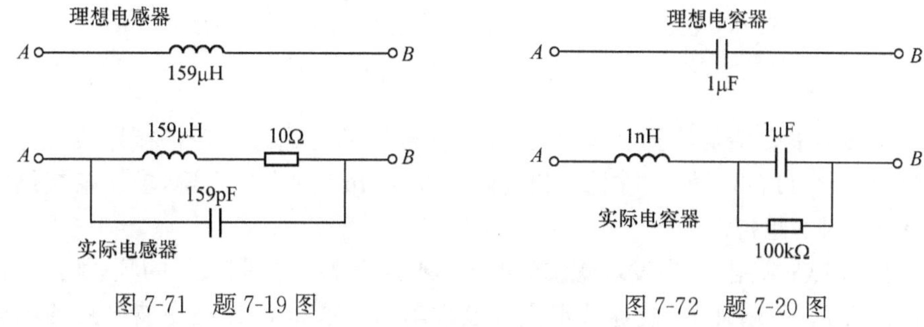

图 7-71 题 7-19 图 图 7-72 题 7-20 图

7-21 根据习题 7-19 和习题 7-20 的结果，分析影响谐振频率的因素有哪些？

7-22 如何根据频变电阻随频率的变化关系设计实现低通滤波？

7-23 铁氧体磁珠与电感滤波元件主要区别在哪里？

7-24 画出 Γ、π 和 T 型低通 LC 滤波器的草图，讨论其分别适用于什么样的源阻抗及负载阻抗条件。

7-25 如果用一个电感与 50Ω 负载串联来抑制 100MHz 的噪声电流，求能提供 20dB 插入损耗的电感的值。

7-26 差模电流可以无衰减地通过共模扼流圈，同时对共模电流起到抑制作用的原理是什么？

7-27 以共模扼流圈的自电感为 28mH，耦合系数为 0.95，求由漏电感所形成等效差模电感。

7-28 使用铁氧体磁珠或磁环应注意哪些问题？

7-29 铁氧体磁珠常串接在导线上用以抑制高频噪声，如图 7-73 所示。图中负载阻抗 R_L 为 10kΩ，设磁珠在 100MHz 是的阻抗为 200Ω，求其插入损耗。如果在磁珠后面再并接一个 0.01μF 的电容，求两者构成的低通滤波器的插入损耗。

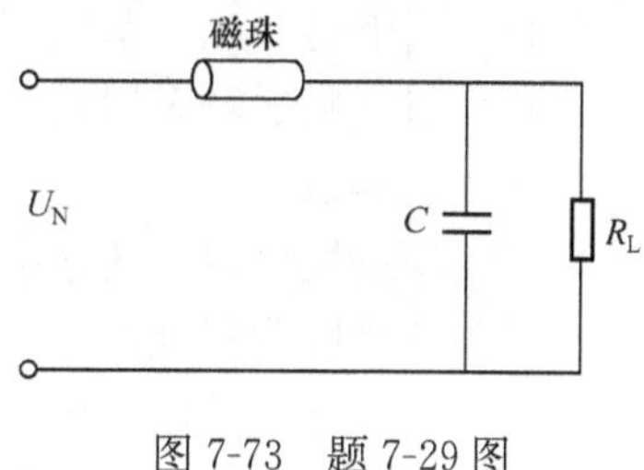

图 7-73 题 7-29 图

7-30 EMI 滤波器安装有哪些注意事项？

7-31 图 7-74 为一电源滤波器，设其元件参数如下：$L_1=L_2=5$mH，$C_1=0.1\mu$F，$L_3=L_4=30$mH（假设耦合系数 $k=1$），$C_2=C_3=4700$pF。使用时滤波器左侧接源端，右侧接负载端。试求在源端及负载端阻抗均为 50Ω 时，滤波器对于 150kHz 和 30MHz 的差模插入损耗和共模插入损耗。

7-32 对于上题中的滤波器，当源端和负载端阻抗失配时：①源端阻抗为 0.1Ω，负载端阻抗为 100Ω 时；②源端阻抗为 100Ω，负载端阻抗为 0.1Ω 时。求滤波器对于 150kHz 和 30MHz 的差模插入损耗和共模插入损耗。

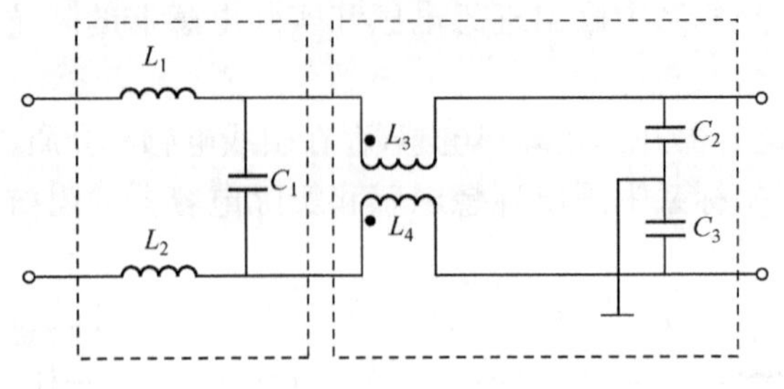

图 7-74　题 7-31 图

7-33　如果由于安装条件所限，电源滤波器的接地端是通过一条搭接导线与金属机壳相连。该导线具有 1μH 的电感，滤波器与机壳间存在 100pF 的寄生电容，求该搭接结构的谐振频率和 30MHz 时的阻抗。

7-34　实际工程应用中，当发现滤波器的插入损耗不足以抑制较强的骚扰时，往往会对原来已有的滤波器进行“增强”。最容易实施也最常用的方法是对 Π 型滤波电路的电容增加一只并联电容。但结果常常事与愿违，即骚扰反而更加严重，试从接地阻抗的角度出发来解释这种现象。

7-35　为什么说屏蔽是解决电磁兼容问题的最基本方法之一？用电磁屏蔽的方法解决电磁干扰问题的好处有哪些？

7-36　什么是主动屏蔽和被动屏蔽？

7-37　请用实例对屏蔽体的结构进行分类。

7-38　外界干扰场强 $E=1\text{V/m}$，屏蔽体的屏蔽效能是 40dB，求屏蔽体内的干扰场强。

7-39　试论述接地在电场屏蔽中的重要性。

7-40　铁磁材料起到磁场屏蔽作用的实质是什么？

7-41　影响材料磁导率的因素有哪些？

7-42　对低频磁场采用双层屏蔽的方法可以解决怎样的问题？每层材料该如何选取？

7-43　高频磁场屏蔽的原理是什么？

7-44　请描述电磁波通过金属板屏蔽体的完整过程。

7-45　增加吸收损耗的方法有哪些？

7-46　计算空气的波阻抗，如果金属板屏蔽体的电导率为 σ_r，磁导率为 μ_r，试推导平面波、电场和磁场的反射损耗，根据结果，分析可以影响反射损耗的因素有哪些？

7-47　反射损耗是不是越大越好，为什么？

7-48　为什么说多次反射损耗会减小屏蔽性能？哪些情况下可以忽略多次反射损耗的影响？

7-49　由高导磁材料表面覆盖高导电材料制成的复合材料，具有较好的总屏蔽效能，试分析其原因。

7-50　一个金属屏蔽室的尺寸为 3.4m×2.5m×2.6m，求其最低谐振频率和 1GHz 以下的最大谐振频率。

7-51　简述孔缝的位置、长宽和分布对屏蔽性能的影响。

7-52　改善由孔缝造成屏蔽性能下降的方法有哪些？

7-53　如果一矩形波导管的口径为 10mm×10mm，该波导的截止频率是多少？在将其用作截止波导时，试计算该波导管在最高可用频率能够提供 100dB 屏蔽效能的最短长度。

7-54　如何屏蔽变压器产生的电磁干扰？

7-55　简述同轴电缆和双绞线的自屏蔽原理。

7-56　10cm 厚的钢板（$\sigma_r=0.1$，$\mu_r=1000$）距离噪声源 1m，求在下述频率时的吸收损耗和反射损耗：10kHz、100kHz、1MHz、10MHz、100MHz。根据计算结果画出损耗-频率关系图。

7-57　图 7-75(a)中两导线间的分布电容为 50pF，导线对地分布电容为 150pF，导线 1 端接 1MHz、10V 的交流信号源，如果 R_T 分别为①无限大阻抗；②1000Ω 阻抗；③50Ω 阻抗，试求三种情况下导线 2 的感应电压为多少？

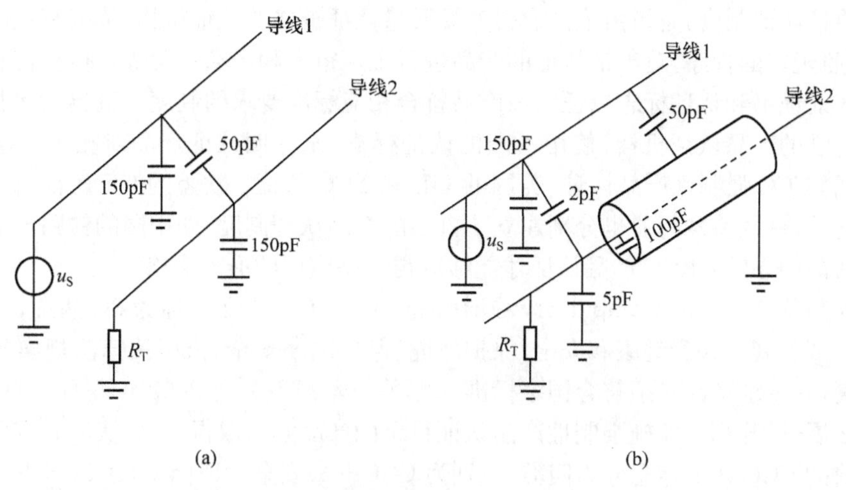

图 7-75　题 7-57、题 7-58 图

7-58　如在题 7-57 中的导线 2 外面加装一接地屏蔽层，如图 7-75(b)所示。导线 2 与屏蔽层之间的电容为 100pF，导线 1 与导线 2 间的分布电容为 2pF，导线 2 与地之间分布电容为 5pF，试求三种情况下导线 2 上的感应电压。

7-59　图 7-76 中屏蔽电缆的屏蔽层电感和电阻分别为 L_S 和 R_S，R_G 为等效地电阻，$\dot{I}_I$ 是流过芯线的电流，$\dot{I}_S$ 是流过电缆屏蔽层的电流。①试画出 $|\dot{I}_S/\dot{I}_I|$-频率的渐近线；②当高于什么频率时，98%的电流才流经屏蔽层？

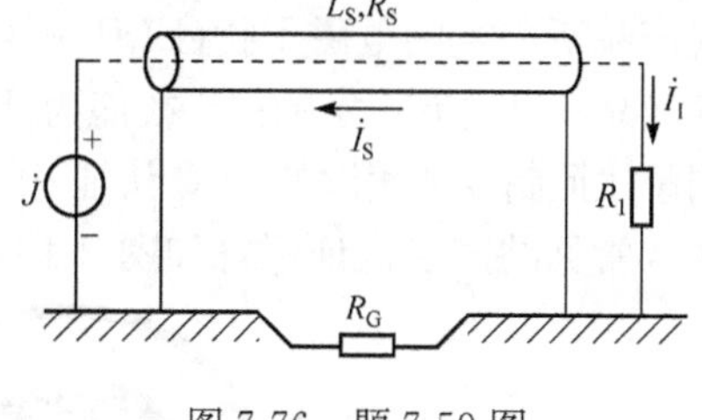

图 7-76　题 7-59 图

第 8 章　电磁兼容测试

我国和世界上主要的国家及地区均采用颁布标准、法律或法规的形式，对电子产品的电磁兼容性提出强制性要求。只有根据相应的标准，通过电磁兼容符合性测试的产品才能取得相应的产品认证，并具备市场准入的基本资格。

产品质量认证制度，是指由依法取得产品质量认证资格的认证机构，依据有关的产品标准和要求，按照规定的程序，对申请认证的产品进行工厂审查和产品检验等，对符合条件要求的，通过颁发认证证书和认证标志以证明该产品符合相应标准要求的制度。世界大多数国家和地区设立了自己的产品认证机构，使用不同的认证标志，来标明认证产品对相关标准的符合程度，如中国的 CCC 强制性产品认证、美国的 UL 和 FCC 认证、欧盟的 CE 认证、德国的 VDE 认证等。此外，一些特殊行业也分别建立了自己的产品认证制度，如中国的铁路产品均需通过中铁检验认证中心的 CRCC 产品认证才能够取得铁路应用的准入资格。

中国强制认证(China Compulsory Certification，CCC)，通常简称为 3C 认证，是中国政府为保护广大消费者的人身健康和安全，保护环境、保护国家安全，依照法律法规实施的一种产品评价制度，它要求产品必须符合国家标准和相关技术规范。自 2002 年 5 月 1 日起，中国强制认证全面展开，凡列入实施强制性产品认证目录的产品必须取得 CCC 认证后方可进入中国市场。目前的 CCC 认证标志分为四类，分别为 CCC+S(安全认证标志)、CCC+EMC(电磁兼容类认证标志)、CCC+S&E(安全与电磁兼容认证标志)和 CCC + F(消防认证标志)。

在许多产品认证制度或体系中，电磁兼容性均是重要的组成部分。由上面所述 3C 认证的内容就可以深刻体会到。国外如欧盟 CE 认证中包含了 EMC 指令，要求所有销往欧洲的电气产品所产生的电磁干扰(EMI)不得超过一定的标准，以免影响其他产品的正常运作，同时电气产品本身也有一定的抗干扰能力(EMS)，以便在一般电磁环境下能正常使用。与此类似，其他国家认证制度如美国的 FCC 认证、德国的 VDE 认证、日本 VCCI 认证等均涉及电磁兼容性要求。常见的产品认证标志如图 8-1 所示。

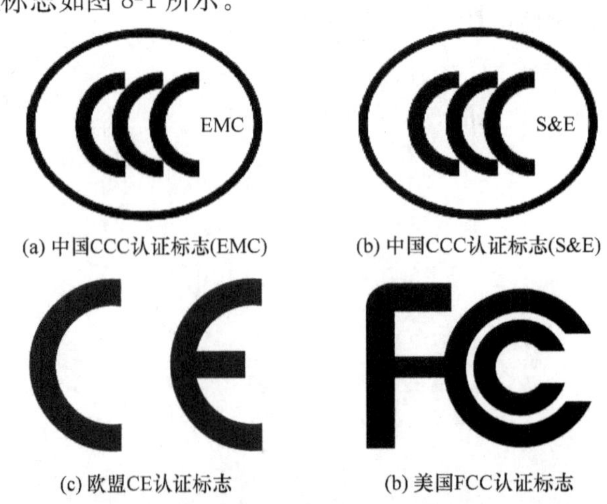

(a) 中国CCC认证标志(EMC)　　(b) 中国CCC认证标志(S&E)

(c) 欧盟CE认证标志　　(b) 美国FCC认证标志

图 8-1　常见的产品认证标志

电磁兼容测试按其测试内容可分为电磁骚扰发射(electromagnetic interference,EMI)测试和设备的抗扰度 (electromagnetic susceptibility,EMS)测试。EMI 测试是测量设备向外界发射的骚扰,包括辐射发射(radiated emission,RE)和传导发射 (conducted emission,CE)两个部分。EMS 测试则是通过对设备施加各种骚扰,检测受试设备对这些骚扰的敏感度或抗干扰能力,所施加骚扰的主要类型有静电放电、射频场感应的传导骚扰、电快速脉冲群、浪涌、工频磁场、脉冲磁场、工频谐波等。

电磁兼容测试结果反映了被测设备相关的电磁兼容性,为设备的电磁兼容设计、整改以及验证起到至关重要的指导作用。电磁兼容测试结果取决于测试场地及测试仪器的各项指标、测试步骤甚至测试人员的素质。因此,电磁兼容测试标准通常都会对测试场地、测试仪器的指标以及测试步骤进行具体的规定,以保证测试结果的准确性和可重复性。作为测试人员,不仅需要掌握电磁场、微波、天线、电波传播、电路等学科的基础理论,而且要了解测试仪器以及被测设备的工作原理,理解标准规定的方法,这样才能在测试过程中发现问题,并采用正确的方法解决问题,从而保证正确的测试结果。

8.1　电磁兼容标准

8.1.1　电磁兼容标准化组织

国际上有多个标准化组织涉及电磁兼容领域的研究,同时制定和发布有关电磁兼容测试标准。涉及电磁兼容的国际化标准组织主要是国际电工委员会(IEC)。国际无线电干扰特别委员会(CISPR)和 IEC 第 77 技术委员会(IEC/TC77)是制定电磁兼容基础标准和产品标准的两大组织。我国的电磁兼容标准绝大多数采纳此类国际标准。

作为 IEC 下属的特别委员会,CISPR 专门从事有关无线电干扰标准的研究和制定工作。该组织于 1934 年在法国巴黎成立,其宗旨是研究并制定有关电磁干扰的限值以及测量方法等,从而指导各个国家的标准制定。CISPR 的有效运作促进了国际上各个领域无线电干扰的协调一致,在国际贸易中起到了积极作用。

IEC/TC77 技术委员会是电磁兼容(EMC)技术委员会,是 IEC 组织中负责 EMC 方面的一个二级机构。无论在处理电气安全、雷电保护、电力电子、电缆系统、芯片设计还是静电方面的问题,EMC 对 IEC 中其他大部分委员会的工作都产生了影响。因此,TC77 也被称为"横向委员会"。换句话说,所有由其他 IEC 技术委员会标准化工作涉及的有关 EMC 事物中,IEC/TC77 技术委员会具有咨询和指导作用。TC77 不仅研究和制定抗干扰的基础标准,还起草专业通用标准跟产品类标准,有关 EMC 的安装和缓解指南也是其工作的一部分。IEC 61000 系列就是 EMC 领域中一个重要的标准系列,称为电磁兼容工程师日常工作的必备工具。

我国的全国无线电干扰标准化技术委员会和全国电磁兼容标准化技术委员会受中国国家标准化管理委员会直接管理,分别承担着电磁发射和电磁抗扰度这两个领域的标准化工作。全国无线电干扰标准化技术委员会成立于 1986 年,主要任务是在无线电干扰领域,组织相关单位和人员制定和修订国家标准,开展与国际 IEC/CISPR 相对应的工作。全国电磁兼容标准化技术委员会成立于 2000 年,负责国内电磁兼容和电磁环境领域标准化和 IEC/TC77 的国内技术归口工作,推进电能质量、低频发射、抗扰度、测量技术和试验程序等,以及 IEC 61000 系列电磁兼容标准的国内转化工作。

除了上述标准化组织外，还有其他国家和地区的致力于电磁兼容标准化工作的组织。例如，欧洲电工标准化委员会(European Committee for Electro Technical Standardization，CENELEC)、美国联邦通信委员会(Federal Communications Commission，FCC)和美国标准化协会(American National Standards Institute，ANSI)、德国的电气工程师协会(Prufstelle Testing and Certification Institute，VDE)和日本的干扰自愿控制委员会(Voluntary Control Council for Interference，VCCI)等。

8.1.2 电磁兼容标准分类

由 CISPR、IEC/TC77 和/或其他(区域)标准化组织制定的电磁兼容标准一般采用 IEC 的标准分类办法，把相关标准分为基础标准、通用标准、产品类标准和专用标准。

(1)基础标准。基础标准是制定通用标准、产品类标准及专用标准的基础。基础标准规定了达到电磁兼容性的一般和基本的条件或规则，一般包括术语、现象、环境特征、测量试验技术和方法、试验仪器和基本试验装置等，但不涉及具体产品。常见的基础标准如 CISPR16 系列标准、IEC 61000-4 系列标准及 GB/T 17626 系列标准。

(2)通用标准。通用标准规定了一系列标准化的试验方法与要求、限值及这些方法和要求的适用条件。通用标准的制定必须参考基础标准。通用标准将其所适用的环境分为工业环境及居民区、商业区及轻工环境两大类。其中工业环境是指工业、科学和医疗设备工作环境、大的电感或电容负载频繁通断的环境及大电流并伴有强磁场的环境等。居民区、商业区及轻工环境是指住宅、公寓等居住环境，商业大楼、公共娱乐场所、户外场所，工业工厂、实验室等环境。常见的电磁兼容通用标准如 IEC 61000-6 系列标准及 GB/T 17799 系列标准。

(3)产品类标准。产品类标准是针对特定的产品类别所制定的标准，也称行业标准。产品类标准规定了专门的电磁兼容发射限值或抗扰度评判准则以及详细的测量试验程序，比通用标准包含更多的特殊性和详细的性能等。系列产品标准应比通用标准优先采用。如 GB/T24338.5-2018《轨道交通 电磁兼容 第 4 部分：信号和通信设备的发射与抗扰度》就是一个产品类标准，是铁路行业标准。

(4)专用标准。专用标准是针对具体产品而制定的标准，是将电磁兼容要求编写到了产品的技术条件中而形成的独立的标准。例如，TB/T 3027—2015《铁路车站计算机联锁技术条件》。

8.1.3 中国的电磁兼容标准体系

1. 民用电磁兼容标准

中国的民用电磁兼容标准，按层级分类或根据适用范围主要可分为国家标准、行业标准和企业标准三类。其中，国家标准是由国家标准机构通过并公开发布的标准；行业(团体)标准是由行业标准化团体或机构通过并公开发布的标准；而企业标准则是在企业范围内通过并发布的标准。需要注意的是，按照这种分类法仅属于标准发生作用的范围或审批权限不同，而非技术水平高低的分级。

中华人民共和国国家标准(简称国标),是由国家标准化管理委员会发布的。其中,强制性标准冠以“GB”,推荐性标准冠以“GB/T”,还有一类指导性(技术报告)标准则冠以“GB/Z”。标准编号的后面一般都跟随有一个年份标识,如“GB 9254—2008”,表示该标准版本的发布年份。在 1994 年及之前发布的国标,以 2 位数字代表年份;由 1995 年开始发布的国标,标准编号后的年份改以 4 个数字代表。

目前我国已经制定和颁布的电磁兼容类国家标准有 100 余部,大部分都是基于 CISPR 和 IEC 所制定的标准等同采用(标注 idt:)或等效采用(标注 eqv:)而来,还有一些蓝本来自 IEEE 和其他标准化组织的标准,以及部分我国自主制定的标准。表 8-1 列出了我国的部分电磁兼容类国家标准(注:由于标准均进行持续的修订和完善,其版本和年份会不断地更新,故本表中的标准编号均未指定年份)。

表 8-1 部分电磁兼容类国家标准

标准编号	标准名称	对应国际/国外标准
GB 4343.1	家用电器、电动工具和类似器具的要求 第 1 部分:发射	eqv:CISPR14-1
GB 4343.2	家用电器、电动工具和类似器具的要求 第一部分:抗扰度——产品类标准	idt:CISOPR14-2
GB/T 4365	电工术语 电磁兼容	idt:IEC 60050(161)
GB 4824	工业、科学和医疗(ISM)射频设备 骚扰特性 限值和测量方法	eqv:CISPR11
GB/T 6113.1	无线电骚扰和抗扰度测量设备规范	eqv:CISPR16-1
GB/T 6113.2	无线电骚扰和抗扰度测量方法	epv:CISPR16-2
GB 6364	航空无线电导航台站电磁环境要求	
GB/T 7343	10kHz~30MHz 无源无线电干扰滤波器和抑制元件抑制特性的测量方法	idt:CISPR17
GB/T 7349	高压架空送电线、变电站无线电干扰测量方法	
GB 7495	架空电力线路与调幅广播收音台的防护间距	
GB 8702	电磁辐射防护规定	
GB 9254	信息技术设备的无线电骚扰限值和测量方法	idt:CISPR22
GB/T 9383	声音和电视广播接收机及有关设备抗扰度限值及测量方法	eqv:CISPR20
GB 11604	高压电器设备无线电干扰测试方法	eqv:IEC 18
GB/T 11684	核仪器电磁环境条件与试验方法	

续表

标准编号	标准名称	对应国际/国外标准
GB/T 12190	高性能屏蔽室屏蔽效能的测量方法	idt:IEEE 299
GB 12668.3	调速电气传动系统　第3部分:产品的电磁兼容性标准及其特定的试验方法	
GB/T 12572	无线电发射设备参数通用要求和测量方法	
GB 13613	对海中远程无线电导航台站电磁环境要求	
GB 13614	短波无线电收信台(站)及测向台(站)电磁环境要求	
GB 13615	地球站电磁环境保护要求	
GB 13616	微波接力站电磁环境保护要求	
GB 13618	对空情报雷达站电磁环境防护要求	
GB/T 13620	卫星通信地球站与地面微波站之间协调区的确定和干扰计算方法	
GB 13836	电视和声音信号电缆分配系统第2部分:设备的电磁兼容	eqv:IEC 60728-2
GB 13837	声音和电视广播接收机及有关设备无线电骚扰特性限值和测量方法	eqv:CISPR13
GB 14023	车辆、机动船和由火花点火发动机驱动装置的无线电干扰特性的测量方法及允许值	idt:CISPR12
GB/T 14431	无线电业务要求的信号/干扰保护比和最小可用场强	
GB 15540	陆地移动通信设备电磁兼容技术要求和测量方法	
GB/T 15658	无线电噪声测量方法	
GB 15707	高压交流架空送电线无线电干扰限值	CISPR18
GB/T 15708	交流电气化铁道电力机车运行产生的无线电辐射干扰测量方法	
GB/T 15709	交流电气化铁道接触网无线电辐射干扰测量方法	
GB 16787	30MHz～1GHz声音和电视信号的电缆分配系统辐射测量方法和限值	IEC 60728-1
GB 16788	30MHz～1GHz声音和电视信号的电缆分配系统抗扰度测量方法和限值	IEC 60728-1
GB/T 16895.3	建筑物电气装置　第5-54部分:电气设备的选择和安装——接地配置、保护导体和保护联结导体	
GB/T 16895.10	低压电气装置　第4-44部分:安全防护电压骚扰和电磁骚扰防护	
GB/T 17618	信息技术设备抗扰度限值和测量方法	idt:CISPR24

续表

标准编号	标准名称	对应国际/国外标准
GB/T 17619	机动车电子电器组件电磁辐射抗扰性限值和测量方法	欧盟指令 95/54/EEC
GB/T 17624.1	电磁兼容 综述 电磁兼容基本术语和定义的应用与解释	idt:IEC 61000-1-1
GB 17625.1	电磁兼容　限值　谐波电流发射限值(设备每相输入电流≤16A)	eqv:IEC 61000-3-2
GB 17625.2	电磁兼容 限值　对额定电流不大于 16A 的设备在低压供电系统中产生的电压波动和闪烁的限值	idt:IEC 61000-3-3
GB/Z 17625.3	电磁兼容　限值　对额定电路大于 16A 的设备在低压供电系统中产生的电压波动和闪烁的限制	IEC 61000-3-5
GB/Z 17625.4	电磁兼容　限值　中、高压电力系统中畸变负荷发射限值的评估	IEC 61000-3-6
GB/Z 17625.5	电磁兼容　限值　中、高压电力系统中波动负荷发射限值的评估	IEC 61000-3-7
GB/Z 17625.6	电磁兼容　限值　对额定电流大于 16A 的设备在低压供电系统中产生的谐波电流的限制	
GB/T 17626.1	电磁兼容 试验和测量技术 抗扰度试验总论	idt:IEC 61000-4-1
GB/T 17626.2	电磁兼容 试验和测量技术 静电放电抗扰度试验	idt:IEC 61000-4-2
GB/T 17626.3	电磁兼容 试验和测量技术 射频电磁场辐射抗扰度试验	idt:IEC 61000-4-3
GB/T 17626.4	电磁兼容 试验和测量技术 电快速瞬变脉冲群抗扰度试验	idt:IEC 61000-4-4
GB/T 17626.5	电磁兼容 试验和测量技术 浪涌(冲击)抗扰度试验	idt:IEC 61000-4-5
GB/T 17626.6	电磁兼容 试验和测量技术 射频场感应的传导骚扰抗扰度	idt:IEC 61000-4-6
GB/T 17626.7	电磁兼容 试验和测量技术 供电系统及所连设备谐波、谐间波的测量和测量仪器导则	idt:IEC 61000-4-7
GB/T 17626.8	电磁兼容 试验和测量技术 工频磁场抗扰度试验	idt:IEC 61000-4-8
GB/T 17626.9	电磁兼容 试验和测量技术 脉冲磁场抗扰度试验	idt:IEC 61000-4-9
GB/T 17626.10	电磁兼容 试验和测量技术 阻尼振荡磁场抗扰度试验	idt:IEC 61000-4-10
GB/T 17626.11	电磁兼容 试验和测量技术 电压暂降、短时中断和电压变化的抗扰度试验	idt:IEC 61000-4-11
GB/T 17626.12	电磁兼容 试验和测量技术 振荡波抗扰度试验	idt:IEC 61000-4-12
GB 17743	电气照明和类似设备的无线电骚扰特性的限值和测量方法	idt:CISPR15
GB/T 17799.1	电磁兼容 通用标准　居住、商业和轻工业环境中的抗扰度试验	idt:IEC 61000-6-1
GB/T 17799.2	电磁兼容　通用标准　工业环境中的抗扰度试验	
GB/T 17799.3	电磁兼容　通用标准　居住、商业和轻工业环境中的发射标准	idt:IEC 61000-6-3
GB/T 17799.4	电磁兼容　通用标准　工业环境中的发射标准	idt:IEC 61000-6-4
GB/Z 18039.1	电磁兼容　环境　电磁环境的分类	IEC 61000-2-5

续表

标准编号	标准名称	对应国际/国外标准
GB/Z 18039.2	电磁兼容　环境　工业设备电源低频传导骚扰发射水平的评估	IEC 61000-2-6
GB/T 18039.3	电磁兼容　环境　公共低压供电系统低频传导骚扰及信号传输的兼容水平	
GB/T 18039.4	电磁兼容　环境　工厂低频传导骚扰的兼容水平	
GB/T 18039.5	电磁兼容　环境 公共供电系统低频传导骚扰及信号传输的电磁环境	
GB/T 18268	测量、控制和试验使用的电设备电磁兼容性要求	
GB/T 18387	电动车辆的电磁场发射强度的限值和测量方法	
GB 18499	家用和类似用途的剩余电流动作保护器(RCD)——电磁兼容性	
GB/T 18595	一般照明用设备的电磁兼容抗扰度要求	
GB/T 18655	用于保护车载接收机的无线电骚扰特性的限值和测量方法	
GB 18802.1	低压配电系统的电涌保护器(SPD)第1部分:性能要求和试验方法	
GB 18802.21	低压电涌保护器　第21部分:电信和信号网络的电涌保护器(SPD)性能要求和试验方法	
GB 19286	电信网络设备的电磁兼容性要求及测量方法	
GB/T 19287	电信设备的抗扰度通用要求	
GB/Z 19397	工业机器人—电磁兼容性试验方法和性能评估准则—指南	
GB 19483	无绳电话的电磁兼容性要求及测量方法	
GB 19484.1	800MHz CDMA数字蜂窝移动通信系统电磁兼容性要求和测量方法第1部分:移动台及其辅助设备	
GB/Z 19511	工业、科学和医疗设备(ISM)国际电信联盟(ITU)指定频段内的辐射电平指南	

目前我国涉及电磁兼容性要求的行业标准主要包括以下部门的行业标准:邮电行业标准(YD)、铁路行业标准(TB)、电力行业标准(DL)、汽车行业标准(QC)、航天工业行业标准(QJ)、医药行业标准(YY)、环境保护行业标准(HJ)等,在本书中就不一一列举了。

2. 军用电磁兼容标准

在国防和军事领域,各国同样建立了相关的标准体系来管理和规范装备和产品的电磁兼容性要求。在中国,这一体系是由国家军用标准(简称国军标,GJB)中的若干电磁兼容相关标准来构成的。表8-2列出了我国的部分电磁兼容军用国家标准。从表中也可以看出,有一定比例的国军标与美国军用标准(MIL-STD)是相对应的。

表 8-2　部分电磁兼容国家军用标准

标准编号	标准名称	对应国外标准
GJB 5313A—2017	电磁辐射暴露限值和测量方法	
GJB 1046-90	舰船搭接、接地、屏蔽、滤波及电缆的电磁兼容性要求和方法	
GJB 1389A—2005	系统电磁兼容性要求	MIL-STD-6051D
GJB 151B—2013	军用设备和分系统电磁发射和敏感度要求测量	MIL-STD-461F
GJB 1696-93	航天系统地面设施电磁兼容性和接地要求	
GJB 3590-99	航天系统电磁兼容性要求	
GJB 72A—2002	电磁干扰和电磁兼容性术语	MIL-STD-463
GJB/Z 17-91	军用装备电磁兼容性管理指南	MIL-HDBK-237A

8.1.4　电磁兼容符合性测试

如果某个产品要求进行电磁兼容性项目的产品认证，则该产品应该按照认证所要求的相关测试标准进行符合性测试。只有当各项测试结果满足对应标准的限值要求时，产品才能通过认证。

符合性测试(有时也称一致性测试)就是指测量产品或系统的功能、性能、安全性等指标，并比较其与相关国家标准或行业标准所规定的指标之间符合程度的测试活动。它区别于一般的测试，标准符合性测试的测试依据和测试规程一定是国家标准或行业标准，而不是企业或实验室自定义的或其他的有关文件。

电磁兼容符合性测试内容一般涉及电磁骚扰和抗扰度两方面的内容。

其中，电磁骚扰一般包括辐射骚扰和传导骚扰。辐射骚扰是指通过空间传播的电磁骚扰。电视广播接收机、信息技术设备、工科医疗设备等产品产生的电磁骚扰在频率大于 30MHz 时主要以辐射的方式传播。传导骚扰是指通过传输线(一般指设备的电源线和信号线)传导的电磁骚扰。频率小于 30MHz 的电磁骚扰主要通过传导的方式传播。针对不同产品，相应的标准对上述骚扰有明确的限值要求，即要求被测产品的各项发射值应低于对应标准规定的限值。例如，国家标准 GB 9254—2008《信息技术设备的无线电骚扰限值和测量方法》(idt：CISPR22)规定了信息技术设备(ITE)的辐射发射限值与传导发射限值。其中，关于 A 级 ITE(一般指在非生活环境中使用的设备)电源端子的传导发射限值如表 8-3 所示，A 级 ITE 的辐射发射限值如表 8-4 所示。

表 8-3　A 级 ITE 电源端子传导骚扰限值

频率范围/MHz	限值/dBμV	
	准峰值	平均值
0.15～0.50	79	66
0.5～30	73	60

表 8-4 A 级 HE 在 10m 测量距离处的辐射骚扰限值

频率范围/MHz	准峰值限值/(dBμV/m)
30～230	40
230～1000	47

抗扰度是指设备、装置或系统面临电磁干扰不降低运行性能的能力。抗扰度测试过程中对产品施加模拟其预期电磁环境中的各种形式的骚扰，要求产品的工作性能不能由于这些骚扰的存在而降级。许多国家的电磁兼容认证包含了对产品的抗扰度要求，一般涉及静电放电、辐射电磁场、射频场感应的传导骚扰、电快速瞬变脉冲群、浪涌、工频(50Hz、60Hz)磁场、脉冲磁场、阻尼振荡磁场、电压暂降、短时中断和电压变化等抗扰度测试项目。在我国，关于抗扰度测试的通用标准为 GB/T 17626 系列(对应标 IEC 61000-4 系列标准)。

8.2 电磁兼容测试场地

电磁兼容测试的各个测试项目都要求在特定的测试场地进行。其中，辐射发射测试对场地的要求最为严格。用于辐射发射的测试场地主要有开阔场、电波暗室、屏蔽室、混响室、吉赫兹横电磁波小室(Gigahertz Transverse Electromagnetic Cell，GTEM Cell)等。本节将对这些测试场地的构造特征、工作原理、设计方法和电气性能等方面进行阐述。

8.2.1 开阔场

1. 开阔场的构造

对于 30～1000MHz 高频辐射电磁场的测试，由国际无线电干扰特别委员会所编制的测试标准 CISPR16-1-4 以及与之对应的我国国家标准 GB 9254，都是以空间直射波和地面反射波在接收点上相互叠加的理论为基础的。开阔场(open area test site，OATS)是首选的进行辐射发射测试的场地。CISPR 规定了开阔场的构造特征：它是一个平坦、空旷、地面导电率均匀良好、周围无任何反射物的椭圆形测试场地，其长轴是两焦点距离的 2 倍，短轴是焦距的 $\sqrt{3}$ 倍，EUT (或发射天线)与接收天线分别置于两焦点上，如图 8-2 所示。目前，有关辐射发射测试标准规定的测试均在 3m 法、10m 法和 30m 法情况下进行，即 EUT 前端表面与天线参考点之间的距离要达到 3m、10m 和 30m。图 8-3 是英国国家物理实验室(National Physical Laboratory，NPL) 位于 Teddington 的开阔场(60m×30m)。

为了避免周围环境中的电磁骚扰给 EMI 测试带来影响，开阔场的电磁环境噪声应越小越好，至少应比标准规定的 EUT 的骚扰限值低 6dB。由于城市中存在各种广播通信等无线电业务和严重的工业电磁噪声，开阔场通常选择在远离城市的地方建造。受交通运输、生活管理等因素的影响，在偏远地区建造并使用开阔场的成本较高。因此，许多开阔场选择在市区楼顶平

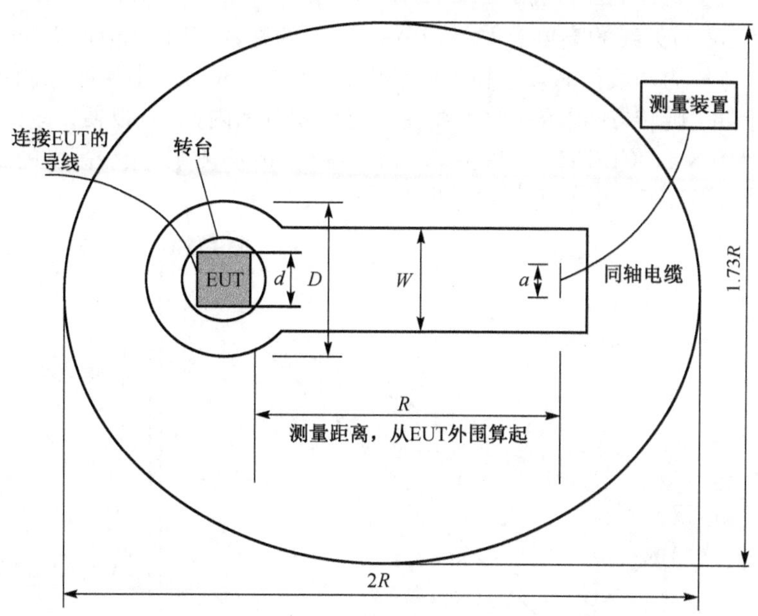

图 8-2　开阔场地结构图

W 为 EUT 最大尺寸，a 为天线最大尺寸（$D=d+2\text{m}$，$W=a+2\text{m}$）

台建造。例如，中国计量科学研究院在其院内实验室的楼顶建有 40m×12.5m 的开阔场。CISPR 推荐使用导电材料或金属板建造开阔场的地面。由于钢板比铝板、铜板耐腐蚀，价格低，通常都采用钢板建造。

图 8-3　英国国家物理实验室的开阔场

2. 开阔场测试

辐射发射测试是测量 EUT 辐射场强的最大值。所以测试过程中，EUT 放在可 360°旋转的转台上（EUT 放置的高度通常为 0.8m），以便通过旋转转台寻找 EUT 的最大辐射方向。天线接收到的总场强为到达接收天线的直射波 E_d 和经过地面反射的反射波 E_r 的矢量和。虽然反射波与直射波的初始相位相同，但经过的路径不同，所以在接收天线处 E_d 和 E_r 有一

定的相位差 $\Delta\phi$,$\Delta\phi$ 与天线的高度有关。当 $\Delta\phi$ 为 2π 的整数倍时,E_d 和 E_r 同相,两者的矢量和最大。当 $\Delta\phi$ 为 π 的奇数倍时,E_d 和 E_r 反相,两者的矢量和最小。所以测试过程中,除了要求 EUT 进行 360°旋转,还要求接收天线在一定高度范围内扫描,以便发现最大场强。辐射发射测试布置见图 8-4。CISPR16 规定对于 3m 法和 10m 法测试,天线高度的扫描范围为 1～4m,对于 30m 法测试,天线的高度扫描范围为 2～6m。

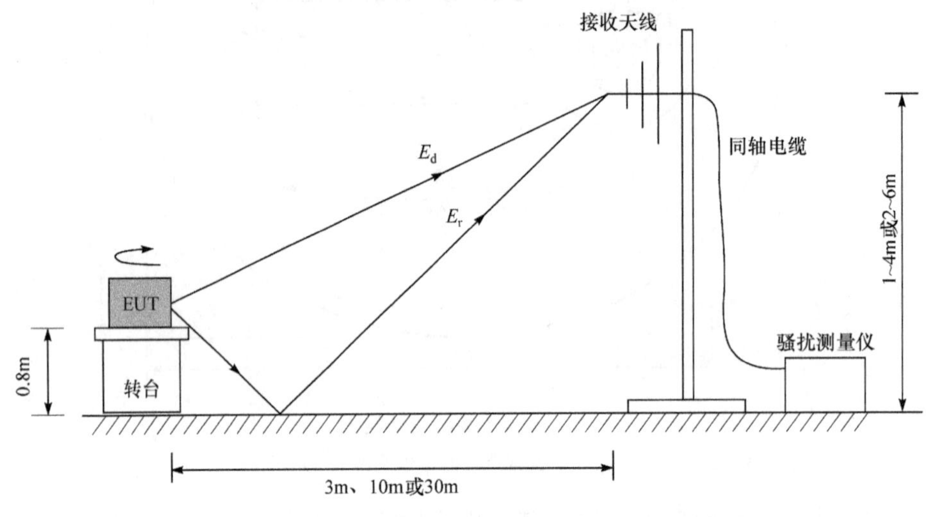

图 8-4　辐射发射测试布置

3. 开阔场测试的局限性

虽然开阔场结构简单,并且是 CISPR 规定的辐射发射的首选测试场地,但使用开阔场进行测试也面临着如下限制。

(1)开阔场周围的电磁噪声应该至少比标准规定的辐射发射限值低 6dB。然而,目前城市的电磁环境日益恶化,一般很难找到符合这一要求的测试场地。

(2)如果在开阔场进行辐射抗扰度测试,过大的场强可能会干扰周围其他设备的正常工作。

(3)开阔场测试还会受到气候条件的制约,遇到大风或雨雪天气等情况均不适合开展测试。

8.2.2　屏蔽室

1. 屏蔽室的结构

屏蔽室是六面为金属材料的壳体,主要利用金属材料对电磁波的反射和吸收作用,将室内和室外的电磁环境相互隔离开来。因此,屏蔽室既可以阻止外部的骚扰进入屏蔽室,以免对室内设备的正常工作造成干扰,又可以防止室内设备的电磁泄漏,使之不影响周围人员的身体健康或设备的正常工作。

理论上,一个完全封闭的金属腔体的屏蔽效能可以达到几百分贝以上。而实际中,由于屏蔽室门、通风窗以及进入室内的电力线及设备控制线等都会导致屏蔽室的屏蔽效能降低。一般情况下屏蔽室对于近场磁场的屏蔽效能应在 70dB 以上,对于近场电场及平面波的屏蔽效能在 100dB 以上。测量屏蔽室屏蔽效能的国家标准为 GB 12190—2006《电磁屏蔽室屏蔽效能的测量方法》。为了达到一定的屏蔽效能，需要对屏蔽室门、通风窗及进入屏蔽室的电缆等采取相应的屏蔽措施。

1)屏蔽室门

屏蔽室门是电磁泄漏的主要途径，其性能直接关系到屏蔽室的屏蔽效能。目前，很多屏蔽室门采用刀形弹性接触结构：门框四周装有磷青铜或铍青铜制成的梳形簧片，如图 8-5 所示。闭合时，门刀插入梳形簧片中，以保证良好的电接触。为了进一步减少缝隙泄露，可在门的簧片底部加装导电衬垫，使刀刃与导电衬垫接触，以弥补刀面与簧片的密封方面的不足。

图 8-5　屏蔽室门框用梳形簧片

2)通风窗

为了使屏蔽室的通风窗满足通风要求的同时，不降低屏蔽室的屏蔽效能，屏蔽室的通风窗一般采用截止波导式结构，将若干个截止波导排列在一起，如图 8-6 所示。这是因为波导允许高于其截止频率的电磁波通过，而对于低于截止频率的电磁波则会有明显的衰减作用。设计通风窗时，只需保证每个波导的截止频率远高于屏蔽室要屏蔽的电磁波频率即可。最常用的通风窗是波导截面为六角形的金属蜂窝板。

图 8-6　蜂窝状波导通风窗(制造商：泰派斯特电子技术有限公司)

对于直径为D(cm)的圆形截面波导，其截止频率f_{cutoff}(GHz)为

$$f_{\mathrm{cutoff}}=17.53/D(\mathrm{GHz}) \tag{8-1}$$

下标“cutoff”意为截止，对于对角线长度为D的矩形截面波导，其截止频率f_{cutoff}(GHz)为

$$f_{\mathrm{cutoff}}=15/D(\mathrm{GHz}) \tag{8-2}$$

要保证波导对电磁波有较大的衰减，应使波导的截止频率为要屏蔽的电磁波频率的5倍以上。当满足这个条件时，长度为L的圆形截面波导对电磁波的衰减α(dB)为

$$\alpha=32L/D(\mathrm{dB}) \tag{8-3}$$

长度为L的矩形截面波导对电磁波的衰减α(dB)为

$$\alpha=27L/D(\mathrm{dB}) \tag{8-4}$$

在将截止波导应用到屏蔽体时，应注意以下几个问题。首先，屏蔽体要屏蔽的电磁波的频率应远低于波导的截止频率。波导对于高于其截止频率的电磁波基本没有衰减作用。应用式(8-3)或式(8-4)计算波导对电磁波的衰减时应满足其截止频率为所屏蔽频率5倍以上这个条件。其次，不能有金属材料(如电缆)穿过截止波导管。当有金属材料穿过截止波导时，金属材料会将屏蔽室外部的电磁能量耦合至屏蔽室内部或将屏蔽室内部的电磁能量耦合至屏蔽室外部，从而破坏了截止波导管的屏蔽作用。另外，截止波导与屏蔽室壁的连接处的缝隙也是潜在的电磁泄漏源。通常采用将波导管四周与屏蔽体连续焊接的方法来避免连接处出现电磁泄漏。

3)滤波器

屏蔽室内各种用电设备的供电电缆，部分设备与室外设备之间的通信、控制电缆均需穿过屏蔽室。这些电缆在传输工频电流或有用信号的同时，还可以携带高频骚扰信号。如果对这些电缆不做处理，则会影响屏蔽室对电磁场的隔离作用。因此，所有进出屏蔽室的电缆都要通过滤波器，以便滤除线路中的高频信号。一般滤波器都安装在电缆穿越屏蔽室的入口处。

2. 屏蔽室的缺点

屏蔽室有时会被用做辐射发射测试。EUT发出的电磁波在屏蔽室的金属壁会产生多次的反射，到达接收天线的场强是直射波和所有反射波的矢量和。由于电磁波的相位由传输路径决定，因此天线或EUT的位置稍有变化，测试结果就有很大不同。

此外，屏蔽室相当于一个封闭的金属空腔，存在着固有的谐振频率，其表达式为

$$f_{abc}=150\sqrt{\left(\frac{a}{w}\right)^2+\left(\frac{b}{l}\right)^2+\left(\frac{c}{h}\right)^2}(\mathrm{MHz}) \tag{8-5}$$

式中，w、l、h分别为屏蔽室的宽、长、高，单位为m。a、b、c取正整数(三者至多只能有一个为0)，表示横电波沿着宽、长、高的驻波的个数。取不同的a、b、c就可以求得屏蔽室不同的固有谐振频率。如果EUT的辐射频率恰好为屏蔽室的谐振频率，在谐振的情况下，屏蔽室内场强随空间的变化更为显著，由测试位置引起的测试误差高达20～30dB。

8.2.3 电波暗室

1. 电波暗室的构造

屏蔽室用作辐射发射测试时会带来很大的测试误差，而开阔场在进行辐射发射测试时又

容易受到外界电磁环境及气候的影响。因此，电波暗室是目前使用最为普遍的辐射发射测试场地。电波暗室实质上是内壁挂有吸波材料的屏蔽室。相对于开阔场，电波暗室不受气候条件和背景噪声的影响。同时，电波暗室的墙壁上安装有吸波材料，可以大大降低墙壁对电磁波的反射作用，从而保证测试结果的准确性。如果屏蔽室内壁六个面都安装有吸波材料，则室内的电磁波不会发生反射，可以模拟电磁波在自由空间中的传播情况，这样的电波暗室称为全电波暗室。全电波暗室主要用于微波及天线测量领域。如果只是在屏蔽室的四壁和天花板上安装吸波材料，则室内的电磁波仅会被地面反射，可以模拟电磁波在开阔场中的传播，这样电波暗室称为半电波暗室，如图 8-7 所示。半电波暗室主要用于电磁兼容测试领域。

图 8-7　3m 法半电波暗室（北京交通大学电磁兼容实验室）

早期的吸波材料主要为泡沫尖劈型材料，其尖端的波阻抗等于空气波阻抗，然后逐渐减小，至末端时波阻抗则接近金属壁的波阻抗。这样电磁波在从空气经吸波材料入射至金属壁的过程中，由于不同传输介质间的阻抗匹配而不会发生反射。通常在尖劈内部渗有碳粉，这样就可以把进入尖劈内部的电磁波能量转化为热能。通常要求尖劈的长度大于最低频率波长的 1/4。例如，对 30MHz 的信号，波长为 10m，则尖劈的长度至少要 2.5m。可见，在保持电波暗室有效空间不变的前提下，测试频率越低，电波暗室屏蔽外壳的尺寸越大。

为了缩短尖劈的长度，提高暗室的空间利用率，现在的吸波材料多采用铁氧体瓦和尖劈的复合体。铁氧体材料对低频电磁波具有良好的吸收性能，对于高频电磁波则依靠尖劈来吸收。在同样吸收性能下，这种组合式的吸波材料的长度比单纯尖劈短得多。随着铁氧体技术的发展，目前 30～1000MHz 的电波暗室的吸波材料甚至只需铁氧体就可以满足测试要求。但在 1000MHz 以上，仍需要组合式吸波材料或尖劈。

半电波暗室是 CISPR16、ANSIC63.4 等标准所允许的开阔场替代场地。目前广泛使用的有 3m 法和 10m 法暗室。需要注意的是，当半电波暗室的测试结果与开阔场的测试结果有较大的偏差时，标准规定以开阔场的测试结果为准。

2. 电波暗室的性能要求

半电波暗室主要用作电磁兼容测试及试验的场地，其性能指标主要包括屏蔽效能、归一化场地衰减、场均匀性和场地电压驻波比等。

(1)屏蔽效能。它主要用来表示电波暗室对外界信号屏蔽的能力,对于屏蔽效能较好的电波暗室来说,外界的干扰信号不会进入暗室内影响测试结果。一般电波暗室的屏蔽性能没有具体的指标。但是用于辐射发射测试的半电波暗室,其屏蔽效能应该满足 CISPR16 中关于测试场地环境电平的要求,即测试场地的环境电平应至少比标准规定的限值低 6dB。校验电波暗室屏蔽性能应在加贴吸波材料前进行。

(2)归一化场地衰减(normalized site attenuation,NSA)。半电波暗室是用来代替开阔场进行辐射发射测试的,因此半电波暗室的场地衰减特性应当和开阔场相当。CISPR16 要求半电波暗室的归一化场地衰减与理论值(开阔场)的误差应在±4dB 以内。归一化场地衰减的测量值 A_N 定义为

$$A_N = V_T - V_R - AF_T - AF_R - \Delta AF \tag{8-6}$$

式中,V_T 为发射天线输入电压,单位为 dBμV;V_R 为接收天线输出电压,单位为 dBμV;AF_T 为发射天线系数,单位为 dB/m;AF_R 为接收天线系数,单位为 dB/m;ΔAF 为互阻抗修正系数,单位为 dB。A_N 只反映了测试场地的性质,与天线和测量仪器没有关系。

归一化场地衰减是开阔场、半电波暗室最重要的性能指标之一。一般采用宽带天线进行场地衰减测量。根据场地的大小,测量距离为 3m、10m 或 30m。测试时发射天线分别置于下述 4 个位置:

①转台正中心。

②面向接收天线,转台中心前 0.75m 处(该点在转台中心与接收天线之间的连线上,即测量轴上)。

③面向接收天线,转台中心后 0.75m 处。

④转台中心左、右 0.75m 处(测量轴为左、右侧两点连线的垂直平分线)。

对于发射天线的不同位置,接收天线在测量轴上移动,以保持发射天线与接收天线在测量轴上投影间的距离 R 保持不变。接收天线同时在 1～4m 的高度上扫描,以获得最大的输出电压,即 V_R。

测量要求在水平和垂直两个极化方向进行。进行垂直极化测量时,发射天线的中心距地面 1m。如果 EUT 的高度较高,如大于 1.5m 但不超过 2m,或者发射天线高度为 1m 时,发射天线的顶端不超过 EUT 顶部高度的 90%时,还应将发射天线的高度放在 1.5m 进行测量。进行水平极化测量时,发射天线放置在离地面 1m 和 2m 两个高度上进行。两种极化方向下,天线的位置如图 8-8(a)和图 8-8(b)所示。

(3)场均匀性。半电波暗室的地面在铺设吸波材料后,可以进行辐射抗扰度测试。为了使测试结果具有有效性和可比性,EUT 及其周围的辐射场强应该充分均匀。GB/T 17626.3—2016《电磁兼容试验和测量技术　射频电磁场辐射抗扰度试验》中规定了场均匀性的校准方法:在高于地面 0.8m 处的 1.5m×1.5m 的垂直平面内设 16 个点,如图 8-9 所示,在每个点上用传感器测试场强,要求在该区域内 75%的场强幅值偏差应为 0～6dB,即 16 个测试点中至少 12 个测试点的场强互相之间的差值小于 6dB。

电磁波在全电波暗室内的传播情况同自由空间类似。全电波暗室主要用于天线测量、仿真试验等领域。全电波暗室的性能指标主要有静区、反射率电平、交叉极化度、多路径损耗等。

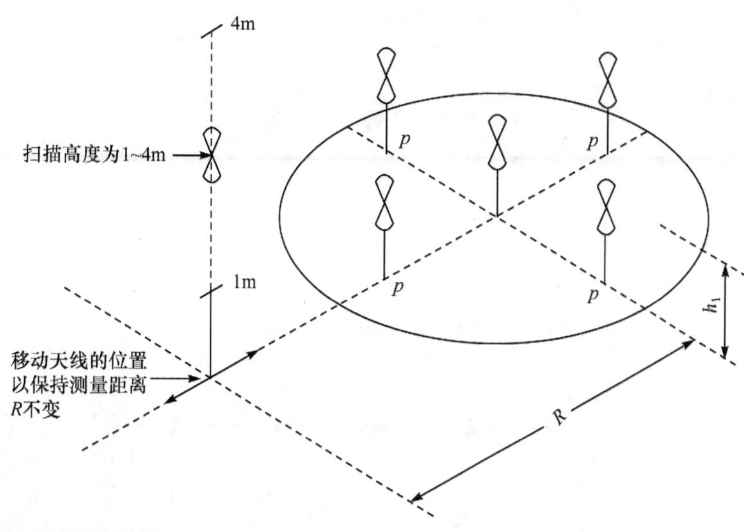

(a) 垂直极化

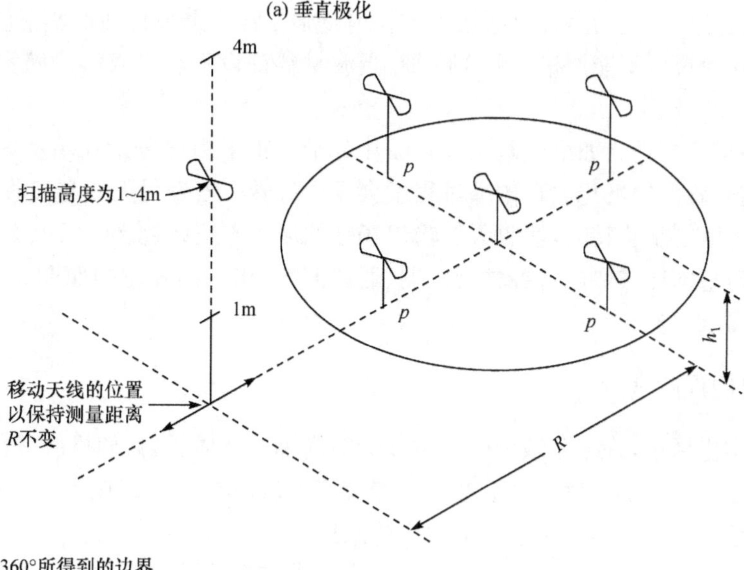

(b) 水平极化

图 8-8　替换场地 NSA 测量时典型的天线位置

(4)静区。静区是指室内受反射干扰最弱的区域，一般为圆柱体。例如，3m 法测试距离的静区一般是一个直径为 2m 的柱体区域。在静区内，直接到达的能量与从室内任一表面反射回来的能量之比一般要求超过 40dB。静区的尺寸与暗室的形状、大小、结构、工作频率、所用吸波材料的电性能、静区所要求的形状等有关。一般暗室尺寸越大，其静区将越大。

(5)反射率电平。反射率电平等效于反射场与入射场之比。

(6)交叉极化度。交叉极化度用于表示辐射波极化纯度的指标，定义为发射天线与接收天

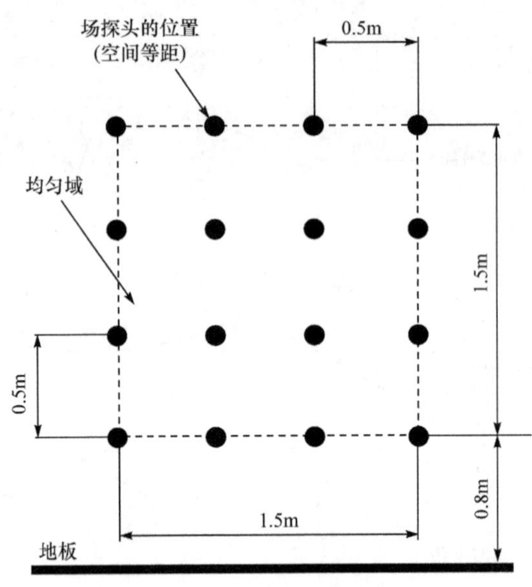

图 8-9 场均匀性测试校正点布置

线的极化面分别正交与平行时所接收的辐射场强之比。造成传播的辐射波极化不纯的原因主要有暗室几何尺寸不能严格对称于纵轴，吸波材料铺设不够平直等。暗室的交叉极化度一般要求低于－25dB。

(7)多路径损耗。如果电磁波垂直极化分量和水平极化分量在暗室内传播过程中的损耗不一致，则电磁波的极化面在传播过程中会发生旋转。若发射天线与接收天线极化面平行，并绕自身轴线做同步旋转时，接收天线输出场强的波动不应超过±0.25dB。

电波暗室同样需要配备各种滤波器、通风波导、出入门和室内照明，对这些装置的要求同屏蔽室的要求类似。

8.2.4 电磁混响室

在现实生活中，许多区域内的电磁波会被周围的物体反射，如机舱、汽车、金属结构的建筑物等。前面所介绍的几种测试场地并不能模拟电磁波在这些区域内的传播情况。为此，另一种测试场地——电磁混响室也逐渐被广泛采用。

电磁混响室(也称混波室)本质上是一内部带有金属叶片搅拌器的屏蔽室，见图 8-10。在混响室内部电磁波被金属壁多次反射，内部的场强随空间发生快速而剧烈的变化，尤其是在谐振的情况下，不同测试点场强值的差可达几十 dB。测试过程中，搅拌器的金属叶片通过连续旋转来改变混响室内的边界条件，混响室内的场强分布也随之改变。金属叶片旋转一周的过程中，室内不同位置连续测得的场强的平均值应该大致相同，即室内各点的场强在统计上是均匀的(statistically uniform)。混响室内测得的场强的统计平均值与天线的位置、极化方向及 EUT 的位置无关，这样在测试过程中不需要改变天线的极化和高度。因此，相对于暗室和开阔场测试，混响室可以实现辐射场强的快速测量。不过，混响室只能测得辐射场强的平均值，并不能用来测量最大辐射场强。如何将混响室的测试结果与开阔场或半电波暗室的测试结果关联起来是目前测试场地的研究方向之一。

图 8-10　位于德国 Braunschweig 工业大学的混响室

此外，一个可以有效工作的混响室，其内部的电磁场结构必须足够复杂（即其内部电磁场的共振模必须足够多），这样才能保证测试结果的统计均匀性。为了达到这一要求，一般要求混响室的最低工作频率（lowest usable frequency，LUF）为其最低共振频率的 3 倍。混响室的最低共振频率由式(8-5)确定。表 8-5 为不同大小混响室所对应的最低工作频率和 LUF。一个房间大小的混响室的最低工作频率为 100MHz 左右。可见，混响室并不适合低频测量，这是制约混响室用途的最主要的因素。

表 8-5　不同尺寸混响室的最低共振频率和 LUF

长/m	宽/m	高/m(宽>高)	最低共振频率 f_{10}/MHz	LUF($3\times f_{110}$)/MHz
0.8	0.7	0.6	284.7	854.1
1.2	1.1	1.0	185.0	555
1.6	1.4	1.2	142.4	427.2
2.0	1.8	1.6	112.1	336.3
4.0	3.6	3.2	56	168

除辐射发射外，混响室也被广泛用于辐射抗扰度测试、屏蔽效能测试等。有关混响室原理、用途、测试方法的详细介绍可参考国际电工委员会相关的标准 IEC 61000-4-21。

8.2.5　吉赫兹横电磁波室

虽然电波暗室可用作开阔场的替代场地，但其造价昂贵，限制了其使用的普及性。吉赫兹横电磁波小室(GTEM Cell),由于其价格便宜、工作频率范围宽(直流到数 GHz 以上)等优点,成为许多企业和科研机构广泛使用的新型电磁兼容测试场地。GTEM 小室外形类似倒放的金字塔,其顶端连接一个同轴接头,同轴接头的中心导体在小室内部扩展为一块直达底部的扇形金属板,称为芯板。芯板的终端采用分布式电阻匹配网络,形成无反射终端。小室内底部还贴有吸波材料,用来进一步吸收高频电磁波。GTEM 小室本质上是一段扩大的、终端接匹配负载的同轴传输线,其芯板和外壳可分别看作同轴线的内外导体。图 8-11 为 GTEM 小室示意图。根据传输线理论,电磁场在同轴线内传播时,其主模是 TEM(横电磁)波,因此小室芯板和底板之间传播的波为球面波,由于小室的张角很小,该球面波近似为平面波。GTEM 小室主要用作电磁辐射抗扰度试验。由于 GTEM 小室采用渐变结构,其上限工作频率可达几 GHz。图 8-12 为典型 GTEM 小室的外观。

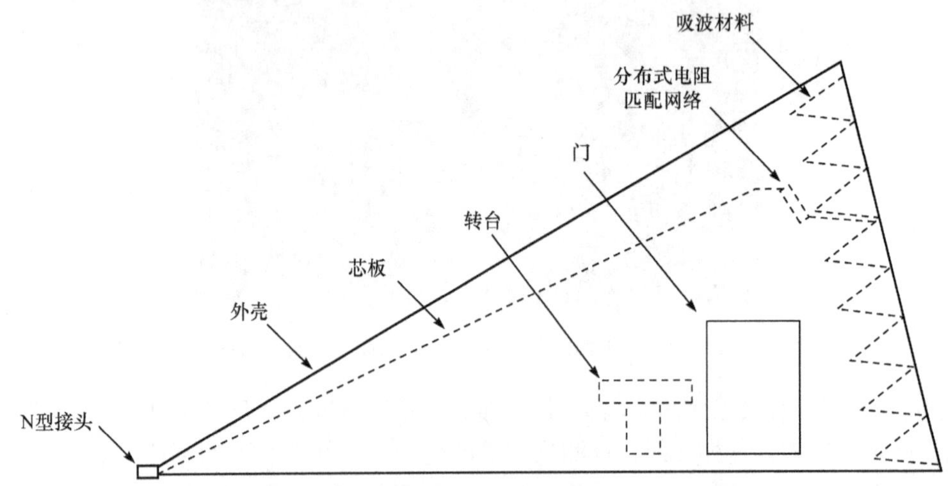

图 8-11 GTEM 小室侧面视图(虚线部分为小室内部设施)

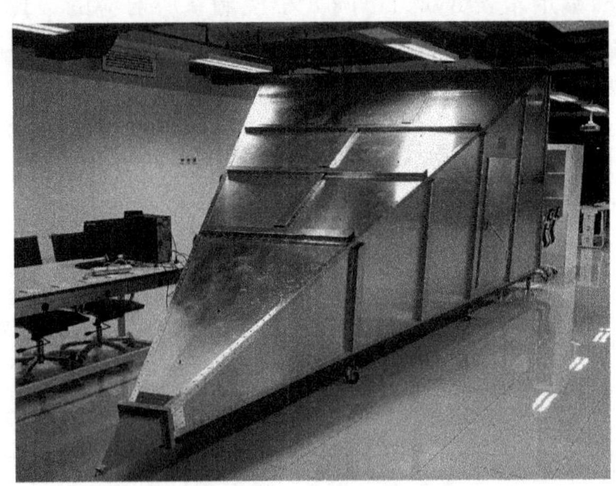

图 8-12 GTEM 小室外观(北京交通大学电磁兼容实验室)

GTEM 小室中的电场强度由下式决定:

$$E=U/h \tag{8-7}$$

式中,U 为同轴接头输入信号电压;h 为测试点处芯板至底板的垂直距离。在 50Ω 匹配系统中,场强 U 和输入功率 P 间的关系为

$$E=\sqrt{50P}/h \tag{8-8}$$

由式(8-7)可见，在输入功率不变的情况下，测试点距离同轴输入端越近(此时芯板至底板的垂直距离 h 越小)，则获得的场强就越大。在输入功率较小或要求测试场强较大的情况下，可以通过缩短 EUT 与同轴输入端间的距离来获得所需要的场强。为了尽量减小 EUT 对小室内场结构的影响，通常要求 EUT 的高度不能超过 $h/3$。

GTEM 小室也可用作辐射发射测试。测试时小室的芯板和底板代替暗室测试中的接收天线，接收 EUT 的辐射骚扰。小室的同轴接头则作为骚扰信号的输出端。暗室测试时，通过改变接收天线的极化方向来确定 EUT 的最大辐射，而 GTEM 小室芯板和底板的位置在测试过程中不能改变，因此通过改变 EUT 的摆放位置来改变其辐射电场的极化方向，从而确定 EUT 的最大辐射。一般要求 EUT 在测试过程中沿三个正交的取向(x、y、z 轴)摆放。GTEM 小室内通常带有一特殊的旋转系统来满足这一要求。需要注意的是，GTEM 小室的测试结果并不能直接等同于开阔场或半电波暗室的测试结果，还需要通过一定的数学模型进行必要的修正。

8.3　电磁兼容符合性测试项目

电磁兼容符合性测试按其测试内容可分为 EMI 发射测量和 EMS 抗扰度试验。通过 EMI 和 EMS 测试，可以定量地了解被测设备自身向外界产生的电磁骚扰及定性地给出被测设备对外界电磁骚扰的抵抗能力。EMI 测试包括辐射发射测试和传导发射测试。EMS 测试项目主要包括静电抗扰度、射频场感应的传导抗扰度、电快速瞬变脉冲群抗扰度、浪涌抗扰度、射频电磁场辐射抗扰度、工频谐波抗扰度、工频磁场抗扰度、脉冲磁场抗扰度、电压暂降、短时中断和电压变化抗扰度等。为了使测试结果具有可比性和可重复性，上述这些测试项目都有具体的国际标准及国家标准。例如，我国针对信息技术设备发射限值及测试方法的标准为 GB 9254(等同采用 CISPR22)，抗扰度测试通用标准为 GB/T 17626 系列(等同采用 IEC 61000-4 系列)标准。

在传导或辐射发射测试过程中，如果所测结果超过了标准规定的限值，则判定 EUT 的传导或辐射发射超标。在抗扰度测试过程中，试验结果按 EUT 的功能丧失或性能降级进行分类。这些分类与制造商、试验申请者规定的或者制造商与用户之间商定的性能等级有关。推荐的分类如下。

(1)在制造商或客户规定的技术规范限值内性能正常。

(2)功能暂时丧失或性能降低，但在骚扰停止后 EUT 能自行恢复，无需操作者干预。

(3)功能暂时丧失或性能降低，需操作者干预才能恢复正常。

(4)因硬件或软件损坏、数据丢失而造成不能恢复的功能丧失或性能降低。

注意：制造商提出的技术规范中可以规定对 EUT 的影响哪些可以忽略，哪些可以接受。

8.3.1　辐射发射测试

骚扰发射按其传播途径，主要有沿电源线、信号线传播的传导骚扰以及向空间发射的辐射骚扰。通常用骚扰电压来度量传导骚扰。辐射骚扰可以通过电场分量(通常被直接称为场强)、磁场分量或功率来表征。我国的 GB 4343、GB 4824、GB 9254、GB 17743(分别对应家用电动电热器具、工科医射频设备、信息技术设备和照明设备)等产品类标准，都提出要做电磁骚扰的发射测量，同时规定了相应的测试项目、测试方法及骚扰限值。就辐射发射而言，对于家用电动电热器具，GB 4343 要求测量 30～300MHz 频率范围内的连续骚扰功率；对于信息技术设备，GB 9254 要求测量 30～6000MHz 频率范围内的辐射骚扰场强；对于照明电器，GB 17743 则要求在 9kHz～30MHz 频率范围内进行辐射骚扰的磁场分量测量。

用测量场强的方法来衡量 EUT 的辐射发射水平是一种基本的测量方法，许多产品（如信息技术设备、工科医射频设备、电信终端设备等）的辐射发射都是用这种方法进行测量的。国标 GB/T 6113.1（等同采用 CISPR16-1）规定辐射骚扰的场强测试要在开阔场或半电波暗室进行。对于骚扰功率、骚扰磁场的测量方法，可以参阅上面提到的有关标准，这里不做讨论。下面主要介绍用于辐射发射测试的测量接收机及测试天线。

1. 测量接收机

1）测量接收机原理及指标

测量接收机是专门用于测量电磁骚扰（包括辐射骚扰和传导骚扰）的测量接收装置，图 8-13 为一个典型测量接收机的外观。现实中各种电子电气设备产生的电磁骚扰通常为微弱的连续波信号或者幅值很强的脉冲信号。因此，用于测量电磁骚扰的测量接收机就要求具备灵敏度高、自身噪声小、检波器动态范围大、前级电路过载能力强等特点。

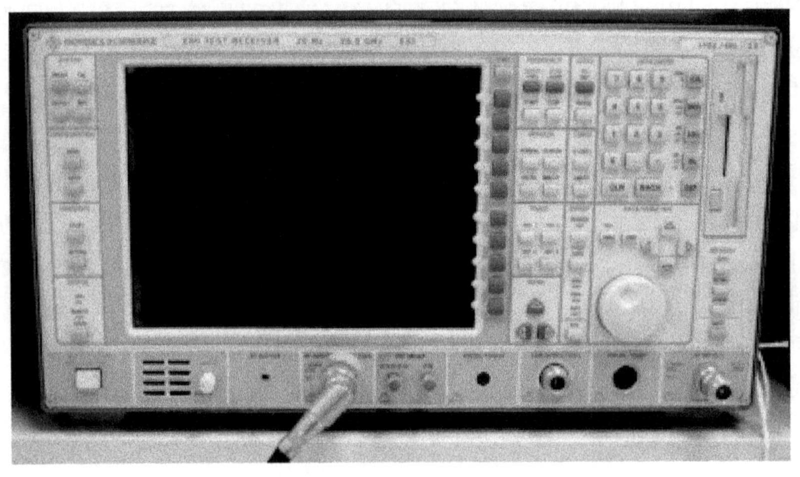

图 8-13 EMI 测量接收机（制造商：德国 R/S 公司，型号：ESI 26）

测量接收机本质是带有预选功能的超外差式选频电压表。任何波形的骚扰都是由若干个不同频率、不同幅值的正弦波组成。测量接收机用于测量所选择频率下骚扰的电压幅值。测量时先将接收机进行调谐，对准某个频率 f_i，该频率上的骚扰信号经过高频衰减器和高频放大器后进入混频器，与本地振荡器的频率 f_L 混频，混频后的信号经中频滤波器后仅得到中频信号 $f_o=f_L-f_i$。中频信号经中频衰减器、中频放大器后，由包络检波器进行包络检波，滤去中频得到低频包络信号 $A(t)$。$A(t)$ 再根据要求进行相应的加权检波，得到所需 $A(t)$ 的峰值（PK）、有效值（RMS）、平均值（AV）或准峰值（QP）。检波后的信号经低频放大后推动电表指示。由于很多骚扰是脉冲性的，所以测量接收机应该可以测量脉冲信号。设输入信号是幅度为 A，宽度为 τ、周期为 T 的脉冲信号（图 8-14(a)）。由图 8-14(b)可见，经中频滤波器滤波后的信号为载波频率为 f_o 的调幅信号，其包络幅度为 $2A\tau GB$。其中，G 为中频放大器和以前各级电路的增益，B 为中频带宽；包络主瓣宽度为 $2/B$，两个主瓣之间的间隔为 T。图 8-14(c)的波形是包络检波器滤掉中频后的包络。由于包络的宽度和幅度都与中频带宽有关，因此测量仪的中频带宽一定要有统一的规定，否则对于同一个脉冲信号，由于中频带宽不同，测量结果可能不同。对于同一包络进行不同形式的加权检波，可以得到不同的值，一般包络的峰值>准峰值>有效值>平均值。图 8-14(d)是准峰值加权波形，图 8-14(e)是电表读数。

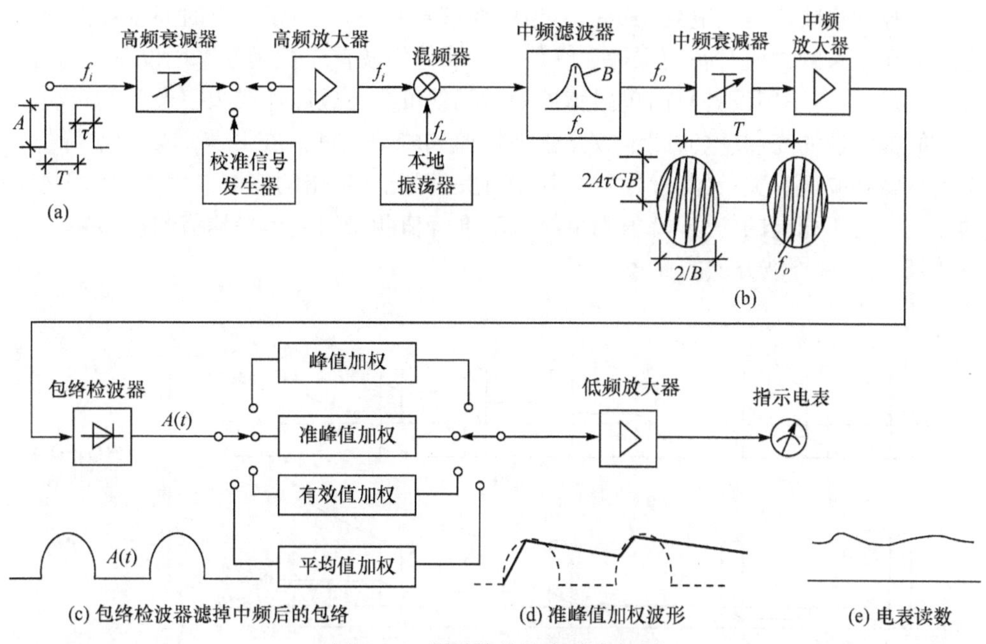

图 8-14　测量接收机电路方框图

加权检波的形式是由检波电路的充放电时间常数决定的，所以对检波器的充放电时间常数也要有统一的规定。由于电表也要有一定的惯性(即电表机械时间常数)，电表读数要受其影响，因此标准规定电表要处于临界阻尼状态，并且具有确定的机械时间常数。由于测量仪以测量脉冲信号为主，脉冲信号的幅度往往很大，所以测量仪还应该有较大的过载能力，以免由于过载而测不到脉冲的顶部。综上所述，测量接收机必须有统一的中频带宽、检波器充放电时间常数、电表机械时间常数和过载系数，以保证测量同一脉冲信号得到一致的结果。表 8-6 为 GB/T 6113.1 规定的测量接收机的指标。其中，A 频段为 9～150kHz，B 频段为 0.15～30MHz，C 频段为 30～300MHz，D 频段为 300～1000MHz。在表 8-6 中，过载系数是指电路的稳态响应离开理想线性不超过 1dB 时，最高电平与指示器满刻度偏转指示所对应的电平之比。

表 8-6　测量接收机四大类指标

指标名称	频段		
	A	B	C、D
中频滤波器 6dB 处的带宽/Hz	200	9k	120k
准峰值检波器充电时间常数/ms	45	1	1
准峰值检波器放电时间常数/ms	500	160	550
仪表机械时间常数/ms	160	160	100
检波器前电路过载系数/dB	24	30	43.5
检波器后电路(检波器与指示器之间)过载系数 dB	6	12	6

2)三种检波方式的特点

平均值检波器的充、放电时间常数相同,特别适用于连续波测量。在对广播、电视信号或者工科医高频设备辐射场强测量时,测量对象为正弦波电磁场,因此检波方式应为平均值或有效值检波。

相对于平均值检波器,峰值检波器的充电时间常数很小,但放电时间常数却很大。因此,即使很窄的脉冲也能快速充电到稳定值。当脉冲信号消失时,由于放电时间常数大,检波器的输出电压可在很长的一段时间内保持在峰值上。峰值检波首先被用在军用设备的骚扰发射测试中,这是由于许多军用设备只需单次脉冲的激励就可能造成爆炸或数字设备的误动作。

准峰值检波器的充、放电时间常数介于平均值和峰值之间。在测量周期内准峰值检波器的输出既与脉冲幅度有关,又与脉冲重复频率有关,因此其输出的值可以用来评估干扰对听觉造成的影响。对于相同的信号,峰值测量结果≥准峰值测量结果≥平均值测量结果。

图 8-15 是三种检波方式的比较。

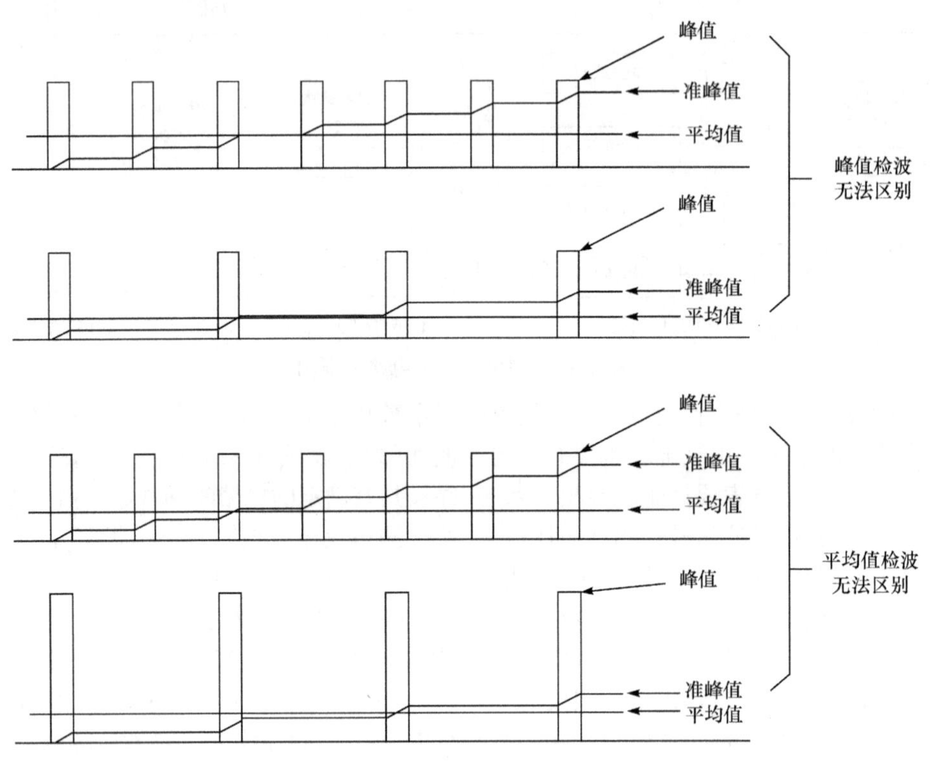

图 8-15　三种检波方式的比较

3)准峰值测试的主要问题

在准峰值测量时,如果想在某个频点得到较稳定的测量值,则测量时间应大于检波器充放电时间常数和电表机械时间常数之和,并且测量不止一个周期。所以一般准峰值测量时间要求比较长。如果测量仪具有扫频测量功能,则设置的扫描时间应符合表 8-7 的规定。

表 8-7　测量接收机的最小扫频时间

频段	峰值检波/(ms/kHz)	准峰值检波/(s/kHz)
A (9～150kHz)	100	20
B(0.15～30MHz)	0.1	0.2
C、D (30 ～1000MHz)	0.001	0.02

有些标准要求测量发射的准峰值，同时给出规定的准峰值限值。只有在整个测试频段内，EUT 辐射的准峰值低于标准规定的限值，才可判断 EUT 发射合格。然而准峰值测量占用的时间较长，测试的效率较低。因此在实际测量中，往往先用峰值进行全频段扫描。由于峰值检波在三种检波中的测量值最高，如果峰值测量结果低于标准规定的准峰值限值，则以后的试验不用再进行，便能判断试验已经通过。如果测试过程中，有部分频点超过限值，则只对这些频点进行准峰值测量，这样可以大大节约测量时间。

2. 测试天线

用于辐射场强测试的接收天线，其作用在于将其周围的场强 E(dBμV/m)转换成其输出端口的电压 U_o(dBμV)，两者的关系为

$$E(\mathrm{dB\mu V/m})=U_o(\mathrm{dB\mu V})+K(\mathrm{dB/m}) \tag{8-9}$$

式中，K 为天线系数，用于表征天线将电场强度转化成端口输出电压的能力。每部天线都有自己的天线系数，该系数与频率有关，天线系数曲线一般由天线制造商或在计量部门校准给出。图 8-16 为一典型对数周期天线的天线系数。

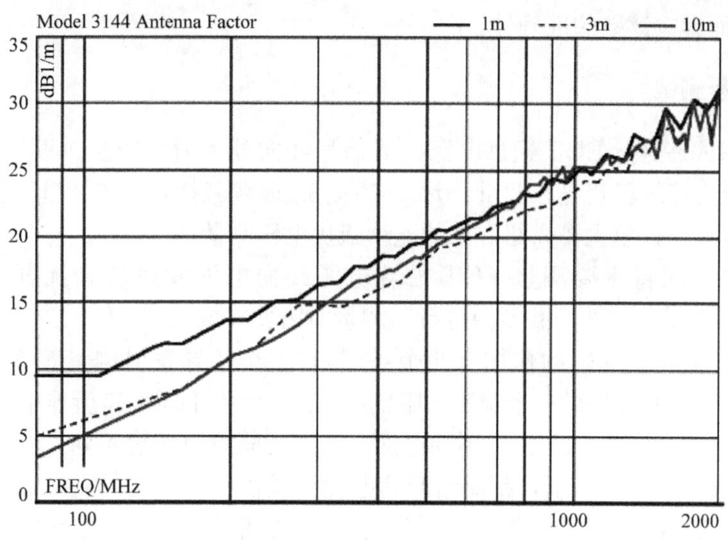

图 8-16　对数周期天线的天线系数(制造商:美国 ETS 公司,型号:3114)

测量辐射场强时，接收机通常通过同轴电缆与天线相连，接收机的读数是其输入端口的电压。一般同轴电缆都有一定的损耗，如果同轴电缆的损耗为 L(dB)，则接收机输入端口的电压 $U(\mathrm{dB\mu V})=U_o(\mathrm{dB\mu V})-L(\mathrm{dB})$，代入式(8-9)得到骚扰场强 E(dBμV/m)与测量仪输入端口的电压 U(dBμV)的关系为

$$E(\text{dB}\mu\text{V/m})=U_o(\text{dB}\mu\text{V})+K(\text{dB/m})+L(\text{dB}) \tag{8-10}$$

一般骚扰测量仪常以功率(单位 dBm)而非电压来表示其输入电平。干扰测量系统的阻抗都是标准规定的,一般为 50Ω。根据 $P=U^2/R$,可得测量仪端口输入功率与端口电压的关系为

$$P(\text{dBm})=U(\text{dB}\mu\text{V})-107(\text{dB}) \tag{8-11}$$

式(8-10)、式(8-11)是两个常用的公式。

例 9-1　一偶极子天线通过一条同轴电缆与一个接收机相连。假设同轴电缆的损耗为 0dB,并且偶极子天线与接收机的阻抗匹配。已知天线因子 $K=15\text{dB/m}$,入射波电场强度 E 与天线的夹角为 30°,若接收机显示的电压读数为 70dBμV,则 E 的大小为多少?

解　根据天线因子的定义,与天线臂相平行的电场分量的大小为

$$E(\text{dB}\mu\text{V/m})=U_o(\text{dB}\mu\text{V})+K(\text{dB/m})=70+15=85(\text{dB}\mu\text{V/m})$$

所以,E 的线性值应为 $10^{85/20}(\mu\text{V/m})$。

入射波电场强度大小为

$$E_{\text{inc}}=\frac{E}{\cos 30^\circ}=\frac{2\sqrt{3}}{3}\cdot 10^{85/20}\approx 20533(\mu\text{V/m})\approx 0.02(\text{V/m})$$

电磁骚扰测量中常用的天线为宽带天线,以便于进行自动化扫频测量。有关常见电磁兼容测量天线的内容请参见第 4 章。

由于骚扰场强的水平极化分量和垂直极化分量是不同的,所以测量时应把天线水平放置测水平极化,垂直放置测垂直极化。整个测试系统是同轴传输系统,应该保持阻抗匹配,即天线的阻抗、同轴电缆的特性阻抗和测量接收机的输入阻抗都应相等,一般为 50Ω。阻抗不匹配将引起反射,从而影响读数的准确性。

8.3.2　传导发射测试

传导发射测试是测量 EUT 通过电源线或信号线向外发射的骚扰。根据骚扰的性质,传导骚扰测试可分为连续骚扰电压测量、骚扰功率测量、断续骚扰喀呖声测量、谐波电流测量、电压波动和闪烁测量。这里主要介绍常见的连续骚扰电压测量。

连续骚扰电压测量主要测量 EUT 沿着电源线向电网发射的骚扰电压,测量频率为 0.15～30MHz。测量一般在屏蔽室内进行。测量时需要在电网和 EUT 之间插入一个人工电源网络(AMN)。使用 AMN 的作用有两个:一是在整个传导发射测量频率范围内(0.15～30MHz),为 EUT 电源线提供一个稳定的阻抗(50Ω)。因为不同插座所连电网的阻抗通常是不同的,由于阻抗不同,同一 EUT 在不同电网上产生的骚扰电压也不同。为了保证测试结果的一致性,需要在不同的测试场地都能给产品电源线提供一个稳定的阻抗,通常要求是 50Ω。二是隔离电网和 EUT,使测得的骚扰电压仅是 EUT 发射的,而不会包括电网的骚扰。电网上通常也存在着各种噪声,且不同测试场地电网上存在的噪声大小也不同。如果不施加隔离措施,电网上的噪声会流向产品的电源线,并与产品产生的骚扰叠加在一起,从而造成错误的测试结果。

AMN 实际上是一个双向低通滤波器,其原理图如图 8-17 所示。50μH 电感可以阻止电网中的高频骚扰(≥150kHz)进入骚扰测量仪。此外,与地线相接的 1.0μF 电容也可以旁路掉电网中的高频骚扰。EUT 发射的高频骚扰由于 50μH 电感的阻挡不能进入电网,只能通过

0.1μF 电容进入骚扰测量仪。测量仪的输入阻抗为 50Ω,50Ω 与 1000Ω 电阻并联,所以 EUT 骚扰的阻抗约为 50Ω。而对于 50Hz 的工频电源,50μH 电感的阻抗很小,仍然可以通过 AMN 向 EUT 供电。注意:测量过程中,AMN 外壳应良好接地,否则会影响电网和 EUT 间的隔离。

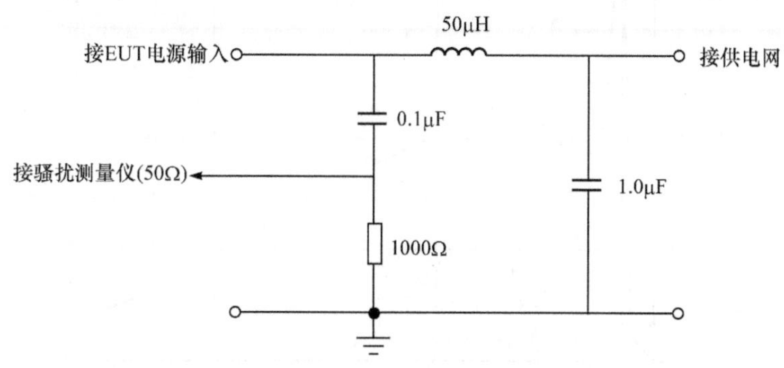

图 8-17　AMN 原理图

8.3.3　静电放电抗扰度测试

静电抗扰度测试用来模拟人体对设备静电放电时,受试设备对静电的抗扰能力。通常采用的静电发生装置为静电枪,如图 8-18 所示。静电放电的方式主要有接触放电和空气放电两种。图 8-18 中静电枪本身带有用于接触放电的电极(尖头),静电枪下面为用于空气放电的电极(钝头)。接触放电测试过程中静电枪的电极直接与 EUT 保持接触,然后用放电开关控制放电。接触放电的放电位置应是人体通常情况下可能接触的位置,如开关、机壳、按钮、键盘等。但是对仅在维修时才能接近的部位(除专用产品规范中另有规定)不允许静电放电。空气放电测试中静电枪的放电开关已处于开启状态,然后将静电枪的电极逐渐靠近 EUT,当静电枪放电电极与 EUT 间空气间隙的击穿电压低于静电枪的放电电压时,就会产生火花放电。空气放电一般施加在 EUT 的孔、缝和绝缘面处。图 8-19 为静电放电发生器输出电流的典型波形。

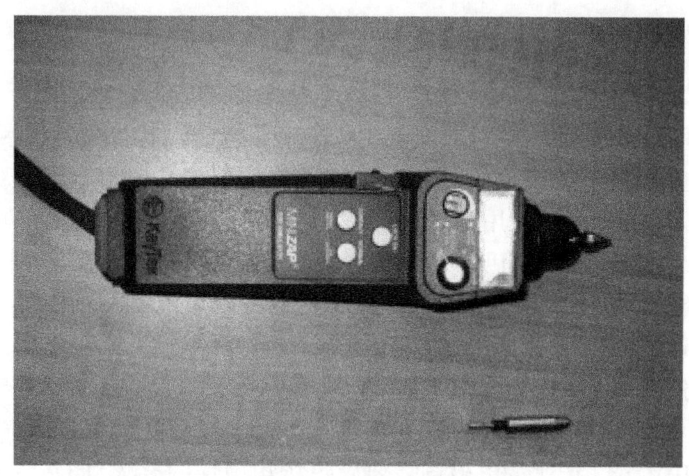

图 8-18　静电枪(制造商:美国 Keytek 公司)

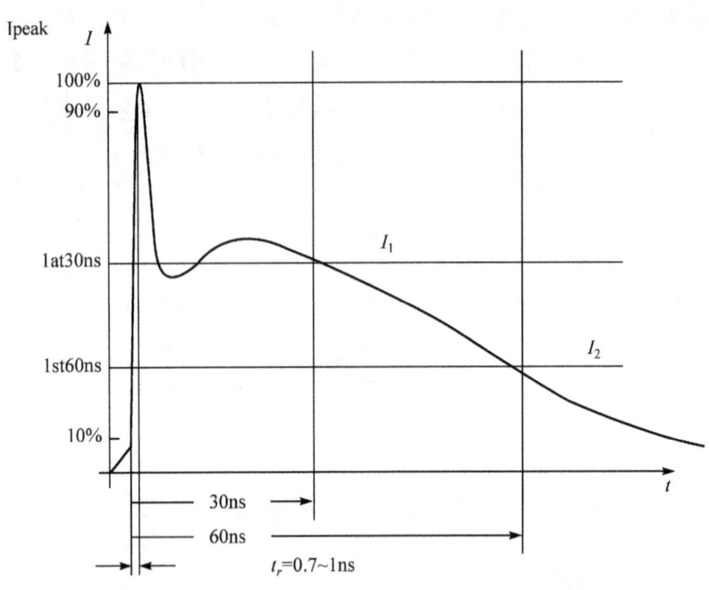

图 8-19　静电放电发生器输出电流的典型波形

GB/T 17626.2(等同采用 IEC 61000-4-2)中规定的静电放电等级如表 8-8 所示。

表 8-8　静电放电试验等级

试验等级	接触放电试验电压/kV	空气放电试验电压/kV
1	2	2
2	4	4
3	6	8
4	8	15
X	特定	特定

8.3.4　射频电磁场辐射抗扰度测试

许多电子设备工作时会产生电磁场。在频率较高(≥80MHz)的情况下,电磁场主要以辐射的方式通过空间传播,从而可能对周围其他电子设备造成干扰。日常生活中常见的电磁辐射源有手持无线电收发机、无线电广播发射机、电视台发射机和各种工业电磁源等。

射频电磁场辐射抗扰度试验用来评估 EUT 对来自空间的辐射电磁场的抗扰度,典型的测量布置如图 8-20 所示。为了简明说明,图中省略了墙上和顶棚的吸波材料。信号发生器输出一定功率的调幅信号给发射天线。GB/T 17626.3(等同采用 IEC 61000-4-3)规定辐射抗扰度的信号频率(即载波频率)范围为 80～1000MHz。为了模拟实际情况,信号需被频率为 1kHz 的正弦波调幅,调幅深度为 80%。调幅信号经天线发射后在 EUT 处产生一个规定场强的电磁场。辐射抗扰度的测试端口为机壳或机箱。标准规定的电场场强(未调制时)一般为 1V/m、3V/m 或 10V/m。产生的电磁场需要满足场均匀性的要求,即在一个高于地面 0.8m 处的 1.5m×1.5m 的垂直平面内,均匀分布的 16 个测试点中,至少有 12 个测试点的场强值相互之差为 0～6dB。

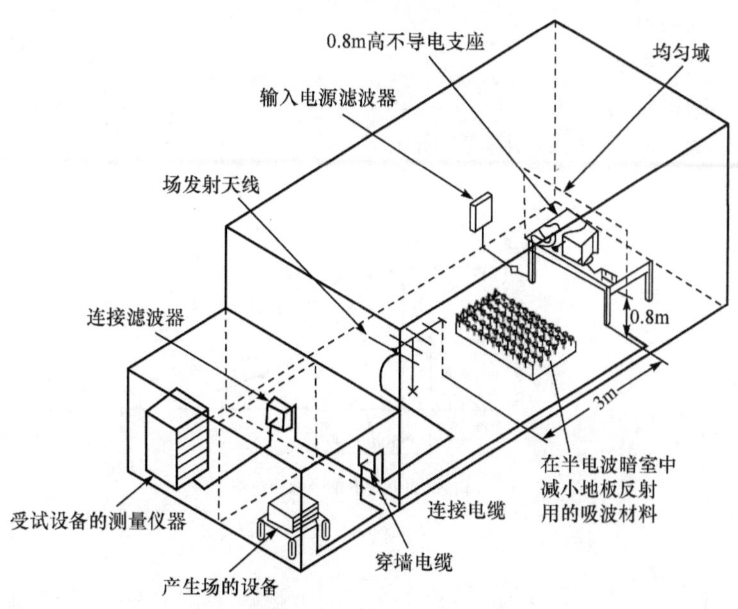

图 8-20　典型的试验布置(引自 GB/T 17626.3)

一般辐射抗扰度在全电波暗室内进行。原因之一是实验中产生的电磁场很强,在非屏蔽空间做实验,电磁场辐射会对一定范围内的其他通信设备、电子设备及人员产生影响。原因之二是在非屏蔽空间或单纯的屏蔽室内做实验时,由于反射的影响使场均匀性很难满足标准的要求。GTEM 小室也可用于抗扰度和辐射发射实验。对于抗扰度实验,GTEM 具有明显的优势,使用较小的输入功率(相对于电波暗室)就可以生成与电波暗室相同的电磁场,但 EUT 必须在几个正交方向上进行实验。

8.3.5　电快速脉冲群抗扰度测试

电路中的机械开关对电感性负载进行切换过程中,会产生快速瞬变脉冲群(EFT),进而可能对同一电路中的其他电子或电气设备产生干扰。这种干扰的特点是单个脉冲上升时间、持续时间短,因而能量较小,一般不会造成设备故障,但经常会使设备发生误动作。脉冲的重复频率较高(一般为几 kHz),若干个脉冲组成脉冲群。一般机械开关动作一次产生一个脉冲群,现实中,许多机械开关(如继电器)在较短的时间内会反复动作,因此会产生多个脉冲群。目前的研究认为脉冲群之所以会造成设备的误动作,是因为脉冲群对线路中半导体器件结电容的充电,当结电容上的能量积累到一定程度,便会引起线路(设备)的误动作。

电快速瞬变脉冲群抗扰度试验的国家标准为 GB/T 17626.4(等同采用 IEC 61000-4-4)。标准规定的脉冲发生器输出波形的指标如下。

(1)发生器开路输出电压:0.25～4kV。

(2)发生器动态输出阻抗:50Ω±20%。

(3)脉冲上升时间(10%～90%):5ns±30%(发生器输出端接 50Ω 匹配负载时测)。

(4)脉冲持续时间(前沿 50%至后沿 50%):50ns±30%(发生器输出端接 50Ω 匹配负载时测)。

(5)脉冲重复频率:发生器开路输出电压为 0～2kV 时为 5kHz(0～2kV),4kV 时为 2.5kHz。

(6)脉冲群持续时间:15ms。

(7)脉冲群重复周期:300ms。

(8)输出脉冲的极性:正/负。

(9)标准规定的 EFT 波形如图 8-21 所示。

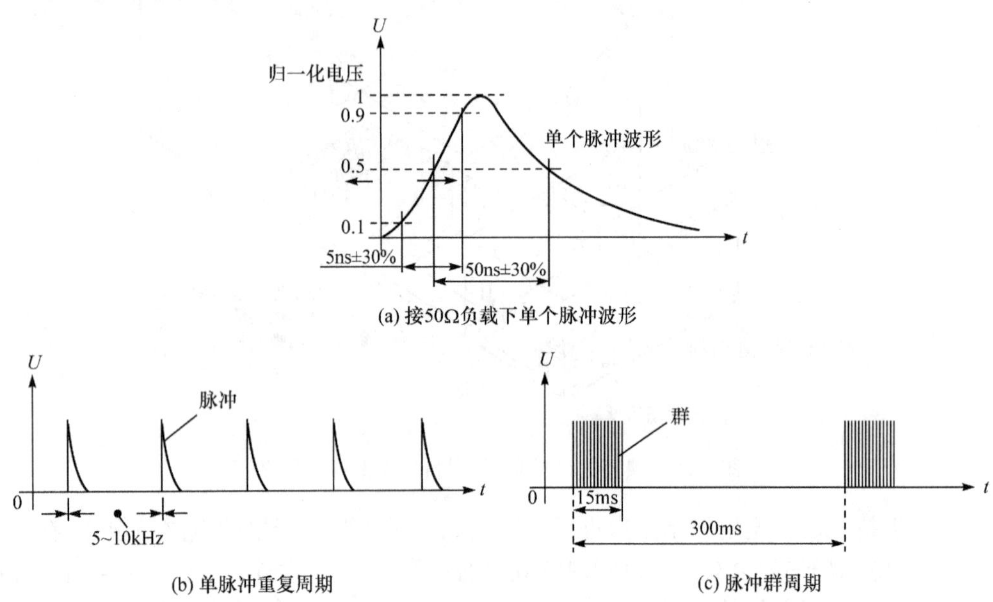

图 8-21 GB/T 17626.4 规定的脉冲发生器输出波形

EFT 以共模方式进入电源线或信号线端口,对设备造成干扰。因此抗扰度测试过程中 EUT 的测试端口为电源线和信号(控制)线。通常采用耦合/去耦网络将 EFT 骚扰耦合至电源端口,电源线的耦合/去耦网络如图 8-22 所示。测试时,从试验发生器来的 EFT 信号通过耦合/去耦网络中耦合电容加到 EUT 相应的电源线上(L_1、L_2、L_3、N 及 PE),同时在耦合/去耦网络中交流电源的入口处利用 LC 网络对 EFT 信号去耦,避免 EFT 信号进入公网对其他设备造成干扰。

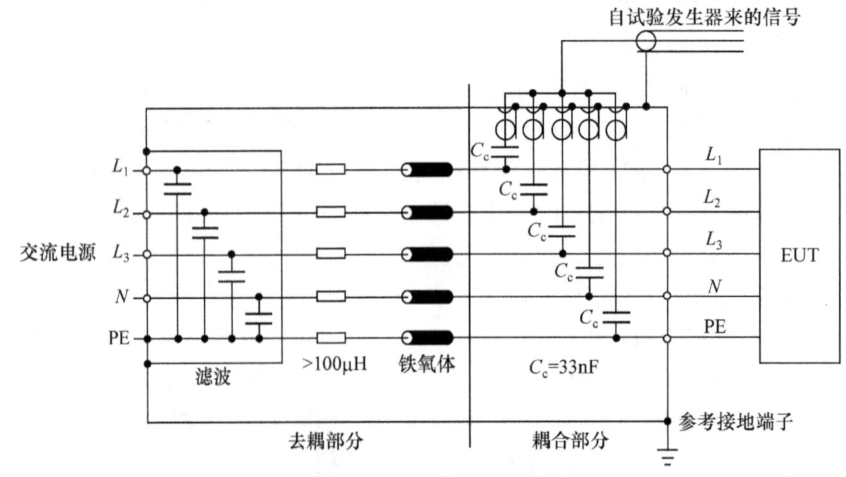

图 8-22 电源线耦合/去耦网络

对信号线的耦合可以使用容性耦合夹，如图 8-23 所示。容性耦合夹实质上是连接到发生器的两块金属板，它可将测试线夹在其中，通过金属板与测试线之间的分布电容将脉冲群信号加到测试线上。

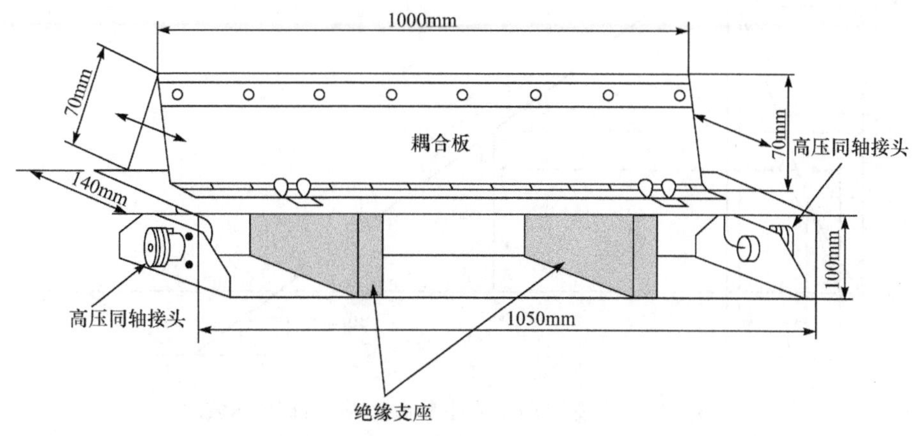

图 8-23　容性耦合夹结构

8.3.6　浪涌抗扰度测试

电源系统的开关操作以及附近的雷电冲击会在电源线或信号(控制)线上产生浪涌现象。由开关动作引起浪涌的方式主要有：①主电源系统切换(如电源器组切换)时的干扰；②同一电网，在靠近设备附近的一些较小开关跳动时形成的干扰；③切换伴有谐振线路的可控硅设备；④各种系统性的故障，如设备接地网络或接地系统间的短路和飞弧。间接雷击(设备通常不会遭受直接雷击)引起浪涌的方式主要为：①雷电击中外部(户外)线路，有大量的电流流入外部线路或接地电阻，因而产生干扰电压；②间接雷击(如云层间或云层内的雷击)在外部线路或内部线路上感应电压或电流；③雷电击中线路附近物体，在其周围建立电磁场，使外部线路感应出电压；④雷电击中附近地面，地电流通过公共的接地系统时引起干扰。

浪涌抗扰度试验的国家标准为 GB/T 17626.5(等同采用 IEC 61000-4-5)。浪涌抗扰度试验端口为电源线以及信号(控制)电缆。浪涌抗扰度试验用于评定设备的各种电缆在遭受浪涌干扰时设备的抗干扰能力。根据受试端口类型的不同，标准规定了两种类型的组合波发生器：一种是用于对称通信线端口测试的组合波发生器；另一种是用于电源线和短距离信号互连线端口测试的组合波发生器。组合波发生器是指发生器能够在输出端短路情况下产生符合标准规定的短路电流波形，同时能够在输出端开路情况下产生符合标准规定的开路电压波形。就常见的电源线或短距离信号线端口浪涌测试而言，标准要求组合波发生器应产生 1.2/50μs 的开路电压波形(图 8-24)和 8/20μs 的短路电流波形(图 8-25)。

同 EFT 抗扰度测试类似，浪涌抗扰度测试也需要通过不同的耦合/去耦器来将浪涌施加到电源线和信号线上。施加的方式可以是共模形式(线-地间)或差模形式(线-线间)。一般开路试验电压有 0.5kV、1kV、2kV 和 4kV，对应的短路电流分别为 0.25kA、0.5kA、1kA 和 2kA。

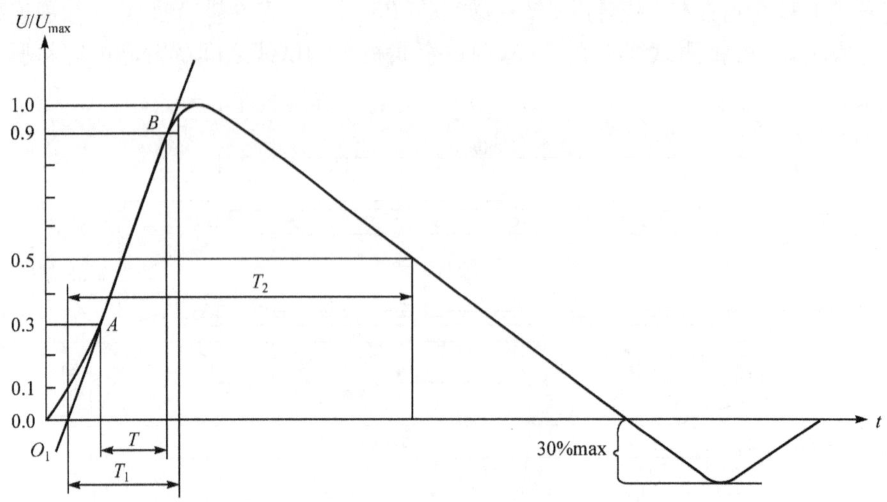

图 8-24　未连接 CDN 时发生器输出端的开路电压波形

波前时间：$T_1=1.67\times T=1.2\times(1\pm30\%)\mu s$，半峰值时间：$T_2=50\times(1\pm20\%)\mu s$

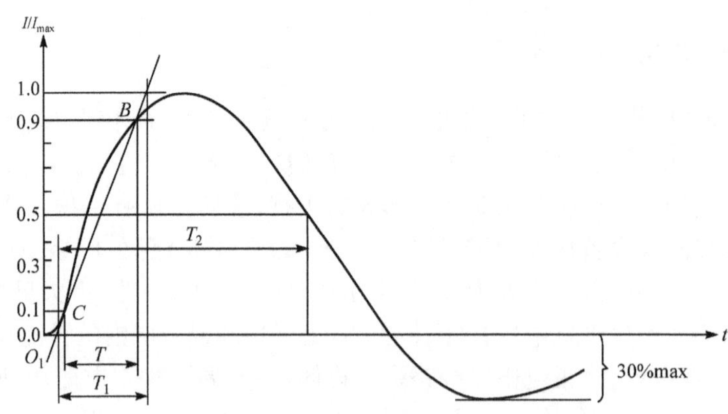

图 8-25　未连接 CDN 时发生器输出端的短路电流波形

波前时间：$T_1=1.25\times T=8\times(1\pm20\%)\mu s$，半峰值时间：$T_2=20\times(1\pm20\%)\mu s$

8.3.7　射频场感应的传导骚扰抗扰度测试

由于在低频(≤80MHz)进行辐射抗扰度测试的难度和成本高，而空间这一频段的射频电磁场通常会在设备的连接电缆(电源线、信号线、控制线)上感应出共模骚扰电压或电流，并以传导的方式通过电缆作用到设备的敏感部分。因此，需要对这样的传导骚扰进行抗扰度实验。GB/T 17626.6(等同采用 IEC 61000-4-6)规定了电子设备对 0.15～80MHz 传导共模骚扰抗扰度测试方法。同射频电磁场辐射抗扰度一样，实验中的射频信号是调幅信号，其调幅深度是 80%，调制频率为 1kHz。射频信号的频率范围是 0.15～80MHz 或 0.15～230MHz。标准规定的实验电平(未调制时的载波电平)一般为 1V、3V 或 10V。一般通过耦合/去耦合网络(CDN)将共模骚扰电压耦合至 EUT 的电源线上，CDN 同时可以避免骚扰电压对与 EUT 相连的辅助设备(AE)造成干扰。典型的电源 CDN 示意图如图 8-26 所示。

对于信号电缆进行传导骚扰抗扰度测试时，一般采用电磁钳来将骚扰能量耦合至电缆上。

电磁钳是一种宽带的夹钳式注入设备,其作用是对连接受试设备的电缆建立感性和容性耦合。图 8-27 为一典型电磁注入钳的照片。为了提高测试效率,测试过程中允许用电磁钳同时对多根电缆注入骚扰能量。

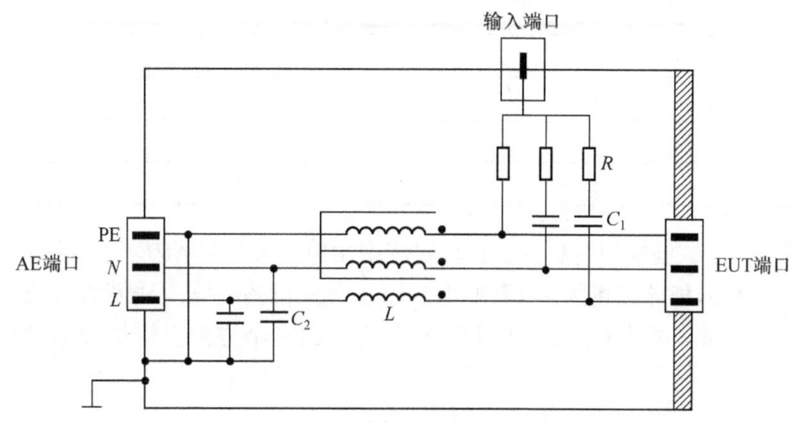

图 8-26　用于电源线的耦合/去耦网

在 150kHz 时,$L \geqslant 280\mu$H,C_1(典型值)=22nF,C_2(典型值)=47nF,R=100Ω

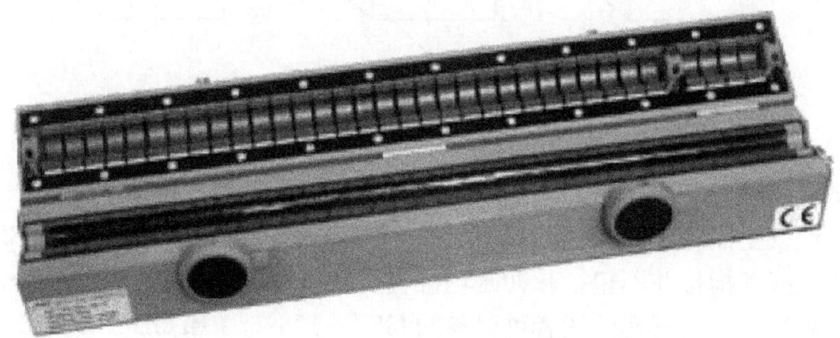

图 8-27　用于信号电缆的电磁注入钳(制造商:美国 FCC 公司,型号:F2031)

8.3.8　工频磁场抗扰度测试

通有电流的导体会在其周围产生磁场。磁场可能会影响设备的可靠运行,尤其是带有霍尔元件或 CRT 显示器的设备。通常在公用或工业低压配电网络、中高压变电所以及发电厂周围存在工频(50Hz)磁场。因此,需要对处于上述环境中的设备进行抗扰度测试。工频磁场抗扰度试验的国家标准为 GB/T 17626.8(等同采用 IEC61000-4-8)。据 GB/T 17626.8 在附录 D 中的资料表明,在距离 25 类共 100 种不同家用电器产品 0.3～1.5m 处测得的最大磁场强度为 21A/m,大部分在 0.1A/m 以下;在 400kV 高压线下测得磁场为 10～16A/m;在高压变电所(220kV)内设备间测得的磁场为 0.7A/m;在电厂中,距离载流为 2.2kA 中压母线 0.3m 处测得的磁场为 14～85A/m。这些测试结果都是正常运行条件下电流产生的稳定磁场。故障条件下的大电流,能产生幅值较高但持续时间较短的磁场,直到保护装置动作切断电流为止(熔断器动作时间一般为几毫秒,继电器保护动作时间一般为几秒)。基于上述这些情况,标准规定的工频磁场抗扰度试验等级如表 8-9 所示。

表 8-9 工频磁场抗扰度试验等级

试验等级	稳定磁场/(A/m)	1～3s 短时磁场/(A/m)
1	1	—
2	3	—
3	10	—
4	30	300
5	100	1000
X	特定	特定

工频磁场抗扰度试验端口为机壳。试验过程中由电流发生器给感应线圈提供电流，感应线圈形成较均匀的磁场，把该磁场加于 EUT 上。用于台式设备的感应线圈为边长 1m 的正方形。试验区在线圈的中部。试验时，应在 EUT 的 X、Y、Z 的三个方向上施加磁场，如图 8-28 所示。

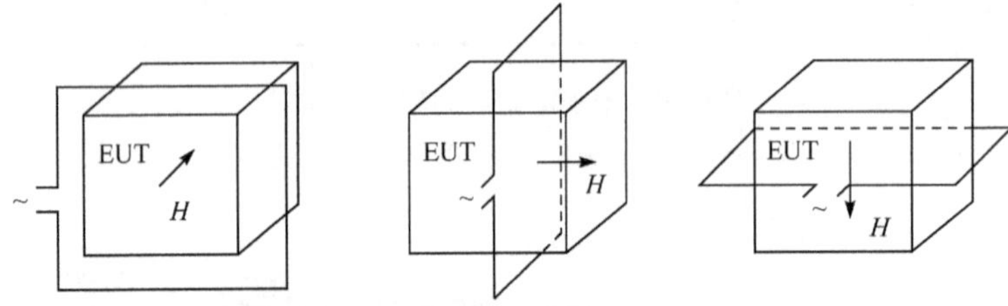

图 8-28 台式设备工频磁场抗扰度试验

除工频磁场试验外，在 GB/T 17626 系列标准中还有脉冲磁场抗扰度试验和衰减振荡波磁场抗扰度试验，分别模拟雷击和高、中压变电站母线切换时伴生的磁场干扰。这三种磁场试验所使用的电流发生器各不相同，但它们所用的感应线圈都是一样的，如图 8-29 所示。由于大多数产品的抗扰度指标并不包括脉冲磁场抗扰度和衰减振荡波磁场抗扰度，对这两个试验在此就不一一叙述了。有兴趣的读者可以参阅 GB/T 17626.9 和 GB/T 17626.10。

图 8-29 感应线圈

8.3.9 电压暂降、短时中断和电压变化抗扰度测试

在电网、电力设施发生故障或负荷突然出现大的变化时，会产生电压暂降或短时中断的现

象。当连接到电网的负荷连续变化时会引起电压的变化。这些现象会对电气和电子设备造成影响。GB 17626.11(等同采用 IEC 61000-4-11)规定了与低压供电网连接的电气和电子设备对电压暂降、短时中断和电压变化的抗扰度试验方法和优选的试验等级范围。其中,电压变化试验仅是供选择的试验项目。对处于不同类别电磁环境的设备,标准规定电压暂降、短时中断试验优先采用的等级和持续时间如表 8-10 所示。试验“70%,持续时间 25/30 周期”指进行该项测试时,发生器输出起始电压为正常电压,然后电压突然下降 30%(一般选择在相位为 0 或 π 时进行),即实际输出电压为正常电压的 70%。持续 25 周期(供电频率为 50Hz 时)或 30 周期(供电频率为 60Hz 时)后又恢复至正常电压。

表 8-10　电压暂降、短时中断试验优先采用的试验等级和持续时间

类别	电压暂降的试验等级和持续时间/(50Hz/60Hz)				
1 类	根据设备要求依次进行				
2 类	0% 持续时间 0.5 周期	0% 持续时间 1 周期	70% 持续时间 25/30 周期		
3 类	0% 持续时间 0.5 周期	0% 持续时间 1 周期	40% 持续时间 10/12 周期	70% 持续时间 25/30 周期	80% 持续时间 250/300 周期
X 类	特定	特定	特定	特定	特定

标准规定的短时中断试验优先采用的试验等级和持续时间如表 8-11 所示。其中,电磁环境的分类由 GB/T 18039.4 给出。

表 8-11　短时中断试验优先采用的试验等级和持续时间

类别	短时中断的试验等级和持续时间/(50Hz/60Hz)
1 类	根据设备要求依次进行
2 类	0% 持续时间 250/300 周期
3 类	0% 持续时间 250/300 周期
X 类	×

第 1 类:适用于受保护的供电电源,其兼容水平低于公用供电系统。它涉及对电源骚扰很敏感的设备(如实验室的仪器、某些自动控制和保护设备及计算机等)的使用。

第 2 类:一般适用于商用环境的公共耦合点和工业环境内部耦合点。该类的兼容水平与公用供电系统的相同。

第 3 类:仅适用于工业环境中的耦合点。该类环境中某些骚扰现象的兼容水平要高于第 2 类。当连接下列设备时应认为是这类环境:大部分负荷经换流器供电、有焊接设备、频繁启动的大型电动机、变化迅速的负荷。

8.4　自动测试系统

自动测试系统通常由个人计算机(PC)、测试仪器、仪器总线以及自动测试软件组成。自动测试系统的软件由设备商提供,或者用户根据自己的测试需要自行开发。计算机通过仪器总线实现对测试仪器的控制和数据传输。由于充分地利用了计算机丰富的软硬件资源,自动测试系统大大突破了传统测试系统在测试效率、数据处理、显示、传送、存储、打印等方面的限制。目前,随着计算机硬件技术、软件技术以及总线技术的不断发展,基于 PC 的自动测试系统正向着高速、智能化、多功能化和通用化发展,并且得到了越来越广泛的应用。

8.4.1 总线

计算机可以通过自身的外部总线实现与其他设备间的通信。目前,计算机常见的外部总线有 RS-232、RS-485/422、USB、GPIB 等。其中,RS-232 是美国电子工业协会(Electronic Industry Association,EIA)制定的一种串行物理接口标准。RS-232 标准规定的数据传输速率很低,最高为 115.2Kbit/s,且只能支持点对点通信。此外,由于 RS-232 采取不平衡传输方式,即单端通信,存在共地噪声和不能抑制共模干扰等问题,因此其传输距离受到限制,一般只能用于 20m 以内的通信。受上述限制,目前自动测试系统极少使用 RS-232 总线。

针对 RS-232 串口的局限性,EIA 又提出了 RS-485/422 接口标准。RS-485/422 采用平衡发送和差分接收方式实现通信:发送端将串行口的 TTL 电平信号转换成差分信号 A、B 两路输出,经过线缆传输之后在接收端将差分信号还原成 TTL 电平信号。由于传输线通常使用双绞线,又是差分传输,所以有极强的抗共模干扰的能力,故传输信号在千米之外都可以恢复。RS-485/422 最大传输速率为 10Mbit/s,传输速率与传输距离成反比,在 100Kbit/s 的传输速率下可以达到最大的通信距离约为 1200m。RS-485 总线网络拓扑一般采用终端匹配的总线型结构,即采用一条总线将各个节点串接起来,不支持环形或星形网络。

通用串行总线(universal serial bus,USB)是由 Intel、Compaq、Digital、IBM、Microsoft、NEC、Northern Telecom 等七家世界著名的计算机和通信公司共同推出的一种新型接口标准。快速是 USB 技术的突出特点之一,USB 的最高传输速率可达 12Mbit/s。此外,USB 还可以为外设提供 5V 的电源(最大电流 500mA),这意味着低功耗的甚至 USB 接口的外部设备不需要单独外加电源。但是不同 USB 接口间不能实现同步,因此 USB 总线只适合简单的低端测试系统,而不便于组建复杂的测试系统。

图 8-30　带 USB 接口的 GPIB 卡(制造商:美国 National Instruments Corporation)

目前,自动测试系统使用最为广泛的总线为通用接口总线(general purpose interface bus,GPIB)。1965 年,惠普公司(Hewlett Packard,HP)设计了惠普接口总线 HP-IB,用于连接惠普的计算机和可编程仪器。由于其传输速率高(通常可达 1Mbit/s),这种接口总线得到普遍认可,并于 1975 年被国际电气和电子学工程师协会(Institute of Electrical and Electronics Engineers,IEEE)接收为 IEEE 标准 488,HP-IB 的名称也被改为 GPIB。目前,关于 GPIB 通信的最新标准为 IEEE 488.1。实现 GPIB 控制,需要被控仪器支持 GPIB,其次计算机需要安装 GPIB 卡(也被称为 IEEE 488 卡),并通过 GPIB 线将两者连接起来。GPIB 总线是并行总线,仪器设备直接并联于总线上而不需要中介单元。计算机通过 GPIB 总线最多可控制 14 台设备,信号的传输距离为 20m。通过 GPIB 电缆的连接,可以方便地实现星型组合、线型组合或者二者的组合。相对于前面所讲的三种串行总线,GPIB在保证较高传输速率的同时,还可以控制多个设备,因而可以支持复杂的测试系统。

8.4.2　测试软件

自动测试系统软件通常由用户或设备商根据测试需要在特定的编程语言环境下开发。目前,常用的编程环境主要分为两大类:一类是可视编程语言,如Microsoft公司的Visual C++、Visual BASIC等;另一类是图形编程语言(又称为G语言,"G"表示graphical),如美国国家仪器(National Instruments,NI)公司的LabVIEW(Laboratory Virtual Instrument Engineering Workbench)、LabWindows/CVI,HP公司的VEE,Data Translation公司的DT-VEE等。图形化编程语言将科学家、工程技术人员经常使用的各种功能以图标的形式提供,用线条将所需要的各种图标(功能)按一定顺序连接起来,即可完成程序的编写。因此,G语言是一个面向最终用户的编程工具,它用简单、直观、易学的图形编程方式替代了复杂、烦琐、费时的程序代码,从而可以使科研和工程人员摆脱对专业编程人员的依赖,并且大大提高了工作效率。

目前,LabVIEW是工业界、学术界和研究实验室所广泛使用的图形化编程语言。与传统的编程语言相比,LabVIEW图形编程方式可以节省大约80%的程序开发时间,但其运行速度却几乎不受影响。LabVIEW可视为一个标准的数据采集和仪器控制软件:在LabVIEW中集成了大量的生成图形界面的模板、丰富实用的数值分析、数字处理功能以及多种硬件设备驱动功能(包括RS-232、RS-485、GPIB、PXI、数据采集卡、网络等)。另外,鉴于LabVIEW的广泛应用前景,大多数仪器厂商都为LabVIEW提供了免费的源码级仪器驱动程序。这些都为用户利用LabVIEW开发仪器控制系统提供了便利。利用LabVIEW还可以方便地建立自己的虚拟仪器,其图形化的界面使得编程及使用过程都生动有趣。

习　题

8-1　电磁兼容标准分为几类?分别是什么?各类标准有何区别?

8-2　可用于辐射发射测试的测试场地有哪些?其中标准的测试场地有哪些?各测试场地测试结果的区别是什么?

8-3　简要概述电磁兼容测试的测试内容。

8-4　电磁兼容测试标准通常都会对测试场地、测量仪器的指标以及测试步骤进行具体的规定,这样做的目的是什么?

8-5　可用于辐射发射测试的测试场地有哪些?其中标准的测试场有哪些?各测试场地测试结果的区别是什么?

8-6　国家标准GB 9254—2008《信息技术设备的无线电骚扰限值和测量方法》规定了A级信息技术设备(ITE)在测试距离10m处的辐射发射限值,如表8-4所示。但10m法的半电波暗室或开阔测试场地很少,一般辐射发射在3m法的半电波暗室进行。现有一ITE设备在3m法的半电波暗室中,其30～230MHz范围内辐射发射的最大准峰值为48dBμV/m,230～1000MHz内的最大准峰值为58dBμV/m。试计算该设备是否超过了标准所规定的辐射发射限值?

8-7　将截止波导应用到屏蔽室通风窗时,应注意哪些问题?

8-8　衡量电波暗室的性能指标有哪些?

8-9 GTEM 小室在输入功率不变的情况下,如何增大测试场强?

8-10 混响室的搅拌器的作用是什么?

8-11 相对于开阔场,半电波暗室在辐射测试中的优点有哪些?缺点是什么?

8-12 通常如何描述抗扰度测试过程中 EUT 的工作情况?

8-13 叙述如何在半电波暗室或开阔场测试 EUT 的最大辐射场强?

8-14 一喇叭天线通过一同轴电缆与一接收机相连,用于测试空间场强的大小。若在频率 1800MHz 接收机显示的读数为 20dBμV,已知在该频点同轴电缆的损耗为 2dB,喇叭天线的天线因子 K=25dB/m,并且天线与接收机的阻抗匹配。如果入射波电场强度 E 的方向与天线的极化方向成 45°角,则 E 的大小为多少?

8-15 一台个人计算机连有一条长度为 2m 的打印机电缆,而另一端悬空(未接打印机)。如果将该电缆看作一条单极天线,其与计算机的金属外壳(接地平面)之间存在一个幅度为 1mV,频率为 37.5MHz 的噪声,求 3m 测量距离处的最大辐射发射。

8-16 依据图 8-15,试说明为什么准峰值检波能够反映骚扰对听觉的影响,而峰值检波、平均值检波却不可以。

8-17 若一天线的天线因子为 K(dB/m),天线口面处平行于天线极化的电场强度为 E(dBμV/m)。连接天线与接收机的同轴电缆的特性阻抗为 50Ω,损耗为 L(dB)。接收机负载为 50Ω。试证明电场强度 E 与接收机 50Ω 负载两端电压 V 的关系为

$$E(\mathrm{dB\mu V/m})=V(\mathrm{dB\mu V})+K(\mathrm{dB/m})+L(\mathrm{dB})$$

8-18 一般测试场强的过程中,接收机的读数通常为接收机 50Ω 负载所消耗的功率 P,单位通常为 dBmW。试证明电场强度 E 与接收机 50Ω 负载两端电压 P 的关系为

$$E(\mathrm{dB\mu V/m})=P(\mathrm{dBmW})+K(\mathrm{dB/m})+L(\mathrm{dB})+107$$

8-19 什么是传导骚扰发射测量?什么是辐射骚扰发射测量?

8-20 传导发射测试中需要在电网和 EUT 之间插入人工电源网络,其作用是什么?

8-21 根据图 8-17 解释为什么在整个传导发射测量频率范围内(150kHz~30MHz),AMN 能够起到给 EUT 电源线提供 50Ω 稳定阻抗,同时隔离 EUT 和电网这两个作用。

8-22 为什么要在电波暗室内而不是开阔场进行辐射抗扰度测试?

8-23 静电放电试验中,接触放电和空气放电的区别是什么?

8-24 静电放电的主要方式和施加位置在哪里?

8-25 设人体电容 P=250pF,电阻 R=300Ω,人体所带静电电压 U=35kV。有一印刷电路板,板上地线分布电感 L=50nH,底线对地电容 C=3pF,离地线 5mm 处有一个 2cm×2cm 的信号环路。设该人手触地线时产生静电放电。①画出放电回路的等效电路;②根据等效电路计算放电回路的放电电流——时间曲线;③计算放电电流在信号环路中由于磁场所产生的感应电压。

8-26 人体静电放电模型可以等效为一个 300pF 电容串联一个 500Ω 的电阻。如果人体所带静电电压为 6kV,则静电所含能量为多少?静电放电电流的峰值是多少?

8-27 为什么在低频(如 80MHz 以下)进行辐射抗扰度测试的难度和成本高?

8-28 辐射抗扰度实验为什么需要在暗室中进行?

8-29 电源 CDN 在测试中有哪些作用?

8-30 在抗扰度测试项目中,浪涌、电快速脉冲群、静电放电、射频辐射场、射频感应场主要是模拟现实生活中什么样的骚扰?

参考文献

陈乃云,魏东北,李一玫,2001.电磁场与电磁波理论基础.北京:中国铁道出版社.

GURU B S, HIZIROGLU H R,2006.电磁场与电磁波.3版.周克定,等译.北京:机械工业出版社.

何金良,2010.电磁兼容导论.上海:华东师范大学出版社.

KRAUS J D, MARHEFKA R J,2005.天线(下册).3版. 章文勋,译. 北京:电子工业出版社.

PAUL C R,2007.电磁兼容导论.2版.闻映红,等译.北京:人民邮电出版社.

SENGUPTA D L, LIEPA V V,2009. 应用电磁学与电磁兼容. 沈远茂,等译. 北京:机械工业出版社.

沙斐,1999.机电一体化系统的电磁兼容技术.北京:中国电力出版社.

王蔷,李国定,龚克,2001.电磁场理论基础.北京:清华大学出版社.

闻映红,2007.天线与电波传播理论(修订本).北京:清华大学出版社,北京交通大学出版社.

闻跃,高岩,杜普选,2003.基础电路分析.2版.北京:清华大学出版社,北京交通大学出版社.

谢处方,饶克谨,2005.电磁场与电磁波.3版.北京:高等教育出版社.